I0756173

The Michigan Historical Reprint Series

Reprints from the collection of the University of Michigan University Library

The Scholarly Publishing Office
the University of Michigan
University Library

GESAMMELTE
MATHEMATISCHE WERKE

VON

L. FUCHS.

GESAMMELTE
MATHEMATISCHE WERKE

VON

L. FUCHS.

HERAUSGEGEBEN

VON

RICHARD FUCHS UND LUDWIG SCHLESINGER

IN BERLIN. IN KLAUSENBURG.

DRITTER BAND:

ABHANDLUNGEN (1888—1902) UND REDEN

REDIGIRT

VON

RICHARD FUCHS.

BERLIN.

MAYER & MÜLLER.

1909.

VORWORT.

Hiermit übergebe ich den dritten und letzten Band der mathematischen Werke meines Vaters, L. Fuchs, der Öffentlichkeit. Er enthält die letzten zweiundzwanzig Arbeiten, die der Verewigte vom Jahre 1888 an bis zu seinem Tode veröffentlicht hat, die drei gedruckten Akademischen Reden aus den Jahren 1873, 1899, 1900 und diejenigen Nachrufe, die er in seiner Eigenschaft als Redakteur des Journals für die reine und angewandte Mathematik verfasst hat. Die redaktionelle Arbeit dieses Bandes wurde in derselben Weise wie die der beiden ersten Bände durchgeführt. Auch hier sind die Abhandlungen im Wesentlichen unverändert wiedergegeben worden. Alle bemerkenswerthen Abänderungen und alle sonst nothwendigen Angaben findet man in den Anmerkungen, die den einzelnen Arbeiten folgen.

Es ist mir ein Bedürfnis, an dieser Stelle allen denen, die mir bei der Drucklegung ihre Hilfe haben zu Theil werden lassen, meinen herzlichsten Dank zu sagen. Bei der Revision der Abhandlungen hat mich der andere Herausgeber, Herr L. Schlesinger, durch seine werthvollen Rathschläge unterstützt. Herr H. Vogt hat wiederum die in französischer Sprache verfassten Noten (LXIII, LXVI) in sprachlicher Hinsicht revidirt und mein Freund H. Lemke hat eine Correctur der Druckbogen gelesen. Vor allem aber richtet sich mein Dank an Herrn L. Heffter für die treue Sorgfalt, mit der er mir bei der Durchsicht und der Correctur aller Arbeiten in so wirkungsvoller Weise seine Hilfe hat zu Theil werden lassen.

Es war ursprünglich geplant, dass den Abschluss dieses dritten Bandes etwaige nachgelassene Arbeiten meines Vaters bilden sollten. Eine genaue

Durchsicht des handschriftlichen Nachlasses hat mir aber gezeigt, dass zur Zeit druckfertiges oder leicht druckfertig zu machendes Material nicht vorhanden ist. Da es aber gewiss nicht im Sinne des Entschlafenen wäre, Unfertiges der Öffentlichkeit zu übergeben, so musste zunächst von einer solchen Veröffentlichung Abstand genommen werden, wenn die Herausgabe dieses Bandes nicht auf unbestimmte Zeit verschoben werden sollte.

Die am Schlusse dieses Bandes befindlichen von Herrn Schlesinger angefertigten Register des ganzen Werkes sollen seine Benutzung erleichtern.

Schliesslich sei auch an dieser Stelle der Verlagsbuchhandlung für ihr freundliches Entgegenkommen und für die vornehme Ausstattung der Bände, durch die sie dem Verewigten ein auch äusserlich schönes Denkmal gesetzt hat, der Dank der Herausgeber ausgesprochen.

Halensee bei Berlin, im October 1908.

Richard Fuchs.

INHALTS-VERZEICHNISS.

Seite

Vorwort v

LIV. Zur Theorie der linearen Differentialgleichungen 1

Sitzungsberichte der K. preuss. Akademie der Wissenschaften zu Berlin; Einleitung und No. 1–7, 1888, S. 1115–1126; No. 8–15, 1888, S. 1273–1290; No. 16–21, 1889, S. 713–726; No. 22–31, 1890, S. 21–38.

Anmerkungen 69

LV. Bemerkung zu der Arbeit im Bande 75 Seite 177 dieses Journals . . . 75

Journal f. d. r. u. a. Mathematik, Bd. 106, 1890, S. 1–4.

Anmerkung 80

LVI. Über algebraisch integrirbare lineare Differentialgleichungen 81

Sitzungsberichte der K. preuss. Akademie der Wissenschaften zu Berlin, 1890, S. 469–483.

Anmerkung 97

LVII. Bemerkung zu vorstehender Abhandlung des Herrn Heffter zur Theorie der linearen Differentialgleichungen 99

Jounal f. d. r. u. a. Mathematik, Bd. 106, 1890, S. 283–284.

Anmerkung 102

LVIII. Über eine Abbildung durch eine rationale Function 103

Journal f. d. r. u. a. Mathematik, Bd. 108, 1891, S. 181–192.

Anmerkungen 116

LIX. Über lineare Differentialgleichungen, welche von Parametern unabhängige Substitutionsgruppen besitzen 117

Sitzungsberichte der K. preuss. Akademie der Wissenschaften zu Berlin, 1892, S. 157–176.

Anmerkungen 140

LX. Über die Relationen, welche die zwischen je zwei singulären Punkten erstreckten Integrale der Lösungen linearer Diffentialgleichungen mit den

Seite

Coefficienten der Fundamentalsubstitutionen der Gruppe derselben verbinden 141
Sitzungsberichte der K. preuss. Akademie der Wissenschaften zu Berlin, 1892, S. 1113—1128.
Anmerkungen 158

LXI. Note zu der im Bande 83, P. 13 sqq. dieses Journals enthaltenen Arbeit: sur quelques propriétés etc.; extrait d'une lettre adressée à M. Hermite 159
Journal f. d. r. u. a. Mathematik, Bd. 112, 1893, S. 156—164.
Anmerkung 168

LXII. Über lineare Differentialgleichungen, welche von Parametern unabhängige Substitutionsgruppen besitzen 169
Sitzungsberichte der K. preuss. Akademie der Wissenschaften zu Berlin, Einleitung und No. 1—4, 1893, S. 975—988; No. 5—8, 1894, S. 1117—1127.
Anmerkungen 196

LXIII. Remarques sur une note de M. Paul Vernier 199
Journal f. d. r. u. a. Mathematik, Bd. 114, 1895, S. 231—232.

LXIV. Über die Abhängigkeit der Lösungen einer linearen Differentialgleichung von den in den Coefficienten auftretenden Parametern. 201
Sitzungsberichte der K. preuss. Akademie der Wissenschaften zu Berlin, 1895, S. 905—920.
Anmerkungen 218

LXV. Über eine Klasse linearer homogener Differentialgleichungen 219
Sitzungsberichte der K. preuss. Akademie der Wissenschaften zu Berlin, 1896, S. 753—769.
Anmerkungen 239

LXVI. Remarques sur une note de M. Alfred Loewy intitulée: «Sur les formes quadratiques définies à indéterminées conjuguées de M. Hermite» . . . 241
Comptes rendus de l'Académie des Sciences, t. 123, Paris 1896, p. 289—290.
Anmerkung 243

LXVII. Bemerkung zur vorstehenden Mittheilung des Herrn Hamburger . . . 245
Journal f. d. r. u. a. Mathematik, Bd. 118, 1897, S. 354—355.
Anmerkung 248

LXVIII. Zur Theorie der Abelschen Functionen 249
Sitzungsberichte der K. preuss. Akademie der Wissenschaften zu Berlin, 1897, S 608—621.
Anmerkung 265

LXIX. Zur Theorie der simultanen linearen partiellen Differentialgleichungen . 267
Sitzungsberichte der K. preuss. Akademie der Wissenschaften zu Berlin, 1898, S. 222—233.
Anmerkungen 280

LXX. Zur Theorie der Abelschen Functionen 283
Sitzungsberichte der K. preuss. Akademie der Wissenschaften zu Berlin, 1898, S. 477—486.
Anmerkung 294

LXXI. Bemerkungen zur Theorie der associirten Differentialgleichungen . . . 295
Sitzungsberichte der K. preuss. Akademie der Wissenschaften zu Berlin, 1899, S. 182—195.
Anmerkungen 311

Seite

LXXII. Über eine besondere Gattung von rationalen Curven mit imaginären Doppelpunkten . . . 313
Sitzungsberichte der K. preuss. Akademie der Wissenschaften zu Berlin, 1900, S. 74—78.
Anmerkung . . . 318

LXXIII. Zur Theorie der linearen Differentialgleichungen . . . 319
Sitzungsberichte der K. preuss. Akademie der Wissenschaften zu Berlin, 1901, S. 34—48.
Anmerkungen . . . 336

LXXIV. Über Grenzen, innerhalb deren gewisse bestimmte Integrale vorgeschriebene Vorzeichen behalten . . . 337
Sitzungsberichte der K. preuss. Akademie der Wissenschaften zu Berlin, 1902, S. 4—10.
Anmerkungen . . . 344

LXXV. Über Grenzen, innerhalb deren gewisse bestimmte Integrale vorgeschriebene Vorzeichen behalten . . . 345
Journal f. d. r. u. a. Mathematik, Bd. 124, 1902, S. 278—291.
Anmerkungen . . . 360

LXXVI. Über zwei nachgelassene Arbeiten Abels und die sich daran anschliessenden Untersuchungen in der Theorie der linearen Differentialgleichungen 361
Acta Mathematica, Bd. 26, 1902, S. 319—332.
Anmerkung . . . 374

LXXVII. Über den Zusammenhang zwischen Cometen und Sternschnuppen . . 375
Rede am Königsgeburtstag, Greifswald 1873.

LXXVIII. Über das Verhältniss der exacten Naturwissenschaft zur Praxis . . 397
Rede beim Antritt des Rectorates, Berlin 1899.

LXXIX. Über einige Thatsachen in der mathematischen Forschung des neunzehnten Jahrhunderts . . . 409
Rede am 3. August 1900, Berlin.
Anmerkung . . . 426

LXXX. Anzeige betreffend die Übernahme der Redaction des Journals für die reine und angewandte Mathematik . . . 427
Journal f. d. r. u. a. Mathematik, Bd. 109, 1903, zwischen S. 88 u. 89.

LXXXI. † Hermann von Helmholtz . . . 429
Journal f. d. r. u. a. Mathematik, Bd. 114, 1895, S. 353.

LXXXII. Nachruf für Cayley, Schläfli, Dienger . . . 431
Journal f. d. r. u. a. Mathematik, Bd. 115, 1895, S. 349—350.

LXXXIII. † Karl Weierstrass . . . 433
Journal f. d. r. u. a. Mathematik, Bd. 117, 1897, S. 357.

LXXXIV. † Ernst Christian Julius Schering . . . 435
Journal f. d. r. u. a. Mathematik, Bd. 119, 1898, S. 86.

Seite

LXXXV. † Francesco Brioschi 437

Journal f. d. r. u. a. Mathematik, Bd. 119, 1898, S. 259.

LXXXVI. † Charles Hermite 439

Journal f. d. r. u. a. Mathematik, Bd. 123, 1901, S. 174.

Sachregister zur Theorie der Differentialgleichungen und zur Functionentheorie . 443

Namenregister zu Text und Anmerkungen 455

Register der Anmerkungen nach den Namen ihrer Verfasser geordnet 459

Berichtigungen 461

Berichtigungen.

S. 11, Zeile 6 v. o. Correlat statt Correllat.

„ 185, „ 10 v. u. lies 3 statt (3.).

„ 388, „ 16 }
„ 389, „ 16 } lies ERMAN statt ERMANN (Druckfehler des Originals).

Im Inhaltsverzeichniss von Band II

S. VII, Zeile 3 v. u. lies 87 statt 86.

LIV.

ZUR THEORIE DER LINEAREN DIFFERENTIALGLEICHUNGEN.

(Sitzungsberichte der Königl. preussischen Akademie der Wissenschaften zu Berlin; Einleitung und No. 1—7, 1888, XLII, S. 1115—1126, vorgelegt am 1. November, ausgegeben am 8. November 1888; No. 8—15, 1888, L, S. 1273—1290, vorgelegt am 13. December, ausgegeben am 20. December 1888; No. 16—21, 1889, XXXVI, S. 713—726, vorgelegt am 18. Juli, ausgegeben am 25. Juli 1889; No. 22—31, 1890, II, S. 21—38, vorgelegt am 9. Januar, ausgegeben am 16. Januar 1890).

Die folgenden Entwickelungen bilden einen Theil von Untersuchungen, [1115
welche ich über lineare Differentialgleichungen angestellt habe, und welche ihren Ausgangspunkt von den folgenden Erwägungen genommen haben. Es sei $y_1, y_2, \ldots, y_p$ ein Fundamentalsystem von Integralen einer linearen homogenen Differentialgleichung p^{ter} Ordnung, deren Coefficienten rationale Functionen der unabhängigen Variablen x sind. Es seien $y_1, y_2, \ldots, y_\lambda$ λ willkürliche Elemente aus der Reihe $y_1, y_2, \ldots, y_p$, und es werde eine Determinante von λ^2 Elementen gebildet, deren Horizontalreihen aus den Ableitungen gleicher Ordnung von $y_1, y_2, \ldots, y_p$ bestehen. Die Ordnung dieser Ableitungen sei durch eine der Zahlen $0, 1, 2, \ldots, p-1$ bestimmt und sei für die verschiedenen Horizontalreihen verschieden. Solcher Determinanten können wir

$$q = \frac{p(p-1)\ldots(p-\lambda+1)}{1.2\ldots\lambda}$$

bilden. Bezeichnen wir dieselben in irgend einer Reihenfolge mit $u_0, u_1, u_2, \ldots, u_{q-1}$, so ergiebt sich für diese Functionen das System von Differentialgleichungen

$$\frac{du_k}{dx} = A_{k0}u_0 + A_{k1}u_1 + \cdots + A_{k,q-1}u_{q-1},$$

wo $A_{k0}, A_{k1}, \ldots, A_{k,q-1}$ rationale Functionen von x bedeuten. Aus diesem Systeme können wir demnach für jede der Functionen u_k eine lineare homogene Differentialgleichung q^{ter} Ordnung mit rationalen Coefficienten herleiten.

Das Folgende beschäftigt sich mit der Untersuchung dieser Differentialgleichungen, unter der Voraussetzung, dass die Ordnung p der vorgelegten Differentialgleichung eine gerade Zahl $2n$ ist, und sie bezieht sich auf den Fall, dass $\lambda = n$ gewählt wird.

In einer folgenden Mittheilung beabsichtige ich eine Fortsetzung der gegenwärtigen Untersuchung und eine Anwendung zu veröffentlichen, welche ich von derselben gemacht habe, und die Ziele darzulegen, welche ich dabei im Auge gehabt.

1.

1116] Es seien die Coefficienten der Differentialgleichung

$$\text{(A.)} \qquad \frac{d^{2n}y}{dx^{2n}} + p_1\frac{d^{2n-1}y}{dx^{2n-1}} + \cdots + p_{2n}y = 0$$

rationale Functionen von x.

Sind $y_1, y_2, \ldots, y_n$ n von einander linear unabhängige Integrale der Gleichung (A.), so wollen wir eine Determinante mit n^2 Elementen bilden, deren Horizontalreihen aus den Ableitungen gleicher Ordnung von $y_1, y_2, \ldots, y_n$ bestehen. Die Ordnung dieser Ableitungen sei durch eine der Zahlen $0, 1, 2, \ldots, 2n-1$ bestimmt und sei für die verschiedenen Horizontalreihen verschieden. Solcher Determinanten können wir

$$\nu = \frac{2n(2n-1)\ldots(n+1)}{1.2\ldots n}$$

bilden. Bezeichnen wir dieselben in irgend einer Reihenfolge mit $u_0, u_1, u_2, \ldots, u_{\nu-1}$ und setzen nur fest, dass u_0 diejenige unter diesen Determinanten sei, in welcher die Ordnungen der Ableitungen in den verschiedenen Horizontalreihen der Reihe nach $0, 1, 2, \ldots, n-1$ sind, und welche wir die Hauptdeterminante von $y_1, y_2, \ldots, y_n$ nennen wollen.

Bedeutet $z_1, z_2, \ldots, z_n$ ein anderes System von n linear unabhängigen Integralen der Gleichung (A.), so mögen diejenigen Determinanten, welche aus $u_0, u_1, \ldots, u_{\nu-1}$ hervorgehen, wenn an Stelle von $y_1, y_2, \ldots, y_n$ bez. $z_1, z_2, \ldots, z_n$ gesetzt werden, bez. mit $v_0, v_1, \ldots, v_{\nu-1}$ bezeichnet werden.

Bezeichnen wir ferner die Hauptdeterminante der $2n$ Integrale $y_1, y_2, \ldots, y_n$; $z_1, z_2, \ldots, z_n$ mit Δ, so ist*)

(B.) $$\Delta = Ce^{-\int p_1\,dx},$$

wo C eine Constante bezeichnet, welche von Null verschieden ist, wenn $y_1, y_2, \ldots, y_n$; $z_1, z_2, \ldots, z_n$ ein Fundamentalsystem von Integralen der Gleichung (A.) ausmachen, dagegen den Werth Null annimmt, wenn dieses nicht der Fall ist.

Zerlegen wir Δ in eine Summe von Producten aus Partialdeterminanten n^{ter} Ordnung, so erhalten wir unter Berücksichtigung von (B.) zwischen $u_0, u_1, \ldots, u_{\nu-1}$; $v_0, v_1, \ldots, v_{\nu-1}$ die Relation

(C.) $$\Delta = \sum_{\lambda=0}^{\nu-1} \pm u_\lambda v_{\nu-1-\lambda} = Ce^{-\int p_1\,dx},$$

wo die Vorzeichen nach bekannter Regel zu bestimmen sind, und wo C den oben bezeichneten constanten Werth hat.

2.

Ist $y_1, y_2, \ldots, y_{2n}$ ein Fundamentalsystem von Integralen der Gleichung [1117
(A.), bilden wir die ν Combinationen derselben zu je n und setzen in u_λ (No. 1) an Stelle von $y_1, y_2, \ldots, y_n$ je eine solche Combination, so erhalten wir ν verschiedene Grössen u_λ, welche wir mit $u_{0\lambda}, u_{1\lambda}, \ldots, u_{\nu-1,\lambda}$ bezeichnen wollen, indem wir festsetzen, dass $u_{\nu-1-\mu,\lambda}$ aus denjenigen Functionen y_k gebildet werde, welche vom Systeme $y_1, y_2, \ldots, y_{2n}$ übrig bleiben, nachdem hiervon die zur Bildung von $u_{\mu\lambda}$ zu verwendende Combination weggenommen worden.

Wir bilden die Determinante

(1.) $$P = |u_{\mu\lambda}|. \qquad \begin{pmatrix} \mu = 0, 1, \ldots, \nu-1 \\ \lambda = 0, 1, \ldots, \nu-1 \end{pmatrix}$$

*) Siehe meine Arbeit in Borchardts Journal, Bd. 66, S. 126—130 [1]).

[1]) Abh. VI, S. 164—168, Band I dieser Ausgabe. R. F.

Da

$$|u_{\mu\lambda}| = |u_{\nu-1-\mu,\,\nu-1-\lambda}|,$$

so ergiebt sich

$$(2.)\qquad P^2 = |u_{\mu\lambda}|\,|u_{\nu-1-\mu,\,\nu-1-\lambda}|.$$

Vollführen wir die Multiplication der beiden Determinanten rechterhand, so erhalten wir unter Berücksichtigung der Gleichung (C.) eine Determinante mit ν^2 Elementen, deren Diagonalglieder, abgesehen von einem constanten Factor, den Werth $e^{-\int p_1 dx}$ annehmen, während die übrigen verschwinden. Demnach ergiebt sich

$$(\mathrm{D.})\qquad P = Ce^{-\frac{\nu}{2}\int p_1 dx},$$

wo C eine von Null verschiedene Constante bedeutet.

Aus Gleichung (D.) folgt

I. Die Determinante P ist nicht identisch Null.

Sei

$$(3.)\qquad \varphi_0 u_0 + \varphi_1 u_1 + \cdots + \varphi_{\nu-1} u_{\nu-1} = 0$$

eine Gleichung, welche für jede beliebige Combination $y_1, y_2, \ldots, y_n$ bestehe, so ist demgemäss auch

$$(4.)\qquad \varphi_0 u_{l0} + \varphi_1 u_{l1} + \cdots + \varphi_{\nu-1} u_{l,\,\nu-1} = 0. \qquad (l = 0, 1, \ldots, \nu-1)$$

Da aber die Determinante P dieser Gleichungen mit den Unbekannten $\varphi_0, \varphi_1, \ldots, \varphi_{\nu-1}$ nach Satz I. von Null verschieden ist, so muss

$$\varphi_0 = \varphi_1 = \cdots = \varphi_{\nu-1} = 0$$

sein, d. h.

II. Zwischen $u_0, u_1, \ldots, u_{\nu-1}$ kann nicht eine für jede Combination $y_1, y_2, \ldots, y_n$ gültige lineare homogene Relation bestehen.

Differentiiren wir u_λ und ersetzen die Ableitungen von $y_1, y_2, \ldots, y_n$, deren Ordnung $2n$ oder grösser als $2n$, durch ihre aus der Gleichung (A.) sich ergebenden Ausdrücke in den Ableitungen niedrigerer Ordnung, so erhalten wir

1118] $$(\mathrm{E.})\qquad \frac{du_\lambda}{dx} = \varphi_{\lambda 0} u_0 + \varphi_{\lambda 1} u_1 + \cdots + \varphi_{\lambda,\,\nu-1} u_{\nu-1}, \quad (\lambda = 0, 1, 2, \ldots, \nu-1)$$

worin $\varphi_{\lambda k}$ rationale Functionen von x bedeuten.

Aus diesem Systeme von Gleichungen ergiebt sich, dass auch die höheren Ableitungen von u_λ lineare homogene Functionen von $u_0, u_1, \dots, u_{\nu-1}$ sind. Es sei insbesondere

$$\text{(F.)} \qquad \frac{d^k u_0}{dx^k} = \psi_{k0} u_0 + \psi_{k1} u_1 + \dots + \psi_{k,\nu-1} u_{\nu-1},$$

wo $\psi_{k\lambda}$ rationale Functionen von x sind, so bleiben diese Gleichungen bestehen, wenn wir in denselben u_0 durch u_{l0} und u_λ durch $u_{l\lambda}$ ersetzen. Bezeichnen wir die Hauptdeterminante der Functionen $u_{00}, u_{10}, u_{20}, \dots, u_{\nu-1,0}$ mit ϑ, so ist nach den Gleichungen (1.) und (F.)

$$\text{(G.)} \qquad \vartheta = QP,$$

wenn wir die Determinante

$$\text{(5.)} \qquad |\psi_{kl}| = Q \qquad \begin{pmatrix} k = 1, \dots, \nu-1 \\ l = 1, \dots, \nu-1 \end{pmatrix}$$

setzen. Aus Gleichung (D.) folgt daher:

III. Die Determinante ϑ ist dann und nur dann Null, wenn die Determinante Q verschwindet.

3.

In den Gleichungen (F.) mögen dem k die Werthe $1, 2, \dots, \nu$ beigelegt werden. Aus dem entstehenden System von ν Gleichungen eliminiren wir $u_1, u_2, \dots, u_{\nu-1}$, so ergiebt sich, wenn wir u statt u_0 setzen, als Resultat der Elimination

$$\text{(H.)} \qquad \frac{d^\nu u}{dx^\nu} + P_1 \frac{d^{\nu-1} u}{dx^{\nu-1}} + \dots + P_\nu u = 0,$$

wo $P_1, \dots, P_\nu$ rationale Functionen von x bedeuten. Diese Differentialgleichung wird durch die ν Functionen $u_{00}, u_{10}, \dots, u_{\nu-1,0}$ befriedigt.

Ist die Determinante Q identisch Null, so können aus den ν Gleichungen, welche aus (F.) für $k = 0, 1, \dots, \nu-1$ zu bilden sind, $u_1, u_2, \dots, u_{\nu-1}$ eliminirt werden. Wir erhalten alsdann als Resultat der Elimination eine Differentialgleichung für u niedrigerer als ν^{ter} Ordnung, welcher die Functionen $u_{00}, u_{10}, \dots, u_{\nu-1,0}$ genügen müssen. Ist aber Q von Null verschieden, so ergiebt sich aus Satz III. vor. No., dass die Differentialgleichung, welcher diese Functionen genügen, nicht niedriger als ν^{ter} Ordnung sein könne. Denn da ϑ von

Null verschieden ist, so ist das Bestehen einer linearen homogenen Relation
1119] mit constanten Coefficienten zwischen $u_{00}, u_{10}, \dots, u_{\nu-1,0}$ ausgeschlossen*), eine solche Relation würde aber aus der Annahme, dass diese Functionen einer Differentialgleichung niedrigerer als ν^{ter} Ordnung genügten, hervorgehen müssen. Wir haben also das Resultat:

I. Die Functionen $u_{00}, u_{10}, \dots, u_{\nu-1,0}$ genügen einer linearen homogenen Differentialgleichung mit rationalen Coefficienten. Dieselbe wird erhalten, wenn wir in (F.) successive $k = 0, 1, 2, \dots$ setzen und aus den entstehenden Gleichungen $u_1, u_2, \dots, u_{\nu-1}$ eliminiren. Ist Q nicht identisch Null, so wird die Differentialgleichung genau ν^{ter} Ordnung [Gleichung (H.)], und es sind $u_{00}, u_{10}, \dots, u_{\nu-1,0}$ ein Fundamentalsystem derselben. Ist aber Q identisch Null, so wird die Differentialgleichung, welcher $u_{00}, u_{10}, \dots, u_{\nu-1,0}$ gleichzeitig genügen, niedriger als ν^{ter} Ordnung.

4.

Es werde vorausgesetzt, dass Q nicht identisch verschwindet.

Alsdann folgt durch Auflösung der Gleichungen (F.) (welche für $k = 0, 1, \dots, \nu-1$ entstehen), für die Unbekannten u_λ

$$(J.)\qquad u_\lambda = \chi_{\lambda 0} u_0 + \chi_{\lambda 1} u_0' + \cdots + \chi_{\lambda,\nu-1} u_0^{(\nu-1)},$$

wo $\frac{d^k u_0}{dx^k} = u_0^{(k)}$ gesetzt worden, und wo $\chi_{\lambda k}$ rationale Functionen von x bedeuten.

Die Gleichungen (J.) bleiben bestehen, wenn wir u_λ durch $u_{l\lambda}$ und $u_0^{(k)}$ durch $u_{l0}^{(k)}$ ersetzen. Machen wir diese Substitution für $l = 0, 1, \dots, \nu-1$, multipliciren die Gleichungen successive mit den Constanten $\gamma_0, \gamma_1, \dots, \gamma_{\nu-1}$ und setzen

$$(1.)\qquad w = \gamma_0 u_{00} + \gamma_1 u_{10} + \cdots + \gamma_{\nu-1} u_{\nu-1,0},$$

$$(2.)\qquad w_\lambda = \gamma_0 u_{0\lambda} + \gamma_1 u_{1\lambda} + \cdots + \gamma_{\nu-1} u_{\nu-1,\lambda},$$

wo $u_{0\lambda}$ mit u_λ übereinstimmt, so folgt

$$(3.)\qquad w_\lambda = \chi_{\lambda 0} w + \chi_{\lambda 1} w' + \cdots + \chi_{\lambda,\nu-1} w^{(\nu-1)},$$

*) Vergl. meine Arbeit in BORCHARDTS Journal, Bd. 66, S. 126—130 [1]).

[1]) Abh. VI, S. 164—168, Band I dieser Ausgabe. R. F.

wo wiederum

$$w^{(k)} = \frac{d^k w}{dx^k}$$

gesetzt ist.

Wir bilden nunmehr den Ausdruck

$$\text{(4.)} \qquad \mathrm{E} = \sum_{0}^{\nu-1}{}_{\lambda} \pm w_\lambda w_{\nu-1-\lambda},$$

wo das Vorzeichen des Gliedes $w_\lambda w_{\nu-1-\lambda}$ mit dem Vorzeichen des Gliedes [1120
$u_\lambda v_{\nu-1-\lambda}$ der in Gleichung (C.) auftretenden Summe übereinstimmen soll. Aus Gleichung (2.) folgt, dass E die Gestalt

$$\text{(5.)} \qquad \mathrm{E} = \sum_{\alpha\beta} A_{\alpha\beta} \gamma_\alpha \gamma_\beta \qquad \begin{pmatrix} \alpha = 0, 1, \ldots, \nu-1 \\ \beta = 0, 1, \ldots, \nu-1 \end{pmatrix}$$

annimmt. Die Coefficienten $A_{\alpha\beta}$ haben die Form

$$\text{(6.)} \qquad A_{\alpha\beta} = \sum \pm u_{\alpha\lambda} u_{\beta,\nu-1-\lambda} + \sum \pm u_{\beta\lambda} u_{\alpha,\nu-1-\lambda}.$$

Mit Rücksicht auf die im Anfange von No. 2. fixirte Bedeutung der Functionen $u_{k\lambda}$ folgern wir aus Gleichung (C.), dass die Summen rechterhand in Gleichung (6.) verschwinden, wenn nicht $\beta = \nu - 1 - \alpha$. Ist aber $\beta = \nu - 1 - \alpha$ so werden diese Summen einander gleich und bis auf einen nicht verschwindenden constanten Factor gleich $e^{-\int p_1 dx}$. Hieraus ergiebt sich

$$\text{(K.)} \qquad \mathrm{E} = \Gamma e^{-\int p_1 dx},$$

wo Γ eine Constante bedeutet.

Substituiren wir für die w_k in E Gleichung (4.) ihre Ausdrücke durch die Gleichung (3.), so erhalten wir

$$\text{(7.)} \qquad \mathrm{E} = \sum_{\alpha\beta} P_{\alpha\beta} w^{(\alpha)} w^{(\beta)},$$

wo $P_{\alpha\beta}$ rationale Functionen von x bedeuten. Aus Gleichung (K.) ergiebt sich daher der Satz:

I. Setzen wir in der quadratischen Form

$$\text{(L.)} \qquad Z = \sum_{\alpha\beta} P_{\alpha\beta} u^{(\alpha)} u^{(\beta)} \qquad \begin{pmatrix} \alpha = 0, 1, \ldots, \nu-1 \\ \beta = 0, 1, \ldots, \nu-1 \end{pmatrix}$$

für u ein willkürliches Integral der Gleichung (H.), so wird das Resultat gleich $e^{-\int p_1 dx}$ multiplicirt mit einer Constanten. Der

Werth dieser Constanten ist von den Anfangswerthen des Integrals u abhängig.

Substituiren wir in Gleichung (H.)

$$u = e^{-\frac{1}{2}\int p_1\,dx}t, \tag{8.}$$

so haben wir

$$u^{(k)} = e^{-\frac{1}{2}\int p_1\,dx}[B_{k0}t + B_{k1}t' + \cdots + B_{kk}t^{(k)}] \tag{9.}$$

zu setzen, wo $t^{(l)} = \frac{d^l t}{dx^l}$ und wo B_{kl} rationale Functionen von x bedeuten. Die Gleichung (H.) transformirt sich in

$$\frac{d^\nu t}{dx^\nu} + R_1 \frac{d^{\nu-1}t}{dx^{\nu-1}} + \cdots + R_\nu t = 0, \tag{H'.}$$

wo $R_1, R_2, \ldots, R_\nu$ rationale Functionen von x bedeuten.

Die quadratische Form Z wird

$$\mathrm{Z} = e^{-\int p_1\,dx}\mathrm{Z}', \tag{10.}$$

wo

$$\mathrm{Z}' = \sum\nolimits_{\alpha\beta} R_{\alpha\beta}t^{(\alpha)}t^{(\beta)}, \qquad \begin{pmatrix}\alpha = 0, 1, \ldots, \nu-1\\ \beta = 0, 1, \ldots, \nu-1\end{pmatrix} \tag{11.}$$

$R_{\alpha\beta}$ rationale Functionen von x.

1121] Aus Satz I. ergiebt sich

II. Setzen wir in

$$\mathrm{Z}' = \sum\nolimits_{\alpha\beta} R_{\alpha\beta}t^{(\alpha)}t^{(\beta)}, \tag{L'.}$$

für t ein willkürliches Integral der Gleichung (H'.), so wird dieser Ausdruck einer Constanten gleich. Der Werth dieser Constanten ist von den Anfangswerthen des Integrals t abhängig.

Übrigens ergiebt sich aus der Gleichung (8.), dass

$$R_1 = -\tfrac{1}{2}\nu p_1 + P_1. \tag{12.}$$

Andererseits ist*) nach Gleichung (G.)

$$P_1 = -\frac{d\log P}{dx} - \frac{d\log Q}{dx}, \tag{13.}$$

*) Siehe meine Arbeit in BORCHARDTS Journal, Bd. 66, S. 128[1]).

[1]) Abh. VI, S. 166, Band I dieser Ausgabe. R. F.

also nach Gleichung (D.)

$$P_1 = \frac{1}{2}\nu p_1 - \frac{d \log Q}{dx}, \tag{14.}$$

folglich ergiebt sich aus (12.)

$$R_1 = -\frac{d \log Q}{dx}. \tag{15.}$$

5.

Aus Gleichung (L.) folgt durch Differentiation

$$\frac{dZ'}{dx} = \frac{\partial Z'}{\partial t^{(\nu-1)}} t^{(\nu)} + R, \tag{1.}$$

wo R eine ganze homogene Function zweiten Grades von $t, t', \dots, t^{(\nu-1)}$ mit rationalen Coefficienten bedeutet. Setzen wir für $t^{(\nu)}$ seinen aus Gleichung (H'.) sich ergebenden Werth

$$t^{(\nu)} = -R_1 t^{(\nu-1)} - R_2 t^{(\nu-2)} - \dots - R_\nu t, \tag{2.}$$

so ist nach Satz II. voriger Nummer

$$0 = -\frac{\partial Z'}{\partial t^{(\nu-1)}} [R_1 t^{(\nu-1)} + R_2 t^{(\nu-2)} + \dots + R_\nu t] + R. \tag{3.}$$

Diese Gleichung ist eine identische. Denn t bedeutet in (2.) ein beliebiges Integral der Gleichung (H'.), dessen Anfangswerthe für einen beliebigen Werth $x = x_0$, $t = t_0$, $t' = t'_0$, ..., $t^{(\nu-1)} = t_0^{(\nu-1)}$ willkürlich wählbar, zwischen welchen also eine Relation nicht stattfinden kann.

Subtrahiren wir (3.) von (1.), so ergiebt sich demnach, dass iden- [1122
tisch für jede beliebige Function t

$$\frac{dZ'}{dx} = \frac{\partial Z'}{\partial t^{(\nu-1)}} [t^{(\nu)} + R_1 t^{(\nu-1)} + \dots + R_\nu t]. \tag{M.}$$

Nach Satz II. voriger Nummer wird die rechte Seite dieser Gleichung identisch Null, wenn für t irgend ein Integral der Gleichung (H'.) substituirt wird. Setzen wir demnach

$$\frac{\partial Z'}{\partial t^{(\nu-1)}} = M = S_0 t^{(\nu-1)} + S_1 t^{(\nu-2)} + \dots + S_{\nu-1} t, \tag{N.}$$

wo $S_0, S_1, \dots, S_{\nu-1}$ rationale Functionen von x, so ergiebt sich der Satz

I. Bedeutet t irgend ein Integral der Gleichung (H'.), so ist M ein Multiplicator dieser Gleichung, oder was dasselbe besagt, es ist M ein Integral der zu (H'.) adjungirten*) Differentialgleichung.

Bilden wir die successiven Ableitungen von M, indem wir die Ableitungen von t, deren Ordnung gleich oder grösser als ν, vermittelst der Gleichung (H'.) auf die Ableitungen niedrigerer Ordnung reduciren, so ergiebt sich

$$\frac{d^k M}{dx^k} = a_{k0}\,t + a_{k1}\,t' + \cdots + a_{k,\nu-1}\,t^{(\nu-1)}. \tag{4.}$$

Setzen wir hierin $k = 0, 1, \ldots, \nu-1$ und bezeichnen ein Fundamentalsystem von Integralen der Gleichung (H'.) mit $t_1, t_2, \ldots, t_\nu$, die nach Gleichung (N.) zugehörigen Werthe von M bez. mit $M_1, M_2, \ldots, M_\nu$, so wie die Hauptdeterminanten von $t_1, t_2, \ldots, t_\nu$ und von $M_1, M_2, \ldots, M_\nu$ bez. mit T und M, so ist den Gleichungen (4.) gemäss

$$\mathrm{M} = |a_{kl}|\,\mathrm{T}. \tag{5.}$$

Der zweite Factor auf der rechten Seite ist von Null verschieden, weil $t_1, t_2, \ldots, t_\nu$ ein Fundamentalsystem bilden**), folglich ist die Hauptdeterminante M der Functionen $M_1, M_2, \ldots, M_\nu$ gleichzeitig mit $|a_{kl}|$ Null oder von Null verschieden. Ist aber M von Null verschieden, so ist $M_1, M_2, \ldots, M_\nu$ ein Fundamentalsystem von Integralen der zu (H'.) adjungirten Differentialgleichung***). Wir erhalten also den Satz:

II. Die ν Functionen $M_1, M_2, \ldots, M_\nu$, welche aus Gleichung (N.) hervorgehen, wenn t durch die Elemente eines Fundamentalsystems $t_1, t_2, \ldots, t_\nu$ von Integralen der Gleichung (H'.) ersetzt wird,
1123] bilden ein Fundamentalsystem von Integralen der zu (H'.) adjungirten Differentialgleichung oder sie bilden ein solches nicht, je nachdem $|a_{kl}|$ von Null verschieden, oder gleich Null.

---

*) Diese Bezeichnung in dem Sinne genommen, welchen ich derselben in meiner Arbeit Borchardts Journal, Bd. 76, S. 183 beigelegt habe[1]).

**) Siehe meine Arbeit in Borchardts Journal, Bd. 66, S. 126—130[2]).

***) Siehe ebendaselbst.

---

1) Abh. XVI, S. 421, Band I dieser Ausgabe. R. F.

2) Abh. VI, S. 164—168, Band I dieser Ausgabe. R. F.

Ist $|a_{kl}|$ nicht Null, so können wir aus den Gleichungen (4.) (wenn daselbst $k = 0, 1, \ldots, \nu-1$ gesetzt wird) $t, t', \ldots, t^{(\nu-1)}$ als lineare homogene Functionen von $M, M', \ldots, M^{(\nu-1)}$ mit rationalen Coefficienten bestimmen, wenn $M^{(k)} = \frac{d^k M}{dx^k}$ gesetzt wird. Da nun jedes Integral t der Gleichung (H'.) ein Multiplicator der zu (H'.) adjungirten Differentialgleichung ist, so erhalten wir als Correllat zum Satze II den Satz

III. Ist $|a_{kl}|$ von Null verschieden, so sind auch die Multiplicatoren der zu (H'.) adjungirten Differentialgleichung lineare homogene Functionen mit rationalen Coefficienten der Integrale M dieser Differentialgleichung und ihrer Ableitungen.

6.

Es sei $\tau_1, \tau_2, \ldots, \tau_\nu$ ein Fundamentalsystem von Integralen der Gleichung (H'.) von der Beschaffenheit, dass das Element τ_k zu M_k adjungirt ist*), so haben wir die Gleichungen

$$(1.)\qquad \sum_1^\nu {}_l\, \tau_l M_l^{(k)} = 0, \qquad (k = 0, 1, \ldots, \nu-2)$$

$$(2.)\qquad \sum_1^\nu {}_l\, \tau_l M_l^{(\nu-1)} = -1\text{**}).$$

Wir substituiren in diese Gleichungen die Ausdrücke (4.) voriger Nummer, indem wir daselbst successive $t = t_1$, $t = t_2$, $\ldots$, $t = t_\nu$ setzen. Ist $|a_{kl}|$ von Null verschieden, so können wir $\lambda_0, \lambda_1, \ldots, \lambda_{\nu-1}$ so bestimmen, dass

$$(3.)\qquad \sum_0^{\nu-1} {}_m\, \lambda_m a_{ml} = 0, \qquad (l = 1, 2, \ldots, \nu-1)$$

$$(4.)\qquad \sum_0^{\nu-1} {}_m\, \lambda_m a_{m0} = 1.$$

Multipliciren wir dann die Gleichungen (1.) successive mit $\lambda_0, \lambda_1, \ldots, \lambda_{\nu-2}$, die Gleichung (2.) mit $\lambda_{\nu-1}$ und addiren sämmtliche Gleichungen, so folgt

$$(0.)\qquad \sum_1^\nu {}_m\, t_m \tau_m = \lambda_{\nu-1},$$

*) In dem Sinne, welchen ich dieser Bezeichnung in meiner Arbeit BORCHARDTS Journal, Bd. 76, S. 183 beigelegt habe[1]).

**) Siehe die Arbeit des Herrn FROBENIUS, BORCHARDTS Journal, Bd. 77, S. 249.

1) Abh. XVI, S. 421—422, Band I dieser Ausgabe. R. F.

wo $\lambda_{\nu-1}$ eine rationale Function von x. Die linke Seite der Gleichung (O.) ist eine quadratische Form von $t_1, t_2, \ldots, t_\nu$ mit constanten Coefficienten.

1124] Würden wir in den Gleichungen (3.) successive $l = 1, 2, \ldots, \nu-1$ ausschliessen und die ausgeschlossene Zahl in der Gleichung (4.) an Stelle des zweiten Index wählen, so erhielten wir durch einen ähnlichen Process

$$(\mathrm{O}_1.)\qquad \sum_{1}^{\nu}{}_m \tau_m t'_m = \lambda_{\nu-1,1},$$

$$(\mathrm{O}_2.)\qquad \sum_{1}^{\nu}{}_m \tau_m t^{(2)}_m = \lambda_{\nu-1,2},$$

$$\cdots\cdots$$

$$(\mathrm{O}_{\nu-1}.)\qquad \sum_{1}^{\nu}{}_m \tau_m t^{(\nu-1)}_m = \lambda_{\nu-1,\nu-1},$$

wo $\lambda_{\nu-1,1}, \lambda_{\nu-1,2}, \ldots, \lambda_{\nu-1,\nu-1}$ sämmtlich rationale Functionen von x bedeuten. Diese Gleichungen können übrigens auch direct aus Gleichung (O.) gefolgert werden.

Zu diesen Relationen fügen wir eine andere hinzu. Wenn wir die linke Seite der Gleichung

$$(5.)\qquad \begin{vmatrix} y_1 & y_2 & \cdots & y_{2n} \\ y'_1 & y'_2 & \cdots & y'_{2n} \\ \cdot & \cdot & \cdots & \cdot \\ y^{(n)}_1 & y^{(n)}_2 & \cdots & y^{(n)}_{2n} \\ y_1 & y_2 & \cdots & y_{2n} \\ y'_1 & y'_2 & \cdots & y'_{2n} \\ \cdot & \cdot & \cdots & \cdot \\ y^{(n)}_1 & y^{(n)}_2 & \cdots & y^{(n)}_{2n} \end{vmatrix} = 0$$

nach Producten von Partialdeterminanten n^{ter} Ordnung ordnen, so erhalten wir zwischen den Elementen des Fundamentalsystems $u_{00}, u_{10}, \ldots, u_{\nu-1,0}$ von Integralen der Gleichung (H.) die homogene Gleichung zweiten Grades

$$(\mathrm{P}.)\qquad \sum_{0}^{\nu-1}{}_k \pm u_{k0} u_{\nu-1-k,0} = 0,$$

wo die Vorzeichen auf bekannte Weise zu bestimmen sind.

Setzen wir gemäss Gleichung (8.) No. 4

$$(6.)\qquad u_{k0} = e^{-\frac{1}{2}\int p_1\,dx}\, t_{k+1},$$

so verwandelt sich (P.) in

$$(\text{P}'.)\qquad \sum_1^{\nu}{}_k \pm t\; t_{\nu-k-1} = 0.$$

7.

Nach Gleichung (M.) hat die Function Z' die folgende Eigenschaft: Sie nimmt einen constanten Werth an für solche Functionen t und nur für solche, welche entweder einer linearen [1125
homogenen Differentialgleichung (H'.) ν^{ter} Ordnung oder einer solchen Differentialgleichung,

$$(1.)\qquad M = 0$$

$(\nu-1)^{\text{ter}}$ Ordnung Genüge leisten. Wir wollen zum Beschluss dieser Notiz die Gestalt einer Function Z', welcher diese Eigenschaften zukommen, etwas näher charakterisiren.

Nach Gleichung (N.) können wir setzen

$$(2.)\qquad Z' = \frac{1}{2S_0}M^2 + Z_1',$$

wo Z_1' eine homogene Function zweiten Grades von $t, t', \dots, t^{(\nu-2)}$ mit rationalen Coefficienten bedeutet.

Sei

$$(3.)\qquad \frac{dZ_1'}{dx} = \frac{\partial Z_1'}{\partial t^{(\nu-2)}}\,t^{(\nu-1)} + R',$$

wo R' eine homogene ganze Function von $t, t', \dots, t^{(\nu-2)}$.

Aus der oben angegebenen Beschaffenheit von Z' und aus Gleichung (2.) ergiebt sich, dass Z_1' einen constanten Werth erhalten muss, wenn für t ein Integral der Gleichung (1.) gesetzt wird. Demnach folgt aus Gleichung (3.):

$$(4.)\qquad 0 = -\frac{\partial Z_1'}{\partial t^{(\nu-2)}}\left(\frac{S_1}{S_0}\,t^{(\nu-2)} + \dots + \frac{S_{\nu-1}}{S_0}\,t\right) + R'.$$

Ist S_0 von Null verschieden, so ist diese Gleichung wieder eine identische. Denn t ist ein willkürliches Integral der Gleichung (1.), es können daher die Anfangswerthe von $t, t', \dots, t^{(\nu-2)}$ willkürlich gewählt werden, demnach kann zwischen diesen Grössen eine Relation nicht stattfinden. Subtrahiren wir Gleichung (4.) von Gleichung (3.), so ergiebt sich die für jede beliebige

Function t bestehende Gleichung

$$(\mathrm{M}'.)\qquad \frac{dZ_1'}{dx} = \frac{\partial Z_1'}{\partial t^{(\nu-2)}}\left[t^{(\nu-1)} + \frac{S_1}{S_0}t^{(\nu-2)} + \cdots + \frac{S_{\nu-1}}{S_0}t\right].$$

Setzen wir

$$(\mathrm{N}'.)\qquad \frac{\partial Z_1'}{\partial t^{(\nu-2)}} = M_1 = T_0 t^{(\nu-2)} + T_1 t^{(\nu-3)} + \cdots + T_{\nu-2}t,$$

so folgt:

Ist t irgend ein Integral der Gleichung (1.), so ist M_1 ein Multiplicator dieser Gleichung, und die Function Z_1' hat folgende Eigenschaft: Sie nimmt einen constanten Werth für solche Functionen t an und nur für solche, welche entweder der Gleichung (1.) oder der Gleichung

$$(5.)\qquad M_1 = 0$$

Genüge leisten.

1126] Nach Gleichung (N'.) können wir setzen

$$(6.)\qquad Z_1' = \frac{1}{2T_0}M_1^2 + Z_2',$$

wo Z_2' eine homogene ganze Function zweiten Grades von $t, t', \ldots, t^{(\nu-3)}$ bedeutet. Indem wir an Z_2' die obigen Schlüsse wiederholen und so fortfahren, gelangen wir schliesslich zu folgendem Resultate:

Die quadratische Form Z' lässt sich **im Allgemeinen** auf die folgende Gestalt bringen

$$(\mathrm{Q}.)\qquad Z' = \frac{1}{2\sigma_0}M_0^2 + \frac{1}{2\sigma_1}M_1^2 + \frac{1}{2\sigma_2}M_2^2 + \cdots + \frac{1}{2\sigma_{\nu-1}}M_{\nu-1}^2.$$

Hierin sind $M_0, M_1, \ldots, M_{\nu-1}$ lineare homogene Functionen einer Variablen t und ihrer Ableitungen nach x mit rationalen Coefficienten, und zwar ist M_k von $t, t', \ldots, t^{(\nu-1-k)}$ abhängig. Es ist ferner M_{k+1} ein Multiplicator der Differentialgleichung

$$(\mathrm{R}.)\qquad M_k = 0,$$

wenn in M_{k+1} für t ein Integral dieser Gleichung gesetzt wird. Die Grössen $\sigma_0, \sigma_1, \ldots, \sigma_{\nu-1}$ sind rationale Functionen von x, nämlich σ_k der Coefficient von $t^{(\nu-1-k)}$ im Ausdruck von M_k. Endlich ist

$$M_{\nu-2} = \sigma_{\nu-2}\left[t' - \frac{\sigma_{\nu-1}'}{2\sigma_{\nu-1}}t\right].$$

Die Form (Q.) setzt voraus, dass die successiv zu bildenden Ausdrücke $M_0, M_1, \dots, M_{\nu-1}$ die Ableitung höchster Ordnung von t, welche sie noch enthalten können, auch wirklich enthalten, dass also keine der Grössen $\sigma_0, \sigma_1, \dots, \sigma_{\nu-1}$ verschwindet. Wenn diese Voraussetzung nicht erfüllt ist, so nimmt Z' andere specielle Formen an.

8.

Bezeichnen wir die linke Seite der Gleichung (H'.) mit $H(t)$ und [1273
bedeute $M(t)$ den durch Gleichung (N.) gegebenen Ausdruck, alsdann ist nach Gleichung (M.)

$$(1.)\qquad M(t)\,H(t) = \frac{dZ'}{dx}.$$

Sei $H'(t)$ der zu $H(t)$ adjungirte Differentialausdruck, so ist*)

$$(2.)\qquad v\,H(t) - t\,H'(v) = \frac{d}{dx}\,H(t, v),$$

wo t, v beliebige Functionen von x, und wo $H(t, v)$ einen in t, v und ihren Ableitungen bis zur $(\nu-1)^{\text{ten}}$ Ordnung linearen und homogenen Ausdruck bedeutet.

Setzen wir

$$v = M(t),$$

so ergiebt sich

$$(3.)\qquad M(t)\,H(t) - t\,H'(M(t)) = \frac{d}{dx}\,H(t, M(t)).$$

Diese Gleichung ist nach Gleichung (1.) gleichbedeutend mit

$$(4.)\qquad \frac{dZ'}{dx} - t\,H'(M(t)) = \frac{d}{dx}\,H(t, M(t)),$$

demnach muss auch für jede Function t der Ausdruck

$$t\,H'(M(t))$$

ein vollständiger Differentialquotient sein.

---

*) JACOBI, CRELLES Journal, Bd. 32, S. 189 [1]).

---

1) Gesammelte Werke, Bd. II, S. 127—128. R. F.

Ist aber $f(u)$ ein Differentialausdruck von der Eigenschaft, dass $uf(u)$ für jede Function u der vollständige Differentialquotient einer in u und seinen
1274] Ableitungen linearen und homogenen Functionen $\Pi(u)$, und ist $f'(u)$ der zu $f(u)$ adjungirte Differentialausdruck, so ist identisch

$$f'(u) = -f(u)$$

und umgekehrt*). Da nun der zu $H'(M(t))$ adjungirte Differentialausdruck dem Ausdrucke $M'(H(t))$ gleich wird, wenn wir mit $M'(t)$ den zu $M(t)$ adjungirten Ausdruck bezeichnen**), so ergiebt sich aus Gleichung (4.), dass identisch für jede Function t

$$(\overline{\text{M}}.) \qquad H'(M(t)) = -M'(H(t)).$$

Ist umgekehrt diese Gleichung identisch erfüllt, so ist $tH'(M(t))$ ein vollständiger Differentialquotient und demgemäss auch nach Gleichung (3.) $M(t)H(t)$ ein vollständiger Differentialquotient.

9.

Wir gehen nunmehr zur Untersuchung des Falles über, in welchem die Gleichung (H'.) reductibel wird***). Zuvor aber wollen wir einige auf allgemeine lineare Differentialgleichungen bezügliche Sätze aufstellen, von welchen wir Gebrauch machen werden.

Sei eine lineare, homogene Differentialgleichung

$$(1.) \qquad \frac{d^m y}{dx^m} + r_1 \frac{d^{m-1} y}{dx^{m-1}} + \cdots + r_m y = R(y) = 0$$

mit rationalen Coefficienten vorgelegt, so genügt jeder Ausdruck der Form

$$(2.) \qquad w = A_0 y + A_1 y' + \cdots + A_{m-1} y^{(m-1)} = P(y),$$

in welchem y ein Integral von (1.), $A_0, A_1, \ldots, A_{m-1}$ rationale Functionen von x und die oberen Accente Ableitungen bedeuten, ebenfalls einer linearen Differentialgleichung höchstens m^{ter} Ordnung. Differentiiren wir nämlich die

*) Vergl. den vor Kurzem erschienenen II. Theil der »Leçons sur la théorie des surfaces« von Herrn DARBOUX, S. 111.

**) Siehe FROBENIUS, BORCHARDTS Journal, Bd. 85, S. 189.

***) Über die Begriffe der Irreductibilität und Reductibilität siehe FROBENIUS, BORCHARDTS Journal, Bd. 76, S. 236.

Gleichung (2.) und ersetzen die Ableitungen von y höherer als m^{ter} Ordnung mit Hülfe der Gleichung (1.) durch die Ableitungen niedrigerer Ordnung, so ergiebt sich, dass jede Ableitung von w eine lineare homogene Function von $y, y', \ldots, y^{(m-1)}$ mit rationalen Coefficienten ist. Durch Elimination von $y, y', \ldots, y^{(m-1)}$ aus den Ausdrücken für $w, w', \ldots, w^{(m)}$ ergiebt sich die bezeichnete Differentialgleichung für w. Alle diese Differentialgleichungen wollen [1275 wir mit RIEMANN*) als mit (1.) zu derselben Klasse gehörig bezeichnen.

Seien $A_0, A_1, \ldots, A_{m-1}$ willkürlich gewählte rationale Functionen und bezeichnen $y_1, y_2, \ldots, y_m$ ein Fundamentalsystem von Integralen der Gleichung (1.), so ist eine Relation der Form

$$\gamma_1 P(y_1) + \gamma_2 P(y_2) + \cdots + \gamma_m P(y_m) = 0, \tag{3.}$$

wo $\gamma_1, \gamma_2, \ldots, \gamma_m$ Constanten bedeuten, nicht möglich. Setzen wir nämlich

$$\gamma_1 y_1 + \gamma_2 y_2 + \cdots + \gamma_m y_m = \eta, \tag{4.}$$

so ist Gleichung (3.) gleichbedeutend mit

$$A_0 \eta + A_1 \eta' + \cdots + A_{m-1} \eta^{(m-1)} = 0. \tag{5.}$$

Es ist η ein Integral der Gleichung (1.), welches der Voraussetzung nach nicht identisch verschwinden kann. Da aber Gleichung (1.) nicht mit der willkürlichen Differentialgleichung

$$A_{m-1} \frac{d^{m-1} y}{dx^{m-1}} + \cdots + A_1 \frac{dy}{dx} + A_0 y = 0$$

ein Integral gemeinschaftlich haben kann, so kann die Gleichung (5.), folglich auch die Gleichung (3.) nicht bestehen.

Aus Gleichung (2.) ergiebt sich durch Differentiation

$$w^{(k)} = A_{k0} y + A_{k1} y' + \cdots + A_{k,m-1} y^{(m-1)}. \quad (k = 0, 1, \ldots, m-1) \tag{6.}$$

Die Hauptdeterminante der Functionen $y_1, y_2, \ldots, y_m$ sei Δ und diejenige der Functionen $w_1 = P(y_1)$, $w_2 = P(y_2)$, $\ldots$, $w_m = P(y_m)$ sei δ, so folgt aus

$$\delta = |A_{kl}| \Delta, \quad (k, l = 0, 1, \ldots, m-1) \tag{7.}$$

dass die Determinante $|A_{kl}|$ nicht verschwinden kann, weil sowohl Δ als auch

*) Gesammelte Werke, Nachlass, S. 358 [1]).

1) Zweite Auflage (1892), S. 380. R. F.

δ von Null verschieden sind. Man kann also aus den Gleichungen (6.) y, folglich auch die Integrale aller zu derselben Klasse gehörigen Differentialgleichungen, als lineare homogene Functionen von $w, w', \dots, w^{(m-1)}$ mit rationalen Coefficienten darstellen. Wir erhalten also den Satz:

I. Sind $A_0, A_1, \dots, A_{m-1}$ willkürlich gewählte rationale Functionen, so ist die Differentialgleichung, welcher w genügt, nicht niedrigerer als m^{ter} Ordnung, und man kann umgekehrt y, also jedes Integral einer der Klasse zugehörigen Differentialgleichung als lineare homogene Function von $w, w', \dots, w^{(m-1)}$ mit rationalen Coefficienten darstellen.

1276] Durch diesen Satz ist die bevorzugte Stellung der Gleichung (1.) beseitigt, es kann an deren Stelle jede Gleichung derselben Klasse, von der m^{ten} Ordnung, treten.

II. Ist eine Differentialgleichung der Klasse reductibel, so giebt es unter den Differentialgleichungen derselben Klasse auch solche, deren Ordnung kleiner ist als m. Die Differentialgleichungen derselben Klasse sind sämmtlich reductibel.

Ist nämlich Gleichung (1.) reductibel, so existirt ein Differentialausdruck $Q(y)$ der Ordnung $\mu < m$, von der Beschaffenheit, dass

$$R(y) = S(Q(y)), \tag{8.}$$

wenn mit $S(y)$ ein Differentialausdruck der $(m-\mu)^{\text{ten}}$ Ordnung bezeichnet wird*).

Ist w ein Integral einer Differentialgleichung der Klasse, deren Ordnung nicht kleiner als m, so folgt aus dem Obigen, dass y und seine sämmtlichen Ableitungen als lineare homogene Functionen von $w, w', \dots, w^{(m-1)}$ darstellbar sind. Wir haben demnach

$$v = Q(y) = B_0 w + B_1 w' + \cdots + B_{m-1} w^{(m-1)} = Q_1(w), \tag{9.}$$

wo $B_0, B_1, \dots, B_{m-1}$ rationale Functionen von x bedeuten.

Da der Voraussetzung nach $Q(y)$ für Integrale der Gleichung (1.) verschwinden soll, so hat die Differentialgleichung für w mit einer Gleichung

$$Q_1(w) = 0$$

niedrigerer als m^{ter} Ordnung Integrale gemeinschaftlich, ist also reductibel.

*) Siehe Frobenius, Borchardts Journal, Bd. 76, S. 258.

Andererseits ist die Differentialgleichung für v derselben Klasse angehörig, und es ist die Ordnung derselben nach Gleichung (8.) die $(m-\mu)^{te}$. Aus dem Satze II. folgt als Corollar:

III. Ist eine Differentialgleichung der Klasse irreductibel, so sind alle Differentialgleichungen derselben Klasse irreductibel, und es giebt unter ihnen keine von niedrigerer Ordnung als von der m^{ten}.

10.

Die Coefficienten $S_0, S_1, \ldots, S_{\nu-1}$ in dem Multiplicator

$$M(t) = S_0 t + S_1 t' + \cdots + S_{\nu-1} t^{(\nu-1)} \tag{N.}$$

des Ausdruckes $H(t)$ genügen einem gewissen Systeme (Σ) linearer homogener Gleichungen mit rationalen Coefficienten, welche nach No. 8 erhalten [1277
werden, wenn wir in Gleichung $(\overline{\mathrm{M}}.)$ die Coefficienten der Ableitungen gleich hoher Ordnung von t auf beiden Seiten einander gleichsetzen. Der Voraussetzung nach lässt dieses System rationale Lösungen für $S_0, S_1, \ldots, S_{\nu-1}$ zu.

Lässt das System (Σ) zwei rationale Lösungen $S_0, S_1, \ldots, S_{\nu-1}$; $S'_0, S'_1, \ldots, S'_{\nu-1}$ von solcher Beschaffenheit zu, dass zwischen den Functionen $M(t)$ und $M_1(t)$, welche den Gleichungen

$$M(t) = S_0 t + S_1 t' + \cdots + S_{\nu-1} t^{(\nu-1)}, \tag{1.}$$

$$M_1(t) = S'_0 t + S'_1 t' + \cdots + S'_{\nu-1} t^{(\nu-1)} \tag{2.}$$

entsprechen, **nicht** eine Gleichung

$$M_1(t) = \gamma M(t), \tag{3.}$$

wo γ von x unabhängig, identisch besteht, so ist die Gleichung (H'.) reductibel.

Es sei nämlich $t = \xi$ eine Lösung der Gleichung (H'.), so ist nach dem Satze I. in No. 5 [vergl. die Gleichung $(\overline{\mathrm{M}}.)$] sowohl $M(\xi)$ als auch $M_1(\xi)$ ein Integral der zu (H'.) adjungirten Differentialgleichung

$$H'(t) = 0. \tag{4.}$$

Die Differentialgleichungen, welchen $M(\xi)$, $M_1(\xi)$ genügen, sind mit der Gleichung (H'.) von derselben Klasse. Ist (H'.) irreductibel, so sind, nach Satz III.

voriger Nummer, auch die ersteren Gleichungen irreductibel, und es ist

$$(5.)\qquad \frac{d^k\xi}{dx^k} = T_0\eta + T_1\eta' + \cdots + T_{\nu-1}\eta^{(\nu-1)},$$

wenn

$$(6.)\qquad \eta = M(\xi)$$

gesetzt und mit $T_0, T_1, \ldots, T_{\nu-1}$ rationale Functionen von x bezeichnet werden. — Demnach ist auch

$$(7.)\qquad \eta_1 = M_1(\xi) = \mathfrak{U}_0\eta + \mathfrak{U}_1\eta' + \cdots + \mathfrak{U}_{\nu-1}\eta^{(\nu-1)},$$

wo $\mathfrak{U}_0, \mathfrak{U}_1, \ldots, \mathfrak{U}_{\nu-1}$ rationale Functionen von x sind. Es besitzt daher die Gleichung (4.) zwei Integrale η und η_1, welche in der durch Gleichung (7.) gegebenen Beziehung zu einander stehen. Der Voraussetzung nach besteht eine Gleichung der Form (3.) nicht identisch. Würde sie für $t = \xi$ erfüllbar sein, so müsste die Gleichung (H'.) mit der Gleichung

$$(8.)\qquad M_1(t) - \gamma M(t) = 0$$

Integrale gemeinschaftlich haben und daher reductibel sein. Würde die
1278] Gleichung (3.) nicht für $t = \xi$ erfüllbar sein, so würde aus dem Bestehen der Gleichung (7.) folgen, dass die Gleichung (4.) reductibel sei*). Dann aber, dass auch (H'.) selber reductibel sei**).

11.

Es sei k ein in den Coefficienten einer Differentialgleichung

$$(1.)\qquad \frac{d^m y}{dx^m} + r_1\frac{d^{m-1}y}{dx^{m-1}} + \cdots + r_m y = 0$$

auftretender Parameter, mit welchem sich die ersteren stetig ändern. Wir machen nunmehr die folgende Voraussetzung:

(α.) Es giebt ein Fundamentalsystem von Integralen $y_1, y_2, \ldots, y_m$ der Differentialgleichung (1.) von der Beschaffenheit, dass in dem ganzen Verlaufe der Variabeln x die Gleichungen

$$(2.)\qquad \frac{\partial y_\mathfrak{a}}{\partial k} = A_0 y_\mathfrak{a} + A_1 y'_\mathfrak{a} + \cdots + A_{m-1} y_\mathfrak{a}^{(m-1)}, \qquad (\mathfrak{a} = 1, 2, \ldots, m)$$

wo $A_0, A_1, \ldots, A_{m-1}$ rationale Functionen von x, erfüllt werden.

*) Siehe Frobenius, Borchardts Journal, Bd. 76, S. 268.

**) A. a. O. S. 261.

Von den Differentialgleichungen dieser Art stellen wir zunächst folgenden Satz auf:

I. Die Coefficienten der Substitutionen der zur Gleichung (1.) gehörigen Gruppe sind unter der Voraussetzung (α.) von k unabhängig.

In der That möge ein Umlauf der Variabeln x, $y_{\mathfrak{a}}$ in $\bar{y}_{\mathfrak{a}}$ überführen, alsdann ist

$$(3.)\qquad \bar{y}_{\mathfrak{a}} = \alpha_{\mathfrak{a}1} y_1 + \alpha_{\mathfrak{a}2} y_2 + \cdots + \alpha_{\mathfrak{a}m} y_m, \qquad (\mathfrak{a} = 1, 2, \ldots, m)$$

wo $\alpha_{\mathfrak{a}\mathfrak{b}}$ von x unabhängig. Da die Gleichungen (2.) im ganzen Verlaufe der Variabeln x bestehen, so folgt

$$(4.)\qquad \frac{\partial \bar{y}_{\mathfrak{a}}}{\partial k} = A_0 \sum_1^m{}_{\mathfrak{b}}\, \alpha_{\mathfrak{a}\mathfrak{b}} y_{\mathfrak{b}} + A_1 \sum_1^m{}_{\mathfrak{b}}\, \alpha_{\mathfrak{a}\mathfrak{b}} y'_{\mathfrak{b}} + \cdots + A_{m-1} \sum_1^m{}_{\mathfrak{b}}\, \alpha_{\mathfrak{a}\mathfrak{b}} y_{\mathfrak{b}}^{(m-1)},$$

also unter Anwendung derselben Gleichung (2.)

$$(5.)\qquad \frac{\partial \bar{y}_{\mathfrak{a}}}{\partial k} = \alpha_{\mathfrak{a}1} \frac{\partial y_1}{\partial k} + \alpha_{\mathfrak{a}2} \frac{\partial y_2}{\partial k} + \cdots + \alpha_{\mathfrak{a}m} \frac{\partial y_m}{\partial k}.$$

Differentiiren wir aber Gleichung (3.) nach k, so folgt

$$(6.)\qquad \frac{\partial \bar{y}_{\mathfrak{a}}}{\partial k} = \alpha_{\mathfrak{a}1} \frac{\partial y_1}{\partial k} + \alpha_{\mathfrak{a}2} \frac{\partial y_2}{\partial k} + \cdots + \alpha_{\mathfrak{a}m} \frac{\partial y_m}{\partial k} + y_1 \frac{\partial \alpha_{\mathfrak{a}1}}{\partial k} + y_2 \frac{\partial \alpha_{\mathfrak{a}2}}{\partial k} + \cdots + y_m \frac{\partial \alpha_{\mathfrak{a}m}}{\partial k}.$$

Durch Vergleichung von (6.) und (5.) ergiebt sich demnach

$$(7.)\qquad y_1 \frac{\partial \alpha_{\mathfrak{a}1}}{\partial k} + y_2 \frac{\partial \alpha_{\mathfrak{a}2}}{\partial k} + \cdots + y_m \frac{\partial \alpha_{\mathfrak{a}m}}{\partial k} = 0. \qquad (\mathfrak{a} = 1, 2, \ldots, m)$$ [1279

Da $y_1, y_2, \ldots, y_m$ ein Fundamentalsystem ist, so ergiebt sich hieraus

$$(8.)\qquad \frac{\partial \alpha_{\mathfrak{a}1}}{\partial k} = 0, \quad \frac{\partial \alpha_{\mathfrak{a}2}}{\partial k} = 0, \quad \ldots, \quad \frac{\partial \alpha_{\mathfrak{a}m}}{\partial k} = 0,$$

wodurch unser Satz bewiesen ist.

Es ergiebt sich aber auch der folgende Satz:

II. Ist $y_1, y_2, \ldots, y_m$ ein Fundamentalsystem von Integralen der Gleichung (1.), das den Gleichungen (2.) genügt, und ist f eine von x unabhängige Grösse so genügt für den ganzen Verlauf der Variabeln x das System

$$f y_1, f y_2, \ldots, f y_m$$

den Gleichungen

$$(9.)\qquad \frac{\partial(fy_\alpha)}{\partial k} = \left(fA_0 + \frac{\partial f}{\partial k}\right)y_\alpha + fA_1 y'_\alpha + \cdots + fA_{m-1} y_\alpha^{(m-1)}. \qquad (\alpha = 1, 2, \ldots, m)$$

Es ist nämlich

$$\frac{\partial(fy_\alpha)}{\partial k} = \frac{\partial f}{\partial k} y_\alpha + f\frac{\partial y_\alpha}{\partial k};$$

hieraus ergiebt sich nach Gleichung (2.) die Gleichung (9.).

Endlich ergiebt sich noch:

III. Sind $\gamma_1, \gamma_2, \ldots, \gamma_m$ von k und von x unabhängige Grössen, so genügt

$$\gamma_1 y_1 + \gamma_2 y_2 + \cdots + \gamma_m y_m$$

ebenfalls der Gleichung (2.).

12.

Es sei umgekehrt vorausgesetzt, dass ein Fundamentalsystem von Integralen der Gleichung (1.) voriger Nummer angebbar sei, von der Beschaffenheit, dass die Coefficienten der Substitutionen der zu dieser Differentialgleichung gehörigen Gruppe von einem in den Coefficienten derselben auftretenden Parameter k unabhängig sind; ferner sei vorausgesetzt, dass die Integrale derselben Differentialgleichung keinen Punkt der Unbestimmtheit*) besitzen, d. h. dass die Gleichung (1.) voriger Nummer zur Kategorie der in BORCHARDTS Journal, Bd. 66, S. 146, Gleichung (12.)[1]
1280] charakterisirten Klasse gehöre. Alsdann finden in dem ganzen Verlaufe der Variabeln x die Gleichungen (2.) voriger Nummer statt.

Wenn nämlich wiederum nach irgend einem Umlaufe von x ein Fundamentalsystem von Integralen der Gleichung (1.) voriger Nummer

$$y_1, y_2, \ldots, y_m$$

bez. in

$$\bar{y}_1, \bar{y}_2, \ldots, \bar{y}_m$$

*) Vergl. über den Sinn dieser Bezeichnungsweise Sitzungsberichte der Berliner Akademie, 1886, S. 281[2]).

[1]) Abh. VI, S. 186, Band I dieser Ausgabe. R. F.

[2]) Abh. XLVII, S. 394, Band II dieser Ausgabe. R. F.

übergeht, wo

$$\bar{y}_{\mathfrak{a}} = \alpha_{\mathfrak{a}1} y_1 + \alpha_{\mathfrak{a}2} y_2 + \cdots + \alpha_{\mathfrak{a}m} y_m, \qquad (\mathfrak{a} = 1, 2, \ldots, m) \tag{1.}$$

so ist jetzt vorausgesetzt, dass die von x unabhängigen Grössen $\alpha_{\mathfrak{a}\mathfrak{b}}$ auch von k unabhängig seien. Wenn wir in Gleichung (1.) voriger Nummer $k + \delta k$ an die Stelle von k setzen, so möge dieselbe in

$$\frac{d^m y}{dx^m} + \bar{r}_1 \frac{d^{m-1} y}{dx^{m-1}} + \cdots + \bar{r}_m y = 0 \tag{2.}$$

übergehen. Es sei U derjenige Umlauf der Variabeln x, welcher die Substitution (1.) hervorgebracht, so werden die innerhalb U gelegenen singulären Punkte der Gleichung (1.) voriger Nummer in solche der Gleichung (2.) übergegangen sein, und wenn der Modul von δk hinlänglich klein, so werden die letzteren ebenfalls noch innerhalb U gelegen sein, und es wird kein anderer der singulären Punkte von (2.) innerhalb U liegen. Für das Fundamentalsystem

$$y_1 + \delta y_1,\; y_2 + \delta y_2,\; \ldots,\; y_m + \delta y_m$$

der Gleichung (2.) soll alsdann nach unserer Voraussetzung ebenfalls die Substitution (1.) bestehen, d. h.

$$\overline{(y_{\mathfrak{a}} + \delta y_{\mathfrak{a}})} = \alpha_{\mathfrak{a}1}(y_1 + \delta y_1) + \alpha_{\mathfrak{a}2}(y_2 + \delta y_2) + \cdots + \alpha_{\mathfrak{a}m}(y_m + \delta y_m). \qquad (\mathfrak{a} = 1, 2, \ldots, m) \tag{3.}$$

Aus den Gleichungen (1.) und (3.) folgt

$$\overline{(\delta y_{\mathfrak{a}})} = \alpha_{\mathfrak{a}1} \delta y_1 + \alpha_{\mathfrak{a}2} \delta y_2 + \cdots + \alpha_{\mathfrak{a}m} \delta y_m. \qquad (\mathfrak{a} = 1, 2, \ldots, m) \tag{4.}$$

Dividiren wir diese Gleichungen durch δk, so erhalten wir, indem wir für δk unendlich kleine Werthe setzen, für die Functionen $\frac{\partial y_{\mathfrak{a}}}{\partial k}$ nach demselben Umlaufe U von x

$$\overline{\left(\frac{\partial y_{\mathfrak{a}}}{\partial k}\right)} = \alpha_{\mathfrak{a}1} \frac{\partial y_1}{\partial k} + \alpha_{\mathfrak{a}2} \frac{\partial y_2}{\partial k} + \cdots + \alpha_{\mathfrak{a}m} \frac{\partial y_m}{\partial k}. \tag{5.}$$

Bestimmen wir nunmehr m Grössen $A_0, A_1, \ldots, A_{m-1}$ aus den Gleichungen

$$\frac{\partial y_{\mathfrak{a}}}{\partial k} = A_0 y_{\mathfrak{a}} + A_1 y'_{\mathfrak{a}} + \cdots + A_{m-1} y_{\mathfrak{a}}^{(m-1)}. \qquad (\mathfrak{a} = 1, 2, \ldots, m) \tag{6.}$$

Nach einem Umlaufe U der Variabeln x möge $y_{\mathfrak{a}}$ die durch die Gleichung [1281
(1.) bezeichnete Substitution und demgemäss $\frac{\partial y_{\mathfrak{a}}}{\partial k}$ die durch Gleichung (5.) bezeichnete Substitution erfahren. Demnach werden Zähler und Nenner in

den Werthen, welche die Gleichungen (6.) für $A_0, A_1, \ldots, A_{m-1}$ ergeben, nach dem Umlaufe U mit demselben Factor multiplicirt sein. Hieraus folgt, dass $A_0, A_1, \ldots, A_{m-1}$ durch die Umläufe der Variabeln x um die singulären Punkte der Gleichung (1.) voriger Nummer nicht geändert werden.

Bedeutet W ein Gebiet, in welchem kein singulärer Punkt der Gleichung (1.) voriger Nummer sich befindet, so ist für jeden Punkt x dieses Gebietes nach dem Theoreme von Cauchy, wenn wir

$$(7.)\qquad y_\alpha = f_\alpha(x, k), \qquad (\alpha = 1, 2, \ldots, m)$$

setzen,

$$(8.)\qquad f_\alpha(x, k) = \frac{1}{2\pi i}\int \frac{f_\alpha(z, k)\,dz}{z - x},$$

das Integral erstreckt über die Begrenzung von W. Wir haben daher

$$(9.)\qquad \frac{\partial y_\alpha}{\partial k} = \frac{1}{2\pi i}\int \frac{\partial f_\alpha(z, k)}{\partial k}\,\frac{dz}{z - x},$$

woraus hervorgeht, dass $\frac{\partial y_\alpha}{\partial k}$ innerhalb W eindeutig, endlich und stetig ist. Ebenso ergiebt sich, dass $\frac{\partial y_\alpha}{\partial k}$ in der Umgebung von $x = \infty$ die gleiche Eigenschaft hat, wenn y_α daselbst eindeutig, endlich und stetig ist.

Da hiernach $\frac{\partial y_\alpha}{\partial k}$ keine anderen Singularitäten besitzt als y_α, so ergiebt sich, dass $A_0, A_1, \ldots, A_{m-1}$ eindeutige Functionen von x sind.

Differentiiren wir die Gleichung (1.) voriger Nummer nach k, so folgt:

$$(10.)\qquad \frac{d^m}{dx^m}\left(\frac{\partial y}{\partial k}\right) + r_1\frac{d^{m-1}}{dx^{m-1}}\left(\frac{\partial y}{\partial k}\right) + \cdots + r_m\frac{\partial y}{\partial k} = -\frac{\partial r_1}{\partial k}\frac{d^{m-1}y}{dx^{m-1}} - \frac{\partial r_2}{\partial k}\frac{d^{m-2}y}{dx^{m-2}} - \cdots - \frac{\partial r_m}{\partial k}y.$$

Da die Integrale y der Gleichung (1.) voriger Nummer keine Punkte der Unbestimmtheit besitzen, so folgt aus dieser Gleichung, dass auch $\frac{\partial y}{\partial k}$ keine
1282] Punkte der Unbestimmtheit hat. Daher haben auch die aus den Gleichungen (6.) sich ergebenden Werthe von $A_0, A_1, \ldots, A_{m-1}$ keine Punkte der Unbestimmtheit. Dieselben sind also rationale Functionen von x, und die Gleichungen (6.) sind mit den Gleichungen (2.) voriger Nummer übereinstimmend.

13.

Es möge nunmehr von der Gleichung (A.) vorausgesetzt werden, dass sie den Anforderungen (α.) in No. 11 Genüge leiste. Sind alsdann $y_1, y_2, \ldots, y_{2n}$

ein Fundamentalsystem von Integralen derselben, für welches die Gleichungen

$$(S.)\qquad \frac{\partial y_\alpha}{\partial k} = A_0 y_\alpha + A_1 y'_\alpha + \cdots + A_{2n-1} y_\alpha^{(2n-1)} \qquad (\alpha = 1, 2, \ldots, 2n)$$

bestehen, so folgt,

$$(1.)\qquad \frac{d^i}{dx^i}\left(\frac{\partial y_\alpha}{\partial k}\right) = A_{i0} y_\alpha + A_{i1} y'_\alpha + \cdots + A_{i,2n-1} y_\alpha^{(2n-1)}, \qquad (i = 1, 2, \ldots, 2n)$$

daher ist auch

$$(2.)\qquad \frac{\partial u_{b0}}{\partial k} = B_0 u_{b0} + B_1 u_{b1} + \cdots + B_{\nu-1} u_{b,\nu-1}.$$

Machen wir wie in No. 4 die Voraussetzung, dass die Determinante Q nicht verschwindet, so ergiebt sich durch wiederholte Anwendung der Gleichung (J.), dass das Fundamentalsystem von Integralen der Gleichung (H.)

$$u_{00},\ u_{10},\ \ldots,\ u_{\nu-1,0}$$

den Gleichungen

$$(S_1.)\qquad \frac{\partial u_{b0}}{\partial k} = C_0 u_{b0} + C_1 u'_{b0} + \cdots + C_{\nu-1} u_{b0}^{(\nu-1)}$$

genügt, wo $C_0, C_1, \ldots, C_{\nu-1}$ rationale Functionen von x bedeuten. Machen wir aber die Substitution (8.) No. 4, so folgt ebenso

Die Gleichung (H'.) besitzt ein Fundamentalsystem von Integralen $\xi_1, \xi_2, \ldots, \xi_\nu$, welches die Gleichungen

$$(S_2.)\qquad \frac{\partial \xi_\alpha}{\partial k} = D_0 \xi_\alpha + D_1 \xi'_\alpha + \cdots + D_{\nu-1} \xi_\alpha^{(\nu-1)} \qquad (\alpha = 1, 2, \ldots, \nu)$$

befriedigt, wo $D_0, D_1, \ldots, D_{\nu-1}$ rationale Functionen von x sind.

Durch Differentiation der Gleichungen (S_2.) nach x ergiebt sich

$$(3.)\qquad \frac{d^i}{dx^i}\left(\frac{\partial \xi_\alpha}{\partial k}\right) = D_{i0} \xi_\alpha + D_{i1} \xi'_\alpha + \cdots + D_{i,\nu-1} \xi_\alpha^{(\nu-1)}, \qquad (\alpha = 1, 2, \ldots, \nu)$$

wo $D_{i0}, D_{i1}, \ldots, D_{i,\nu-1}$ rationale Functionen von x sind.

Wir wollen nun der quadratischen Form Z' in Gleichung (L'.) eine [1283 andere Form $\mathrm{H}(t)$ von folgender Gestalt zuordnen:

$$(L_1.)\qquad \mathrm{H}(t) = \sum\nolimits_{\alpha\beta} \frac{dR_{\alpha\beta}}{\partial k} t^{(\alpha)} t^{(\beta)} + \sum\nolimits_{\alpha\beta} R_{\alpha\beta} [t^{(\beta)}(D_{\alpha 0} t + D_{\alpha 1} t' + \cdots + D_{\alpha,\nu-1} t^{(\nu-1)}) + t^{(\alpha)}(D_{\beta 0} t + D_{\beta 1} t' + \cdots + D_{\beta,\nu-1} t^{(\nu-1)})].$$

Schreiben wir $Z'(t)$ an Stelle von Z', so folgern wir aus Gleichung (3.):

$$\text{(4.)} \qquad \mathrm{H}(\xi_\alpha) = \frac{d}{dk}[Z'(\xi_\alpha)]. \qquad (\alpha = 1, 2, \ldots, \nu)$$

Da $Z'(t)$ von x unabhängig wird, wenn wir für t ein beliebiges Integral der Gleichung $(\mathrm{H}'.)$ setzen (siehe No. 4), so ergiebt sich aus Gleichung (4.), dass auch $\mathrm{H}(\xi_\alpha)$ von x unabhängig ist.

Ist f eine willkürliche von x unabhängige Grösse, so haben wir nach Satz II. No. 11 und nach Gleichung $(S_2.)$,

$$\text{(5.)} \qquad \frac{\partial(f\xi_\alpha)}{\partial k} = \left[D_0 f + \frac{\partial f}{\partial k}\right]\xi_\alpha + D_1 f\xi'_\alpha + \cdots + D_{\nu-1} f\xi_\alpha^{(\nu-1)}.$$

Daher ergiebt sich aus Gleichung (3.)

$$\text{(6.)} \qquad \frac{d^i}{dx^i}\left[\frac{\partial(f\xi_\alpha)}{\partial k}\right] = D_{i0} f\xi_\alpha + D_{i1} f\xi'_\alpha + \cdots + D_{i,i-1} f\xi_\alpha^{(i-1)} + \left(D_{ii} f + \frac{\partial f}{\partial k}\right)\xi_\alpha^{(i)}$$
$$+ D_{i,i+1} f\xi_\alpha^{(i+1)} + \cdots + D_{i,\nu-1} f\xi_\alpha^{(\nu-1)}.$$

Setzen wir in $(L_1.)$ $t = f\xi_\alpha$, so ergiebt sich

$$\text{(7.)} \qquad \mathrm{H}(f\xi_\alpha) = f^2\mathrm{H}(\xi_\alpha) = f^2\frac{d}{dk}Z'(\xi_\alpha).$$

Demnach ist auch $\mathrm{H}(f\xi_\alpha)$ von x unabhängig.

Nach Satz III. No. 11 genügt $\xi_\alpha + \xi_\beta$ der Gleichung $(S_2.)$, folglich ist auch $\mathrm{H}(\xi_\alpha + \xi_\beta)$ von x unabhängig, d. h. da

$$\text{(8.)} \quad \mathrm{H}(\xi_\alpha + \xi_\beta) = \mathrm{H}(\xi_\alpha) + \mathrm{H}(\xi_\beta) + \frac{\partial \mathrm{H}(\xi_\alpha)}{\partial \xi_\alpha}\xi_\beta + \frac{\partial \mathrm{H}(\xi_\alpha)}{\partial \xi'_\alpha}\xi'_\beta + \cdots + \frac{\partial \mathrm{H}(\xi_\alpha)}{\partial \xi_\alpha^{(\nu-1)}}\xi_\beta^{(\nu-1)},$$

dass auch der Ausdruck

$$\text{(9.)} \qquad \overline{\mathrm{H}}(\xi_\alpha, \xi_\beta) = \frac{\partial \mathrm{H}(\xi_\alpha)}{\partial \xi_\alpha}\xi_\beta + \frac{\partial \mathrm{H}(\xi_\alpha)}{\partial \xi'_\alpha}\xi'_\beta + \cdots + \frac{\partial \mathrm{H}(\xi_\alpha)}{\partial \xi_\alpha^{(\nu-1)}}\xi_\beta^{(\nu-1)}$$

von x unabhängig ist.

Nun sei g eine willkürliche Grösse, so ist

$$\text{(10.)} \qquad \mathrm{H}(f\xi_\alpha + g\xi_\beta) = \mathrm{H}(f\xi_\alpha) + \mathrm{H}(g\xi_\beta) + \overline{\mathrm{H}}(f\xi_\alpha, g\xi_\beta)$$

und

$$\text{(11.)} \qquad \overline{\mathrm{H}}(f\xi_\alpha, g\xi_\beta) = fg\,\overline{\mathrm{H}}(\xi_\alpha, \xi_\beta).$$

Demnach ist auch $\mathrm{H}(f\xi_\alpha + g\xi_\beta)$ von x unabhängig. Hieraus ergiebt sich:

I. Es wird $H(t)$ von x unabhängig, wenn wir für t ein beliebiges Integral der Gleichung (H'.) setzen. [1284

Setzen wir:

$$H(t) = \gamma Z'(t), \tag{12.}$$

und nehmen wir an, dass, wie auch das Fundamentalsystem von Integralen der Gleichung (H'.), welches einer Gleichung der Form (S_2.) genügt, beschaffen sein möge, die Grösse γ von x unabhängig werde. Setzen wir

$$\sum_{\alpha\beta} \frac{\partial R_{\alpha\beta}}{\partial k} t^{(\alpha)} t^{(\beta)} = \psi(t), \tag{13.}$$

$$\sum_{\alpha\beta} R_{\alpha\beta} [t^{(\beta)} (D_{\alpha 0} t + D_{\alpha 1} t' + \cdots + D_{\alpha, \nu-1} t^{(\nu-1)}) \\ + t^{(\alpha)} (D_{\beta 0} t + D_{\beta 1} t' + \cdots + D_{\beta, \nu-1} t^{(\nu-1)})] = \chi(t), \tag{14.}$$

so ist nach Gleichung (12.)

$$\psi(t) + \chi(t) = \gamma Z'(t). \tag{15.}$$

Für ein Fundamentalsystem $f\xi_\alpha$, wo f eine von x unabhängige, dagegen von k abhängige Grösse bedeutet, tritt an die Stelle von Gleichung (3.) die Gleichung (6.), an die Stelle von $\chi(t)$ tritt daher

$$f\chi(t) + 2\frac{df}{dk} Z'(t).$$

Es tritt dann endlich $H_1(t)$ an die Stelle von $H(t)$, wo

$$H_1(t) = \psi(t) + f\chi(t) + 2\frac{df}{dk} Z'(t). \tag{16.}$$

Soll nun auch

$$H_1(t) = \gamma_1 Z'(t) \tag{17.}$$

und γ_1 von x unabhängig sein, so ergiebt sich

$$\psi(t) + f\chi(t) = \left(\gamma_1 - 2\frac{df}{dk}\right) Z'(t). \tag{18.}$$

Aus den Gleichungen (15.) und (18.) folgt:

$$\chi(t) = \lambda\psi(t), \tag{19.}$$

wo

$$\lambda = \frac{(\gamma_1 - \gamma)\frac{dk}{df} - 2}{(\gamma f - \gamma_1)\frac{dk}{df} + 2}. \tag{20.}$$

Diese Grösse λ muss von f unabhängig sein. Da auch γ die gleiche Eigenschaft besitzt, so erhalten wir demnach die Gleichung

$$\frac{d\gamma_1}{df} - \frac{1}{f-1}\gamma_1 + \frac{2(f-1)\frac{d^2k}{df^2} + 2\frac{dk}{df} + \gamma\left(\frac{dk}{df}\right)^2}{\left(\frac{dk}{df}\right)^2(f-1)} = 0. \tag{21.}$$

1285] Ist nun beispielsweise f eine algebraische Function von k, so müsste γ_1 der Identität (17.) zu Folge eine algebraische Function von f sein. Die Gleichung (21.) ist aber nicht für jede Wahl von $\frac{dk}{df}$ als algebraische Function von f algebraisch integrirbar, daher ist unsere Voraussetzung, dass gleichzeitig die Identitäten (12.) und (17.) bestehen, unzulässig, und wir erhalten den Satz:

II. Man kann das Fundamentalsystem ξ_a so wählen, dass eine Identität der Form (12.) nicht für einen von x unabhängigen Werth von γ erfüllt wird.

Aus dem Satze I. ergiebt sich nach Satz I. No. 5:

III. Sei

$$M_1(t) = \frac{\partial \mathrm{H}}{\partial t^{(\nu-1)}} = T_0 t + T_1 t' + \cdots + T_{\nu-1} t^{(\nu-1)}, \tag{N$_1$.}$$

wo $T_0, T_1, \ldots, T_{\nu-1}$ rationale Functionen von x, so ist identisch für jede Function t

$$\frac{d\mathrm{H}(t)}{dx} = M_1(t)\,H(t). \tag{M$_1$.}$$

Da nun nach Gleichung (M.)

$$\frac{dZ'}{dt} = M(t)\,H(t),$$

so folgt aus Satz II.:

IV. Setzen wir

$$M_1(t) = \gamma M(t),$$

so ist γ nicht von x unabhängig.

Nach dem Theoreme in No. 10 ergiebt sich demnach:

V. Wenn die Differentialgleichung (A.) den Anforderungen (α.) in No. 11 genügt, so ist die Gleichung (H'.), also auch die Gleichung (H.) reductibel.

Diese Eigenschaft ist für die specielle Differentialgleichung (A.), welche den Anforderungen (α.) in No. 11 genügt, eine fundamentale, wie insbesondere aus dem Beispiel, welches wir in den folgenden Nummern entwickeln wollen, hervorgeht.

14.

Zu den linearen Differentialgleichungen, welche die Anforderungen (α.) in No. 11 befriedigen, gehören die Differentialgleichungen, welchen die Periodicitätsmoduln der hyperelliptischen Functionen genügen, die ich in BORCHARDTS Journal, Bd. 71, S. 91[1]) gegeben habe. Es wird sich zeigen, dass die [1286
Relationen zwischen den Periodicitätsmoduln, welche zuerst Herr WEIERSTRASS*) aus dem Satze von der Umkehrung von Parameter und Argument hergeleitet hat, sich als unmittelbare Folgerungen darstellen aus dem Satze von der Reductibilität (Satz V. voriger Nummer), angewendet auf den Fall, dass die Gleichung (A.) diejenige ist, welcher die Periodicitätsmoduln genügen.

Ist

$$y = \frac{g(z)}{s}\text{**)}, \tag{1.}$$

wo

$$s^2 = \varphi(z, x), \tag{2.}$$

$\varphi(z, x)$ eine ganze rationale Function von z und x und zwar vom $(2n+1)^{\text{ten}}$ Grade in Bezug auf z, $g(z)$ eine rationale Function von z und x, welche nur für die Wurzeln der Gleichung

$$\varphi(z, x) = 0$$

unendlich wird, so ist

$$\frac{d^{\mathfrak{a}} y}{dx^{\mathfrak{a}}} = \sum_0^{2n-1}{}_{\mathfrak{b}} \mathfrak{K}_{\mathfrak{a}\mathfrak{b}} \frac{z^{\mathfrak{b}}}{s} + \frac{\partial}{\partial z}(X_{\mathfrak{a}}(z)\, s)\text{***)}; \tag{3.}$$

$\mathfrak{K}_{\mathfrak{a}\mathfrak{b}}$ sind von z unabhängige Grössen, welche sich rational aus den Coeffi-

---

*) Programm des Braunsberger Gymnasiums 1848/49 [2]).

**) Wir setzen für unseren gegenwärtigen Gebrauch in meiner oben citirten Abhandlung z an Stelle von x, x an Stelle von u und $2n+1$ an Stelle von n.

***) Siehe BORCHARDTS Journal, Bd. 71, S. 107 [3]).

---

1) Abh. VIII, S. 241 ff., Band I dieser Ausgabe. R. F.

2) Werke, Bd. I, S. 111—131. R. F.

3) Abh. VIII, S. 258, Band I dieser Ausgabe. R. F.

cienten von $\varphi(z, x)$ und von $g(z)$ zusammensetzen, $X_a(z)$ bedeutet eine rationale Function von z.

Ist w ein Periodicitätsmodul des Integrals

$$\int y\,dz,$$

so genügt w als Function von x im Allgemeinen einer Differentialgleichung der $2n^{\text{ten}}$ Ordnung

$$(A_1.)\qquad \beta_{2n}\frac{d^{2n}w}{dx^{2n}} + \beta_{2n-1}\frac{d^{2n-1}w}{dx^{2n-1}} + \cdots + \beta_0 w = 0\text{*}),$$

wo die Verhältnisse der Grössen $\beta_{2n}, \beta_{2n-1}, \ldots, \beta_0$ rationale Functionen von x bedeuten.

I. Alle Differentialgleichungen der Form $(A_1.)$, welche einer willkürlichen Wahl der rationalen Function $g(z)$ entsprechen, gehören derselben Klasse an.

Es sei z. B.

$$(4.)\qquad g(z) = \alpha_0 + \alpha_1 z + \cdots + \alpha_{n-1} z^{n-1},$$

1287] wo $\alpha_0, \alpha_1, \ldots, \alpha_{n-1}$ rationale Functionen von x bedeuten, alsdann ist

$$w = \eta$$

der Periodicitätsmodul des Integrals erster Gattung

$$\int \frac{g(z)}{s}\,dz,$$

und es sei für diesen Fall nach Gleichung $(A_1.)$

$$(A_2.)\qquad \frac{d^{2n}\eta}{dx^{2n}} + p_1(x)\frac{d^{2n-1}\eta}{dx^{2n-1}} + \cdots + p_{2n}(x)\,\eta = 0.$$

Wir wollen beweisen, dass

$$(5.)\qquad w = \varphi_0\eta + \varphi_1\eta' + \cdots + \varphi_{2n-1}\eta^{(2n-1)},$$

wo $\varphi_0, \varphi_1, \ldots, \varphi_{2n-1}$ rationale Functionen von x und die oberen Accente Ableitungen nach x bedeuten.

Wenden wir die Gleichung (3.) auf den Fall an, wo wir $g(z)$ nach Gleichung (4.) bestimmt haben, und setzen daselbst successive $0, 1, 2, \ldots, 2n-1$

*) A. a. O. S. 108[1]).

1) S. 259 des ersten Bandes dieser Ausgabe. R. F.

für $\mathfrak{a}$, so erhalten wir ein System von Gleichungen, aus welchen wir im Allgemeinen herleiten können

$$(6.)\quad \frac{z^{\mathfrak{b}}}{s} = \mathfrak{L}_0 y + \mathfrak{L}_1 \frac{\partial y}{\partial x} + \cdots + \mathfrak{L}_{2n-1} \frac{\partial^{2n-1} y}{\partial x^{2n-1}} + \frac{\partial}{\partial z}(\Psi_{\mathfrak{b}}(z)\, s), \quad (\mathfrak{b} = 0, 1, 2, \ldots, 2n-1)$$

wo $\mathfrak{L}_0, \mathfrak{L}_1, \ldots, \mathfrak{L}_{2n-1}$ rationale Functionen von x und $\Psi_{\mathfrak{b}}(z)$ rationale Functionen von z bedeuten.

Integriren wir beide Seiten dieser Gleichung längs eines geschlossenen Umlaufs der Variabeln z, welcher den Periodicitätsmodul η liefert und bezeichnen den entsprechenden Periodicitätsmodul von

$$\int \frac{z^{\mathfrak{b}}}{s}\, dz$$

mit $\zeta_{\mathfrak{b}}$, so folgt aus Gleichung (6.)

$$(7.)\quad \zeta_{\mathfrak{b}} = \mathfrak{L}_0 \eta + \mathfrak{L}_1 \frac{d\eta}{dx} + \cdots + \mathfrak{L}_{2n-1} \frac{d^{2n-1}\eta}{dx^{2n-1}}.$$

Nun ist nach Gleichung (3.) für eine beliebige rationale Function $g(z)$, die nur für die Wurzeln der Gleichung $\varphi(z, x) = 0$ unendlich wird,

$$(8.)\quad y = \frac{g(z)}{s} = \sum_0^{2n-1}{}_{\mathfrak{b}}\, \mathfrak{K}_{0\mathfrak{b}} \frac{z^{\mathfrak{b}}}{s} + \frac{\partial}{\partial z}(X_0(z)\, s).$$

Integriren wir diese Gleichung nach z längs derselben Curve, so folgt

$$(9.)\quad w = \sum{}_{\mathfrak{b}}\, \mathfrak{K}_{0\mathfrak{b}} \zeta_{\mathfrak{b}}.$$

Demnach ist nach Gleichung (7.)

$$(10.)\quad w = \mathfrak{M}_0 \eta + \mathfrak{M}_1 \frac{d\eta}{dx} + \cdots + \mathfrak{M}_{2n-1} \frac{d^{2n-1}\eta}{dx^{2n-1}},$$ [1288

womit unser Satz bewiesen ist.

Es mögen nunmehr die Coefficienten von $\varphi(z, x)$ und von $g(z)$ ganze rationale Functionen eines Parameters k sein (wir können als solchen z. B. einen Verschwindungswerth der Function $\varphi(z, x)$ wählen), so genügt der Periodicitätsmodul des Integrals

$$\int \frac{\partial}{\partial k}\left(\frac{g(z)}{s}\right) dz$$

einer Differentialgleichung $(A_1.)$; derselbe ist daher in der Form (10.) enthalten. Andererseits ist dieser Periodicitätsmodul, wenn wir $g(z)$ nach Gleichung (4.) bestimmen, auch mit $\frac{\partial \eta}{\partial k}$ übereinstimmend. Demnach genügt η einer Gleichung der Form:

$$\frac{\partial \eta}{\partial k} = A_0 \eta + A_1 \frac{d\eta}{dx} + \cdots + A_{2n-1} \frac{d^{2n-1}\eta}{dx^{2n-1}}. \tag{11.}$$

Diese Gleichung bleibt bestehen, wenn für η irgend ein Periodicitätsmodul des Integrals

$$\int \frac{g(z)}{s} dz,$$

d. h. irgend ein Integral der Gleichung (A_2.) eingesetzt wird. Wir erhalten also den Satz:

II. Die Differentialgleichung (A_2.) genügt den Anforderungen (α.) in No. 11*).

In meiner oben erwähnten Arbeit**) habe ich gezeigt, dass die Coefficienten der zur Differentialgleichung (A_2.) gehörigen Substitutionsgruppe von k unabhängige, nämlich wohlbestimmte, ganze Zahlen sind. Dieses ist also in vollkommener Übereinstimmung mit den Sätzen in No. 11 und 12.

15.

Bilden wir jetzt die Differentialgleichung (H'.) für unsere Differentialgleichung (A_2.)

$$\frac{d^\nu t}{dx^\nu} + R_1(x) \frac{d^{\nu-1} t}{dx^{\nu-1}} + \cdots + R_\nu(x) t = 0, \tag{H'_1.}$$

1289] so folgt aus dem Satze V. No. 13, dass (H'_1.) reductibel ist. Demnach ist auch die der Gleichung (H.) entsprechende Differentialgleichung, welche wir aus (A_2.) herstellen, reductibel. Dieselbe sei

$$\frac{d^\nu u}{dx^\nu} + P_1(x) \frac{d^{\nu-1} u}{dx^{\nu-1}} + \cdots + P_\nu(x) u = 0. \tag{H_1.}$$

*) Ein Beispiel hiervon für den Fall der elliptischen Integrale habe ich bereits in BORCHARDTS Journal, Bd. 83, S. 31[1]) hervorgehoben und daselbst aus der entsprechenden Gleichung die LEGENDREsche Relation zwischen den Perioden der Integrale erster und zweiter Gattung hergeleitet.

**) BORCHARDTS Journal, Bd. 71, S. 100[2]).

1) Abh. XXIV, S. 105, Band II dieser Ausgabe. R. F.

2) Abh. VIII, S. 251, Band I dieser Ausgabe. R. F.

Nach Satz II. No. 9 giebt es also in der zu (H_1.) gehörigen Klasse von Differentialgleichungen auch solche niedrigerer als ν^{ter} Ordnung, d. h. wir können die rationalen Functionen von $x, \varphi_0, \varphi_1, \dots, \varphi_{\nu-1}$ so bestimmen, dass

$$(1.)\qquad w = \varphi_0 u + \varphi_1 u' + \cdots + \varphi_{\nu-1} u^{(\nu-1)}$$

einer Differentialgleichung niedrigerer als ν^{ter} Ordnung Genüge leistet. Drücken wir mit Hülfe des aus unserer Gleichung (A_2.) herzustellenden Systems von Gleichungen (F.), nämlich

$$(F_1.)\qquad \frac{d^l u}{dx^l} = \psi_{l0} u_0 + \psi_{l1} u_1 + \cdots + \psi_{l,\nu-1} u_{\nu-1},$$

die Ableitungen von u durch die Functionen $u_0, u_1, \dots, u_{\nu-1}$ aus, so erhält w die Form

$$(2.)\qquad w = \psi_0 u_0 + \psi_1 u_1 + \cdots + \psi_{\nu-1} u_{\nu-1},$$

wo $\psi_0, \psi_1, \dots, \psi_{\nu-1}$ rationale Functionen von x bedeuten. Setzen wir in (2.) an die Stelle von u_λ successive $u_{0\lambda}, u_{1\lambda}, \dots, u_{\nu-1,\lambda}$ und bezeichnen die zugehörigen Werthe von w mit $w_0, w_1, \dots, w_{\nu-1}$, so ergiebt sich daraus, dass w einer Differentialgleichung niedrigerer als ν^{ter} Ordnung Genüge leistet, dass $w_0, w_1, \dots, w_{\nu-1}$ Relationen der Form

$$(T.)\qquad \gamma_0 w_0 + \gamma_1 w_1 + \cdots + \gamma_{\nu-1} w_{\nu-1} = 0$$

mit von x unabhängigen Coefficienten erfüllen.

Es sei

$$(3.)\qquad \overset{\lambda}{v} = \chi_{\lambda 0}\eta + \chi_{\lambda 1}\eta' + \cdots + \chi_{\lambda, 2n-1}\eta^{(2n-1)}, \qquad (\lambda = 1, 2, \dots, n)$$

wo $\chi_{\lambda\alpha}$ rationale Functionen von x bedeuten. Sind $\eta_1, \eta_2, \dots, \eta_{2n}$ die Periodicitätsmoduln des Integrals

$$\int \frac{g(z)}{s}\,dz$$

(wo $g(z)$ nach Gleichung (4.) voriger Nummer bestimmt ist) an den $2n$ Querschnitten, so bilden dieselben im Allgemeinen ein Fundamentalsystem der Gleichung (A_2.). Setzen wir in (3.) η_l an Stelle von η, so möge der zugehörige Werth von $\overset{\lambda}{v}$ mit $\overset{\lambda l}{v}$ bezeichnet werden. Bilden wir nun mit den Grössen $\overset{\lambda l}{v}$ die Determinanten

$$\mathfrak{U}^{(0)}, \mathfrak{U}^{(1)}, \dots, \mathfrak{U}^{(\nu-1)}$$

1290] mit je n^2 Elementen, indem wir in den Horizontalreihen $\lambda = 1, 2, \ldots, n$ wählen, während die Verticalreihen für l successive die Zahlen einer Combination n^{ter} Klasse der Zahlenreihe $1, 2, \ldots, 2n$ sind, so erhalten wir

$$(4.)\qquad \mathfrak{U}^{(i)} = s_{i0}u_0 + s_{i1}u_1 + \cdots + s_{i,\nu-1}u_{\nu-1},$$

wo die $s_{i\nu}$ homogene alternirende Functionen von den $\chi_{\lambda a}$ der Ordnung n sind.

Bestimmen wir $\chi_{\lambda a}$ so, dass

$$(5.)\qquad s_{i0} = \psi_0,\quad s_{i1} = \psi_1,\quad \ldots,\quad s_{i,\nu-1} = \psi_{\nu-1},$$

und sind $(\mathfrak{U})^{i\nu}$ die Werthe von $\mathfrak{U}^{(i)}$, welche aus (4.) dadurch hervorgehen, dass $u_{\nu\lambda}$ an die Stelle von u_λ gesetzt wird, so folgt aus Gleichung (T.) für diese Grössen eine Relation der Form

$$(\mathrm{T}_1.)\qquad \gamma_0(\mathfrak{U})^{i0} + \gamma_1(\mathfrak{U})^{i1} + \cdots + \gamma_{\nu-1}(\mathfrak{U})^{i,\nu-1} = 0$$

mit von x unabhängigen Coefficienten.

Die weitere Ausführung dieser Rechnung, welche ich mir für eine spätere Mittheilung vorbehalte, ergiebt die oben bezeichneten Relationen zwischen den Periodicitätsmoduln der hyperelliptischen Integrale erster und zweiter Gattung in der Form wie sie Herr Weierstrass gegeben hat.

16.

713] Wir betrachten zunächst die Differentialgleichung, welcher die Periodicitätsmoduln der hyperelliptischen Integrale vom Range $p = 2$ genügen.

Die Periodicitätsmoduln des Integrals

$$\int \frac{dz}{\sqrt{\varphi(z)}},$$

wo

$$(1.)\qquad \varphi(z) = (z-x)(z-k_1)(z-k_2)(z-k_3)(z-k_4),$$

befriedigen alsdann, wie ich*) nachgewiesen habe, die Gleichung

*) Crelles Journal, Bd. 71, S. 119 [1]).

[1]) Abh. VIII, S. 241, Band I dieser Ausgabe. R. F.

$$(2.)\quad \psi(x)\frac{d^4y}{dx^4}+3\psi'(x)\frac{d^3y}{dx^3}+\frac{25}{8}\psi^{(2)}(x)\frac{d^2y}{dx^2}+\frac{5}{4}\psi^{(3)}(x)\frac{dy}{dx}+\frac{15}{128}\psi^{(4)}(x)y=0,$$

wo

$$\psi(x)=(x-k_1)(x-k_2)(x-k_3)(x-k_4),\quad \text{und}\quad \psi^{(\alpha)}(x)=\frac{d^\alpha\psi}{dx^\alpha}.$$

Die in der eben erwähnten Arbeit*) eingeführten Grössen (x,k_1), (x,k_2), (x,k_3), (x,k_4) wollen wir bez. mit y_1, y_2, y_3, y_4 bezeichnen. Die letzteren Functionen von x bilden ein Fundamentalsystem von Integralen der Gleichung (2.), dessen Fundamentalsubstitutionen aus der genannten Abhandlung**) sich folgendermaassen ergeben: Ist $\bar{y}_\lambda$ der Werth, in welchen y_λ nach einem Umlaufe der Veränderlichen x übergeht, so ist nach einem Umlaufe um

$$(3.)\quad \begin{cases} k_1)\,\bar{y}_1=y_1, & \bar{y}_2=y_2+2y_1, \quad \bar{y}_3=y_3+2y_1, \quad \bar{y}_4=y_4+2y_1; \\ k_2)\,\bar{y}_1=y_1-2y_2, & \bar{y}_2=y_2, \quad \bar{y}_3=y_3+2y_2, \quad \bar{y}_4=y_4+2y_2; \\ k_3)\,\bar{y}_1=y_1-2y_3, & \bar{y}_2=y_2-2y_3, \quad \bar{y}_3=y_3, \quad \bar{y}_4=y_4+2y_3; \\ k_4)\,\bar{y}_1=y_1-2y_4, & \bar{y}_2=y_2-2y_4, \quad \bar{y}_3=y_3-2y_4, \quad \bar{y}_4=y_4. \end{cases}$$ [714

Setzen wir

$$(4.)\quad y_\lambda\frac{dy_\mu}{dx}-y_\mu\frac{dy_\lambda}{dx}=(\lambda\mu),$$

so genügen die sechs Functionen von x

$$(12),\ (13),\ (14),\ (23),\ (24),\ (34)$$

nach No. 3 Gleichung (H.) einer Differentialgleichung

$$(5.)\quad \frac{d^6u}{dx^6}+Q_1\frac{d^5u}{dx^5}+Q_2\frac{d^4u}{dx^4}+Q_3\frac{d^3u}{dx^3}+Q_4\frac{d^2u}{dx^2}+Q_5\frac{du}{dx}+Q_6u=0,$$

deren Coefficienten rationale Functionen von x und von den Grössen k_λ sind.

Aus No. 14 ergiebt sich, dass die Gleichung (5.) reductibel sein muss.

Es ist zweckmässig und für die Folge auch wichtig, dieses noch auf eine andere Art zu beweisen, welche zugleich von den am Anfange der No. 14

*) Crelles Journal, Bd. 71, S. 100 [1]).

**) Ebendas. S. 100–101 [2]).

[1]) S. 251, Band I dieser Ausgabe. R. F.

[2]) S. 251–252, Band I dieser Ausgabe. R. F.

angedeuteten Relationen diejenigen unmittelbar liefert, die hier vorzugsweise in Betracht kommen.

Aus den Gleichungen (3.) ergiebt sich, wenn wir wieder mit $(\overline{\lambda\mu})$ denjenigen Werth bezeichnen, in welchen $(\lambda\mu)$ nach einem angegebenen Umlaufe der Veränderlichen x übergeht, dass nach einem Umlaufe um

$$(6.)\quad \begin{cases} k_1)\begin{cases} (\overline{12}) = (12),\quad (\overline{13}) = (13),\quad (\overline{14}) = (14),\\ (\overline{23}) = -2(12)+2(13)+(23),\\ (\overline{24}) = -2(12)+2(14)+(24),\\ (\overline{34}) = -2(13)+2(14)+(34); \end{cases}\\ k_2)\begin{cases} (\overline{12}) = (12),\quad (\overline{13}) = 2(12)+(13)-2(23),\\ (\overline{14}) = 2(12)+(14)-2(24),\quad (\overline{23}) = (23),\\ (\overline{24}) = (24),\quad (\overline{34}) = -2(23)+2(24)+(34); \end{cases}\\ k_3)\begin{cases} (\overline{12}) = (12)-2(13)+2(23),\quad (\overline{13}) = (13),\\ (\overline{14}) = 2(13)+(14)-2(34),\quad (\overline{23}) = (23),\\ (\overline{24}) = 2(23)+(24)-2(34),\quad (\overline{34}) = (34); \end{cases}\\ k_4)\begin{cases} (\overline{12}) = (12)-2(14)+2(24),\quad (\overline{13}) = (13)-2(14)+2(34),\\ (\overline{14}) = (14),\quad (\overline{23}) = (23)-2(24)+2(34),\\ (\overline{24}) = (24),\quad (\overline{34}) = (34). \end{cases} \end{cases}$$

Bilden wir das Particularintegral der Gleichung (5.)

$$(7.)\qquad w = (12)-(13)+(14)+(23)-(24)+(34),$$

715] so ergiebt die eben gebildete Tabelle (6.), dass w durch die Umläufe der Veränderlichen x um einen der Punkte k_1, k_2, k_3, k_4 keine Änderung erleidet. Da aber die Integrale der Gleichung (5.) sich für keine anderen endlichen Werthe von x verzweigen, so folgt, dass w eine eindeutige Funktion von x ist. Da nun die Integrale der Gleichung (2.), folglich auch die der Gleichung (5.), für alle Werthe von x nur bestimmte Werthe annehmen*), so ergiebt sich:

Das Particularintegral w der Gleichung (5.) ist eine rationale Function von x, also diese Gleichung reductibel.

---

*) Siehe meine Arbeit in Crelles Journal, Bd. 66, S. 146, Gleichung (12.)[1]).

---

1) Abh. VI, S. 186, Band I dieser Ausgabe. R. F.

17.

Es sei η Integral einer Differentialgleichung, welche mit Gleichung (2.) No. 16 zu derselben Klasse gehört, also

$$(1.)\qquad \eta = \varphi_0 y + \varphi_1 y' + \varphi_2 y^{(2)} + \varphi_3 y^{(3)},$$

wo φ_λ eine rationale Function von x, $y^{(\lambda)} = \frac{d^\lambda y}{dx^\lambda}$.

Setzen wir

$$(2.)\qquad y_\lambda \eta_\mu - y_\mu \eta_\lambda = [\lambda\mu],$$

so folgt

$$(3.)\qquad [\lambda\mu] = \varphi_1(\lambda\mu) + \varphi_2 \frac{d}{dx}(\lambda\mu) + \varphi_3(y_\lambda y_\mu^{(3)} - y_\mu y_\lambda^{(3)}).$$

Nun ist nach No. 4

$$(4.)\qquad y_1 y_2^{(3)} - y_2 y_1^{(3)} = P_0(12) + P_1 \frac{d}{dx}(12) + P_2 \frac{d^2}{dx^2}(12)$$
$$+ P_3 \frac{d^3}{dx^3}(12) + P_4 \frac{d^4}{dx^4}(12) + P_5 \frac{d^5}{dx^5}(12),$$

wo P_λ wohlbestimmte rationale Functionen von x und den Grössen k_λ bedeuten. Demnach ist

$$(5.)\qquad [\lambda\mu] = (\varphi_1 + P_0\varphi_3)(\lambda\mu) + (\varphi_2 + P_1\varphi_3)\frac{d}{dx}(\lambda\mu) + P_2\varphi_3 \frac{d^2}{dx^2}(\lambda\mu)$$
$$+ P_3\varphi_3 \frac{d^3}{dx^3}(\lambda\mu) + P_4\varphi_3 \frac{d^4}{dx^4}(\lambda\mu) + P_5\varphi_3 \frac{d^5}{dx^5}(\lambda\mu).$$

Aus dieser Gleichung folgt, dass

$$(6.)\qquad [12]-[13]+[14]+[23]-[24]+[34] = w_1$$

eine rationale Function von x ist, nämlich

$$(7.)\qquad w_1 = (\varphi_1 + P_0\varphi_3)w + (\varphi_2 + P_1\varphi_3)w' + P_2\varphi_3 w^{(2)} + P_3\varphi_3 w^{(3)} + P_4\varphi_3 w^{(4)} + P_5\varphi_3 w^{(5)},$$ [716

wo w die durch die Gleichung (7.) voriger Nummer bestimmte rationale Function von x, $w^{(\lambda)}$ ihre Ableitungen nach x bedeuten. Da die Function η der Gleichung (1.) bei verschiedener Wahl der Grössen $\varphi_0, \varphi_1, \varphi_2, \varphi_3$ die Periodicitätsmoduln sämmtlicher Integrale erster und zweiter Gattung umfasst (siehe No. 14), so drücken die Gleichung (7.) voriger Nummer und die Gleichung (6.) der gegenwärtigen Nummer die sämmtlichen zwischen den Periodicitätsmoduln statthabenden Relationen aus, welche in der Theorie der ABELschen Functionen auf anderem Wege und von anderen Gesichtspunkten aus hergeleitet werden. Sie ergeben sich hier, wie schon in No. 14 bemerkt, als eine Folge der Reductibilität der Gleichung (5.) voriger Nummer.

Wenn wir insbesondere $\varphi_1, \varphi_2, \varphi_3$ so wählen, dass

$$(8.)\quad (\varphi_1 + P_0\varphi_3)w + (\varphi_2 + P_1\varphi_3)w' + P_2\varphi_3 w^{(2)} + P_3\varphi_3 w^{(3)} + P_4\varphi_3 w^{(4)} + P_5\varphi_3 w^{(5)} = 0,$$

dann ist

$$(9.)\quad [12]-[13]+[14]+[23]-[24]+[34] = 0.$$

Diese Grössen $[\lambda\mu]$ genügen im Allgemeinen einer Differentialgleichung sechster Ordnung, welche nach Gleichung (5.) mit der Gleichung (5.) voriger Nummer zu derselben Klasse gehört. Sind aber $\varphi_1, \varphi_2, \varphi_3$ der Gleichung (8.) gemäss gewählt, so genügen $[\lambda\mu]$ nach Gleichung (9.) einer Differentialgleichung nur fünfter Ordnung, in Übereinstimmung mit dem Satze II. No. 9.

Ein Beispiel, welches uns hier besonders interessirt, ist dasjenige, wo η die Periodicitätsmoduln des Integrals erster Gattung

$$\int \frac{z\,dz}{\sqrt{\varphi(z)}}$$

darstellt. Die in No. 14 angedeutete Rechnung ergiebt für den gegenwärtigen Fall

$$(10.)\quad \eta = [\tfrac{1}{24}\psi^{(4)}(x)x - \tfrac{1}{3}\psi^{(3)}(x)]y - 3\psi^{(2)}(x)y' - \tfrac{16}{3}\psi'(x)y^{(2)} - \tfrac{8}{3}\psi(x)y^{(3)}.$$

Die Werthe

$$(11.)\quad \varphi_1 = -3\psi^{(2)}(x),\quad \varphi_2 = -\tfrac{16}{3}\psi'(x),\quad \varphi_3 = -\tfrac{8}{3}\psi(x)$$

befriedigen nämlich die Gleichung (8.), und die Relation (9.) ist für dieselben, wie wir sehen werden, bis auf die Bezeichnungsweise mit der zwischen den Periodicitätsmoduln der Integrale erster Gattung bestehenden Relation übereinstimmend.

18.

717] Sei nämlich v_1, v_2, v_3, v_4 ein Fundamentalsystem von Integralen der Gleichung (2.), No. 16, welches mit y_1, y_2, y_3, y_4 folgendermaassen zusammenhängt:

$$(1.)\quad \begin{cases} v_1 = y_2 - y_1 + y_4 - y_3, & v_2 = y_4 - y_3, \\ v_3 = y_1, & v_4 = y_3 - y_2, \end{cases}$$

so sind v_1, v_2 übereinstimmend mit den Periodicitätsmoduln A_1, A_2 des Integrals

$$\int \frac{dz}{\sqrt{\varphi(z)}}$$

an den Querschnitten a_1, a_2, während v_3, v_4 die Periodicitätsmoduln B_1, B_2 desselben Integrals an den Querschnitten b_1, b_2 darstellen*).

Ist η durch die Gleichung (10.) voriger Nummer bestimmt, und ist $\zeta_1, \zeta_2, \zeta_3, \zeta_4$ ein Fundamentalsystem von Integralen der Differentialgleichung vierter Ordnung, welcher η genügt, das mit dem Fundamentalsystem von Integralen $\eta_1, \eta_2, \eta_3, \eta_4$ derselben Gleichung in folgendem Zusammenhange steht:

$$(2.)\quad \begin{cases} \zeta_1 = \eta_2 - \eta_1 + \eta_4 - \eta_3, & \zeta_2 = \eta_4 - \eta_3, \\ \zeta_3 = \eta_1, & \zeta_4 = \eta_3 - \eta_2, \end{cases}$$

so sind ζ_1, ζ_2 die Periodicitätsmoduln A'_1, A'_2 des Integrals

$$\int \frac{z\,dz}{\sqrt{\varphi(z)}}$$

an den Querschnitten a_1, a_2 und ζ_3, ζ_4 die Periodicitätsmoduln B'_1, B'_2 desselben Integrals an den Querschnitten b_1, b_2.

Aus den Gleichungen (1.) und (2.) ergiebt sich

$$(3.)\quad y_1 = v_3,\quad y_2 = v_1 - v_2 + v_3,\quad y_3 = v_1 - v_2 + v_3 + v_4,\quad y_4 = v_1 + v_3 + v_4;$$

$$(4.)\quad \eta_1 = \zeta_3,\quad \eta_2 = \zeta_1 - \zeta_2 + \zeta_3,\quad \eta_3 = \zeta_1 - \zeta_2 + \zeta_3 + \zeta_4,\quad \eta_4 = \zeta_1 + \zeta_3 + \zeta_4.$$

Setzen wir diese Werthe in Gleichung (9.) voriger Nummer ein, so folgt

$$(5.)\quad v_1\zeta_3 - v_3\zeta_1 + v_2\zeta_4 - v_4\zeta_2 = 0$$

oder auch

$$(5a.)\quad A_1 B'_1 - B_1 A'_1 + A_2 B'_2 - B_2 A'_2 = 0,$$

welches die oben erwähnte Relation zwischen den Periodicitätsmoduln der Integrale erster Gattung ist.

---

*) Über die Bezeichnungsweise vergl. RIEMANN, ABELsche Functionen, No. 20 [1]).

---

[1]) Werke, II. Auflage (1892), S. 130—131. R. F.

718] Setzen wir

$$(6.)\qquad \begin{cases} v_1\zeta_2 - v_2\zeta_1 = a, & v_1\zeta_3 - v_3\zeta_1 = b, \\ v_1\zeta_4 - v_4\zeta_1 = c, & v_2\zeta_3 - v_3\zeta_2 = d, \\ v_2\zeta_4 - v_4\zeta_2 = e, & v_3\zeta_4 - v_4\zeta_3 = f, \end{cases}$$

so nimmt die Relation (5.) die Gestalt an

$$(7.)\qquad b + e = 0.$$

Hierzu tritt die identische Beziehung (siehe No. 1)

$$(8.)\qquad af - be + cd = 0.$$

Aus der Tabelle Gleichung (3.) No. 16 ergiebt sich, dass nach einem Umlaufe von x um

$$(9.)\qquad \begin{cases} k_1)\ \bar{v}_1 = v_1 + 2v_3,\quad \bar{v}_2 = v_2,\quad \bar{v}_3 = v_3,\quad \bar{v}_4 = v_4; \\ k_2) \begin{cases} \bar{v}_1 = 3v_1 - 2v_1 + 2v_3,\quad \bar{v}_2 = v_2,\quad \bar{v}_3 = -2v_1 + 2v_2 - v_3, \\ \bar{v}_4 = 2v_1 - 2v_2 + 2v_3 + v_4; \end{cases} \\ k_3) \begin{cases} \bar{v}_1 = 3v_1 - 2v_2 + 2v_3 + 2v_4,\quad \bar{v}_2 = 2v_1 - v_2 + 2v_3 + 2v_4, \\ \bar{v}_3 = -2v_1 + 2v_2 - v_3 - 2v_4,\quad \bar{v}_4 = 2v_1 - 2v_2 + 2v_3 + 3v_4; \end{cases} \\ k_4) \begin{cases} \bar{v}_1 = 3v_1 + 2v_3 + 2v_4,\quad \bar{v}_2 = 2v_1 + v_2 + 2v_3 + 2v_4, \\ \bar{v}_3 = -2v_1 - v_3 - 2v_4,\quad \bar{v}_4 = v_4. \end{cases} \end{cases}$$

Dieselben Transformationsformeln gelten den Gleichungen (10.) voriger Nummer und den Gleichungen (2.) zufolge, für $\zeta_1, \zeta_2, \zeta_3, \zeta_4$. Demnach ist nach einem Umlaufe der Variabeln x um

$$(10.)\qquad \begin{cases} k_1)\ \bar{a} = a - 2d,\quad \bar{b} = b,\quad \bar{c} = c + 2f,\quad \bar{d} = d,\quad \bar{c} = e,\quad \bar{f} = f; \\ k_2) \begin{cases} \bar{a} = 3a - 2d,\quad \bar{b} = 2a + b - 2d,\quad \bar{c} = -2a + 4b + 3c + 2f, \\ \bar{d} = 2a - d,\quad \bar{f} = -4b - 2c + 2d - f; \end{cases} \\ k_3) \begin{cases} \bar{a} = a + 4b + 2c - 2d,\quad \bar{b} = 2a + b - 2c - 2d - 2f, \\ \bar{c} = -2a + 4b + 5c + 2f,\quad \bar{d} = 2a + 4b - 3d - 2f, \\ \bar{f} = -4b - 2c + 2d + f; \end{cases} \\ k_4) \begin{cases} \bar{a} = 3a + 4b + 2c - 2d,\quad \bar{b} = b - 2c - 2f, \\ \bar{c} = 3c + 2f,\quad \bar{d} = 2a + 4b - d - 2f,\quad \bar{f} = -2c - f. \end{cases} \end{cases}$$

19.

Es sei

$$y^{(4)}+p_1y^{(3)}+p_2y^{(2)}+p_3y'+p_4y = 0, \tag{1.}$$

wo $y^{(\lambda)} = \frac{d^\lambda y}{dx^\lambda}$, eine Differentialgleichung, deren Coefficienten ausser von x [719 noch von zwei veränderlichen Parametern k_1, k_2, rational abhängen. Es sei η ein Integral einer Differentialgleichung

$$\eta^{(4)}+q_1\eta^{(3)}+q_2\eta^{(2)}+q_3\eta'+q_4\eta = 0, \tag{2.}$$

welche mit (1.) zu derselben Klasse gehört, also

$$\eta = \varphi_0 y+\varphi_1 y'+\varphi_2 y^{(2)}+\varphi_3 y^{(3)}, \tag{3.}$$

wo $\varphi_0, \varphi_1, \varphi_2, \varphi_3$ rationale Functionen von x. Wir wollen überdies voraussetzen, dass dieselben auch von k_1, k_2 rational abhängen. Setzen wir in (3.) für y successive y_1, y_2, y_3, y_4 (die Elemente eines Fundamentalsystems), so sollen die bezüglichen Werthe von η mit $\eta_1, \eta_2, \eta_3, \eta_4$ bezeichnet werden. Wir wollen überhaupt zwei Integrale der Gleichungen (1.) und (2.) der Form

$$u_1y_1+u_2y_2+u_3y_3+u_4y_4$$

und

$$u_1\eta_1+u_2\eta_2+u_3\eta_3+u_4\eta_4,$$

wo u_1, u_2, u_3, u_4 willkürlich gewählte von x unabhängige Werthe bedeuten, entsprechende Integrale nennen.

Ist (x, k_1, k_2) ein Werthsystem, welches die drei Gleichungen

$$\text{(4.)}\quad \sum u_\lambda y_\lambda = 0, \qquad \text{(5.)}\quad \sum v_\lambda y_\lambda = 0, \qquad \text{(6.)}\quad \sum w_\lambda y_\lambda = 0$$
$$(\lambda = 1, 2, 3, 4)$$

befriedigt, worin $u_\lambda, v_\lambda, w_\lambda$ willkürlich gewählte Grössen bezeichnen, so wollen wir über $u_\lambda, v_\lambda, w_\lambda$ so verfügen, dass dasselbe Werthsystem (x, k_1, k_2) auch den mit den entsprechenden Integralen gebildeten Gleichungen

$$\text{(7.)}\quad \sum u_\lambda \eta_\lambda = 0, \qquad \text{(8.)}\quad \sum v_\lambda \eta_\lambda = 0, \qquad \text{(9.)}\quad \sum w_\lambda \eta_\lambda = 0$$

genüge. Wir können zunächst $u_4 = 0$, $v_3 = 0$, $w_2 = 0$ wählen, und wir erhalten, wenn wir

$$y_\alpha\eta_\beta - y_\beta\eta_\alpha = [\alpha\beta]$$

setzen,

$$(10.)\quad \begin{cases} \dfrac{u_1}{u_3} = \dfrac{[23]}{[12]}, & \dfrac{u_2}{u_3} = -\dfrac{[13]}{[12]}, \\[2mm] \dfrac{v_1}{v_4} = \dfrac{[24]}{[12]}, & \dfrac{v_2}{v_4} = -\dfrac{[14]}{[12]}, \\[2mm] \dfrac{w_1}{w_4} = \dfrac{[34]}{[13]}, & \dfrac{w_3}{w_4} = -\dfrac{[14]}{[13]}. \end{cases}$$

Es ist aber identisch

$$(11.)\quad [12][34]-[13][24]+[14][23] = 0.$$

Demnach haben wir

720] $$(12.)\quad \frac{w_1}{w_4} = \frac{v_1}{v_4} - \frac{v_2}{v_4}\frac{u_1}{u_2},$$

$$(13.)\quad \frac{w_3}{w_4} = -\frac{v_2}{v_4}\frac{u_3}{u_2}.$$

Die Beziehungen zwischen den u und den v, wie sie sich aus den Gleichungen (10.) ergeben, sind im Allgemeinen transcendent; wenn dagegen die Gleichungen (1.) und (2.) so beschaffen sind, dass eine Gleichung

$$(14.)\quad \alpha_1[12]+\alpha_2[13]+\alpha_3[14]+\alpha_4[23]+\alpha_5[24]+\alpha_6[34] = 0$$

mit von x, k_1, k_2 unabhängigen Coefficienten stattfindet, so folgt aus derselben nach Gleichung (12.) zwischen den u und v die Relation

$$(15.)\quad \alpha_1-\alpha_2\frac{u_2}{u_3}-\alpha_3\frac{v_2}{v_4}+\alpha_4\frac{u_1}{u_3}+\alpha_5\frac{v_1}{v_4}-\alpha_6\left(\frac{v_1}{v_4}\frac{u_2}{u_3}-\frac{v_2}{v_4}\frac{u_1}{u_3}\right) = 0.$$

Es verbleiben hiernach drei von den Verhältnissen $\frac{u_2}{u_3}, \frac{u_1}{u_3}, \frac{v_2}{v_4}, \frac{v_1}{v_4}$ willkürlich, und x, k_1, k_2 sind Functionen derselben.

Ist z. B. die Form der Gleichung (14.):

$$(16.)\quad [13]+[24] = 0,$$

so geht (15.) über in

$$(17.)\quad -\frac{u_2}{u_3}+\frac{v_1}{v_4} = 0.$$

Setzen wir

$$(18.)\quad \frac{u_2}{u_3} = -\xi,\quad \frac{v_2}{v_4} = -\eta,\quad \frac{u_1}{u_3} = \zeta,$$

so liefern die Gleichungen (4.), (5.), (6.) und (7.), (8.), (9.) die folgenden

Gleichungen:

$$(19.)\quad \begin{cases} \zeta y_1 - \xi y_2 + y_3 = 0, \\ \zeta \eta_1 - \xi \eta_2 + \eta_3 = 0, \\ -\xi y_1 - \eta y_2 + y_4 = 0, \\ -\xi \eta_1 - \eta \eta_2 + \eta_4 = 0, \end{cases}$$

woraus sich wiederum ergiebt:

$$(20.)\quad \frac{[23]}{[12]} = \zeta, \quad \frac{[13]}{[12]} = \xi, \quad \frac{[14]}{[12]} = \eta.$$

Aus diesen drei Gleichungen sind x, k_1, k_2 als Functionen der unabhängigen Variablen, ξ, η, ζ zu bestimmen.

Die Natur dieser Functionen ist natürlich von der Beschaffenheit der Coefficienten der Gleichungen (1.) und (2.) abhängig. Man kann unter [721
Umständen an Stelle dieser Gleichungen irgend zwei andere derselben Klasse setzen, von der Art, dass x, k_1, k_2 eindeutige Functionen von ξ, η, ζ werden. Dieses Verhalten ist analog dem Verhalten derjenigen Function, welche durch Umkehrung des Quotienten eines Fundamentalsystems von Integralen einer Differentialgleichung zweiter Ordnung entsteht. Man vergleiche z. B. die Natur dieser Function an den beiden Gleichungen, welchen die Periodicitätsmoduln der elliptischen Integrale bezüglich erster und zweiter Gattung genügen und welche zu derselben Klasse gehören*).

20.

Wir wollen nunmehr die Resultate der vorigen Nummer auf die Differentialgleichung der Periodicitätsmoduln der hyperelliptischen Integrale anwenden, indem wir an die Stelle der Gleichung (1.) voriger Nummer die der Periodicitätsmoduln des Integrals

$$\int \frac{dz}{\sqrt{\varphi(z)}}$$

(Gleichung (2.), No. 16), und an die Stelle von η in Gleichung (3.) voriger Nummer den Ausdruck aus Gleichung (10.) (No. 17) des Periodicitätsmoduls

*) Vergl. Crelles Journal, Bd. 83, S. 31[1]).

[1]) Abh. XXIV, S. 105, Band II dieser Ausgabe. R. F.

des Integrals

$$\int \frac{z\,dz}{\sqrt{\varphi(z)}}$$

setzen. An Stelle des Fundamentalsystems (y_1, y_2, y_3, y_4) der vorigen Nummer wählen wir das Fundamentalsystem (v_1, v_2, v_3, v_4), wie es durch die Gleichungen (1.), No. 18, bestimmt wird; also an Stelle von $(\eta_1, \eta_2, \eta_3, \eta_4)$ das durch die Gleichungen (2.), No. 18, definirte Fundamentalsystem $(\zeta_1, \zeta_2, \zeta_3, \zeta_4)$. Alsdann ergeben die Gleichungen (20.) voriger Nummer, dass x, k_1, k_2 als Functionen von drei unabhängigen Variablen ξ, η, ζ definirt werden durch die Gleichungen

$$\frac{b}{a} = \xi, \quad \frac{c}{a} = \eta, \quad \frac{d}{a} = \zeta, \tag{1.}$$

wo a, b, c, d die in No. 18 Gleichung (6.) eingeführten Grössen sind.

Den Grössen k_3, k_4, welche noch in $\varphi(z)$ auftreten, legen wir feste Werthe, z. B. die Werthe 0, 1 bei.

722] Wir wollen in eine nähere Untersuchung der Functionen x, k_1, k_2 von ξ, η, ζ eintreten und namentlich die Eindeutigkeit derselben nachweisen, mit den für Functionen mehrerer Variablen erforderlichen Modificationen, im Wesentlichen nach der Methode, welche wir*) angewendet, um den Modul k der elliptischen Functionen als Function des Quotienten der Periodicitätsmoduln der elliptischen Integrale zu erforschen.

Durch Differentiation der Gleichungen (1.) ergiebt sich

$$\left\{\begin{aligned} d\xi &= \frac{\partial\xi}{\partial x}dx + \frac{\partial\xi}{\partial k_1}dk_1 + \frac{\partial\xi}{\partial k_2}dk_2, \\ d\eta &= \frac{\partial\eta}{\partial x}dx + \frac{\partial\eta}{\partial k_1}dk_1 + \frac{\partial\eta}{\partial k_2}dk_2, \\ d\zeta &= \frac{\partial\zeta}{\partial x}dx + \frac{\partial\zeta}{\partial k_1}dk_1 + \frac{\partial\zeta}{\partial k_2}dk_2. \end{aligned}\right. \tag{2.}$$

Wir haben nunmehr die Functionaldeterminante

$$\Delta = \sum \pm \frac{\partial\xi}{\partial x}\frac{\partial\eta}{\partial k_1}\frac{\partial\zeta}{\partial k_2} \tag{3.}$$

*) Crelles Journal, Bd. 83, S. 13, Brief an Herrn Hermite [1]).

[1]) Abh. XXIV, S. 85 ff., Band II dieser Ausgabe. R. F.

zu untersuchen. Dieselbe lässt sich, den Gleichungen (1.) zufolge*), auf die Form bringen

$$(4.)\qquad \Delta = \frac{1}{a^4}\sum \pm a \frac{\partial b}{\partial x}\frac{\partial c}{\partial k_1}\frac{\partial d}{\partial k_2}.$$

Es werde

$$(5.)\qquad \sum \pm p \frac{\partial q}{\partial x}\frac{\partial r}{\partial k_1}\frac{\partial s}{\partial k_2} = G(p,q,r,s)$$

gesetzt. Aus der Gleichung (8.), No. 18, und den Gleichungen (1.) folgt

$$(6.)\qquad \vartheta = \frac{f}{a} = -\xi^2 - \eta\zeta.$$

Es ist daher

$$\sum \pm \frac{\partial \xi}{\partial x}\frac{\partial \eta}{\partial k_1}\frac{\partial \vartheta}{\partial k_2} = -\eta \sum \pm \frac{\partial \xi}{\partial x}\frac{\partial \eta}{\partial k_1}\frac{\partial \zeta}{\partial k_2}.$$

Daher ist

$$G(a,b,c,f) = a^4 \sum \pm \frac{\partial \xi}{\partial x}\frac{\partial \eta}{\partial k_1}\frac{\partial \vartheta}{\partial k_2} = -\eta G(a,b,c,d),$$

$$(7.)\qquad G(a,b,c,f) = -\eta G(a,b,c,d).$$

Auf gleiche Weise erhalten wir [723

$$(8.)\qquad G(a,b,d,f) = \zeta G(a,b,c,d).$$

$$(9.)\qquad G(a,c,d,f) = -2\xi G(a,b,c,d).$$

$$(10.)\qquad G(b,c,d,f) = \vartheta G(a,b,c,d).$$

21.

Als Functionen der Variablen x sind die verschiedenen Zweige von a, b, c, d, f lineare homogene Functionen von einander; die Fundamentalsubstitutionen dieser Abhängigkeit sind in den Gleichungen (10.), No. 18, gegeben. Die verschiedenen Zweige der Grössen $\xi, \eta, \zeta, \vartheta$ als Functionen von x hängen linear von einander ab; die Fundamentalsubstitutionen dieser Abhängigkeit sind unmittelbar aus den Gleichungen (10.), No. 18, abzulesen.

Wir wollen zur Abkürzung für $G(a,b,c,d)$ da, wo kein Missverständniss möglich ist, kurz den Buchstaben G setzen, und wir wollen mit $\overline{G}$ denjenigen

*) Vergl. JACOBI, CRELLES Journal, Bd. 12, S. 40[1]).

1) C. G. J. Jacobis gesammelte Werke, Bd. III, S. 236. R. F.

Werth bezeichnen, in welchen G nach einem Umlaufe der Variablen x übergeht.

Aus den Gleichungen (10.), No. 18, und den Gleichungen (7.) bis (10.), No. 20, ergiebt sich, dass nach einem Umlaufe von x um k_1

$$\bar{G} = \frac{(a-2d)G}{a} \tag{1.}$$

und nach einem Umlaufe von x um k_2

$$\bar{G} = \frac{(3a-2d)G}{a}. \tag{2.}$$

Hieraus folgt, dass sowohl für den Umlauf von x um k_1, als auch für den Umlauf um k_2 die Function $\frac{G}{a}$ unverändert bleibt.

Wir behaupten, dass diese Function auch unverändert bleibt nach einem Umlaufe von x um k_3 und k_4. Wir könnten dieses durch directe Berechnung aus den Gleichungen (10.), No. 18, und (7.) bis (10.) voriger Nummer herleiten; wir ziehen es jedoch vor, den Beweis nach einem Verfahren zu geben, welches für den allgemeinen Fall der hyperelliptischen Functionen eines beliebigen Ranges in gleicher Weise anwendbar ist und durch welches eine Reihe combinatorischer Rechnungen umgangen wird.

Aus den Gleichungen (10.), No. 18, und den Gleichungen (7.) bis (10.) voriger Nummer ergiebt sich nämlich, dass nach einem Umlaufe S der Variablen x

$$\bar{G} = (m + m_1\xi + m_2\eta + m_3\zeta + m_4\vartheta)\,G, \tag{3.}$$

724] wo m, m_1, m_2, m_3, m_4 ganze Zahlen bedeuten. Ein zweiter Umlauf S_1 der Variablen x führe G in $\bar{G}_1$ über; so ist ebenso

$$\bar{G}_1 = (m' + m'_1\xi + m'_2\eta + m'_3\zeta + m'_4\vartheta)\,G, \tag{4.}$$

wo $m', m'_1, \ldots, m'_4$ ganze Zahlen sind.

Endlich möge der aus S, S_1 zusammengesetzte Umlauf G in $\bar{G}_2$ überführen; dann ist wiederum

$$\bar{G}_2 = (m'' + m''_1\xi + m''_2\eta + m''_3\zeta + m''_4\vartheta)\,G, \tag{5.}$$

wo $m'', m''_1, \ldots, m''_4$ wieder ganze Zahlen sind.

Durch den Umlauf S_1 mögen $\xi, \eta, \zeta, \vartheta$ bez. in $\xi', \eta', \zeta', \vartheta'$ übergehen; dann ergiebt sich aus (3.), (4.), (5.):

$$(6.)\quad \begin{aligned} & m'' + m_1''\xi + m_2''\eta + m_3''\zeta + m_4''\vartheta \\ & = (m + m_1\xi' + m_2\eta' + m_3\zeta' + m_4\vartheta')(m' + m_1'\xi + m_2'\eta + m_3'\zeta + m_4'\vartheta). \end{aligned}$$

Da jede der Grössen $\xi', \eta', \zeta', \vartheta'$ die Form hat

$$\frac{ga + g_1 b + g_2 c + g_3 d + g_4 f}{a'},$$

wo $g, g_1, \ldots, g_4$ ganze Zahlen und a' das bedeutet, worin a durch den Umlauf S_1 übergeht, so ist

$$(7.)\quad m + m_1\xi' + m_2\eta' + m_3\zeta' + m_4\vartheta' = \frac{na + n_1 b + n_2 c + n_3 d + n_4 f}{a'}.$$

Setzen wir noch

$$(8.)\quad a' = \alpha a + \alpha_1 b + \alpha_2 c + \alpha_3 d + \alpha_4 f,$$

so geht die Gleichung (6.) über in

$$(9.)\quad \begin{aligned} & (m''a + m_1''b + m_2''c + m_3''d + m_4''f)(\alpha a + \alpha_1 b + \alpha_2 c + \alpha_3 d + \alpha_4 f) \\ & = (na + n_1 b + n_2 c + n_3 d + n_4 f)(m'a + m_1'b + m_2'c + m_3'd + m_4'f). \end{aligned}$$

Diese Gleichung erhält die Form

$$(10.)\quad Kf^2 + Lf + M = 0,$$

wo K eine ganze Zahl, L und M ganze homogene Functionen bez. ersten und zweiten Grades von a, b, c, d mit ganzzahligen Coefficienten sind. Da nun ausser der Relation

$$(11.)\quad af + b^2 + cd = 0$$

(s. Gleichung (8.) No. 18) keine homogene Relation zwischen a, b, c, d, f bestehen kann, so muss

$$(12.)\quad K = 0,$$

$$(13.)\quad L = \gamma a,$$

$$(13a.)\quad M = \gamma(b^2 + cd)$$

sein, wo γ eine ganze Zahl ist, so dass

$$(14.)\quad \begin{aligned} & (m''a + m_1''b + m_2''c + m_3''d + m_4''f)(\alpha a + \alpha_1 b + \alpha_2 c + \alpha_3 d + \alpha_4 f) \\ & -(na + n_1 b + n_2 c + n_3 d + n_4 f)(m'a + m_1'b + m_2'c + m_3'd + m_4'f) = \gamma(af + b^2 + cd) \end{aligned}$$ [725

identisch für beliebige Werthe von a, b, c, d, f.

Eine genauere Untersuchung dieser Identität ergiebt

$$\gamma = 0. \tag{15.}$$

Es ist demnach identisch

$$\begin{aligned}(m''a+m_1''b+m_2''c+m_3''d+m_4''f)(\alpha a+\alpha_1 b+\alpha_2 c+\alpha_3 d+\alpha_4 f)\\ -(na+n_1 b+n_2 c+n_3 d+n_4 f)(m'a+m_1'b+m_2'c+m_3'd+m_4'f) = 0.\end{aligned} \tag{16.}$$

Wenn also keine der Gleichungen

$$\left\{\begin{array}{l} n\alpha_1-n_1\alpha = 0,\\ n\alpha_2-n_2\alpha = 0,\\ n\alpha_3-n_3\alpha = 0,\\ n\alpha_4-n_4\alpha = 0\end{array}\right. \tag{17.}$$

erfüllt ist, so muss

$$\left\{\begin{array}{l} m'\alpha_1-m_1'\alpha = 0,\\ m'\alpha_2-m_2'\alpha = 0,\\ m'\alpha_3-m_3'\alpha = 0,\\ m'\alpha_4-m_4'\alpha = 0\end{array}\right. \tag{18.}$$

sein. Bedeutet S den Umlauf um k_1, so ist nach Gleichung (1.)

$$\bar{G} = \frac{a-2d}{a}G,$$

also $m=1$, $m_1=0$, $m_2=0$, $m_3=-2$, $m_4=0$.

Bedeutet S_1 den Umlauf von x um k_3, so ist in unserem Falle nach Gleichung (10.), No. 18,

$$\left\{\begin{array}{lllll} n=-3, & n_1=-4, & n_2=2, & n_3=4, & n_4=4,\\ \alpha=1, & \alpha_1=4, & \alpha_2=2, & \alpha_3=-2, & \alpha_4=0;\end{array}\right. \tag{19.}$$

demnach ist keine der Gleichungen (17.) erfüllt. Wir haben also nach den Gleichungen (18.)

$$m_1' = 4m',\quad m_2' = 2m',\quad m_3' = -2m',\quad m_4' = 0. \tag{20.}$$

Daher ist nach Gleichung (4.) nach einem Umlaufe von x um k_3

$$\bar{G}_1 = \frac{m'a'}{a}G. \tag{21.}$$

Ist wieder S der Umlauf um k_1, aber S_1 der Umlauf um k_4, so ergiebt sich nach den Gleichungen (10.), No. 18, im gegenwärtigen Falle

$$(22.)\quad \begin{cases} n = -1, & n_1 = -4, & n_2 = 2, & n_3 = 0, & n_4 = 4, \\ \alpha = 3, & \alpha_1 = 4, & \alpha_2 = 2, & \alpha_3 = -2, & \alpha_4 = 0. \end{cases}$$ [726

Es sind wiederum die Gleichungen (17.) nicht erfüllt.

Daher folgt aus den Gleichungen (18.), wenn wir

$$(23.)\qquad m' = 3\lambda$$

setzen,

$$(24.)\qquad m'_1 = 4\lambda,\quad m'_2 = 2\lambda,\quad m'_3 = -2\lambda,\quad m'_4 = 0.$$

Demnach ist nach einem Umlaufe um k_4

$$(25.)\qquad \overline{G}_1 = \lambda \frac{a'}{a} G,$$

wo λ eine rationale Zahl ist.

Setzen wir demnach

$$(26.)\qquad \frac{G}{a} = H(a, b, c, d) = H,$$

so folgt aus den Gleichungen (1.) und (2.), (21.) und (25.), dass nach einem Umlaufe von x um k_1 oder k_2

$$(27.)\qquad \overline{H} = H,$$

nach einem Umlaufe um k_3 oder k_4

$$(28.)\qquad \overline{H} = \lambda H,$$

wo λ eine rationale Zahl ist. Da die Wurzeln der determinirenden Fundamentalgleichungen der Gleichung (2.), No. 16, reale ganze Zahlen sind, so ergiebt sich, dass in Gleichung (28.) λ nur den Werth $+1$ haben kann. Demnach ist $H(a, b, c, d)$ eine eindeutige Function von x. Weil aber die Differentialgleichung (2.), No. 16 zu der Klasse von Differentialgleichungen Crelles Journal, Bd. 66, S. 146[1]), Gleichung (12.), gehört, ergiebt sich hieraus

$H(a, b, c, d)$ ist eine rationale Function von x.

1) Abh. VI, S. 186, Band I dieser Ausgabe. R. F.

22.

21] Die zu den singulären Punkten k_1, k_2, k_3, k_4 gehörigen derterminirenden Fundamentalgleichungen der Gleichung (2.) No. 16 lauten übereinstimmend

$$r^2(r-1)(r-2) = 0. \tag{1.}$$

Demnach ist nach den Gleichungen (3.) No. 16 und den Gleichungen (9.) No. 18 in der Umgebung von $x = k_1$

$$\left\{\begin{aligned} v_1 &= \psi_{11} + \frac{1}{\pi i} y_1 \log(x-k_1), \\ v_2 &= \psi_{21}, \\ v_3 &= y_1, \\ v_4 &= \psi_{41}; \end{aligned}\right. \tag{2.}$$

in der Umgebung von $x = k_2$

$$\left\{\begin{aligned} v_1 &= \psi_{12} + \frac{1}{\pi i} y_2 \log(x-k_2), \\ v_2 &= \psi_{22}, \\ v_3 &= \psi_{32} - \frac{1}{\pi i} y_2 \log(x-k_2), \\ v_4 &= \psi_{42} + \frac{1}{\pi i} y_2 \log(x-k_2); \end{aligned}\right. \tag{3.}$$

in der Umgebung von $x = k_3$

$$\left\{\begin{aligned} v_1 &= \psi_{13} + \frac{1}{\pi i} y_3 \log(x-k_3), \\ v_2 &= \psi_{23} + \frac{1}{\pi i} y_3 \log(x-k_3), \\ v_3 &= \psi_{33} - \frac{1}{\pi i} y_3 \log(x-k_3), \\ v_4 &= \psi_{43} + \frac{1}{\pi i} y_3 \log(x-k_3); \end{aligned}\right. \tag{4.}$$

22] in der Umgebung von $x = k_4$

$$\left\{\begin{aligned} v_1 &= \psi_{14} + \frac{1}{\pi i} y_4 \log(x-k_4), \\ v_2 &= \psi_{24} + \frac{1}{\pi i} y_4 \log(x-k_4), \\ v_3 &= \psi_{34} - \frac{1}{\pi i} y_4 \log(x-k_4), \\ v_4 &= \psi_{44}. \end{aligned}\right. \tag{5.}$$

In den Gleichungen (2.) bis (5.) bedeuten die Grössen $\psi_{\lambda\mu}$ und y_μ nach positiven ganzen Potenzen von $x-k_\mu$ fortschreitende Reihen, und zwar ist

$$y_\mu = -\pi i \psi'(k_\mu)^{-\frac{1}{2}} + \frac{\pi i}{8}\psi'(k_\mu)^{-\frac{3}{2}}\psi^{(2)}(k_\mu)(x-k_\mu)+\cdots, \tag{6.}$$

ferner sind $\psi_{21}(k_1)$, $\psi_{41}(k_1)$, $\psi_{22}(k_2)$, $\psi_{44}(k_4)$ von Null verschieden.

Die Integrale ζ gehören zu derselben Klasse mit den Integralen v (vergl. No. 9 und Gl. (10.) No. 17), daher bleiben die Gleichungen (9.) No. 18 bestehen, wenn v_λ durch ζ_λ und $\bar{v}_\lambda$ durch $\bar{\zeta}_\lambda$ ersetzt wird, und es ist in der Umgebung von $x = k_1$

$$\text{(2a.)}\quad \left\{\begin{aligned} \zeta_1 &= \chi_{11} + \frac{1}{\pi i}\eta_1 \log(x-k_1), \\ \zeta_2 &= \chi_{21}, \\ \zeta_3 &= \eta_1, \\ \zeta_4 &= \chi_{41}; \end{aligned}\right.$$

in der Umgebung von $x = k_2$

$$\text{(3a.)}\quad \left\{\begin{aligned} \zeta_1 &= \chi_{12} + \frac{1}{\pi i}\eta_2 \log(x-k_2), \\ \zeta_2 &= \chi_{22}, \\ \zeta_3 &= \chi_{32} - \frac{1}{\pi i}\eta_2 \log(x-k_2), \\ \zeta_4 &= \chi_{42} + \frac{1}{\pi i}\eta_2 \log(x-k_2); \end{aligned}\right.$$

in der Umgebung von $x = k_3$

$$\text{(4a.)}\quad \left\{\begin{aligned} \zeta_1 &= \chi_{13} + \frac{1}{\pi i}\eta_3 \log(x-k_3), \\ \zeta_2 &= \chi_{23} + \frac{1}{\pi i}\eta_3 \log(x-k_3), \\ \zeta_3 &= \chi_{33} - \frac{1}{\pi i}\eta_3 \log(x-k_3), \\ \zeta_4 &= \chi_{43} + \frac{1}{\pi i}\eta_3 \log(x-k_3); \end{aligned}\right.$$

in der Umgebung von $x = k_4$

$$
(5a.)\quad \begin{cases}
\zeta_1 = \chi_{14} + \frac{1}{\pi i}\eta_4 \log(x-k_4), \\
\zeta_2 = \chi_{24} + \frac{1}{\pi i}\eta_4 \log(x-k_4), \\
\zeta_3 = \chi_{34} - \frac{1}{\pi i}\eta_4 \log(x-k_4), \\
\zeta_4 = \chi_{44}.
\end{cases}
$$

In den Gleichungen (2a.) bis (5a.) sind die Grössen $\chi_{\lambda\mu}$ und η_μ nach positiven ganzen Potenzen von $x-k_\mu$ fortschreitende Reihen, und zwar ist

$$
(6a.)\quad (\eta_\mu)_{x=k_\mu} = -\pi i k_\mu \psi'(k_\mu)^{-\frac{1}{2}},
$$

ferner sind $\chi_{21}(k_1)$, $\chi_{41}(k_1)$, $\chi_{22}(k_2)$, $\chi_{44}(k_4)$ von Null verschieden.

Aus den Gleichungen (9.) No. 18 folgt, dass nach einem Umlaufe um $x=\infty$

$$
(7.)\quad \bar{v}_1 = -v_1,\quad \bar{v}_2 = -v_2,\quad \bar{v}_3 = -v_3+2v_1,\quad \bar{v}_4 = -v_4.
$$

Ferner ist die zu $x=\infty$ gehörige determinirende Fundamentalgleichung der Gleichung (2.) No. 16

$$
(8.)\quad (r-\tfrac{1}{2})(r-\tfrac{3}{2})^2(r-\tfrac{5}{2}) = 0.
$$

Demnach ist in der Umgebung von $x=\infty$

$$
(9.)\quad \begin{cases}
v_1 = x^{-\frac{3}{2}}\psi_{1\infty}, \\
v_2 = x^{-\frac{1}{2}}\psi_{2\infty}, \\
v_3 = x^{-\frac{1}{2}}\psi_{3\infty} - \frac{1}{\pi i} v_1 \log\frac{1}{x}, \\
v_4 = x^{-\frac{1}{2}}\psi_{4\infty},
\end{cases}
$$

wo $\psi_{\lambda\infty}$ nach positiven ganzen Potenzen von $\frac{1}{x}$ fortschreitende Reihen bedeuten, von denen $\psi_{1\infty}$, $\psi_{2\infty}$, $\psi_{4\infty}$ für $x=\infty$ nicht verschwinden.

Alsdann ist

$$
(9a.)\quad \begin{cases}
\zeta_1 = x^{-\frac{1}{2}}\chi_{1\infty}, \\
\zeta_2 = x^{-\frac{1}{2}}\chi_{2\infty}, \\
\zeta_3 = x^{-\frac{1}{2}}\chi_{3\infty} - \frac{1}{\pi i}\zeta_1 \log\frac{1}{x}, \\
\zeta_4 = x^{-\frac{1}{2}}\chi_{4\infty},
\end{cases}
$$

24] wo $\chi_{1\infty}$, $\chi_{2\infty}$, $\chi_{4\infty}$, $\chi_{3\infty}$ nach positiven ganzen Potenzen von $\frac{1}{x}$ fortschreitende Reihen bedeuten, wovon die drei ersten für $x=\infty$ nicht verschwinden.

23.

Die Functionen a, b, c, d, f genügen der Differentialgleichung

$$\psi\frac{d^2\Omega}{dx^2}+\psi'\frac{d\Omega}{dx}+\frac{1}{8}\psi^{(2)}\Omega+6\psi\frac{dw}{dx}+3\psi'w = 0, \tag{1.}$$

wenn wir

$$\Omega = 8\psi\frac{d^3w}{dx^3}+16\psi'\frac{d^2w}{dx^2}+9\psi^{(2)}\frac{dw}{dx}+\psi^{(3)}w \tag{2.}$$

setzen.

Die zu den singulären Punkten k_1, k_2, k_3, k_4 gehörigen determinirenden Fundamentalgleichungen der Gleichung (1.) lauten übereinstimmend:

$$r^2(r-1)(r-2)^2 = 0. \tag{3.}$$

Die zum Punkte $x=\infty$ gehörige determinirende Fundamentalgleichung derselben Gleichung ist

$$(r-1)^2(r-2)(r-3)^2 = 0. \tag{4.}$$

Aus den Gleichungen (10.) No. 18 ergiebt sich demnach in der Umgebung von $x=k_1$

$$\left\{\begin{aligned} a &= A^{(1)}-\frac{d}{\pi i}\log(x-k_1),\\ b &= B^{(1)},\\ c &= C^{(1)}+\frac{f}{\pi i}\log(x-k_1),\\ d &= D^{(1)},\\ f &= F^{(1)}; \end{aligned}\right. \tag{5.}$$

in der Umgebung von $x=k_2$

$$\left\{\begin{aligned} a &= A^{(2)}+\frac{1}{\pi i}(a-d)\log(x-k_2),\\ b &= B^{(2)}+\frac{1}{\pi i}(a-d)\log(x-k_2),\\ c &= C^{(2)}+\frac{1}{\pi i}(-a+2b+c+f)\log(x-k_2),\\ d &= D^{(2)}+\frac{1}{\pi i}(a-d)\log(x-k_2),\\ f &= F^{(2)}+\frac{1}{\pi i}(-2b-c+d-f)\log(x-k_2); \end{aligned}\right. \tag{6.}$$

25] in der Umgebung von $x = k_3$

$$(7.)\quad \begin{cases} a = A^{(3)} + \frac{1}{\pi i}(2b + c - d)\log(x - k_3), \\ b = B^{(3)} + \frac{1}{\pi i}(a - c - d - f)\log(x - k_3), \\ c = C^{(3)} + \frac{1}{\pi i}(-a + 2b + 2c + f)\log(x - k_3), \\ d = D^{(3)} + \frac{1}{\pi i}(a + 2b - 2d - f)\log(x - k_3), \\ f = F^{(3)} + \frac{1}{\pi i}(-2b - c + d)\log(x - k_3); \end{cases}$$

in der Umgebung von $x = k_4$

$$(8.)\quad \begin{cases} a = A^{(4)} + \frac{1}{\pi i}(a + 2b + c - d)\log(x - k_4), \\ b = B^{(4)} - \frac{1}{\pi i}(c + f)\log(x - k_4), \\ c = C^{(4)} + \frac{1}{\pi i}(c + f)\log(x - k_4), \\ d = D^{(4)} + \frac{1}{\pi i}(a + 2b - d - f)\log(x - k_4), \\ f = F^{(4)} - \frac{1}{\pi i}(c + f)\log(x - k_4). \end{cases}$$

In den Gleichungen (5.) bis (8.) bedeuten $A^{(\mu)}$, $B^{(\mu)}$, $C^{(\mu)}$, $D^{(\mu)}$, $F^{(\mu)}$ nach positiven ganzen Potenzen von $x - k_\mu$ fortschreitende Reihen. Ebenso sind die Coefficienten von $\log(x - k_1)$, $\log(x - k_2)$, $\log(x - k_3)$, $\log(x - k_4)$ in den Gleichungen (5.), (6.), (7.), (8.) nach positiven ganzen Potenzen bez. von

$$x - k_1,\ x - k_2,\ x - k_3,\ x - k_4$$

fortschreitende Reihen, welche bez. für

$$x = k_1,\quad x = k_2,\quad x = k_3,\quad x = k_4$$

nicht verschwinden.

Aus den Gleichungen (10.) No. 18 ergiebt sich, dass nach einem Umlaufe um $x = \infty$

$$(9.)\qquad \bar{a} = a,\ \ \bar{b} = b,\ \ \bar{c} = c,\ \ \bar{d} = d + 2a,\ \ \bar{f} = f - 2c.$$

Es ist daher mit Rücksicht auf Gleichung (4.) in der Umgebung von $x = \infty$

$$(10.)\quad \begin{cases} a = x^{-1}A^{(\infty)}, \\ b = x^{-1}B^{(\infty)}, \\ c = x^{-1}C^{(\infty)}, \\ d = x^{-1}D^{(\infty)} + \dfrac{a}{\pi i}\log\dfrac{1}{x}, \\ f = x^{-1}F^{(\infty)} - \dfrac{c}{\pi i}\log\dfrac{1}{x}, \end{cases}$$

wo $A^{(\infty)}$, $B^{(\infty)}$, $C^{(\infty)}$, $D^{(\infty)}$, $F^{(\infty)}$ nach positiven ganzen Potenzen von $\frac{1}{x}$ fort- [26
schreitende Reihen bedeuten, von welchen die drei ersten für $x = \infty$ nicht verschwinden.

24.

Durch Differentiation erhalten wir die Gleichungen:

$$(1.)\quad \frac{\partial \zeta_\lambda}{\partial x} = x\frac{\partial v_\lambda}{\partial x} + \frac{1}{2}v_\lambda, \qquad (\lambda = 1, 2, 3, 4)$$

woraus sich ergiebt

$$(2.)\quad \frac{\partial}{\partial x}[v_\lambda \zeta_\mu - v_\mu \zeta_\lambda] = (\zeta_\mu - x v_u)\frac{\partial v_\lambda}{\partial x} - (\zeta_\lambda - x v_\lambda)\frac{\partial v_\mu}{\partial x}.$$

Nach den Gleichungen (6.) No. 18 ist daher

$$(3.)\quad \begin{cases} \dfrac{\partial a}{\partial x} = (\zeta_2 - x v_2)\dfrac{\partial v_1}{\partial x} - (\zeta_1 - x v_1)\dfrac{\partial v_2}{\partial x}, \\ \dfrac{\partial b}{\partial x} = (\zeta_3 - x v_3)\dfrac{\partial v_1}{\partial x} - (\zeta_1 - x v_1)\dfrac{\partial v_3}{\partial x}, \\ \dfrac{\partial c}{\partial x} = (\zeta_4 - x v_4)\dfrac{\partial v_1}{\partial x} - (\zeta_1 - x v_1)\dfrac{\partial v_4}{\partial x}, \\ \dfrac{\partial d}{\partial x} = (\zeta_3 - x v_3)\dfrac{\partial v_2}{\partial x} - (\zeta_2 - x v_2)\dfrac{\partial v_3}{\partial x}, \\ \dfrac{\partial f}{\partial x} = (\zeta_4 - x v_4)\dfrac{\partial v_3}{\partial x} - (\zeta_3 - x v_3)\dfrac{\partial v_4}{\partial x}. \end{cases}$$

Multipliciren wir die erste der Gleichungen (3.) mit $x - k_1$ und setzen $x = k_1$, so folgt, wenn wir die Bezeichnung

$$(4.)\quad \psi_\lambda(z) = \frac{\psi(z)}{z - k_\lambda}$$

einführen, aus den Gleichungen (2.) No. 22 und (5.) No. 23:

$$(d)_{x=k_1} = -y_1(k_1)\int_{k_3}^{k_4}\frac{dz}{\sqrt{\psi_1(z)}}. \tag{5.}$$

Multipliciren wir die dritte der Gleichungen (3.) mit $x-k_1$ und setzen $x = k_1$, so ergiebt sich aus den Gleichungen (2.) No. 22 und (5.) No. 23:

$$(f)_{x=k_1} = y_1(k_1)\int_{k_2}^{k_3}\frac{dz}{\sqrt{\psi_1(z)}}. \tag{6.}$$

27] Durch Multiplication der ersten und der letzten der Gleichungen (3.) mit $x-k_2$ ergiebt sich aus den Gleichungen (3.) No. 22 und (6.) No 23, wenn wir $x = k_2$ setzen,

$$(a-d)_{x=k_2} = y_2(k_2)\int_{k_3}^{k_4}\frac{dz}{\sqrt{\psi_2(z)}}, \tag{7.}$$

$$(-2b-c+d-f)_{x=k_2} = -y_2(k_2)\int_{k_1}^{k_3}\frac{dz}{\sqrt{\psi_2(z)}}. \tag{8.}$$

Multipliciren wir die beiden ersten der Gleichungen (3.) mit $x-k_3$ und setzen $x = k_3$, so folgt aus den Gleichungen (4.) No. 22 und (7.) No. 23:

$$(2b+c-d)_{x=k_3} = y_3(k_3)\int_{k_1}^{k_2}\frac{dz}{\sqrt{\psi_3(z)}}, \tag{9.}$$

$$(a-c-d-f)_{x=k_3} = y_3(k_3)\int_{k_2}^{k_4}\frac{dz}{\sqrt{\psi_3(z)}}. \tag{10.}$$

Multipliciren wir endlich die beiden ersten der Gleichungen (3.) mit $x-k_4$ und setzen $x = k_4$, so ergeben die Gleichungen (5.) No. 22 und (8.) No. 23:

$$(a+2b+c-d)_{x=k_4} = y_4(k_4)\int_{k_1}^{k_2}\frac{dz}{\sqrt{\psi_4(z)}}, \tag{11.}$$

$$(c+f)_{x=k_4} = -y_4(k_4)\int_{k_2}^{k_3}\frac{dz}{\sqrt{\psi_4(z)}}. \tag{12.}$$

25.

Wir wollen mit k irgend eine der Grössen k_1, k_2, k_3, k_4 bezeichnen. Um die Function $H(a, b, c, d)$ (No. 21) zu bestimmen, sind nunmehr die Werthe der Ableitungen nach k von den Functionen a, b, c, d für die singulären Punkte $x = k_1, k_2, k_3, k_4$ und für $x = \infty$ zu berechnen. Wir könnten dieselben unmittelbar durch Differentiation der Gleichungen (5.) bis (8.) und der Gleichungen (10.) No. 23 nach der Variabeln k erhalten — die Zulässigkeit dieser Differentiation liesse sich ohne erhebliche Schwierigkeit erweisen — aber auch der folgende Weg führt uns schnell zu demselben Ziele.

Da die Integrale a, b, c, d, f der Gleichung (1.) No. 23 durch die Umläufe um ihre singulären Punkte k_1, k_2, k_3, k_4 die Substitutionen (10.) No. 18 [28 erleiden, deren Coefficienten von den Werthen der Grössen k_1, k_2, k_3, k_4 unabhängig sind, so wird nach No. 12 eine Gleichung

$$(1.)\qquad \frac{\partial w}{\partial k} = A_0 w + A_1 \frac{\partial w}{\partial x} + A_2 \frac{\partial^2 w}{\partial x^2} + A_3 \frac{\partial^3 w}{\partial x^3} + A_4 \frac{\partial^4 w}{\partial x^4},$$

in welcher A_0, A_1, A_2, A_3, A_4 nach getroffener Wahl des k wohlbestimmte rationale Functionen von x sind, durch j e d e der Grössen a, b, c, d, f befriedigt.

Hieraus und aus den Gleichungen (5.) bis (8.) und Gleichungen (10.) No. 23 ergiebt sich demnach, dass die Functionen $\frac{\partial a}{\partial k}, \frac{\partial b}{\partial k}, \frac{\partial c}{\partial k}, \frac{\partial d}{\partial k}, \frac{\partial f}{\partial k}$ in der Umgebung von $x = k_\mu$ die Form $P_\mu + Q_\mu \log(x - k_\mu)$ und in der Umgebung von $x = \infty$ die Form $P_\infty + Q_\infty \log \frac{1}{x}$ haben, also in der Bezeichnungsweise meiner Arbeit*) wie F beschaffene Ausdrücke sind.

Setzen wir die Differentialgleichung (1.) No. 23 in die Form

$$(2.)\qquad B_0 \frac{\partial^5 w}{\partial x^5} + B_1 \frac{\partial^4 w}{\partial x^4} + B_2 \frac{\partial^3 w}{\partial x^3} + B_3 \frac{\partial^2 w}{\partial x^2} + B_4 \frac{\partial w}{\partial x} + B_5 w = 0,$$

worin $B_0, B_1, \ldots, B_5$ ganze rationale Functionen von x und den Grössen k_μ sind, und differentiiren diese Gleichung nach k, so folgt

$$(3.)\qquad B_0 \frac{\partial^5}{\partial x^5}\left(\frac{\partial w}{\partial k}\right) + B_1 \frac{\partial^4}{\partial x^4}\left(\frac{\partial w}{\partial k}\right) + B_2 \frac{\partial^3}{\partial x^3}\left(\frac{\partial w}{\partial k}\right) + B_3 \frac{\partial^2}{\partial x^2}\left(\frac{\partial w}{\partial k}\right) + B_4 \frac{\partial}{\partial x}\left(\frac{\partial w}{\partial k}\right)$$
$$+ B_5 \frac{\partial w}{\partial k} + \frac{\partial B_0}{\partial k}\frac{\partial^5 w}{\partial x^5} + \frac{\partial B_1}{\partial k}\frac{\partial^4 w}{\partial x^4} + \frac{\partial B_2}{\partial k}\frac{\partial^3 w}{\partial x^3} + \frac{\partial B_3}{\partial k}\frac{\partial^2 w}{\partial x^2} + \frac{\partial B_4}{\partial k}\frac{\partial w}{\partial x} + \frac{\partial B_5}{\partial k} w = 0.$$

*) BORCHARDTS Journal, Bd. 66, S. 155[1]).

[1]) Abh. VI, S. 196, Band I dieser Ausgabe. R. F.

Ist w eine der Functionen a, b, c, d, f, so ist nach den Gleichungen (5.) bis (8.) No. 23 w in der Umgebung von $x = k_\mu$ eine wie F beschaffene Function, welche zum Exponenten Null gehört. Ist $-\lambda$ der Exponent, zu welchem $\frac{\partial w}{\partial k}$ gehört, und ist $\lambda > 0$, so gehört $\frac{\partial^r}{\partial x^r}\left(\frac{\partial w}{\partial k}\right)$ zum Exponenten $-\lambda - r$, während $\frac{\partial^r w}{\partial x^r}$ zum Exponenten $-r$ gehört. Setzen wir also in Gleichung (3.) für w seinen in einer der Gleichungen (5.) bis (8.) enthaltenen Ausdruck und für $\frac{\partial w}{\partial k}$ den obigen Ausdruck $P_\mu + Q_\mu \log(x - k_\mu)$, welcher unserer Annahme nach zum Exponenten $-\lambda$ gehört, so ergiebt die Vergleichung der gleich hohen Potenzen von $x - k_\mu$ entweder im Coefficienten von $\log(x - k_\mu)$ oder in
29] den vom Logarithmus freien Gliedern, dass λ die Einheit nicht überschreiten darf, wenn $k = k_\mu$, und dass λ nicht positiv ist, wenn k von k_μ verschieden.

Auf demselben Wege ergiebt sich unter Berücksichtigung der Gleichungen (10.) No. 23, dass der Exponent, zu welchem $\frac{\partial w}{\partial k}$ in der Umgebung von $x = \infty$ gehört, nicht grösser als die negative Einheit ist.

Die oben erwähnte Coefficientenvergleichung zeigt übrigens auch — wie nach der directen Differentiation der Gleichungen (5.) bis (8.) No. 23 zu erwarten war, — dass im Falle $k = k_\mu$ die Summen

$$\frac{\partial a}{\partial x} + \frac{\partial a}{\partial k}, \quad \frac{\partial b}{\partial x} + \frac{\partial b}{\partial k}, \quad \ldots$$

zu einem nicht negativen Exponenten gehören.

Hieraus ergiebt sich, dass $G(a, b, c, d)$ in der Umgebung eines jeden der singulären Punkte k_1, k_2, k_3, k_4 eine wie F beschaffene Function ist, deren Exponent nicht unter die negative Einheit sinkt, während der Exponent von $G(a, b, c, d)$ in der Umgebung von $x = \infty$ höchstens den Werth -5 hat.

Nach Gleichung (26.) No. 21 ist

$$G(a, b, c, d) = aH(a, b, c, d). \tag{4.}$$

Wir wollen zunächst bemerken, dass H ausser für die Werthe $x = k_\mu$ für keinen anderen endlichen Werth von x unendlich werden kann. Ist nämlich $x = \beta$ ein von den k_μ verschiedener Werth, für welchen H unendlich würde, so müsste, weil $G(a, b, c, d)$ für $x = \beta$ einen endlichen Werth erhält, a für $x = \beta$ verschwinden. Macht x einen beliebigen Umlauf, und gehen dabei a und $G(a, b, c, d)$ bez. in $\bar{a}$ und $\bar{G}(a, b, c, d)$ über, so ist — weil nach No. 21 H eine rationale Function von x — nach Gleichung (4.)

$$\bar{G}(a, b, c, d) = \bar{a} H(a, b, c, d). \tag{5.}$$

Aus dieser Gleichung ergäbe sich, dass auch $\bar{a}$ für $x = \beta$ verschwinden müsste. Ein Werth $x = \beta$ aber, für welchen jeder Zweig eines Integrals der irreductibelen Gleichung (1.) No. 23 verschwindet, müsste die Function $\psi(x)$ annulliren, was der Voraussetzung widerspricht.

Aus den obigen Entwickelungen und aus den Gleichungen (5.) bis (8.) No. 23 folgt, dass

$$H(x-k_1)(x-k_2)(x-k_3)(x-k_4) = H_1 \tag{6.}$$

für keinen endlichen Werth von x unendlich werden kann.

Aus denselben Entwickelungen und aus den Gleichungen (10.) No. 23 folgt aber, dass H für $x = \infty$ wenigstens vierter Ordnung verschwindet. *Demnach ist H_1 eine von x unabhängige Grösse.* Da H nicht identisch verschwinden kann, so ergiebt sich, dass diese Function für $x = \infty$ *genau vierter Ordnung verschwindet.* [30

Vertauschen wir in Gleichung (2.) No. 16 x mit k_1, so erhalten wir die Differentialgleichung, welcher y_1, y_2, y_3, y_4 als Functionen von k_1 genügen. Wir gelangen also durch den obigen Schlüssen analoge Schlüsse zu dem Resultate, dass

$$H(k_1-x)(k_1-k_2)(k_1-k_3)(k_1-k_4)$$

eine von k_1 unabhängige Grösse ist. Ebenso folgt, dass

$$H(k_2-x)(k_2-k_1)(k_2-k_3)(k_2-k_4)$$

von k_2 unabhängig wird.

Setzen wir daher

$$(x-k_1)(x-k_2)(x-k_3)(x-k_4)(k_1-k_2)(k_1-k_3)(k_1-k_4)(k_2-k_3)(k_2-k_4) = \Pi, \tag{7.}$$

so erhalten wir

$$H(a, b, c, d) = \frac{\lambda}{\Pi}, \tag{8.}$$

wo λ eine von x, k_1, k_2 unabhängige Grösse bedeutet.

Nach den Gleichungen (4.) und (5.) No. 20 und der Gleichung (26.) No. 21 ist daher

(9.) $$\Delta = \frac{\lambda}{a^3 \Pi},$$

wo λ eine von x, k_1, k_2 unabhängige Grösse bedeutet.

26.

Wir wollen nunmehr die Functionen a, b, c, d, f in ihren realen und imaginären Bestandtheil zerlegen, also setzen:

(1.) $$a = a_1 + a_2 i, \quad b = b_1 + b_2 i, \quad c = c_1 + c_2 i, \quad d = d_1 + d_2 i, \quad f = f_1 + f_2 i.$$

Setzen wir ebenso

(2.) $$x = x_1 + x_2 i,$$

so ergiebt sich aus dem Umstande, dass die Coefficienten der Tabelle (10.) No. 18 reale Grössen sind, dass es erlaubt ist, in dieser Tabelle a, b, c, d, f durch a_1, b_1, c_1, d_1, f_1 bez. und $\bar{a}, \bar{b}, \bar{c}, \bar{d}, \bar{f}$ durch $\bar{a}_1, \bar{b}_1, \bar{c}_1, \bar{d}_1, \bar{f}_1$ bez. zu ersetzen, wenn mit $\bar{a}_1, \bar{b}_1, \bar{c}_1, \bar{d}_1, \bar{f}_1$ diejenigen Werthe bezeichnet werden, in welche sich die realen Functionen a_1, b_1, c_1, d_1, f_1 der realen Variablen x_1, x_2
31] verwandeln, wenn der durch die Coordinaten (x_1, x_2) bestimmte Punkt um je einen der Punkte k_1, k_2, k_3, k_4 einen Umlauf vollzieht. Gleichermaassen ist es erlaubt, in derselben Tabelle a, b, c, d, f durch a_2, b_2, c_2, d_2, f_2 bez. und $\bar{a}, \bar{b}, \bar{c}, \bar{d}, \bar{f}$ durch $\bar{a}_2, \bar{b}_2, \bar{c}_2, \bar{d}_2, \bar{f}_2$ zu ersetzen, wenn die letzteren Grössen das bezeichnen, was aus a_2, b_2, c_2, d_2, f_2 durch dieselben Umläufe von (x_1, x_2) wird.

Die Function $af + b^2 + cd$ verschwindet nach den Gleichungen (7.) und (8.) No. 18 identisch für jedes x und verwandelt sich durch die Umläufe um die singulären Punkte k_μ in sich selbst.

Bilden wir daher analog die Ausdrücke

(3.) $$\varphi_1 = a_1 f_1 + b_1^2 + c_1 d_1$$

(4.) $$\varphi_2 = a_2 f_2 + b_2^2 + c_2 d_2,$$

so ergeben die Verwandlungstabellen für $a_1, b_1, \ldots$ und $a_2, b_2, \ldots$, von welchen eben die Rede war, dass die realen Functionen φ_1, φ_2 der realen Variablen x_1, x_2 bei Umläufen des Punktes (x_1, x_2) um die Punkte k_μ ungeändert bleiben.

Ihrer Bedeutung nach bleiben $a_1, b_1, \ldots$ und $a_2, b_2, \ldots$, folglich auch φ_1 und φ_2 ungeändert, wenn (x_1, x_2) irgend welche Umläufe um andere Punkte vollzieht.

Demnach sind φ_1, φ_2 eindeutige Functionen von x_1, x_2.

Aus der Gleichung

$$(5.)\qquad af+b^2+cd = 0 \quad \text{(s. Gleichungen (7.) und (8.) No. 18)}$$

folgt durch Trennung des realen und des imaginären Theiles

$$(6.)\qquad \begin{cases} (a_1^2+a_2^2)f_1 = -b_1[ab]+b_2(ab)-c_1[ad]+c_2(ad), \\ (a_1^2+a_2^2)f_2 = -b_1(ab)-b_2[ab]-c_1(ad)-c_2[ad], \end{cases}$$

wo

$$(7.)\qquad \begin{cases} (pq) = p_1q_2-p_2q_1, \\ [pq] = p_1q_1+p_2q_2 \end{cases}$$

gesetzt ist. Substituiren wir die Werthe von f_1 und f_2 aus den Gleichungen (6.) in φ_1, φ_2 (Gleichungen (3.) und (4.)), so folgt

$$(8.)\qquad \varphi_1(a_1^2+a_2^2) = \varphi_2(a_1^2+a_2^2) = (ab)^2+(ad)(ac).$$

Hieraus ergiebt sich zunächst, wie auch unmittelbar aus Gleichung (5.) sich ergiebt,

$$(9.)\qquad \varphi_1 = \varphi_2.$$

Setzen wir demnach

$$(10.)\qquad \varphi_2 = \varphi_1 = \varphi,$$

so lautet die Gleichung (8.)

$$(11.)\qquad \varphi(a_1^2+a_2^2) = (ab)^2+(ad)(ac) = R.$$

Aus dieser Gleichung ergiebt sich die wichtige Folgerung, dass das [32
Vorzeichen der Function R für eine beliebige Stelle (x_1, x_2) nach Vollziehung beliebiger Umläufe ungeändert bleibt.

27.

Aus den Gleichungen (5.) bis (8.) und (10.) No. 23 ergiebt sich, dass in der Umgebung von $x = k_1$

$$(1.)\qquad \varphi = \frac{1}{\pi}(d_1f_2-d_2f_1)\log\varrho_1+r_1,$$

in der Umgebung von $x = k_2$

$$(2.)\quad \varphi = \frac{1}{\pi}[(a_1-d_1)(-2b_2-c_2+d_2-f_2)-(a_2-d_2)(-2b_1-c_1+d_1-f_1)]\log\varrho_2+r_2,$$

in der Umgebung von $x = k_3$

$$(3.)\quad \varphi = \frac{1}{\pi}[(2b_1+c_1-d_1)(a_2-c_2-d_2-f_2)-(2b_2+c_2-d_2)(a_1-c_1-d_1-f_1)]\log\varrho_3+r_3,$$

in der Umgebung von $x = k_4$

$$(4.)\quad \varphi = \frac{1}{\pi}[(c_1+f_1)(a_2+2b_2+c_2-d_2)-(c_2+f_2)(a_1+2b_1+c_1-d_1)]\log\varrho_4+r_4,$$

in der Umgebung von $x = \infty$

$$(5.)\quad \varphi = \frac{1}{\pi}(c_1a_2-c_2a_1)\log\varrho_\infty+r_\infty.$$

Wir haben hierbei in der Umgebung von $x = k_\mu$

$$(6.)\quad x-k_\mu = \varrho_\mu e^{\psi_\mu i}$$

und in der Umgebung von $x = \infty$

$$(7.)\quad \frac{1}{x} = \varrho_\infty e^{\psi_\infty i}$$

gesetzt. Die Grössen r_μ und r_∞ erhalten für $\varrho_\mu = 0$, bez. $\varrho_\infty = 0$ endliche Werthe.

Aus den Gleichungen (1.) bis (5.) ergiebt sich:

Das Vorzeichen von φ in hinlänglicher Nähe von k_1 ist übereinstimmend mit dem Vorzeichen des imaginären Theiles von $-\frac{f}{d}$, demnach nach den Gleichungen (5.) und (6.) No. 24 mit dem Vorzeichen des imaginären Theiles von

$$(8.)\quad \alpha_1 = \int_{k_2}^{k_3}\frac{dz}{\sqrt{\psi_1(z)}}:\int_{k_3}^{k_4}\frac{dz}{\sqrt{\psi_1(z)}}.$$

33] In hinlänglicher Nähe von k_2 ist das Vorzeichen von φ übereinstimmend mit dem Vorzeichen des imaginären Theiles von

$$-\frac{-2b-c+d-f}{a-d},$$

demnach nach den Gleichungen (7.) und (8.) No. 24 mit dem Vorzeichen des imaginären Theiles von

$$\alpha_2 = \int_{k_1}^{k_3} \frac{dz}{\sqrt{\psi_2(z)}} : \int_{k_3}^{k_4} \frac{dz}{\sqrt{\psi_2(z)}}. \tag{9.}$$

In hinlänglicher Nähe von k_3 ist das Vorzeichen von φ übereinstimmend mit dem Vorzeichen des imaginären Theiles von

$$-\frac{a-c-d-f}{2b+c-d},$$

demnach nach den Gleichungen (9.) und (10.) No. 24 mit dem Vorzeichen des imaginären Theiles von

$$\alpha_3 = -\int_{k_2}^{k_4} \frac{dz}{\sqrt{\psi_3(z)}} : \int_{k_1}^{k_2} \frac{dz}{\sqrt{\psi_3(z)}}. \tag{10.}$$

In hinlänglicher Nähe von k_4 ist das Vorzeichen von φ übereinstimmend mit dem Vorzeichen des imaginären Theiles von

$$-\frac{a+2b+c-d}{c+f},$$

demnach nach den Gleichungen (11.) und (12.) No. 24 mit dem Vorzeichen des imaginären Theiles von

$$\alpha_4 = \int_{k_1}^{k_2} \frac{dz}{\sqrt{\psi_4(z)}} : \int_{k_2}^{k_3} \frac{dz}{\sqrt{\psi_4(z)}}. \tag{11.}$$

Endlich ist in hinlänglicher Nähe von $x = \infty$ das Vorzeichen von φ übereinstimmend mit dem Vorzeichen des imaginären Theiles von $-\frac{a}{c}$, demnach mit dem Vorzeichen des imaginären Theiles von

$$\alpha_\infty = -\int_{k_3}^{k_4} \frac{dz}{\sqrt{\psi(z)}} : \int_{k_2}^{k_3} \frac{dz}{\sqrt{\psi(z)}}. \tag{12.}$$

Die Grössen $\alpha_1, \alpha_2, \alpha_3, \alpha_4, \alpha_\infty$ sind Quotienten von elliptischen Periodicitätsmoduln. Jede derselben lässt sich durch Anwendung einer linearen Substitution in die Form $-\frac{\eta_2}{\eta_1} i$ bringen, nach der Bezeichnungsweise meiner [34
Arbeit*). Nach den Ergebnissen dieser Abhandlung ist also der imaginäre Theil der Grössen $\alpha_1, \alpha_2, \alpha_3, \alpha_4, \alpha_\infty$ negativ.

*) Borchardts Journal, Bd. 83, S. 13[1]).

1) Abh. XXIV, S. 85ff., Band II dieser Ausgabe. R. F.

Es ergiebt sich also:

Die Function φ ist in hinlänglicher Nähe der Punkte $x = k_u$ und $x = \infty$ **negativ.**

28.

Aus den Gleichungen (5.) bis (8.) und (10.) No. 23 ergiebt sich, dass in der Umgebung von $x = k_1$

$$(1.)\qquad (ad) = -\frac{1}{\pi}(d_1^2 + d_2^2)\log \varrho_1 + s_1,$$

in der Umgebung von $x = k_2$

$$(2.)\qquad (ad) = -\frac{1}{\pi}\{(a_1 - d_1)^2 + (a_2 - d_2)^2\}\log \varrho_2 + s_2,$$

in der Umgebung von $x = k_3$

$$(3.)\qquad (ad) = \frac{1}{\pi^2}\{(2b_1 + c_1 - d_1)(a_2 - c_2 - d_2 - f_2) - (2b_2 + c_2 - d_2)(a_1 - c_1 - d_1 - f_1)\}(\log \varrho_3)^2 + s_3' \log \varrho_3 + s_3,$$

in der Umgebung von $x = k_4$

$$(4.)\qquad (ad) = -\frac{1}{\pi^2}\{(a_1 + 2b_1 + c_1 - d_1)(c_2 + f_2) - (a_2 + 2b_2 + c_2 - d_2)(c_1 + f_1)\}(\log \varrho_4)^2 + s_4' \log \varrho_4 + s_4,$$

endlich in der Umgebung von $x = \infty$

$$(5.)\qquad (ad) = -\frac{1}{\pi}(a_1^2 + a_2^2)\log \varrho_\infty + s_\infty.$$

Die Grössen s_μ und s_∞ sind für $\varrho_\mu = 0$ bez. $\varrho_\infty = 0$, und ebenso s_3', s_4' bez. für $\varrho_3 = 0$, $\varrho_4 = 0$ endlich.

Aus den Gleichungen (1.) bis (5.) ergiebt sich unter Berücksichtigung der Gleichungen (3.) und (4.) voriger Nummer, dass (ad) sowohl in hinlänglicher Nähe der Punkte k_μ als auch in hinlänglicher Nähe von $x = \infty$ einen positiven Werth hat.

29.

Die Function φ ist für jeden nicht singulären Werth von x
35] von Null verschieden, so lange die Grössen k_μ endlich und von einander verschieden. Nun haben wir in No. 27 bewiesen, dass φ in der Nähe von $x = \infty$ und von $x = k_\mu$ negativ ist. Da aber diese Function

in einer nicht singulären Stelle ihr Vorzeichen nur wechseln könnte, wenn sie daselbst verschwände, so ergiebt sich:

I. So lange die Grössen k_μ endlich und von einander verschieden sind, ist φ stets negativ.

Aus Gleichung (11.) No. 26 ergiebt sich daher:

II. Unter derselben Voraussetzung haben die Grössen (ac), (ad) entgegengesetzte Vorzeichen.

III. In einer nicht singulären Stelle kann keine der Grössen (ac), (ad) verschwinden, weil sonst nach Gleichung (11.) No. 26 daselbst φ einen positiven Werth annehmen müsste.

Da nach No. 28 (ad) in der Nähe der singulären Stellen positiv ist, so ergiebt sich aus Satz III.:

IV. Unter derselben Voraussetzung wie in I. und II. ist ausserhalb der singulären Stellen (ad) stets positiv und (ac) negativ.

Wir wollen den Coefficienten von i einer Grösse z mit $I(z)$ bezeichnen, dann ergiebt sich aus den Gleichungen (5.) bis (8.) und Gleichungen (10.) No. 23:

Für $x = k_1, k_2$

$$I\left(\frac{b}{a}\right) = 0, \quad I\left(\frac{d}{a}\right) = 0, \tag{1.}$$

für $x = k_3, k_4$

$$I\left(\frac{c}{a}\right) = -I\left(\frac{b}{a}\right), \quad I\left(\frac{d}{a}\right) = I\left(\frac{b}{a}\right), \tag{2.}$$

für $x = \infty$

$$I\left(\frac{d}{a}\right) = \infty. \tag{3.}$$

Hieraus folgt:

V. In einem der Punkte k_1, k_2, k_3, k_4 und in $x = \infty$ ist entweder φ gleich Null oder $I\left(\frac{d}{a}\right)$ unendlich.

Die Grössen a, b, c, d, f, als Functionen einer der Grössen k_μ aufgefasst, erleiden für die Umläufe dieser Variabeln dieselben Substitutionen, welche in den Gleichungen (10.) No. 18 angegeben sind. Es gelten daher die Sätze I—IV, wenn wir x mit k_μ vertauschen. Diese Sätze können wir alsdann folgendermassen zusammenfassen:

VI. So lange die Grössen x, k_1, k_2, k_3, k_4 endlich und unter einander verschieden sind, haben die Grössen $I(\eta)$, $I(-\zeta)$, $I(\xi)^2 - I(\eta)\,I(-\zeta)$ stets das negative Vorzeichen.

36] In der Theorie der ABELschen Functionen werden Grössen $a_{11}, a_{12} = a_{21}, a_{22}$ betrachtet*), welche mit unseren Variabeln ξ, η, ζ in folgendem Zusammenhange stehen:

$$a_{11} = \pi i \zeta, \quad a_{12} = -\pi i \xi, \quad a_{22} = -\pi i \eta.$$

Die in den obigen Theoremen enthaltenen Resultate, in diese Bezeichnungsweise übertragen, liefern den Satz, dass der reale Theil der quadratischen Form $a_{11}m^2 + 2a_{12}mn + a_{22}n^2$ (m, n reale ganze Zahlen) eine definite Form mit negativem Werthe ist. Dieses Theorem, welches zuerst RIEMANN**) mit anderen Hülfsmitteln bewiesen, hat sich also in unserer Untersuchung als eine Eigenschaft der Functionen, welche gewissen linearen Differentialgleichungen genügen, ergeben, gleich wie wir das Theorem von den Periodenrelationen***) in No. 18 unserer Untersuchung ebenfalls als einen Ausfluss aus den Eigenschaften der Integrale linearer Differentialgleichungen erkannt haben.

30.

Wenn wir den Satz V. voriger Nummer auf ξ, η, ζ als Functionen der Variabeln x, k_1, k_2 übertragen, so lautet derselbe:

I. Wenn zwei der Variabeln x, k_1, k_2 unter einander oder gleich einer der Grössen k_3, k_4 oder wenn eine der Variabeln unendlich wird, so ist entweder $I(\zeta) = \infty$ oder $I(\xi)^2 - I(\eta)\,I(-\zeta) = 0$.

Nach Gleichung (11.) No. 26 ist

$$I(\xi)^2 - I(\eta)\,I(-\zeta) = \frac{\varphi}{a_1^2 + a_2^2}. \tag{1.}$$

Wenn x unzählig viele Umläufe vollzieht, derart dass eine oder mehrere der Grössen ξ, η, ζ von x unabhängig werden, so wird, da φ ungeändert bleibt, die rechte Seite der Gleichung (1.) verschwinden, folglich auch die linke.

*) RIEMANN, Ab. F., No. 18[1]).
**) A. a. O., No. 21[2]).
***) RIEMANN, a. a. O., No. 20[3]).

1) Riemanns Werke, II. Aufl. (1892), S. 129. R. F.
2) A. a. O., S. 131—132. R. F.
3) A. a. O., S. 131. R. F.

— Wenn ξ, η, ζ auch als Functionen der Veränderlichen k_1, k_2 betrachtet werden, so lässt sich dieses Resultat folgendermassen aussprechen:

II. Wenn die Veränderlichen x, k_1, k_2 solche Umläufe in unendlicher Anzahl vollziehen, dass eine oder mehrere der Grössen ξ, η, ζ von einer oder mehreren dieser Veränderlichen unabhängige Werthe annehmen, so wird

$$I(\xi)^2 - I(\eta)I(-\zeta) = 0. \tag{2.}$$

31. [37

Wir haben es in No. 20 ausgesprochen, dass x, k_1, k_2 eindeutige Functionen von ξ, η, ζ sind, und bemerkt, dass wir den Beweis dieses Satzes im Wesentlichen nach der Methode liefern wollen, welche wir für die elliptische Modulfunction*) angewendet haben. Diese Methode war im Wesentlichen die folgende.

Sind η_1, η_2 die dort näher bezeichneten Fundamentalintegrale der Differentialgleichung der Periodicitätsmoduln mit der unabhängigen Variabeln u, so beweisen wir zuerst, dass der reale Theil des Quotienten $H = \frac{\eta_2}{\eta_1}$ in der Nähe der singulären Punkte $u = 0, 1, \infty$ positiv ist. Bezeichnen wir den realen Theil von H mit $\Re(H)$, so kann es kein Gebiet Γ geben, innerhalb dessen $\Re(H)$ negativ ist. Denn es müsste an der Begrenzung von Γ, wo $\Re(H)$ sein Vorzeichen wechselt, $\Re(H)$ verschwinden. Wir zeigen aber daselbst, dass das Vorzeichen von $\Re(H)$ vom Wege der Variabeln u unabhängig ist. Wir können nun den Umlauf von u so wählen, dass innerhalb Γ die Function H, also auch $\Re(H)$ nicht unendlich wird. Weil aber innerhalb Γ keiner der Punkte $u = 0, 1, \infty$ sich befindet, so müsste $\Re(H)$ innerhalb Γ identisch verschwinden. Wir zeigen dann, dass für unendlich viele Umläufe, welche H von u unabhängig machen, $\Re(H)$ gegen Null convergirt. Der Gesammtwerthvorrath, den H für alle möglichen Umläufe von u erhält, befindet sich daher auf der positiven Seite der lateralen H-Axe. In diese Axe fallen auch die Werthe von H, welche $u = 0$, $u = 1$ entsprechen. Für die Function u von H, wie sie durch die Differentialgleichung zwischen u

*) Borchardts Journal, Bd. 83, S. 13[1]).

1) Abh. XXIV, S. 85, Band II dieser Ausgabe. R. F.

und H*) definirt wird, sind aber $u = 0, 1$ die einzigen wirklichen singulären Punkte. Demnach ist u eine eindeutige Function des Werthvorrathes H.

Genau ebenso verfahren wir in der Frage, die uns gegenwärtig beschäftigt. Aus den Gleichungen (2.) No. 20, und aus den Sätzen am Schlusse der No. 21 und am Schlusse der No. 25 Gleichung (9.) folgt, dass die einzigen Singularitäten der Grössen x, k_1, k_2 als Functionen der unabhängig von einander sich ändernden Grössen ξ, η, ζ, durch das Zusammenfallen zweier der Grössen x, k_1, k_2, k_3, k_4 oder das Unendlichwerden einer oder mehrerer derselben erhalten werden. Nach No. 29, Satz VI. ist der Gesammtwerthvorrath V der Mannigfaltigkeit ξ, η, ζ, wenn die unabhängigen Variabeln x, k_1, k_2 beliebige Wege beschreiben, so beschaffen, dass $I(\eta)$, $I(-\zeta)$, $I(\xi)^2 - I(\eta)\,I(-\zeta)$ negativ bleiben.
38] Diejenigen Werthe, welche durch unzählig viele Umläufe von x, k_1, k_2 von solcher Beschaffenheit erzielt werden, dass eine oder mehrere der Grössen ξ, η, ζ von einer oder mehreren der Grössen x, k_1, k_2 unabhängig werden, liegen auf der Begrenzung von V (Satz II. No. 30). Für diese Werthe ist nämlich $I(\xi)^2 - I(\eta)\,I(-\zeta) = 0$. Ebenfalls auf der Begrenzung liegen die oben bezeichneten singulären Stellen von x, k_1, k_2 als Functionen von ξ, η, ζ (Satz I. No. 30). Für diese ist nämlich entweder $I(\zeta) = \infty$ oder $I(\xi)^2 - I(\eta)\,I(-\zeta) = 0$. Hieraus folgt: die Variabeln x, k_1, k_2 sind eindeutige Functionen des Werthvorrathes V der Mannigfaltigkeit ξ, η, ζ.

In der That sind diese Functionen x, k_1, k_2 vermittelst der Thetafunction als eindeutige Functionen von ξ, η, ζ darstellbar.

(Fortsetzung folgt)[1].

*) S. l. c. p. 25[2]).

[1]) Diese Fortsetzung ist nicht erschienen. R. F.

[2]) S. 98, Band II dieser Ausgabe. R. F.

ANMERKUNGEN.

1) Änderungen gegen das Original.

Es wurde gesetzt nach der Druckfehler-Berichtigung zur Mittheilung vom 1. November 1888 (No. 1–7), die mein Vater selbst am Schlusse der Mittheilung vom 13. December (Sitzungsberichte 1888, S. 1290) gegeben hat:

S. 11, Gleichung (2.) rechter Hand -1 an Stelle von $+1$,
„ 13 ist in Gleichung (P'.) hinter $\sum$ das Zeichen $\pm$ hinzugefügt.

Ferner wurde, von einigen Druckfehlern, die stillschweigend verbessert wurden, abgesehen, Folgendes verändert:

S. 3, Zeile 1 Bedeutet statt Bedeuten,
„ 5 wurde hinter Gleichung (5.) $\begin{pmatrix} k = 1, \ldots, \nu-1 \\ l = 1, \ldots, \nu-1 \end{pmatrix}$ hinzugefügt,
„ 10, Zeile 4 v. u. wird statt werden,
„ 14, „ 9 wurde »der« vor Gleichung eingefügt,
„ 16, „ 3 v. u. wurde »y ein Integral von (1.)« eingefügt,
„ 21, „ 4 v. u. wurde »das den Gleichungen (2.) genügt« eingefügt,
„ 22, „ 1 den Gleichungen statt der Gleichung,
Gleichung (9.) wurde $(\alpha = 1, 2, \ldots, m)$ angefügt,
Zeile 8 v. u. finden statt findet,
„ 7 v. u. Gleichungen statt Gleichung; dasselbe noch an einigen anderen Stellen,
„ 24, „ 5 wurden die im Original hinter W stehenden Worte: »einen Umlauf von x um« gestrichen.
„ 25, Gleichung (1.) rechter Hand $A_{i0}, A_{i1}, \ldots, A_{i,2n-1}$ statt $A_{\alpha 0}, A_{\alpha 1}, \ldots, A_{\alpha,2n-1}$ und $(i = 1, 2, \ldots, 2n)$ statt $(\alpha = 1, 2, \ldots, 2n)$,
Gleichung (S_2.) wurde $(\alpha = 1, 2, \ldots, \nu)$ angefügt,
Zeile 13 genügt statt genügen,
„ 5 v. u. $D_{i0}, D_{i1}, \ldots, D_{i,\nu-1}$ statt $D_{\alpha 0}, D_{\alpha 1}, \ldots, D_{\alpha,\nu-1}$,
„ 26, „ 4 (s. No. 4) statt (s. No. 5),
„ 6 wurde »von x unabhängige« eingefügt,
„ 29, „ 8 wurde »in« vor Borchardts Journal eingefügt,
„ 33, „ 2, 6, 16 niedrigerer statt niedriger,
„ 34, „ 5 »die $s_{i\alpha}$« statt $s_{i\alpha}$ und »den $\chi_{\lambda\alpha}$« statt $\chi_{\lambda\alpha}$,

S. 35, Zeile 8 ist das Wort »bezeichneten« vor Umlaufe weggelassen,
„ 3 v. u. »muss« statt müsse,
„ 37, „ 5 v. u. ihre Ableitungen statt die Ableitungen,
„ 39, „ 11 v. u. zwischen α_2, ζ_3 »und« eingefügt,
„ 41, „ 13 v. u. »von x unabhängige« vor Werthe eingefügt,
„ 11 v. u. Ist statt Sind,
„ 42, Gleichung (15.) $-\alpha_6\left(\frac{v_1}{v_4}\frac{u_2}{u_3}-\frac{v_2}{v_4}\frac{u_1}{u_2}\right)$ statt $+\alpha_6\left(\frac{v_1}{v_4}-\frac{v_2}{v_4}\frac{u_1}{u_2}\right)$,
„ 43, Zeile 15 eines Fundamentalsystems statt des Fundamentalsystems,
„ 46, „ 1 »angegebenen« vor Umlaufe gestrichen,
„ 47, „ 5 v. u. wurde Gleichung (13a.) $M = \gamma(b^2+cd)$ hinzugefügt,
„ 4 v. u. wurde zu Anfang »sein« eingefügt,
„ 52 in der dritten der Gleichungen (9.) $-$ statt $+$,
in der dritten der Gleichungen (9a.) $-$ statt $+$,
„ 57, Zeile 11 ihre singulären Punkte statt die singulären Punkte derselben,
„ 60, „ 10 v. u., S. 62, Zeile 1 und 7 v. u., S. 63, Zeile 6 ist »den« vor Gleichungen eingefügt,
„ 61, „ 3 v. u. No. 23 statt No. 18,
„ 63, Gleichung (11.) die obere Grenze im zweiten Integral k_3 statt k_4,
„ 65, Zeile 9 wurde »sonst« nach weil eingefügt,
„ 18 vor Gleichung (1.) $x = k_1, k_2$ statt $x = k_1$,
„ 20 vor Gleichung (2.) $x = k_3, k_4$ statt $x = k_2, k_3, k_4$,
Gleichung (3.) $J\left(\frac{d}{a}\right) = \infty$ statt $J\left(\frac{d}{a}\right) = 0$,
Zeile 7 v. u. $J\left(\frac{d}{a}\right)$ unendlich statt $J\left(\frac{d}{a}\right)$ Null,
„ 66, „ 6 v. u. $J(\zeta) = \infty$ statt $J(\zeta) = 0$, ebenso S. 68, Zeile 7 v. u.

2) Was die Einführung der zu einer linearen Differentialgleichung gehörigen Klasse (No. 9, S. 17) im Anschluss an die beiden nachgelassenen Arbeiten RIEMANNS »zwei allgemeine Sätze über lineare Differentialgleichungen mit algebraischen Coefficienten« (RIEMANNS Gesammelte Werke, zweite Auflage (1892), S. 380) anbetrifft, so ist dazu Folgendes zu bemerken: Mein Vater bedient sich hier der Bezeichnung »Klasse« in einem etwas anderen Sinne, als sie ursprünglich von RIEMANN gedacht war. Nach RIEMANN gehören lineare Differentialgleichungen, deren Lösungen an keiner Stelle von unendlich hoher Ordnung unendlich werden, zu derselben Klasse, wenn sie nicht nur in allen Verzweigungsstellen ihrer Integrale, sondern auch in denjenigen Unendlichkeitsstellen übereinstimmen, wo sich die Integrale wie rationale Functionen verhalten. Mein Vater aber bezeichnet weitergehend Differentialgleichungen, deren Lösungen keinen Punkt der Unbestimmtheit besitzen, als zu einer Klasse gehörig, wenn ihre Integrale dieselben Verzweigungsstellen besitzen. Für diesen weiteren Begriff hat Herr POINCARÉ (Acta Mathematica, Bd. 5, 1884, S. 212) die Bezeichnung espèce (von Herrn SCHLESINGER mit »Art« übersetzt) eingeführt. Man vgl. über diese Bezeichnungen: L. SCHLESINGER, Handbuch der Theorie der linearen Differentialgleichungen Band II_1, No. 164 und No. 222;

3) Zu dem in No. 12, S. 24, Gleichungen (7.), (8.) und (9.) gegebenen Nachweis, dass die Ableitungen $\frac{\partial y_\alpha}{\partial k}$ der Elemente eines Fundamentalsystems nach einem Parameter k keine anderen Singularitäten besitzen als y_α selbst, ist Folgendes zu bemerken: Die rechte Seite der Gleichnng (9.)

$$\frac{\partial y_\alpha}{\partial k} = \frac{1}{2\pi i}\int \frac{\partial f_\alpha(z,k)}{\partial k}\frac{dz}{z-x},$$

wo das Integral über die Begrenzung W eines Gebietes erstreckt ist, in welchem kein singulärer Punkt der Differentialgleichung sich befindet, setzt das zu Beweisende schon voraus, da diese Gleichung nur besteht, wenn $\frac{\partial y_a}{\partial k}$ innerhalb W eindeutig, endlich und stetig ist.

Dass die Functionen $\frac{\partial y_a}{\partial k}$ als Functionen von x in der That keine anderen Singularitäten als die Functionen y_a selbst besitzen, so lange der Parameter k innerhalb gewisser Grenzen bleibt, folgt, wie Herr SCHLESINGER, Handbuch u. s. w., II_1, No. 228, gezeigt hat, aus den Untersuchungen des Herrn POINCARÉ (Acta Mathematica, Band IV, S. 212 ff. Vgl. hierzu auch: SCHLESINGER, Handbuch u. s. w., Band I, No. 85 und 106).

4) Zu dem in No. 13 gegebenen Nachweis, dass die Gleichung (H.) — die jetzt sogenannte n^{te} Associirte der Gleichung (A.) — reductibel sein muss, wenn (A.) den Anforderungen (α.) in No. 11 genügt, ist zu bemerken, dass dieser Beweis und überhaupt der Satz von der Reductibilität der n^{ten} Associirten nicht richtig ist. In der Einleitung zu der Mittheilung vom 17. März 1898 in den Sitzungsberichten der Akademie 1898, S. 222 sagt mein Vater: »Es möge bei dieser Gelegenheit bemerkt werden, dass sich in die Mittheilung in den Sitzungsberichten 1888, S. 1284, Gleichung (15.) bis (21.) ein Rechenfehler eingeschlichen hat, welcher den dort gegebenen Beweis beeinträchtigt«. Dieser Rechenfehler ist der folgende: Aus den Gleichungen (6.) der No. 13, S. 26 folgt, dass für ein Fundamentalsystem $f\xi_a$, wenn f von x unabhängig ist, die Grössen $D_{a\beta}$ dieselben bleiben wie für ξ_a, wenn $\alpha \lesseqgtr \beta$, dass dagegen D_{aa} durch $D_{aa}+\frac{1}{f}\frac{df}{dk}$ zu ersetzen ist. Demnach tritt an Stelle von $\chi(t)$, für $f\xi_a$, nicht $f\chi(t)+2\frac{df}{dk}Z'(t)$, sondern $\chi(t)+\frac{2}{f}\frac{df}{dk}Z'(t)$. Dann lautet aber die Gleichung (16.), S. 27

$$\text{H}_1(t) = \psi(t)+\chi(t)+\frac{2}{f}\frac{df}{dk}Z'(t).$$

Statt (18.) ist zu setzen

$$\psi(t)+\chi(t) = \left(\gamma_1-\frac{2}{f}\frac{df}{dk}\right)Z'(t).$$

Also ist

$$\gamma_1 = \gamma+\frac{2}{f}\frac{df}{dk}.$$

Die Gleichung (17.) ist also selbstverständlich, wenn (12.) erfüllt ist. Es lässt sich in der That zeigen, dass für jedes Fundamentalsystem $\text{H}(t) = \gamma Z'(t)$ ist, so dass man auf diese Weise die Reductibilität der n^{ten} Associirten nicht erschliessen kann. Mein Vater ist später noch einmal auf den Gegenstand zurückgekommen in der Mittheilung vom 9. März 1899, wo er die nothwendigen und hinreichenden Bedingungen für die Reductibilität der n^{ten} Associirten entwickelt.

Die folgenden Untersuchungen über die Periodicitätsmoduln der ultraelliptischen Integrale bleiben durch den angegebenen Fehler unbeeinflusst, da ja für deren Differentialgleichung 4ter Ordnung die Reductibilität der zweiten Associirten unmittelbar durch das Vorhandensein eines rationalen Integrals bewiesen wird.

5) Zu No. 21, S. 48, Gleichung (15.) möchte ich zum besseren Verständniss die genauere Untersuchung, welche ergiebt, dass $\gamma = 0$, hier zum Abdruck bringen, so wie sie sich im handschriftlichen Nachlass meines Vaters gefunden hat:

Setzen wir auf beiden Seiten der Gleichung (14.) $f = 0$, $d = 0$ und für a, b, c Werthe, welche den Gleichungen

$$m'a+m'_1b+m'_2c = 0,$$
$$\alpha a+\alpha_1 b+\alpha_2 c = 0$$

genügen, so folgt, dass entweder $\gamma = 0$ oder $m' = \lambda\alpha$, $m_2' = \lambda\alpha_2$. Setzen wir auf beiden Seiten von (14.) $f = 0$, $c = 0$ und für a, b, d Werthe, welche sich aus den Gleichungen

$$m'a + m_1'b + m_3'd = 0,$$
$$\alpha a + \alpha_1 b + \alpha_3 d = 0$$

ergeben, so folgt wiederum, wenn nicht $\gamma = 0$, dass $m' = \lambda\alpha$, $m_3' = \lambda\alpha_3$. Setzen wir endlich auf beiden Seiten der Gleichung (14.) $a = 0$, $d = 0$ und für b, c, f Werthe, welche den Gleichungen

$$m_1'b + m_2'c + m_4'f = 0,$$
$$\alpha_1 b + \alpha_2 c + \alpha_4 f = 0$$

genügen, so folgt, wenn nicht $\gamma = 0$, dass $m_2' = \lambda\alpha_2$, $m_4' = \lambda\alpha_4$. Es ist demnach, wenn nicht γ verschwindet, identisch

$$m'a + m_2'c + m_3'd + m_4'f = \lambda(\alpha a + \alpha_2 c + \alpha_3 d + \alpha_4 f).$$

Ebenso ergiebt sich, dass unter denselben Umständen

$$\begin{aligned} na + n_2c + n_3d + n_4f &= \mu(\alpha a + \alpha_2 c + \alpha_3 d + \alpha_4 f), \\ m''a + m_2''c + m_3''d + m_4''f &= \nu(m'a + m_2'c + m_3'd + m_4'f) \\ &= \lambda\nu(\alpha a + \alpha_2 c + \alpha_3 d + \alpha_4 f). \end{aligned}$$

Setzen wir also

$$\alpha a + \alpha_2 c + \alpha_3 d + \alpha_4 f = V,$$

so geht (14.) über in

$$(\lambda\nu V + m_1''b)(V + \alpha_1 b) - (\mu V + n_1 b)(\lambda V + m_1'b) = \gamma(af + b^2 + cd);$$

diese Identität kann aber nur bestehen, wenn $\gamma = 0$.

6) Die Theile dieser Arbeit von No. 26 an sind wohl nur als ein Entwurf einer sehr tief liegenden Untersuchung über die Art der Abhängigkeit der Werthe x, k_1, k_2 von den ξ, η, ζ anzusehen. In Bezug auf den am Anfang der No. 29 ausgesprochenen Satz, dass φ für jeden nicht singulären Werth von x, so lange die Grössen k_μ endlich und von einander verschieden sind, immer einen negativen Werth haben müsse, sei Folgendes bemerkt. Mein Vater hat, wie aus dem handschriftlichen Nachlass hervorgeht, wiederholt versucht, für diesen Satz, der für die in den folgenden Nummern angedeutete Theorie grundlegend ist, einen Beweis zu geben. Ich möchte die beiden letzten Noten, die ich zu diesem Gegenstand im Nachlass vorgefunden habe, hier zum Abdruck bringen, wenn mir auch das Beweisverfahren noch nicht vollständig zu sein scheint, da ihr Inhalt vielleicht für eine spätere Forschung von Wichtigkeit werden kann.

a) Setzen wir, wie in No. 26, $x = x_1 + x_2 i$, $k_\mu = l_{\mu 1} + i l_{\mu 2}$, so ist φ eine reale Function der realen Variablen $x_1, x_{\ }, l_{\mu 1}, l_{\mu 2}$. So lange x in hinlänglicher Nähe eines k_μ sich befindet, oder in der Nähe von $x=\infty$, ist φ negativ (No. 27). Soll φ in einem Gebiete Γ positiv sein, so müsste dasselbe durch Curven abgegrenzt sein, welche die Punkte k_μ und ∞ ausschliessen. Möge eine solche Curve, die k_μ ausschliesst, C_μ heissen und die ∞ ausschliessende C_∞. Betrachten wir φ in seiner Abhängigkeit von k_1, so wird C_1 sich verändern, wenn k_1 sich verändert, und es wird nach No. 27, da φ in Bezug auf k_μ dieselbe Eigenschaft, wie in Bezug auf x besitzt, wenn k_1 in hinlängliche Nähe von k_2 rückt, φ durchaus negativ sein, also müsste C_1 aufhören zu existiren. Dieses ist jedoch nicht möglich, weil C_1 in hinlänglicher Entfernung von jedem der Punkte k_μ bleiben muss. Demnach kann es überhaupt kein Gebiet Γ geben.

b) Der Beweis, dass φ stets negativ, lässt sich am besten folgendermassen liefern. Wir nehmen an, dass x und k_1 eine solche Lage haben, dass noch $\varphi=0$ sei, dass aber, wenn k_1 sich um ein Kleines nach einer Richtung fortbewegt, φ negativ wäre; dann ist, weil x und k_1 nicht singulär sind, wenn wir setzen

$$x = x_1+ix_2 = \alpha_1+i\alpha_2, \quad k_1 = l_{11}+il_{12} = \beta_1+i\beta_2,$$

$$(1.)\quad \varphi = A(x_1-\alpha_1)+B(x_2-\alpha_2)+C(x_1-\alpha_1)^2+D(x_1-\alpha_1)(x_2-\alpha_2)+E(x_2-\alpha_2)^2+\cdots,$$

worin die Coefficienten $A, B, C, \ldots$ stetige Functionen von l_{11}, l_{12} sind. Ändern wir l_{11}, l_{12} stetig, so geht φ über in

$$(2.)\quad \varphi' = A'(x_1-\alpha_1)+B'(x_2-\alpha_2)+C'(x_1-\alpha_1)^2+D'(x_1-\alpha_1)(x_2-\alpha_2)+E'(x_2-\alpha_2)^2+\cdots,$$

wo $A', B', C', \ldots, \varphi'$ resp. von $A, B, C, \ldots, \varphi$ beliebig wenig verschieden sind (der gleichmässigen Convergenz wegen). Es würde also auch, für das veränderte System l_{11}, l_{12}, φ' für $x_1=\alpha_1$, $x_2=\alpha_2$ verschwinden; aber wenn l_{11}, l_{12} nach der oben bezeichneten Richtung abgeändert werden, so muss φ' negativ sein etc.

R. F.

LV.

BEMERKUNG ZU DER ARBEIT IM BANDE 75 SEITE 177 DIESES JOURNALS.

(Journal für die reine und angewandte Mathematik, Bd. 106, 1890, S. 1—4.)

In meiner Arbeit (Journal für Mathematik, Bd. 75, S. 179[1])) habe ich [1 den grössten unter denjenigen um den Nullpunkt der complexen Variablen w beschriebenen Kreisen, innerhalb deren nicht zwei verschiedene Werthe w der Function

$$z = F(w) = \frac{f(w)}{wg(w)}$$

($f(w)$, $g(w)$ ganze rationale Functionen und $f(0)$, $g(0)$ von Null verschieden) denselben Werth ertheilen, als Grenzkreis definirt. Der Radius dieses Kreises ergab sich (daselbst S. 184[2])) als der Modul derjenigen Wurzel der Gleichung $F'(w) = 0$, welche unter allen Wurzeln derselben den kleinsten Modul hat.

Wenn die Coefficienten der ganzen Functionen $f(w)$ und $g(w)$ besonderen Bedingungen Genüge leisten, kann jedoch der Radius des Grenzkreises einen kleineren Werth haben*). In der folgenden Notiz soll dieser Ausnahmefall präcisirt werden.

Hieran schliesse ich eine Bemerkung, aus welcher hervorgeht, dass die Bestimmbarkeit des Grenzkreises nach den S. 194[3]) (daselbst) zusammengefassten Forderungen von dem Ausnahmefalle nicht beeinflusst wird.

---

*) Ein solches Beispiel wurde mir von Herrn Anissimoff, Privatdocent an der Universität Moskau, vorgelegt.

---

1) Abh. XIV, S. 361, Band I dieser Ausgabe. R. F.

2) Ebenda S. 369. R. F.

3) Ebenda S. 379. R. F.

1.

Der Ausnahmefall zieht seinen Ursprung aus dem S. 181—182[1]) (daselbst) betrachteten Falle $B = 0$ und ergiebt sich folgendermassen:

Setzen wir in die Gleichung

$$(1.)\qquad \psi(w, w_1) = 0,$$

$$w = re^{\varphi i}, \quad w_1 = re^{\varphi_1 i},$$

2] so ergeben sich hieraus durch Trennung des realen und des imaginären Theiles die algebraischen Gleichungen

$$(2.)\qquad \begin{cases} G(\cos\varphi, \cos\varphi_1, r) = 0, \\ H(\cos\varphi, \cos\varphi_1, r) = 0 \end{cases}$$

mit realen Coefficienten. Der Voraussetzung gemäss werden dieselben befriedigt durch die realen Werthe $r = R$, $\cos\varphi = \cos\varphi''$, $\cos\varphi_1 = \cos\varphi'$. Demgemäss ergeben die Gleichungen (2.) in der Umgebung von $r = R$

$$(3.)\qquad \begin{cases} \cos\varphi \;= \cos\varphi'' + \mathfrak{P}\left((r-R)^{\frac{1}{\lambda}}\right), \\ \cos\varphi_1 = \cos\varphi' + \mathfrak{P}_1\left((r-R)^{\frac{1}{\lambda}}\right), \end{cases}$$

wo $\mathfrak{P}$, $\mathfrak{P}_1$ nach positiven ganzen Potenzen von $(r-R)^{\frac{1}{\lambda}}$ fortschreitende Reihen mit realen Coefficienten bedeuten. Die Gleichungen (3.) liefern der Voraussetzung nach nur für $r > R$ reale Werthe für die beiden Grössen φ und φ_1 (vgl. daselbst S. 182[2])). Dieselben lehren, dass die Lagen je zweier zusammengehörigen Punkte eines Kreises K_r sich mit r stetig ändern.

Der Voraussetzung gemäss entsprechen den Werthen von w in der Umgebung von w'' Punkte w_1 in der Umgebung von w', die ausserhalb oder innerhalb K liegen, je nachdem w innerhalb oder ausserhalb K befindlich ist. Sind daher $\overline{w}$ und $\overline{w}_1$ zusammengehörige Punkte des dem Kreise K unendlich benachbarten concentrischen und grösseren Kreises K', welche resp. den Punkten w'' und w' unendlich benachbart liegen, so müssen die geometrischen Quantitäten $\overline{w} - w''$ und $\overline{w}_1 - w'$ die Richtungen der Tangenten des Kreises K resp. in w'' und w' haben. Nun sind aber dieselben geometrischen Quanti-

1) Abh. XIV, S. 365—367, Band I dieser Ausgabe. R. F.

2) Ebenda S. 366. R. F.

täten Halbsehnen eines und desselben Kreises K'. Sind demnach $\varphi''+d\varphi$, $\varphi'+d\varphi$ resp. die Argumente von $\overline{w}$ und $\overline{w}_1$, so folgt daher zunächst

$$Rd\varphi = \pm Rd\varphi_1,$$

also

$$(4.)\qquad d\varphi = \pm d\varphi_1.$$

Da $\frac{dw_1}{dw}$ für alle von $w=w''$, $w_1=w'$ ausgehenden entsprechenden Wegelemente denselben Werth annimmt, so gilt Gleiches von

$$-\frac{d\log w_1}{d\log w}.$$

Für die entsprechenden Wegelemente $\overline{w}-w''$ und $\overline{w}_1-w'$, für welche $dr_1=dr$, erhält [3

$$-\frac{d\log w_1}{d\log w} = -\frac{\frac{dr_1}{R}+id\varphi_1}{\frac{dr}{R}+id\varphi}$$

nach Gleichung (4.) den Werth

$$(5.)\qquad -\frac{1\pm iR\frac{d\varphi}{dr}}{1+iR\frac{d\varphi}{dr}}.$$

Nun ist

$$(6.)\qquad -\frac{d\log w_1}{d\log w} = -\frac{F'(w)w}{F'(w_1)w_1} = \frac{\frac{\partial\psi}{\partial w}w}{\frac{\partial\psi}{\partial w_1}w_1} = A+Bi.$$

Es wird gefordert, dass $B=0$ sei. Wenn demnach $\frac{d\varphi}{dr}$ endlich und von Null verschieden, so müsste im Ausdrucke (5.) das obere Vorzeichen gewählt werden, und es ergäbe sich demnach $A=-1$. Derselbe Werth von A würde für $\frac{d\varphi}{dr}=0$ auftreten. Da aber der Werth $A=-1$ nicht statt haben kann (siehe daselbst S. 182[1])), so bleibt nur die Annahme übrig, dass $\frac{d\varphi}{dr}$ unendlich wird. Die Wahl des unteren Zeichens liefert alsdann

$$(7.)\qquad A = 1$$

oder

$$(8.)\qquad wF'(w)+w_1F'(w_1) = 0.$$

1) Abh. XIV, S. 366, Band I dieser Ausgabe. R. F.

Hierdurch ist der Ausnahmefall vollständig umgrenzt:

Haben die beiden Gleichungen (1.) und (8.) Lösungen (w_1, w), für welche die Moduln von w_1 und w einander gleich sind, und ist der kleinste dieser Moduln kleiner als die Moduln der Wurzeln der Gleichung $F'(w) = 0$, so ist derselbe der Radius des Grenzkreises.

Dass die Möglichkeit, dass w_1 und w denselben Modul haben, in der That einen Ausnahmefall ausmacht, ergiebt folgende Erwägung:

Setzen wir in die Gleichungen (1.) und (8.) $w = re^{\varphi i}$, $w_1 = re^{\varphi_1 i}$, und trennen die realen und die imaginären Bestandtheile, so erhalten wir zur Bestimmung von r, $\cos\varphi$, $\cos\varphi_1$ vier algebraische Gleichungen, deren Zusammenbestehen eine Bedingungsgleichung für die Coefficienten von $f(w)$ und $g(w)$ zur Folge hat.

Wir bemerken übrigens, dass auch der Fall $B = \infty$ (S. 181 daselbst[1]))
4] gewissermassen zum Ausnahmefalle gehört. Es kann nämlich nicht w' eine Verzweigungsstelle der Function w von w_1 sein. Denn aus der Entwickelung

$$(9.) \qquad w - w'' = e_0(w_1 - w')^{\frac{\varkappa}{\lambda}} + e_1(w_1 - w')^{\frac{\varkappa+1}{\lambda}} + \cdots,$$

welche in der Umgebung von $w_1 = w'$ gilt, und wo $\varkappa$, λ ganze positive Zahlen, letztere grösser als Eins, würde sich ergeben, dass innerhalb K gelegenen Punkten der Umgebung von w' ebenfalls innerhalb K gelegene Punkte der Umgebung von w'' entsprächen, was dem Begriffe des Grenzkreises widerspricht. Es ist demnach mit $F'(w') = 0$ gleichzeitig $F'(w'') = 0$. Also auch in dem Falle $B = \infty$ genügen $w_1 = w'$, $w = w''$ den Gleichungen (1.) und (8.), und haben denselben Modul.

Demgemäss ist der Normalfall der, dass auf der Peripherie des Grenzkreises zwei entsprechende Punkte zusammenfallen (siehe S. 180 daselbst[2])).

2.

Um zu zeigen, dass die Bestimmbarkeit des Grenzkreises den Forderungen gemäss, welche S. 194[3]) daselbst zusammengefasst sind, von dem Ausnahme-

---

1) Abh. XIV, S. 365, Band I dieser Ausgabe. R. F.

2) Ebenda S. 364. R. F.

3) Ebenda S. 379. R. F.

falle nicht berührt wird, wollen wir an die in No. 5 bis 9 daselbst[1]) getroffenen Bestimmungen anknüpfen.

Die Gleichung (1.) No. 6 daselbst eingeführte Grösse a bleibt willkürlich, und nur ihr Modul hat eine gewisse untere Grenze. Setzen wir (Gl. (3.) No. 5 und Gl. (1.) No. 6, Gl. (9.) No. 8 daselbst)

$$z = F(w) = \frac{\varphi(w)[(m-1)w^{m+1}-(m+1)] + a(m-1)(w^{m+1}-1)}{w[(m-1)w^{m+1}-(m+1)]}.$$

Bilden wir mit dieser Function die Gleichungen (1.) und (8.) voriger Nummer, setzen in denselben $a = p+p'i$, $w = re^{\varphi i}$, $w_1 = re^{\varphi_1 i}$, so ergiebt die Trennung des realen und des imaginären Theiles vier Gleichungen für r, $\cos\varphi$, $\cos\varphi_1$. Die Elimination dieser Grössen liefert eine algebraische Gleichung zwischen p und p'. Man darf also nur p und p' so wählen, dass diese Gleichung nicht erfüllt werde. Dann gehört der Grenzkreis unserer Function $F(w)$ dem Normalfalle an, und es bleiben die Schlüsse der No. 6 bis 9 daselbst bestehen.

Berlin, September 1889.

---

1) Abh. XIV, S. 370—376, Band I dieser Ausgabe. R. F.

ANMERKUNG.

Vgl. zu dieser Abhandlung die Anmerkung 2 zur Abh. XIV, S. 411–412 des ersten Bandes und die Anmerkung 1 zu Abh. LVIII dieses Bandes.

R. F.

LVI.

ÜBER ALGEBRAISCH INTEGRIRBARE LINEARE DIFFERENTIAL-GLEICHUNGEN.

(Sitzungsberichte der Königl. preussischen Akademie der Wissenschaften zu Berlin, 1890, XXVI, S. 469—483; vorgelegt am 22. Mai; ausgegeben am 5. Juni 1890.)

Es seien die Integrale der irreductiblen Differentialgleichung [469

$$\text{(A.)} \qquad \frac{d^3y}{dz^3} + p\frac{d^2y}{dz^2} + q\frac{dy}{dz} + ry = 0$$

mit rationalen Coefficienten überall bestimmt*), und es werde vorausgesetzt, dass die Wurzeln der sämmtlichen determinirenden Fundamentalgleichungen rationale Zahlen sind, und dass zwischen den Elementen eines Fundamentalsystems von Integralen y_1, y_2, y_3 der Gleichung (A.) eine homogene Relation n^{ten} Grades mit constanten Coefficienten

$$\text{(B.)} \qquad f(y_1, y_2, y_3) = 0$$

bestehe, deren linke Seite sich nicht in Formen niedrigeren Grades zerlegen lässt. — In früheren Arbeiten**) habe ich für $n > 2$ aus diesen Voraussetzungen die Folgerung gezogen, dass die Gleichung (A.) algebraisch integrirbar sei, indem ich den Nachweis führte, dass z als Function von $\eta = \frac{y_2}{y_1}$

*) Siehe BORCHARDTS Journal, Bd. 66, S. 146, Gleichung (12.)[1].

**) Sitzungsberichte vom 8. Juni 1882, S. 703 ff. und Acta mathematica, t. I, p. 321[2]).

[1]) Abh. VI, S. 186, Band I dieser Ausgabe. R. F.

[2]) Abh. XXXIX, S. 289 ff., und Abh. XL, S. 299 ff., Band II dieser Ausgabe. R. F.

nur eine endliche Anzahl von Werthen annehme*), und dass zwischen z und η eine algebraische Differentialgleichung erster Ordnung besteht, in welcher die Variablen separirt sind**).

Diese Differentialgleichung wird folgendermaassen gebildet. Es sei $H(f)$ die Hessesche Covariante der Form f, so ist***)

$$H(f) = X(z),$$

wo $X(z)$ Wurzel einer rationalen Function von z. Sei

470]

$$\frac{y_2}{y_1} = \eta, \quad \frac{y_3}{y_1} = \zeta,$$
$$H(f) = y_1^{3n-6} H_1(\eta, \zeta),$$
$$\frac{d^2\zeta}{d\eta^2} = G(\eta, \zeta),$$

endlich $\Delta(z)$ diejenige Wurzel einer rationalen Function von z, welcher die Hauptdeterminante von y_1, y_2, y_3 gleichwerthig ist. Setzen wir zur Abkürzung

$$\sqrt[3n-6]{\frac{\Delta^{n-2}}{X}} = \Omega(z), \qquad \sqrt[3n-6]{X} = \Theta(z),$$
$$\sqrt[3n-6]{\frac{H_1(\eta, \zeta)}{G(\eta, \zeta)^{n-2}}} = K(\eta), \qquad \sqrt[3n-6]{\frac{1}{H_1(\eta, \zeta)}} = L(\eta),$$

so lautet die genannte Differentialgleichung†)

$$(\alpha.) \qquad \frac{d\eta}{dz} = \Omega(z)\, K(\eta).$$

Wir fügen für den weiteren Gebrauch noch hinzu, dass††)

$$(\beta.) \qquad y_1 = \Theta(z)\, L(\eta).$$

*) Acta math., a. a. O., S. 328[1]).

**) Acta math., S. 329[2]).

***) Acta math., S. 323[3]).

†) Acta math., S. 329, Gleichung (27.)[4]).

††) Acta math., S. 329, Gleichung (26.)[5]).

1) Abh. XL, S. 306, Band II dieser Ausgabe. R. F.

2) Ebenda S. 307. R. F.

3) Ebenda S. 301. R. F.

4) Ebenda S. 307. R. F.

5) Ebenda S. 307. R. F.

Wie mit Hülfe der Gleichung (α.) die algebraische Natur der Integrale der Gleichung (A.) zu erweisen ist, findet sich am angeführten Orte nur angedeutet. Indem wir auf diesen Nachweis hier des Näheren eingehen, wollen wir zwei Verfahrungsarten entwickeln, welche auf verschiedenen Principien beruhen und, wie es scheint, ein über den vorliegenden Zweck hinausreichendes Interesse darbieten.

1.

Wir schicken einige Sätze voraus, welche wir im Folgenden verwenden wollen.

I. Sind w_1, w_2, w_3 die zu y_1, y_2, y_3 adjungirten Functionen, so hat das Bestehen der Gleichung (B.) zur Folge, dass w_1, w_2, w_3 einer homogenen Relation mit constanten Coefficienten genügen.

Denn durch Differentiation nach z folgt aus (B.)

$$f_1 y_1' + f_2 y_2' + f_3 y_3' = 0, \tag{1.}$$

wo $f_k = \frac{\partial f}{\partial y_k}$, $y^{(k)} = \frac{d^k y}{dz^k}$ gesetzt ist. Ausserdem ist [471

$$f_1 y_1 + f_2 y_2 + f_3 y_3 = 0. \tag{2.}$$

Eliminiren wir aus (1.) und (2.) successive f_3 und f_2, so ergiebt sich

$$f_1 w_2 - f_2 w_1 = 0, \tag{3.}$$

$$f_3 w_1 - f_1 w_3 = 0. \tag{4.}$$

Aus den Gleichungen (B.), (3.), (4.) ergiebt sich durch Elimination von y_1, y_2, y_3 eine homogene Relation zwischen w_1, w_2, w_3 mit constanten Coefficienten.

Ist $n > 2$, so ist auch der Grad der zwischen w_1, w_2, w_3 stattfindenden Relation grösser als 2.

II. Es sei die Differentialgleichung

$$y^{(m)} + p_1 y^{(m-1)} + \cdots + p_m y = 0 \tag{5.}$$

irreductibel und die Integrale derselben überall bestimmt*). Es seien überdies die Zweige eines Integrals y derselben, bis auf constante Factoren, von endlicher Anzahl, so besitzt dieselbe

*) BORCHARDTs Journal, Bd. 66, S. 146, Gleichung (12.)[1]).

[1]) Abh. VI, S. 186, Band I dieser Ausgabe. R. F.

ein Fundamentalsystem von Integralen, deren logarithmische Ableitungen algebraische Functionen sind.

In der That, wenn die Zweige eines Integrals y der Gleichung (5.) bis auf constante Factoren mit den Werthen $y, y_1, y_2, \ldots, y_{r-1}$ übereinstimmen, so sind die Zweige der Function $u = \frac{d \log y}{dz}$ genau mit den Werthen

$$u = \frac{d \log y}{dz}, \quad u_1 = \frac{d \log y_1}{dz}, \quad u_2 = \frac{d \log y_2}{dz}, \quad \ldots, \quad u_{r-1} = \frac{d \log y_{r-1}}{dz}$$

übereinstimmend. Die symmetrischen Functionen von $u, u_1, u_2, \ldots, u_{r-1}$ sind daher eindeutige Functionen von z. Da die Integrale von (5.) überall bestimmt sind, so haben diese eindeutigen Functionen keine wesentlich singuläre Stelle, sie sind also rationale Functionen von z. Demnach ist u eine algebraische Function von z. Die Gleichung (5.) besitzt die Integrale

$$y_\lambda = e^{\int u_\lambda dz}. \qquad (\lambda = 0, 1, 2, \ldots, r-1)$$

Von diesen müssen m linear unabhängig sein, da sonst Gleichung (5.) mit einer linearen Differentialgleichung niedrigerer als m^{ter} Ordnung und mit rationalen Coefficienten Integrale gemeinschaftlich hätte, gegen die Voraussetzung. Die Gleichung (5.) besitzt daher ein Fundamentalsystem von Integralen, deren logarithmische Ableitungen algebraisch sind.

472] 2.

Wenn die Gleichung (A.) die Relation (B.) zulässt, und wenn ausserdem bekannt ist, dass die Zweige eines Integrals y derselben, bis auf constante Factoren, von endlicher Anzahl sind, so hat dieselbe nach Satz II. voriger Nummer ein Fundamentalsystem von Integralen y_1, y_2, y_3, deren logarithmische Ableitungen Zweige einer algebraischen Function sind. Bezeichnen wir dieselben bezüglich mit u_1, u_2, u_3, so folgt aus Gleichung (1.) voriger Nummer

$$(1.) \qquad f_1 y_1 u_1 + f_2 y_2 u_2 + f_3 y_3 u_3 = 0.$$

Aus dieser Gleichung und aus Gleichung (2.) voriger Nummer ergiebt sich

$$(2.) \qquad f_1 y_1 (u_1 - u_3) + f_2 y_2 (u_2 - u_3) = 0.$$

Wenn wir vermittelst der Gleichung (B.) ζ als algebraische Function von η in Gleichung (2.) substituiren, so könnte sich ereignen, dass dieselbe für die beiden *unabhängigen Variablen* z, η *identisch* erfüllt würde.

Sind A_1, A_2 blosse Functionen von z und B_1, B_2 blosse Functionen von η, und ist identisch für die unabhängigen Variablen η, z

$$(3.)\qquad A_1 B_1 + A_2 B_2 = 0,$$

so ist auch

$$(3a.)\qquad A_1' B_1 + A_2' B_2 = 0$$

identisch erfüllt, wenn A_1', A_2' die Ableitungen von A_1, A_2 bedeuten. Sind B_1, B_2 nicht identisch Null, so folgt aus (3.) und (3a.), dass die Hauptdeterminante der Functionen A_1, A_2 identisch verschwindet, dass demnach*)

$$(4.)\qquad A_1 = \gamma A_2,$$

wo γ von z unabhängig. Ist

$$A_1 = u_1 - u_3, \quad A_2 = u_2 - u_3,$$

sowie B_1, B_2 die sich aus $\frac{f_1}{y_1^{n-1}}, \frac{f_2 y_2}{y_1^n}$ vermittelst Gleichung (B.) sich ergebenden Functionen von η, so würde das identische Bestehen von (2.) nach Gleichung (4.) zur Folge haben

$$(5.)\qquad u_1 - u_3 = \gamma(u_2 - u_3)$$

und

$$(5a.)\qquad f_2 y_2 + \gamma f_1 y_1 = 0,$$

$$(5b.)\qquad f_3 y_3 + (1-\gamma) f_1 y_1 = 0,$$

wo γ eine Constante. Es kann nämlich wegen der vorausgesetzten Be- [473
schaffenheit von f nicht B_1, B_2 identisch verschwinden.

In Folge der über f gemachten Voraussetzung ergiebt sich aus (5a.) und (5b.), dass identisch für alle y_1, y_2, y_3

$$(6.)\qquad f_2 y_2 + \gamma f_1 y_1 = Mf$$

und

$$(6a.)\qquad f_3 y_3 + (1-\gamma) f_1 y_1 = M_1 f,$$

wo M und M_1 Constanten bedeuten.

*) BORCHARDTS Journal, Bd. 66, S. 128[1]).

[1]) Abh. VI, S. 166, Band I dieser Ausgabe. R. F.

Es können nicht M und M_1 gleichzeitig verschwinden, da sonst durch Addition der Gleichungen (6.) und (6a.) sich ergeben würde, dass f für alle Werthe y_1, y_2, y_3 identisch verschwindet. Es sei daher zunächst M von Null verschieden, und wir setzen

(7.) $$f = \varphi_0 y_3^n + \varphi_1 y_3^{n-1} + \cdots + \varphi_n,$$

wo φ_λ eine homogene Function λ^{ten} Grades von y_1, y_2 bedeutet. Aus (6.) ergiebt sich

(7a.) $$\frac{\partial \varphi_\lambda}{\partial y_2} y_2 + \gamma \frac{\partial \varphi_\lambda}{\partial y_1} y_1 = M \varphi_\lambda. \qquad (\lambda = 0, 1, \ldots, n)$$

Setzen wir

(8.) $$\varphi_\lambda = \varepsilon_{\lambda 0} y_1^\lambda + \varepsilon_{\lambda 1} y_1^{\lambda-1} y_2 + \cdots + \varepsilon_{\lambda\lambda} y_2^\lambda,$$

so folgt aus (7a.)

(9.) $$M \varepsilon_{\lambda k} = [k + \gamma(\lambda - k)] \varepsilon_{\lambda k}. \qquad (k = 0, 1, \ldots, \lambda)$$

Demnach ist entweder $\gamma = 1$, oder es besteht φ_λ nur aus einem einzigen Gliede, nämlich

(10.) $$\varphi_\lambda = \varepsilon_\lambda y_1^{\lambda - k_\lambda} y_2^{k_\lambda}, \qquad (\lambda = 1, 2, \ldots, n, \ \varphi_0 = 0)$$

wo

(10a.) $$k_\lambda = \frac{M - \lambda\gamma}{1-\gamma} = \frac{M}{1-\gamma} - \lambda \frac{\gamma}{1-\gamma} = \mu - \lambda\nu.$$

Es kann aber nicht $\gamma = 1$ sein, da sonst (6a.) ergeben würde, dass f eine zerlegbare Form sei, oder dass $\frac{\partial f}{\partial y_3}$, d. h.*) w_3 verschwinden würde, was der Voraussetzung widerspricht, dass y_1, y_2, y_3 ein Fundamentalsystem bilden.

Wir haben daher

474] $$f = \sum_1^n {}_\lambda \varepsilon_\lambda y_1^{\lambda - k_\lambda} y_2^{k_\lambda} y_3^{n-\lambda}$$

oder

(11.) $$f = y_3^n y_2^\mu y_1^{-\mu} \sum_1^n {}_\lambda \varepsilon_\lambda (y_1^{1+\nu} y_2^{-\nu} y_3^{-1})^\lambda.$$

Die Gleichung (B.) erforderte daher

(12.) $$y_1^{1+\nu} y_2^{-\nu} y_3^{-1} = C,$$

wo C eine Constante.

---

*) Acta math., S. 331, Gleichung (C.)[1]).

---

[1]) Abh. XL, S. 308, Band II dieser Ausgabe. R. F.

Es kann nicht $f = \varphi_n$ sein, weil aus $\varphi_n = 0$ sich $\eta =$ constans ergeben würde. Es kann andererseits, da $\varphi_0 = 0$, nicht auch φ_n identisch verschwinden, demnach ist φ_n und wenigstens für noch einen Werth des Index λ φ_λ von Null verschieden. Aus (10a.) ergiebt sich daher, dass μ und ν folglich auch γ und M reale und rationale Zahlen sind.

Da die linke Seite von (12.) nach einem Umlaufe von z, wie leicht zu sehen, identisch in sich selbst übergeführt werden muss, so ist die HESSEsche Determinante derselben

$$-(y_1^{1+\nu} y_2^{-\nu} y_3^{-1})^3 (y_1 y_2 y_3)^{-2},$$

also nach Gleichung (12.) die Function $y_1 y_2 y_3$ gleich der Wurzel einer rationalen Function. Es sei

$$y_1 y_2 y_3 = \psi, \tag{12a.}$$

wo ψ Wurzel einer rationalen Function.

Aus (12a.) ergiebt sich

$$u_1 + u_2 + u_3 = \frac{d \log \psi}{dz}. \tag{13.}$$

Aus den Gleichungen (5.) und (13.) folgt

$$u_2 = \frac{2-\gamma}{2\gamma-1} u_1 + \frac{\gamma-1}{2\gamma-1} \frac{d \log \psi}{dz}. \tag{14.}$$

Die Function u_2 ist aus u_1 durch einen Umlauf U der Variablen z hervorgegangen. Da die Wiederholung des Umlaufes U nur eine endliche Anzahl verschiedener Zweige der algebraischen Function u_1 hervorbringen kann, so muss, da wegen der Irreductibilität der Gleichung (A.) u_1 nicht eine rationale Function ist, $\frac{2-\gamma}{2\gamma-1}$ eine ganzzahlige Wurzel der Einheit sein, d. h., da γ eine rationale Zahl,

$$\frac{2-\gamma}{2\gamma-1} = \pm 1. \tag{15.}$$

Da $\gamma = 1$ auszuschliessen ist, so müsste $\gamma = -1$ sein, demnach [475
Gleichung (14.) in

$$u_2 = -u_1 + \frac{2}{3} \frac{d \log \psi}{dz} \tag{14a.}$$

übergehen. Da u_1, u_2 beliebige Zweige der Function u_1 sind, so ergäbe sich ebenso für den Zweig u_3 der Function u_1

$$(14b.) \qquad u_3 = -u_1 + \frac{2}{3}\frac{d \log \psi_1}{dz},$$

wo ψ_1 Wurzel einer rationalen Function bedeutet. Aber da u_3 auch ein Zweig der Function u_2 ist, so müsste aus demselben Grunde

$$(14c.) \qquad u_3 = -u_2 + \frac{2}{3}\frac{d \log \psi_2}{dz},$$

wo ψ_2 Wurzel einer rationalen Function, sein. Aus den Gleichungen (14a.) bis (14c.) ergäbe sich aber, dass der Zweig u_3, also aus demselben Grunde alle Zweige der Function u_1, die logarithmischen Ableitungen von Wurzeln rationaler Functionen, und demnach die Integrale von (A.) Wurzeln rationaler Functionen wären, was ausgeschlossen ist.

Wenn es nur zwei Zweige der Function u_1 gäbe, so müsste

$$(16.) \qquad \frac{y_1'}{y_1} = a_0 + a_1\sqrt{R}$$

sein, wo a_0, a_1, R rationale Functionen von z. Hieraus würde sich ergeben

$$(17.) \qquad \frac{y_1^{(2)}}{y_1} = b_0 + b_1\sqrt{R},$$

wo b_0, b_1 rationale Functionen. Aus (16.) und (17.) würde folgen, dass y_1 einer linearen Differentialgleichung zweiter Ordnung mit rationalen Coefficienten genügte, was der vorausgesetzten Irreductibilität der Gleichung (A.) widerspricht.

Demnach kann Gleichung (6.) für einen von Null verschiedenen Werth von M nicht bestehen. Ebenso aber würden wir nachweisen, dass die Gleichung (6a.) für einen von Null verschiedenen Werth von M_1 auf einen Widerspruch führt. Da aber, wie oben gezeigt, M und M_1 nicht gleichzeitig verschwinden dürfen, so ergiebt sich, dass die Annahme, dass die Gleichung (2.) identisch für von einander unabhängige Werthe der Variablen z, η bestehe, mit den über die Gleichungen (A.) und (B.) gemachten Voraussetzungen
476] unverträglich ist. Die Gleichung (2.) setzt vielmehr die Variable η in Abhängigkeit von der Variablen z, und da diese Abhängigkeit eine algebraische ist, so folgt unter Berücksichtigung der Gleichung (β.) der Satz:

Wenn die Gleichung (A.) die Relation (B.) zulässt, und wenn ausserdem bekannt ist, dass die Zweige eines Integrals derselben, bis auf constante Factoren, von endlicher Anzahl sind, so ist die Gleichung (A.) algebraisch integrirbar.

3.

Es sei

(1.) $$y^{(m)} + p_1 y^{(m-1)} + \cdots + p_m y = 0$$

eine beliebige lineare, homogene Differentialgleichung, und es seien $a_1, a_2, \ldots, a_m$ gegebene constante Werthe. Ist S eine Substitution der zur Gleichung (1.) gehörigen Gruppe, und sind α_{ik} deren Elemente, so wollen wir von den Ausdrücken

(2.) $$a'_k = \alpha_{k1} a_1 + \alpha_{k2} a_2 + \cdots + \alpha_{km} a_m \qquad (k = 1, 2, \ldots, m)$$

sagen, sie seien durch Transformation aus $a_1, a_2, \ldots, a_m$ vermittelst der Substitution S entstanden. Nehmen wir an, dass die durch die Gesammtheit der Substitutionen der Gruppe entstandenen transformirten Werthsysteme, bis auf einen allen Elementen je eines Systems gemeinschaftlichen Factor, von endlicher Anzahl sind, nämlich übereinstimmend mit einem der Werthsysteme

(3.) $$(l_\lambda a_1^{(\lambda)}, l_\lambda a_2^{(\lambda)}, \ldots, l_\lambda a_m^{(\lambda)}). \qquad (\lambda = 0, 1, \ldots, r-1,\ a_k^{(0)} = a_k)$$

Betrachten wir die Function

(4.) $$W = a_1 w_1 + a_2 w_2 + \cdots + a_m w_m,$$

wo $w_1, w_2, \ldots, w_m$ ein Fundamentalsystem von Integralen der zu (1.) adjungirten Differentialgleichung bilden.

Vollzieht z einen Umlauf, welcher der Substitution S entspricht, so verwandelt sich W in

(5.) $$W' = j \sum_1^m {}_\lambda\, a_\lambda (A_{\lambda 1} w_1 + A_{\lambda 2} w_2 + \cdots + A_{\lambda m} w_m),$$

wo A_{kl} die Unterdeterminante erster Ordnung der Determinante $|\alpha_{kl}|$ bedeutet, welche zu α_{kl} gehört. Es ist übrigens

(6.) $$\mathrm{Det}\,|\alpha_{kl}| = j^{-1}.$$

Unter den Systemen (3.) giebt es der Voraussetzung nach ein solches [477 $(l_\lambda a_1^{(\lambda)}, l_\lambda a_2^{(\lambda)}, \ldots, l_\lambda a_m^{(\lambda)})$, für welches

(7.) $$l a_\varrho = l_\lambda [\alpha_{\varrho 1} a_1^{(\lambda)} + \alpha_{\varrho 2} a_2^{(\lambda)} + \cdots + \alpha_{\varrho m} a_m^{(\lambda)}] \qquad (\varrho = 1, 2, \ldots, m)$$

nämlich dasjenige System, welches aus $(a_1, a_2, \ldots, a_m)$ durch die inverse Substitution von S hervorgegangen ist. — Substituiren wir (7.) in (5.), so folgt

$$(8.)\qquad W' = \mu[a_1^{(\lambda)} w_1 + a_2^{(\lambda)} w_2 + \cdots + a_m^{(\lambda)} w_m],$$

wo μ von z unabhängig. Setzen wir allgemein

$$(4a.)\qquad W_\lambda = a_1^{(\lambda)} w_1 + a_2^{(\lambda)} w_2 + \cdots + a_m^{(\lambda)} w_m, \qquad (\lambda = 0, 1, \ldots, r-1)$$

so ergiebt sich aus (8.), dass die Zweige der Function W, bis auf constante Factoren, mit $W_0, W_1, \ldots, W_{r-1}$ übereinstimmen. Wir erhalten also den Satz:

I. Ist $a_1, a_2, \ldots, a_m$ ein System gegebener von z unabhängiger Grössen, und sind diejenigen Systeme, welche aus dem gegebenen durch Transformation vermittelst der Gesammtheit der zu einer homogenen Differentialgleichung m^{ter} Ordnung gehörigen Gruppe entstehen, bis auf einen allen Elementen je eines Systems gemeinschaftlichen Factor, von endlicher Anzahl, so besitzt die zu der gegebenen adjungirte Differentialgleichung ein Integral, dessen Zweige, bis auf constante Factoren, von endlicher Anzahl sind.

Wenden wir dieses Theorem auf die Gleichung (A.) an unter der Voraussetzung, dass sie die Relation (B.) zulasse, und dass es eine von (0, 0, 0) verschiedene Stelle der Riemannschen Fläche (B.) gebe, welche durch die Gesammtheit der Substitutionen der zu (A.) gehörigen Gruppe in eine nur endliche Anzahl von Stellen derselben Fläche transformirt wird, so ergiebt der Satz I., dass die zur Gleichung (A.) adjungirte Differentialgleichung ein Integral besitzt, dessen Zweige, bis auf constante Factoren, von endlicher Anzahl sind. Da nach Satz I., No. 1, zwischen w_1, w_2, w_3 eine homogene Relation stattfindet, so folgt aus dem Satze in No. 2, dass die adjungirte Differentialgleichung, folglich auch Gleichung (A.) algebraisch integrirbar ist. Wir erhalten also das Resultat:

II. Wenn die Gleichung (A.) die Relation (B.) zulässt, und es ist eine von (0, 0, 0) verschiedene Stelle der Riemannschen Fläche (B.) vorhanden von der Beschaffenheit, dass sie durch die Ge-
478] sammtheit der Substitutionen der zur Gleichung (A.) gehörigen Gruppe nur in eine **endliche** Anzahl von Stellen derselben Fläche übergeführt wird, so ist Gleichung (A.) algebraisch integrirbar.

4.

Es sei a ein endlicher oder ein unendlich grosser Werth von z, in dessen Umgebung das Integral

$$J = \int \Omega dz$$

eine eindeutige Umkehrung nicht zulässt, und es sei $\eta = \alpha$, $\zeta = \beta$ eine Stelle der RIEMANNschen Fläche (B.), welche auf einem gewissen Wege der Variablen z für $z = a$ erreicht wird. Wenn durch alle möglichen Umläufe der Variablen z der Stelle (α, β) unzählig viele von einander verschiedene Stellen

$$(\alpha', \beta'),\ (\alpha^{(2)}, \beta^{(2)}),\ \ldots$$

derselben Fläche zugeordnet würden, so gäbe es unter diesen auch unzählig viele, für welche $K(\eta)$ weder unendlich noch Null würde, da $K(\eta)$ eine algebraische Function. In diesen Stellen würde sich aber z als Function von η verzweigen. Wir dürfen nun voraussetzen*), dass z eine einwerthige Function von (η, ζ) ist; eine solche Function kann sich aber nur in den Verzweigungspunkten der Fläche (B.), also nur in einer endlichen Anzahl von Stellen dieser Fläche verzweigen. Giebt es also Werthe $z = a$, in deren Umgebung J nicht eindeutig umkehrbar wäre, so könnte der Stelle (α, β) durch die Gesammtheit der Substitutionen der zur Gleichung (A.) gehörigen Gruppe nur eine endliche Anzahl von Stellen zugeordnet werden, und es wäre nach Satz II., No. 3 die Gleichung (A.) algebraisch integrirbar.

Giebt es solche Werthe a nicht, alsdann ist**) z eine eindeutige Function von J, welche entweder rational oder einfach, oder endlich doppelt periodisch ist. Da z für ein gegebenes η nur eine endliche Anzahl von Werthen annimmt, so müsste in dem Falle, dass z eine rationale Function von J würde, das Integral

$$\mathrm{H} = \int \frac{d\eta}{K(\eta)}$$

eine algebraische Function von η, und demzufolge z eine algebraische Function von η sein. — Ist z eine einfach oder doppeltperiodische Function von

*) Acta math., S. 337, Satz VI[1]).

**) BRIOT et BOUQUET im Journal de l'École Polytechnique, cah. 36, S. 217.

1) Abh. XL, S. 314, Band II dieser Ausgabe. R. F.

479] J, so müssen, damit z für ein gegebenes η nur eine endliche Anzahl von Werthen annehme, ganzzahlige Vielfache der Periodicitätsmoduln von H mit Periodicitätsmoduln von J übereinstimmen, und Stellen in der Fläche (B.), in welchen z unbestimmt würde, könnten nur unter denjenigen Werthen befindlich sein, für welche $K(\eta)$ verschwindet. Solche Stellen sind demnach in der Fläche (B.) nur in endlicher Anzahl vorhanden. Ist aber $\eta = \gamma$, $\zeta = \delta$ eine Stelle, wo z unbestimmt wird, so muss jede Stelle (γ', δ'), welche aus (γ, δ) durch Transformation vermittelst einer beliebigen Substitution der zur Gleichung (A.) gehörigen Gruppe hervorgegangen, eine solche sein, für welche z unbestimmt wird. Es müssen daher die durch Transformation vermittelst der Substitutionen der zur Gleichung (A.) gehörigen Gruppe aus (γ, δ) hervorgegangenen Stellen der Fläche (B.) nur in endlicher Anzahl vorhanden sein, woraus wieder nach Satz II., No. 3, die algebraische Integrirbarkeit der Gleichung (A.) folgen würde. — Sind überhaupt keine Werthe (γ, δ) vorhanden, für welche das Integral H unendlich wird, dann giebt es auch keine Stelle in der Fläche (B.), in welcher z unbestimmt wird, so dass z eine rationale Function von (η, ζ), also wiederum Gleichung (A.) algebraisch integrirbar ist.

Hiermit ist der Satz, dass für $n > 2$ die Gleichung (A.) algebraisch integrirbar ist, bewiesen.

In der folgenden Nummer wollen wir eine zweite, auf anderen Principien beruhende Methode angeben, um aus der Gleichung (α.) die algebraische Integrirbarkeit der Gleichung (A.) herzuleiten. Obgleich diese zweite Methode bei weitem schneller zum Ziele führt, so haben wir doch geglaubt, die in den Nummern 1 bis 4 entwickelte Methode nicht unterdrücken zu dürfen, da die Principien, auf welche sie sich stützt, auch weiterer Anwendungen fähig erscheinen.

5.

Wir wollen der Einfachheit wegen voraussetzen, dass in Gleichung (A.) $p = 0$ ist. Wenn dieses nicht stattfindet, so kann dasselbe durch die Substitution $y = e^{-\frac{1}{3}\int p\,dz} v$ erreicht werden, ohne dass hierdurch die Coefficienten der Relation zwischen dem Fundamentalsystem v_1, v_2, v_3, welches y_1, y_2, y_3 entspricht, von denen der Gleichung (B.) abweichend werden.

Wir haben alsdann

(1.) $$\Omega\Theta = 1.$$

Bilden wir aus Gleichung (β.) unter Berücksichtigung von (α.) [480
$\frac{dy_1}{dz}$, $\frac{d^2y_1}{dz^2}$, $\frac{d^3y_1}{dz^3}$ und setzen diese Werthe sowie den Werth von y_1 aus (β.) in die Gleichung (A.), so erhalten wir

$$(2.)\qquad A_0 KD_\eta[KD_\eta(KD_\eta L)] + A_2 KD_\eta L + A_3 L = 0,$$

wo

$$(3.)\qquad \begin{cases} A_0 = \Omega^2 = \dfrac{1}{\Theta^2}, \\ A_2 = 2\dfrac{\Theta^{(2)}}{\Theta} - \dfrac{\Theta'^2}{\Theta^2} + q, \\ A_3 = \Theta^{(3)} + q\Theta' + r\Theta, \end{cases}$$

wenn wir die Ableitungen von Θ nach z mit oberen Indices, und die Ableitungen von K und L nach η mit dem Zeichen D_η angeben.

Es können zwei Fälle eintreten:

I. Entweder wird die Gleichung (2.) nicht identisch für die unabhängigen Variablen z, η erfüllt; dann ist durch diese Gleichung eine Abhängigkeit zwischen diesen Variablen gegeben, und da diese Abhängigkeit eine algebraische ist, so folgt, dass die Gleichung (A.) algebraisch integrirbar ist.

II. Es könnte aber auch die Gleichung (2.) für die unabhängigen Variablen z, η identisch erfüllt sein. Dann sind aber auch diejenigen Gleichungen, welche aus (2.) durch Differentiation nach einer dieser Variablen erhalten werden, in demselben Sinne identisch erfüllt.

Dividiren wir demnach die Gleichung (2.) durch A_0 und differentiiren alsdann zweimal nach z, so wird identisch für z und η

$$(4.)\qquad \begin{cases} D_z\left(\dfrac{A_2}{A_0}\right) KD_\eta L + D_z\left(\dfrac{A_3}{A_0}\right) L = 0, \\ D_z^2\left(\dfrac{A_2}{A_0}\right) KD_\eta L + D_z^2\left(\dfrac{A_3}{A_0}\right) L = 0; \end{cases}$$

demnach ist entweder

$$(5.)\qquad \frac{A_2}{A_0} = \gamma_1, \quad \frac{A_3}{A_0} = \gamma_2,$$

wo γ_1, γ_2 von z unabhängig, oder es ist die Determinante der Functionen

$D_z\left(\frac{A_2}{A_0}\right)$, $D_z\left(\frac{A_3}{A_0}\right)$ gleich Null, d. h.*)

$$D_z\left(\frac{A_3}{A_0}\right) = \lambda D_z\left(\frac{A_2}{A_0}\right), \tag{6.}$$

481] wo λ von z unabhängig, und gemäss der ersten der Gleichungen (4.)

$$KD_\eta L = -\lambda L. \tag{6a.}$$

Multipliciren wir die Gleichung (6a.) mit Ω und berücksichtigen die Gleichung (α.), so folgt

$$D_z L = -\frac{\lambda L}{\Theta}, \tag{7.}$$

woraus sich ergiebt

$$L = e^{-\lambda\int\frac{dz}{\Theta}} \tag{8.}$$

und nach Gleichung (β.)

$$y_1 = \Theta e^{-\lambda\int\frac{dz}{\Theta}}. \tag{8a.}$$

Im Falle, dass die Gleichungen (5.) erfüllt sind, folgt aus (2.)

$$KD_\eta[KD_\eta(KD_\eta L)] + \gamma_1 KD_\eta L + \gamma_2 L = 0. \tag{9.}$$

Nach Gleichung (α.) und nach Gleichung (1.) ist (9.) gleichbedeutend mit

$$\Theta D_z[\Theta D_z(\Theta D_z L)] + \gamma_1 \Theta D_z L + \gamma_2 L = 0. \tag{9a.}$$

Dieselbe wird befriedigt durch

$$L = e^{\lambda\int\frac{dz}{\Theta}}, \tag{10.}$$

wo λ eine Constante ist, welche durch die Gleichung

$$\lambda^3 + \gamma_1\lambda + \gamma_2 = 0 \tag{11.}$$

bestimmt wird.

Wenn wir in (9a.)

$$L = \frac{y_1}{\Theta}$$

substituiren, so erhalten wir für y_1

*) BORCHARDTS Journal, Bd. 66, S. 128 [1]).

[1]) Abh. VI, S. 167, Band I dieser Ausgabe. R. F.

$$(12.)\qquad \frac{d^3 y_1}{dz^3} + \left[-2\frac{\Theta^{(2)}}{\Theta} + \frac{\Theta'^2}{\Theta^2} + \frac{\gamma_1}{\Theta^2}\right]\cdot\frac{dy_1}{dz} + \left\{-\frac{\Theta^{(3)}}{\Theta} + 2\frac{\Theta'}{\Theta}\frac{\Theta^{(2)}}{\Theta} - \frac{\Theta'^3}{\Theta^3} - \gamma_1\frac{\Theta'}{\Theta^3} + \frac{\gamma_2}{\Theta^3}\right\} y_1 = 0.$$

Aus den Gleichungen (5.) folgt aber:

$$(13.)\qquad -2\frac{\Theta^{(2)}}{\Theta} + \frac{\Theta'^2}{\Theta^2} + \frac{\gamma_1}{\Theta^2} = q,$$

$$(14.)\qquad -\frac{\Theta^{(3)}}{\Theta} + 2\frac{\Theta'}{\Theta}\frac{\Theta^{(2)}}{\Theta} - \frac{\Theta'^3}{\Theta^3} - \gamma_1\frac{\Theta'}{\Theta^3} + \frac{\gamma_2}{\Theta^3} = r.$$

Demnach ist Gleichung (12.) gleichbedeutend mit Gleichung (A.) für $y = y_1$, also wird die Gleichung (A.) befriedigt durch

$$(15.)\qquad y_1 = \Theta e^{\lambda\int\frac{dz}{\Theta}},$$ [482

wo λ eine Wurzel der Gleichung (11.).

Aus den Gleichungen (8a.) und (15.) ergeben sich Integrale der Gleichung (A.), deren Zweige bis auf constante Factoren, von endlicher Anzahl sind, und wir könnten hieraus unmittelbar nach dem Satze in No. 2 folgern, dass Gleichung (A.) algebraisch integrirbar sei. Wir können aber dieses hier auch direct nachweisen.

Zunächst ergiebt sich für den Fall der Gleichung (6.) aus dieser Gleichung

$$(16.)\qquad \frac{\Theta^{(3)}}{\Theta} + q\frac{\Theta'}{\Theta} + r = \frac{\lambda}{\Theta}\left[2\frac{\Theta^{(2)}}{\Theta} - \frac{\Theta'^2}{\Theta^2} + q\right] + \frac{\mu}{\Theta^3},$$

wo μ eine neue Constante. Aus derselben ziehen wir den Schluss, dass Θ eine rationale Function, und dass daher die Gleichung (8a.) ein Integral der Gleichung (A.) liefert, dessen logarithmische Ableitung rational, was mit der vorausgesetzten Irreductibilität der Gleichung (A.) unverträglich ist.

Im Falle der Gleichungen (5.) ergeben die Gleichungen (13.), (14.), wenn γ_1, γ_2 beide von Null verschieden sind, dass Θ eine rationale Function von z, und die Gleichung (15.) liefert wiederum ein Integral der Gleichung (A.), dessen logarithmische Ableitung rational.

Die Grösse γ_2 kann nicht verschwinden, da sonst die Gleichung (A.) durch Θ, d. h. durch die Wurzel einer rationalen Function befriedigt würde. Es könnte aber $\gamma_1 = 0$ sein. Alsdann hat die Gleichung (A.) die Integrale

(17.) $$y_1 = \Theta e^{\lambda\int\frac{dz}{\Theta}},\quad y_2 = \Theta e^{\lambda\varepsilon\int\frac{dz}{\Theta}},\quad y_3 = \Theta e^{\lambda\varepsilon^2\int\frac{dz}{\Theta}},$$

wo λ der Gleichung

(11a.) $$\lambda^3 + \gamma_2 = 0$$

genügt, und wo ε eine primitive dritte Wurzel der Einheit bedeutet. Die drei Integrale y_1, y_2, y_3 bilden ein Fundamentalsystem.

Aus der zweiten der Gleichungen (5.) oder aus

$$A_3 = \gamma_2 A_0$$

folgt

(18.) $$\frac{\Theta^{(3)}}{\Theta} + q\frac{\Theta'}{\Theta} + r = \frac{\gamma_2}{\Theta^3}.$$

Demnach ist Θ^3 eine rationale Function, woraus sich ergiebt, dass die Integrale y_1, y_2, y_3 für alle Umläufe der Variablen z, bis auf constante Factoren, sich nur unter einander vertauschen. In der That ist auch

(19.) $$y_1 y_2 y_3 = \Theta^3.$$

483] Wir sind also wieder auf die Gleichung (12a.) No. 2 gekommen, wenn wir $\psi = \Theta^3$ setzen. Sei

(20.) $$u_1 = \frac{\lambda}{\Theta} + \frac{\Theta'}{\Theta},\quad u_2 = \frac{\lambda\varepsilon}{\Theta} + \frac{\Theta'}{\Theta},$$

so ist nach Gleichung (14a.) No. 2

(21.) $$u_2 + u_1 = \frac{d\log\Theta^2}{dz}.$$

Hieraus folgt

(22.) $$\lambda\frac{(1+\varepsilon)}{\Theta} = 0,$$

also $\lambda = 0$, d. h. nach Gleichung (11a.), $\gamma_2 = 0$, was nicht möglich ist.

Demnach ist der oben mit II. bezeichnete Fall, dass die Gleichung (2.) identisch für die unabhängigen Variablen z, η erfüllt sei, mit den über Gleichung (A.) gemachten Voraussetzungen unverträglich. Es ist demnach nur der mit I. bezeichnete Fall zulässig, d. h. die Gleichung (A.) ist algebraisch integrirbar.

ANMERKUNG.

Änderungen gegen das Original:

S. 89, Zeile 10 wurde »und sind« vor α_{ik} hinzugefügt,
in Gl. (3.) wurde l_λ statt l_k gesetzt,
„ 10 v. u. »bilden« statt »ist«,
„ 90, „ 12 wurde »entstehen« hinzugefügt,
„ 92, „ 17 wurde »ist« am Ende hinzugefügt,
„ 94, „ 1 wurde »gleich Null« vor d. h. hinzugefügt.

R. F.

LVII.

BEMERKUNG ZU VORSTEHENDER ABHANDLUNG DES HERRN HEFFTER ZUR THEORIE DER LINEAREN DIFFERENTIALGLEICHUNGEN[1]).

(Journal für die reine und angewandte Mathematik, Bd. 106, 1890, S. 283—284.)

Es sei $g_0(x)$ eine ganze rationale Function des m^{ten} Grades, $g_\varkappa(x)$ eine [283 solche, deren Grad nicht grösser als $m-\varkappa$, und es seien die Integrale der Gleichung

$$(\alpha.) \qquad g_0(x)\,y^{(m)} + g_1(x)\,y^{(m-1)} + \cdots + g_m(x)\,y = 0$$

regulär, so beweist Herr HEFFTER (S. 275) den Satz, dass die Gleichung ($\alpha.$) durch eine ganze rationale Function vom Grade r befriedigt wird, wenn die zu $x = \infty$ gehörige determinirende Fundamentalgleichung die negative ganzzahlige Wurzel $-r$ besitzt, und wenn zu derselben wenigstens ein von Logarithmen freies Glied gehört.

Wir wollen voraussetzen, dass die von x unabhängige Grösse g_m von Null verschieden ist. Differentiiren wir die Gleichung ($\alpha.$) λ-mal, so erhalten wir

$$(\beta.) \qquad g_0(x)\,y^{(m+\lambda)} + h_{\lambda 1}(x)\,y^{(m+\lambda-1)} + \cdots + h_{\lambda m}(x)\,y^{(\lambda)} = 0,$$

wo $h_{\lambda\varkappa}(x)$ eine ganze rationale Function höchstens vom Grade $m-\varkappa$ bedeutet; insbesondere ist

$$(\gamma.) \qquad h_{\lambda m}(x) = g_m + \lambda_1 g'_{m-1} + \lambda_2 g^{(2)}_{m-2} + \cdots + \lambda_m g^{(m)}_0,$$

---

1) L. Heffter, Über Recursionsformeln der Integrale linearer homogener Differentialgleichungen; Journal für die reine und angewandte Mathematik, Bd. 106, S. 269—282. R. F.

wo $\lambda_{\varkappa}$ der $\varkappa^{\text{te}}$ Binomialcoefficient von λ und $g^{(\varkappa)} = \frac{d^{\varkappa} g}{dx^{\varkappa}}$, eine von x unabhängige Grösse.

Der Ausdruck $h_{\lambda m}$ wird übereinstimmend mit der linken Seite der zu $x = \infty$ gehörigen determinirenden Fundamentalgleichung, wenn wir $\lambda = -s$ setzen und s als Unbekannte dieser Gleichung betrachten. Daher ist $h_{\lambda m} = 0$ für $\lambda = +r$, wenn diese Gleichung die negative ganzzahlige Wurzel $s = -r$ besitzt, und umgekehrt, wenn $h_{\lambda m} = 0$ für $\lambda = r$, so hat die zu $x = \infty$ gehörige determinirende Gleichung die Wurzel $-r$.
284] Ist daher $-r$ diejenige negative ganzzahlige Wurzel dieser Gleichung, welche den absolut kleinsten Werth besitzt, so ist $h_{\lambda m} = 0$ für $\lambda = r$, aber nicht Null für $\lambda < r$. Dann aber ist die Gleichung (β.) für $\lambda = r$ diejenige Gleichung, welcher die r^{ten} Ableitungen der Integrale der Gleichung (α.), und nur diese genügen*). Da nun, wenn $h_{\lambda m} = 0$, die Gleichung (β.) für $\lambda = r$ durch $y^{(r)} = C$ befriedigt wird, wo C eine von Null verschiedene Constante, so folgt, dass der Gleichung (α.) durch eine ganze rationale Function des Grades r genügt werden kann. Wir erhalten also den Satz:

Besitzt die zu $x = \infty$ gehörige determinirende Fundamentalgleichung ganzzahlige negative Wurzeln, und ist $-r$ diejenige unter ihnen, deren absoluter Betrag r den kleinsten Werth hat, so hat die Gleichung (α.) eine ganze rationale Function r^{ten} Grades als Integral.

Dieser Satz enthält eine Ergänzung des erwähnten Theorems des Herrn Heffter.

Für die Differentialgleichung der Gaussschen Reihe

$$(\alpha'.) \qquad (x^2 - x)\, y^{(2)} - [\gamma - (\alpha + \beta + 1)\, x]\, y' + \alpha\beta y = 0$$

geht die Gleichung (β.) über in

$$(\beta'.) \quad (x^2 - x)\, y^{(\lambda+2)} - [\gamma + \lambda - (\alpha + \beta + 2\lambda + 1)\, x]\, y^{(\lambda+1)} + (\lambda + \alpha)(\lambda + \beta)\, y^{(\lambda)} = 0.$$

Die Wurzeln der zu $x = \infty$ gehörigen determinirenden Gleichung, welche für Gleichung (α'.) gebildet ist, lauten in diesem Falle α, β. Wenn nun α

---

*) Siehe dieses Journal, Bd. 68, S. 384[1]).

---

[1]) Abh. VII, S. 238, Band I dieser Ausgabe. R. F.

eine negative ganze Zahl, β entweder nicht eine negative ganze Zahl oder doch nur eine solche, deren absoluter Betrag nicht kleiner als der absolute Betrag von α, so ist für $\lambda < -\alpha$ der Coefficient von $y^{(\lambda)}$ in Gleichung (β'.) von Null verschieden; er verschwindet erst für $\lambda = -\alpha$, so dass Gleichung (α'.) durch eine ganze rationale Function des Grades $-\alpha$ befriedigt wird. Ist auch β eine negative ganze Zahl, aber $\beta = \alpha - \varkappa$, wo $\varkappa$ eine positive ganze Zahl, so genügt der Gleichung (β'.), d. h. jetzt der Gleichung

$$(\beta^{(2)}.) \qquad (x^2 - x)\, y^{(-\alpha+2)} - [\gamma - \alpha - (\beta - \alpha + 1)x]\, y^{(-\alpha+1)} = 0$$

dann und nur dann eine ganze rationale Function, wenn γ gleich einer der Zahlen $\beta+1, \beta+2, \ldots, \beta+\varkappa$. Der Grad derselben ist $\varkappa - 1$, woraus sich dann ergiebt, dass die Gleichung (α'.) durch eine ganze rationale Function des Grades $-\alpha + \varkappa = -\beta$ befriedigt wird. Diese Resultate stimmen mit denen des Herrn Heffter in No. IV seiner Arbeit überein.

ANMERKUNG.

Zu dem auf S. 98 ausgesprochenen Satze, der als »eine Ergänzung des erwähnten Theorems des Herrn Heffter« bezeichnet wird, ist zu bemerken, dass diese Ergänzung schon von Herrn Heffter selbst in der citirten Arbeit (S. 276, Satz II) gegeben worden ist. R. F.

LVIII.

ÜBER EINE ABBILDUNG DURCH EINE RATIONALE FUNCTION.

(Journal für die reine und angewandte Mathematik, Bd. 108, 1891, S. 181—192.)

Im 75. Bande S. 177 und im 106. Bande S. 1 dieses Journals[1]) be- [181 trachtete ich eine Function

$$(\alpha.)\qquad z = F(w) = \frac{f(w)}{w\,g(w)},$$

wo $f(w)$, $g(w)$ ganze rationale Functionen und $f(0)$, $g(0)$ von Null verschieden sind. Es werden in der w-Ebene die um den Nullpunkt beschriebenen concentrischen Kreise betrachtet, welche die Eigenschaft besitzen, dass jedem einem Punkte w des Kreisinnern zugehörigen Werthe z, innerhalb desselben Gebietes, nur ein einziger Werth w entspricht. Unter diesen Kreisen wird derjenige mit dem grössten Radius der Grenzkreis genannt. An den bezeichneten Stellen habe ich den folgenden Satz bewiesen: Der Radius des Grenzkreises wird durch den Modul derjenigen Wurzel der Gleichung

$$(\beta.)\qquad F'(w) = 0$$

bestimmt, wo $F'(w)$ die Ableitung von $F(w)$ bedeutet, welche unter allen Wurzeln derselben den kleinsten Modul besitzt, oder falls

$$(\gamma.)\qquad \psi(w, w_1) = \frac{F(w_1) - F(w)}{w_1 - w} = 0$$

und

$$(\delta.)\qquad wF'(w) + w_1 F'(w_1) = 0$$

Lösungen (w, w_1) besitzen, für welche die Moduln von w, w_1 einander gleich

1) Abh. XIV, S. 361 ff., Band I dieser Ausgabe und Abh. LV, S. 75 ff. dieses Bandes. R. F.

sind, und falls zu gleicher Zeit der kleinste dieser Moduln kleiner als die Moduln der Wurzeln der Gleichung (β.) ist, so giebt derselbe den Radius des Grenzkreises an. — Dieser Satz lässt sich kürzer folgendermassen ausdrücken: Setzen wir

$$(\varepsilon.) \qquad P(w, w_1) = \frac{\dfrac{\partial\psi}{\partial w}\, w}{\dfrac{\partial\psi}{\partial w_1}\, w_1}$$

182] und suchen unter den gemeinschaftlichen Lösungen der beiden Gleichungen (γ.) und

$$(\zeta.) \qquad P(w, w_1) = 1$$

diejenigen aus, für welche die Moduln von w und w_1 einander gleich werden, so bestimmt der kleinste unter diesen Moduln den Radius des Grenzkreises. —

In einem Aufsatze*) hat Herr Nekrassoff in Moskau sich bemüht, nachzuweisen, dass der eben erwähnte Satz nicht richtig sei. Der Verfasser dieses Aufsatzes zeigt besonders durch den Schluss der No. 3 desselben, dass er den in diesem Journal, Bd. 106, S. 2—3[1]) von mir gegebenen Beweis nicht verstanden hat. Es erscheint daher nicht überflüssig, im Folgenden durch eine Erläuterung meine dortigen Schlüsse dem Verständnisse näher zu rücken.

Bei dieser Gelegenheit erlaube ich mir, hier einen Beweis desselben Satzes zu geben, welcher auf anderen Principien begründet ist, und an und für sich nicht ohne Interesse zu sein scheint.

Für die Zwecke meiner Untersuchungen in der Arbeit dieses Journals, Bd. 75, Abth. I, No. 5—10[2]) möge im Folgenden noch angegeben werden, wie auch in dem Falle, dass der Radius des Grenzkreises durch Vermittelung der Gleichung (δ.) zu bestimmen ist, die Grösse desselben den dortigen Anforderungen gemäss eingerichtet werden kann.

I.

Im Anschlusse an die Bezeichnungen meiner oben genannten Arbeiten seien $w = w''$, $w_1 = w'$ zwei auf dem Grenzkreise K einander entsprechende

*) Mathematische Annalen, Bd. 38, S. 82.

1) Abh. LV, S. 76—78 dieses Bandes. R. F.

2) Abh. XIV, S. 370—378, Band I dieser Ausgabe. R. F.

Punkte. Bewegt sich w auf der Peripherie von K, so möge w_1 die Curven $\mathfrak{C}_1, \mathfrak{C}_2, \mathfrak{C}_3, \ldots$ durchlaufen. Geht w längs K durch den Punkt $w = w''$ hindurch, so wird w_1 längs einer der Curven $\mathfrak{C}$ durch den Punkt $w_1 = w'$ hindurchgehen, welche K daselbst berührt. Es möge diese Curve $\mathfrak{C}_1$ sein. — Es handelt sich nämlich (siehe Bd. 75, S. 181[1]) um den Fall, dass $P(w'', w')$ real und endlich ist, in welchem Falle $\frac{dr_1}{d\varphi} = 0$ (siehe daselbst Gleichung (2.), S. 180[2]) und $P(w'', w') + \frac{d\varphi_1}{d\varphi} = 0$, woraus sich ergiebt, dass die Tangente [183
der Curve $\mathfrak{C}_1$ in w' mit dem Radiusvector einen rechten Winkel bildet. Wegen der Symmetrie der Gleichung (γ.) in Bezug auf w und w_1 muss, wenn w auf der Peripherie von K sich bewegend durch $w = w'$ hindurchgeht, w_1 längs einer der Curven $\mathfrak{C}$ durch $w_1 = w''$ hindurchgehen, welche K daselbst berührt. Dieses möge die Curve $\mathfrak{C}_2$ sein. Es kann selbstverständlich $\mathfrak{C}_2$ mit $\mathfrak{C}_1$ übereinstimmen. — Beschreiben wir um $w = w''$ einen Kreis $\mathfrak{K}$ von hinlänglicher Kleinheit, so wird diejenige Wurzel w_1 der Gleichung (γ.), welche für $w = w''$ den Werth w' annimmt, um den Punkt $w_1 = w'$ herum eine geschlossene Fläche $\mathfrak{K}_1$ erfüllen, von der Art, dass die Punkte von $\mathfrak{K}$ und $\mathfrak{K}_1$ sich gegenseitig eindeutig entsprechen, wenn wir voraussetzen, dass $F'(w')$ und $F'(w'')$ von Null verschieden sind. Bezeichnen wir die Bogen der Curven $\mathfrak{C}_1, \mathfrak{C}_2$, welche in $\mathfrak{K}, \mathfrak{K}_1$ hineinfallen und respective w', w'' enthalten, mit B_1, B_2, so werden demnach von den Punkten der Fläche $\mathfrak{K}$, die ausserhalb K sich befinden, diejenigen, welche Punkten von $\mathfrak{K}_1$ innerhalb K entsprechen, sämmtlich auf der einen Seite β_2 von B_2 liegen, während die übrigen auf der anderen Seite β_2' sich befinden. Ebenso werden von den Punkten der Fläche $\mathfrak{K}_1$, die ausserhalb K sich befinden, diejenigen, welche Punkten von $\mathfrak{K}$ innerhalb K entsprechen, sämmtlich auf der einen Seite β_1 von B_1 liegen, während die übrigen auf der anderen Seite β_1' von B_1 sich befinden. Die beiden Seiten β_2 und β_2' unterscheiden sich dadurch, dass man in der einen nach allen möglichen Richtungen dem w'' unendlich benachbarte Punkte angeben kann, während die dem w'' unendlich benachbarten Punkte der anderen Seite von B_2 auf der im Punkte w'' an die Curve $\mathfrak{C}_2$ und den Kreis K gelegten Tangente sich befinden müssen. In gleicher Weise unterscheiden sich die beiden Seiten β_1 und β_1' von B_1, indem nämlich auf der einen Seite nach allen mög-

1) S. 365, Band I dieser Ausgabe. R. F.

2) Ebenda S. 365. R. F.

lichen Richtungen, auf der anderen nur in der Richtung der Tangente an $\mathfrak{C}_1$ und K, dem w' unendlich benachbarte Punkte gefunden werden können. Da von den Punkten w von β_2 nach allen möglichen Richtungen zu w'' unendlich benachbarte gehören müssen, welche Punkten w_1 innerhalb $\mathfrak{K}_1$ und K entsprechen, so sind es die Punkte w auf β_2', zu welchen nur in der Richtung der Tangente von K dem w'' unendlich benachbarte Punkte gehören, die ihre entsprechenden innerhalb $\mathfrak{K}_1$ und ausserhalb K besitzen. Aus demselben Grunde haben auch die Punkte w_1 auf β_1' nur in der Richtung der Tangente, zu w_1 unendlich benachbarte Punkte, welche innerhalb $\mathfrak{K}$ und ausserhalb K
184] entsprechende Punkte w besitzen. Ist daher R der Radius des Grenzkreises K, $r = R + dr$ der Radius des unendlich benachbarten grösseren Kreises K', und sind $w = \overline{w}$, $w_1 = \overline{w}_1$ zusammengehörige auf K' gelegene Punkte, welche respective $w = w''$, $w_1 = w'$ unendlich benachbart sind, so muss $\overline{w}$ auf der Seite β_2', $\overline{w}_1$ auf der Seite β_1' sich befinden, d. h. es müssen die Punkte $\overline{w}$ und $\overline{w}_1$ der Peripherie K' respective auf den Tangenten in w'' und w' der Peripherie K gelegen sein. Hieraus folgt die Gleichung (4.) No. 1 der oben citirten Arbeit in Bd. 106 [1])

$$(4.) \qquad d\varphi_1 = \pm d\varphi.$$

Da

$$P(w, w_1) = -\frac{d \log w_1}{d \log w}$$

für alle Richtungen von dw und die entsprechenden dw_1 einen unabänderlichen Werth hat, wenn $F'(w)$ und $F'(w_1)$ weder Null noch Unendlich werden, so ergiebt die Gleichung

$$\frac{d \log w_1}{d \log w} = \frac{\partial r_1}{\partial r} + Ri \frac{\partial \varphi_1}{\partial r},$$

dass die reale endliche Grösse $P(w, w_1)$ in $w = w''$ positiv ist. Es ist nämlich $\frac{\partial r_1}{\partial r}$ negativ, wie es der Begriff des Grenzkreises erfordert. Die Gleichung

$$\frac{d \log w_1}{d \log w} = -\frac{i}{R} \frac{\partial r_1}{\partial \varphi} + \frac{\partial \varphi_1}{\partial \varphi}$$

zeigt alsdann, dass $\frac{\partial \varphi_1}{\partial \varphi}$ für $w = w''$ negativ ist. Da für $\frac{\partial r_1}{\partial \varphi} = 0$

$$\frac{\partial \varphi_1}{\partial \varphi} = \frac{d\varphi_1}{d\varphi},$$

1) Abh. LV, S. 77 dieses Bandes. R. F.

so folgt aus Gleichung (4.)

$$\frac{d\varphi_1}{d\varphi} = -1.$$

In meiner Arbeit Bd. 75, S. 181—182[1]) ist nachgewiesen, dass für $r > R$ bis zu einer gewissen Grenze ein Continuum von Kreisen K_r existirt, auf deren Peripherien zusammengehörige Werthe w, w_1 liegen, wenn nicht eine der mit K zusammengehörigen Curven $\mathfrak{C}$ in ihrer ganzen Ausdehnung auf K fällt. Da von diesem Satz auch in Bd. 106[2]) Gebrauch gemacht ist, so möge derselbe hier noch mit einigen Worten erläutert werden. Aus der gemachten Voraussetzung ergiebt sich, dass erst, wenn $r-R$ einen endlichen Betrag erreicht hat, eine der mit K_r zusammengehörigen Curven $\mathfrak{C}_r$ ganz innerhalb K_r [185 befindlich sein kann. Es können aber auch nicht sämmtliche Curven $\mathfrak{C}_r$ ausserhalb K_r verlaufen. Denn wenn w von w'' ausgehend die Peripherie K_r in $w = \bar{\bar{w}}$ trifft, so wird w_1 von w' ausgehend in einem Punkte $w_1 = \bar{\bar{w}}_1$ anlangen, der entweder auf der Peripherie K_r oder ausserhalb oder innerhalb derselben gelegen ist. Liegt $\bar{\bar{w}}_1$ im Innern, so entspricht demnach einem Punkte $\bar{\bar{w}}$ der Peripherie K_r ein innerer Punkt $\bar{\bar{w}}_1$. Liegt $\bar{\bar{w}}_1$ im Äusseren von K_r, so hat w_1 die Peripherie K_r bereits in einem Punkte $w_1 = \mathfrak{w}_1$ überschritten, während w noch in einem Punkte $w = \mathfrak{w}$ des Innern sich befand. Der Symmetrie der Gleichung (γ.) wegen würde also in diesen beiden Fällen folgen, dass nicht sämmtliche Curven $\mathfrak{C}_r$ ausserhalb K_r verlaufen können. Es muss demnach die Peripherie K_r innerhalb des genannten Bereiches von r unter allen Umständen von einer der mit derselben zusammengehörigen Curven $\mathfrak{C}_r$ getroffen werden.

II.

Wir gehen nunmehr dazu über, einen einfacheren Beweis des in der Einleitung bezeichneten Satzes zu geben, welcher zugleich eine tiefere Einsicht in die algebraische Natur des hier behandelten Problems gewährt.

Wir setzen in der Gleichung

$$\psi(w, w_1) = 0, \tag{1.}$$

$$w = re^{\varphi i}, \quad w_1 = r_1 e^{\varphi_1 i},$$

[1]) Abh. XIV, S. 365—367, Band I dieser Ausgabe. R. F.

[2]) Abh. LV, S. 75 ff. dieses Bandes. R. F.

wo r, r_1 die Moduln, φ, φ_1 die Argumente von w, w_1 bedeuten. Auf der Peripherie jedes mit dem Radius r um den Nullpunkt beschriebenen Kreises K_r suchen wir diejenigen Stellen auf, für welche

$$\frac{dr_1}{d\varphi} = 0. \tag{2.}$$

Aus (1.) ergiebt sich, wenn r constant und φ veränderlich angenommen wird, in der Bezeichnung der Gleichung (ε.),

$$P(w, w_1) - \frac{1}{r_1}\frac{dr_1}{d\varphi}i + \frac{d\varphi_1}{d\varphi} = 0. \tag{3.}$$

Es giebt nur eine endliche Anzahl von Kreisen K_r, auf deren Peripherie $P(w, w_1)$ unendlich wird. Demnach folgt aus Gleichung (3.), dass $\frac{dr_1}{d\varphi}$ längs der Peripherie K_r im Allgemeinen eine stetige Function von φ ist, und da
186] r_1 längs K_r Maximal- und Minimalwerthe annimmt, so folgt, dass im Allgemeinen auf jedem Kreise K_r Stellen vorhanden sind, welchen Wurzeln der Gleichung (2.) zugehören. Wir bezeichnen diese Stellen mit $m_r, m'_r, m''_r, \ldots$. Die Gleichung (3.) ergiebt, dass in allen diesen Stellen $P(w, w_1)$ reale Werthe erhält. Aus derselben Gleichung folgt umgekehrt, dass, wenn $P(w, w_1)$ in einem Punkte der Peripherie K_r real und endlich ist, dieser Punkt zu den Stellen $m_r, m'_r, m''_r, \ldots$ gehört.

Bezeichnen wir daher mit $\psi_1(w, w_1)$ diejenige Function von w, w_1, welche aus $\psi(w, w_1)$ hervorgeht, wenn die Coefficienten der letzteren durch ihre conjugirten Werthe ersetzt werden, und mit w', w'_1 die conjugirten Werthe resp. von w und w_1, so folgt aus den eben gemachten Schlüssen, dass die Werthe von r_1, φ_1, φ, welche den Stellen $m_r, m'_r, m''_r, \ldots$ entsprechen, durch die Gleichung (1.) und die Gleichungen

$$\psi_1(w', w'_1) = 0 \tag{1a.}$$

und

$$P(w, w_1) = P_1(w', w'_1) \tag{4.}$$

bestimmt werden, wenn wir unter $P_1(w, w_1)$ diejenige Function verstehen, welche aus $P(w, w_1)$ dadurch hervorgeht, dass die Coefficienten der letzteren durch ihre conjugirten Werthe ersetzt werden. Es ergeben sich hiernach $r_1, e^{\varphi_1 i}, e^{\varphi i}$ als algebraische Functionen von r. Hierdurch wird auch $P(w, w_1)$

eine bestimmte algebraische Function von r. Eliminiren wir zwischen den Gleichungen (1.), (1a.) und (4.) $e^{\varphi i}$, $e^{\varphi_1 i}$, so erhalten wir zwischen r, r_1 die algebraische Gleichung

$$(5.) \qquad G(r, r_1) = 0.$$

Wenn wir für jeden Kreis K_{r_1} mit dem Radius r_1 diejenigen Stellen aufsuchen, für welche $\frac{dr}{d\varphi_1} = 0$, so wird aus demselben Grunde

$$\frac{\frac{\partial\psi}{\partial w_1} w_1}{\frac{\partial\psi}{\partial w} w}$$

daselbst real; das heisst aber nichts anderes, als dass $P(w, w_1)$ real wird. Es werden also die Werthe von $r, e^{\varphi i}, e^{\varphi_1 i}$, welche den Stellen auf K_{r_1} entsprechen, wo $\frac{dr}{d\varphi_1} = 0$ wird, aus denselben Gleichungen (1.), (1a.) und (4.) zu bestimmen sein. Das Eliminationsresultat von $e^{\varphi i}$, $e^{\varphi_1 i}$ aus diesen Gleichungen ist also wiederum die Gleichung (5.). Es haben aber r und r_1 jetzt ihre Rollen vertauscht; hieraus folgt:

Die Gleichung (5.) ist in Bezug auf r und r_1 symmetrisch.

III. [187

Die auf den verschiedenen Kreisen K_r gelegenen Punkte $m_r, m'_r, m''_r, \ldots$ bilden ein System von Curven, welches wir mit Γ bezeichnen wollen. Schreiten wir längs einer dieser Curven fort, so folgt aus der Gleichung

$$(1.) \qquad P(w, w_1)\left(\frac{1}{r} + i\frac{d\varphi}{dr}\right) + \frac{1}{r_1}\frac{dr_1}{dr} + i\frac{d\varphi_1}{dr} = 0$$

(welche durch Differentiation aus Gleichung (1.) voriger Nummer hervorgeht), weil $P(w, w_1)$ real ist, dass

$$(2.) \qquad P(w, w_1) = -\frac{r}{r_1}\frac{dr_1}{dr}.$$

Hierbei ist der Werth von $\frac{dr_1}{dr}$ aus der Gleichung

$$(3.) \qquad \frac{\partial G}{\partial r} + \frac{\partial G}{\partial r_1}\frac{dr_1}{dr} = 0$$

zu bestimmen.

Es folgt hieraus zunächst, dass $G(r, r_1)$ nicht durch eine Potenz von $r_1 - r$ theilbar sein darf.

Ist nämlich $w = p_r$ ein solcher Punkt der Peripherie K_r des Kreiscontinuums, von welchem in No. I die Rede war, zu dem ein auf derselben Peripherie gelegener Punkt $w_1 = q_r$ gehört, so würde die Voraussetzung, dass $G(r, r_1)$ durch eine Potenz von $r - r_1$ theilbar sei, zur Folge haben, dass die stetige Reihe der Punkte p_r eine Curve A bildete, welche zu den Curven des Systems Γ gehörte und für welche $\frac{dr_1}{dr} = 1$ wäre. Nach Gleichung (2.) müsste dann $P(w, w_1)$ für alle Werthe w der Curve A, also nach einem bekannten Satze überhaupt in der ganzen w-Ebene gleich der negativen Einheit sein. Es wäre also

$$\frac{\partial \psi}{\partial w} w + \frac{\partial \psi}{\partial w_1} w_1 = 0,$$

was zur Folge hätte, dass $\psi(w, w_1)$ durch einen Linearfactor $w_1 - cw$ mit constantem c theilbar wäre. Dieses ist aber nicht möglich, weil $\psi(w, w_1)$ nicht für $w = 0$, $w_1 = 0$ verschwindet.

Setzen wir daher in Gleichung (5.) voriger Nummer $r_1 = r$, so erhalten wir eine wohlbestimmte algebraische Gleichung

$$H(r) = 0. \tag{4.}$$

Ist r gleich einer realen Wurzel dieser Gleichung, so fallen die Punkte w_1, welche den Stellen $m_r, m'_r, m''_r, \ldots$ auf der Peripherie K_r zugehören, theilweise oder ganz auf dieselbe Peripherie.

188] Der Radius des Grenzkreises ist daher mit der kleinsten realen Wurzel der Gleichung (4.) übereinstimmend.

Ist $r = a$ eine reale Wurzel der Gleichung (4.) und $w = \mu$ eine derjenigen Stellen $m_a, m'_a, m''_a, \ldots$, denen auf der Peripherie K_a Werthe w_1 zugehören, und setzen wir zunächst voraus, dass nicht $\frac{\partial G}{\partial r}$ und $\frac{\partial G}{\partial r_1}$ für $r = r_1 = a$ verschwinden, so folgt aus den Gleichungen (2.) und (3.), dass $P(w, w_1)$ in μ gleich der positiven Einheit ist.

Ist $a = R$ der Radius des Grenzkreises, so bleibt dieses auch bestehen, wenn $\frac{\partial G}{\partial r}, \frac{\partial G}{\partial r_1}$ für $r = r_1 = R$ verschwinden würden. Es ist nämlich in diesem Falle, wenn $H'(r)$ die Ableitung von $H(r)$ bedeutet, wegen der Symmetrie von $G(r, r_1)$ in Bezug auf r und r_1 auch $H'(R) = 0$. Ist Δ die Discriminante von $H(r)$, so müsste demnach Δ verschwinden. Die Discriminante Δ ist eine ganze rationale Function der realen und imaginären Bestandtheile von Coefficienten der Function $F(w)$. Es sei A einer dieser Coefficienten. Ferner sei $F_1(w)$ diejenige Function, in welche $F(w)$ übergeht, wenn wir A durch $A_1 = A + \varepsilon$ ersetzen, während wir die übrigen Coefficienten beibehalten; endlich sei $H_1(r)$ aus $F_1(w)$ ebenso hergeleitet wie $H(r)$ aus $F(w)$. Wir wollen ε real nehmen, wenn in Δ der reale Theil von A auftritt, und rein imaginär, wenn nur der imaginäre Theil von A in Δ enthalten ist. Alsdann wird die Discriminante Δ_1 von $H_1(r)$ ausser für $\varepsilon = 0$ erst für einen Werth von ε verschwinden, dessen absoluter Betrag eine gewisse Grenze g überschreitet.

Für die Werthe von ε innerhalb dieses Bereiches sind aber der Radius des Grenzkreises, sowie die zusammengehörigen Stellen w, w_1 auf seiner Peripherie stetige Functionen von ε. Demnach ist auch $P(w, w_1)$ für dasselbe Werthenpaar w, w_1 eine stetige Function von ε, so lange $\operatorname{mod} \varepsilon < g$, bis $\varepsilon = 0$ einschliesslich (wenn nicht auf dem zu $F(w)$ gehörigen Grenzkreise $F'(w)$ Null oder Unendlich wird). Da nun diese algebraische Function $P(w, w_1)$ in dem ganzen Bereich $0 < \operatorname{mod} \varepsilon < g$ den Werth Eins hat, so muss auch für $\varepsilon = 0$ derselbe Werth erhalten werden.

IV.

Die Gleichung (4.) voriger Nummer kann auch als das Resultat der Elimination von $e^{\varphi i}, e^{\varphi_1 i}$ aus den Gleichungen

$$\psi\left(re^{\varphi i}, re^{\varphi_1 i}\right) = 0, \tag{1.}$$ [189

$$\psi_1\left(re^{-\varphi i}, re^{-\varphi_1 i}\right) = 0, \tag{2.}$$

$$P\left(re^{\varphi i}, re^{\varphi_1 i}\right) - P_1\left(re^{-\varphi i}, re^{-\varphi_1 i}\right) = 0 \tag{3.}$$

erhalten werden (siehe No. II), und es ist $r = R$, der Radius des Grenzkreises, die kleinste reale Wurzel der Gleichung (4.) voriger Nummer.

Die Gleichungen (1.), (2.), (3.) können auch erhalten werden, wenn wir den realen und imaginären Theil von $\psi(w, w_1)$ und den imaginären Theil von $P(w, w_1)$ gleich Null setzen. Unser in der Einleitung erwähnter Satz besagt daher:

W e n n $r = R$ d e r k l e i n s t e r e a l e W e r t h i s t, f ü r w e l c h e n d i e s e d r e i G l e i c h u n g e n r e a l e L ö s u n g e n $\varphi = \varphi''$, $\varphi_1 = \varphi'$ z u l a s s e n, s o i s t von selbst der reale Theil von

$$P\left(Re^{\varphi'' i}, Re^{\varphi' i}\right)$$

bestimmt. Er erhält nämlich den Werth Eins*).

V.

Im 75. Bande dieses Journals, Abth. I, No. 5—10[1]) habe ich folgende Aufgabe behandelt.

Es seien $z_1, z_2, \ldots, z_{m+1}$ in der Ebene der complexen Variabeln z willkürlich gegebene Punkte, $\alpha_1, \alpha_2, \ldots, \alpha_{m+1}$, $m+1$ verschiedene ganzzahlige Wurzeln der Einheit, welche durch eine Gleichung

$$(1.) \qquad w^n - 1 = 0$$

bestimmt werden, wo $n \geqq m+1$. — Es soll die rationale Function

$$(2.) \qquad z = F(w)$$

(von der Gestalt der Gleichung (α.) in der Einleitung) so gewählt werden, dass $w = \alpha_k$ werde für $z = z_k$, und dass der Radius des zu $F(w)$ gehörigen Grenzkreises grösser als Eins werde. —

Wir haben daselbst diese Bestimmung durchgeführt unter der Voraussetzung, dass der kleinste Modul der Wurzeln der Gleichung $F'(w) = 0$
190] den Radius des Grenzkreises liefert. Wir wollen hier dasselbe für den Fall thun, dass dieser Radius vermittelst der Gleichungen

$$\psi(w, w_1) = 0$$

und

$$F'(w)w + F'(w_1)w_1 = 0$$

erhalten wird.

Sei wie in Bd. 75, S. 186[2]), Gleichung (2.)

*) Hierdurch löst sich das Paradoxon des Herrn NEKRASSOFF in No. 3 seiner Arbeit von selbst, da seine Gleichung $\xi(a) = 0$ eine Identität darstellt. Aus dem Obigen erkennt man auch unmittelbar, warum in No. 4 seines Aufsatzes Herr NEKRASSOFF mit der blossen Gleichung $\frac{dr_1}{d\theta} = 0$ nicht zu meinen Resultaten gelangen konnte.

1) Abh. XIV, S. 370—378, Band I dieser Ausgabe. R. F.

2) Ebenda S. 371. R. F.

$$(3.)\qquad \varphi(w) = \sum_1^{m+1}{}_i \frac{\alpha_i z_i}{f'(\alpha_i)} f_i(w),$$

$$f(w) = (w-\alpha_1)\dots(w-\alpha_{m+1}),$$

$$f_i(w) = \frac{f(w)}{w-\alpha_i}.$$

Wir setzen nunmehr

$$\frac{\varphi(w)}{w} = g(w),$$

$$\frac{w^n-1}{w(Aw^n+B)} = h(w)$$

und

$$(4.)\qquad z = F(w) = g(w)+ah(w),$$

wo a, A, B noch verfügbare Constanten bedeuten, von denen jedoch A, B real sein mögen. Ist der Radius des zu $g(w)$ gehörigen Grenzkreises grösser als Eins, so sei $a = 0$.

Im entgegengesetzten Falle wollen wir beweisen, dass wir a so wählen können, dass für die Function $F(w)$ in Gleichung (4.) diese Bedingung erfüllt ist.

Die Gleichung

$$F(w_1) = F(w)$$

geht für $a = \infty$ über in

$$(5.)\qquad h(w_1)-h(w) = 0;$$

hieraus folgt:

$$(6.)\qquad \frac{w_1}{w} = \frac{w_1^n-1}{w^n-1}\,\frac{Aw^n+B}{Aw_1^n+B}.$$

Befinden sich w und w_1 auf der Peripherie desselben um $w = 0$ beschriebenen Kreises, ist also $w = re^{\varphi i}$, $w_1 = re^{\varphi_1 i}$, so folgt:

$$\operatorname{mod}\frac{w_1}{w} = 1,$$

woraus sich ergiebt

$$(7.)\qquad \left[e^{n\varphi_1 i}+e^{-n\varphi_1 i}-\left(e^{n\varphi i}+e^{-n\varphi i}\right)\right](A-B)^2 = 0.$$

Sind A, B von einander verschieden, so erfordert diese Gleichung, dass [191

$$(8.)\qquad e^{n\varphi_1 i} = e^{n\varphi i}$$

oder

$$e^{n\varphi_1 i} = e^{-n\varphi i}. \tag{8a.}$$

Aus der Gleichung

$$F'(w)w + F'(w_1)w_1 = 0$$

folgt für $a = \infty$

$$\frac{-Aw^{2n}+[(n-1)B+(n+1)A]w^n+B}{w(Aw^n+B)^2}+\frac{-Aw_1^{2n}+[(n-1)B+(n+1)A]w_1^n+B}{w_1(Aw_1^n+B)^2}=0. \tag{9.}$$

Im Falle (8.) wäre für die gemeinschaftlichen Lösungen von (5.) und (9.)

$$w^n = w_1^n,$$

das heisst

$$-Aw^{2n}+[(n-1)B+(n+1)A]w^n+B = 0 \tag{10.}$$

oder

$$Aw^n+B = 0 \tag{10a.}$$

oder

$$\frac{1}{w}+\frac{1}{w_1} = 0. \tag{10b.}$$

Wenn wir n als ungerade Zahl wählen, so ist (10b.) auszuschliessen. — Es sei

$$\frac{B}{A} = -\frac{n+1}{n-1}, \tag{11.}$$

so liefern (10.) und (10a.) nur Werthe von w, deren Modul grösser als Eins ist. Die Gleichung (10.) stimmt übrigens mit der Gleichung

$$h'(w) = 0$$

überein.

Die Gleichung (9.) kann vermittelst (5.) auch in die Form

$$K(w^n, w_1^n) = \frac{-(n-1)w^{2n}+n+1}{(w^n-1)((n-1)w^n+n+1)}+\frac{-(n-1)w_1^{2n}+n+1}{(w_1^n-1)((n-1)w_1^n+n+1)} = 0 \tag{9a.}$$

gesetzt werden.

Sei $a = \alpha+\beta i$, so folgt aus

$$wF'(w)+w_1F'(w_1) = 0:$$

$$\alpha+\beta i = -\frac{g'(w)w+g'(w_1)w_1}{K(w^n, w_1^n)}. \tag{12.}$$

Setzen wir voraus, dass von den Grössen α, β die eine unendlich gross werde, während die andere endlich bleibt, und nehmen wir an, dass die [192
Gleichung (8a.) statt habe. Alsdann müssten auf dem Grenzkreise von $F(w)$ für diesen Werth von a zwei Werthe w, w_1 sich befinden, von der Beschaffenheit, dass

$$K(w^n, w_1^n) = 0$$

und dass w^n, w_1^n conjugirte Werthe sind. Da $K(w^n, w_1^n)$ reale Coefficienten hat und in Bezug auf die Argumente w^n, w_1^n symmetrisch ist, so würde der conjugirte Werth von $K(w^n, w_1^n)$ für dasselbe Werthenpaar verschwinden. Aus Gleichung (12.) ergiebt sich demnach, dass auch

$$\alpha - \beta i = -\frac{g_1'(w')\,w' + g_1'(w_1')\,w_1'}{K(w'^n, w_1'^n)},$$

wo $g_1(w)$ aus $g(w)$ erhalten wird, wenn in letzterer Function die Coefficienten durch ihre conjugirten Werthe ersetzt werden, für dasselbe Werthenpaar unendlich wird. Es müssten demnach α und β für dasselbe Werthenpaar gleichzeitig unendlich werden, gegen die Voraussetzung. Wenn demnach $a = \alpha + \beta i$ so gewählt wird, dass der absolute Werth nur einer der beiden Grössen α und β eine gewisse Grenze überschreitet, die andere aber einen beliebig gewählten endlichen Werth hat, so kann der Fall (8a.) nicht eintreten. Der Radius des Grenzkreises von $F(w)$ ist daher alsdann grösser als Eins. Die nähere Bestimmung von a erfolgt auf analoge Weise wie die der entsprechenden Grösse a in meiner Arbeit Bd. 75, Abth. I, No. 6—10[1]).

1) Abh. XIV, S. 372—378, Band I dieser Ausgabe. R. F.

ANMERKUNGEN.

1) Der handschriftliche Nachlass meines Vaters lässt erkennen, dass ihn die hier gegebenen Ausführungen über das Abbildungsproblem noch nicht befriedigt haben, dass er vielmehr wiederholt auf dasselbe zurückgekommen ist. Wie der Nachlass zeigt, hat er später darauf verzichtet, Methoden zur Bestimmung des Radius des Grenzkreises anzugeben, und hat versucht das Abbildungsproblem ohne Kenntniss der Grösse dieses Radius durchzuführen. Als Ergebniss dieser Untersuchungen ist dann schliesslich die Arbeit »Über eine besondere Gattung von rationalen Curven mit imaginären Doppelpunkten« (Sitzungsberichte 1900, S. 74 ff., Abh. LXXII dieses Bandes) anzusehen.

2) Zu dem S. 111 gemachten Grenzübergang $\varepsilon = 0$ ist Folgendes zu bemerken: Im Nachlass meines Vaters findet sich zu diesem Grenzübergang eine Anmerkung, die ich hier wörtlich zum Abdruck bringen möchte:

Bei dieser Gelegenheit muss ich ein Versehen berichtigen, welches sich p. 188, Bd. 108 eingeschlichen hat. Dasselbe betrifft den dort gemachten Grenzübergang $\varepsilon = 0$. Wenn nämlich ε beliebig klein, aber von Null verschieden angenommen wird, so ist es nicht nothwendig, dass die Gleichung $H_1(r) = 0$ eine reale Wurzel besitze, welche einer ebenfalls realen Wurzel der Gleichung $H(r) = 0$ hinlänglich nahe kommt. Aus diesem Grunde ist der bezeichnete Grenzübergang nicht immer zulässig.

3) Zu Gleichung (12.) S. 114 ist zu bemerken, dass der im Nenner der rechten Seite stehende Ausdruck $K(w^n, w_1^n)$ nicht, wie in Gleichung (9a.) angegeben, lautet, sondern

$$K(w^n, w_1^n) = \frac{w^n - 1}{w(Aw^n + B)} \left\{ \frac{(n-1)w^{2n} + n + 1}{(w^n - 1)[-(n-1)w^n + n + 1]} + \frac{(n-1)w_1^{2n} + n + 1}{(w_1^n - 1)[-(n-1)w_1^n + (n+1)]} \right\}.$$

R. F.

LIX.

ÜBER LINEARE DIFFERENTIALGLEICHUNGEN, WELCHE VON PARAMETERN UNABHÄNGIGE SUBSTITUTIONS-GRUPPEN BESITZEN.

(Sitzungsberichte der Königl. preussischen Akademie der Wissenschaften zu Berlin, 1892, XII, S. 157—176; vorgelegt am 25. Februar; ausgegeben am 3. März 1892.)

Die folgende Notiz enthält gewissermassen eine Fortsetzung der Untersuchungen über lineare Differentialgleichungen, welche ich in den Sitzungsberichten*) veröffentlicht habe. Den Ausgangspunkt bildet diejenige Klasse von linearen homogenen Differentialgleichungen, welche ich in den Sitzungsberichten**) eingeführt und angewendet habe, und welche sich dadurch charakterisiren, dass die Substitutionen, welche ein geeignetes Fundamentalsystem von Integralen derselben durch die Umläufe der unabhängigen Variabeln erleidet, von einem in den Coefficienten der Differentialgleichung auftretenden Parameter unabhängig sind. Es ergab sich daselbst, dass diese Eigenschaft sich mit dem Vorhandensein gemeinschaftlicher Lösungen eines gewissen Systems partieller linearer Differentialgleichungen deckt. [157

In der gegenwärtigen Notiz beschäftige ich mich damit, umgekehrt solche Systeme linearer homogener partieller Differentialgleichungen zu kennzeichnen, deren Untersuchung auf diejenige solcher gewöhnlicher

*) Jahrg. 1888, S. 1115 ff. und S. 1273 ff.; Jahrg. 1889, S. 713 ff.; Jahrg. 1890, S. 21 ff.[1]).

**) Jahrg. 1888, S. 1273 ff.[2]).

---

[1]) Abh. LIV, S. 1—68 dieses Bandes. R. F.

[2]) Ebenda S. 20 ff. R. F.

linearer homogener Differentialgleichungen zurückgeführt werden kann, deren Substitutionen von einer Anzahl in den Coefficienten auftretenden Parametern unabhängig sind. Diese partiellen Differentialgleichungen scheinen eine besondere Aufmerksamkeit zu verdienen. In dem Folgenden wird unter anderem gezeigt, dass zu ihnen auch diejenigen beiden Arten partieller Differentialgleichungen gehören, auf welche nach einem von Herrn Picard*) für besondere Fälle gegebenen Verfahren das Studium derjenigen eindeutigen Functionen zweier Variabeln begründet werden kann, welche Substitutionen der Form:

158] $$\left(\xi,\ \eta,\ \frac{A\xi + A_1\eta + A_2}{C\xi + C_1\eta + C_2},\ \frac{B\xi + B_1\eta + B_2}{C\xi + C_1\eta + C_2}\right)$$

beziehungsweise

$$\left(\xi,\ \eta,\ \frac{a\xi + b}{c\xi + d},\ \frac{a'\eta + b'}{c'\eta + d'}\right)$$

zulassen.

Die erstere dieser beiden Arten partieller Differentialgleichungen hat neuerdings Herr Jacob Horn**) für den Fall rationaler Coefficienten daraufhin untersucht, unter welchen Umständen ihre Integrale sich in der Umgebung der singulären Stellen regulär verhalten, das heisst, in der von mir gebrauchten Terminologie, ob sie daselbst nicht unbestimmt***) werden. In dem Folgenden werden die hierzu erforderlichen Bedingungen, unter Benutzung des schon erwähnten Zusammenhanges der bezeichneten partiellen Differentialgleichungen mit der besonderen Klasse gewöhnlicher Differentialgleichungen, welche von Parametern unabhängige Substitutionsgruppen besitzen, aus der Untersuchung des Verhaltens der Integrale einer gewöhnlichen linearen homogenen Differentialgleichung in der Umgebung der singulären Punkte hergeleitet.

1.

Sind in der Differentialgleichung:

$$\frac{d^m y}{dx^m} + r_1 \frac{d^{m-1} y}{dx^{m-1}} + \cdots + r_m y = 0 \tag{1.}$$

*) Acta Mathematica, T. 5, S. 176 ff.; Liouville Journal, IV. sér. (1885), p. 112 ff.

**) Acta Mathematica, T. 12, S. 113 ff. und in seiner Freiburger Habilitationsschrift 1890.

***) Vergl. Sitzungsberichte, Jahrg. 1886, S. 281 und Sitzungsberichte, Jahrg. 1888, S. 1279, No. 12[1]).

[1]) Abh. XLVII, S. 394, Band II dieser Ausgabe und Abh. LIV, S. 22 dieses Bandes. R. F.

die Coefficienten r_k rationale Functionen von x, und ist:

$$w = A_0 y + A_1 y' + \cdots + A_{m-1} y^{(m-1)}, \tag{2.}$$

wo $A_0, A_1, \ldots, A_{m-1}$ rationale Functionen von x und $y^{(\lambda)} = \frac{d^\lambda y}{dx^\lambda}$, so haben wir nach dem Vorgange von RIEMANN*) die Differentialgleichung, welcher w genügt, als mit (1.) zu derselben Klasse gehörig bezeichnet.

Wir wollen diese Bezeichnungsweise auf den allgemeineren Fall ausdehnen, wo $r_1, r_2, \ldots, r_m$ eindeutige Functionen des Ortes (x, s) in der durch die algebraische Gleichung:

$$F(x, s) = 0 \tag{3.}$$

definirten RIEMANNschen Fläche bedeuten, und wollen von der linearen homogenen Differentialgleichung, welcher w genügt, sagen, dass sie mit [159 (1.) zu derselben Klasse gehöre, wenn die Grössen $A_0, A_1, \ldots, A_{m-1}$ ebenfalls eindeutige Functionen des Ortes (x, s) bedeuten.

Als Functionen des Ortes (x, s) lassen sich die Integrale der Differentialgleichung (1.) als lineare homogene Functionen eines Fundamentalsystems $y_1, y_2, \ldots, y_m$ mit von x unabhängigen Coefficienten darstellen. Ist G die Gruppe derjenigen Substitutionen von $y_1, y_2, \ldots, y_m$, welche den sämmtlichen geschlossenen Bahnen des Ortes (x, s) entsprechen, so ist G zugleich die Gruppe der denselben Bahnen entsprechenden Substitutionen für die Integrale $w_1, w_2, \ldots, w_m$, welche aus Gleichung (2.) für $y = y_1, y_2, \ldots, y_m$ hervorgehen.

Ist umgekehrt $w_1, w_2, \ldots, w_m$ ein System von Functionen des Ortes (x, s), welche für alle geschlossenen Bahnen dieses Ortes in solche lineare homogene Functionen von $w_1, w_2, \ldots, w_m$ mit von x unabhängigen Coefficienten sich verwandeln, wie sie die Gruppe G liefert, und setzen wir:

$$w_k = A_0 y_k + A_1 y_k' + \cdots + A_{m-1} y_k^{(m-1)}, \tag{4.}$$

für $k = 1, 2, \ldots, m$, so folgt:

$$A_\lambda = \frac{\Delta_\lambda}{\Delta}, \qquad (\lambda = 0, 1, \ldots, m-1) \tag{5.}$$

wo Δ die Hauptdeterminante von $y_1, y_2, \ldots, y_m$, und Δ_λ aus Δ dadurch hervorgeht, dass die $\lambda+1^{\text{te}}$ Verticalreihe in Δ durch $w_1, w_2, \ldots, w_m$ ersetzt wird.

*) Vergl. Sitzungsberichte 1888, S. 1275[1]).

1) Abh. LIV, S. 17 dieses Bandes. R. F.

Ist einer der bezeichneten Bahnen entsprechend:

(6.) $$\bar{y}_k = \alpha_{k1} y_1 + \alpha_{k2} y_2 + \cdots + \alpha_{km} y_m, \qquad (k = 1, 2, \ldots, m)$$

so ist auch, weil $\alpha_{k\lambda}$ von x unabhängig,

(7.) $$\overline{\left(\frac{d^\mu y_k}{dx^\mu}\right)} = \alpha_{k1} y_1^{(\mu)} + \alpha_{k2} y_2^{(\mu)} + \cdots + \alpha_{km} y_m^{(\mu)}.$$

Der Voraussetzung nach ist auch:

(8.) $$\bar{w}_k = \alpha_{k1} w_1 + \alpha_{k2} w_2 + \cdots + \alpha_{km} w_m.$$

Demnach erhalten Zähler und Nenner in Gleichung (5.) durch denselben Umlauf von (x, s) einen gemeinschaftlichen Factor, woraus sich ergiebt, dass A_λ eine eindeutige Function des Ortes (x, s) ist. Die Differentialgleichung, welcher $w_1, w_2, \ldots, w_m$ genügen, gehört demnach mit (1.) zu derselben Klasse.

Wenn $y_1, y_2, \ldots, y_m$ sowie $w_1, w_2, \ldots, w_m$ überall in der Riemannschen Fläche bestimmt sind (in dem Sinne wie dieses für die Integrale derjenigen Klasse von Differentialgleichungen statt hat, welche in meiner Arbeit in Crelles Journal, Bd. 66, No. 4, Gl. (12.)[1]) definirt worden), so sind die Coefficienten A_λ rationale Functionen des Ortes (x, s).

160]

2.

In derselben oben bezeichneten Arbeit*) haben wir eine besondere Gattung linearer homogener Differentialgleichungen mit rationalen Coefficienten eingeführt, welche sich durch die Eigenschaft auszeichnet ein Fundamentalsystem von Integralen von der Beschaffenheit zu besitzen, dass die den Umläufen der unabhängigen Variabeln entsprechenden Substitutionen desselben von einem in den Coefficienten der Differentialgleichung auftretenden Parameter unabhängig sind.

Es ist aber die Voraussetzung, dass die Coefficienten der Differentialgleichung rationale Functionen der unabhängigen Variabeln seien, eine unwesentliche. Sei wieder:

(1.) $$\frac{d^m y}{dx^m} + r_1 \frac{d^{m-1} y}{dx^{m-1}} + \cdots + r_m y = 0,$$

*) Sitzungsberichte 1888, S. 1278 ff. [2]).

[1]) Abh. VI, S. 186, Band I dieser Ausgabe. R. F.

[2]) Abh. LIV, S. 20 ff. dieses Bandes. R. F.

wo die Coefficienten eindeutige Functionen des Ortes (x, s) der RIEMANNschen Fläche:

$$F(x, s) = 0 \tag{2.}$$

bedeuten, die einen Parameter t enthalten. Es werde vorausgesetzt, dass ein Fundamentalsystem von Integralen $y_1, y_2, \ldots, y_m$ der Differentialgleichung, als Functionen des Ortes (x, s) existirt von der Beschaffenheit, dass in dem ganzen Verlaufe von (x, s) die Gleichungen:

$$\frac{\partial y_k}{\partial t} = A_0 y_k + A_1 y_k' + \cdots + A_{m-1} y_k^{(m-1)}, \qquad (k = 1, 2, \ldots, m) \tag{3.}$$

$$\frac{\partial^\lambda y}{\partial x^\lambda} = y^{(\lambda)},$$

erfüllt werden, worin $A_0, A_1, \ldots, A_{m-1}$ eindeutige Functionen von (x, s) bedeuten. Nach voriger Nummer*) genügen $\frac{\partial y_k}{\partial t}$ einer Differentialgleichung derselben Klasse mit (1.), und ist nach einem Umlaufe von (x, s):

$$\bar{y}_k = \alpha_{k1} y_1 + \alpha_{k2} y_2 + \cdots + \alpha_{km} y_m, \tag{4.}$$

so ist auch:

$$\overline{\left(\frac{\partial y_k}{\partial t}\right)} = \alpha_{k1} \frac{\partial y_1}{\partial t} + \alpha_{k2} \frac{\partial y_2}{\partial t} + \cdots + \alpha_{km} \frac{\partial y_m}{\partial t}. \tag{5.}$$

Es ergiebt sich dann auf dieselbe Weise, wie an der oben angeführten Stelle**), dass die Coefficienten der Substitutionen von $y_1, y_2, \ldots, y_m$, [161 die irgend welchen Umläufen von (x, s) entsprechen, von t unabhängig sind.

Es sei umgekehrt vorausgesetzt, dass ein Fundamentalsystem von Integralen $y_1, y_2, \ldots, y_m$ der Gleichung (1.) angebbar sei, von der Beschaffenheit, dass die Coefficienten der Substitutionen, welche allen Umläufen von (x, s) entsprechen, von einem in den Coefficienten der Differentialgleichung auftretenden Parameter t unabhängig sind. Alsdann genügen in dem ganzen Verlaufe von (x, s) die Functionen $y_1, y_2, \ldots, y_m$ einer Gleichung der Form

*) S. auch Sitzungsberichte a. a. O.

**) S. 1279, Gl. (8.) [1]).

[1]) Abh. LIV, S. 21 dieses Bandes. R. F.

(3.), deren Coefficienten A_λ eindeutige Functionen von (x, s) sind*).

Ist nämlich für irgend einen Umlauf von (x, s):

$$\bar{y}_k = \alpha_{k1} y_1 + \alpha_{k2} y_2 + \cdots + \alpha_{km} y_m, \qquad (k = 1, 2, \ldots, m) \tag{6.}$$

so ist nach der Voraussetzung auch:

$$\overline{\left(\frac{\partial y_k}{\partial t}\right)} = \alpha_{k1} \frac{\partial y_1}{\partial t} + \alpha_{k2} \frac{\partial y_2}{\partial t} + \cdots + \alpha_{km} \frac{\partial y_m}{\partial t} \text{**)}. \tag{7.}$$

Daher gehört die Differentialgleichung, welcher $\frac{\partial y_1}{\partial t}, \frac{\partial y_2}{\partial t}, \ldots, \frac{\partial y_m}{\partial t}$ genügen, zu derselben Klasse mit (1.) (S. vorige Nummer), und es finden im ganzen Verlaufe von (x, s) die Gleichungen (3.) mit in (x, s) eindeutigen Coefficienten statt.

Wir wollen von den Differentialgleichungen (1.), welche ein Fundamentalsystem von Integralen besitzen, das zugleich einer Gleichung der Form (3.) genügt, kurz sagen, ihre Substitutionen seien von t unabhängig.

Sind die Coefficienten der Gleichung (1.) rationale Functionen von (x, s), und haben ihre Integrale keine Unbestimmtheitsstellen, so haben auch***) $\frac{\partial y_k}{\partial t}$ keine solche Stellen, und die Coefficienten

$$A_0, A_1, \ldots, A_{m-1}$$

sind rationale Functionen von (x, s).

3.

Durch Differentiation der Gleichung (1.) voriger Nummer nach t folgt:

$$\sum_0^m {}_\lambda\, r_\lambda \frac{\partial^{m-\lambda+1} y}{\partial t\, \partial x^{m-\lambda}} + \sum_1^m {}_\lambda \frac{\partial r_\lambda}{\partial t} \frac{\partial^{m-\lambda} y}{\partial x^{m-\lambda}} = 0. \qquad (r_0 = 1) \tag{1.}$$

162] Differentiiren wir Gleichung (3.) voriger Nummer wiederholt nach x und reduciren auf den rechten Seiten die Ableitungen nach x vermittelst der Gleichung (1.) derselben Nummer auf solche von der Ordnung $0, 1, \ldots, m-1$,

---

*) Vergl. Sitzungsberichte a. a. O., No. 12 [1]).

**) Vergl. Sitzungsberichte a. a. O., S. 1280, Gl. (5.) [2]).

***) Vergl. Sitzungsberichte a. a. O., S. 1281 [3]).

---

1) Abh. LIV, S. 22 dieses Bandes. R. F.

2) Ebenda S. 23. R. F.

3) Ebenda S. 24. R. F.

und substituiren die Resultate in dieselbe Gleichung (1.) voriger Nummer, so ergiebt sich eine Gleichung von der Form:

$$(2.)\qquad R_1\frac{\partial^{m-1}y}{\partial x^{m-1}}+R_2\frac{\partial^{m-2}y}{\partial x^{m-2}}+\cdots+R_m y = 0,$$

deren Coefficienten eindeutige Functionen von (x, s) sein sollen. Ist Gleichung (1.) voriger Nummer irreductibel, so ergiebt sich hieraus:

$$(3.)\qquad R_1 = 0,\quad R_2 = 0,\quad \ldots,\quad R_m = 0.$$

Dieses ist ein System linearer Differentialgleichungen für die Functionen $A_0, A_1, \ldots, A_{m-1}$ mit Coefficienten, die von (x, s) eindeutig abhängen, und es ist zu entscheiden, ob dasselbe Particularintegrale besitze, welche ebenfalls eindeutige Functionen von (x, s) sind.

Wenn wir die beschränkende Voraussetzung wieder aufnehmen, dass die Coefficienten der Gleichung (1.) voriger Nummer rationale Functionen von (x, s) sind, und dass die Integrale derselben nicht Stellen der Unbestimmtheit besitzen, so gilt der Satz:

I. Die Wurzeln der determinirenden Fundamentalgleichungen der Gleichung (1.) voriger Nummer sind von t unabhängig, wenn diese Gleichung von t unabhängige Substitutionen besitzt.

Es sind nämlich die Wurzeln einer determinirenden Fundamentalgleichung das $\frac{1}{2\pi i}$ fache des Logarithmus der Wurzeln der Fundamentalgleichung*), einer Gleichung, deren Coefficienten der Voraussetzung nach von t unabhängig sind.

Ist unter derselben Voraussetzung $y_1, y_2, \ldots, y_m$ ein Fundamentalsystem der Gleichung (1.) voriger Nummer, dessen Substitutionen von t unabhängig sind, oder, was dasselbe besagt, ein solches Fundamentalsystem, welches auch der Gleichung (3.) voriger Nummer genügt, so wird hieraus das zu einer singulären Stelle $x = a$, $s = b$ gehörige Fundamentalsystem $u_1, u_2, \ldots, u_m$ durch die Gleichungen:

$$(4.)\qquad u_k = x_{k1}y_1 + x_{k2}y_2 + \cdots + x_{km}y_m \qquad (k = 1, 2, \ldots, m)$$

hergeleitet, in welchen $x_{k1}, x_{k2}, \ldots, x_{km}$ durch die Gleichungen:

*) Siehe Crelles Journal, Bd. 66, S. 132, Gl. (6.)[1]).

[1]) Abh. VI, S. 171, Band I dieser Ausgabe. R. F.

$$(5.)\quad \begin{cases} x_{k1}(\alpha_{11}-\omega_k)+x_{k2}\alpha_{21} \qquad +\cdots+x_{km}\alpha_{m1}=0,\\ x_{k1}\alpha_{12} \qquad +x_{k2}(\alpha_{22}-\omega_k)+\cdots+x_{km}\alpha_{m2}=0,\\ \cdots\cdots\cdots\cdots\cdots\cdots\\ x_{k1}\alpha_{1m} \qquad +x_{k2}\alpha_{2m} \qquad +\cdots+x_{km}(\alpha_{mm}-\omega_k)=0 \end{cases}$$

163] bestimmt sind, wenn mit α_{rs} die Umlaufscoefficienten von $y_1, y_2, \ldots, y_m$ für den singulären Punkt (a, b) und mit ω_k eine der m Wurzeln der Fundamentalgleichung bezeichnet werden*).

Da α_{rs} und ω_k von t unabhängig sind, so ergiebt sich für den Fall, dass die Fundamentalgleichung ungleiche Wurzeln besitzt, dass die Verhältnisse der Grössen $x_{k\lambda}$ von t unabhängig. Wir können demnach die unbestimmten Factoren von $u_1, u_2, \ldots, u_m$ so wählen, dass die letzteren ebenfalls gemeinschaftliche Lösungen von (1.) und (3.) voriger Nummer werden.

Es ist aber**) zu ersehen, dass auch für den Fall, dass die Fundamentalgleichung gleiche Wurzeln hat, durch solche lineare homogene Functionen der Integrale $y_1, y_2, \ldots, y_m$ ein zu (a, b) gehöriges Fundamentalsystem abgeleitet werden kann, dessen Coefficienten nicht nur von x sondern auch von t unabhängig sind. Demnach können wir folgenden Satz aussprechen:

II. Man kann unter denselben Voraussetzungen, welche im Satze I. gemacht sind, das zu irgend einem singulären Punkte der Gleichung (1.) voriger Nummer gehörige Fundamentalsystem $u_1, u_2, \ldots, u_m$ so wählen, dass auch die letzteren Integrale gleichzeitig der Gleichung (3.) voriger Nummer genügen.

Im Falle, dass die Voraussetzungen des Satzes I. erfüllt sind, ergiebt sich aus demselben, dass, wenn in Gleichung (1.) voriger Nummer:

$$y = e^{-\frac{1}{m}\int r_1\,dx}\, v$$

gesetzt wird, die Differentialgleichung für v ebenfalls von t unabhängige Substitutionen hat, dass man demnach bei der Discussion der Gleichung (1.) voriger Nummer da, wo es zweckmässig ist, $r_1 = 0$ voraussetzen kann.

---

*) Siehe Crelles Journal, Bd. 66, S. 132, Gl. (5.)[1].

**) Siehe ebenda S. 134 ff.[2].

---

1) Abh. VI, S. 171, Band I dieser Ausgabe. R. F.

2) Ebenda S. 174 ff. R. F.

Beispielsweise lauten die Gleichungen (3.)

$$\text{für } r_1 = 0$$

$$m = 2$$

$$\text{(3a.)} \quad \begin{cases} A_1^{(2)} + 2A_0^{(1)} = 0, \\ A_0^{(2)} - 2r_2 A_1^{(1)} - r_2^{(1)} A_1 + \dfrac{\partial r_2}{\partial t} = 0; \end{cases}$$

$$m = 3$$

$$\text{(3b.)} \quad \begin{cases} A_0^{(3)} + r_2 A_0^{(1)} - 3r_3 A_1^{(1)} - r_3^{(1)} A_1 - r_3^{(2)} A_2 - 3r_3^{(1)} A_2^{(1)} - 3r_3 A_2^{(2)} + \dfrac{\partial r_3}{\partial t} = 0, \\ A_1^{(3)} - 2r_2 A_1^{(1)} - r_2^{(1)} A_1 + 3A_0^{(2)} - 3r_2 A_2^{(2)} - 3(r_2^{(1)} + r_3) A_2^{(1)} - (r_2^{(2)} + 2r_3^{(1)}) A_2 + \dfrac{\partial r_2}{\partial t} = 0, \\ A_2^{(3)} - 2r_2 A_2^{(1)} - 2r_2^{(1)} A_2 + 3A_0^{(1)} + 3A_1^{(2)} = 0, \end{cases}$$ [164

wo die oberen Accente Ableitungen nach x bedeuten.

Wir behalten uns vor, bei anderer Gelegenheit auf eine Discussion dieser Differentialgleichungen für $A_0, A_1, \ldots, A_{m-1}$ zurückzukommen.

4.

Indem wir nunmehr dazu übergehen, Anwendungen der Theorie der Differentialgleichungen mit von Parametern unabhängigen Substitutionen auf eine gewisse Gattung von Systemen linearer partieller Differentialgleichungen zu machen, wollen wir die Bezeichnungen in den Gleichungen (1.) und (3.) No. 2 abändern. Es sei demnach:

$$\text{(A.)} \quad \frac{\partial^m z}{\partial x^m} + r_1 \frac{\partial^{m-1} z}{\partial x^{m-1}} + \cdots + r_m z = 0$$

eine Differentialgleichung, deren Coefficienten $r_1, r_2, \ldots, r_m$ eindeutige Functionen der von einander unabhängigen Variabeln $x, x_1, x_2, \ldots, x_{\varrho-1}$ und einer gewissen Anzahl von Grössen $y, y_1, y_2, \ldots, y_{\sigma-1}$, welche von den $x, x_1, x_2, \ldots, x_{\varrho-1}$ algebraisch abhangen.

Machen wir die Voraussetzung, dass diejenigen Substitutionen der Gleichung (A.), welche solchen Umläufen von x entsprechen, für die zugleich $y, y_1, y_2, \ldots, y_{\sigma-1}$ ihre Anfangswerthe wieder erhalten, von $x_1, x_2, \ldots, x_{\varrho-1}$ unabhängig seien, so folgt aus No. 2, dass ein Fundamentalsystem von Integralen $z_1, z_2, \ldots, z_m$ der Gleichung (A.) existirt, welches zugleich ein System:

$$\text{(B.)} \quad \frac{\partial z}{\partial x_\lambda} = A_{\lambda 0} z + A_{\lambda 1} \frac{\partial z}{\partial x} + \cdots + A_{\lambda, m-1} \frac{\partial^{m-1} z}{\partial x^{m-1}} \qquad (\lambda = 1, 2, \ldots, \varrho - 1)$$

befriedigt, wo $A_{\lambda r}$ eine eindeutige Function von

$$x,\ x_1,\ x_2,\ \ldots,\ x_{\varrho-1},\quad y,\ y_1,\ y_2,\ \ldots,\ y_{\sigma-1}$$

bedeutet.

Aus den Gleichungen (A.) und (B.) folgt, dass die sämmtlichen Ableitungen jeder gemeinschaftlichen Lösung derselben nach den Variabeln $x, x_1, x_2, \ldots, x_{\varrho-1}$ als lineare homogene Functionen der $m-1$ ersten Ab-
165] leitungen dieser Lösung nach x darstellbar sind, deren Coefficienten eindeutige Functionen von

$$x,\ x_1,\ x_2,\ \ldots,\ x_{\varrho-1},\quad y,\ y_1,\ y_2,\ \ldots,\ y_{\sigma-1}.$$

So ergiebt sich z. B.:

$$\text{(1.)}\qquad \frac{\partial^\mu z}{\partial x_\lambda^\mu} = B_{\mu 0}^{(\lambda)} z + B_{\mu 1}^{(\lambda)} \frac{\partial z}{\partial x} + \cdots + B_{\mu, m-1}^{(\lambda)} \frac{\partial^{m-1} z}{\partial x^{m-1}}. \qquad (\mu = 1, 2, \ldots, m)$$

Aus diesen Gleichungen erhalten wir durch Elimination von

$$\frac{\partial z}{\partial x},\ \frac{\partial^2 z}{\partial x^2},\ \ldots,\ \frac{\partial^{m-1} z}{\partial x^{m-1}}$$

eine Gleichung

$$\text{(A}'\text{.)}\qquad \frac{\partial^m z}{\partial x_\lambda^m} + r_1' \frac{\partial^{m-1} z}{\partial x_\lambda^{m-1}} + \cdots + r_m' z = 0,$$

deren Coefficienten $r_1', r_2', \ldots, r_m'$ eindeutige Functionen von

$$x,\ x_1,\ x_2,\ \ldots,\ x_{\varrho-1},\quad y,\ y_1,\ y_2,\ \ldots,\ y_{\sigma-1}$$

sind.

Es genügt daher z auch als Function von x_λ einer gewöhnlichen linearen homogenen Differentialgleichung mit Coefficienten von derselben Natur, wie $r_1, r_2, \ldots, r_m$.

Selbstverständlich kann das System (1.) auch so beschaffen sein, dass die Ordnung der Differentialgleichung (A′.) niedriger als die m^{te} wird. Dieses würde geschehen, wenn die Determinante

$$|B_{\mu\nu}^{(\lambda)}| \qquad \begin{pmatrix} \nu = 1, 2, \ldots, m-1 \\ \mu = 1, 2, \ldots, m-1 \end{pmatrix}$$

verschwindet.

Im Allgemeinen also wird die Ordnung der Gleichung (A′.) die m^{te} sein, und es wird das System der Gleichungen (1.) für $\mu = 1, 2, \ldots, m-1$ die Auflösung nach $\frac{\partial z}{\partial x}, \frac{\partial^2 z}{\partial x^2}, \ldots, \frac{\partial^{m-1} z}{\partial x^{m-1}}$ gestatten, und namentlich:

$$(\mathrm{B}'.)\qquad \frac{\partial z}{\partial x} = C_{00}z + C_{01}\frac{\partial z}{\partial x_\lambda} + C_{02}\frac{\partial^2 z}{\partial x_\lambda^2} + \cdots + C_{0,m-1}\frac{\partial^{m-1} z}{\partial x_\lambda^{m-1}}$$

ergeben, wo C_{0r} eine eindeutige Function von

$$x,\ x_1,\ x_2,\ \ldots,\ x_{\varrho-1},\quad y,\ y_1,\ y_2,\ \ldots,\ y_{\sigma-1}$$

ist. Mit Hülfe von (B.) folgert man dann, dass allgemein:

$$(\mathrm{B}^2.)\qquad \frac{\partial z}{\partial x_\mu} = C_{\mu 0}z + C_{\mu 1}\frac{\partial z}{\partial x_\lambda} + \cdots + C_{\mu,m-1}\frac{\partial^{m-1} z}{\partial x_\lambda^{m-1}},\qquad (\mu = 0, 1, 2, \ldots, \varrho-1)$$

wo $C_{\mu r}$ wiederum eine eindeutige Function von [166

$$x,\ x_1,\ x_2,\ \ldots,\ x_{\varrho-1},\quad y,\ y_1,\ y_2,\ \ldots,\ y_{\sigma-1}$$

ist.

Im Allgemeinen geniesst also das Fundamentalsystem $z_1, z_2, \ldots, z_m$ die Eigenschaft, dass die Gruppe der Substitutionen desselben von $x, x_1, x_2, \ldots, x_{\varrho-1}$ unabhängig ist, welche der Variabeln $x, x_1, \ldots, x_{\varrho-1}$ auch als allein veränderlich aufgefasst wird.

Zur Kategorie der Differentialgleichungen (A.) gehören z. B. diejenigen Differentialgleichungen, welchen die Periodicitätsmoduln der Abelschen Integrale als Functionen der Klassenmoduln genügen*).

Wir werden bald noch andere Beispiele kennen lernen.

5.

Es sei jetzt umgekehrt ein System linearer homogener partieller Differentialgleichungen mit der abhängigen Variabeln z und den unabhängigen Variabeln $x, x_1, x_2, \ldots, x_{\varrho-1}$ vorgelegt, deren Coefficienten eindeutige Functionen von $x, x_1, \ldots, x_{\varrho-1}$ und den von diesen algebraisch abhangenden Grössen $y, y_1, \ldots, y_{\sigma-1}$ seien; und es werde die Voraussetzung gemacht, dass dieselben durch eine Function z befriedigt werden, deren Zweige (d. h. die durch solche Umläufe der Variabeln $x, x_1, x_2, \ldots, x_{\varrho-1}$ erzeugten Functionswerthe, für welche auch $y, y_1, y_2, \ldots, y_{\sigma-1}$ ihre Anfangswerthe wieder annehmen) sich sämmtlich durch m derselben $z_1, z_2, \ldots, z_m$ linear homogen und mit von $x, x_1, x_2, \ldots, x_{\varrho-1}$ unabhängigen Coefficienten darstellen lassen.

*) Vergl. Crelles Journal, Bd. 71, S. 128 ff.; Bd. 73, S. 324 ff.; Sitzungsberichte 1888, S. 1285 ff. [1]).

[1]) Abh. IX, S. 283 ff., Band I und Abh. XIII, S. 343 ff., Band I dieser Ausgabe; Abh. LIV, S. 29 ff. dieses Bandes. R. F.

Zunächst ergiebt sich:

I. In Bezug auf jede der einzelnen Variabeln genügt z einer linearen homogenen Differentialgleichung höchstens m^{ter} Ordnung:

$$(\alpha.) \qquad \frac{\partial^m z}{\partial x_\lambda^m} + r_1^{(\lambda)} \frac{\partial^{m-1} z}{\partial x_\lambda^{m-1}} + \cdots + r_m^{(\lambda)} z = 0,$$

deren Coefficienten eindeutige Functionen der Grössen

$$x,\ x_1,\ x_2,\ \ldots,\ x_{\varrho-1},\quad y,\ y_1,\ y_2,\ \ldots,\ y_{\sigma-1}$$

sind.

Ist nämlich:

$$(1.) \qquad \Delta^{(\lambda)} = \left| \frac{\partial^k z_l}{\partial x_\lambda^k} \right| \qquad \begin{pmatrix} k = 0, 1, \ldots, m-1 \\ l = 1, 2, \ldots, m \end{pmatrix}$$

167] die Hauptdeterminante von $z_1, z_2, \ldots, z_m$ in Bezug auf die Variable x_λ, und $\Delta_k^{(\lambda)}$ diejenige Determinante, welche aus $\Delta^{(\lambda)}$ hervorgeht, wenn die k^{te} Verticalreihe durch $\frac{\partial^m z_1}{\partial x_\lambda^m}, \frac{\partial^m z_2}{\partial x_\lambda^m}, \ldots, \frac{\partial^m z_m}{\partial x_\lambda^m}$ ersetzt wird, so ist:

$$(2.) \qquad r_k^{(\lambda)} = \frac{-\Delta_k^{(\lambda)}}{\Delta^{(\lambda)}}.$$

Wegen der vorausgesetzten Eigenschaft der Function z wird für einen Umlauf von x_λ, bei welchem $y, y_1, y_2, \ldots, y_{\varrho-1}$ unverändert bleiben, Zähler und Nenner in der rechten Seite der Gleichung (2.) mit demselben Factor multiplicirt, also $r_k^{(\lambda)}$ ungeändert bleiben.

Aus der über die Zweige der Function z gemachten Voraussetzung ergiebt sich ferner:

II. Lassen wir x_λ solche Umläufe machen, welche auch $y, y_1, y_2, \ldots, y_{\sigma-1}$ in ihre Anfangswerthe zurückführen, so sind die diesen Umläufen entsprechenden Substitutionen der Integrale der Gleichung (α.) von $x, x_1, x_2, \ldots, x_{\varrho-1}$ unabhängig.

Wir sind hiernach auf die in No. 2 hervorgehobenen Differentialgleichungen wieder zurückgeführt worden.

6.

Wir betrachten wieder ein System (S) linearer homogener partieller Differentialgleichungen mit der abhängigen Variabeln z und den unabhängigen Variabeln $x, x_1, x_2, \ldots, x_{\varrho-1}$, deren Coefficienten eindeutige Functionen der letzteren Variabeln und der von denselben algebraisch abhangenden Grössen $y, y_1, y_2, \ldots, y_{\sigma-1}$ seien.

Das System (S) soll jetzt der folgenden Bedingung genügen: Dasselbe soll identisch befriedigt werden, wenn die sämmtlichen Ableitungen nach den Variabeln $x, x_1, x_2, \ldots, x_{\varrho-1}$ durch bestimmte lineare homogene Ausdrücke eines festen Systems von m Ableitungen ersetzt werden, deren Coefficienten eindeutige Functionen von $x, x_1, x_2, \ldots, x_{\varrho-1}, y, y_1, y_2, \ldots, y_{\sigma-1}$ sind. Dieses feste System von Ableitungen lässt sich dann allemal so wählen, dass zwischen denselben eine lineare homogene Gleichung mit in

$$x,\ x_1,\ x_2,\ \ldots,\ x_{\varrho-1},\quad y,\ y_1,\ y_2,\ \ldots,\ y_{\sigma-1}$$

eindeutigen Coefficienten nicht stattfindet.

Für ein so charakterisirtes System (S) ergiebt sich zunächst:

I. Jede Lösung z desselben genügt in Bezug auf jede einzelne der Variabeln x_λ einer Differentialgleichung:

$$\frac{\partial^n z}{\partial x_\lambda^n} + r_1^{(\lambda)} \frac{\partial^{n-1} z}{\partial x_\lambda^{n-1}} + \cdots + r_n^{(\lambda)} z = 0, \tag{1.}$$

deren Coefficienten $r_k^{(\lambda)}$ eindeutige Functionen von [168

$$x,\ x_1,\ x_2,\ \ldots,\ x_{\varrho-1},\quad y,\ y_1,\ y_2,\ \ldots,\ y_{\sigma-1}$$

sind, und deren Ordnung

$$n \leqq m+1.$$

Gleichzeitig ist:

$$\frac{\partial z}{\partial x_\mu} = A_0^{(\mu)} + A_1^{(\mu)} \frac{\partial z}{\partial x_\lambda} + \cdots + A_{n-1}^{(\mu)} \frac{\partial^{n-1} z}{\partial x_\lambda^{n-1}}, \tag{2.}$$

wo die Grössen $A_k^{(\mu)}$ eindeutige Functionen von

$$x,\ x_1,\ x_2,\ \ldots,\ x_{\varrho-1},\quad y,\ y_1,\ y_2,\ \ldots,\ y_{\sigma-1}$$

sind.

Nach den Auseinandersetzungen von No. 4 genügt es im Allgemeinen, um die Existenz gemeinschaftlicher Lösungen des Systems (S) nachzuweisen, die Gleichung (1.) für eine der Variabeln, z. B. x, aufzustellen

$$\frac{\partial^n z}{\partial x^n} + r_1 \frac{\partial^{n-1} z}{\partial x^{n-1}} + \cdots + r_n z = 0, \tag{A^2.}$$

und festzustellen, ob dieselbe mit den Gleichungen

$$(B^3.)\qquad \frac{\partial z}{\partial x_\lambda} = A_0^{(\lambda)} z + A_1^{(\lambda)} \frac{\partial z}{\partial x} + \cdots + A_{n-1}^{(\lambda)} \frac{\partial^{n-1} z}{\partial x^{n-1}} \qquad (\lambda = 1, 2, \ldots, \varrho-1)$$

gemeinschaftliche Lösungen besitzt.

Nach No. 2 lässt sich dieses so ausdrücken:

II. Im Allgemeinen ist die nothwendige und hinreichende Bedingung dafür, dass das System (S) gemeinschaftliche Lösungen besitzt, die, dass die Substitutionen eines geeigneten Fundamentalsystems von Integralen der Gleichung (A^2.) von $x_1, x_2, \ldots, x_{\varrho-1}$ unabhängig werden, wenn x solche Umläufe vollzieht, die auch $y, y_1, y_2, \ldots, y_{\sigma-1}$ in ihre Anfangswerthe zurückführen.

Die Coefficienten r_k der Differentialgleichung (A^2.) und die Coefficienten $A_k^{(\lambda)}$ in (B^3.) müssen hierzu $\varrho-1$ in No. 3 Gleichung (3.) charakterisirten Systemen von Gleichungen genügen, welche für die einzelnen Parameter $x_1, x_2, \ldots, x_{\varrho-1}$ aufzustellen sind.

Aus dem Vorhergehenden ergiebt sich auch:

III. Die Entscheidung darüber, ob die Lösungen des Systems partieller Differentialgleichungen (S) Unbestimmtheitsstellen zulassen, kann von der Untersuchung der gewöhnlichen Differentialgleichung (A^2.) abhängig gemacht werden.

Diesen Satz werden wir bald durch ein Beispiel zu erläutern Gelegenheit haben.

169] 7.

Ein besonders interessantes Beispiel zu den Systemen partieller Differentialgleichungen (S) der vorigen Nummer bietet sich in den folgenden in neuerer Zeit vielfach behandelten simultanen partiellen Differentialgleichungen dar:

$$(1.)\qquad \frac{\partial^2 z}{\partial x^2} = a_0 z + a_1 \frac{\partial z}{\partial x} + a_2 \frac{\partial z}{\partial y},$$

$$(2.)\qquad \frac{\partial^2 z}{\partial x\, \partial y} = b_0 z + b_1 \frac{\partial z}{\partial x} + b_2 \frac{\partial z}{\partial y},$$

$$(3.)\qquad \frac{\partial^2 z}{\partial y^2} = c_0 z + c_1 \frac{\partial z}{\partial x} + c_2 \frac{\partial z}{\partial y},$$

wo a_λ, b_λ, c_λ eindeutige Functionen von x, y und einer von x, y algebraisch abhangenden Grösse ξ sind.

Auf einen besonderen Fall derselben, wo die Coefficienten a_λ, b_λ, c_λ rationale Functionen von x, y sind, wurden die Herren APPELL*) und PICARD**) bei der Verallgemeinerung der GAUSSschen Reihe geführt. Auch lässt sich nach einem von Herrn PICARD***) in besonderen Fällen angewendeten Verfahren zeigen, dass die eindeutigen Functionen x, y zweier Variabeln u, v, welche Substitutionen der Form:

$$\left(u, v, \quad \frac{Au + A_1 v + A_2}{Cu + C_1 v + C_2}, \quad \frac{Bu + B_1 v + B_2}{Cu + C_1 v + C_2}\right)$$

zulassen, und für ein gegebenes Werthsystem x, y nur eine endliche Anzahl incongruenter Werthe u, v liefern, auf die Umkehrung von Quotienten dreier Lösungen z_1, z_2, z_3 des Systems (1.), (2.), (3.)

$$\frac{z_2}{z_1} = u, \quad \frac{z_3}{z_1} = v$$

zurückgeführt werden können, wenn a_λ, b_λ, c_λ rationale Functionen von x, y, ξ bedeuten.

Aus den Gleichungen (1.) und (2.) ergiebt sich:

$$(4.) \quad \frac{\partial^3 z}{\partial x^3} - \left[\frac{a_2'}{a_2} + a_1 + b_2\right]\frac{\partial^2 z}{\partial x^2} - \left[a_1' + a_0 - a_1\frac{a_2'}{a_2} - a_1 b_2 + a_2 b_1\right]\frac{\partial z}{\partial x} - \left[a_0' + a_2 b_0 - a_0\frac{a_2'}{a_2} - a_0 b_2\right] z = 0,$$

wo die oberen Accente Ableitungen nach x bedeuten.

Die Gleichung (1.) schreiben wir in der Form: [170

$$(5.) \quad \frac{\partial z}{\partial y} = -\frac{a_0}{a_2} z - \frac{a_1}{a_2}\frac{\partial z}{\partial x} + \frac{1}{a_2}\frac{\partial^2 z}{\partial x^2}$$

und erkennen durch Vergleichung der Gleichungen (4.) und (5.) mit den Gleichungen (A^2.), (B^2.), dass die Differentialgleichungen (1.), (2.), (3.) ein System (S) bilden.

---

*) Comptes Rendus de l'Acad. de Paris, 1880, 1ier Sem. und LIOUVILLE Journ. 1882.

**) Annales de l'École Norm. Sup. 1881.

***) Acta Mathem., T. 5, S. 176 ff.

Nach voriger Nummer Satz II. ist die nothwendige und hinreichende Bedingung dafür, dass das System (1.) bis (3.) gemeinschaftliche Lösungen hat, die, dass die Substitutionen, welche die Integrale der Gleichung (4.) erleiden, von y unabhängig sind, wenn x solche Umläufe vollzieht, für welche auch ξ seinen anfänglichen Werth wiedererhält.

Die Gleichung (3.) ist eine Folge der Gleichungen (1.) und (2.) oder (4.) und (5.). Differentiiren wir in der That die Gleichung (5.) nach y und Gleichung (2.) nach x und berücksichtigen (1.) und (2.), so ergiebt sich:

$$\text{(3a.)} \qquad \frac{\partial^2 z}{\partial y^2} = c_0 z + c_1 \frac{\partial z}{\partial x} + c_2 \frac{\partial z}{\partial y},$$

wo:

$$\text{(6.)} \qquad \left\{ \begin{aligned} c_0 &= \frac{1}{a_2}\left[\frac{\partial b_0}{\partial x} - \frac{\partial a_0}{\partial y} + b_0 b_2 + a_0 b_1 - a_1 b_0\right], \\ c_1 &= \frac{1}{a_2}\left[\frac{\partial b_1}{\partial x} - \frac{\partial a_1}{\partial y} + b_1 b_2 + b_0\right], \\ c_2 &= \frac{1}{a_2}\left[\frac{\partial b_2}{\partial x} - \frac{\partial a_2}{\partial y} + a_2 b_1 - a_1 b_2 - a_0 + b_2^2\right]. \end{aligned} \right.$$

Aus der Differentiation von (3a.) nach y und nachheriger Elimination von $\frac{\partial z}{\partial x}$ und $\frac{\partial^2 z}{\partial x \partial y}$ mit Hülfe der Gleichungen (2.) und (3a.) folgt:

$$\text{(4a.)} \qquad \begin{aligned} \frac{\partial^3 z}{\partial y^3} - \left[\frac{\partial \log c_1}{\partial y} + b_1 + c_2\right]\frac{\partial^2 z}{\partial y^2} - \left[\frac{\partial c_2}{\partial y} + c_0 - c_2 \frac{\partial \log c_1}{\partial y} + c_1 b_2 - c_2 b_1\right]\frac{\partial z}{\partial y} \\ - \left[\frac{\partial c_0}{\partial y} + c_1 b_0 - c_0 \frac{\partial \log c_1}{\partial y} - c_0 b_1\right] z = 0. \end{aligned}$$

Schreiben wir Gleichung (3a.) in der Form:

$$\text{(5a.)} \qquad \frac{\partial z}{\partial x} = -\frac{c_0}{c_1} z - \frac{c_2}{c_1}\frac{\partial z}{\partial y} + \frac{1}{c_1}\frac{\partial^2 z}{\partial y^2},$$

so sind die Gleichungen (4a.) und (5a.) mit den Gleichungen (4.) und (5.) aequivalent. Das Vorhandensein gemeinschaftlicher Integrale der beiden ersteren ist mit der Unabhängigkeit von x derjenigen Substitutionen überein-
171] stimmend, welche ein geeignetes Fundamentalsystem von Integralen der Gleichung (4a.) erleidet, wenn y solche Umläufe vollzieht, die auch ξ in seinen Anfangswerth zurückführen. Übrigens fällt (in Übereinstimmung mit No. 6) dieses Fundamentalsystem mit dem oben erwähnten Fundamentalsystem von Integralen der Gleichung (4.) zusammen.

Die Grössen $a_0, a_1, a_2; b_0, b_1, b_2$ haben demnach den sechs Differentialgleichungen Genüge zu leisten, welche wir erhalten, wenn wir einerseits in den Gleichungen (3.) No. 3 an die Stelle von r_1, r_2, r_3 die Coefficienten der Gleichung (4.) und

$$A_0 = -\frac{a_0}{a_2}, \quad A_1 = -\frac{a_1}{a_2}, \quad A_2 = \frac{1}{a_2}$$

setzen, und andererseits in denselben Gleichungen r_1, r_2, r_3 durch die Coefficienten der Gleichung (4a.) und A_0, A_1, A_2 bezüglich durch

$$-\frac{c_0}{c_1}, \; -\frac{c_2}{c_1}, \; \frac{1}{c_1}$$

ersetzen.

8.

In verschiedenen Schriften*) hat Herr HORN die Frage behandelt, unter welchen Umständen das System der linearunabhängigen gemeinsamen Integrale z_1, z_2, z_3 der Gleichungen (1.), (2.), (3.) (seine Existenz vorausgesetzt) sich überall regulär verhalte, oder, wie wir im Anschluss an unsere in den Sitzungsberichten (1886, S. 281)**) angewendete Bezeichnungsweise lieber sagen wollen, keine Unbestimmtheitsstellen besitze***). Herr HORN setzt überdies voraus, dass $a_0, a_1, a_2; b_0, b_1, b_2$, folglich auch [nach No. 7 Gleichung (6.)] c_0, c_1, c_2 rationale Functionen von x, y sind.

Wir wollen zeigen, wie diese Frage mit Hülfe der vorhergehenden Erwägungen darauf zurückgeführt werden kann, zu entscheiden, ob die Differentialgleichung (4.) voriger Nummer mit der einen unabhängigen Variabeln x keine Unbestimmtheitsstellen besitze. Selbstverständlich kann ebenso die Gleichung (4a.) derselben Nummer mit der einen unabhängigen Variabeln y hierzu dienen.

Offenbar zieht die Voraussetzung, dass z_1, z_2, z_3 als Functionen der unabhängigen Variabeln x, y an gewissen Stellen keine Unbestimmtheiten dar-

---

*) Acta Mathematica, T. 12, S. 113 ff. Habilitationsschrift 1890.

**) Wir bemerken bei dieser Gelegenheit, dass in den Sitzungsberichten 1888, S. 1279, wo dieselbe Stelle citirt worden, in Folge eines Druckfehlers statt des Jahres 1886 das Jahr 1866 irrthümlich angegeben worden ist[1]).

***) S. auch oben No. 1 ff.

---

1) Abh. XLVII, S. 394, Band II dieser Ausgabe und Abh. LIV, S. 22 Fussnote dieses Bandes, wo der angegebene Druckfehler berichtigt ist. R. F.

bieten, die nach sich, dass dieselben Grössen z_1, z_2, z_3, auch keine Unbestimmtheiten zulassen dürfen, wenn wir x allein verändern, während y unverändert bleibt.

172] Sei $\psi(x, y)$ ein in den Nennern von $a_0, a_1, a_2; b_0, b_1, b_2$ auftretender irreductibler Factor, so lässt sich die Gleichung (4.) voriger Nummer in die Form setzen:

$$\psi(x, y)^{\mu} \frac{\partial^3 z}{\partial x^3} + P_1 \frac{\partial^2 z}{\partial x^2} + P_2 \frac{\partial z}{\partial x} + P_3 z = 0, \tag{1.}$$

sodass P_1, P_2, P_3 für ein ψ annullirendes Werthsystem nicht unendlich werden.

Sei $y = b$ ein willkürlicher aber so beschaffener Werth, dass für ihn $\psi = 0$ weder mit $\frac{\partial \psi}{\partial x} = 0$ oder $\frac{\partial \psi}{\partial y} = 0$ noch mit $\psi_1 = 0$ eine Wurzel gemeinschaftlich habe, wenn ψ_1 irgend ein von ψ verschiedener irreductibler Factor der Nenner von $a_0, a_1, a_2; b_0, b_1, b_2$ ist.

Wir können alsdann um $y = b$ ein Gebiet Γ abgrenzen, von der Art, dass, wenn wir die Veränderlichkeit von y auf Γ beschränken, überhaupt $\psi = 0$ weder mit $\frac{\partial \psi}{\partial x} = 0$ oder $\frac{\partial \psi}{\partial y} = 0$ noch mit $\psi_1 = 0$ gemeinschaftliche Lösungen besitzen kann.

Sei $x = a$ eine Lösung der Gleichung:

$$\psi(x, y) = 0; \tag{2.}$$

wenn die Variabilität von y auf Γ beschränkt wird, so muss in der Umgebung von $x = a$, wenn daselbst Unbestimmtheit nicht stattfinden soll*):

$$\left\{\begin{aligned} \frac{P_1}{\psi^{\mu}} &= \frac{Q_1}{x-a}, \\ \frac{P_2}{\psi^{\mu}} &= \frac{Q_2}{(x-a)^2}, \\ \frac{P_3}{\psi^{\mu}} &= \frac{Q_3}{(x-a)^3} \end{aligned}\right. \tag{3.}$$

sein, wo Q_1, Q_2, Q_3 für $x = a$ nicht mehr unendlich werden.

Die zu $x = a$ gehörige determinirende Fundamentalgleichung der Gleichung (1.) ist:

$$r(r-1)(r-2) + Q_1(a) r(r-1) + Q_2(a) r + Q_3(a) = 0. \tag{4.}$$

*) Siehe CRELLES Journal, Bd. 66, S. 146, Gl. (12.)[1]).

[1]) Abh. VI, S. 186, Band I dieser Ausgabe. R. F.

Da nach No. 7 die Substitutionen eines geeigneten Fundamentalsystems von Integralen der Gleichung (1.) von y unabhängig sind, so folgt aus Satz I. No. 3, dass die Wurzeln der Gleichung (4.) von y unabhängig sind.

Nun ist $Q_k(a)$ eine rationale Function des Ortes in der Riemann- [173
schen Fläche (2.) und hat einen von y unabhängigen Werth ε_k:

$$Q_k(a) = \varepsilon_k. \tag{5.}$$

Da aber $\psi(x, y)$ irreductibel ist, so folgt, dass die determinirende Fundamentalgleichung (4.) dieselbe bleibt, welche Wurzel x der Gleichung (2.) auch für a gewählt wird.

Sind daher r_1, r_2, r_3 die Wurzeln der Gleichung (2.), so folgt:

Es giebt ein Fundamentalsystem von Integralen der Gleichung (1.), $\zeta_1, \zeta_2, \zeta_3$ von der Beschaffenheit, dass

$$\zeta_1 \psi(x, y)^{-r_1}, \quad \zeta_2 \psi(x, y)^{-r_2}, \quad \zeta_3 \psi(x, y)^{-r_3}$$

ganze rationale Functionen von $\log \psi(x, y)$ darstellen, deren Coefficienten eindeutig, endlich und stetig sind, solange y dem Gebiete Γ angehört und x einem entsprechenden Gebiete G, welches sich aus Gleichung (2.) ergiebt*).

Dieses stimmt mit einem Satze des Herrn Horn**) überein, welchen derselbe aus anderen Principien und an den Differentialgleichungen (1.), (2.), (3.) No. 7 selbst herleitet.

Die Einschränkung, dass y in dem oben bezeichneten Gebiete Γ sich bewege, ist erforderlich, weil entweder die Integrale der Gleichung (1.) in der Umgebung von $x = a$ für solche Werthe von y, für welche

$$\psi = 0 \text{ mit } \frac{\partial \psi}{\partial x} = 0 \text{ oder } \frac{\partial \psi}{\partial y} = 0, \text{ oder mit } \psi_1 = 0$$

gemeinschaftliche Lösungen besitzt, unbestimmt werden können, oder die determinirende Fundamentalgleichung (4.) ihren Charakter ändern kann.

---

*) Siehe Crelles Journal, Bd. 66, S. 148 ff. [1]).

**) Acta Mathematica, T. 12, S. 152.

---

[1]) Abh. VI, S. 188 ff., Band I dieser Ausgabe. R. F.

Nach Satz II. No. 3 lässt sich das Fundamentalsystem $\zeta_1, \zeta_2, \zeta_3$ so wählen, dass dadurch auch Gleichung (5.) voriger Nummer, d. h. also das System (1.), (2.), (3.) derselben Nummer befriedigt wird.

Ist demnach $\psi(x,y)$ weder von x noch von y unabhängig, so genügt es, um festzustellen, ob das System (1.), (2.), (3.) voriger Nummer für $\psi=0$ Unbestimmtheiten zulässt, die Bedingungen (3.) zu entwickeln.

Diese Entwickelung ergiebt folgendes Resultat:

Sei:

$$(6.)\qquad \begin{cases} a_i = \dfrac{A_i}{\psi^{h+1}}, \\ b_i = \dfrac{B_i}{\psi^{h+1}}, \end{cases} \qquad (i=1,2,3)$$

174] wo h so gewählt ist, dass A_i, B_i für $\psi=0$ nicht mehr unendlich werden. Alsdann muss sein:

$$(7.)\qquad A_1+B_2 \equiv 0, \text{ mod. } \psi^h,$$

$$(8.)\qquad \left[\frac{\partial A_1}{\partial x}+A_0-A_1\frac{\partial \log A_2}{\partial x}\right]\psi^{h+1}+A_2B_1-A_1B_2 \equiv 0, \text{ mod. } \psi^{2h},$$

$$(9.)\qquad \left[\frac{\partial A_0}{\partial x}-A_0\frac{\partial \log A_2}{\partial x}\right]\psi^{h+1}+A_2B_0-A_0B_2 \equiv 0, \text{ mod. } \psi^{2h-1}.$$

Um diese Bedingungen mit den von Herrn Horn*) aufgestellten zu vergleichen, ist zweierlei zu beachten:

Erstlich brauchen wir nach den obigen Entwickelungen die Grössen c_0, c_1, c_2 nicht in unsere Bedingungsgleichung aufzunehmen.

Zweitens sind in unserer Darstellung die Bedingungen für die Existenz des den Gleichungen (1.), (2.), (3.) voriger Nummer gemeinsamen Fundamentalsystems z_1, z_2, z_3 nach den Vorschriften am Schlusse der vorigen Nummer getrennt zu behandeln, während von Herrn Horn in seine Regularitätsbedingungen theilweise jene Existenzbedingungen mit aufgenommen worden sind.

Ist $\psi(x,y)$ von x unabhängig, so ist das Verhalten von z in der Umgebung von $\psi=0$ von den Coefficienten der Gleichung (4a.) No. 7 fest-

---

*) A. a. O. Habilitationsschrift.

zustellen, während für solche $\psi(x,y)$, die von y unabhängig sind, dieses Verhalten nach den Coefficienten der Gleichung (4.) zu beurtheilen ist.

9.

Zu den Systemen (S) gehören auch die partiellen Differentialgleichungen:

$$(1.)\qquad \frac{\partial^2 z}{\partial x^2} = a\frac{\partial^2 z}{\partial x\,\partial y} + b\frac{\partial z}{\partial x} + c\frac{\partial z}{\partial y} + dz.$$

$$(2.)\qquad \frac{\partial^2 z}{\partial y^2} = a_1\frac{\partial^2 z}{\partial x\,\partial y} + b_1\frac{\partial z}{\partial x} + c_1\frac{\partial z}{\partial y} + d_1 z.$$

Denn durch Differentiation von (1.) nach x ergiebt sich:

$$(3.)\qquad \frac{\partial^3 z}{\partial x^3} = a\frac{\partial^3 z}{\partial x^2\,\partial y} + a_2\frac{\partial^2 z}{\partial x\,\partial y} + b_2\frac{\partial z}{\partial x} + c_2\frac{\partial z}{\partial y} + d_2 z.$$

Differentiiren wir (1.) nach y, so folgt:

$$(4.)\qquad \frac{\partial^3 z}{\partial x^2\,\partial y} - a\frac{\partial^3 z}{\partial x\,\partial y^2} = a_3\frac{\partial^2 z}{\partial x\,\partial y} + b_3\frac{\partial z}{\partial x} + c_3\frac{\partial z}{\partial y} + d_3 z.$$

Differentiiren wir endlich (2.) nach x, so ergiebt sich: [175

$$(5.)\qquad -a_1\frac{\partial^3 z}{\partial x^2\,\partial y} + \frac{\partial^3 z}{\partial x\,\partial y^2} = a_4\frac{\partial^2 z}{\partial x\,\partial y} + b_4\frac{\partial z}{\partial x} + c_4\frac{\partial z}{\partial y} + d_4 z.$$

Die Grössen a_k, b_k, c_k, d_k in den Gleichungen (3.) bis (5.) setzen sich aus den Coefficienten der Gleichungen (1.) und (2.) und ihren Ableitungen rational zusammen.

Aus (4.) und (5.) folgern wir:

$$(6.)\qquad [1-aa_1]\frac{\partial^3 z}{\partial x^2\,\partial y} = a_5\frac{\partial^2 z}{\partial x\,\partial y} + b_5\frac{\partial z}{\partial x} + c_5\frac{\partial z}{\partial y} + d_5 z,$$

$$(7.)\qquad [1-aa_1]\frac{\partial^3 z}{\partial x\,\partial y^2} = a_6\frac{\partial^2 z}{\partial x\,\partial y} + b_6\frac{\partial z}{\partial x} + c_6\frac{\partial z}{\partial y} + d_6 z.$$

Substituiren wir (6.) in (3.), so folgt:

$$(8.)\qquad \frac{\partial^3 z}{\partial x^3} = a_7\frac{\partial^2 z}{\partial x\,\partial y} + b_7\frac{\partial z}{\partial x} + c_7\frac{\partial z}{\partial y} + d_7 z.$$

Differentiiren wir (8.) nach x und setzen den Werth von $\frac{\partial^3 z}{\partial x^2\,\partial y}$ aus (6.) ein, so folgt:

$$\frac{\partial^4 z}{\partial x^4} = a_8 \frac{\partial^2 z}{\partial x \partial y} + b_8 \frac{\partial z}{\partial x} + c_8 \frac{\partial z}{\partial x} + d_8 z. \tag{9.}$$

Eliminiren wir zwischen (1.), (8.) und (9.) $\frac{\partial^2 z}{\partial x \partial y}$ und $\frac{\partial z}{\partial y}$, so erhalten wir für z die Differentialgleichung vierter Ordnung nach der Variabeln x:

$$\frac{\partial^4 z}{\partial x^4} + p_1 \frac{\partial^3 z}{\partial x^3} + p_2 \frac{\partial^2 z}{\partial x^2} + p_3 \frac{\partial z}{\partial x} + p_4 z = 0. \tag{α.}$$

Eliminiren wir $\frac{\partial^2 z}{\partial x \partial y}$ zwischen (1.) und (8.), so folgt:

$$\frac{\partial z}{\partial y} = A_0 z + A_1 \frac{\partial z}{\partial x} + A_2 \frac{\partial^2 z}{\partial x^2} + A_3 \frac{\partial^3 z}{\partial x^3}. \tag{β.}$$

Die Coefficienten der Gleichungen (α.) und (β.) setzen sich aus den Coefficienten der Gleichungen (1.) und (2.) und aus ihren Ableitungen rational zusammen.

Demnach fallen die Gleichungen (1.) und (2.) in die Kategorie der in No. 6 discutirten Systeme (S). Die Gleichungen (α.) und (β.) sind besondere Fälle der Gleichungen (A^2.) und (B^3.).

Von den Ausnahmefällen heben wir hier nur den Fall hervor, dass:

$$1 - a a_1 = 0, \tag{10.}$$

176] welcher entweder auf das System (1.), (2.), (3.) No. 7 zurückführt oder, wenn wir:

$$\frac{\partial^2 z}{\partial x^2} - a \frac{\partial^2 z}{\partial x \partial y} - b \frac{\partial z}{\partial x} - c \frac{\partial z}{\partial y} - dz = P,$$

$$\frac{\partial^2 z}{\partial y^2} - a_1 \frac{\partial^2 z}{\partial x \partial y} - b_1 \frac{\partial z}{\partial x} - c_1 \frac{\partial z}{\partial y} - d_1 z = Q$$

setzen, erforderlich macht, dass identisch für jede Function z von x, y

$$\frac{\partial P}{\partial y} + a \frac{\partial Q}{\partial x} = 0$$

sei.

Nach einem von Herrn PICARD*) in besonderen Fällen angegebenen Verfahren lässt sich zeigen, dass die eindeutigen Functionen x und y zweier

*) LIOUVILLE, Journal, sér. IV, T. 1 (1885), p. 112–113.

Variabeln u, v, welche Substitutionen der Form

$$\left(u,\ v,\ \frac{au+b}{cu+d},\ \frac{a'u+b'}{c'u+d'}\right)$$

zulassen und überdies so beschaffen sind, dass einem Werthenpaare (x, y) nur eine endliche Anzahl von incongruenten Werthen (u, v) entspricht, durch die Umkehrung von Quotienten der Lösungen eines Systems von partiellen Differentialgleichungen der Form (1.) und (2.) mit algebraischen Coefficienten erhalten werden können.

ANMERKUNGEN.

1) Änderungen gegen das Original.

Es wurde gesetzt:

S. 123, Gleichung (B.) $\frac{\partial^{m-1} z}{\partial x^{m-1}}$ statt $\frac{\partial^m z}{\partial x^m}$,

„ 135, Zeile 3 v. u. wurde »mit« vor ψ_1 hinzugefügt,

„ 2 v. u. wurde »gemeinschaftliche Lösungen besitzt« hinzugefügt,

„ 136, „ 13 wurde »sein« hinzugefügt,

„ 139, „ 4 v. u. »entspricht« statt »entsprechen«.

2) Zu Gleichung (B.) S. 125 sei bemerkt: Dass $A_{\lambda\nu}$ eindeutige Functionen von x sind, folgt aus No. 2. Die Thatsache aber, dass diese Grössen auch eindeutige Functionen von $x_1, x_2, \ldots, x_{\varrho-1}$ sind, bedarf noch des Beweises. Man vergleiche dazu:

L. Schlesinger, Sitzungsberichte der Königl. preuss. Akad. der Wiss. 1902, S. 288; Journal f. d. r. u. a. Mathematik, Bd. 124, S. 311, 312.

R. Fuchs, Beilage zum Programm des Bismarck-Gymnasiums Dt. Wilmersdorf, Ostern 1902, No. V, S. 13 ff.

L. Schlesinger, Journal f. d. r. u. a. Mathematik, Bd. 129, S. 294, No. II, Gl. (6.). R. F.

LX.

ÜBER DIE RELATIONEN, WELCHE DIE ZWISCHEN JE ZWEI SINGULÄREN PUNKTEN ERSTRECKTEN INTEGRALE DER LÖSUNGEN LINEARER DIFFERENTIALGLEICHUNGEN MIT DEN COEFFICIENTEN DER FUNDAMENTALSUBSTITUTIONEN DER GRUPPE DERSELBEN VERBINDEN.

(Sitzungsberichte der Königl. preussischen Akademie der Wissenschaften zu Berlin, 1892, LIV, S. 1113—1128; vorgelegt am 22. December 1892; ausgegeben am 12. Januar 1893.)

Die folgende Notiz nimmt auf meine Arbeit im 76. Bande des Crelle- [1113
schen Journals S. 177 ff. Bezug, welche den Titel führt: »Über Relationen, welche für die zwischen je zwei singulären Punkten erstreckten Integrale der Lösungen linearer Differentialgleichungen stattfinden«[1]. In dieser Notiz soll auf die Rolle hingewiesen werden, welche die Coefficienten der Fundamentalsubstitutionen der Lösungen der Differentialgleichung in jenen Relationen spielen. Zu diesem Ende ist nur eine etwas veränderte Schreibweise der rechten Seite der in der citirten Arbeit mit (S.) bezeichneten Gleichung erforderlich. Durch diese Schreibweise tritt der Umstand besonders hervor, dass die rechte Seite der Gleichung (S.) lediglich von den Coefficienten der Fundamentalsubstitutionen der Gruppe der Differentialgleichung abhängt. Dieser Umstand aber bringt es mit sich, dass die Relationen (S.) und (T.) einen invarianten Charakter haben, in dem Sinne, dass sie für die gesammte Klasse von Differentialgleichungen, zu welcher eine vorgelegte Differentialgleichung gehört, die gleiche Form beibehalten. Diese Invarianz macht es möglich, gewisse beschränkende Voraussetzungen, welche in der oben citirten Arbeit über die Wurzeln der determinirenden Fundamentalgleichungen ge-

---

1) Abh. XVI, S. 415, Band I dieser Ausgabe. R. F.

macht worden sind, aufzuheben. Indem wir dieses in gegenwärtiger Notiz nachweisen, haben wir, um Complicationen in der Darstellung zu vermeiden, hier noch vorausgesetzt, dass die Differenzen zweier jener Wurzeln, wenn sie nicht sämmtlich ganzzahlig sind, aber zum Auftreten von Logarithmen keine Veranlassung geben, nicht zum Theil ganzzahlig sein sollen, und behalten
114] uns vor, an anderer Stelle diesen Punkt einer besonderen Erörterung zu unterwerfen. Ebenso haben wir die Anwendungen, welcher die Relationen (S.) und (T.) fähig sind, für eine andere Gelegenheit aufsparen müssen.

1.

Wir behalten hier, mit einigen unwesentlichen Abänderungen, die Bezeichnungen der Abhandlung in Bd. 76 des Crelleschen Journals, S. 177—213[1]), die wir im Folgenden mit dem Zeichen Abh. citiren wollen, bei.

Es sei hiernach

$$F(x) = (x-a_1)(x-a_2)\dots(x-a_\varrho)(x-b_1)(x-b_2)\dots(x-b_\sigma)$$

(B.) $$[y]_1^{(x)} = \sum_0^n{}_\alpha F_{(n-\alpha)(\tau-1)}(x)\,F(x)^\alpha y^{(\alpha)} = 0,$$

wo $F_\varkappa(x)$ eine ganze rationale Function $\varkappa^{\text{ten}}$ Grades von x bedeutet, und wo

(1.) $$\tau = \varrho + \sigma$$

gesetzt ist.

Wir haben mit $a_1, a_2, \dots, a_\varrho$ diejenigen singulären Punkte bezeichnet, in welchen sich die Integrale so verzweigen, dass nicht ihre Quotienten sämmtlich ungeändert bleiben, mit $b_1, b_2, \dots, b_\sigma$ diejenigen, bei deren Umkreisung sämmtliche Integral-Quotienten ungeändert bleiben.

Die zu Gleichung (B.) adjungirte Differentialgleichung:

(C.) $$[z]_2^{(x)} = \sum_0^n{}_\alpha (-1)^{\alpha-1}\frac{d^\alpha}{dx^\alpha}\left[F_{(n-\alpha)(\tau-1)}(x)\,F(x)^\alpha z\right] = 0$$

bringen wir ebenfalls in die Form:

(2.) $$[z]_2^{(x)} = \sum_0^n{}_\alpha G_{(n-\alpha)(\tau-1)}(x)\,F(x)^\alpha z^{(\alpha)} = 0,$$

$G_\varkappa(x)$ eine ganze rationale Function $\varkappa^{\text{ten}}$ Grades von x.

Wir setzen vorläufig noch wie in Abh. voraus, dass die Wurzeln der zu $a_1, a_2, \dots, a_\varrho$ gehörigen determinirenden Fundamentalgleichungen in ihren realen Theilen negativ und grösser als die negative Einheit sind. Dann

1) Abh. XVI, S. 415—455, Band I dieser Ausgabe. R. F.

haben*) auch bei der Gleichung (C.) die Wurzeln der zu $a_1, a_2, \ldots, a_\varrho$ gehörigen determinirenden Fundamentalgleichungen die gleiche Eigenschaft.

Setzen wir [1115

$$A_\varkappa = F_{(n-\varkappa)(\tau-1)}(x)\,F(x)^\varkappa,$$

und bezeichnen mit $\mathfrak{A}_\varkappa$ diejenige Function von α, welche aus $A_\varkappa$ durch Vertauschung von x mit α hervorgeht, sowie mit $P_\varkappa$ den Ausdruck $\frac{A_\varkappa - \mathfrak{A}_\varkappa}{x-\alpha}$, so hat der in Abh. S. 178[2]) eingeführte Werth U die Form

$$U = -P_0 + \frac{\partial P_1}{\partial x} - \frac{\partial^2 P_2}{\partial x^2} + \cdots \pm \frac{\partial^n P_n}{\partial x^n} \text{**)}. \tag{3.}$$

Es sei $\eta_1, \eta_2, \ldots, \eta_n$ das zu $x = \infty$ gehörige Fundamentalsystem von Integralen der Gleichung (B.), $\zeta_1, \zeta_2, \ldots, \zeta_n$ das entsprechende Fundamentalsystem von Integralen der Gleichung (C.), und zwar derart, dass $\eta_\varkappa, \zeta_\varkappa$ adjungirte Integrale darstellen.

Ferner bedeute $\eta_{1\mu}, \eta_{2\mu}, \ldots, \eta_{n\mu}$ das zum singulären Punkte $a_{\mu+1}$ gehörige Fundamentalsystem von Integralen der Gleichung (B.),

$$\zeta_{1\mu}, \zeta_{2\mu}, \ldots, \zeta_{n\mu}$$

das zu demselben singulären Punkte gehörige Fundamentalsystem von Integralen der Gleichung (C.), derart, dass wieder $\eta_{\varkappa\mu}, \zeta_{\varkappa\mu}$ adjungirte Elemente sind. Wir setzen, wie in Abh. S. 190[4]):

$$\left\{\begin{aligned} \eta_{\mathfrak{a}} &= \sum_1^n {}_{\mathfrak{c}}\, b_{\mathfrak{a}\mathfrak{c}}\, \eta_{\mathfrak{c}\mu}, \\ \zeta_{\mathfrak{a}} &= \sum_1^n {}_{\mathfrak{c}}\, c_{\mathfrak{a}\mathfrak{c}}\, \zeta_{\mathfrak{c}\mu}, \end{aligned}\right. \tag{4.}$$

so ergiebt sich***):

$$\sum_1^n {}_i\, b_{\mathfrak{a}i}\, c_{\mathfrak{b}i} = 0, \qquad (\mathfrak{a} \lessgtr \mathfrak{b}) \tag{5.}$$

$$\sum_1^n {}_i\, b_{\mathfrak{a}i}\, c_{\mathfrak{a}i} = 1, \tag{6.}$$

*) Siehe Abh. S. 180[1]).

**) Abh. S. 179[3]).

***) Cf. Abh. S. 194—195[5]).

1) S. 419, Band I dieser Ausgabe. R. F.

2) Ebenda S. 417. R. F.

3) Ebenda S. 417. R. F.

4) Ebenda S. 430. R. F.

5) Ebenda S. 434—435. R. F.

wenn über die willkürlichen Factoren in $\eta_\mathfrak{a}$, $\zeta_\mathfrak{a}$, sowie in $\eta_{\mathfrak{a}\mu}$, $\zeta_{\mathfrak{a}\mu}$, auf dieselbe Weise wie in Abh. S. 193[1]) Gleichung (8.) und S. 195[2]) Gleichung (3.) disponirt wird.

Sind $r_1, r_2, \ldots, r_n$ die Wurzeln der zu $a_{\mu+1}$ gehörigen determinirenden Fundamentalgleichung für Gleichung (B.), so fanden wir in Abh. S. 206[3]):

$$\text{(S.)} \qquad \int_{a_\mu}^{a_{\mu+1}} dx \int_{a_{\mu+1}}^{a_{\mu+2}} d\alpha\, U \eta_\varkappa \mathfrak{z}_l = (-1)^n \pi \sum_1^n{}_\mathfrak{a}\, b_{\varkappa\mathfrak{a}}\, c_{l\mathfrak{a}} \frac{e^{-\pi r_\mathfrak{a} i}}{\sin \pi r_\mathfrak{a}},$$

1116] $$\text{(T.)} \qquad \int_{a_\mu}^{a_{\mu+1}} dx \int_{a_\nu}^{a_{\nu+1}} d\alpha\, U \eta_\varkappa \mathfrak{z}_l = 0 \quad (\varkappa = 1, 2, \ldots, n;\ l = 1, 2, \ldots, n)$$

(a_ν, $a_{\nu+1}$ von jeder der Grössen a_μ, $a_{\mu+1}$ verschieden).

In diesen Ausdrücken bedeutet $\mathfrak{z}_l$ diejenige Function von α, welche aus ζ_l durch Vertauschung von x mit α hervorgeht.

Bezeichnen wir die Substitution

$$\text{(7.)} \qquad \begin{pmatrix} b_{11}, & \ldots, & b_{1n} \\ \cdot & \cdot\ \cdot\ \cdot & \cdot \\ b_{n1}, & \ldots, & b_{nn} \end{pmatrix} \text{ mit } B,$$

die Substitution

$$\text{(8.)} \qquad \begin{pmatrix} \lambda_1, & 0, & \ldots, & 0 \\ 0, & \lambda_2, & \ldots, & 0 \\ \cdot & \cdot & \cdot\ \cdot\ \cdot & \cdot \\ 0, & 0, & \ldots, & \lambda_n \end{pmatrix} \text{ mit } L$$

$$\lambda_\mathfrak{a} = e^{2\pi r_\mathfrak{a} i},$$

und endlich die Substitution, welche das Fundamentalsystem

$$\eta_1, \eta_2, \ldots, \eta_n$$

durch einen Umlauf um $a_{\mu+1}$ erleidet, mit S_μ, so ist:

$$\text{(9.)} \qquad S_\mu = B L B^{-1}.$$

Wir wollen

$$\text{(10.)} \qquad S_\mu = \begin{pmatrix} g_{11}, & \ldots, & g_{1n} \\ \cdot & \cdot\ \cdot\ \cdot & \cdot \\ g_{n1}, & \ldots, & g_{nn} \end{pmatrix}$$

---

1) S. 432, Band I dieser Ausgabe. R. F.

2) Ebenda S. 435. R. F.

3) Ebenda S. 447. R. F.

setzen, und nunmehr um Complicationen zu vermeiden, zu den oben über die Wurzeln der zu $a_1, \ldots, a_\varrho$ gehörigen determinirenden Fundamentalgleichungen gemachten Voraussetzungen noch die hinzufügen, dass nicht die Differenz zweier einer ganzen Zahl gleich ist.

Alsdann ergiebt sich*), dass die Verhältnisse der Coefficienten der Substitution B^{-1}, folglich auch die Verhältnisse der Coefficienten $b_{i\mathfrak{a}}$ sich rational durch die Grössen $g_{i\mathfrak{a}}$ und $\lambda_1, \lambda_2, \ldots, \lambda_n$ vollständig bestimmen lassen.

Aus den Gleichungen (5.) und (6.) folgt

$$c_{\varkappa l} = \frac{B_{\varkappa l}}{\Delta}, \tag{11.}$$

wo Δ die Determinante

$$\Delta = \begin{vmatrix} b_{11}, & \ldots, & b_{1n} \\ \cdot & \cdot\;\cdot\;\cdot & \cdot \\ b_{n1}, & \ldots, & b_{nn} \end{vmatrix} \tag{12.}$$

und [1117

$$B_{\varkappa l} = \frac{\partial \Delta}{\partial b_{\varkappa l}}. \tag{13.}$$

Wir setzen (11.) in Gleichung (S.) ein und erhalten

$$\int_{a_\mu}^{a_{\mu+1}} dx \int_{a_{\mu+1}}^{a_{\mu+2}} d\alpha\, U_{\eta_\varkappa \mathfrak{z}_l} = (-1)^n\, 2\pi i \sum_1^n{}_{\mathfrak{a}} \frac{A_{\mathfrak{a}}^{(\varkappa, l)}}{\lambda_{\mathfrak{a}} - 1}, \quad \begin{pmatrix} \varkappa = 1, 2, \ldots, n \\ l = 1, 2, \ldots, n \end{pmatrix} \tag{S'.}$$

wo

$$A_{\mathfrak{a}}^{(\varkappa, l)} = \frac{b_{\varkappa\mathfrak{a}} B_{l\mathfrak{a}}}{\Delta}. \tag{14.}$$

Die Grössen $A_{\mathfrak{a}}^{(\varkappa, l)}$ sind nur von den Verhältnissen der Grössen $b_{1\mathfrak{a}}, b_{2\mathfrak{a}}, \ldots, b_{n\mathfrak{a}}$ abhängig. Es ergiebt sich also:

Die Grössen $A_{\mathfrak{a}}^{(\varkappa, l)}$ sind wohlbestimmte rationale Functionen der Grössen $\lambda_1, \lambda_2, \ldots, \lambda_n$ und g_{ik}, sie sind daher lediglich durch die auf $a_{\mu+1}$ bezügliche Fundamentalsubstitution bestimmt.

Die Gleichungen (S'.) repräsentiren hiernach n^2 Gleichungen für die n^2 Coefficienten g_{ik} der zu $a_{\mu+1}$ gehörigen Fundamentalsubstitution des Fundamentalsystemes

$$\eta_1, \eta_2, \ldots, \eta_n.$$

---

*) Siehe meine Arbeit in Crelles Journal, Bd. 66, S. 133, woselbst g_{ik} mit α_{ik} und die Horizontalreihen von $(B)^{-1}$ typisch mit $x_1, x_2, \ldots, x_n$ bezeichnet sind[1]).

---

[1]) Abh. VI, S. 172–178, Band I dieser Ausgabe. R. F.

2.

Betrachten wir nunmehr eine lineare Differentialgleichung

$$A_0 y + A_1 y' + \cdots + A_n y^{(n)} = 0, \tag{1.}$$

deren Coefficienten ganze rationale Functionen von x, und deren Integrale überall bestimmte Werthe haben. Wir wollen für dieselbe die einschränkenden Voraussetzungen, welche wir in Abh. S. 183—184[1]) über die Wurzeln der determinirenden Fundamentalgleichungen gemacht haben, fallen lassen, und vorläufig, um Complicationen zu vermeiden, nur Folgendes festsetzen: Die singulären Punkte $b_1, b_2, \ldots, b_\sigma$ seien so beschaffen, dass die sämmtlichen Differenzen der Wurzeln der ihnen zugehörigen determinirenden Fundamentalgleichungen ganze Zahlen sind, ohne dass sie zum Auftreten von Logarithmen in ihrer Umgebung Veranlassung geben. Dagegen seien $a_1, a_2, \ldots, a_\varrho$ singuläre Punkte, in welchen sich sämmtliche Integrale verzweigen, und für welche nicht die Differenzen zweier Wurzeln einer determinirenden Fundamentalgleichung ganze Zahlen sind.

Ist nun

$$u = P_0 y + P_1 y' + \cdots + P_{n-1} y^{(n-1)}, \tag{2.}$$

1118] wo $P_0, P_1, \ldots, P_{n-1}$ rationale Functionen von x bedeuten, so genügt u einer linearen Differentialgleichung n^{ter} Ordnung

$$C_0 u + C_1 u' + \cdots + C_n u^{(n)} = 0 \tag{3.}$$

derselben Klasse mit (1.), welche ebenfalls die singulären Punkte

$$a_1, \ldots, a_\varrho, \quad b_1, \ldots, b_\sigma$$

besitzt, und deren Integrale denselben Fundamentalsubstitutionen zugehören, welchen die Integrale von (1.) unterworfen sind.

Wir wollen jetzt zeigen, dass wir die rationalen Functionen $P_0, P_1, \ldots, P_{n-1}$ so wählen können, dass die Gleichung (3.) überhaupt dieselben singulären Punkte wie (1.) besitzt, und dass die realen Theile der Wurzeln der auf $a_1, a_2, \ldots, a_\varrho$ bezüglichen determinirenden Fundamentalgleichungen zwischen Null und der negativen Einheit enthalten sind.

---

1) S. 422, Band I dieser Ausgabe. R. F.

Wir können zunächst durch eine Substitution der Form

$$(4.)\qquad y = (x-a_1)^{-\alpha_1}(x-a_2)^{-\alpha_2}\dots(x-a_\varrho)^{-\alpha_\varrho}w,$$

wo die Grössen $\alpha_1, \alpha_2, \dots, \alpha_\varrho$ Null oder positive ganze Zahlen sind, aus (1.) eine Differentialgleichung in w herstellen von der Beschaffenheit, dass die Wurzeln der zu $a_1, a_2, \dots, a_\varrho$ gehörigen determinirenden Fundamentalgleichungen in ihren realen Theilen positiv sind. Wir setzen demnach voraus, dass schon die Gleichung (1.) diese Eigenschaft habe.

Sei nunmehr $m_\mathfrak{a}-1$ die höchste ganze Zahl, welche in den realen Theilen der Wurzeln der zu $a_\mathfrak{a}$ gehörigen determinirenden Fundamentalgleichungen enthalten ist, alsdann werde

$$(5.)\qquad \Pi(x) = (x-a_1)^{m_1}(x-a_2)^{m_2}\dots(x-a_\varrho)^{m_\varrho}$$

gesetzt.

Sei ferner

$$(6.)\qquad \psi(x) = (x-a_1)(x-a_2)\dots(x-a_\varrho)$$

und

$$(7.)\qquad P_\varkappa(x) = \frac{\varphi_\varkappa(x)\,\psi(x)^\varkappa}{\Pi(x)}, \qquad (\varkappa = 0, 1, \dots, n-1)$$

wo $\varphi_0(x), \varphi_1(x), \dots, \varphi_{n-1}(x)$ noch näher zu bestimmende ganze rationale Functionen bedeuten.

Wir wollen alsdann in Gleichung (2.) für $P_\varkappa(x)$ die durch die Gleichung (7.) bestimmten rationalen Functionen setzen.

Bezeichnen wir mit $r_1, r_2, \dots, r_n$ die Wurzeln der zu einem Punkte a gehörigen determinirenden Fundamentalgleichung, wo a aus der Reihe $a_1, a_2, \dots, a_\varrho$ entnommen ist, und mit $y_1, y_2, \dots, y_n$ das bezüglich zugehörige Fundamentalsystem von Integralen der Gleichung (1.). Sei ferner r_1 diejenige der [1119 Grössen $r_1, r_2, \dots, r_n$, deren realer Theil die höchste ganze Zahl $m-1$ (die oben dem Punkte a zugeordnet worden) enthält. Wird $\varphi_0(a)$ von Null verschieden angenommen, so gehört u_1, welches aus (2.) durch die Substitution $y = y_1$ erhalten wird, zu einem Exponenten, dessen realer Theil zwischen Null und der negativen Einheit gelegen ist. Möge der reale Theil von $r_\mathfrak{a}$ die grösste ganze Zahl $m-1-p_\mathfrak{a}$ enthalten ($p_\mathfrak{a}$ eine positive ganze Zahl oder Null) und sei

$$(8.)\qquad y_\mathfrak{a} = c_0(x-a)^{r_\mathfrak{a}} + c_1(x-a)^{r_\mathfrak{a}+1} + \cdots,$$

so wollen wir $\varphi_0, \varphi_1, \ldots, \varphi_{n-1}$ so einrichten, dass

$$
(9.)\quad \left\{
\begin{aligned}
& c_0\left[\frac{1}{\lambda!}D_{\mathfrak{a}}^{\lambda}\varphi_0 + r_{\mathfrak{a}}\frac{1}{(\lambda+1)!}D_{\mathfrak{a}}^{\lambda+1}(\varphi_1\psi) + r_{\mathfrak{a}}(r_{\mathfrak{a}}-1)\frac{1}{(\lambda+2)!}D_{\mathfrak{a}}^{\lambda+2}(\varphi_2\psi^2) + \cdots \right.\\
& \qquad \left. + r_{\mathfrak{a}}(r_{\mathfrak{a}}-1)\ldots(r_{\mathfrak{a}}-n+2)\frac{1}{(\lambda+n-1)!}D_{\mathfrak{a}}^{\lambda+n-1}(\varphi_{n-1}\psi^{n-1})\right]\\
& + c_1\left[\frac{1}{(\lambda-1)!}D_{\mathfrak{a}}^{\lambda-1}\varphi_0 + (r_{\mathfrak{a}}+1)\frac{1}{\lambda!}D_{\mathfrak{a}}^{\lambda}(\varphi_1\psi) + (r_{\mathfrak{a}}+1)r_{\mathfrak{a}}\frac{1}{(\lambda+1)!}D_{\mathfrak{a}}^{\lambda+1}(\varphi_2\psi^2) + \cdots \right.\\
& \qquad \left. + (r_{\mathfrak{a}}+1)r_{\mathfrak{a}}\ldots(r_{\mathfrak{a}}-n+3)\frac{1}{(\lambda+n-2)!}D_{\mathfrak{a}}^{\lambda+n-2}(\varphi_{n-1}\psi^{n-1}) + \cdots\right] + \cdots\\
& + c_{\lambda}\left[\varphi_0(a) + (r_{\mathfrak{a}}+\lambda)\frac{1}{1!}D_{\mathfrak{a}}(\varphi_1\psi) + (r_{\mathfrak{a}}+\lambda)(r_{\mathfrak{a}}+\lambda-1)\frac{1}{2!}D_{\mathfrak{a}}^{2}(\varphi_2\psi^2) + \cdots \right.\\
& \qquad \left. + (r_{\mathfrak{a}}+\lambda)(r_{\mathfrak{a}}+\lambda-1)\ldots(r_{\mathfrak{a}}+\lambda-n+2)\frac{1}{(n-1)!}D_{\mathfrak{a}}^{n-1}(\varphi_{n-1}\psi^{n-1})\right] = 0.
\end{aligned}
\right.
$$

$$\left(\mathfrak{a} = 2, 3, \ldots, n;\ \lambda = 0, 1, 2, \ldots, p_{\mathfrak{a}}-1;\ D_{\mathfrak{a}}^{p}(f(x)) = \left[\frac{d^p f(x)}{dx^p}\right]_{x=a}\right)$$

Wenn in diesen Gleichungen successive $\mathfrak{a} = 2, 3, \ldots, n$ gesetzt wird, so erhalten wir für $\lambda = 0$ $n-1$ Gleichungen für die Unbekannten $\varphi_0(a), \varphi_1(a), \ldots, \varphi_{n-1}(a)$.

Ebenso erhalten wir für $\lambda = 1$ $n-1$ Gleichungen für die Unbekannten $\varphi_0(a), \varphi_1(a), \ldots, \varphi_{n-1}(a)$; $\varphi_0'(a), \varphi_1'(a), \ldots, \varphi_{n-1}'(a)$, ebenso für $\lambda = 2$ $n-1$ Gleichungen für die Unbekannten $\varphi_0(a), \varphi_1(a), \ldots, \varphi_{n-1}(a)$; $\varphi_0'(a), \varphi_1'(a), \ldots, \varphi_{n-1}'(a)$; $\varphi_0^{(2)}(a), \varphi_1^{(2)}(a), \ldots, \varphi_{n-1}^{(2)}(a)$ u. s. w.

Denken wir uns die Grössen $r_2, r_3, \ldots, r_n$ so geordnet, dass

$$p_2 \geqq p_3 \geqq \cdots \geqq p_n,$$

so liefern die Gleichungen (9.) demnach für die Unbekannten

$$\varphi_0^{(\lambda)}(a),\ \varphi_1^{(\lambda)}(a),\ \ldots,\ \varphi_{n-1}^{(\lambda)}(a) \qquad (\lambda = 0, 1, \ldots, p_2-1)$$

im Ganzen $p_2(n-1)$ Gleichungen. Da die Anzahl der Unbekannten gleich $p_2 n$ ist, so sind die Gleichungen immer erfüllbar.

Dieselbe Schlussweise bleibt für jeden der singulären Punkte $a_{\varkappa}$ gültig.

1120] Sei

$$(10.)\qquad \varphi_{\mathfrak{b}}(x) = (x-a_1)^{l_1+1}(x-a_2)^{l_2+1}\ldots(x-a_{\varrho})^{l_{\varrho}+1}\,\Sigma,$$

wo

$$\Sigma = \sum_{1}^{\varrho}{}_{\mathfrak{a}} \sum_{0}^{l_{\mathfrak{a}}+1}{}_{\lambda} \frac{C_{\mathfrak{b}\lambda}^{(\mathfrak{a})}}{(x-a_{\mathfrak{a}})^{\lambda}},$$

worin $C_{\mathfrak{b}\lambda}^{(\mathfrak{a})}$ willkürliche Grössen, $l_{\mathfrak{a}}$ positive ganze Zahlen bedeuten. Nach dem Zusammenhange, welcher aus der Theorie der Zerlegung einer rationalen Function in Partialbrüche zwischen den Grössen $C_{\mathfrak{b}\lambda}^{(\mathfrak{a})}$ und den Werthen $\varphi_{\mathfrak{b}}^{(\lambda)}(a_{\mathfrak{a}})$ sich ergiebt, folgt daher, dass auch $\varphi_{\mathfrak{b}}^{(\lambda)}(a_{\mathfrak{a}})$ für $\lambda = 0, 1, \ldots, l_{\mathfrak{a}}$; $\mathfrak{b} = 0, 1, \ldots, n-1$; $\mathfrak{a} = 1, 2, \ldots, \varrho$ willkürlich vorgeschrieben werden dürfen. Ist daher $\lambda = l_{\mathfrak{a}}$ mindestens so gross als der höchste Index λ der im Gleichungssystem (9.) für $a = a_{\mathfrak{a}}$ auftretenden Grössen $\varphi_{\mathfrak{b}}^{(\lambda)}(a_{\mathfrak{a}})$, so ergiebt sich demnach, dass wir stets n ganze rationale Functionen $\varphi_0(x), \varphi_1(x), \ldots, \varphi_{n-1}(x)$ von der Beschaffenheit angeben können, dass $\varphi_{\mathfrak{b}}^{(\lambda)}(a_{\mathfrak{a}})$ den $(p_{12}+p_{22}+\cdots+p_{\varrho 2})(n-1)$ Gleichungen genügt, die sich aus (9.) für $a = a_1, a_2, \ldots, a_\varrho$ ergeben, wenn $p_{\mathfrak{a}2}$ für den singulären Punkt $a_{\mathfrak{a}}$ dieselbe Bedeutung hat wie oben allgemein p_2 für den singulären Punkt a.

Da die Wurzeln der zu $a_{\mathfrak{a}}$ gehörigen determinirenden Fundamentalgleichungen sich nicht um ganze Zahlen unterscheiden, und da die höheren Ableitungen $\varphi_{\mathfrak{b}}^{(\lambda)}(a_{\mathfrak{a}})$, die noch nicht im Gleichungssystem (9.) (für $a = a_1, a_2, \ldots, a_\varrho$) auftreten, ebenfalls willkürlich wählbar bleiben, so ergiebt sich, dass daher $\varphi_0(x), \varphi_1(x), \ldots, \varphi_{n-1}(x)$ noch so gewählt werden können, dass in $u_{\mathfrak{a}\varkappa}$ (dem Resultat der Substitution von $y_{\mathfrak{a}\varkappa}$ für y in (2.)) nicht höhere Potenzen von $x-a_{\mathfrak{a}}$ verschwinden, als es die Gleichungen (9.) erfordern, so dass die realen Theile der Wurzeln der sämmtlichen zu $a_1, a_2, \ldots, a_\varrho$ gehörigen determinirenden Fundamentalgleichungen bei der Gleichung (3.) zwischen Null und der negativen Einheit liegen.

Hiermit ist das am Eingange dieser Nummer ausgesprochene Theorem bewiesen.

Für den Fall, dass bei Gleichung (1.) unter den Wurzeln der zu $a_{\mathfrak{a}}$ gehörigen determinirenden Fundamentalgleichung eine solche sich befindet, deren realer Theil ganzzahlig, also unter den Wurzeln der entsprechenden Fundamentalgleichung bei (3.) eine solche, deren realer Theil Null, wenden wir auf Gleichung (3.) die Substitution

$$u = (x-a_1)^{\varepsilon_1}(x-a_2)^{\varepsilon_2}\ldots(x-a_\varrho)^{\varepsilon_\varrho}w \tag{11.}$$

an, wo $\varepsilon_{\mathfrak{a}}$ eine reale positive zwischen Null und Eins gelegene Grösse bedeutet, von der Beschaffenheit, dass $r_{\mathfrak{a}1}-\varepsilon_{\mathfrak{a}}, r_{\mathfrak{a}2}-\varepsilon_{\mathfrak{a}}, \ldots, r_{\mathfrak{a}n}-\varepsilon_{\mathfrak{a}}$ noch immer [1121
zwischen Null und der negativen Einheit gelegene reale Theile haben, während

ε_α die Null ist, falls sich unter den Wurzeln der zu a_α gehörigen determinirenden Fundamentalgleichung bei (3.) nicht eine solche befindet, deren realer Theil Null*).

Sei wiederum die Fundamentalsubstitution der Integrale der Gleichung (1.), welche dem Umlaufe um $a_{\mu+1}$ entspricht

$$S_\mu = \begin{pmatrix} g_{11}, & \dots, & g_{1n} \\ \cdot & \cdot\;\cdot\;\cdot & \cdot \\ g_{n1}, & \dots, & g_{nn} \end{pmatrix},$$

so ist dieses auch die Fundamentalsubstitution der Integrale der Gleichung (3.), welche demselben Umlauf entspricht, während die Integrale der Gleichung in w (die aus (3.) durch die Substitution (11.) hervorgeht) für denselben Umlauf der Substitution

$$S'_\mu = \begin{pmatrix} jg_{11}, & \dots, & jg_{1n} \\ \cdot & \cdot\;\cdot\;\cdot & \cdot \\ jg_{n1}, & \dots, & jg_{nn} \end{pmatrix}$$

unterliegen, wo $j = e^{-2\varepsilon_{\mu+1}\pi i}$.

Es sind aber auf Gleichung (3.) oder die Differentialgleichung für w die Relationen (S.), (S'.) und (T.) unmittelbar anwendbar, aus welchen sich alsdann die Beziehungen für die Substitutionscoefficienten $g_{\varkappa\lambda}$ bei Gleichung (1.) ergeben.

3.

Die Gleichungen (S'.) und (T.) repräsentiren Relationen zwischen den Coefficienten der Fundamentalsubstitutionen der Integrale $\eta_1, \eta_2, \dots, \eta_n$ und den bestimmten Integralen der Form

$$J^{(\mu)}_{\varkappa\alpha} = \int_{a_\mu}^{a_{\mu+1}} x^\alpha \eta_\varkappa \, dx, \tag{1.}$$

$$H^{(\mu)}_{\varkappa\alpha} = \int_{a_\mu}^{a_{\mu+1}} x^\alpha \zeta_\varkappa \, dx. \tag{2.}$$

*) Siehe Abh. S. 208[1]).

[1]) S. 449, Band I dieser Ausgabe. R. F.

Man erkennt, dass diese Ausdrücke den Gleichungen

$$(3.)\qquad J^{(1)}_{\varkappa\alpha}+J^{(2)}_{\varkappa\alpha}+\cdots+J^{(\varrho)}_{\varkappa\alpha} = M_\varkappa\, 2\pi i\mu_{\varkappa\alpha},$$

$$(4.)\qquad H^{(1)}_{\varkappa\alpha}+H^{(2)}_{\varkappa\alpha}+\cdots+H^{(\varrho)}_{\varkappa\alpha} = \frac{1}{M_\varkappa}\, 2\pi i\nu_{\varkappa\alpha}$$

genügen, wo $M_\varkappa$ den Factor bedeutet, mit welchem $\eta_\varkappa$ bei einem nur um die Punkte $a_1, a_2, \ldots, a_\varrho$ vollzogenen Umlauf multiplicirt wird, und die Grössen [1122
$\mu_{\varkappa\alpha}$, $\nu_{\varkappa\alpha}$ ganze Zahlen oder Null bezeichnen. Die Ausdrücke $J^{(\varrho)}_{\varkappa\alpha}$, $H^{(\varrho)}_{\varkappa\alpha}$ bedeuten in den Gleichungen (3.) und (4.) bez. die Integrale

$$\int_{a_\varrho}^{a_1} x^\alpha \eta_\varkappa\, dx, \quad \int_{a_\varrho}^{a_1} x^\alpha \zeta_\varkappa\, dx$$

erstreckt längs des von a_1 über $a_2, a_3, \ldots, a_\varrho$ führenden Schnittes, und zwar auf demjenigen Ufer desselben, welches dem Ufer gegenüberliegt, längs dessen die Integrale $J^{(\mu)}_{\varkappa\alpha}$, $H^{(\mu)}_{\varkappa\alpha}$ für $\mu = 1, 2, \ldots, \varrho-1$ vollzogen sind.

Setzen wir in Gleichung (B.) $y = \eta_\varkappa$, multipliciren dieselbe mit x^α, und integriren zwischen den Grenzen a_μ, $a_{\mu+1}$, so erhalten wir mit Rücksicht darauf, dass die realen Theile der Wurzeln der zu $a_1, a_2, \ldots, a_\varrho$ gehörigen determinirenden Fundamentalgleichungen zwischen Null und der negativen Einheit gelegen sind, durch wiederholte Anwendung der theilweisen Integration

$$(5.)\qquad \int_{a_\mu}^{a_{\mu+1}} [x^\alpha]_2\, \eta_\varkappa\, dx = 0.$$

Ebenso ergiebt die Integration von (C.), nachdem wir $z = \zeta_\varkappa$ gesetzt und mit x^α multiplicirt haben,

$$(6.)\qquad \int_{a_\mu}^{a_{\mu+1}} [x^\alpha]_1\, \zeta_\varkappa\, dx = 0.$$

Die Grössen $[x^\alpha]_2$ und $[x^\alpha]_1$ sind, wie aus No. 1 hervorgeht, ganze rationale Functionen von x vom Grade $n(\tau-1)+\alpha$.

Wird successive $\alpha = 0, 1, 2, \ldots$ in (5.) und (6.) gesetzt, so ergiebt sich das Resultat: Sämmtliche Grössen $J^{(\mu)}_{\varkappa\alpha}$ lassen sich durch

$$J^{(\mu)}_{\varkappa 0},\ J^{(\mu)}_{\varkappa 1},\ \ldots,\ J^{(\mu)}_{\varkappa, n(\tau-1)-1},$$

und sämmtliche Grössen $H^{(\mu)}_{\varkappa\alpha}$ durch

$$H^{(\mu)}_{\varkappa 0},\ H^{(\mu)}_{\varkappa 1},\ \ldots,\ H^{(\mu)}_{\varkappa, n(\tau-1)-1}$$

linear und homogen darstellen.

4.

Aus dem Vorhergehenden ergiebt sich, dass die Coefficienten der Fundamentalsubstitutionen der Integrale $\eta_1, \eta_2, \ldots, \eta_n$ vermittelst der Gleichungen (S'.) mit den Grössen $J^{(\mu)}_{\varkappa\mathfrak{a}}, H^{(\mu)}_{\varkappa\mathfrak{a}}$ für $\mathfrak{a} = 0, 1, 2, \ldots, n(\tau-1)-1$ und den Parametern der Differentialgleichung (B.) algebraisch verbunden sind. Zwischen den Grössen $J^{(\mu)}_{\varkappa\mathfrak{a}}, H^{(\mu)}_{\varkappa\mathfrak{a}}$ bestehen überdies die Gleichungen (3.) und (4.) voriger Nummer, deren Anzahl gleich $2n^2(\tau-1)$ (nämlich für $\mathfrak{a} = 0, 1, 2, \ldots, n(\tau-1)-1$, $\varkappa = 1, 2, \ldots, n$), und die im Allgemeinen $2n^2\varrho(\varrho-3)$ Gleichungen repräsentirende Gleichung (T.).

1123] Indem wir uns vorbehalten, auf diese Relationen, ihre Reduction und ihre Anwendungen bei anderer Gelegenheit näher einzugehen, beschränken wir uns hier darauf, noch die Rechnungen für $n = 1$ und $n = 2$ auszuführen.

Es sei

I. $n = 1$.

$$(1.)\qquad [y]_1 = F(x)y' + F_{\tau-1}(x)y = 0,$$

$$(2.)\qquad [z]_2 = [-F_{\tau-1}(x) + F'(x)]z + F(x)z' = 0.$$

Sei

$$(3.)\qquad \frac{F_{(\tau-1)}(x)}{F(x)} = \frac{\alpha_1}{x-a_1} + \cdots + \frac{\alpha_\varrho}{x-a_\varrho} + \frac{\beta_1}{x-b_1} + \cdots + \frac{\beta_\sigma}{x-b_\sigma},$$

wo die realen Theile von $\alpha_1, \ldots, \alpha_\varrho$ positiv und kleiner als Eins, und $\beta_1, \ldots, \beta_\sigma$ ganze Zahlen bedeuten. Dann ist

$$(4.)\qquad \eta = (x-a_1)^{-\alpha_1} \ldots (x-a_\varrho)^{-\alpha_\varrho} (x-b_1)^{-\beta_1} \ldots (x-b_\sigma)^{-\beta_\sigma},$$

$$(5.)\qquad \zeta = (x-a_1)^{\alpha_1-1} \ldots (x-a_\varrho)^{\alpha_\varrho-1} (x-b_1)^{\beta_1-1} \ldots (x-b_\sigma)^{\beta_\sigma-1}.$$

Bezeichnen wir mit η_μ, ζ_μ das zu $a_{\mu+1}$ gehörige Integral bez. der Gleichungen (1.) und (2.), so ist

$$(6.)\qquad \eta = \eta_\mu, \quad \zeta = \zeta_\mu,$$

und es wird nach einem Umlaufe von x um $a_{\mu+1}$, η und ζ bez. in $\eta e^{-2\alpha_{\mu+1}\pi i}$ und $\zeta e^{+2\alpha_{\mu+1}\pi i}$ übergehen. Auf der rechten Seite der Gleichung (S.) haben b und c den Werth Eins.

Es wird ferner

$$(7.)\qquad U = -\frac{F_{\tau-1}(x) - F_{\tau-1}(\alpha)}{x-\alpha} + \frac{d}{dx}\left[\frac{F(x)-F(\alpha)}{x-\alpha}\right],$$

und (S'.) und (T'.) nehmen die Form an

$$(8.)\qquad \int_{a_\mu}^{a_{\mu+1}} dx \int_{a_{\mu+1}}^{a_{\mu+2}} d\alpha\, U\eta\mathfrak{z} = -\frac{\pi e^{-\pi\alpha_{\mu+1}i}}{\sin\pi\alpha_{\mu+1}},$$

$$(9.)\qquad \int_{a_\mu}^{a_{\mu+1}} dx \int_{a_\nu}^{a_{\nu+1}} d\alpha\, U\eta\mathfrak{z} = 0,$$

wo $\mathfrak{z}$ aus ζ durch Vertauschung von x mit α hervorgeht.

Betrachten wir den besonderen Fall, dass die Gleichung (1.) mit ihrer adjungirten übereinstimmt. Hierzu ist nothwendig und hinreichend, dass

$$(10.)\qquad F_{\tau-1}(x) = \tfrac{1}{2}F'(x).$$

Es fallen alsdann die Punkte $b_1, \ldots, b_\sigma$ weg, und es wird [1124

$$\alpha_1 = \alpha_2 = \cdots = \alpha_\varrho = \tfrac{1}{2}.$$

Die Gleichungen (1.) und (2.) werden:

$$(1a.)\qquad F(x)y' + \tfrac{1}{2}F'(x)y = 0,$$

$$(2a.)\qquad F(x)z' + \tfrac{1}{2}F'(x)z = 0.$$

Ferner ist

$$(4a.)\qquad \eta = \frac{1}{\sqrt{F(x)}},$$

$$(5a.)\qquad \zeta = \frac{1}{\sqrt{F(x)}},$$

$$(7a.)\qquad U = -\frac{1}{2}\left[\frac{F'(x)-F'(\alpha)}{x-\alpha}\right] + \frac{d}{dx}\left[\frac{F(x)-F(\alpha)}{x-\alpha}\right],$$

$$(8a.)\qquad \int_{a_\mu}^{a_{\mu+1}} dx \int_{a_{\mu+1}}^{a_{\mu+2}} d\alpha \frac{U}{\sqrt{F(x)}\sqrt{F(\alpha)}} = \pi i,$$

$$(9a.)\qquad \int_{a_\mu}^{a_{\mu+1}} dx \int_{a_\nu}^{a_{\nu+1}} d\alpha \frac{U}{\sqrt{F(x)}\sqrt{F(\alpha)}} = 0.$$

Die Gleichungen (8a.), (9a.) sind unter Berücksichtigung der abweichenden Bezeichnungsweise vollkommen übereinstimmend mit den von Herrn WEIERSTRASS*)

*) Programm des Braunsberger Gymnasiums, August 1849, No. 1, Glgn. (4.) und (3.)[1].

[1]) Mathematische Werke von Karl Weierstrass, Bd. I (1894), S. 114 und 117. R. F.

für die Periodicitätsmoduln der hyperelliptischen Integrale aufgestellten Relationen, wie ich schon in Abh. S. 177[1]) angemerkt habe.

II. $n = 2$.

In diesem Falle ist

$$[y]_1 = F(x)^2 y^{(2)} + F_{\tau-1}(x) F(x) y' + F_{2(\tau-1)}(x) = 0, \tag{11.}$$

$$U = -\left[\frac{F_{2(\tau-1)}(x) - F_{2(\tau-1)}(\alpha)}{x-\alpha}\right] + \frac{d}{dx}\left[\frac{F_{\tau-1}(x)F(x) - F_{\tau-1}(\alpha)F(\alpha)}{x-\alpha}\right] - \frac{d^2}{dx^2}\left[\frac{F(x)^2 - F(\alpha)^2}{x-\alpha}\right] \tag{12.}$$

in Bezug auf jede der Variablen x und α vom $(2\tau-3)^{\text{ten}}$ Grade.

1125] Aus No. 1 Gleichung (14.) folgt

$$\left\{\begin{array}{llll} A_1^{(11)} = \dfrac{b_{11}b_{22}}{\Delta}, & A_2^{(11)} = -\dfrac{b_{12}b_{21}}{\Delta}, \\ A_1^{(12)} = -\dfrac{b_{11}b_{12}}{\Delta}, & A_2^{(12)} = -A_1^{(12)}, \\ A_1^{(21)} = \dfrac{b_{21}b_{22}}{\Delta}, & A_2^{(21)} = -A_1^{(21)}, \\ A_1^{(22)} = A_2^{(11)}, & A_2^{(22)} = A_1^{(11)}, \end{array}\right. \tag{13.}$$

$$\Delta = b_{11}b_{22} - b_{12}b_{21}. \tag{14.}$$

Daher ist

$$\left\{\begin{array}{l} A_1^{(11)} = \dfrac{\lambda_2 - g_{11}}{\lambda_2 - \lambda_1}, \quad A_2^{(11)} = -\dfrac{\lambda_1 - g_{11}}{\lambda_2 - \lambda_1}, \\ A_1^{(12)} = -A_2^{(12)} = -\dfrac{g_{12}}{\lambda_2 - \lambda_1}, \\ A_1^{(21)} = -A_2^{(21)} = -\dfrac{g_{21}}{\lambda_2 - \lambda_1}. \end{array}\right. \tag{15.}$$

Bei dieser Rechnung ist zu berücksichtigen, dass λ_1, λ_2 der Gleichung

$$\lambda^2 - (g_{11} + g_{22})\lambda + \lambda_1\lambda_2 = 0 \tag{16.}$$

genügen, und dass

$$g_{11}g_{22} - g_{12}g_{21} = \lambda_1\lambda_2 \text{ *)}. \tag{17.}$$

*) Vergl. meine Arbeit in Crelles Journal, Bd. 66, S. 133[2]).

[1]) S. 415 und 416, Band I dieser Ausgabe. R. F.

[2]) Abh. VI, S. 172, Band I dieser Ausgabe. R. F.

Die Gleichungen (S'.) werden daher, wenn wir

$$\int_{a_\mu}^{a_{\mu+1}} dx \int_{a_{\mu+1}}^{a_{\mu+2}} d\alpha\, U \eta_{\varkappa}\, \mathfrak{z}_l = P_{\varkappa l} \tag{18.}$$

setzen:

$$\left\{\begin{aligned} P_{11} &= \frac{2\pi i}{(\lambda_1-1)(\lambda_2-1)}[g_{22}-1], \\ P_{12} &= \frac{-2\pi i}{(\lambda_1-1)(\lambda_2-1)} g_{12}, \\ P_{21} &= \frac{-2\pi i}{(\lambda_1-1)(\lambda_2-1)} g_{21}, \\ P_{22} &= \frac{2\pi i}{(\lambda_1-1)(\lambda_2-1)}[g_{11}-1]^{*}). \end{aligned}\right. \tag{19.}$$

Sei z. B. [1126

$$[y]_1 = x(1-x)y^{(2)} + [\gamma-(\alpha+\beta+1)x]y' - \beta\alpha y = 0. \tag{20.}$$

Wir setzen

$$1-\gamma = \varrho_0, \quad \gamma-\alpha-\beta = \varrho_1, \quad \alpha-\beta = \varrho_2, \tag{21.}$$

also

$$\gamma = 1-\varrho_0, \quad \alpha = \tfrac{1}{2}(1-\varrho_0-\varrho_1+\varrho_2), \quad \beta = \tfrac{1}{2}(1-\varrho_0-\varrho_1-\varrho_2). \tag{22.}$$

Substituiren wir

$$y = x^{\frac{1}{2}(1+\varrho_0)}(1-x)^{\frac{1}{2}(1+\varrho_1)}u, \tag{23.}$$

so geht (20.) über in

$$F(x)^2 u^{(2)} + 2F(x)F'(x)u' + A_0 u = 0, \tag{20a.}$$

---

*) Bei dieser Gelegenheit möge ein Rechenfehler angemerkt werden, der sich in dem Beispiele Abh. S. 211 [1]) eingeschlichen hat. Aus den dortigen Gleichungen (15.) ergeben sich *nicht* die Gleichungen (16.) bis (16a.), da bei der dortigen Bestimmung von ζ_1, ζ_2 (S. 210) und $\zeta_{\mu 1}, \zeta_{\mu 2}$ (S. 211)

$$[w_{\mu 2}, \zeta_{\mu 2}] = -[w_{\mu 1}, \zeta_{\mu 1}]$$

und

$$[w_2, \zeta_2] = -[w_1, \zeta_1]$$

(cf. Abh. S. 192–194 [2])) sein muss, und demgemäss aus der für dieses Beispiel hiernach abzuändernden Gl. (J.) sich nur $b_{11}b_{22} - b_{12}b_{21} = 1$ ergiebt [3]).

---

1) S. 453, Band I dieser Ausgabe. R. F.

2) Ebenda S. 431–434. R. F.

3) Vgl. die Anmerkung 2), S. 456, Band I dieser Ausgabe. R. F.

wenn wir

$$F(x) = x(x-1), \tag{24.}$$

$$A_0 = \tfrac{1}{4}(1-\varrho_0^2)(x-1)^2 + \tfrac{1}{4}(1-\varrho_1^2)x^2 + \tfrac{1}{4}[7+\varrho_0^2+\varrho_1^2-\varrho_2^2]F(x) \tag{25.}$$

setzen.

Die Wurzeln der determinirenden Fundamentalgleichung bei (20a.) sind

$$\begin{array}{lll} \text{für } x = 0: & r_{01} = -\tfrac{1}{2}(\varrho_0+1), & r_{02} = \tfrac{1}{2}(\varrho_0-1), \\ x = 1: & r_{11} = -\tfrac{1}{2}(\varrho_1+1), & r_{12} = \tfrac{1}{2}(\varrho_1-1), \\ x = \infty: & r_{\infty 1} = \tfrac{3}{2}+\tfrac{1}{2}\varrho_0, & r_{\infty 2} = \tfrac{3}{2}-\tfrac{1}{2}\varrho_0. \end{array}$$

Setzen wir voraus, dass $\varrho_0, \varrho_1, \varrho_2$ positive Grössen sind, kleiner als Eins, so liegen $r_{01}, r_{02}, r_{11}, r_{12}$ zwischen 0 und -1, dagegen $r_{\infty 1}, r_{\infty 2}$ zwischen 1 und 2.

In unserem Beispiele ist

$$U = \tfrac{1}{4}[17-\varrho_0^2+\varrho_1^2-\varrho_2^2] - \tfrac{1}{4}(1-\varrho_2^2)(x+\alpha). \tag{12a.}$$

1127] Die zu (20a.) adjungirte Differentialgleichung lautet

$$F(x)^2 w^{(2)} + 2F(x)F'(x)w' + A_0 w = 0, \tag{26.}$$

dieselbe ist also mit (20a.) identisch.

Es ist demnach

$$\zeta_1 = \eta_2, \quad \zeta_2 = \eta_1, \tag{27.}$$

wo η_1, η_2 bez. ζ_1, ζ_2 das zu $x = \infty$ zugehörige Fundamentalsystem von Integralen der Gleichung (20.) bez. (26.) bedeuten, und es ist

$$\left\{ \begin{array}{l} H_{1\mathfrak{a}}^{(\mu)} = J_{2\mathfrak{a}}^{(\mu)}, \\ H_{2\mathfrak{a}}^{(\mu)} = J_{1\mathfrak{a}}^{(\mu)}. \end{array} \right. \tag{28.}$$

Die Gleichung (5.) No. 3 lautet in unserem Beispiele:

$$\int_{a_\mu}^{a_{\mu+1}} [\mathfrak{a}(\mathfrak{a}-1)(x-1)^2 + 2(x-1)(2x-1)\mathfrak{a} + A_0] x^{\mathfrak{a}} \eta_\varkappa \, dx = 0. \tag{29.}$$

Demnach ist in unserem Falle $J_{\varkappa\mathfrak{a}}^{(\mu)}$ folglich nach Gl. (28.) auch $H_{\varkappa\mathfrak{a}}^{(\mu)}$ linear durch $J_{\varkappa 0}^{(\mu)}, J_{\varkappa 1}^{(\mu)}$ ausdrückbar, wie es nach No. 3 erforderlich ist.

Bezeichnen wir mit

$$S_0 = \begin{pmatrix} g_{11}^{(0)} & g_{12}^{(0)} \\ g_{21}^{(0)} & g_{22}^{(0)} \end{pmatrix}$$

und mit

$$S_1 = \begin{pmatrix} g_{11}^{(1)} & g_{12}^{(1)} \\ g_{21}^{(1)} & g_{22}^{(1)} \end{pmatrix}$$

bez. die zu $x = 0$ und $x = 1$ gehörige Fundamentalsubstitution von η_1, η_2, so ergeben die Gleichungen (19.), wenn wir

$$\int_\infty^0 dx \int_0^1 d\alpha\, U \eta_\varkappa \mathfrak{y}_l = P_{\varkappa l}^{(0)}, \tag{30.}$$

$$\int_0^1 dx \int_1^\infty d\alpha\, U \eta_\varkappa \mathfrak{y}_l = P_{\varkappa l}^{(1)} \tag{31.}$$

und

$$\left\{ \begin{aligned} \frac{\pi i}{2 \sin^2 \frac{\pi \varrho_0}{2}} &= -\alpha_0, \\ \frac{\pi i}{2 \sin^2 \frac{\pi \varrho_1}{2}} &= -\alpha_1 \end{aligned} \right. \tag{32.}$$

setzen: [1128

$$\left\{ \begin{aligned} P_{11}^{(0)} &= \alpha_0 (g_{22}^{(0)} - 1), \\ P_{12}^{(0)} &= \alpha_0\, g_{12}^{(0)}, \\ P_{21}^{(0)} &= \alpha_0\, g_{21}^{(0)}, \\ P_{22}^{(0)} &= \alpha_0 (g_{11}^{(0)} - 1), \end{aligned} \right. \tag{33.}$$

$$\left\{ \begin{aligned} P_{11}^{(1)} &= \alpha_1 (g_{22}^{(1)} - 1), \\ P_{12}^{(1)} &= \alpha_1\, g_{12}^{(1)}, \\ P_{21}^{(1)} &= \alpha_1\, g_{21}^{(1)}, \\ P_{22}^{(1)} &= \alpha_1 (g_{11}^{(1)} - 1). \end{aligned} \right. \tag{34.}$$

In den Ausdrücken (30.) und (31.) bedeuten $\mathfrak{y}_1, \mathfrak{y}_2$ Functionen von α, die aus η_1, η_2 durch Vertauschung von x mit α hervorgehen.

Nach dem Obigen sind die linken Seiten der Gleichungen (33.) und (34.) homogene Functionen zweiten Grades der Grössen:

$$\int_\infty^0 \eta_1\, dx, \int_\infty^0 x\eta_1\, dx, \int_\infty^0 \eta_2\, dx, \int_\infty^0 x\eta_2\, dx,$$

$$\int_0^1 \eta_1\, dx, \int_0^1 x\eta_1\, dx, \int_0^1 \eta_2\, dx, \int_0^1 x\eta_2\, dx.$$

Man würde, wie wir nebenbei bemerken, wenn man in die Gleichungen (33.), (34.) die bekannten Ausdrücke von η_1, η_2 vermittelst bestimmter Integrale substituirt, aus diesen Gleichungen die Fundamentalsubstitutionen in der bekannten Form durch EULERsche Integrale (Gammafunctionen) darstellen können.

ANMERKUNGEN.

1) Änderungen gegen das Original.
Es wurde gesetzt:
S. 142, Gleichung (B.) $F(x)^a$ statt $F(x)$,
Zeile 4 v. u. wurde hinter ganze rationale Function »$\varkappa^{\text{ten}}$ Grades« eingeschoben,
„ 151, „ 10 v. u. ist »haben« hinzugefügt,
„ 155, „ 10 »Wir setzen« statt »Setzen wir«,
in den Gleichungen der Fussnote w statt ω.

2) Zu dem S. 146, Zeile 6 v. u. ff. angegebenen Satze ist zu bemerken, dass die Gleichung (3.) bei dem hier angegebenen Verfahren nicht in den Stellen $b_1, \ldots, b_\sigma$ mit der Gleichung (1.) übereinzustimmen braucht, dass vielmehr durch die ganzen rationalen Functionen $\varphi_\chi(x)$ andere derartige Stellen hinzutreten können.

R. F.

LXI.

NOTE ZU DER IM BANDE 83, P. 13 sqq. DIESES JOURNALS ENTHALTENEN ARBEIT: SUR QUELQUES PROPRIÉTÉS ETC.; EXTRAIT D'UNE LETTRE ADRESSÉE À M. HERMITE[1]).

(Journal für die reine und angewandte Mathematik, Bd. 112, 1893, S. 156—164.)

Die folgende Notiz enthält einige Ausführungen der in meinem an [156 Herrn HERMITE gerichteten Briefe (d. J., Bd. 83, p. 13 sqq.[1])) skizzirten Grundlage der Modulfunction, wie ich sie in meinen Vorlesungen zu geben pflege. Zur Mittheilung derselben werde ich nicht nur durch das allgemeine Interesse, welches gegenwärtig die Theorie der Modulfunctionen gefunden, veranlasst, sondern auch weil das von mir angewendete Verfahren einer Verallgemeinerung fähig ist zur Entscheidung der Frage, wann die durch Umkehrung von Quotienten von Integralen linearer Differentialgleichungen entstehenden Functionen eindeutig werden.

Die oben citirte Arbeit aus dem 83. Bande dieses Journals werde ich der Kürze halber mit dem Zeichen B. citiren.

1.

Wie in B. sei

(1.) $$\eta_1 = \int_0^1 \frac{dy}{\sqrt{y(1-y)(u-y)}}, \quad \eta_2 = \int_1^u \frac{dy}{\sqrt{y(y-1)(u-y)}},$$

und es werde

(2.) $$\mathsf{H} = \frac{\eta_2}{\eta_1}$$

---

1) Abh. XXIV, S. 85 ff., Band II dieser Ausgabe. R. F.

gesetzt. Wir zerschneiden die Ebene T der complexen Variablen u durch einen längs der realen Axe von $u = 0$ über $u = 1$ ins Unendliche geführten Schnitt, und bezeichnen die so erhaltene u-Ebene mit T', sowie mit $\eta_1^{(0)}, \eta_2^{(0)}$ die in T' gültigen Zweige der Functionen η_1, η_2, wie sie in B. vermittelst
157] der Differentialgleichung

$$(3.) \qquad 2u(u-1)\frac{d^2\eta}{du^2} + 2(2u-1)\frac{d\eta}{du} + \frac{1}{2}\eta = 0,$$

welcher η_1, η_2 genügen, daselbst durch die Relationen (B.), (C.), (E.) definirt worden sind. Ferner sei

$$(2a.) \qquad \mathsf{H}_0 = \frac{\eta_2^{(0)}}{\eta_1^{(0)}}.$$

Die Begrenzung Γ der T'-Ebene besteht aus den beiden Ufern des Schnittes $(0, 1, \infty)$ und aus einem um $u = 0$ beschriebenen unendlich grossen Kreise $\mathfrak{K}$. (Siehe Fig. 1.)

Figur 1. T'-Ebene.

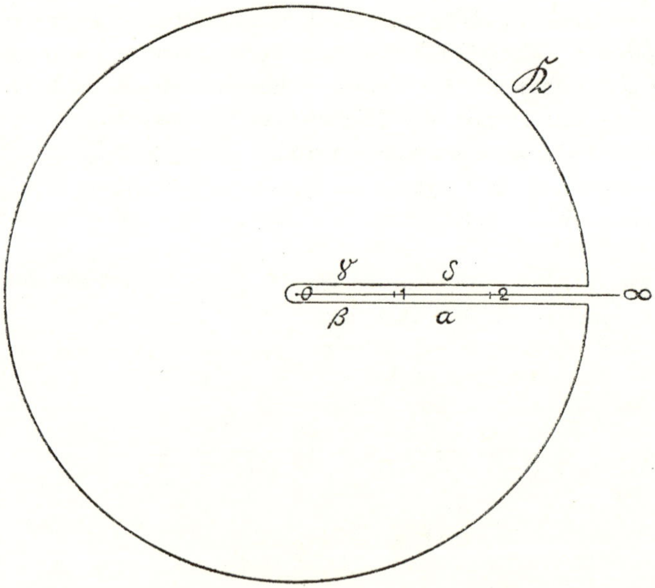

Wir wollen diese Begrenzung mit Hülfe der Gleichung (2a.) auf die H-Ebene abbilden. (Siehe Fig. 2.)

In dem Theile $(\infty, \alpha, 1)$ von Γ gilt für H_0 die Gleichung

$$\mathsf{H}_0 = \frac{1}{\pi} A, \tag{4.}$$

wenn wir [158

$$A = -\left[H_\infty(u) + \log\frac{1}{u}\right] \tag{4a.}$$

setzen. (Siehe B. p. 24, Gl. (3.)[1].)

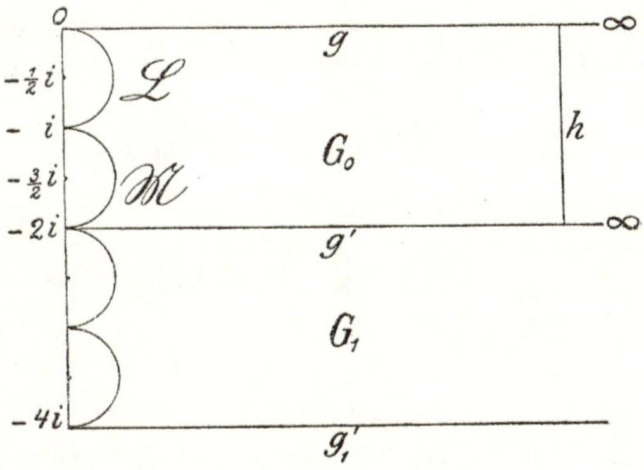

Von den mehrdeutigen Ausdrücken $\log\frac{1}{u}$, $\log(u-1)$ und $\log u$ in den Gleichungen (1.), (2.), (3.) von B. p. 24[1]) können wir einen, z. B. $\log\frac{1}{u}$, willkürlich fixiren, während die beiden anderen alsdann durch stetige Fortsetzung von H_0 in T' sich von selbst bestimmen.

Figur 2. H-Ebene.

Es sei daher $\log\frac{1}{u}$ längs $(\infty, \alpha, 1)$ real gewählt, so sind A und H_0 für dieses Intervall ebenfalls real, weil (s. B. p. 16[2])) $v^2_{\infty 1}$, folglich auch $\mathsf{H}_\infty(u)$ für reale Werthe von u real ist. Aus der Gleichung

$$\frac{dA}{du} = -\frac{d}{du}\left[\frac{v_{\infty 2}}{v_{\infty 1}}\right] = \frac{1}{v^2_{\infty 1}\, u(u-1)} \tag{5.}$$

(s. B. p. 18 Gl. (C.) und p. 20[3])) ergiebt sich, dass $\frac{dA}{du}$ längs $(\infty, \alpha, 1)$ stets positiv ist, weil nach B. p. 16 Gl. (3.)[2]) $v^2_{\infty 1}$ dieselbe Eigenschaft hat.

Während also u die Bahn $(\infty, \alpha, 1)$ durchwandert, nimmt H_0 fortwährend ab.

Für $u = \infty$ ist H_0 ein positiver unendlich grosser Werth, während H_0 für $u = 1$ verschwindet (s. B. p. 23 Gleichung (β.)[4]).

---

1) S. 97, Band II dieser Ausgabe. R. F.

2) Ebenda S. 88. R. F.

3) Ebenda S. 90 und S. 93 Gl. (D.). R. F.

4) Ebenda S. 96. R. F.

Es entsprechen sich also die Punkte der Bahnen $(\infty, \alpha, 1)$ von u und $(\infty, 0)$ (g in Fig. 2) im positiven Theile der realen H-Axe gegenseitig eindeutig.

Für den Theil $(2, \alpha, 1)$ der realen u-Axe gilt neben der Gleichung (4.) auch die Gleichung

$$(6.)\qquad \mathsf{H}_0 = \frac{\pi}{-H_1(u) - \log(u-1)},$$

(s. B. p. 24 Gl. (2.)[1]).

159] Da v_{11}^2 folglich auch $H_1(u)$ für reale Werthe von u real ist (s. B. p. 16[2]), und da H_0, wie oben gezeigt, in dem genannten Intervalle real ist, so ergiebt die Gleichung (6.), dass wir längs $(2, \alpha, 1)$ den Ausdruck $\log(u-1)$ real annehmen müssen. Setzen wir $\log(u-1)$ längs eines Halbkreises um $u = 1$ von der Strecke $(2, \alpha, 1)$ nach der Strecke $(1, \beta, 0)$ fort, so wird in letzterer Strecke

$$(6a.)\qquad \log(u-1) = (\log(1-u)) - \pi i,$$

wo $(\log(1-u))$ real zu nehmen ist.

Sei

$$(7.)\qquad B = -[H_1(u) + (\log(1-u))],$$

so ist längs $(1, \beta, 0)$

$$(8.)\qquad \mathsf{H}_0 = \frac{\pi}{B + \pi i}.$$

Nach B. p. 23 Gl. $(\beta.)$[3]) ist für $u = 0$, $B = 0$, und für $u = 1$, $B = \infty$.

Nun ist

$$(5a.)\qquad \frac{dB}{du} = -\frac{d}{du}\left[\frac{v_{12}}{v_{11}}\right] = \frac{1}{u(1-u)v_{11}^2}$$

(s. B. p. 17 Gl. (B.), p. 20 Gl. (D.)[4]). Es wird also $\frac{dB}{du}$ zwischen 1 und 0 positiv bleiben und daher B ununterbrochen von ∞ bis 0 abnehmen, während u die Bahn $(1, \beta, 0)$ beschreibt.

Aus der Gleichung (8.) ergiebt sich daher, dass H_0 in der H-Ebene einen nach der positiven Seite gelegenen Halbkreis $\mathfrak{K}$ mit dem Radius $\frac{1}{2}$ um den Punkt $(0, -\frac{1}{2})$ beschreibt, während u die Bahn $(1, \beta, 0)$ durchläuft.

---

1) S. 97, Band II dieser Ausgabe. R. F.

2) Ebenda S. 88. R. F.

3) Ebenda S. 96. R. F.

4) Ebenda S. 89 und S. 93. R. F.

Die Punkte der Bahnen $(1, \beta, 0)$ und $\mathfrak{L}$ entsprechen sich gegenseitig eindeutig.

Für die Bahn $(1, \beta, 0)$ gilt neben (8.) noch die Gleichung

$$\mathsf{H}_0 = \frac{H_0(u) - \log u}{\pi + i\,[H_0(u) - \log u]}, \tag{9.}$$

(s. B. p. 24 Gl. (1.)[1]).

Sei

$$H_0(u) - \log u = \pi C, \tag{10.}$$

so wird aus der Gleichung (9.):

$$\mathsf{H}_0 = \frac{C}{1 + iC}. \tag{9a.}$$

Da im reciproken Werthe von H_0 nach Gleichung (8.) der Coefficient von i constant sein muss, so ist erforderlich, dass $\log u$ längs $(1, \beta, 0)$ real [160
gewählt werde. Den Werth von $\log u$ längs der Strecke $(0, \gamma, 1)$ erhalten wir, indem wir diese Function längs eines um $u = 0$ führenden Kreises von der Seite $(1, \beta, 0)$ nach der Seite $(0, \gamma, 1)$ fortsetzen, also $(\log u) - 2\pi i$, wo $(\log u)$ real ist. Demnach ist für die Bahn $(0, \gamma, 1)$

$$\mathsf{H}_0 = \frac{C + 2i}{-1 + iC}. \tag{11.}$$

Nun ist

$$\frac{dC}{du} = \frac{1}{\pi}\frac{d}{du}\left(\frac{v_{02}}{v_{01}}\right) = \frac{1}{\pi v_{01}^2\, u(u-1)}, \tag{5b.}$$

(s. B. p. 20 Gl. (10.)[2]).

Da $\log u$ auf der Bahn $(1, \beta, 0)$ real ist, so ist C ebenso wie v_{01} auf derselben Strecke real, und es ist $\frac{dC}{du}$ zwischen 0 und 1 fortwährend negativ. Nach B. p. 23 Gl. $(\beta.)$[3]) ist für $\mathsf{H}_0 = 0$ $u = 1$, also nach Gleichung (9a.) $C = 0$. Ebenso folgt daraus, dass für $u = 0$ $\mathsf{H}_0 = -i$, für denselben Werth von u $C = \infty$. Es nimmt daher C ununterbrochen von ∞ bis 0 ab, während u die Strecke $(0, \gamma, 1)$ durchläuft. Die Gleichung (11.) lehrt daher, dass H_0 in der H-Ebene einen nach der positiven Seite der realen Axe gelegenen Halbkreis $\mathfrak{M}$ mit dem Radius $\frac{1}{2}$ um den Punkt $(0, -\frac{3}{2})$ beschreibt,

1) S. 97, Band II dieser Ausgabe. R. F.
2) Ebenda S. 93. R. F.
3) Ebenda S. 96. R. F.

während u die Bahn $(0, \gamma, 1)$ durchläuft. Die Punkte der Bahnen $(0, \gamma, 1)$ und $\mathfrak{M}$ entsprechen einander gegenseitig eindeutig. Wenn u die Strecke $(1, \delta, \infty)$ zurücklegt, so gilt für H_0 wieder die Gleichung

$$\text{(4b.)} \qquad \mathsf{H}_0 = -\frac{1}{\pi}\left[H_\infty(u) + \log\frac{1}{u}\right].$$

Während längs $(\infty, \alpha, 1)$, $\log\frac{1}{u}$ real war, liefert die Fortsetzung von $\log\frac{1}{u}$ längs eines um $u = \infty$ führenden Kreises von der Seite $(\infty, \alpha, 1)$ nach der Seite $(1, \delta, \infty)$ für diese Function längs $(1, \delta, \infty)$ zu dem Werthe $\left(\log\frac{1}{u}\right) + 2\pi i$, wo wiederum $\left(\log\frac{1}{u}\right)$ real ist. Die Gleichung (4b.) wird daher nach Gleichung (4a.)

$$\text{(4c.)} \qquad \mathsf{H}_0 = \frac{1}{\pi}A - 2i.$$

Da nach dem Obigen A real ist und fortwährend wachsend von 0 bis ∞ sich bewegt, während u die Bahn $(1, \delta, \infty)$ beschreibt, so wird demnach H_0 die im Abstande -2 zur realen H-Axe parallele und nach der positiven
161] Seite derselben bis ins Unendliche verlaufende geradlinige Bahn g' durchwandern, während u den Weg $(1, \delta, \infty)$ beschreibt.

Die Punkte dieser Bahnen entsprechen sich wiederum gegenseitig eindeutig.

Beschreibt endlich v den Kreis $\mathfrak{K}$ mit dem unendlich grossen Radius R, so durchläuft H_0 nach Gleichung (4c.) eine Bahn, welche durch die Gleichung

$$\text{(12.)} \qquad \mathsf{H}_0 = -\frac{1}{\pi}\{-4\log 2 + 2\pi i - \log R - \varphi i\}$$

dargestellt wird, wenn $u = Re^{\varphi i}$.

Wenn φ von 0 bis 2π geht, so beschreibt H_0 in unendlich grossem positiven Abstande von dem Nullpunkte der H-Ebene, nämlich $\frac{4\log 2 + \log R}{\pi}$ eine Parallele h zur lateralen H-Axe, von g' beginnend und in g endigend.

2.

Wir wollen das von den Linien g, $\mathfrak{L}$, $\mathfrak{M}$, g', h abgegrenzte Gebiet der H-Ebene mit G_0 bezeichnen.

Den Werthen u der T'-Ebene, deren Modul sehr gross, entsprechen nach den Gleichungen (4b.) und (12.) Werthe H_0 innerhalb G_0 in kleinem Abstande von h, s. B. p. 24[1]), und es findet zwischen diesen Werthen die Gleichung

$$(1.)\qquad \frac{1}{u} = 16e^{-\pi \mathsf{H}_0} + \varphi\left(e^{-\pi \mathsf{H}_0}\right)$$

statt, wo $\varphi(q)$ eine nach positiven ganzen Potenzen von q fortschreitende Reihe bedeutet (s. B. p. 25 Gl. (2.)[2]).

Setzen wir die durch die Gleichung (1.) definirte Function u von H in der nach der positiven Seite der realen Axe gelegenen Halbebene der Variablen H gemäss der Gleichung

$$(2.)\qquad \frac{du}{d\mathsf{H}} = \frac{u(u-1)\eta_1^2}{\pi}$$

fort, so können wir für einen endlichen, ausserhalb der lateralen Axe gelegenen Werth von H nicht zu einem der Werthe $u = 0, 1, \infty$ gelangen, da gemäss der Gleichung

$$(3.)\qquad \mathsf{H} = \frac{\eta_2}{\eta_1},$$

welche sich mit der functionalen Beziehung (2.) deckt, für $u = 0$, $u = 1$ [162
der Punkt H auf die laterale Axe entfällt, und für $u = \infty$ der Punkt H entweder ebenfalls auf die laterale H-Axe entfällt oder nach der positiven Seite der realen Axe ins Unendliche rückt (s. B. p. 23[3]).

Wir können aber bei der Fortsetzung nach Gleichung (2.) für einen endlichen ausserhalb der lateralen Axe gelegenen Werth von H auch nicht zu einem von $u = 0, 1, \infty$ verschiedenen Werth $u = \alpha$ gelangen, für den $\eta_1 = 0$. Denn da für $u = \alpha$ bekanntlich nicht zugleich $\eta_2 = 0$ sein könnte, so müsste für $u = \alpha$, H unendlich werden.

Dem Fundamentaltheorem der Theorie der Differentialgleichungen zu Folge wird daher u eine eindeutige Function von H in dem ganzen Gebiete der letzteren Variablen sein, welches nach der positiven Seite der realen Axe gelegen ist (s. B. p. 26[4]).

Das Gebiet der Variablen u, welches durch die so definirte Function u von H als Abbildung des Gebietes G_0 hergeleitet wird, bedeckt die ganze T'-Ebene.

---

1) S. 97, Band II dieser Ausgabe. R. F.

2) Ebenda S. 99. R. F.

3) Ebenda S. 96 und 97. R. F.

4) Ebenda S. 100. R. F.

Denn wäre ein Theil U der T'-Ebene von dieser Abbildung ausgeschlossen, so könnte seine Begrenzung Γ nicht Punkten des Inneren von G_0 entsprechen, weil in der Umgebung jeder Stelle H_0' im Inneren von G_0 die Function u eindeutig, endlich und stetig ist, also der Umgebung von $\mathsf{H}_0 = \mathsf{H}_0'$ die volle Umgebung des entsprechenden Punktes $u = u'$ entsprechen würde.

Wegen der Eindeutigkeit der Function u von H in G_0 kann aber u für eine Stelle H' auf $g, \mathfrak{L}, \mathfrak{M}, g'$ nur zu dem einen Werthe u' resp. der Theile $(\infty, \alpha, 1), (1, \beta, 0), (0, \gamma, 1), (1, \delta, \infty)$ der realen Axe gelangen, welcher bei der obigen Construction des Gebietes G_0 den Werth H_0' lieferte. Für Punkte H_0 auf h müsste aber u unendlich gross sein. Demnach müsste die Begrenzung Γ von U, so weit sie sich im Endlichen befindet, aus Theilen der realen u-Axe bestehen. Da aber die Coefficienten der Reihen $H_0(u), H(u), H_\infty(u)$ real sind, so ergeben die Gleichungen (4.) und (4c.) voriger Nummer, dass in der Nähe des Theiles $(1, \infty)$ der realen u-Axe zu beiden Seiten die zugehörigen Werthe H_0 im Inneren von G_0, und zwar resp. von g und g' gelegen sind. Ebenso ergeben die Gleichungen (8.) und (11.) voriger Nummer, dass in der Nähe des Theiles $(0, 1)$ der realen u-Axe zu beiden Seiten die zugehörigen Werthe von H_0 im Inneren von G_0 resp. an $\mathfrak{L}, \mathfrak{M}$ gelegen sind.

163] Demnach kann es kein Gebiet U der Variablen u geben, welches bei der Abbildung von G_0 vermittelst der eindeutigen Function u von H ausgeschlossen ist.

Die Abbildung des Gebietes G_0 vermittelst der Function u von H auf die u-Ebene bedeckt dieselbe nur einfach.

Dieses folgt daraus, dass nach den Grundsätzen der Theorie der linearen Differentialgleichungen die Integrale der Gleichung (3.) No. 1, folglich auch H_0 in der T-Ebene eindeutige Functionen von u sind.

Die Ebene T' und das Gebiet G_0 sind demnach conforme Abbildungen von einander.

3.

Irgend ein Zweig H hat die Form

(1.) $$\mathsf{H} = \frac{\nu i + \varrho \mathsf{H}_0}{\lambda + \mu i \mathsf{H}_0},$$

wo λ, μ, ν, ϱ reale ganze Zahlen sind, welche der Bedingung

$$\lambda\varrho + \mu\nu = 1 \tag{2.}$$

genügen, und wo überdies λ, ϱ ungerade Zahlen, μ, ν gerade Zahlen bedeuten. (B. p. 22[1].)

Da nach voriger Nummer allen Werthen u in T' nur Werthe H_0 mit positivem realen Theile entsprechen, so ergiebt sich nach dem Satze (B. p. 24[2]), dass alle Werthe H nach der positiven Seite der realen H-Axe gelegen sind.

Da, wie schon oben bemerkt, die Gleichungen (2.) und (3.) voriger Nummer dieselbe functionale Beziehung ausdrücken, so ist eine Fortsetzung der für die Werthe H mit positivem realen Theile definirten Function u vermittelst der Differentialgleichung (2.) voriger Nummer über die laterale H-Axe hinaus nicht möglich.

Seien H und H' zwei verschiedene Zweige, und sei H durch die Gleichung (1.) gegeben, während H' durch

$$\mathsf{H}' = \frac{\nu' i + \varrho' \mathsf{H}_0}{\lambda' + \mu' i \mathsf{H}_0} \tag{1'.}$$

definirt wird, wo wiederum λ', μ', ν', ϱ' ganze Zahlen, welche der Gleichung

$$\lambda'\varrho' + \mu'\nu' = 1 \tag{2'.}$$

genügen, und wovon λ', ϱ' ungerade Zahlen, μ', ν' gerade Zahlen sind.

Für zwei verschiedene Werthe $u = u_0$ und $u = u_1$ kann wegen der [164
Eindeutigkeit der Function u von H nicht $\mathsf{H}'(u_0) = \mathsf{H}'(u_1)$ sein. Es kann aber auch nicht

$$\mathsf{H}'(u_0) = \mathsf{H}(u_0) \tag{3.}$$

sein. Denn aus (1.) und (1'.) würde alsdann folgen

$$\mathsf{H}_0(u_0)^2 + \frac{\alpha - \delta}{\beta i}\mathsf{H}_0(u_0) - \frac{\gamma}{\beta} = 0, \tag{4.}$$

wo

$$\begin{pmatrix} \alpha & \beta i \\ \gamma i & \delta \end{pmatrix} = \begin{pmatrix} \lambda' & \mu' i \\ \nu' i & \varrho' \end{pmatrix}^{-1} \begin{pmatrix} \lambda & \mu i \\ \nu i & \varrho \end{pmatrix}. \tag{5.}$$

---

1) S. 95 und 96, Band II dieser Ausgabe. R. F.

2) Ebenda S. 97 und 98. R. F.

Aus (4.) ergiebt sich wegen

$$(6.)\qquad \alpha\delta+\beta\gamma = 1,$$

$$(7.)\qquad H_0 = \frac{\alpha-\delta}{2\beta}i \pm \frac{1}{2\beta}\sqrt{4-(\alpha+\delta)^2}.$$

Nach B. p. 22[1]) sind α, δ ungerade Zahlen, β, γ gerade Zahlen. Es kann nicht $\alpha+\delta = 0$ sein, weil sonst nach (6.)

$$(8.)\qquad \beta\gamma-2 = (\alpha-1)(\alpha+1),$$

was nicht möglich ist, da die rechte Seite durch 4 theilbar wäre, die linke Seite aber nicht. Es hat also $(\alpha+\delta)^2$ mindestens den Werth 4, daher liefert die Gleichung (7.) einen Werth H_0 auf der lateralen Axe.

Die sämmtlichen Zweigwerthe H erfüllen daher in der H-Ebene Flächengebiete, welche nirgendwo ausserhalb der lateralen Axe Punkte gemeinschaftlich haben.

Da wir aber bewiesen haben, dass jedem Punkte H in der die positive Seite der realen Axe enthaltenden Halbebene Werthe u entsprechen, so erfüllt die Gesammtheit der Zweige diese Halbebene lückenlos.

Es müssen daher an der lateralen H-Axe über alle Grenzen abnehmende Flächentheile sich anhäufen, welche Zweigwerthe von H darstellen.

---

1) S. 95, Band II dieser Ausgabe. R. F.

ANMERKUNG.

Änderung gegen das Original.

Es wurde gesetzt:

S. 168, Gleichung (7.) rechter Hand $\frac{1}{2\beta}\sqrt{4-(\alpha+\delta)^2}$ statt $\sqrt{4-(\alpha+\delta)^2}$. R. F.

LXII.

ÜBER LINEARE DIFFERENTIALGLEICHUNGEN, WELCHE VON PARAMETERN UNABHÄNGIGE SUBSTITUTIONS-GRUPPEN BESITZEN.

(I. Theil, Einleitung und No. 1—4, Sitzungsberichte der Königl. preussischen Akademie der Wissenschaften zu Berlin, 1893, XLV, S. 975—988; vorgetragen am 16. November; ausgegeben am 23. November 1893. II. Theil, No. 5—8, Sitzungsberichte, 1894, XLII, S. 1117—1127; vorgetragen am 1. November; ausgegeben am 8. November 1894.)

Die folgende Notiz schliesst sich der Reihe von Arbeiten über lineare [975 Differentialgleichungen an, welche ich in den Sitzungsberichten veröffentlicht habe, insbesondere an die Notizen vom Jahre 1888, S. 1273[1]); 1892, S. 157[2]) und 1113[3]), worin ich eine Kategorie von linearen Differentialgleichungen in die Untersuchung eingeführt habe, deren Integrale sich bei beliebigen Umläufen der unabhängigen Variabeln unabhängig von gewissen in den Coefficienten der Differentialgleichungen auftretenden Parametern ändern, und deren Zusammenhang mit einer Klasse simultaner partieller Differentialgleichungen ich insbesondere in der Notiz von 1892, S. 157[2]) untersucht habe. Die gegenwärtige Note dient zur Vorbereitung für weitere an die bezeichnete Kategorie von Differentialgleichungen sich anschliessende functionentheoretische Folgerungen.

In der Notiz von 1892, S. 1118—1120[4]) habe ich nachgewiesen, wie man jeder linearen Differentialgleichung, für welche die Wurzeln der determinirenden Fundamentalgleichung nicht um ganze Zahlen verschieden sind, eine

---

[1]) Abh. LIV, S. 15 ff. dieses Bandes. R. F.
[2]) Abh. LIX, S. 117 ff. dieses Bandes. R. F.
[3]) Abh. LX, S. 141 ff. dieses Bandes. R. F.
[4]) Ebenda S. 146—149. R. F.

Differentialgleichung derselben Klasse zuordnen kann, bei welcher der reale Theil dieser Wurzeln seinem absoluten Werthe nach die Einheit nicht überschreitet. Die gegenwärtige Note enthält eine Ergänzung zu diesem Satze, für den Fall, dass jene Wurzeln auch um ganze Zahlen verschieden sind. Ich habe dieselbe hier aufgenommen, weil sich davon bei der Untersuchung der Anzahl der singulären Stellen einer Differentialgleichung der in der Überschrift bezeichneten Kategorie mit Vortheil Gebrauch machen lässt.

1.

Zunächst wollen wir einige Sätze aufstellen, welche auf allgemeine lineare Differentialgleichungen Bezug haben.

Es seien die Coefficienten der Differentialgleichung:

976] (1.)
$$\frac{d^n y}{dx^n} + p_1 \frac{d^{n-1} y}{dx^{n-1}} + \cdots + p_n y = 0$$

in der Umgebung eines singulären Punktes a von der Gestalt:

(2.)
$$p_\lambda = \frac{P_\lambda}{(x-a)^\lambda} \text{*)},$$

wo P_λ eine nach positiven ganzen Potenzen von $x-a$ fortschreitende Reihe bedeutet, und $r=\varrho$ eine μ-fache Wurzel der determinirenden Fundamentalgleichung:

(3.)
$$r(r-1)(r-2)\ldots(r-n+1) + P_1(a)r(r-1)\ldots(r-n+2) + \cdots + P_n(a) = 0,$$

ferner $\eta_1, \eta_2, \ldots, \eta_\mu$ die entsprechenden Elemente eines zu a gehörigen Fundamentalsystems, so dass

(4.)
$$\eta_k = (x-a)^\varrho [\varphi_{k0} + \varphi_{k1} t + \cdots + \varphi_{km} t^m],$$

wo t^m die höchste Potenz des in η_k auftretenden Logarithmus, φ_{kl} nach positiven ganzen Potenzen fortschreitende Reihen bedeuten, welche nicht sämmtlich für $x=a$ verschwinden, und:

(5.)
$$t = \log(x-a)$$

gesetzt worden ist**).

*) Crelles Journal, Bd. 68, S. 360, Gl. (3.)[1]).

**) Ebenda S. 364[2]).

[1]) Abh. VII, S. 212, Band I dieser Ausgabe. R. F.

[2]) Ebenda S. 216. R. F.

Es seien nunmehr $Q_0(x)$, $Q_1(x)$, ..., $Q_{n-1}(x)$ noch zu bestimmende ganze rationale Functionen von x, und sei:

(6.) $$u = Q_0(x)y + Q_1(x)\frac{dy}{dt} + \cdots + Q_{n-1}(x)\frac{d^{n-1}y}{dt^{n-1}}.$$

Setzen wir:

(7.) $$\varphi_{k0} + \varphi_{k1}t + \cdots + \varphi_{km}t^m = f(t),$$

so ist:

(8.) $$\eta_k = (x-a)^\varrho f(t),$$

und es ergiebt sich:

(9.) $$\frac{d^\lambda \eta_k}{dt^\lambda} = [\varrho^\lambda f(t) + \lambda_1 \varrho^{\lambda-1} f'(t) + \lambda_2 \varrho^{\lambda-2} f^{(2)}(t) + \cdots + \lambda_\lambda f^{(\lambda)}(t)](x-a)^\varrho + f_\lambda(t)(x-a)^{\varrho+1}.$$

Hierin bedeutet $f^{(\alpha)}(t)$ die α^{te} Ableitug von $f(t)$ nach t und $f_\lambda(t)$ eine ganze rationale Function von t, deren Coefficienten nach ganzen positiven Potenzen von $x-a$ fortschreitende Reihen sind.

Setzen wir in (6.) $y = \eta_k$ und bezeichnen den zugehörigen Werth von u mit u_k, so wird demgemäss:

(10.) $$u_k = (x-a)^\varrho\left[F(\varrho, x)f(t) + \frac{F'(\varrho, x)}{1!}f'(t) + \frac{F^{(2)}(\varrho, x)}{2!}f^{(2)}(t) + \cdots\right.$$ [977
$$\left. + \frac{F^{(n-1)}(\varrho, x)}{(n-1)!}f^{(n-1)}(t)\right] + (x-a)^{\varrho+1}g(t),$$

wo:

(11.) $$\begin{cases} F(\varrho, x) = Q_0(x) + Q_1(x)\varrho + Q_2(x)\varrho^2 + \cdots + Q_{n-1}(x)\varrho^{n-1}, \\ F^{(\alpha)}(\varrho, x) = \dfrac{\partial^\alpha F(\varrho, x)}{\partial \varrho^\alpha} \end{cases}$$

und $g(t)$ eine wie $f_\lambda(t)$ beschaffene Function ist.

Es seien nunmehr die Coefficienten von $Q_0(x)$, $Q_1(x)$, ..., $Q_{n-1}(x)$ so bestimmt, dass die ganze rationale Function von r:

(12.) $$F(r, a) = Q_0(a) + Q_1(a)r + Q_2(a)r^2 + \cdots + Q_{n-1}(a)r^{n-1}$$

den Linearfaktor $r-\varrho$ genau $(m+1)$-fach enthält, dagegen aber für keine andere Wurzel der Gleichung (3) verschwindet. Dann ist $f^{(m+1)}(t)$, ..., $f^{(n-1)}(t)$ identisch Null, während

(13.) $$F(\varrho, a) = 0, \quad \ldots, \quad F^{(m)}(\varrho, a) = 0.$$

Es ist

(14.) $$m < n-1.$$

Wir können die noch unbestimmten Coefficienten von

$$Q_0(x),\ Q_1(x),\ \ldots,\ Q_{n-1}(x)$$

stets so wählen, dass $\varrho+1$ auch genau der Exponent ist, zu welchem $u_1, u_2, \ldots, u_\mu$ gehören.

Ist $r = \sigma$ eine von ϱ verschiedene Wurzel der Gleichung (3.) und ζ ein entsprechendes Element des zu a gehörigen Fundamentalsystems, so ist unserer Voraussetzung nach nicht gleichzeitig

$$F(\sigma, a) = 0, \quad F'(\sigma, a) = 0, \quad \ldots, \quad F^{(n-1)}(\sigma, a) = 0.$$

Bezeichnen wir demnach mit v das Resultat der Substitution $y = \zeta$ in Gleichung (6.), so gehört v noch immer zum Exponenten σ.

Es seien diejenigen Wurzeln der Gleichung (3.), welche von einer bestimmten Wurzel r_1 derselben um ganze Zahlen verschieden sind, derart in Gruppen vertheilt, dass in jeder Gruppe gleiche Wurzeln sich befinden. Die Gruppe R_0 enthalte die Wurzel r_1 μ_0-fach, die Gruppe R_1 die Wurzel r_1-g_1 μ_1-fach u. s. w., die Gruppe R_ν die Wurzel r_1-g_ν μ_ν-fach, wo die Grössen g positive ganze Zahlen bedeuten, welche sämmtlich von Null verschieden sind und mit dem Index anwachsen. Dann giebt es ein der Gruppe R_λ entsprechendes System von Integralen:

(α.) $$y_{\lambda 1},\ y_{\lambda 2},\ \ldots,\ y_{\lambda \mu_\lambda},$$

978] welche zum Exponenten r_1-g_λ gehören und so beschaffen sind, dass nicht durch eine lineare Combination derselben mit Integralen höherer Exponenten ein anderes zu r_1-g_λ gehöriges System mit einer geringeren Anzahl von Elementen erhalten werden kann, während jedes andere Integral, welches zum Exponenten r_1-g_λ gehört, sich durch das System (α.) und Integrale höherer Exponenten linear ausdrücken lässt*).

Wenn umgekehrt:

(β.) $$w_1,\ w_2,\ \ldots,\ w_p$$

---

*) Crelles Journal, Bd. 68, S. 355[1]).

---

[1]) Abh. VII, S. 206—207, Band I dieser Ausgabe. R. F.

ein System von Integralen ist, welche zu einer Wurzel r_1-g_λ der Gleichung (3.) als Exponenten gehören, und wenn das System (β.) nicht durch eine lineare Combination seiner Elemente mit Integralen höherer Exponenten auf ein anderes ebenfalls zu r_1-g_λ gehöriges System mit einer geringeren Anzahl von Elementen zurückgeführt werden kann, während jedes andere Integral, welches zum Exponenten r_1-g_λ gehört, sich durch das System (β.) und Integrale höherer Exponenten linear ausdrücken lässt, so ist r_1-g_λ eine p-fache Wurzel der Gleichung (3.). Denn wäre r_1-g_λ eine q-fache Wurzel und $q<p$, so müsste nach dem eben citirten Satze das System (β.) sich durch eine geringere Anzahl von Elementen ausdrücken lassen.

Es möge nunmehr u aus Gleichung (6.) der Differentialgleichung:

$$\frac{d^n u}{dx^n}+q_1\frac{d^{n-1}u}{dx^{n-1}}+\cdots+q_n u = 0 \tag{15.}$$

genügen. Wir setzen in (6.) an die Stelle von y successive die Elemente des Systems (α.) und bezeichnen die Resultate mit:

$$u_{\lambda 1},\ u_{\lambda 2},\ \ldots,\ u_{\lambda\mu_\lambda}. \tag{γ.}$$

Möge die oben mit ϱ bezeichnete Wurzel der Gleichung (3.) jetzt:

$$\varrho = r_1-g_1 \tag{16.}$$

sein, und $Q_0, Q_1, \ldots, Q_{n-1}$ so bestimmt werden, dass $F(r,a)$ [Gleichung (12.)] den Linearfactor $r-(r_1-g_1)$ genau μ_1-fach enthält. Alsdann gehören die Integrale des Systems:

$$u_{11},\ u_{12},\ \ldots,\ u_{1\mu_1} \tag{δ.}$$

zum Exponenten r_1-g_1+1, während für $\lambda \gtrless 1$ das System (γ.) zum Exponenten r_1-g_λ gehört.

Die Elemente eines Systems (γ.) für $\lambda \neq 0$ stehen aber weder unter einander noch mit den Integralen eines anderen Systems in linearer Beziehung, wenn die Gleichung (1.) irreductibel ist. Dasselbe gilt für $\lambda = 0$, wenn $g_1 > 1$.

Die zu $x=a$ gehörige determinirende Fundamentalgleichung für die Gleichung (15.) besitzt also die Wurzeln:

$$r_1,\ r_1-g_1+1,\ r_1-g_2,\ \ldots,\ r_1-g_\nu, \tag{ε.}$$ [979

resp. $\mu_0, \mu_1, \mu_2, \ldots, \mu_\nu$-fach, wenn $g_1 > 1$.

Ist $g_1 - 1 > 1$, so sei:

$$v = R_0 u + R_1 \frac{du}{dt} + \cdots + R_{n-1} \frac{d^{n-1} u}{dt^{n-1}}, \tag{6a.}$$

wo $R_0, R_1, \ldots, R_{n-1}$ ganze rationale Functionen sind, welche so bestimmt werden, dass:

$$F_1(r, a) = R_0(a) + R_1(a) r + \cdots + R_{n-1}(a) r^{n-1} \tag{12a.}$$

den Linearfactor $r - (r_1 - g_1 + 1)$ genau μ_1-mal enthält. Alsdann ergiebt sich, wie oben, dass die Wurzeln der zu a gehörigen determinirenden Fundamentalgleichung für die Differentialgleichung:

$$\frac{d^n v}{dx^n} + s_1 \frac{d^{n-1} v}{dx^{n-1}} + \cdots + s_n v = 0, \tag{15a.}$$

welcher v aus (6a.) genügt:

$$r_1,\ r_1 - g_1 + 2,\ r_1 - g_2,\ \ldots,\ r_1 - g_\nu, \tag{ε'.}$$

und zwar genau resp. $\mu_0, \mu_1, \mu_2, \ldots, \mu_\nu$-fach sind.

Wiederholen wir den Process (6.), (6a.), ..., so ergiebt sich:

Wir können eine mit (1.) zu derselben Klasse gehörige Differentialgleichung aufstellen, bei welcher die von r_1 um ganze Zahlen verschiedenen Wurzeln der zu a gehörigen determinirenden Fundamentalgleichung:

$$r_1,\ r_1 - 1,\ r_1 - g_2,\ \ldots,\ r_1 - g_\nu, \tag{ζ.}$$

sind und resp. $\mu_0, \mu_1, \mu_2, \ldots, \mu_\nu$-fach auftreten.

Wiederholen wir denselben Process an den Gruppen, deren Repräsentanten $r_1 - g_2, r_1 - g_3, \ldots, r_1 - g_\nu$ sind, so gelangen wir zu einer mit (1.) zu derselben Klasse gehörigen Differentialgleichung, deren zu a gehörige determinirende Fundamentalgleichung die Wurzeln:

$$r_1,\ r_1 - 1,\ r_1 - 2,\ \ldots,\ r_1 - \nu, \tag{η.}$$

resp. $\mu_0, \mu_1, \mu_2, \ldots, \mu_\nu$-fach hat, während die übrigen Wurzeln dieser Gleichung mit denjenigen Wurzeln der Gleichung (3.) übereinstimmen, die nicht von r_1 um ganze Zahlen verschieden sind.

Der Process, durch welchen von einer Differentialgleichung zu einer anderen derselben Klasse übergegangen wird, ist so beschaffen, dass die Integrale der letzteren nicht an einer endlichen Stelle, welche von den singulären Punkten der ersteren verschieden ist, unendlich werden können. Da die Integrale der letzteren sich aber auch nicht an einer von den singulären Punkten der ersteren abweichenden Stelle verzweigen können, so können in der letzteren Differentialgleichung nur ausserwesentlich singuläre Stellen [980 hinzutreten (ausserwesentlich in dem Sinne, dass die Integrale in ihnen weder unendlich werden, noch sich verzweigen*)).

Die Functionsreihen $Q_0, Q_1, \ldots, Q_{n-1}$; $R_0, R_1, \ldots, R_{n-1}$, u. s. w., die wir bei den auf den singulären Punkt a bezüglichen Transformationen anwenden, können wir nun so wählen, dass die zu allen von a verschiedenen wesentlich singulären Stellen der transformirten Differentialgleichung gehörigen determinirenden Fundamentalgleichungen dieselben bleiben, wie die zu denselben Stellen gehörigen determinirenden Fundamentalgleichungen für die Gleichung (3.).

Indem wir nun für alle wesentlich singulären Stellen den Transformationsprocess ausführen, gelangen wir zu folgendem Resultat:

Es giebt stets eine mit (1.) zu derselben Klasse gehörige Differentialgleichung von folgender Beschaffenheit:

(A.) Es sei a irgend ein im Endlichen gelegener wesentlich singulärer Punkt, $r_1, r_2, \ldots, r_\mu$ diejenigen Wurzeln der zugehörigen determinirenden Fundamentalgleichung, die sich nicht um ganze Zahlen von einander unterscheiden. Der Complex der von r_k um ganze Zahlen (Null) verschiedenen Wurzeln derselben Gleichung hat dann die Gestalt:

$$r_k,\ r_k-1,\ r_k-2,\ \ldots,\ r_k-\nu,$$

worin ν höchstens den Werth $n-1$ erhalten kann.

Dieser Satz bildet eine Ergänzung zu einem Satze, welchen ich bei früherer Gelegenheit aufgestellt habe**).

*) Siehe Crelles Journal, Bd. 68, S. 378[1]).

**) Siehe Sitzungsberichte 1892, S. 1118–1120[2]).

1) Abh. VII, S. 232, Band I dieser Ausgabe R. F.

2) Abh. LX, S. 146—149 dieses Bandes. R. F.

Sei die Differentialgleichung, welcher diese Eigenschaft zukommt:

$$\frac{d^n w}{dx^n} + e_1(x)\frac{d^{n-1}w}{dx^{n-1}} + e_2(x)\frac{d^{n-2}w}{dx^{n-2}} + \cdots + e_n(x)w = 0, \tag{17.}$$

und a einer der singulären Punkte derselben, und setzen wir:

$$x - a = \frac{1}{\xi}, \tag{18.}$$

wodurch die Gleichung (17.) in:

$$\frac{d^n w}{d\xi^n} + g_1(\xi)\frac{d^{n-1}w}{d\xi^{n-1}} + \cdots + g_n(\xi)w = 0 \tag{17a.}$$

übergeht. Wir können nach dem obigen Theorem durch die Transformation:

$$W = H_0(\xi) + H_1(\xi)\frac{dw}{dt} + \cdots + H_{n-1}(\xi)\frac{d^{n-1}w}{dt^{n-1}}, \tag{19.}$$

981] wo $t = \log\xi$; $H_0, H_1, \ldots, H_{n-1}$ ganze rationale Functionen von ξ, eine mit (17a.) zu derselben Klasse gehörige Differentialgleichung:

$$\frac{d^n W}{d\xi^n} + G_1(x)\frac{d^{n-1}W}{d\xi^{n-1}} + \cdots + G_n(\xi)W = 0 \tag{20.}$$

von der Art herstellen, dass die zu sämmtlichen wesentlich singulären Stellen gehörigen determinirenden Fundamentalgleichungen die im Satze (A.) angegebene Eigenschaft besitzen.

Wird in der Differentialgleichung (20.) wiederum die Substitution (18.) angewendet, so verwandelt sie sich in:

$$\frac{d^n W}{dx^n} + E_1(x)\frac{d^{n-1}W}{dx^{n-1}} + \cdots + E_n(x)W = 0. \tag{17b.}$$

Diese Gleichung gehört mit (17a.) also auch mit (17.) zu derselben Klasse und besitzt die im Theorem (A.) angegebene Eigenschaft für sämmtliche wesentlich singuläre Punkte den unendlich fernen Punkt eingeschlossen.

2.

Es habe:

$$\frac{d^n y}{dx^n} + p_1\frac{d^{n-1}y}{dx^{n-1}} + \cdots + p_n y = 0 \tag{1.}$$

die Eigenschaft, dass die Fundamentalsubstitutionen ihrer Integrale von einem in den Coefficienten $p_1, p_2, \ldots, p_n$ auftretenden Parameter t unabhängig sind*). Alsdann giebt es ein Fundamentalsystem von Integralen $y_1, y_2, \ldots, y_n$ derselben, welches der Gleichung:

$$(2.)\qquad \frac{\partial y}{\partial t} = A_0 y + A_1 y' + \cdots + A_{n-1} y^{(n-1)}$$

genügt, wo $A_0, A_1, \ldots, A_{n-1}$ rationale Functionen von x und $y^{(k)} = \frac{\partial^k y}{\partial x^k}$ bedeuten**).

Ist a einer der singulären Punkte von (1.) und geht nach einem Umlaufe um a y_k über in:

$$(3.)\qquad \bar{y}_k = \alpha_{k1} y_1 + \alpha_{k2} y_2 + \cdots + \alpha_{kn} y_n, \qquad (k = 1, 2, \ldots, n)$$

so sind unserer Voraussetzung gemäss die Grössen α_{kl} von t unabhängig, daher auch die Wurzeln der Fundamentalgleichung***)

$$(4.)\qquad \begin{vmatrix} \alpha_{11} - \omega & \alpha_{12} & \ldots & \alpha_{1n} \\ \alpha_{21} & \alpha_{22} - \omega & \ldots & \alpha_{2n} \\ \cdot & \cdot & \ldots & \cdot \\ \alpha_{n1} & \alpha_{n2} & \ldots & \alpha_{nn} - \omega \end{vmatrix} = 0$$ [982

von t unabhängig.

Sei $\eta_1, \eta_2, \ldots, \eta_n$ das zu a gehörige Fundamentalsystem, so ist:

$$(5.)\qquad \eta_k = c_{k1} y_1 + c_{k2} y_2 + \cdots + c_{kn} y_n. \qquad (k = 1, 2, \ldots, n)$$

Die Coefficienten c können von t unabhängig gewählt werden†).

Wir wollen nunmehr voraussetzen, dass die Integrale der Gleichung (1.) überall bestimmte Werthe haben, dass also:

$$(6.)\qquad p_k = \frac{F_{k(\varrho-1)}(x)}{\psi(x)^k},$$

*) Siehe Sitzungsberichte 1888, S. 1278 ff. und Sitzungsberichte 1892, S. 158 ff. [1]).

**) Sitzungsberichte 1888, S. 1278 [2]).

***) CRELLES Journal, Bd. 66, S. 132, Gl. (6.) [3]).

†) Siehe Sitzungsberichte 1892, S. 163 [4]).

1) Abh. LIV, S. 20 ff. und Abh. LIX, S. 118 ff. dieses Bandes. R. F.

2) Abh. LIV, S. 20 dieses Bandes. R. F.

3) Abh. VI, S. 171, Band I dieser Ausgabe. R. F.

4) Abh. LIX, S. 124 dieses Bandes. R. F.

wo

$$\psi(x) = (x-a_1)(x-a_2)\dots(x-a_\varrho)$$

und $F_{k(\varrho-1)}(x)$ eine ganze rationale Function $k(\varrho-1)^{\text{ten}}$ Grades*).

Alsdann sind zwar die Wurzeln der Gleichung (4.) $\omega_1, \omega_2, \dots, \omega_n$ von t unabhängig, aber da $\frac{1}{2\pi i}\log\omega_k$ nur bis auf eine additive ganze Zahl bestimmt ist, so ist das System der Exponenten, zu welchen die durch die Gleichung (5.) bestimmten Integrale gehören, nicht nothwendig mit dem Systeme der Wurzeln der determinirenden Fundamentalgleichung**):

$$(7.)\quad r(r-1)(r-2)\dots(r-n+1)+F_{\varrho-1}(a)\,r(r-1)(r-2)\dots(r-n+2)+\dots+F_{n(\varrho-1)}(a) = 0$$

übereinstimmend. Ist r_λ eine Wurzel der Gleichung (7.), welche sich nicht von einer anderen Wurzel um eine ganze Zahl unterscheidet, so ist unter den Integralen (5.) eines vorhanden, welches r_λ zum Exponenten hat. Wenn aber r_λ von einer anderen Wurzel der Gleichung (7.) um eine von Null verschiedene ganze Zahl abweicht, so ist es nicht erforderlich, dass r_λ einen Exponenten für ein Element von (5.) darstellt.

Wir wollen daher unter $\eta_1, \eta_2, \dots, \eta_n$ stets das Fundamentalsystem verstehen, dessen Exponenten sich mit den Wurzeln der Gleichung (7.) decken (wie wir dasselbe***) beschrieben haben).

983] Setzen wir nun:

$$(8.)\quad y_k = e_{k1}\eta_1 + e_{k2}\eta_2 + \dots + e_{kn}\eta_n, \qquad (k = 1, 2, \dots, n)$$

so sind e_{kl} im Allgemeinen Functionen von t.

3.

Wir heben nunmehr aus den Differentialgleichungen

$$(1.)\quad \frac{d^n y}{dx^n} + p_1\frac{d^{n-1}y}{dx^{n-1}} + \dots + p_n y = 0,$$

deren Integrale von einem Parameter t unabhängige Substitutionscoefficienten besitzen, folgende Kategorie hervor:

---

*) Crelles Journal, Bd. 66, S. 146, Gl. (12.)[1]).

**) Ebenda S. 147, Gl. (15.)[2]).

***) Ebenda Bd. 68, S. 355[3]).

---

1) Abh. VI, S. 186, Band I dieser Ausgabe. R. F.

2) Ebenda S. 188. R. F.

3) Abh. VII, S. 206—207, Band I dieser Ausgabe. R. F.

(a) Es sollen die Integrale derselben überall bestimmte Werthe erhalten, die Coefficienten p_k demnach die in Gleichung (6.) voriger Nummer angeführte Form haben. Hierbei sollen $a_1, a_2, \ldots, a_{\varrho-1}$ von t unabhängig sein, dagegen $a_\varrho = t$ werden.

(b) Sei a ein beliebiger singulärer Punkt, y ein Element des zugehörigen Fundamentalsystems von Integralen, r die entsprechende Wurzel der determinirenden Fundamentalgleichung, so dass:

$$y = (x-a)^r[\varphi_0 + \varphi_1 \log(x-a) + \varphi_2(\log(x-a))^2 + \cdots + \varphi_m(\log(x-a))^m].$$

Es sollen $\varphi_0, \varphi_1, \ldots, \varphi_m$ in der Umgebung eines willkürlichen Werthes t_0 von t nach ganzen positiven Potenzen von $x-a$ und $t-t_0$ entwickelbar sein.

Dass es Differentialgleichungen giebt, welche den Forderungen (a) und (b) Genüge leisten, dafür bieten diejenigen Differentialgleichungen Beispiele dar, denen die Periodicitätsmoduln der Abelschen Integrale Genüge leisten*).

Sei für ein Integral der Gleichung (1.):

$$(2.)\quad y = (x-a)^r[\varphi_0 + \varphi_1 \log(x-a) + \varphi_2(\log(x-a))^2 + \cdots + \varphi_m(\log(x-a))^m],$$

wo a einer der Punkte $a_1, a_2, \ldots, a_{\varrho-1}$ und $\varphi_0, \varphi_1, \ldots, \varphi_m$ nicht sämmtlich Null und nicht unendlich für einen willkürlichen Werth von t, so ist nach der Voraussetzung (b):

$$(3.)\quad \frac{\partial y}{\partial t} = (x-a)^r[\psi_0 + \psi_1 \log(x-a) + \psi_2(\log(x-a))^2 + \cdots + \psi_m(\log(x-a))^m],$$

wo $\psi_0, \psi_1, \ldots, \psi_m$ für $x = a$ und einen willkürlichen Werth von t nicht unendlich werden.

4. [984

Wenn die Differentialgleichung (1.) No. 2 die Eigenschaft hat, dass die Fundamentalsubstitutionen ihrer Integrale von einem in ihren Coefficienten auftretenden Parameter unabhängig sind, so hat jede Differentialgleichung derselben Klasse die gleiche Eigenschaft. Hat die Differentialgleichung (1.) No. 2 überdies die Eigenschaft (b) No. 3, so behält die Differentialgleichung

*) Vergl. Crelles Journal, Bd. 71, S. 118 und Bd. 73, S. 329; Sitzungsberichte 1888, S. 1286; 1889, S. 713; 1890, S. 21[1]).

[1]) Abh. VIII, S. 270 und Abh. XIII, S. 349, Band I dieser Ausgabe; Abh. LIV, S. 30, 35 und 49 dieses Bandes. R. F.

für u, welche durch eine Transformation der Form (6.) No. 1 erhalten wird, dieselbe Eigenschaft (b) No. 3.

Wir können daher voraussetzen, dass die Differentialgleichung (1.) No. 2:

$$(1.)\qquad \frac{d^n y}{dx^n}+p_1\frac{d^{n-1}y}{dx^{n-1}}+p_2\frac{d^{n-2}y}{dx^{n-2}}+\cdots+p_n y = 0$$

sowohl in Bezug auf die im Endlichen gelegenen wirklich singulären Punkte, als auch in Bezug auf $x=\infty$ die im Theorem (A.) No. 1 angegebene Eigenschaft besitzt.

Seien $\eta_1, \eta_2, \ldots, \eta_n$ die Elemente des zu einem wirklich singulären Punkte a gehörigen Fundamentalsystems, $r_1, r_2, \ldots, r_n$ die entsprechenden Wurzeln der determinirenden Fundamentalgleichung, und sei $y_1, y_2, \ldots, y_n$ ein System von Fundamentalintegralen von (1.), welches der Gleichung (2.) No. 2:

$$(2.)\qquad \frac{\partial y}{\partial t} = A_0 y + A_1 y' + \cdots + A_{n-1} y^{(n-1)}$$

genügt. Setzen wir:

$$(3.)\qquad y_k = e_{k1}\eta_1 + e_{k2}\eta_2 + \cdots + e_{kn}\eta_n, \qquad (k=1,2,\ldots,n)$$

in (2.) ein und bezeichnen mit e'_{kl} die Ableitung von e_{kl} nach t, sowie mit Δ die Hauptdeterminante von $\eta_1, \eta_2, \ldots, \eta_n$, so erhalten wir aus (2.):

$$(4.)\qquad \Delta A_{n-1}$$
$$= \left[e'_{11}\eta_1+\cdots+e'_{1n}\eta_n+e_{11}\frac{\partial\eta_1}{\partial t}+\cdots+e_{1n}\frac{\partial\eta_n}{\partial t},\ e_{11}\eta_1^{(n-2)}+\cdots+e_{1n}\eta_n^{(n-2)},\ \ldots,\ e_{11}\eta_1+\cdots+e_{1n}\eta_n\right],$$

wenn wir eine Determinante:

$$\begin{vmatrix} a_{11} & a_{12} & \ldots & a_{1n}\\ a_{21} & a_{22} & \ldots & a_{2n}\\ \cdot & \cdot & \cdot & \cdot\\ a_{n1} & a_{n2} & \ldots & a_{nn}\end{vmatrix}$$

kurz durch ihre erste Zeile:

$$[a_{11}\ a_{12}\ \ldots\ a_{1n}]$$

darstellen.

985] Aus (4.) ergiebt sich:

$$(5.)\qquad \Delta A_{n-1} = [e'_{11}\eta_1+\cdots+e'_{1n}\eta_n,\ e_{11}\eta_1^{(n-2)}+\cdots+e_{1n}\eta_n^{(n-2)},\ \ldots,\ e_{11}\eta_1+\cdots+e_{1n}\eta_n]$$
$$+\,\delta\left[\frac{\partial\eta_1}{\partial t},\ \eta_1^{(n-2)},\ \ldots,\ \eta_1\right],$$

wo

$$(6.)\qquad \delta = [e_{11}, e_{12}, \ldots, e_{1n}].$$

Nun aber ist:

$$(7.)\qquad [e'_{11}\eta_1 + \cdots + e'_{1n}\eta_n,\ e_{11}\eta_1^{(n-2)} + \cdots + e_{1n}\eta_n^{(n-2)},\ \ldots,\ e_{11}\eta_1 + \cdots + e_{1n}\eta_n]$$
$$= \sum \left[e'_{1\lambda_1}, e_{1\lambda_2}, \ldots, e_{1\lambda_n}\right] \eta_{\lambda_1} \eta_{\lambda_2}^{(n-2)} \eta_{\lambda_3}^{(n-3)} \ldots \eta_{\lambda_n},$$

wo $\lambda_1, \lambda_2, \ldots, \lambda_n$ die Werthe der Zahlenreihe $1, 2, 3, \ldots, n$ annehmen. Es sind jedoch $\lambda_2, \ldots, \lambda_n$ von einander verschieden anzunehmen, während λ_1 mit einer dieser Zahlen zusammenfallen kann. Bezeichnen wir daher mit $\sum r$ die Summe der Wurzeln der zu a gehörigen determinirenden Fundamentalgleichung, so gehört das Product:

$$\eta_{\lambda_1} \eta_{\lambda_2}^{(n-2)} \eta_{\lambda_3}^{(n-3)} \ldots \eta_{\lambda_n}$$

zum Exponenten:

$$(8.)\qquad \sum r - \frac{(n-2)(n-1)}{2},$$

oder

$$(9.)\qquad \sum r + r_{\lambda_1} - r_{\lambda_\alpha} - \frac{(n-2)(n-1)}{2},$$

je nachdem λ_1 von den Zahlen der Reihe $\lambda_2, \lambda_3, \ldots, \lambda_n$ verschieden ist oder mit einer derselben zusammenfällt. Andrerseits gehört Δ zum Exponenten:

$$\sum r - \frac{n(n-1)}{2}\ ^{*}).$$

Demnach gehört:

$$(10.)\qquad P_{\lambda_1 \lambda_2 \ldots \lambda_n} = \frac{\eta_{\lambda_1} \eta_{\lambda_2}^{(n-2)} \eta_{\lambda_3}^{(n-3)} \ldots \eta_{\lambda_n}}{\Delta}$$

zum Exponenten $n-1$ oder zum Exponenten $r_{\lambda_1} - r_{\lambda_\alpha} + n - 1$, je nachdem λ_1 von $\lambda_2, \lambda_3, \ldots, \lambda_n$ verschieden ist oder mit einer dieser Zahlen zusammenfällt.

Da wegen der Voraussetzung (b.) No. 3 $\frac{\partial \eta}{\partial t}$ für einen von t unabhängigen singulären Punkt a mindestens zum Exponenten r_λ gehört, so gehört der Ausdruck:

$$(11.)\qquad \mathrm{E} = \frac{\left[\frac{\partial \eta_1}{\partial t}, \eta_1^{(n-2)}, \ldots, \eta_1\right]}{\Delta}$$

*) Siehe Crelles Journal, Bd. 66, S. 145[1]).

1) Abh. VI, S. 185, Band I dieser Ausgabe. R. F.

986] mindestens zum Exponenten $n-1$ und ist in der Umgebung von $x = a$ eindeutig.

Aus der Gleichung (5.) oder:

$$A_{n-1} = \sum P_{\lambda_1 \lambda_2 \ldots \lambda_n}\left[e'_{1\lambda_1}, e_{1\lambda_2}, \ldots, e_{1\lambda_n}\right] + \delta \mathrm{E}, \tag{5a.}$$

und aus der Erwägung, dass A_{n-1} eine rationale Function von x, also in der Umgebung von $x = a$ eindeutig sein soll, ergiebt sich, dass diejenigen Coefficienten $\left[e'_{1\lambda_1}, e_{1\lambda_2}, \ldots, e_{1\lambda_n}\right]$ verschwinden müssen, für welche $r_{\lambda_1} - r_{\lambda_\alpha}$ keine ganze Zahl ist.

In den übrig bleibenden Gliedern sind die Differenzen $r_{\lambda_1} - r_{n_1}$ ihrem absoluten Werthe nach nicht grösser als $n-1$, weil unsere Gleichung (1.) die im Theoreme (A.) vorausgesetzte Beschaffenheit hat. Daher gehören in den zurückbleibenden Gliedern die $P_{\lambda_1 \lambda_2 \ldots \lambda_n}$ im Allgemeinen zu positiven ganzzahligen Exponenten. Ausgenommen ist ein Glied, für welches:

$$r_{\lambda_1} - r_{\lambda_\alpha} = -(n-1). \tag{12.}$$

Dieser Fall kann nur eintreten, wenn die determinirende Fundamentalgleichung die Wurzeln $r_1, r_1 - 1, r_1 - 2, \ldots, r_1 - (n-1)$ hat, und für die Combination:

$$\lambda_1 = 1, \quad \lambda_\alpha = n. \tag{13.}$$

Setzen wir in (1.):

$$y = (x-a)^{r_1 - (n-1)} u, \tag{14.}$$

so würde die Differentialgleichung für u beim singulären Punkte a die Zahlen $n-1, n-2, \ldots, 1, 0$ als Wurzeln der determinirenden Fundamentalgleichung besitzen. Die Hauptdeterminante der Differentialgleichung für u würde demnach für $x = a$ weder Null noch unendlich. Die Coefficienten der Differentialgleichung für u würden daher ebenfalls für $x = a$ endlich bleiben, und es würde a überhaupt nicht mehr singulärer Punkt sein, wenn nicht die Integrale in ihrer Entwickelung um $x = a$ Logarithmen enthielten.

Denken wir uns also aus (1.) solche Punkte, welche durch die Substitution der Form (14.) beseitigt werden können, entfernt — wodurch die Natur der Gleichung (1.) nicht geändert wird — so schliessen wir, dass der Fall (12.) nur eintreten kann, wenn $P_{\lambda_1 \lambda_2 \ldots \lambda_n}$ logarithmische Glieder enthält. Da aber

A_{n-1} in der Umgebung von a eindeutig sein muss, so folgt, dass der Complex der bezüglichen Glieder in Gleichung (5a.) verschwinden muss.

Aus dem Vorhergehenden ergiebt sich das Theorem:

(B.) Die rationale Function A_{n-1} von x wird für die nicht von t abhängigen singulären Punkte Null mindestens erster Ordnung.

Für den singulären Punkt $a = t$ gehört $\frac{\partial \eta_\lambda}{\partial t}$ mindestens zum Expo- [987
nenten $r_\lambda - 1$, daher E mindestens zum Exponenten $n-2$, es ist folglich, für $n > 2$, A_{n-1} auch Null für $x = t$, und für $n = 2$ jedenfalls nicht unendlich.

Für $x = \infty$ setzen wir:

$$x = \frac{1}{\xi}. \tag{15.}$$

Alsdann ergiebt dieselbe Rechnung wie die obige, dass $A_{n-1}\xi^{2(n-1)}$ für $\xi = 0$ nicht unendlich wird.

Es ist daher A_{n-1} für $x = \infty$ höchstens von der $2(n-1)^{\text{ten}}$ Ordnung unendlich.

Anlangend die ausserwesentlich singulären Punkte, so kann die Transformation (6.) No. 1 so gewählt werden, dass die Hauptdeterminante der Integrale der transformirten Gleichung in den durch die Transformation entstandenen ausserwesentlich singulären Punkten β nur einfach verschwindet. Die auf einen solchen Punkt bezügliche determinirende Fundamentalgleichung hat dann die Wurzeln $0, 1, 2, \ldots, n-2, n$. Bei der Transformation (6a.) No. 1 bleiben die singulären Punkte β und die zugehörigen determinirenden Fundamentalgleichungen erhalten, während neue ausserwesentlich singuläre Punkte γ eintreten, deren zugehörige determinirende Fundamentalgleichungen ebenfalls die Wurzeln $0, 1, 2, \ldots, n-2, n$ sind. So weiter schliessend folgern wir, dass wir bei unserer Gleichung (1.) voraussetzen dürfen, dass zu allen ausserwesentlich singulären Punkten derselben determinirende Fundamentalgleichungen mit den Wurzeln $0, 1, 2, \ldots, n-2, n$ gehören.

Setzen wir in Gleichung (2.) für y successive $y_1, y_2, \ldots, y_n$, so ergiebt sich aus dem entstehenden Gleichungssystem:

$$\Delta A_k = Z_k, \qquad (k = 1, 2, \ldots, n-1) \tag{16.}$$

worin Z_k eine ganze Function von $y_1, y_2, \ldots, y_n$ und ihren Ableitungen nach

x und von $\frac{\partial y_1}{\partial t}, \frac{\partial y_2}{\partial t}, \ldots, \frac{\partial y_n}{\partial t}$, und wo Δ die Hauptdeterminante von $y_1, y_2, \ldots, y_n$ ist. Da Δ für einen ausserwesentlich singulären Punkt nur erster Ordnung verschwindet, und da $y_1, y_2, \ldots, y_n$ und ihre Ableitungen nach x, sowie, wegen der Voraussetzung (b) No. 3, $\frac{\partial y_1}{\partial t}, \frac{\partial y_2}{\partial t}, \ldots, \frac{\partial y_n}{\partial t}$ nicht unendlich werden, so ergiebt sich, dass

$$A_0, A_1, \ldots, A_{n-1}$$

für einen ausserwesentlich singulären Punkt höchstens erster Ordnung unendlich werden.

988] Aus dem Vorhergehenden ergiebt sich, dass:

$$A_{n-1} = \frac{Z}{N}, \tag{17.}$$

wo der Zähler Z jedenfalls für die von t unabhängigen Werthe $a_1, a_2, \ldots, a_{\varrho-1}$ mindestens erster Ordnung verschwindet, während der Nenner N nur für die ausserwesentlich singulären Punkte und zwar nicht höherer als erster Ordnung verschwinden kann. Da andererseits A_{n-1} für $x = \infty$ höchstens $2(n-1)^{\text{ter}}$ Ordnung unendlich ist, so ergiebt sich:

Ist die Anzahl der ausserwesentlich singulären Punkte der Gleichung (1.) $= m$, so ist:

$$\varrho \leqq 2n + m - 1. \tag{18.}$$

Wenn die aus (6.), (6a.), ... No. 1 resultirende Transformation so eingerichtet werden könnte, dass keine ausserwesentlich singuläre Stelle eingeführt würde, alsdann träte an die Stelle der Ungleichung (18.) eine Ungleichung der Form:

$$\varrho \leqq 2n - 1. \tag{18a.}$$

Würden die Grössen e_{kl} [Gleichung (3.)] von t unabhängig werden, so würde in Gleichung (5.) auf der rechten Seite nur das mit δ multiplicirte Glied verbleiben, und daher A_{n-1} für die $\varrho - 1$ von t unabhängigen singulären Punkte $n-1^{\text{ter}}$ Ordnung verschwinden, und es müsste dann, da in diesem Falle die Transformationen (6.), (6a.) u. s. w. No. 1 überflüssig werden, und demnach $m = 0$ wäre, sein:

$$(n-1)(\varrho - 1) \leqq 2n - 1$$

d. h.:

$$\varrho \leqq \frac{3n-2}{n-1}. \tag{18b.}$$

5. [1117

Aus den Entwickelungen der vorigen Nummer ergiebt sich der folgende Satz: Es seien in

$$(1.)\qquad P(y) = \frac{d^n y}{dx^n} + p_1 \frac{d^{n-1} y}{dx^{n-1}} + \cdots + p_n y = 0$$

die Coefficienten $p_1, p_2, \ldots, p_n$ so beschaffene rationale Functionen von x, dass die Integrale der Differentialgleichung überall bestimmte Werthe haben. Es werde überdies vorausgesetzt, dass es ein Fundamentalsystem von Integralen derselben gebe, für welches zugleich die Gleichung

$$(2.)\qquad \frac{\partial y}{\partial t} = A_0 y + A_1 y' + \cdots + A_{n-1} y^{(n-1)}$$

befriedigt werde, wo t ein in $p_1, p_2, \ldots, p_n$ auftretender Parameter und $A_0, A_1, \ldots, A_{n-1}$ rationale Functionen von x sind, und wo $y^{(\lambda)} = \frac{\partial^\lambda y}{\partial x^\lambda}$ gesetzt ist. Sind alsdann die Differenzen der eine Gruppe bildenden Wurzeln einer zu einem singulären Punkte a gehörigen determinirenden Fundamentalgleichung nicht grösser als $n-2$, so verschwindet A_{n-1} für $x = a$ mindestens erster Ordnung. Hierbei ist es für $n > 2$ gleichgültig, ob a von t abhängig oder unabhängig ist. Für $n = 2$ wird a von t unabhängig vorausgesetzt.

Wir wollen von diesem Satze einen neuen Beweis geben, welcher zu gleicher Zeit erkennen lässt, dass für sein Bestehen die Voraussetzung (b) in Nummmer (3.) überflüssig ist.

Ist y irgend ein Integral der Gleichung (1.), so ist [1118

$$(3.)\qquad P\left(\frac{\partial y}{\partial t}\right) + \frac{\partial p_1}{\partial t} y^{(n-1)} + \frac{\partial p_2}{\partial t} y^{(n-2)} + \cdots + \frac{\partial p_n}{\partial t} y = 0.$$

Ist $y_1, y_2, \ldots, y_n$ ein Fundamentalsystem von Integralen der Gleichung (1.), welches zugleich die Gleichung (2.) befriedigt, und

$$(4.)\qquad y = c_1 y_1 + c_2 y_2 + \cdots + c_n y_n,$$

also

$$(5.)\qquad \frac{\partial y}{\partial t} = \frac{\partial c_1}{\partial t} y_1 + \frac{\partial c_2}{\partial t} y_2 + \cdots + \frac{\partial c_n}{\partial t} y_n + c_1 \frac{\partial y_1}{\partial t} + c_2 \frac{\partial y_2}{\partial t} + \cdots + c_n \frac{\partial y_n}{\partial t},$$

so erhalten wir

$$(6.)\qquad P\left(\frac{\partial y}{\partial t}\right) = P\left(\sum_1^n{}_\lambda c_\lambda \frac{\partial y_\lambda}{\partial t}\right) = P\left(\sum_1^n{}_\lambda c_\lambda A(y_\lambda)\right) = P(A(y)),$$

wo

$$A(y) = A_0 y + A_1 y' + \cdots + A_{n-1} y^{(n-1)} \tag{7.}$$

gesetzt ist.

Wir erhalten demnach für ein willkürliches Integral der Gleichung (1.) die Beziehung

$$P(A(y)) + \frac{\partial p_1}{\partial t} y^{(n-1)} + \frac{\partial p_2}{\partial t} y^{(n-2)} + \cdots + \frac{\partial p_n}{\partial t} y = 0. \tag{8.}$$

Seien nunmehr $\eta_1, \eta_2, \ldots, \eta_n$ die Elemente eines zum singulären Punkte a gehörigen Fundamentalsystems, $r_1, r_2, \ldots, r_n$ die entsprechenden Wurzeln der zu a gehörigen determinirenden Fundamentalgleichung, so ist

$$P(A(\eta_k)) + \frac{\partial p_1}{\partial t} \eta_k^{(n-1)} + \frac{\partial p_2}{\partial t} \eta_k^{(n-2)} + \cdots + \frac{\partial p_n}{\partial t} \eta_k = 0. \quad (k = 1, 2, \ldots, n) \tag{9.}$$

Bezeichnen wir mit $\zeta_1, \zeta_2, \ldots, \zeta_n$ ein Fundamentalsystem von Integralen der zu (1.) adjungirten Differentialgleichung und zwar so, dass

$$\zeta_k = (-1)^{n+k} \frac{D(\eta_1, \eta_2, \ldots, \eta_{k-1}, \eta_{k+1}, \ldots, \eta_n)}{D(\eta_1, \eta_2, \ldots, \eta_n)}, \tag{10.}$$

wo $D(u_1, u_2, \ldots, u_r)$ die Hauptdeterminante der Functionen $u_1, u_2, \ldots, u_r$ nach der Variablen x bedeuten soll, alsdann gehören $\zeta_1, \zeta_2, \ldots, \zeta_n$ zu den Exponenten $-r_1+n-1, -r_2+n-1, \ldots, -r_n+n-1$*).

Ist p irgend eine Function von x, so ist bekanntlich das allgemeine Integral der Gleichung

$$P(w) + p = 0 \tag{11.}$$

1119] in der Form

$$w = -\sum_1^n{}_i \eta_i \int p \zeta_i dx + \sum_1^n{}_i \gamma_i \eta_i \tag{12.}$$

enthalten, wo γ_i von x unabhängige Grössen sind**).

Setzen wir demnach

$$\sum_1^n{}_l \eta_l \int \frac{\partial p_\lambda}{\partial t} \eta_k^{(n-\lambda)} \zeta_l dx = P_{k\lambda}, \tag{13.}$$

*) Vergl. meine Arbeit, CRELLES Journal, Bd. 76, S. 180 [1]).

**) Siehe meine Arbeit, Annali di Matematica, Ser. II, Bd. 4, p. 37, Mai 1870 [2]), und FROBENIUS, CRELLES Journal, Bd. 77, S. 256.

[1]) Abh. XVI, S. 419, Band I dieser Ausgabe. R. F.

[2]) Abh. X, S. 296, Band I dieser Ausgabe. R. F.

so ergiebt die Gleichung (9.)

$$A(\eta_k) = -\sum_{1}^{n}{}_{\lambda} P_{k\lambda} + \sum_{1}^{n}{}_{\alpha} c_{k\alpha}\eta_\alpha, \qquad (k = 1, 2, \ldots, n) \tag{14.}$$

wo $c_{k,\alpha}$ von x unabhängig.

Multipliciren wir die Gleichungen (14.) bez. mit $\zeta_1, \zeta_2, \ldots, \zeta_n$ und addiren dieselben, so ergiebt sich aus den Beziehungen

$$\left\{\begin{aligned} &\sum_{1}^{n}{}_{k}\, \eta_k^{(\lambda)}\zeta_k = 0, \quad \text{für } \lambda < n-1, \\ &\sum_{1}^{n}{}_{k}\, \eta_k^{(n-1)}\zeta_k = 1^{*}), \end{aligned}\right. \tag{15.}$$

$$A_{n-1} = -\sum_{1}^{n}{}_{k} \sum_{1}^{n}{}_{\lambda} P_{k\lambda}\zeta_k + \sum_{1}^{n}{}_{k} \sum_{1}^{n}{}_{\alpha} c_{k\alpha}\eta_\alpha\zeta_k. \tag{16.}$$

Ehe wir aus dieser Gleichung unsere Folgerungen ziehen, schieben wir hier die folgende Bemerkung ein.

Substituiren wir in (1.) und (2.)

$$y = (x-a)^\varrho u, \tag{17.}$$

wo a einen der singulären Punkte, ϱ eine beliebige von t unabhängige Grösse bedeutet, so erhalten wir

$$\frac{\partial u}{\partial t} = B_0 u + B_1 u' + \cdots + B_{n-2} u^{(n-2)} + A_{n-1} u^{(n-1)}, \tag{18.}$$

worin $B_0, B_1, \ldots, B_{n-2}$ im allgemeinen von $A_0, A_1, \ldots, A_{n-2}$ verschiedene rationale Functionen von x sind.

Die Gruppe der durch die Substitution (17.) aus (1.) erhaltenen Differentialgleichung ist also ebenfalls von t unabhängig, und die Coefficienten der höchsten Ableitungen nach x in den Gleichungen (2.) und (18.) sind übereinstimmend.

Bilden die Wurzeln der zu a gehörigen determinirenden Fundamental- [1120
gleichung für die Integrale y, eine Gruppe $r_1, r_2, \ldots, r_\lambda$, so bilden die entsprechenden Wurzeln der zu a gehörigen determinirenden Fundamentalgleichung für die Integrale u, ebenfalls eine Gruppe $s_1, s_2, \ldots, s_\lambda$, und umgekehrt.

---

*) Siehe Frobenius, Crelles Journal, Bd. 77, S. 248.

Die Differenzen entsprechender Wurzeln dieser Gruppen haben gleiche Werthe.

Wir können demnach voraussetzen, dass die Wurzeln der sämmtlichen determinirenden Fundamentalgleichungen für unsere Gleichung (1.) keine ganzen Zahlen sind.

Weil die Integrale der Gleichung (1.) überall bestimmt sein sollen, ist

$$(19.)\qquad p_\lambda = \frac{\alpha_{\lambda\lambda}}{(x-a)^\lambda} + \frac{\alpha_{\lambda,\lambda-1}}{(x-a)^{\lambda-1}} + \cdots + \frac{\alpha_{\lambda 1}}{x-a} + R_\lambda,$$

wo R_λ eine rationale Function von x ist, die für $x = a$ nicht mehr unendlich wird.

Weil andererseits die Wurzeln sämmtlicher determinirender Fundamentalgleichungen von t unabhängig sein sollen*), so ist $\alpha_{\lambda\lambda}$ von t unabhängig. Daher ist für einen von t unabhängigen singulären Punkt a

$$(20.)\qquad \frac{\partial p_\lambda}{\partial t} = \frac{\frac{\partial \alpha_{\lambda,\lambda-1}}{\partial t}}{(x-a)^{\lambda-1}} + \cdots + \frac{\frac{\partial \alpha_{\lambda 1}}{\partial t}}{x-a} + \frac{\partial R_\lambda}{\partial t},$$

und für einen von t abhängigen singulären Punkt

$$(20\text{a.})\qquad \frac{\partial p_\lambda}{\partial t} = \frac{\lambda \alpha_{\lambda\lambda}\frac{\partial a}{\partial t}}{(x-a)^{\lambda+1}} + \frac{\alpha_{\lambda,\lambda-1}(\lambda-1)\frac{\partial a}{\partial t}}{(x-a)^\lambda} + \frac{\frac{\partial \alpha_{\lambda,\lambda-1}}{\partial t}}{(x-a)^{\lambda-1}} + \cdots + \frac{\frac{\partial \alpha_{\lambda 1}}{\partial t}}{x-a} + \frac{\partial R_\lambda}{\partial t}.$$

Demnach gehört $\frac{\partial p_\lambda}{\partial t}\eta_k^{(n-\lambda)}\zeta_l$ mindestens entweder zum Exponenten $r_k - r_l$ oder $r_k - r_l - 2$, je nachdem a von t unabhängig oder abhängig ist, und $P_{k\lambda}$ mindestens zum Exponenten $r_k + 1$ im ersten und zu $r_k - 1$ im zweiten Falle**). Endlich gehört $P_{k\lambda}\zeta_k$ mindestens zum Exponenten n im ersten und zum Exponenten $n-2$ im zweiten Falle.

[1121] Es ist demnach, wenn a von t unabhängig ist, der Ausdruck

$$\sum_1^n{}_k \sum_1^n{}_\lambda P_{k\lambda}\zeta_k$$

für $x = a$ gleich Null. Ist a von t abhängig, so verschwindet für $n > 2$ derselbe Ausdruck noch immer für $x = a$.

*) Vergl. Sitzungsberichte, 25. Februar 1892, S. 162[1]).

**) Vergl. CRELLES Journal, Bd. 66, S. 155[2]).

1) Abh. LIX, S. 123 dieses Bandes. R. F.

2) Abh. VI, S. 197, Band I dieser Ausgabe. R. F.

Da A_{n-1} eine rationale Function von x sein soll, so können in (16.) von den Gliedern $c_{k\alpha}\eta_\alpha\zeta_k$ nur solche verbleiben, welche zu einem ganzzahligen Exponenten gehören, d. h. wo $r_\alpha - r_k$ ganze Zahlen bedeuten.

Da nun der Ausdruck $\eta_\alpha\zeta_k$ zum Exponenten $r_\alpha - r_k + n - 1$ gehört, so folgt demnach aus Gleichung (16.): A_{n-1} verschwindet stets für $x = a$, wenn a von t unabhängig und keine Differenz der eine Gruppe bildenden Wurzeln der zu a gehörigen determinirenden Fundamentalgleichung ihrem absoluten Werthe nach die Grösse $n-2$ überschreitet. Für $n > 2$ verschwindet unter denselben Umständen A_{n-1} für $x = a$, auch wenn a von t abhängig ist.

Hiermit ist der Eingangs dieser Nummer erwähnte Satz bewiesen.

Wir erkennen zugleich, *dass A_{n-1} für $x = a$ auch dann verschwinden muss, wenn auch die Differenzen $r_\alpha - r_k$ absolut genommen den Werth $n-2$ überschreiten, sobald die Glieder $c_{k\alpha}\eta_\alpha\zeta_k$ in Gleichung (16.), welche zu einem verschwindenden oder negativen Exponenten gehören, in dieser Gleichung sich wegheben.*

Dieses tritt aber immer ein, wenn $\eta_\alpha\zeta_k$ mit $\log(x-a)$ behaftet ist, weil A_{n-1} eine rationale Function von x sein soll.

6.

Wenn die Differentialgleichung

$$P(y) = y^{(n)} + p_1 y^{(n-1)} + \cdots + p_n y = 0 \tag{1.}$$

wieder die Eigenschaft hat, dass die Substitutionsgruppe derselben von einem in den Coefficienten p_k auftretenden Parameter t unabhängig ist, d. h. wenn ein Fundamentalsystem von Integralen derselben zugleich die Gleichung

$$\frac{\partial y}{\partial t} = A_0 y + A_1 y' + \cdots + A_{n-1} y^{(n-1)} \tag{2.}$$

befriedigt, wo $A_0, A_1, \ldots, A_{n-1}$ rationale Functionen von x sind, so genügen*) $A_0, A_1, \ldots, A_{n-1}$ einem Systeme linearer Differentialgleichungen, deren [1122 Herleitung a. a. O. angedeutet worden ist. Wir wollen hier eine independente Darstellung dieser Differentialgleichungen entwickeln.

*) Siehe Sitzungsberichte, 25. Februar 1892, S. 162[1]).

1) Abh. LIX, S. 123 dieses Bandes. R. F.

Wir bilden zu dem Ende $P(uv)$, wo u, v beliebige Functionen von x bedeuten, und erhalten

$$(3.)\quad P(uv) = \sum_1^{n-1}{}_\lambda u^{(n-\lambda)}[n_\lambda v^{(\lambda)} + (n-1)_{\lambda-1}p_1 v^{(\lambda-1)} + (n-2)_{\lambda-2}p_2 v^{(\lambda-2)} + \cdots + (n-\lambda)_0 p_\lambda v],$$

wenn wir mit den oberen Accenten die Ableitungen nach x und mit k_μ den μ^{ten} Binomialcoëfficienten von k bezeichnen.

Setzen wir in (3.) $v = y^{(k)}$, $u = A_k$, so ergiebt sich

$$(4.)\quad P(A_k y^{(k)}) = \sum_0^n{}_\lambda A_k^{(n-\lambda)}[n_\lambda y^{(k+\lambda)} + (n-1)_{\lambda-1}p_1 y^{(k+\lambda-1)} + (n-2)_{\lambda-2}p_2 y^{(k+\lambda-2)} + \cdots + (n-\lambda)_0 p_\lambda y^{(k)}].$$

Ist $y_1, y_2, \ldots, y_n$ ein beliebiges Fundamentalsystem von Integralen der Gleichung (1.), $z_1, z_2, \ldots, z_n$ das adjungirte Functionssystem, welches durch die Gleichung

$$(5.)\quad z_k = (-1)^{n+k}\frac{D(y_1, y_2, \ldots, y_{k-1}, y_{k+1}, \ldots, y_k)}{D(y_1, y_2, \ldots, y_n)}$$

(s. vorige Nummer, Gleichung (10.)) definirt ist, so sind die Ausdrücke

$$(6.)\quad s_{\alpha\beta} = y_1^{(\alpha)}z_1^{(\beta)} + y_2^{(\alpha)}z_2^{(\beta)} + \cdots + y_n^{(\alpha)}z_n^{(\beta)}$$

ganze rationale Functionen der Grössen $p_1, p_2, \ldots, p_n$ und ihrer Ableitungen.

Insbesondere ist $s_{\alpha\beta} = 0$, wenn $\alpha+\beta < n-1$, und $s_{\alpha\beta} = (-1)^\beta$, wenn $\alpha+\beta = n-1$ *).

Substituiren wir nunmehr in (4.) successive $y_1, y_2, \ldots, y_n$ für y, multipliciren die erhaltenen Gleichungen bez. mit $z_1^{(\mu)}, z_2^{(\mu)}, \ldots, z_n^{(\mu)}$ und addiren dieselben, so folgt

$$(7.)\quad \sum_1^n{}_l z_l^{(\mu)}P(A_k y_l^{(k)}) = \sum_0^n{}_\lambda A_k^{(n-\lambda)}(n_\lambda s_{k+\lambda,\mu} + (n-1)_{\lambda-1}p_1 s_{k+\lambda-1,\mu} + (n-2)_{\lambda-2}p_2 s_{k+\lambda-2,\mu} + \cdots + (n-\lambda)_0 p_\lambda s_{k\mu}) = Q_\mu(A_k).$$

Aus (1.) folgt

$$(8.)\quad P\left(\frac{\partial y}{\partial t}\right) + \frac{\partial p_1}{\partial t}y^{(n-1)} + \frac{\partial p_2}{\partial t}y^{(n-2)} + \cdots + \frac{\partial p_n}{\partial t}y = 0.$$

---

*) Vergl. Frobenius, Crelles Journal, Bd. 77, S. 248–249.

Nach voriger Nummer Gleichung (8.) ist also:

$$(9.)\qquad \sum_{0}^{n-1}{}_{k} P(A_k y^{(k)}) + \frac{\partial p_1}{\partial t} y^{(n-1)} + \frac{\partial p_2}{\partial t} y^{(n-2)} + \cdots + \frac{\partial p_n}{\partial t} y = 0.$$

Setzen wir in Gleichung (9.) für y successive $y_1, y_2, \ldots, y_n$, multi- [1123
pliciren die entstehenden Gleichungen bez. mit $z_1^{(\mu)}, z_2^{(\mu)}, \ldots, z_n^{(\mu)}$ und addiren die Resultate, so erhalten wir

$$(10.)\qquad Q_\mu(A_0) + Q_\mu(A_1) + \cdots + Q_\mu(A_{n-1}) + \frac{\partial p_1}{\partial t} s_{n-1,\mu} + \frac{\partial p_2}{\partial t} s_{n-2,\mu} + \cdots + \frac{\partial p_n}{\partial t} s_{0\mu} = 0.$$

Für $\mu = 0, 1, 2, \ldots, n-1$ repräsentirt die Gleichung (10.) die independente Gestalt des Systems von linearen Differentialgleichungen, welchen $A_0, A_1, \ldots, A_{n-1}$ als Functionen von x genügen müssen.

7.

Um in eine Discussion dieser Differentialgleichungen einzutreten, beginnen wir mit dem Falle $n = 2$. Wir können ohne die Allgemeinheit zu beeinträchtigen, wie a. a. O.*) hervorgehoben worden ist, den Coefficienten der ersten Ableitung p_1 gleich Null voraussetzen, und haben daher, wenn p_2 mit $-p$ bezeichnet wird, die Differentialgleichung

$$(1.)\qquad \frac{d^2 y}{dx^2} = py$$

zu betrachten.

Das System von Differentialgleichungen für A_0, A_1 lautet in unserem Falle**)

$$(2.)\qquad \frac{\partial^2 A_1}{\partial x^2} + 2\,\frac{\partial A_0}{\partial x} = 0,$$

$$(3.)\qquad \frac{\partial^2 A_0}{\partial x^2} + 2p\frac{\partial A_1}{\partial x} + p' A_1 = \frac{\partial p}{\partial t},$$

wo $p' = \frac{\partial p}{\partial x}$ gesetzt ist.

Es sei a einer der singulären Punkte von (1.), so ist in unserem Falle $\zeta_1 = -\eta_2$, $\zeta_2 = \eta_1$, und es liefert die Gleichung (16.) (No. 5)

*) Sitzungsberichte, 25. Februar 1892, S. 163 [1]).

**) Ebenda S. 163 [2]).

[1]) Abh. LIX, S. 124 dieses Bandes. R. F.

[2]) Ebenda S. 125. R. F.

$$(4.)\quad A_1 = -\eta_1^2\int\frac{\partial p}{\partial t}\eta_2^2\,dx - \eta_2^2\int\frac{\partial p}{\partial t}\eta_1^2\,dx + 2\eta_1\eta_2\int\frac{\partial p}{\partial t}\eta_1\eta_2\,dx$$
$$+(c_{22}-c_{11})\eta_1\eta_2 - c_{12}\eta_2^2 + c_{21}\eta_1^2.$$

Differentiiren wir die Gleichung (2.) nach x und subtrahiren von dem Resultate die mit 2 multiplicirte Gleichung (3.), so folgt

1124] (5.)
$$\frac{\partial^3 A_1}{\partial x^3} - 4p\frac{\partial A_1}{\partial x} - 2p'A_1 + 2\frac{\partial p}{\partial t} = 0.$$

Wir schliessen hieran die folgende Bemerkung:

Der Gleichung

$$(6.)\quad \frac{\partial^3 w}{\partial x^3} - 4p\frac{\partial w}{\partial x} - 2p'w = 0$$

genügt das Fundamentalsystem $\frac{1}{2}\eta_1^2, \frac{1}{2}\eta_2^2, -\eta_1\eta_2$. Sie ist sich selbst adjungirt und zwar so, dass gemäss den Gleichungen (10.) (No. 5) $\frac{1}{2}\eta_2^2, -\eta_1\eta_2, \frac{1}{2}\eta_1^2$ und bez. $\frac{1}{2}\eta_1^2, -\eta_1\eta_2, \frac{1}{2}\eta_2^2$ einander zugeordnet sind.

Wir würden also aus der Gleichung (5.), nach dem in Gleichung (12.) (No. 5) enthaltenen Satze, den Ausdruck (4.) für A_1 unmittelbar erhalten können.

Wir behandeln nunmehr den folgenden Fall:

Von den singulären Punkten $a_1, a_2, \ldots, a_\varrho$ der Gleichung (1.) seien $a_1, a_2, \ldots, a_{\varrho-1}$ von t unabhängig, dagegen $a_\varrho = t$. Ferner sei vorausgesetzt, dass A_1 für $x = a_1, a_2, \ldots, a_{\varrho-1}$ verschwinde und für $x = t$ nicht unendlich werde. Letzteres tritt allemal ein, wenn die Wurzeln der zu diesen singulären Punkten gehörigen determinirenden Fundamentalgleichungen nicht um ganze Zahlen differiren. Aber auch, wenn für einen dieser Punkte a die Wurzeln r_1, r_2 sich um ganze Zahlen unterscheiden, aber das zugehörige Fundamentalsystem nicht von $\log(x-a)$ frei ist, muss A_1 für $x = a$ verschwinden, wenn a von t unabhängig ist. Denn ist

$$(7.)\quad r_1 - r_2 = g,$$

wo g eine positive ganze Zahl, so folgt aus dieser Gleichung und aus der für jeden endlichen singulären Punkt der Gleichung (1.) bestehenden Beziehung

$$(8.)\quad r_1 + r_2 = 1,$$

$$(9.)\quad \begin{cases} 2r_1 = 1+g, \\ 2r_2 = 1-g. \end{cases}$$

Ist nun

$$(10.)\quad \begin{cases} \eta_1 = (x-a)^{r_1}\mathfrak{P}_1(x-a), \\ \eta_2 = (x-a)^{r_2}\mathfrak{P}_2(x-a)+\gamma\eta_1\log(x-a), \end{cases}$$

wo $\mathfrak{P}_1$, $\mathfrak{P}_2$ nach positiven ganzen Potenzen von $x-a$ fortschreitende Reihen sind, die für $x=a$ nicht verschwinden, und γ von Null verschieden, so müssen in Gleichung (4.) die Glieder mit $\eta_1\eta_2$ und mit η_2^2 sich wegheben, da sie mit $\log(x-a)$ behaftet sind. Das Glied mit η_1^2 aber verschwindet für $x=a$.

Aus Gleichung (4.) ergiebt sich, dass A_1 für einen nicht singulären [1125
Punkt der Differentialgleichung (1.) nicht unendlich wird. Es ist daher A_1 eine ganze rationale Function, welche für $x=a_1, a_2, \dots, a_{\varrho-1}$ verschwindet.

Ist η_1, η_2 das zu $x=\infty$ gehörige Fundamentalsystem und ist

$$(11.)\quad \begin{cases} \eta_1 = x^{s_1}\mathfrak{P}_1\left(\frac{1}{x}\right), \\ \eta_2 = x^{s_2}\mathfrak{P}_2\left(\frac{1}{x}\right)+\gamma\eta_1\log\frac{1}{x}, \end{cases}$$

wo $\mathfrak{P}_1$ und $\mathfrak{P}_2$ nach ganzen positiven Potenzen von $\frac{1}{x}$ fortschreitende Reihen bedeuten, welche für $x=\infty$ nicht verschwinden, so ist

$$(12.)\quad s_1+s_2 = 1.$$

In Gleichung (4.) werden die mit Integralen behafteten Bestandtheile für $x=\infty$ nicht unendlich, und die übrigen Glieder heben sich nur dann nicht heraus, wenn $2s_1$, $2s_2$ ganze Zahlen sind. Findet dieses nicht statt, so ist A_1 für $x=\infty$ überhaupt nicht unendlich. Sind aber $2s_1$ und $2s_2$ ganze Zahlen, so muss

$$2s_2 = 1+g,$$
$$2s_1 = 1-g$$

sein, wo g eine positive ganze Zahl.

Ist γ in Gleichung (11.) nicht Null, so heben sich die Glieder mit $\eta_1\eta_2$ und mit η_2^2 heraus, und das Glied mit η_1^2 wird für $x=a$ nicht unendlich.

Nur wenn $\gamma=0$, kann in Gleichung (4.) ein Glied vorkommen, welches für $x=\infty$ von der $(g+1)^{\text{ten}}$ Ordnung unendlich wird. In diesem Falle ist A_1

eine ganze rationale Function vom Grade $g+1$. Da sie für $x = a_1, a_2, \ldots, a_{\varrho-1}$ verschwinden muss, so ist

$$\varrho - 1 \leqq g + 1$$

oder

$$\varrho \leqq g + 2.$$

8.

Sei z. B. $g = 1$, so ist $\varrho \leqq 3$.

Wir wollen untersuchen, ob die Gleichung (5.) voriger Nummer durch eine ganze rationale Function

$$(1.) \qquad A_1 = m(x-a_1)(x-a_2) = m\varphi(x),$$

wo m von x unabhängig, befriedigt werden kann.

1126] In diesem Falle ist

$$(2.) \qquad p = \frac{\alpha_1}{(x-a_1)^2} + \frac{\beta_1}{x-a_1} + \frac{\alpha_2}{(x-a_2)^2} + \frac{\beta_2}{x-a_2} + \frac{\alpha'}{(x-t)^2} + \frac{\beta'}{x-t}.$$

Substituiren wir den Werth von A_1 aus Gleichung (1.) in die Gleichung

$$(3.) \qquad \frac{\partial^3 A_1}{\partial x^3} - 4p\frac{\partial A_1}{\partial x} - 2p' A_1 + 2\frac{\partial p}{\partial t} = 0$$

und erwägen, dass $\alpha_1, \alpha_2, \alpha'$ von t unabhängig sein müssen, da nach Voraussetzung die Wurzeln der determinirenden Fundamentalgleichungen von t unabhängig sind, so ergeben sich die folgenden Bedingungsgleichungen:

$$(4.) \qquad \begin{cases} m[2\alpha_1 + \beta_1(a_1 - a_2)] - \dfrac{\partial \beta_1}{\partial t} = 0, \\ m[2\alpha_2 + \beta_2(a_2 - a_1)] - \dfrac{\partial \beta_2}{\partial t} = 0, \\ \alpha'[m(t-a_1)(t-a_2) + 1] = 0, \\ \beta'[m(t-a_1)(t-a_2) + 1] = 0, \\ m[2\alpha' + \beta'(2t - a_1 - a_2)] - \dfrac{\partial \beta'}{\partial t} = 0, \\ \beta_1 + \beta_2 + \beta' = 0. \end{cases}$$

Da nicht gleichzeitig α' und β' verschwinden, so ergiebt sich aus den fünf ersten Gleichungen:

$$
(5.)\quad \left\{
\begin{aligned}
& m = -\frac{1}{\varphi(t)},\\
& \frac{\partial\beta_1}{\partial t} + \frac{(a_1-a_2)\beta_1}{\varphi(t)} + \frac{2\alpha_1}{\varphi(t)} = 0,\\
& \frac{\partial\beta_2}{\partial t} + \frac{(a_2-a_1)\beta_2}{\varphi(t)} + \frac{2\alpha_2}{\varphi(t)} = 0,\\
& \frac{\partial\beta'}{\partial t} + \frac{(2t-a_1-a_2)}{\varphi(t)}\beta' + \frac{2\alpha'}{\varphi(t)} = 0.
\end{aligned}
\right.
$$

Durch Integration der drei letzten dieser Gleichungen erhalten wir:

$$
(6.)\quad \left\{
\begin{aligned}
\beta_1 &= \frac{\gamma_1(t-a_2)}{t-a_1} + \frac{2\alpha_1}{t-a_1},\\
\beta_2 &= \frac{\gamma_2(t-a_1)}{t-a_2} + \frac{2\alpha_2}{t-a_2},\\
\beta' &= \frac{\gamma'}{\varphi(t)} - \frac{2\alpha' t}{\varphi(t)},
\end{aligned}
\right.
$$

wo $\gamma_1, \gamma_2, \gamma'$ von t unabhängige Grössen bedeuten.

Aus den Gleichungen (6.) und der letzten der Gleichungen (4.) folgt: [1127

$$
(7.)\quad \left\{
\begin{aligned}
(a_1-a_2)\gamma_1 &= -\alpha_1-\alpha_2+\alpha',\\
(a_1-a_2)\gamma_2 &= -\alpha'+\alpha_1+\alpha_2,\\
\gamma' &= (\alpha_1-\alpha_2)(a_2-a_1)+\alpha'(a_1+a_2).
\end{aligned}
\right.
$$

Wir können $a_1 = 0$, $a_2 = 1$ voraussetzen, dann wird

$$
\begin{aligned}
\gamma_1 &= -\alpha'+\alpha_1+\alpha_2,\\
\gamma_2 &= -\gamma_1,\\
\gamma' &= \alpha_1-\alpha_2+\alpha'.
\end{aligned}
$$

Es sind demnach

$$
(8.)\quad \left\{
\begin{aligned}
\beta_1 &= \frac{(\alpha_1+\alpha_2-\alpha')(t-1)+2\alpha_1}{t},\\
\beta_2 &= \frac{(\alpha'-\alpha_1-\alpha_2)t+2\alpha_2}{t-1},\\
\beta' &= \frac{\alpha_1-\alpha_2+\alpha'-2\alpha' t}{t(t-1)}
\end{aligned}
\right.
$$

die nothwendigen und hinreichenden Bedingungen dafür, dass die Substitutionsgruppe der Differentialgleichung

$$
(9.)\quad \frac{d^2y}{dx^2} = \left[\frac{\alpha_1}{x^2} + \frac{\beta_1}{x} + \frac{\alpha_2}{(x-1)^2} + \frac{\beta_2}{x-1} + \frac{\alpha'}{(x-t)^2} + \frac{\beta'}{x-t}\right]y
$$

von t unabhängig ist.

ANMERKUNGEN.

---

1) Die Änderungen gegen das Original sind ausgeführt entsprechend den von meinem Vater als Anhang zu der Arbeit in den Sitzungsberichten 1894, S. 1127 angegebenen »Errata in der Mittheilung vom 16. Nov. 1893 der Sitzungsberichte«. Im Anschluss an die letzte der dort gemachten Angaben ist dann noch gesetzt:

S. 184, Zeile 14 $2(n-1)^{\text{ter}}$ statt $2n^{\text{ter}}$,

„ 184, Gleichung (18.) $2n+m-1$ statt $2n+m+1$,

Zeile 3 v. u. $2n-1$ statt $2n+1$,

Gleichung (18b.) $\frac{3n-2}{n-1}$ statt $\frac{3n}{n-1}$.

Ferner wurde hinzugefügt:

S. 172, Zeile 3 v. u. und S. 173, Zeile 6 »und Integrale höherer Exponenten«.

2) Zu der am Schlusse der No. 4, S. 184 gegebenen Andeutung zur Aufstellung einer Ungleichung für die Anzahl der wesentlichen und ausserwesentlichen singulären Stellen sei bemerkt, dass die Betrachtung von A_{n-1} allein zu einer genauen Formulierung derselben nicht führen kann. Will man auf dem hier angegebenen Wege zu dieser Ungleichung, wie sie von anderen Gesichtspunkten aus (Riemann, Werke, II. Auflage, S. 389, 390; Poincaré, Acta Mathematica, Bd. IV, S. 217–219; L. Schlesinger, Crelles Journal, Bd. 123, S. 168 und Handbuch der Theorie der linearen Differentialgleichungen II_1, S. 383) aufgestellt worden ist, gelangen, so muss man noch $A_0, A_1, \ldots, A_{n-2}$ heranziehen. Im Allgemeinen verschwindet A_{n-i} für eine von t verschiedene wesentlich singuläre Stelle von der Ordnung $n-i$, für $x=t$ aber von der Ordnung $n-i-1$. Nimmt man nun, was durch eine einfache Transformation stets zu erreichen ist, an, dass $x=\infty$ eine wesentlich singuläre Stelle ist, so kann A_{n-i} für $x=\infty$ höchstens von $(n-1)^{\text{ter}}$ Ordnung unendlich werden. Bedeutet also m_{n-i} die Anzahl der einfachen Unendlichkeitsstellen von A_{n-i}, so ist

$$-m_{n-i}+(n-i)(\varrho-1)+n-i-1 \leqq n-i,$$

also

$$m_{n-i} > (n-i)(\varrho-1)-1.$$

Es werden also im Allgemeinen für alle A_i zusammen mindestens

$$m = \sum_{i=1}^{n-1}\Big\{(n-i)(\varrho-1)-1\Big\} = (\varrho-1)\frac{n(n-1)}{2}-(n-1)$$

Unendlichkeitsstellen, d. h. ausserwesentliche singuläre Stellen erforderlich sein. Die genaue Form der Ungleichung ist also

$$n(n-1)(\varrho-1) \leqq 2m+2n-2.$$

3) Zu dem in No. 7 und 8 behandelten Falle sei Folgendes bemerkt. Ist ξ ein Integral der Gleichung

$$\frac{\partial\xi}{\partial t} = A_1\frac{\partial\xi}{\partial x},$$

so ist

$$y = \frac{1}{\sqrt{\frac{\partial\xi}{\partial x}}} f(\xi),$$

$$p = \left(\frac{\partial\xi}{\partial t}\right)^2 \varphi(\xi) + \Delta\binom{\xi}{x},$$

wenn f und φ willkürliche Functionen ihres Arguments sind und

$$\Delta\binom{\xi}{x} = \frac{\frac{3}{4}\left(\frac{\partial^2\xi}{\partial x^2}\right)^2 - \frac{1}{2}\frac{\partial^3\xi}{\partial x^3}\frac{\partial\xi}{\partial x}}{\left(\frac{\partial\xi}{\partial x}\right)^2}$$

die SCHWARZsche Derivirte von ξ nach x bedeutet.

Wenn nun

$$A_1 = m\varphi(x) = m(x-a_1)(x-a_2)\ldots(x-a_{\varrho-1}),$$

so ist

$$m = \frac{1}{\varphi(t)}.$$

Wird dann

$$\frac{1}{\varphi(x)} = \frac{\varepsilon_1}{x-a_1} + \cdots + \frac{\varepsilon_{\varrho-1}}{x-a_{\varrho-1}}$$

gesetzt, so ist

$$\xi = \Phi\left\{\left(\frac{x-a_1}{t-a_1}\right)^{\varepsilon_1}\left(\frac{x-a_2}{t-a_2}\right)^{\varepsilon_2}\cdots\left(\frac{x-a_{\varrho-1}}{t-a_{\varrho-1}}\right)^{\varepsilon_{\varrho-1}}\right\},$$

wo Φ eine willkürliche Function ihres Arguments ist, das allgemeine Integral der Differentialgleichung für ξ. In dem Falle der No. 8 ist

$$\xi = \Phi\left(\frac{(x-a_1)(t-a_2)}{(x-a_2)(t-a_1)}\right).$$

In der That geht, wenn

$$u = \frac{(x-a_1)(t-a_2)}{(x-a_2)(t-a_1)} \text{ und } y = \frac{1}{\sqrt{\frac{\partial u}{\partial x}}}\eta(u)$$

gesetzt wird, die Differentialgleichung für y (Gl. (9.), No. 8) über in

$$\frac{\partial^2\eta}{\partial u^2} = \frac{\alpha_2 u^2 + (\alpha' - \alpha_1 - \alpha_2)u + \alpha_1}{u^2(u-1)^2}\eta.$$

4) Bemerkenswerth ist S. 180, Zeile 5 und 8 die Bezeichnung »wirklich singulärer Punkt« für eine singuläre Stelle, die sonst von meinem Vater immer, wie z. B. auch in Satz (A.) der No. 1 »wesentlich singulärer Punkt« genannt wird.

R. F.

LXIII.

REMARQUES SUR UNE NOTE DE M. PAUL VERNIER.

(Journal für die reine und angewandte Mathematik, t. 114, 1895, p. 231—232.)

Dans le Bulletin de la Société Mathématique de France t. XXII, [231
n° 8, p. 133, M. Paul Vernier vient de publier une note intitulée: »sur les formes binaires dont les variables sont des intégrales fondamentales d'une équation différentielle linéaire du second ordre«.

M. Vernier veut indiquer une démonstration du théorème suivant:

(α) Si une forme binaire dont les deux variables sont deux intégrales fondamentales de l'équation $\frac{d^2y}{dx^2} = Py$ est égale à une racine d'une fonction rationnelle de x, elle renferme, à une même puissance, tous les facteurs linéaires qui forment un système réduit de racines pour l'équation irréductible vérifiée par l'un de ses facteurs linéaires.

Dans mon mémoire t. 81 de ce Journal p. 114—115[1]) on peut lire les deux théorèmes suivants:

II. Inversement, $F(y_1, y_2)$ étant la racine d'une fonction rationnelle et $\eta = A_{01}y_1 + A_{02}y_2$ l'un des facteurs de la forme, et $\eta, \eta_1, \eta_2, \ldots, \eta_{n-1}$ formant un système réduit de racines de l'équation irréductible vérifiée par η, alors η_i a la forme $\eta_i = A_{i1}y_1 + A_{i2}y_2$, et la forme $F(y_1, y_2)$ renferme aussi les facteurs $\eta_1, \eta_2, \ldots, \eta_{n-1}$.

VI. Si une forme $f(y_1, y_2)$ est la racine d'une fonction rationnelle, elle renferme tous les facteurs qui forment ensemble le système réduit d'une équation irréductible, à une même puissance.

---

[1]) Mém. XX, p. 29—31, t. II de cette édition. R. F.

L'on voit donc que le théorème (α) n'est qu'une composition des théorèmes I et VI.

Mais cette composition étant presque littérale et renfermant, en particulier, la terminologie que j'ai introduite dans mon mémoire cité, je ne peux pas supposer que M. Vernier ait eu l'intention de faire croire que le
232] théorème (α) était un théorème nouveau, je suppose plutôt que M. Vernier a oublié d'indiquer l'origine de ce théorème.

Mais aussi dans la démonstration du théorème (α) contenue p. 135 du Bulletin, M. Vernier a simplement reproduit la démonstration des théorèmes I. et VI. que j'ai donnée p. 114—115[1]) de mon mémoire cité.

J'ajoute les remarques suivantes:

M. Vernier développe p. 133—134 du Bulletin un lemme, dont il tire la conséquence que f étant racine d'une fonction rationnelle, $H(f)$, le hessien de la forme f, est aussi racine d'une fonction rationnelle. Mais pour tirer cette conséquence, il ne faut pas partir d'une expression explicite du hessien, car le hessien étant un covariant de f, ce théorème n'est qu'un cas spécial du théorème p. 106, th. III[2]) de mon mémoire cité dont voici la teneur:

Soit y_1, y_2 un système fondamental d'intégrales de l'équation (B.) $\left(\frac{d^2y}{dx^2} = Py\right)$, tous les covariants d'une forme qui est égale à la racine d'une fonction rationnelle, sont aussi des racines de fonctions rationnelles.

Mais enfin on ne saurait du tout comprendre, pourquoi M. Vernier fait intervenir ledit lemme. Il aurait pu omettre tout le contenu des pages 133 et 134 du Bulletin qui suit les mots: »j'indiquerai ici une démonstration très simple de ce théorème«, comme il n'en fait aucun usage dans la démonstration du théorème (α) p. 135 du Bulletin, qu'il a empruntée complètement aux pages 114—115[1]) de mon mémoire cité.

Mais je voudrais bien savoir, quel est le but de la note de M. Vernier, puisqu'il emprunte à mon mémoire un théorème, de même que sa démonstration, sans indiquer la source dans laquelle il les a puisés?

Berlin, novembre 1894.

---

1) Mém. XX, p. 29—31, t. II de cette édition. R. F.

2) Ibid. p. 21. R. F.

LXIV.

ÜBER DIE ABHÄNGIGKEIT DER LÖSUNGEN EINER LINEAREN DIFFERENTIALGLEICHUNG VON DEN IN DEN COEFFICIENTEN AUFTRETENDEN PARAMETERN.

(Sitzungsberichte der Königl. preussischen Akademie der Wissenschaften zu Berlin, 1895, XXXVIII, S. 905—920; vorgelegt am 25. Juli; ausgegeben am 1. August 1895.)

Die folgende Notiz bezieht sich auf die Frage der Abhängigkeit der [905 Lösungen einer linearen homogenen Differentialgleichung von einem in den Coefficienten derselben auftretenden Parameter, welche ich bereits in einer Reihe früherer Aufsätze in den Sitzungsberichten ins Auge gefasst habe. Wenn die Coefficienten der zur Differentialgleichung gehörigen Substitutionsgruppe vom Parameter unabhängig sind, so genügen die Integrale der Differentialgleichung, aufgefasst als Functionen des Parameters, ebenfalls einer linearen homogenen Differentialgleichung höchstens derselben Ordnung, wie die vorgelegte*). Es bietet sich naturgemäss die Aufgabe dar, festzustellen, was umgekehrt für eine vorgelegte Differentialgleichung, deren Coefficienten rationale Functionen der unabhängigen Variablen und des Parameters sind, gefolgert werden kann, wenn es feststeht, dass ein Fundamentalsystem von Integralen derselben, aufgefasst als Functionen des Parameters, ebenfalls einer linearen homogenen Differentialgleichung Genüge leistet, deren Coefficienten rationale Functionen des Parameters und der unabhängigen Variablen der vorgelegten Differentialgleichung sind.

---

*) Siehe Sitzungsberichte vom 25. Februar 1892, S. 165[1]).

---

1) Abh. LIX, S. 126 dieses Bandes. R. F.

So genügt das hyperelliptische oder elliptische Integral z als Function der Variablen x einer linearen homogenen Differentialgleichung zweiter Ordnung, deren Coefficienten rationale Functionen der Variablen x und eines der Verzweigungswerthe u. Dasselbe Integral z, aufgefasst als Function des Verzweigungswerthes u, genügt einer linearen homogenen Differentialgleichung der Form

$$q_1 Q(z) + q_0 \frac{\partial Q(z)}{\partial u} = 0,$$

$$Q(z) = \beta_{n-1} \frac{\partial^{n-1} z}{\partial u^{n-1}} + \beta_{n-2} \frac{\partial^{n-2} z}{\partial u^{n-2}} + \cdots + \beta_0 z,$$

906] wo q_1, q_0 rationale Functionen von x und u, $\beta_0, \beta_1, \ldots, \beta_{n-1}$ rationale Functionen von u allein sind und n den Grad des Radicanden der zu Grunde liegenden Quadratwurzel bedeutet. — Die Folge aus diesem Umstande ist aber, dass die Periodicitätsmoduln η des hyperelliptischen oder elliptischen Integrals der Differentialgleichung

$$Q(\eta) = 0$$

Genüge leisten. Diese Periodicitätsmoduln sind aber eben nichts anderes als Coefficienten der zur genannten Differentialgleichung zweiter Ordnung zugehörigen Substitutionsgruppe*).

Wir beschränken uns an dieser Stelle der Kürze halber darauf, die Ausführung der oben bezeichneten Aufgabe an dem Falle vorzunehmen, dass die vorgelegte Differentialgleichung der zweiten Ordnung ist, und dass von der Voraussetzung ausgegangen wird, dass die Differentialgleichung, welcher die Integrale derselben als Functionen des Parameters aufgefasst genügen, dritter Ordnung wird.

1.

Es sei vorgelegt die Differentialgleichung

$$\frac{\partial^2 z}{\partial x^2} + g \frac{\partial z}{\partial x} + h z = 0, \tag{1.}$$

deren Coefficienten rational von x und y abhangen, und es werde voraus-

*) S. meine Arbeit in CRELLES Journal, Bd. 71, S. 91 ff.[1]).

[1]) Abh. VIII, S. 241 ff., Band I dieser Ausgabe. R. F.

gesetzt, dass ein Fundamentalsystem von Integralen derselben, als Functionen von y, einer Differentialgleichung

$$(2.)\qquad \frac{\partial^3 z}{\partial y^3}+p_1\frac{\partial^2 z}{\partial y^2}+p_2\frac{\partial z}{\partial y}+p_3 z = 0,$$

deren Coefficienten ebenfalls rationale Functionen von x und y sind, genüge.

Sei

$$(3.)\qquad g = \frac{G(x,y)}{H(x,y)},$$

wo $G(x,y)$ und $H(x,y)$ ganze rationale Functionen ohne gemeinschaftlichen Theiler sind, und zwar

$$(4.)\qquad H(x,y) = H_1(x,y)^{\sigma_1} H_2(x,y)^{\sigma_2} \dots H_s(x,y)^{\sigma_s},$$

wo $\sigma_1, \sigma_2, \dots, \sigma_s$ positive ganze Zahlen, $H_k(x,y)$ irreductible ganze rationale Functionen und $H_k(x,y)$ von $H_l(x,y)$ verschieden, wenn k und l ver- [907
schieden sind. Alsdann kann man bekanntlich g in die Form bringen:

$$(5.)\qquad g = \sum_{k}^{1\dots s} \frac{F_k(x,y)}{H_k(x,y)} + \frac{\partial}{\partial x}\left[\frac{V(x,y)H_1(x,y)H_2(x,y)\dots H_s(x,y)}{H(x,y)}\right],$$

wo $F_k(x,y)$ und $V(x,y)$ ganze rationale Functionen von x, deren Coefficienten rational von y abhängen*).

Bezeichnen wir die Wurzeln der Gleichung

$$(6.)\qquad H_k(x,y) = 0$$

in Bezug auf x als Unbekannte mit $a_{k1}, a_{k2}, \dots$, so ist

$$(7.)\qquad \frac{F_k(x,y)}{H_k(x,y)} = \frac{\alpha_{k1}}{x-a_{k1}} + \frac{\alpha_{k2}}{x-a_{k2}} + \cdots.$$

Wir machen nunmehr die vereinfachende Voraussetzung, dass $\alpha_{k1}, \alpha_{k2}, \dots$ von y unabhängig sind. Diese Voraussetzung ist beispielsweise erfüllt, wenn die Integrale der Gleichung (1.) sich überall bestimmt verhalten und die Wurzeln der determinirenden Fundamentalgleichung von y unabhängig sind. Wenn $a_{k1}, a_{k2}, \dots$ von y abhangen, so ist, mit Rücksicht darauf, dass nach dem Puiseuxschen Satze durch Umläufe von y jedes $a_{k\lambda}$ in jede andere Wurzel der Gleichung (6.) übergeführt werden kann, und andererseits darauf, dass solche

*) Vergl. Hermite, Cours d'Analyse, première partie, année 1873, p. 268.

Umläufe die rechte Seite der Gleichung (7.) nicht ändern,

$$\alpha_{k1} = \alpha_{k2} = \cdots = \alpha_k. \tag{8.}$$

Es ist daher

$$\frac{\partial g}{\partial y} = \sum_k \alpha_k \left[\frac{\frac{da_{k1}}{dy}}{(x-a_{k1})^2} + \frac{\frac{da_{k2}}{dy}}{(x-a_{k2})^2} + \cdots\right] + \frac{\partial^2}{\partial x\, \partial y}\left[\frac{V(x,y)\, H_1(x,y)\, H_2(x,y) \ldots H_s(x,y)}{H(x,y)}\right] \tag{9.}$$

und demnach

$$\frac{\partial}{\partial y}\int g\, dx = -\sum_k \alpha_k \left[\frac{\frac{da_{k1}}{dy}}{x-a_{k1}} + \frac{\frac{da_{k2}}{dy}}{x-a_{k2}} + \cdots\right] + \frac{\partial}{\partial y}\left[\frac{V(x,y)\, H_1(x,y)\, H_2(x,y) \ldots H_s(x,y)}{H(x,y)}\right] \tag{10.}$$

eine rationale Function von x und y. Zu den Summen liefern nur diejenigen Factoren $H_k(x, y)$ einen Beitrag, für welche $a_{k1}, a_{k2}, \ldots$ von y abhängen.

908] Substituiren wir nunmehr in die Gleichungen (1.) und (2.)

$$z = e^{-\frac{1}{2}\int g\, dx}\, t, \tag{11.}$$

indem wir bei der Bildung von $\int g\, dx$ aus Gleichung (5.) kein von x unabhängiges Glied hinzufügen, so verwandeln sich (1.) und (2.) in

$$\frac{\partial^2 t}{\partial x^2} + h_1 t = 0, \tag{1a.}$$

$$\frac{\partial^3 t}{\partial y^3} + P_1 \frac{\partial^2 t}{\partial y^2} + P_2 \frac{\partial t}{\partial y} + P_3 t = 0. \tag{2a.}$$

Der Coefficient h_1 und nach Gleichung (10.) auch die Coefficienten P_1, P_2, P_3 sind rationale Functionen von x und y, und es genügt ein Fundamentalsystem von Integralen der Gleichung (1a.) der Gleichung (2a.), wenn ein solches der Gleichung (1.) die Gleichung (2.) befriedigt, und umgekehrt.

Wir dürfen also von vornherein in Gleichung (1.) den Coefficienten g gleich Null annehmen und von den Gleichungen

$$\frac{\partial^2 z}{\partial x^2} + hz = 0, \tag{A.}$$

$$\text{(B.)}\qquad \frac{\partial^3 z}{\partial y^3}+p_1\frac{\partial^2 z}{\partial y^2}+p_2\frac{\partial z}{\partial y}+p_3 z = 0$$

ausgehen, in welchen h, p_1, p_2, p_3 rationale Functionen von x und y sind.

2.

Bezeichnen wir der Kürze halber $\frac{\partial^{k+l} z}{\partial x^k \partial y^l}$ mit (k, l), so ergiebt die zweimalige Differentiation der Gleichung (B.) nach x

$$\text{(1.)}\quad (1,3)+p_1(1,2)+p_2(1,1)+\frac{\partial p_1}{\partial x}(0,2)+p_3(0,1)+\frac{\partial p_2}{\partial x}(0,1)+\frac{\partial p_3}{\partial x}(0,0) = 0,$$

$$\text{(2.)}\quad (2,3)+p_1(2,2)+p_2(2,1)+2\frac{\partial p_1}{\partial x}(1,2)+p_3(2,0)+2\frac{\partial p_2}{\partial x}(1,1)$$
$$+\frac{\partial^2 p_1}{\partial x^2}(0,2)+2\frac{\partial p_3}{\partial x}(1,0)+\frac{\partial^2 p_2}{\partial x^2}(0,1)+\frac{\partial^2 p_3}{\partial x^2}(0,0) = 0.$$

Die dreimalige Differentiation der Gleichung (A.) nach y liefert

$$\text{(3.)}\qquad (2,1)+h(0,1)+\frac{\partial h}{\partial y}(0,0) = 0,$$

$$\text{(4.)}\qquad (2,2)+h(0,2)+2\frac{\partial h}{\partial y}(0,1)+\frac{\partial^2 h}{\partial y^2}(0,0) = 0,$$ [909

$$\text{(5.)}\qquad (2,3)+h(0,3)+3\frac{\partial h}{\partial y}(0,2)+3\frac{\partial^2 h}{\partial y^2}(0,1)+\frac{\partial^3 h}{\partial y^3}(0,0) = 0.$$

Aus diesen Gleichungen ergiebt sich:

$$\text{(C.)}\qquad A(1,2)+B(0,2)+C(1,1)+D(1,0)+E(0,1)+F(0,0) = 0,$$

wo

$$\text{(6.)}\qquad \begin{cases} A = 2\frac{\partial p_1}{\partial x}; \quad B = \frac{\partial^2 p_1}{\partial x^2}-3\frac{\partial h}{\partial y}, \\ C = 2\frac{\partial p_2}{\partial x}; \quad D = 2\frac{\partial p_3}{\partial x}, \\ E = \frac{\partial^2 p_2}{\partial x^2}-3\frac{\partial^2 h}{\partial y^2}-2p_1\frac{\partial h}{\partial y}, \\ F = \frac{\partial^2 p_3}{\partial x^2}-\frac{\partial^3 h}{\partial y^3}-p_1\frac{\partial^2 h}{\partial y^2}-p_2\frac{\partial h}{\partial y}. \end{cases}$$

Differentiiren wir die Gleichung (C.) nach x, so folgt durch Anwendung der Gleichungen (1.) bis (5.)

$$\text{(D.)}\qquad A_1(1,2)+B_1(0,2)+C_1(1,1)+D_1(1,0)+E_1(0,1)+F_1(0,0) = 0,$$

wo

$$(7.)\quad \begin{cases} A_1 = \dfrac{\partial A}{\partial x} + B; \quad B_1 = -Ah + \dfrac{\partial B}{\partial x}, \\ C_1 = \dfrac{\partial C}{\partial x} + E; \quad D_1 = F + \dfrac{\partial D}{\partial x}, \\ E_1 = -2A\dfrac{\partial h}{\partial y} - Ch + \dfrac{\partial E}{\partial x}, \\ F_1 = -\ A\dfrac{\partial^2 h}{\partial y^2} - C\dfrac{\partial h}{\partial y} - Dh + \dfrac{\partial F}{\partial x}. \end{cases}$$

Aus (C.) und (D.) ergiebt sich:

$$(E.)\quad B_2(0,2) + C_2(1,1) + D_2(1,0) + E_2(0,1) + F_2(0,0) = 0,$$

wo

$$(8.)\quad \begin{cases} B_2 = AB_1 - A_1 B; \quad C_2 = AC_1 - A_1 C; \quad D_2 = AD_1 - A_1 D; \\ E_2 = AE_1 - A_1 E; \quad F_2 = AF_1 - A_1 F. \end{cases}$$

Die Gleichung

$$(9.)\quad B_2 = 0$$

lässt sich in die Gestalt bringen:

$$A\frac{\partial B}{\partial x} - B\frac{\partial A}{\partial x} - hA^2 - B^2 = 0$$

910] oder

$$(9a.)\quad \frac{\partial}{\partial x}\left(\frac{B}{A}\right) = h + \left(\frac{B}{A}\right)^2.$$

Setzen wir

$$(10.)\quad \frac{B}{A} = -\frac{\partial \log u}{\partial x},$$

so geht diese Gleichung über in

$$(11.)\quad \frac{\partial^2 u}{\partial x^2} + hu = 0.$$

Die Gleichung (9.) erfordert also, dass die Gleichung (A.) durch ein Integral der Form

$$(12.)\quad z = e^{-\int \frac{B}{A} dx}$$

befriedigt werde, wo $\frac{B}{A}$ eine rationale Function von x.

Tritt dieser Fall, den wir später einer besonderen Untersuchung unterwerfen werden, nicht ein, so sind also nicht sämmtliche Coefficienten der Gleichung (E.) Null, namentlich ist B_2 von Null verschieden.

3.

Sei z_1, z_2 ein Fundamentalsystem von Integralen der Gleichung (A.), welche zugleich Gleichung (B.) befriedigen, und seien $\alpha z_1+\beta z_2$, $\gamma z_1+\delta z_2$ zwei Zweige von z_1 oder z, in welche diese Functionen nach einem Umlaufe der Variablen x übergehen, so folgt aus (E.)

(F.) $$\begin{cases} \alpha^{(2)} R_1+\beta^{(2)} R_2+\alpha' S_1+\beta' S_2 = 0, \\ \gamma^{(2)} R_1+\delta^{(2)} R_2+\gamma' S_1+\delta' S_2 = 0, \end{cases}$$

wenn wir

(1.) $$\begin{cases} R_1 = B_2 z_1;\quad R_2 = B_2 z_2, \\ S_1 = 2B_2\dfrac{\partial z_1}{\partial y}+C_2\dfrac{\partial z_1}{\partial x}+E_2 z_1, \\ S_2 = 2B_2\dfrac{\partial z_2}{\partial y}+C_2\dfrac{\partial z_2}{\partial x}+E_2 z_2, \\ \alpha^{(k)} = \dfrac{d^k\alpha}{dy^k},\quad \beta^{(k)} = \dfrac{d^k\beta}{dy^k}\ \text{u. s. w.} \end{cases}$$

setzen.

Wir setzen zunächst voraus, dass B_2 von Null verschieden ist.

Es können nun zwei Fälle eintreten: [911

I. Es giebt unter den Zweigen der Functionen z_1 und z_2, welche durch die verschiedenen Umläufe der Variablen x erzeugt werden, wenigstens zwei solche, für welche

(2.) $$\varepsilon = \alpha'\delta'-\beta'\gamma'$$

von Null verschieden ist, oder

II. Es ist für alle Zweige $\varepsilon = 0$.

Im Falle I folgt aus den Gleichungen (F.)

(3.) $$\begin{cases} \varepsilon S_1 = -\varepsilon_1 R_1-\varepsilon_2 R_2, \\ \varepsilon S_2 = -\varepsilon_3 R_1-\varepsilon_4 R_2, \end{cases}$$

wo

(4.) $$\begin{cases} \varepsilon_1 = \alpha^{(2)}\delta'-\gamma^{(2)}\beta';\quad \varepsilon_2 = \beta^{(2)}\delta'-\delta^{(2)}\beta', \\ \varepsilon_3 = \gamma^{(2)}\alpha'-\alpha^{(2)}\gamma';\quad \varepsilon_4 = \delta^{(2)}\alpha'-\beta^{(2)}\gamma'. \end{cases}$$

Setzen wir

$$D(z) = 2\frac{\partial z}{\partial y} + \frac{C_2}{B_2}\frac{\partial z}{\partial x} + \frac{E_2}{B_2}z, \tag{5.}$$

so folgt aus den Gleichungen (3.), dass $D(z_1)$ und $D(z_2)$ Integrale der Gleichung (A.) sind.

Im Falle II folgt aus (F.)

$$\begin{cases} \varepsilon_1 R_1 + \varepsilon_2 R_2 = 0, \\ \varepsilon_3 R_1 + \varepsilon_4 R_2 = 0, \end{cases} \tag{6.}$$

d. h., da z_1, z_2 ein Fundamentalsystem von Integralen der Gleichung (A.) sind,

$$\varepsilon_1 = 0, \quad \varepsilon_2 = 0, \quad \varepsilon_3 = 0, \quad \varepsilon_4 = 0. \tag{7.}$$

Aus den Gleichungen (7.) folgt

$$\begin{cases} \gamma' = c\alpha'; \quad \delta' = c_1\beta'; \\ (c-c_1)\alpha^{(2)}\beta' = 0, \quad (c-c_1)\alpha'\beta^{(2)} = 0, \end{cases} \tag{8.}$$

wo c und c_1 von x und y unabhängige Grössen bedeuten. Die beiden letzten Gleichungen erfordern, dass entweder $\alpha' = 0$ oder $\beta' = 0$ oder $\alpha^{(2)} = 0$ und $\beta^{(2)} = 0$, oder endlich $c_1 = c$. Für $\alpha' = 0$ müsste nach der ersten Gleichung auch $\gamma' = 0$ sein, und demgemäss nach den Gleichungen (F.) die Function $D(z_2)$ der Gleichung (A.) Genüge leisten. Für $\beta' = 0$ folgt aus der zweiten Gleichung (8.), dass auch $\delta' = 0$, und dann aus den Gleichungen (F.), dass die Function $D(z_1)$ die Gleichung (A.) befriedigt. Für die Combination $\alpha^{(2)} = 0$, $\beta^{(2)} = 0$ folgt aus den beiden ersten Gleichungen (8.), dass auch $\gamma^{(2)} = 0$, $\delta^{(2)} = 0$, dass also α', β', γ', δ' von y unabhängige Werthe a, b, c, d
912] annehmen. Es ergiebt sich alsdann aus (F.), dass für das gemeinschaftliche Integral der Gleichungen (A.) und (B.)

$$u = az_1 + bz_2 \tag{9.}$$

die Function $D(u)$ die Gleichung (A.) befriedigt.

Für den Fall $c_1 = c$ ergeben die Gleichungen (8.)

$$\gamma = c\alpha + \Gamma, \quad \delta = c\beta + \Gamma_1, \tag{10.}$$

wo auch Γ und Γ_1 von y unabhängig sind.

Wenn $\alpha z_1 + \beta z_2$; $\gamma z_1 + \delta z_2$ demselben Umlaufe der Variablen x entsprechende Zweige bezw. von z_1, z_2 bedeuten, so folgt mit Rücksicht darauf, dass in Gleichung (A.) $\frac{\partial z}{\partial x}$ nicht auftritt und demgemäss $z_2\frac{\partial z_1}{\partial x} - z_1\frac{\partial z_2}{\partial x}$ von x unabhängig wird,

$$(11.)\qquad \alpha\delta - \beta\gamma = 1.$$

Substituiren wir in diese Gleichung die Werthe γ und β aus den Gleichungen (10.), so ergiebt sich

$$\alpha\Gamma_1 - \beta\Gamma = 1,$$

also

$$\Gamma_1\alpha' - \Gamma\beta' = 0.$$

Sei also

$$(12.)\qquad u = \Gamma z_1 + \Gamma_1 z_2,$$

so folgt aus (F.), dass $D(u)$ der Gleichung (A.) Genüge leistet. Es können nicht beide Grössen Γ und Γ_1 verschwinden, weil sonst z_1, z_2 nach dem Umlaufe von x aufhören würden ein Fundamentalsystem zu bilden.

Fassen wir das Vorhergehende zusammen, so ergiebt sich:

I. Wenn B_2 von Null verschieden ist, so existirt stets ein den Gleichungen (A.) und (B.) gemeinschaftliches Integral u, für welches die Function $D(u)$ ebenfalls die Gleichung (A.) befriedigt.

Sei u_1 ein anderes gemeinschaftliches Integral der Gleichungen (A.) und (B.), welches mit u ein Fundamentalsystem für die Gleichung (A.) bildet, und möge nach einem Umlauf der Variablen x die Function u übergehen in

$$\bar{u} = \lambda u + \mu u_1,$$

so geht $D(u)$ über in

$$(13.)\qquad \overline{D}(u) = D(\bar{u}) = \lambda D(u) + \mu D(u_1) + 2\frac{d\lambda}{dy}u + 2\frac{d\mu}{dy}u_1.$$

Es muss aber auch $\overline{D}(u)$ ein Integral der Gleichung (A.) sein, folglich [913 ist auch

$$(14.)\qquad \mu D(u_1) = \overline{D}(u) - 2\frac{d\lambda}{dy}u - 2\frac{d\mu}{dy}u_1$$

ein Integral derselben Gleichung. Wenn demnach nicht für alle Umläufe der Variablen x die Grösse μ verschwindet, so ist auch $D(u_1)$ ein Integral der Gleichung (A.). Dieses führt zu dem folgenden Satze:

II. Wenn B_2 von Null verschieden ist und die Gleichungen (A.) und (B.) nicht ein gemeinschaftliches Integral besitzen, dessen logarithmische Ableitung nach x eine rationale Function von x ist, so giebt es stets ein Fundamentalsystem von Integralen z_1, z_2 der Gleichung (A.), welches ebenfalls die Gleichung (B.) befriedigt und so beschaffen ist, dass $D(z_1)$, $D(z_2)$ der Gleichung (A.) Genüge leisten.

4.

Setzen wir zur Abkürzung

$$(1.)\qquad \begin{cases} \dfrac{C_2}{B_2} = a, \quad \dfrac{E_2}{B_2} = b, \\[2mm] D(z) = 2\dfrac{\partial z}{\partial y} + a\dfrac{\partial z}{\partial x} + bz, \\[2mm] P(z) = \dfrac{\partial^2 z}{\partial x^2} + hz, \end{cases}$$

so ist

$$(2.)\qquad P(D(z)) = 2(2,1) + a(3,0) + \left[2\frac{\partial a}{\partial x} + b\right](2,0) + \left[\frac{\partial^2 a}{\partial x^2} + 2\frac{\partial b}{\partial x} + ha\right](1,0) + 2h(0,1) + \left[\frac{\partial^2 b}{\partial x^2} + hb\right](0,0).$$

Ist z ein Integral der Gleichung (A.), so folgt aus dieser Gleichung und aus Gleichung (3.) No. 2

$$(3.)\qquad P(D(z)) = \left[\frac{\partial^2 a}{\partial x^2} + 2\frac{\partial b}{\partial x}\right]\frac{\partial z}{\partial x} + \left[\frac{\partial^2 b}{\partial x^2} - 2h\frac{\partial a}{\partial x} - a\frac{\partial h}{\partial x} - 2\frac{\partial h}{\partial y}\right]z.$$

Bilden z_1, z_2 ein Fundamentalsystem von Integralen der Gleichung (A.) von der im Satze II. voriger Nummer angegebenen Beschaffenheit, so ist

$$(4.)\qquad P(D(z_1)) = 0; \quad P(D(z_2)) = 0.$$

914] Da $z_1\dfrac{\partial z_2}{\partial x} - z_2\dfrac{\partial z_1}{\partial x}$ von Null verschieden ist, so muss demnach

$$(5.)\qquad \frac{\partial^2 a}{\partial x^2} + 2\frac{\partial b}{\partial x} = 0,$$

$$(6.)\qquad \frac{\partial^2 b}{\partial x^2} - 2h\frac{\partial a}{\partial x} - a\frac{\partial h}{\partial x} - 2\frac{\partial h}{\partial y} = 0$$

sein. Aus diesen beiden Gleichungen folgt

$$(7.)\qquad \frac{\partial^3 a}{\partial x^3} + 4h\frac{\partial a}{\partial x} + 2a\frac{\partial h}{\partial x} + 4\frac{\partial h}{\partial y} = 0.$$

Es müsste demnach die Differentialgleichung:

$$(8.)\qquad \frac{\partial^3 z}{\partial x^3} + 4h\frac{\partial z}{\partial x} + 2\frac{\partial h}{\partial x} z + 4\frac{\partial h}{\partial y} = 0$$

durch die rationale Function a von x und y befriedigt werden.

Der Gleichung

$$(9.)\qquad \frac{\partial^3 w}{\partial x^3} + 4h\frac{\partial w}{\partial x} + 2\frac{\partial h}{\partial x} w = 0$$

genügt das Fundamentalsystem von Integralen $\frac{1}{2}z_1^2,\ -z_1 z_2,\ \frac{1}{2}z_2^2$. Sie ist sich selbst adjungirt, und zwar sind $\frac{1}{2}z_1^2,\ -z_1 z_2,\ \frac{1}{2}z_2^2$ und bezw. $\frac{1}{2}z_2^2,\ -z_1 z_2,\ \frac{1}{2}z_1^2$ einander zugeordnet*).

Es müsste also der Ausdruck

$$(10.)\qquad -z_1^2\int\frac{\partial h}{\partial y}z_2^2\,dx + 2z_1 z_2\int\frac{\partial h}{\partial y}z_1 z_2\,dx - z_2^2\int\frac{\partial h}{\partial y}z_1^2\,dx$$

eine rationale Function von x werden, wenn die Gleichung (8.) durch eine rationale Function von x befriedigt werden soll.

Ist aber der Ausdruck (10.) eine rationale Function von x, so sind die Coefficienten der Substitutionen der zur Gleichung (A.) gehörigen Gruppe von y unabhängig**).

Wenn wir dieses Resultat mit den Resultaten der vorhergehenden Nummern zusammenhalten, so gelangen wir zu dem folgenden Theorem:

Soll ein Fundamentalsystem von Integralen der Gleichung (A.) der Gleichung (B.) genügen, so muss die Gleichung (A.) entweder ein Integral zulassen, dessen logarithmische Ableitung nach x eine rationale Function von x ist, oder sie gehört zur Kategorie derjenigen Differentialgleichungen, deren Gruppe von y unabhängige Substitutionen besitzt.

In dem Falle, dass die Gruppe von Substitutionen der Gleichung [915
(A.) von y unabhängig ist, genügt z als Function von y einer Differentialgleichung höchstens zweiter Ordnung, deren Coefficienten rationale Functionen

*) Siehe Sitzungsberichte vom 1. November 1894, S. 1124 [1]).

**) Siehe Sitzungsberichte a. a. O. und Sitzungsberichte vom 25. Februar 1892, S. 163 [2]).

1) Abh. LXII, S. 192 dieses Bandes. R. F.

2) Abh. LIX, S. 125 dieses Bandes. R. F.

von x und y sind*); es müsste demnach die Gleichung (B.) in diesem Falle reductibel sein.

Es bleibt uns also noch übrig, den Fall zu untersuchen, in welchem die Gleichung (A.) ein Integral besitzt, dessen logarithmische Ableitung nach x eine rationale Function von x ist.

5.

Es sei jetzt

$$(1.)\qquad z_1 = e^{\int \mathfrak{R}\,dx}$$

ein Integral der Gleichung (A.), wo $\mathfrak{R}$ eine rationale Function von x. Wir wollen nunmehr voraussetzen, dass $\mathfrak{R}$ die Gestalt habe

$$(2.)\qquad \mathfrak{R} = \frac{\alpha_1}{x-a_1} + \frac{\alpha_2}{x-a_2} + \cdots + \frac{\alpha_m}{x-a_m},$$

wo die Grössen $a_1, a_2, \ldots, a_m$ von einander verschieden, und

$$\alpha_1, \alpha_2, \ldots, \alpha_m$$

von x unabhängig seien. Substituiren wir z_1 in Gleichung (A.), so folgt

$$(3.)\qquad -h = \mathfrak{R}^2 + \frac{\partial \mathfrak{R}}{\partial x}.$$

Die eben gemachte Voraussetzung schliesst also die in sich, dass die Integrale der Gleichung (A.) sich überall bestimmt verhalten**).

Wenn nach einem Umlauf der Variablen y $\mathfrak{R}$ sich in

$$(4.)\qquad \mathfrak{R}' = \frac{\alpha'_1}{x-a'_1} + \frac{\alpha'_2}{x-a'_2} + \cdots + \frac{\alpha'_m}{x-a'_m}$$

verwandelt, so müssen die Grössen $a'_1, a'_2, \ldots, a'_m$ wiederum von einander verschieden sein, und es ist

$$(1a.)\qquad z_2 = e^{\int \mathfrak{R}'\,dx}$$

ebenfalls ein Integral der Gleichung (A.). Zwischen $\mathfrak{R}$ und $\mathfrak{R}'$ besteht nach Gleichung (3.) die Relation

$$(5.)\qquad \mathfrak{R}^2 + \frac{\partial \mathfrak{R}}{\partial x} = \mathfrak{R}'^2 + \frac{\partial \mathfrak{R}'}{\partial x}.$$

*) Siehe Sitzungsberichte vom 25. Februar 1892, S. 165–166 [1]).

**) Siehe Crelles Journal, Bd. 66, S. 146, Gl. (12.) [2]).

1) Abh. LIX, S. 126—127 dieses Bandes. R. F.

1) Abh. VI, S. 186, Band I dieser Ausgabe. R. F.

Aus derselben ergiebt sich

$$\frac{\partial \log}{\partial x}[\mathfrak{R} - \mathfrak{R}'] = -[\mathfrak{R} + \mathfrak{R}']. \tag{6.}$$

Ist $a_k = a'_l = a$, so muss eine der Functionen $\mathfrak{R} - \mathfrak{R}'$ oder $\mathfrak{R} + \mathfrak{R}'$ für [916
$x = a$ unendlich werden, da sonst $\alpha_k = 0$, $\alpha'_l = 0$ sein müsste.

Ist $\alpha_k - \alpha'_l$ von Null verschieden, so ist die linke Seite der Gleichung (6.) für $x = a$ unendlich wie $-\frac{1}{x-a}$, folglich ist

$$\alpha_k + \alpha'_l = 1. \tag{7.}$$

Ist $\alpha_k - \alpha'_l = 0$, so muss

$$\alpha_k + \alpha'_l = -\varrho \tag{8.}$$

sein, wo ϱ die Ordnung bezeichnet, in welcher $\mathfrak{R} - \mathfrak{R}'$ für $x = a$ verschwindet.

Ist a'_l ein Werth, der sich nicht unter den Werthen a_k befindet, so folgt durch einen analogen Schluss aus Gleichung (6.)

$$\alpha'_l = 1 \tag{9.}$$

und ebenso für a_k, wenn dasselbe nicht unter den a'_l befindlich ist,

$$\alpha_k = 1. \tag{10.}$$

Aus den Gleichungen (7.) bis (10.) folgern wir, dass

$$z_1 z_2 = e^{\int(\mathfrak{R} + \mathfrak{R}')\,dx} = \varphi(x) \tag{11.}$$

eine rationale Function von x darstellt.

Es müssten demnach*) z_1, z_2 die Form haben

$$\left\{\begin{aligned} z_1 &= \varphi^{\frac{1}{2}} e^{\frac{c}{2}\int\frac{dx}{\varphi}}, \\ z_2 &= \varphi^{\frac{1}{2}} e^{-\frac{c}{2}\int\frac{dx}{\varphi}}, \end{aligned}\right. \tag{12.}$$

wo c von x unabhängig ist.

Wir setzen

$$\varphi = \frac{G(x)}{\psi(x)}, \tag{13.}$$

*) Siehe CRELLES Journal, Bd. 81, S. 118[1]).

[1]) Abh. XX, S. 34, Band II dieser Ausgabe. R. F.

wo $G(x)$ und $\psi(x)$ ganze rationale Functionen von x ohne gemeinsamen Theiler sind. Es sind alsdann für die Nullstellen von $\psi(x)$ die Exponentialfunctionen in (12.) endlich, der Factor $\varphi^{\frac{1}{2}}$ aber unendlich. Es wird demnach $\psi(x)$ nur Null für Werthe, für welche h unendlich wird. Für diese aber müssten z_1, z_2 gleichzeitig unendlich werden. Wenn wir aber voraussetzen, dass $\mathfrak{R}-\mathfrak{R}'$ nicht von x unabhängig ist, so bilden z_1, z_2 nach Gleichung (1.) und (1a.) ein Fundamentalsystem von Integralen der Gleichung (A.). Es müsste demnach für dieselben Werthe von x jedes Integral dieser
917] Gleichung unendlich werden. Aber die zu den singulären Stellen der Gleichung (A.) zugehörigen determinirenden Fundamentalgleichungen haben die Gestalt

$$(14.)\qquad \nu(\nu-1)+\varepsilon = 0,$$

d. h. für das einem solchen singulären Punkte der Gleichung (A.) zugehörige Fundamentalsystem ist die Summe der Exponenten gleich Eins, diese Exponenten können also nicht beide negativ sein. Also ist $\psi(x)$ eine von x unabhängige Grösse, und man hat

$$(15.)\qquad \varphi = G(x);$$

d. h. φ ist eine ganze rationale Function von x.

Die Differentialgleichung dritter Ordnung (8.) in No. 4, welche $z_1^2, z_1 z_2, z_2^2$ als Fundamentalsystem besitzt, hat demnach eine ganze rationale Function $G(x)$ zum Integral. Besässe dieselbe noch ein zweites Integral $G_1(x)$, wo $G_1(x)$ eine nicht bloss um einen constanten Factor von $G(x)$ verschiedene ganze rationale Function bedeutet, so müssten sich die von x unabhängigen Grössen A, B, C so bestimmen lassen, dass

$$(16.)\qquad Az_1^2 + Cz_2^2 + BG = G_1$$

oder

$$Ae^{c\int\frac{dx}{G}} + Be^{-c\int\frac{dx}{G}} = \frac{G_1 - BG}{G}.$$

Demnach müsste $e^{c\int\frac{dx}{G}}$ eine zweiwerthige algebraische Function von x sein. Nach den Gleichungen (7.), (9.), (10.) enthält G nur einfache Factoren. Es müsste also diese zweiwerthige Function die Quadratwurzel einer rationalen

Function von x sein. Sehen wir von diesem Falle, in welchem die Gleichung (A.) durch Wurzeln rationaler Functionen integrirt werden würde, ab, so hätte die Gleichung (8.) in No. 4 nur eine ganze rationale Function zum Integral. Die Coefficienten desselben sind bis auf einen allen gemeinsamen Factor aus der Gleichung (8.) in No. 4 als rationale Functionen von y bestimmbar. Bezeichnen wir dieses Integral mit $\Gamma H(x)$, so dass die Coefficienten von $H(x)$ rationale Functionen von y sind und Γ von x unabhängig, so können wir setzen

$$\varphi(x) = \Gamma H(x). \tag{17.}$$

Substituiren wir z_1 aus Gleichung (12.) in die Gleichung (A.), so erhalten wir

$$-\frac{1}{4}\left(\frac{\frac{\partial\varphi}{\partial x}}{\varphi}\right)^2 + \frac{1}{2\varphi}\frac{\partial^2\varphi}{\partial x^2} + \frac{c^2}{4\varphi^2} = -h. \tag{18.}$$

Wird der Werth von $\varphi(x)$ aus (18.) substituirt, so folgt

$$-\frac{1}{4}\left(\frac{\frac{\partial H(x)}{\partial x}}{H(x)}\right)^2 + \frac{1}{2H(x)}\frac{\partial^2 H(x)}{\partial x^2} + \frac{c^2}{4\Gamma^2}\frac{1}{H(x)^2} = -h, \tag{19.}$$ [918

wodurch $\left(\frac{C}{\Gamma}\right)^2$ sich als rationale Function von y bestimmt.

I. Hiernach würde, wenn wir von dem Falle absehen, in welchem die Gleichung (A.) algebraisch integrirbar ist, diese Gleichung durch ein Fundamentalsystem von Integralen der Form

$$\left\{\begin{aligned} z_1 &= H^{\frac{1}{2}} e^{\frac{c}{2\Gamma}\int\frac{dx}{H}}, \\ z_2 &= H^{\frac{1}{2}} e^{-\frac{c}{2\Gamma}\int\frac{dx}{H}} \end{aligned}\right. \tag{20.}$$

befriedigt werden können, worin H eine ganze rationale Function von x ist, deren Coefficienten rational von y abhängen, und wo $\left(\frac{c}{\Gamma}\right)^2$ eine rationale Function von y ist, die aber sich auf eine von y unabhängige Grösse reducirt, wenn die Grössen $\alpha_1, \alpha_2, \ldots, \alpha_m$ in Gleichung (2.) als von y unabhängig vorausgesetzt werden.

Wenn aber für alle Umläufe der Variablen y die Function $\mathfrak{R}$ unverändert bleibt, so sind die Coefficienten von $\mathfrak{R}$ rationale Functionen von y.

6.

Wir wollen nunmehr noch den Fall näher betrachten, dass die Gleichung (A.) nur *ein* Integral besitzt, dessen logarithmische Ableitung nach x eine rationale Function ist. Alsdann hat nach voriger Nummer dieses Integral die Gestalt

$$z_1 = e^{\int \mathfrak{R}\, dx}, \tag{1.}$$

wo $\mathfrak{R}$ eine rationale Function von x und y darstellt. Wir setzen voraus, dass in Gleichung (2.) No. 5 die Grössen $\alpha_1, \alpha_2, \ldots, \alpha_m$ von y unabhängig seien; alsdann zerfallen die algebraischen Functionen von y, $a_1, a_2, \ldots, a_m$, welche in derselben Gleichung auftreten, in Gruppen von der Beschaffenheit, dass die zu einer Gruppe gehörigen bei den Umläufen von y sich nur untereinander vertauschen. *Es müssen daher die Grössen α_k, welche zu den eine Gruppe bildenden Grössen a_k gehören, einander gleich sein.* Wir können also aus (1.) und (2.) No. 5 folgern

$$z_1 = P_1^{\alpha_1} P_2^{\alpha_2} \ldots P_\mu^{\alpha_\mu} = S, \tag{2.}$$

919] wo *$P_1, P_2, \ldots, P_\mu$ ganze rationale Functionen von x sind, deren Coefficienten rational von y abhängen.*

Bekanntlich ist

$$z_2 = S \int \frac{dx}{S^2} \tag{3.}$$

ein Integral der Gleichung (A.), welches mit z_1 ein Fundamentalsystem bildet.

Substituiren wir in (A.)

$$z = Sv, \tag{4.}$$

so erhalten wir eine Differentialgleichung

$$\frac{\partial^2 v}{\partial x^2} + g_1 \frac{\partial v}{\partial x} = 0, \tag{5.}$$

und es ist g_1 eine rationale Function von x und y. Diese Differentialgleichung besitzt das Fundamentalsystem von Integralen

$$v_1 = \int \frac{dx}{S^2}, \quad v_2 = 1. \tag{6.}$$

Wenn v_1 als Function von y einer linearen Differentialgleichung

$$P(z) = \frac{\partial^m z}{\partial y^m} + p_1 \frac{\partial^{m-1} z}{\partial y^{m-1}} + \cdots + p_m z = 0, \tag{7.}$$

deren Coefficienten rationale Functionen von x und y, genügt, so befriedigt dieselbe auch jeder Zweig von v_1, welcher durch die Umläufe von x und von y erhalten wird.

Diese Zweige haben die Form

$$\bar{v}_1 = \frac{1}{\alpha^2} v_1 + \beta, \tag{8.}$$

wo α eine der Grössen $\alpha_1, \alpha_2, \ldots, \alpha_\mu$ in Gleichung (2.) bedeutet, während β nur von y abhängig ist.

Die Gleichung (7.) muss in Bezug auf y reductibel sein. Denn wäre sie irreductibel und substituirten wir $\bar{v}_1$ in dieselbe, so erhielten wir eine lineare homogene Differentialgleichung für β von gleicher Ordnung:

$$\frac{d^m \beta}{dy^m} + p_1 \frac{d^{m-1} \beta}{dy^{m-1}} + \cdots + p_m \beta = 0. \tag{9.}$$

Da die Coefficienten $p, p_2, \ldots, p_m$, sich durch ein Fundamentalsystem von Integralen $\beta_1, \beta_2, \ldots, \beta_m$ derselben, welche als Zweige eines Integrals β von x unabhängig sind, und durch ihre Ableitungen nach y rational darstellen lassen, so müssten $p_1, p_2, \ldots, p_m$ von x unabhängig sein.

Lässt sich beispielsweise $P(z)$ in der Form [920

$$P(z) = r_0 Q(x) + r_1 \frac{\partial Q(z)}{\partial y} + \cdots + r_n \frac{\partial^n Q(z)}{\partial y^n} \tag{10.}$$

darstellen, wo

$$Q(z) = q_0 z + q_1 \frac{\partial z}{\partial y} + \cdots + q_\mu \frac{\partial^\mu z}{\partial y^\mu} \tag{11.}$$

irreductibel in Bezug auf y ist, und wo $r_0, r_1, \ldots, r_n$ rationale Functionen von y sind, so würde sich für β die Differentialgleichung

$$Q(\beta) = 0 \tag{12.}$$

ergeben, und es müssten alsdann nur die Grössen $q_1, q_2, \ldots, q_\mu$ von x unabhängige rationale Functionen von y sein.

Dieses Verhalten wird durch das Beispiel der Differentialgleichungen erläutert, welchen die hyperelliptischen (elliptischen) Integrale bezw. aufgefasst als Functionen der unabhängigen Veränderlichen und als Functionen der Verzweigungswerthe genügen, wie bereits in der Einleitung angeführt worden ist.

ANMERKUNGEN.

1) Änderungen gegen das Original.

Es wurde gesetzt:

S. 202, Zeile 10 v. u. wurde »darauf« hinter halber hinzugefügt,

„ 207 wurde am Schluss der Gleichungen (1.) »u. s. w.« hinzugefügt,

„ 208 nach den Gleichungen (7.) »Aus den Gleichuugen (7.)« statt »Aus denselben«,

„ 209, Gleichung (14.) $\frac{d\lambda}{dy}, \frac{d\mu}{dy}$ statt $\frac{d\lambda}{du}, \frac{d\mu}{du}$,

„ 210, „ (2.) $2h(0, 1)$ statt $h(0, 1)$,

„ 214 wurde nach Gleichung (15.) »d. h. φ ist eine« hinzugefügt,

Zeile 9 v. u. »eine nicht bloss um einen constanten Factor« statt »eine nicht um einen blossen constanten Factor«.

2) Zu Gleichung (8.), No. 3, S. 208 sei Folgendes bemerkt: Aus (7.) folgt nicht nothwendig, dass c und c_1 beide von y unabhängig sind. Man kann aber z. B. auf folgende Weise zu dem aus (8.) gefolgerten Resultat gelangen: Wenn keine der Grössen $\alpha', \beta', \gamma', \delta'$ gleich Null ist, so folgt aus (7.), dass $c = c_1$ und beide von y unabhängig, d. i. Annahme (10.). Ist aber irgend eine der Grössen $\alpha', \beta', \gamma', \delta'$ gleich Null, so lehren die Gleichungen (F.), dass sich entweder R_1 und S_1 oder R_2 und S_2, d. h. aber z_1 und $D(z_1)$ oder z_2 und $D(z_2)$ nur durch einen constanten Factor unterscheiden, d. h. dass $D(z_1)$ oder $D(z_2)$ der Gleichung (A.) genügt. R. F.

LXV.

ÜBER EINE KLASSE LINEARER HOMOGENER DIFFERENTIAL-GLEICHUNGEN.

(Sitzungsberichte der Königl. preussischen Akademie der Wissenschaften zu Berlin, 1896, XXXIV, S. 753—769; vorgelegt am 9. Juli; ausgegeben am 16. Juli 1896.)

---

1. [753

Sei

$$\frac{d^n u}{dz^n} + p_2 \frac{d^{n-2} u}{dz^{n-2}} + \cdots + p_n u = 0 \tag{A.}$$

eine lineare homogene Differentialgleichung mit eindeutigen Coefficienten von der Beschaffenheit, dass die zu jedem beliebigen Umlauf der Variablen z um einen oder mehrere singuläre Punkte der Gleichung (A.) gehörige Fundamentalgleichung durch die reciproken Werthe der Wurzeln derjenigen Gleichung befriedigt wird, welche aus ihr durch Vertauschung der Coefficienten der sämmtlichen Potenzen der Unbekannten mit ihren conjugirten Werthen hervorgeht. Wir wollen überdies voraussetzen, dass die Wurzeln $\lambda_1, \lambda_2, \ldots, \lambda_n$ wenigstens einer dieser Fundamentalgleichungen von einander verschieden sind und den Modul 1 besitzen. Den ihr zugehörigen Umlauf der Variablen z wollen wir mit C und das zugehörige Fundamentalsystem von Integralen der Gleichung (A.) mit $u_1, u_2, \ldots, u_n$ bezeichnen, so dass, nach Vollziehung des Umlaufes C, $u_1, u_2, \ldots, u_n$ übergehen in

$$\bar{u}_1 = \lambda_1 u_1, \quad \bar{u}_2 = \lambda_2 u_2, \quad \ldots, \quad \bar{u}_n = \lambda_n u_n. \tag{B.}$$

Die einem beliebigen Umlaufe U von z entsprechende Substitution

$$\begin{pmatrix} a_{11} & a_{12} & \dots & a_{1n} \\ a_{21} & a_{22} & \dots & a_{2n} \\ \cdot & \cdot & \dots & \cdot \\ a_{n1} & a_{n2} & \dots & a_{nn} \end{pmatrix},$$

welche $u_1, u_2, \dots, u_n$ erleiden, wollen wir kurz mit (a_{kl}) bezeichnen, während $|a_{kl}|$ die Determinante dieser Substitution bedeutet.

Da in der Gleichung (A.) das Glied $\frac{d^{n-1}u}{dz^{n-1}}$ fehlt, so folgt zunächst

$$\text{(C.)} \qquad |a_{kl}| = 1.$$

754] Die Fundamentalgleichung

$$\begin{vmatrix} a_{11}-\omega & a_{21} & \dots & a_{n1} \\ a_{12} & a_{22}-\omega & \dots & a_{n2} \\ \cdot & \cdot & \dots & \cdot \\ a_{1n} & a_{2n} & \dots & a_{nn}-\omega \end{vmatrix} = 0$$

bringen wir in die Gestalt

$$\text{(D.)} \qquad (-1)^n\omega^n + \alpha_1\omega^{n-1} + \alpha_2\omega^{n-2} + \dots + \alpha_{n-1}\omega + 1 = 0.$$

Nun ist bekanntlich

$$\text{(E.)} \qquad \alpha_k = \sum (-1)^{n-k} R_k,$$

wenn mit R_l eine Hauptunterdeterminante l^{ter} Ordnung der Determinante $|a_{kl}|$ bezeichnet wird, und wenn die Summation in (E.) sich auf die sämmtlichen Hauptunterdeterminanten k^{ter} Ordnung bezieht.

Wenn wir, wie im Folgenden stets, den conjugirten Werth einer Grösse a mit a' bezeichnen, so hat unserer Voraussetzung gemäss die Gleichung (D.) mit der Gleichung

$$\text{(D}_1.) \qquad (-1)^n\omega^n + (-1)^n\alpha'_{n-1}\omega^{n-1} + (-1)^n\alpha'_{n-2}\omega^{n-2} + \dots + (-1)^n\alpha'_1\omega + 1 = 0$$

sämmtliche Wurzeln gemeinschaftlich; daher ist

$$\text{(1.)} \qquad \alpha_k = (-1)^n \alpha'_{n-k}, \qquad (k = 1, 2, \dots, n)$$

und hieraus ergiebt sich nach Gleichung (E.)

$$\text{(F.)} \qquad \sum R_k = \sum R'_{n-k}. \qquad (k = 1, 2, \dots, n)$$

Die analogen Gleichungen gelten unserer Voraussetzung gemäss für jede Substitution, welche $u_1, u_2, \dots, u_n$ durch einen beliebigen Umlauf erfahren.

Ist (b_{kl}) eine Substitution, welche $u_1, u_2, \dots, u_n$ durch einen Umlauf V erleiden, so betrachten wir die Substitution, welcher $u_1, u_2, \dots, u_n$ durch die Umläufe U, C, V, in dieser Reihenfolge nach einander angewendet, unterworfen werden.

Sei

$$(c_{kl}) = (a_{kl})(\lambda)(b_{kl}), \tag{2.}$$

wo wir

$$(\lambda) = \begin{vmatrix} \lambda_1 & 0 & \dots & 0 \\ 0 & \lambda_2 & \dots & 0 \\ \cdot & \cdot & \dots & \cdot \\ 0 & 0 & \dots & \lambda_n \end{vmatrix} \tag{3.}$$

gesetzt haben.

Es ist alsdann [755

$$c_{kl} = a_{k1} b_{1l} \lambda_1 + a_{k2} b_{2l} \lambda_2 + \dots + a_{kn} b_{nl} \lambda_n. \tag{4.}$$

Die inverse Substitution von (c_{kl}) ist

$$(c_{kl})^{-1} = (b_{kl})^{-1} (\lambda)^{-1} (a_{kl})^{-1}. \tag{5.}$$

Nun ist

$$\left\{ \begin{aligned} (a_{kl})^{-1} &= \begin{vmatrix} A_{11} & \dots & A_{n1} \\ \cdot & \dots & \cdot \\ A_{1n} & \dots & A_{nn} \end{vmatrix}, \\ (b_{kl})^{-1} &= \begin{vmatrix} B_{11} & \dots & B_{n1} \\ \cdot & \dots & \cdot \\ B_{1n} & \dots & B_{nn} \end{vmatrix}, \\ (c_{kl})^{-1} &= \begin{vmatrix} C_{11} & \dots & C_{n1} \\ \cdot & \dots & \cdot \\ C_{1n} & \dots & C_{nn} \end{vmatrix}, \end{aligned} \right. \tag{6.}$$

wo A_{k}, B_{kl}, C_{kl} bez. die zu a_{kl}, b_{kl}, c_{kl} gehörigen Unterdeterminanten $(n-1)^{\text{ter}}$ Ordnung der Determinanten $|a_{kl}|$, $|b_{kl}|$, $|c_{kl}|$ bedeuten.

Es ergiebt daher die Gleichung (5.)

$$C_{kl} = A_{k1} B_{1l} \lambda_1^{-1} + A_{k2} B_{2l} \lambda_2^{-1} + \dots + A_{kn} B_{nl} \lambda_n^{-1}. \tag{7.}$$

Wir wollen die Gleichung (F.) insbesondere für $k = n-1$ in Betracht ziehen. Sie lässt sich alsdann in die Form bringen

$$(8.)\qquad a_{11} + a_{22} + \cdots + a_{nn} = A'_{11} + A'_{22} + \cdots + A'_{nn}.$$

Da eine analoge Gleichung für jeden beliebigen Umlauf, also auch für die Aufeinanderfolge UCV gilt, so ergiebt sich aus den Gleichungen (4.) und (7.)

$$(9.)\qquad \sum_{l=1}^{n} \sum_{k=1}^{n} (A'_{kl} B'_{lk} - a_{kl} b_{lk}) \lambda_l = 0.$$

Allgemein würde für die Substitution

$$(a_{kl})(\lambda^r)(b_{kl}),$$

welche dem Umlauf U, dem r-fach wiederholten Umlauf C und dem Umlauf V, in dieser Reihenfolge angewendet, entspricht, sich ergeben

$$(9a.)\qquad \sum_{l=1}^{n} \sum_{k=1}^{n} (A'_{kl} B'_{lk} - a_{kl} b_{lk}) \lambda_l^r = 0,$$

für jeden beliebigen ganzzahligen Werth von r.
756] Setzen wir $r = 0, 1, 2, \ldots, n-1$, so folgt aus dem entstehenden Systeme von Gleichungen, da $\lambda_1, \lambda_2, \ldots, \lambda_n$ von einander verschieden sind,

$$(10.)\qquad \sum_{k=1}^{n} A'_{kl} B'_{lk} = \sum_{k=1}^{n} a_{kl} b_{lk}. \qquad (l = 1, 2, \ldots, n)$$

Da diese Gleichung für zwei beliebige Substitutionen der Gruppe unserer Differentialgleichung besteht, so können wir in derselben

$$(11.)\qquad (b_{kl}) = (\lambda),$$

also

$$\begin{aligned} b_{kl} &= 0, \quad \text{für } k \neq l, \\ b_{kk} &= \lambda_k, \\ B_{kl} &= 0, \quad \text{für } k \neq l, \\ B_{kk} &= \lambda_k^{-1} \end{aligned}$$

setzen. Wir erhalten alsdann aus Gleichung (10.)

$$(G.)\qquad A'_{ll} = a_{ll}. \qquad (l = 1, 2, \ldots, n)$$

Da diese Gleichung für jede Substitution der Gruppe besteht, so folgt also für die Substitution

$$\begin{gathered}(e_{kl}) = (a_{kl})(\lambda^r)(b_{kl})\\ E'_{ll} = e_{ll},\end{gathered} \tag{12.} \qquad (l = 1, 2, \dots, n)$$

d. h. nach den Gleichungen (4.) und (7.)

$$\sum_1^n{}_p A'_{lp} B'_{pl} \lambda_p^r = \sum_1^n{}_p a_{lp} b_{pl} \lambda_p^r, \tag{13.} \qquad (l = 1, 2, \dots, n)$$

also in Folge eines Schlusses, der dem an den Gleichungen (9.) und (9a.) gemachten Schlusse analog ist,

$$A'_{lp} B'_{pl} = a_{lp} b_{pl}. \tag{H.} \qquad \begin{pmatrix} p = 1, \dots, n \\ l = 1, \dots, n \end{pmatrix}$$

Für

$$\left\{\begin{aligned} (b_{kl}) &= (a_{kl})^{-1}, \quad \text{d. h.} \\ (b_{kl}) &= (A_{lk}), \quad (B_{kl}) = (a_{lk}) \end{aligned}\right. \tag{14.}$$

ergiebt sich aus (H.) insbesondere

$$A'_{lp} a'_{lp} = A_{lp} a_{lp}. \tag{H$_1$.} \qquad \begin{pmatrix} l = 1, \dots, n \\ p = 1, \dots, n \end{pmatrix}$$

Für

$$(b_{kl}) = (a_{kl}) \tag{15.}$$

ergiebt die Gleichung (H.)

$$A'_{lp} A'_{pl} = a_{lp} a_{pl}. \tag{H$_2$.} \qquad \begin{pmatrix} l = 1, \dots, n \\ p = 1, \dots, n \end{pmatrix}$$

Für

$$(b_{kl}) = (a_{kl})(\lambda^r)(a_{kl}), \tag{16.}$$

also [757

$$\begin{aligned} b_{kl} &= a_{k1} a_{1l} \lambda_1^r + a_{k2} a_{2l} \lambda_2^r + \dots + a_{kn} a_{nl} \lambda_n^r, \\ (B_{kl}) &= (A_{kl})(\lambda^{-r})(A_{kl}), \\ B_{kl} &= A_{k1} A_{1l} \lambda_1^{-r} + A_{k2} A_{2l} \lambda_2^{-r} + \dots + A_{kn} A_{nl} \lambda_n^{-r}, \end{aligned}$$

folgt

$$\begin{aligned} A'_{lp}[A'_{p1} A'_{1l} \lambda_1^r + A'_{p2} A'_{2l} \lambda_2^r + \dots + A'_{pn} A'_{nl} \lambda_n^r] \\ = a_{lp}[a_{p1} a_{1l} \lambda_1^r + a_{p2} a_{2l} \lambda_2^r + \dots + a_{pn} a_{nl} \lambda_n^r], \end{aligned} \tag{17.}$$

und hieraus wieder durch einen Schluss, der dem an (9.) und (9a.) gemachten analog ist,

$$A'_{p\alpha} A'_{\alpha l} A'_{lp} = a_{p\alpha} a_{\alpha l} a_{lp}. \tag{H$_3$.} \qquad \begin{pmatrix} p = 1, \dots, n \\ l = 1, \dots, n \\ \alpha = 1, \dots, n \end{pmatrix}$$

Wenn die Integrale u_k der Gleichung (A.) nach einem Umlaufe U sich in

$$\bar{u}_k = a_{k1}u_1 + a_{k2}u_2 + \cdots + a_{kn}u_n \tag{18.}$$

verwandeln, so gehen die conjugirten Werthe $\bar{u}_k$ dieser Integrale in

$$\bar{u}'_k = a'_{k1}u'_1 + a'_{k2}u'_2 + \cdots + a'_{kn}u'_n \tag{19.}$$

über.

Wir bilden nunmehr die bilineare Form

$$\varphi = A_1 u_1 u'_1 + A_2 u_2 u'_2 + \cdots + A_n u_n u'_n \tag{J.}$$

mit constanten Coefficienten $A_1, \ldots, A_n$ und wenden auf dieselbe die einem Umlaufe U der Variablen z entsprechenden Substitutionen (18.), (19.) an, alsdann geht φ über in

$$\bar{\varphi} = \sum_{k,l} P_{kl} u_k u'_l, \qquad \begin{pmatrix} k = 1, \ldots, n \\ l = 1, \ldots, n \end{pmatrix} \tag{J$_1$.}$$

wo

$$P_{kl} = A_1 a_{1k} a'_{1l} + A_2 a_{2k} a'_{2l} + \cdots + A_n a_{nk} a'_{nl}. \tag{20.}$$

Wir bestimmen nunmehr $A_1, A_2, \ldots, A_n$ den Gleichungen

$$P_{12} = 0, \quad P_{13} = 0, \quad \ldots, \quad P_{1n} = 0 \tag{K.}$$

gemäss, aus welchen sich ergiebt:

$$\frac{A_k}{A_1} = \frac{A'_{k1}}{a_{k1}}. \qquad (k = 1, \ldots, n) \tag{K$_1$.}$$

Aus den Gleichungen (H$_1$.) folgt, dass die Verhältnisse der Grössen $A_1, A_2, \ldots, A_n$ reale Werthe haben.

Substituiren wir diese Werthe in $\frac{P_{kl}}{A_1}$, so ergiebt sich

$$\frac{P_{kl}}{A_1} = \sum_1^n {}_p\, a_{pk} a'_{pl} \frac{A'_{p1}}{a_{p1}}. \qquad \begin{pmatrix} k = 1, \ldots, n \\ l = 1, \ldots, n \end{pmatrix} \tag{21.}$$

Nun ist

$$\frac{a'_{pl} A'_{p1}}{a_{p1}} = \frac{A_{pl} A_{lp} A'_{p1}}{a_{p1} a'_{lp}} = \frac{A_{pl} A'_{lp} A'_{p1}}{a_{p1} a_{lp}},$$

gemäss den Gleichungen (H$_1$.), (H$_2$.).

758] Ferner ist nach Gleichung (H$_3$.), für $\alpha = 1$,

$$A'_{lp} A'_{1l} A'_{p1} = a_{pl} a_{1l} a_{p1},$$

folglich wird

$$\frac{a'_{pl} A'_{p1}}{a_{p1}} = \frac{A_{pl} a_{lp} a_{1l} a_{p1}}{A'_{1l} a_{p1} a_{lp}} = \frac{A_{pl} a_{1l}}{A'_{1l}},$$

woraus hervorgeht, dass die Gleichungen (21.) sich umgestalten in

$$(22.) \qquad \frac{P_{kl}}{A_1} = \frac{a_{1l}}{A'_{1l}} \sum_{1}^{n} {}_p A_{pl} a_{pk}. \qquad \begin{pmatrix} k = 1, \dots, n \\ l = 1, \dots, n \end{pmatrix}$$

Ist demnach $k \neq l$, so folgt

$$(\text{L.}) \qquad P_{kl} = 0,$$

während

$$\frac{P_{kk}}{A_1} = \frac{a_{1k}}{A'_{1k}} = \frac{a_{1k} a_{k1}}{A'_{1k} a_{k1}} = \frac{a'_{1k} A'_{k1}}{a_{k1} A'_{1k}} \qquad (\text{nach Gl. } (\text{H}_2.)),$$

also

$$\frac{P_{kk}}{A_1} = \frac{A'_{k1}}{a_{k1}} = \frac{A_k}{A_1}$$

oder

$$(\text{M.}) \qquad P_{kk} = A_k.$$

Werden daher die Verhältnisse der Grössen $A_1, A_2, \dots, A_n$ aus den Gleichungen $(\text{K}_1.)$ bestimmt, so wird

$$\bar{\varphi} = \varphi,$$

d. h. die bilineare Form φ bleibt ungeändert, wenn z den Umlauf U vollzieht.

Würden ebenso bei einem Umlaufe V die Integrale u_k sich in

$$(23.) \qquad \bar{u}_k = b_{k1} u_1 + b_{k2} u_2 + \cdots + b_{kn} u_n$$

verwandeln, so würden die conjugirten Werthe u'_k in

$$(24.) \qquad \bar{u}'_k = b'_{k1} u'_1 + b'_{k2} u'_2 + \cdots + b'_{kn} u'_n$$

übergehen.

Bestimmen wir eine bilineare Form

$$(\text{J}_2.) \qquad \psi = B_1 u_1 u'_1 + B_2 u_2 u'_2 + \cdots + B_n u_n u'_n$$

mit constanten Coefficienten $B_1, B_2, \dots, B_n$ derart, dass

$$(\text{K}_2.) \qquad \frac{B_k}{B_1} = \frac{B'_{k1}}{b_{k1}},$$

so folgt aus der Gültigkeit der Relationen (G.), (H_1.), (H_2.), (H_3.) für die einem beliebigen Umlauf entsprechenden Substitutionen, dass die Form ψ durch den Umlauf V ungeändert bleibt.

Aber aus den Gleichungen (H.) folgt für $l = 1$, $p = k$, nach Gleichung (K_2.)

$$\frac{B_k}{B_1} = \frac{a_{1k}}{A'_{1k}} = \frac{a_{1k}A'_{k1}}{a_{1k}a_{k1}} \quad \text{(nach Gl. } (H_2.)),$$

759] d. h.

$$\text{(N.)} \qquad \frac{B_k}{B_1} = \frac{A'_{k1}}{a_{k1}} = \frac{A_k}{A_1} \quad \text{(nach Gl. } (K_1.)).$$

Demnach ist die Form ψ bis auf einen constanten Factor mit der Form φ übereinstimmend.

Wir erhalten also den Satz:

Ist für jeden beliebigen Umlauf der Variablen z um einen oder mehrere singuläre Punkte der Gleichung (A.) die zugehörige Fundamentalgleichung so beschaffen, dass sie durch die reciproken Werthe der Wurzeln derjenigen Gleichung befriedigt wird, welche aus ihr durch Verwandlung der Coefficienten der verschiedenen Potenzen der Unbekannten in ihre conjugirten Werthe hervorgeht, und giebt es überdies wenigstens zu einem Umlaufe eine Fundamentalgleichung, deren Wurzeln die Moduln 1 besitzen und von einander verschieden sind, so giebt es eine aus den Elementen eines Fundamentalsystems von Integralen $u_1, u_2, \ldots, u_n$ und den conjugirten Werthen $u'_1, u'_2, \ldots, u'_n$ gebildete bilineare Form der Gestalt

$$\varphi = A_1 u_1 u'_1 + A_2 u_2 u'_2 + \cdots + A_n u_n u'_n,$$

deren Coefficienten von z unabhängig sind und reale Werthverhältnisse besitzen, und welche für alle Umläufe der Variablen z ungeändert bleibt.

2.

Wir setzen jetzt umgekehrt voraus, dass es eine aus einem Fundamentalsystem $u_1, u_2, \ldots, u_n$ von Integralen der Gleichung (A.) und aus den conjugirten Werthen $u'_1, u'_2, \ldots, u'_n$ gebildete bilineare Form φ giebt:

$$\varphi = \sum_{kl} Q^{(k,l)} u_k u'_l, \qquad \begin{pmatrix} k = 1, \ldots, n \\ l = 1, \ldots, n \end{pmatrix} \tag{1.}$$

deren Coefficienten $Q^{(k,l)}$ von z unabhängig, und welche durch keinen Umlauf von z verändert wird.

Überdies seien für wenigstens einen Umlauf die Wurzeln $\lambda_1, \lambda_2, \ldots, \lambda_n$ der zugehörigen Fundamentalgleichung von einander verschieden, und ihre Moduln gleich 1. Das dieser Fundamentalgleichung entsprechende Fundamentalsystem haben wir mit $u_1, u_2, \ldots, u_n$ bezeichnet. Wir machen endlich noch die Voraussetzung, dass zwischen den Grössen $u_k u'_l$ nicht eine lineare homogene Relation mit constanten Coefficienten stattfinden könne.

Der Voraussetzung nach soll [760

$$\sum Q^{(k,l)} \lambda_k \lambda'_l u_k u'_l = \sum Q^{(k,l)} u_k u'_l \tag{2.}$$

sein, woraus ebenfalls nach der Voraussetzung sich ergiebt

$$Q^{(k,l)}(\lambda_k \lambda'_l - 1) = 0,$$

d. h.

$$Q^{(k,l)}(\lambda_k - \lambda_l) = 0. \tag{3.}$$

Demnach ist

$$Q^{(k,l)} = 0, \quad \text{für } k \neq l. \tag{4.}$$

Es muss also φ, um den Voraussetzungen gerecht zu werden, die Form haben

$$\varphi = A_1 u_1 u'_1 + A_2 u_2 u'_2 + \cdots + A_n u_n u'_n. \tag{J'.}$$

Wenn durch den Umlauf U die Integrale $u_1, \ldots, u_n$ die Substitution (a_{kl}) erleiden, so muss der Voraussetzung zufolge sein

$$A_1 a_{1\alpha} a'_{1\beta} + A_2 a_{2\alpha} a'_{2\beta} + \cdots + A_n a_{n\alpha} a'_{n\beta} = 0 \qquad (\alpha = 1, \ldots, n;\ \beta = 1, \ldots, n;\ \alpha \neq \beta) \tag{K'.}$$

und

$$A_1 a_{1\alpha} a'_{1\alpha} + A_2 a_{2\alpha} a'_{2\alpha} + \cdots + A_n a_{n\alpha} a'_{n\alpha} = A_\alpha. \qquad (\alpha = 1, \ldots, n) \tag{M'.}$$

Für einen festen Werth von α und für

$$\beta = 1, 2, \ldots, \alpha - 1, \alpha + 1, \ldots, n$$

ergeben die Gleichungen (K'.)

$$\frac{A_k}{A_1} = \frac{a_{1\alpha}}{a_{k\alpha}} \frac{A'_{k\alpha}}{A'_{1\alpha}}. \qquad (k = 1, 2, \ldots, n) \tag{K'_1.}$$

Ebenso ist aber auch

(5.) $$\frac{A_k}{A_1} = \frac{a_{1\gamma}}{a_{k\gamma}} \frac{A'_{k\gamma}}{A'_{1\gamma}}.$$

Aus $(\mathrm{K}'_1.)$ folgt

$$\frac{A_k}{A_l} = \frac{a_{l\alpha}}{a_{k\alpha}} \frac{A'_{k\alpha}}{A'_{l\alpha}}$$

und aus (5.)

$$\frac{A_k}{A_l} = \frac{a_{l\gamma}}{a_{k\gamma}} \frac{A'_{k\gamma}}{A'_{l\gamma}}.$$

Demnach ist

$$\frac{a_{l\alpha} A'_{k\alpha}}{a_{k\alpha} A'_{l\alpha}} = \frac{a_{l\gamma} A'_{k\gamma}}{a_{k\gamma} A'_{l\gamma}}$$

oder

$(\mathrm{H}'_3.)$ $$\frac{A'_{k\alpha} A'_{l\gamma}}{A'_{k\gamma} A'_{l\alpha}} = \frac{a_{k\alpha} a_{l\gamma}}{a_{k\gamma} a_{l\alpha}}.$$

761] Vertauschen wir in den Gleichungen $(\mathrm{K}'.)$ α mit β, so folgt ebenso wie Gleichung $(\mathrm{K}'_1.)$

(6.) $$\frac{A_k}{A_1} = \frac{a'_{1\alpha}}{a'_{k\alpha}} \frac{A_{k\alpha}}{A_{1\alpha}}.$$

Aus $(\mathrm{K}'_1.)$ und (6.) ergiebt sich

(7.) $$a'_{k\alpha} A'_{k\alpha} = a_{k\alpha} A_{k\alpha} \frac{a'_{1\alpha} A'_{1\alpha}}{a_{1\alpha} A_{1\alpha}}.$$

Substituiren wir die Werthe aus (6.) in $(\mathrm{M}'.)$, so ergiebt sich, da $|a_{kl}| = 1$,

$$\frac{A_1 a'_{1\alpha}}{A_{1\alpha}} = A_\alpha,$$

also

(8.) $$\frac{A_\alpha}{A_1} = \frac{a'_{1\alpha}}{A_{1\alpha}}.$$

Aus (6.) folgt

$$\frac{A_\alpha}{A_1} = \frac{a'_{1\alpha}}{a'_{\alpha\alpha}} \frac{A_{\alpha\alpha}}{A_{1\alpha}}.$$

Durch Vergleichung mit (8.) erhalten wir also

$(\mathrm{G}'.)$ $$A_{\alpha\alpha} = a'_{\alpha\alpha}.$$

Aus $(\mathrm{K}'_1.)$ folgt daher auch

(9.) $$\frac{A_\alpha}{A_1} = \frac{a_{1\alpha}}{A'_{1\alpha}}.$$

Durch Vergleichung von (8.) und (9.) ergiebt sich also, dass $\frac{A_\alpha}{A_1}$ real ist, d. h. es ist

$$\frac{a_{1\alpha}}{A'_{1\alpha}} = \frac{a'_{1\alpha}}{A_{1\alpha}},$$

oder

$$a_{1\alpha} A_{1\alpha} = a'_{1\alpha} A'_{1\alpha}. \tag{10.}$$

Daher geht die Gleichung (7.) über in

$$a'_{k\alpha} A'_{k\alpha} = a_{k\alpha} A_{k\alpha}. \tag{H'_1.}$$

Setzen wir in Gleichung (H'$_3$.) $k = \gamma$, $l = \alpha$, so erhalten wir

$$\frac{A'_{\gamma\alpha} A'_{\alpha\gamma}}{A'_{\gamma\gamma} A'_{\alpha\alpha}} = \frac{a_{\gamma\alpha} a_{\alpha\gamma}}{a_{\gamma\gamma} a_{\alpha\alpha}}, \tag{11.}$$

also nach (G'.)

$$A'_{\gamma\alpha} A'_{\alpha\gamma} = a_{\gamma\alpha} a_{\alpha\gamma}. \tag{H'_2.}$$

Die Glieder einer Hauptunterdeterminante von $|A'_{kl}|$ haben die Form

$$\pm A'_{k\alpha} A'_{l\beta} A'_{m\gamma} \dots,$$

wenn A'_{kk}, A'_{ll}, A'_{mm}, ... die Diagonalglieder sind und $\alpha, \beta, \gamma, \dots$ eine Permutation von $k, l, m, \dots$ bedeutet.

Nun ergiebt die Gleichung (H'$_3$.) für $\alpha = l$, $\gamma = 1$, [762

$$\frac{A'_{kl} A'_{l1}}{A'_{k1} A'_{ll}} = \frac{a_{kl} a_{l1}}{a_{k1} a_{ll}}, \tag{12.}$$

also nach (G'.)

$$A'_{kl} = \frac{a_{kl} a_{l1}}{a_{k1}} \frac{A'_{k1}}{A'_{l1}} \tag{13.}$$

oder nach (H'$_2$.)

$$A'_{kl} = \frac{a_{kl}}{a_{k1} a_{1l}} A'_{k1} A'_{1l}. \tag{14.}$$

Daher ist

$$\pm A'_{k\alpha} A'_{l\beta} A'_{m\gamma} \dots = \pm a_{k\alpha} a_{l\beta} a_{m\gamma} \dots \frac{A'_{k1} A'_{1\alpha} A'_{l1} A'_{1\beta} A'_{m1} A'_{1\gamma} \dots}{a_{k1} a_{1\alpha} a_{l1} a_{1\beta} a_{m1} a_{1\gamma} \dots}. \tag{15.}$$

Da aber $\alpha, \beta, \gamma, \dots$ eine Permutation von $k, l, m, \dots$ ist, so combiniren sich im Zähler A'_{k1} mit A'_{1k}, A'_{l1} mit A'_{1l}, A'_{m1} mit A'_{1m} u. s. w., ebenso im

Nenner a_{k1} mit a_{1k}, a_{l1} mit a_{1l}, a_{m1} mit a_{1m} u. s. w., also ist nach (H'_2.)

$$\text{(O.)} \qquad \pm A'_{k\alpha} A'_{l\beta} A'_{m\gamma} \cdots = \pm a_{k\alpha} a_{l\beta} a_{m\gamma} \ldots.$$

I. Demnach ist jede Hauptunterdeterminante der Determinante $|A'_{kl}|$ gleich der entsprechenden Hauptunterdeterminante der Determinante $|a_{kl}|$.

Sei nunmehr $|g_{kl}|$ eine beliebige Determinante von n^2 Elementen mit dem Werthe 1, $|G_{kl}|$ die Determinante aus den adjungirten Elementen, so ist bekanntlich eine Hauptunterdeterminante p^{ter} Ordnung der Determinante $|G_{kl}|$ gleich der Hauptunterdeterminante $(n-p)^{\text{ter}}$ Ordnung von $|g_{kl}|$, welche diejenigen Diagonalglieder ausschliesst, deren Indices mit denen der Hauptunterdeterminante von $|G_{kl}|$ übereinstimmen.

Demnach ergiebt sich aus dem Satze I.:

II. Jede Hauptunterdeterminante $(n-p)^{\text{ter}}$ Ordnung der Determinante $|a'_{kl}|$ ist mit derjenigen Hauptunterdeterminante p^{ter} Ordnung der Determinante $|a_{kl}|$ übereinstimmend, welche die Diagonalglieder mit denjenigen Indices, die in der ersteren Hauptunterdeterminante auftreten, ausschliesst.

Nach den an den Gleichungen (E.) und (F.) in No. 1 gemachten Schlüssen ergiebt sich also:

Die Fundamentalgleichung

$$\text{(16.)} \qquad \begin{vmatrix} a_{11}-\omega & a_{21} & \ldots & a_{n1} \\ a_{12} & a_{22}-\omega & \ldots & a_{n2} \\ \cdot & \cdot & \ldots & \cdot \\ \cdot & \cdot & \ldots & \cdot \\ a_{1n} & a_{2n} & \ldots & a_{nn}-\omega \end{vmatrix} = 0$$

763] wird von den reciproken Werthen der Wurzeln der Gleichung

$$\begin{vmatrix} a'_{11}-\omega & a'_{21} & \ldots & a'_{n1} \\ a'_{12} & a'_{22}-\omega & \ldots & a'_{n2} \\ \cdot & \cdot & \ldots & \cdot \\ \cdot & \cdot & \ldots & \cdot \\ a'_{1n} & a'_{2n} & \ldots & a'_{nn}-\omega \end{vmatrix} = 0$$

befriedigt.

Wir erhalten daher den Satz:

III. Wenn es eine aus einem Fundamentalsysteme von Integralen der Gleichung (A.) $u_1, u_2, \dots, u_n$ und den conjugirten Werthen $u'_1, u'_2, \dots, u'_n$ gebildete bilineare Form mit constanten Coefficienten giebt, welche durch die sämmtlichen Umläufen entsprechenden Substitutionen der Gestalt

$$\begin{aligned} \bar{u}_k &= a_{k1}u_1 + a_{k2}u_2 + \dots + a_{kn}u_n, \\ \bar{u}'_k &= a'_{k1}u'_1 + a'_{k2}u'_2 + \dots + a'_{kn}u'_n \end{aligned} \qquad (k = 1, 2, \dots, n)$$

ungeändert bleibt, und wenn überdies wenigstens für einen Umlauf die Wurzeln der zugehörigen Fundamentalgleichung von einander verschiedene Grössen mit den Moduln 1 sind, wenn endlich zwischen den Grössen $u_k u'_l$ keine lineare homogene Relation mit constanten Coefficienten Statt hat, so hat die zu jedem Umlauf gehörige Fundamentalgleichung die Eigenschaft, durch die reciproken Werthe der Wurzeln derjenigen Gleichung befriedigt zu werden, welche aus ihr durch Vertauschung der Coefficienten der verschiedenen Potenzen der Unbekannten mit ihren conjugirten Werthen hervorgeht.

Dieser Satz bildet die Umkehrung des Satzes am Schlusse der No. 1.

3.

Sind die Coefficienten der Differentialgleichung

$$(\alpha.) \qquad \frac{d^n w}{dz^n} + q_1 \frac{d^{n-1} w}{dz^{n-1}} + q_2 \frac{d^{n-2} w}{dz^{n-2}} + \dots + q_n w = 0$$

eindeutige Functionen von z, so führt die Substitution

$$(\beta.) \qquad w = e^{-\frac{1}{n}\int q_1 dz} u$$

dieselbe in eine Differentialgleichung der Form

$$(\text{A.}) \qquad \frac{d^n u}{dz^n} + p_2 \frac{d^{n-2} u}{dz^{n-2}} + \dots + p_n u = 0$$

mit ebenfalls eindeutigen Coefficienten über.

Ist für irgend einen Umlauf U die auf $(\alpha.)$ bezügliche Fundamentalgleichung [764

$$(1.) \qquad (-1)^n \eta^n + \alpha_1 \eta^{n-1} + \dots + \alpha_n = 0$$

und wird dieselbe durch die reciproken Werthe der Wurzeln der Gleichung

$$(1a.)\qquad (-1)^n \eta^n + \alpha'_1 \eta^{n-1} + \cdots + \alpha'_n = 0$$

befriedigt, so müssen die Coefficienten von (1.) mit den entsprechenden Coefficienten der Gleichung

$$(2.)\qquad (-1)^n \eta^n + (-1)^n \frac{\alpha'_{n-1}}{\alpha'_n} \eta^{n-1} + \cdots + (-1)^n \frac{\alpha'_1}{\alpha'_n} \eta + \frac{1}{\alpha'_n} = 0$$

übereinstimmen; es ist also

$$(3.)\qquad \alpha_k = (-1)^n \frac{\alpha'_{n-k}}{\alpha'_n} \qquad (k = 1, 2, \ldots, n-1)$$

und

$$(4.)\qquad \alpha_n = \frac{1}{\alpha'_n}.$$

Wegen der letzten Gleichung nimmt Gleichung (3.) die Form an:

$$(3a.)\qquad \alpha_k = (-1)^n \alpha'_{n-k} \alpha_n.$$

Bezeichnen wir mit Δ die Hauptdeterminante eines Fundamentalsystems $w_1, w_2, \ldots, w_n$ der Gleichung (α.), so ist*)

$$(5.)\qquad \Delta = e^{-\int q_1 dz}.$$

Nach dem Umlaufe U geht nun Δ über in $\Delta \alpha_n$, demnach multiplicirt sich $e^{\frac{1}{n}\int q_1 dz}$ durch diesen Umlauf mit einer Grösse j, wo

$$(6.)\qquad j = \alpha_n^{-\frac{1}{n}},$$

deren Modul nach Gleichung (4.) den Werth Eins hat. Die zu demselben Umlauf U gehörige auf (A.) bezügliche Fundamentalgleichung lautet daher

$$(7.)\qquad (-1)^n \omega^n + \alpha_1 j \omega^{n-1} + \cdots + \alpha_{n-1} j^{n-1} \omega + 1 = 0,$$

welche mit der Gleichung

$$(7a.)\qquad (-1)^n \omega^n + (-1)^n \alpha'_{n-1} j^{-(n-1)} \omega^{n-1} + \cdots + (-1)^n \alpha'_1 j^{-1} \omega + 1 = 0$$

gemäss den Gleichungen (3a.) und (6.) die Wurzeln gemeinschaftlich hat.

Wenn daher für alle Umläufe von z die auf (α.) bezüglichen Funda-
765] mentalgleichungen durch die reciproken Werthe der Wurzeln derjenigen

*) Vergl. CRELLES Journal, Bd. 66, S. 128, Gl. (3.)[1]).

[1]) Abh. VI, S. 166, Band I dieser Ausgabe. R. F.

Gleichungen befriedigt werden, welche aus ihnen durch Verwandlung der Coefficienten der sämmtlichen Potenzen der Unbekannten in ihre conjugirten Werthe hervorgehen, so haben die auf (A.) bezüglichen Fundamentalgleichungen dieselbe Eigenschaft.

I. Der Satz am Schlusse der No. 1 gilt daher für eine Differentialgleichung der Form (α.) ebenso wie für eine Differentialgleichung der Form (A.)

Wenn wir umgekehrt voraussetzen, dass eine aus einem Fundamentalsystem $w_1, w_2, \ldots, w_n$ von Integralen der Gleichung (α.) und aus ihren conjugirten Werthen $w_1', w_2', \ldots, w_n'$ gebildete bilineare Form mit constanten Coefficienten existirt, welche durch keinen Umlauf von z verändert wird, und dass mindestens für einen Umlauf die zugehörige Fundamentalgleichung von einander verschiedene Wurzeln mit den Moduln 1 besitzt, dass endlich zwischen den Grössen $w_k w_l'$ keine lineare homogene Relation mit constanten Coefficienten Statt hat, so ergiebt sich, wenn wir Schritt für Schritt die Schlüsse der No. 2 verfolgen, an Stelle des dortigen Satzes I. der Satz:

I'. Jede Hauptunterdeterminante p^{ter} Ordnung der Determinante $|A_{kl}'|$ ist gleich dem Producte aus der entsprechenden Hauptunterdeterminante der Determinante $|a_{kl}|$ und $|A_{kl}'|^p$,

und an Stelle des Satzes II. daselbst der Satz:

II'. Jede Hauptunterdeterminante $(n-p)^{\text{ter}}$ Ordnung der Determinante $|A_{kl}'|$ ist gleich dem Producte aus $|a_{kl}'|$ und derjenigen Hauptunterdeterminante p^{ter} Ordnung der Determinante $|a_{kl}|$, welche die Diagonalglieder mit denjenigen Indices, die in der ersteren Hauptunterdeterminante auftreten, ausschliesst.

Die auf (α.) bezügliche zur Substitution (a_{kl}) gehörige Fundamentalgleichung ist aber der Form

$$(8.)\quad (-1)^n \eta^n + (-1)^{n-1} \sum R_1 \eta^{n-1} + (-1)^{n-2} \sum R_2 \eta^{n-2} + \cdots + (-1) \sum R_{n-1} \eta + |a_{kl}| = 0,$$

wo $\sum R_k$ dieselbe Bedeutung wie in Gleichung (E.) hat.

Aus dem Satze II'. ergiebt sich

$$(9.)\quad \sum R_{n-k} = \frac{1}{|a_{kl}|} \sum R_k',$$

welches die Bedingung dafür ist, dass die Gleichung (8.) durch die reciproken

Werthe der Wurzeln derjenigen Gleichung, welche aus ihr durch Verwandlung der Coefficienten der Unbekannten in die conjugirten Werthe hervorgeht, befriedigt wird.

766] Hieraus folgt:

III'. Der Satz III. in No. 2 gilt daher für eine Differentialgleichung der Form (α.) ebenso wie für eine Differentialgleichung der Form (A.).

4.

Sei

$$\frac{d^n u}{dz^n}+p_1\frac{d^{n-1}u}{dz^{n-1}}+\cdots+p_n u = 0 \tag{1.}$$

und

$$z = x+yi, \tag{2.}$$

wo x und y real. Wir setzen ebenso

$$\begin{cases} p_k = P_k+Q_k i, \\ u = \xi+\eta i, \end{cases} \tag{3.}$$

wo P_k, Q_k, ξ, η reale Functionen der realen Variabeln x, y sind.

Die Gleichung (1.) zerfällt alsdann in die beiden Gleichungen

$$\frac{\partial^n \xi}{\partial x^n}+\sum_1^{n-1}{}_k\left\{P_k\frac{\partial^{n-k}\xi}{\partial x^{n-k}}-Q_k\frac{\partial^{n-k}\eta}{\partial x^{n-k}}\right\}+P_n\xi-Q_n\eta = 0, \tag{4.}$$

$$\frac{\partial^n \eta}{\partial x^n}+\sum_1^{n-1}{}_k\left\{P_k\frac{\partial^{n-k}\eta}{\partial x^{n-k}}+Q_k\frac{\partial^{n-k}\xi}{\partial x^{n-k}}\right\}+Q_n\xi+P_n\eta = 0. \tag{5.}$$

Durch Elimination, bez. von η und von ξ erhalten wir aus diesen beiden Gleichungen:

$$P_n\frac{\partial^n \xi}{\partial x^n}+Q_n\frac{\partial^n \eta}{\partial x^n}+\sum_1^{n-1}{}_k\left\{M_k\frac{\partial^{n-k}\xi}{\partial x^{n-k}}-N_k\frac{\partial^{n-k}\eta}{\partial x^{n-k}}\right\}+\{P_n^2+Q_n^2\}\xi = 0, \tag{6.}$$

$$P_n\frac{\partial^n \eta}{\partial x^n}-Q_n\frac{\partial^n \xi}{\partial x^n}+\sum_1^{n-1}{}_k\left\{N_k\frac{\partial^{n-k}\xi}{\partial x^{n-k}}+M_k\frac{\partial^{n-k}\eta}{\partial x^{n-k}}\right\}+\{P_n^2+Q_n^2\}\eta = 0, \tag{7.}$$

wo

$$\begin{cases} M_k = P_k P_n+Q_k Q_n, \\ N_k = Q_k P_n-P_k Q_n. \end{cases} \tag{8.}$$

Ersetzen wir in (6.) $\frac{\partial\eta}{\partial x}$ durch $-\frac{\partial\xi}{\partial y}$ und in (7.) $\frac{\partial\xi}{\partial x}$ durch $\frac{\partial\eta}{\partial y}$, so erhalten wir

$$(6a.)\quad \begin{cases} P_n \dfrac{\partial^n \xi}{\partial x^n} - Q_n \dfrac{\partial^n \xi}{\partial x^{n-1}\partial y} + \sum\limits_1^{n-1}{}_k \left\{ M_k \dfrac{\partial^{n-k}\xi}{\partial x^{n-k}} + N_k \dfrac{\partial^{n-k}\xi}{\partial x^{n-k-1}\partial y} \right\} + \{P_n^2 + Q_n^2\}\,\xi = 0, \\ P_n \dfrac{\partial^n \eta}{\partial x^n} - Q_n \dfrac{\partial^n \eta}{\partial x^{n-1}\partial y} + \sum\limits_1^{n-1}{}_k \left\{ M_k \dfrac{\partial^{n-k}\eta}{\partial x^{n-k}} + N_k \dfrac{\partial^{n-k}\eta}{\partial x^{n-k-1}\partial y} \right\} + \{P_n^2 + Q_n^2\}\,\eta = 0. \end{cases}$$

Demnach genügen ξ und η, folglich auch $u = \xi + \eta i$ und [767
$u' = \xi - \eta i$ derselben Differentialgleichung

$$(1a.)\quad P_n \frac{\partial^n \omega}{\partial x^n} - Q_n \frac{\partial^n \omega}{\partial x^{n-1}\partial y} + \sum_1^{n-1}{}_k \left\{ M_k \frac{\partial^{n-k}\omega}{\partial x^{n-k}} + N_k \frac{\partial^{n-k}\omega}{\partial x^{n-k-1}\partial y} \right\} + \{P_n^2 + Q_n^2\}\,\omega = 0,$$

deren Coefficienten reale Functionen der realen Variablen x, y sind.

Umgekehrt genügt jede monogene Function von $x+yi$, welche die Gleichung (1a.) befriedigt, auch der Gleichung

$$(P_n - Q_n i)\frac{\partial^n w}{\partial x^n} + \sum_1^{n-1}{}_k (M_k + N_k i)\frac{\partial^{n-k} w}{\partial x^{n-k}} + (P_n^2 + Q_n^2)\, w = 0,$$

d. h.

$$(P_n - Q_n i)\frac{\partial^n w}{\partial x^n} + (P_n - Q_n i)\sum_1^{n-1}{}_k (P_k + Q_k i)\frac{\partial^{n-k} w}{\partial x^{n-k}} + (P_n^2 + Q_n^2)\, w = 0,$$

oder endlich

$$\frac{d^n w}{dz^n} + p_1 \frac{d^{n-1} w}{dz^{n-1}} + \cdots + p_n w = 0,$$

welche mit der Gleichung (1.) übereinstimmt.

Wenn es demnach eine aus den Elementen eines Fundamentalsystems von Integralen $u_1, u_2, \ldots, u_n$ der Gleichung (1.) und ihren conjugirten Werthen $u_1', u_2', \ldots, u_n'$ gebildete bilineare Form mit constanten Coefficienten giebt, welche bei beliebigen Umläufen der Variablen z ungeändert bleibt, so wird diejenige Differentialgleichung, welcher die Quadrate der Integrale der Gleichung (1a.) genügen, durch einwerthige Functionen von x, y befriedigt.

5.

Indem wir nunmehr zu besonderen Fällen von Differentialgleichungen übergehen, welche zu der in den vorhergehenden Nummern charakterisirten Klasse gehören, betrachten wir zuerst diejenigen Differentialgleichungen, deren

Integrale für jeden Werth der unabhängigen Variablen z nur eine endliche Anzahl von Werthen annehmen.

Ist U ein beliebiger Umlauf von z um einen oder mehrere singuläre Punkte und ω irgend eine Wurzel der zu diesem Umlauf gehörigen Funda-
768] mentalgleichung, so giebt es*) ein Integral u der Differentialgleichung, von der Beschaffenheit, dass u nach Vollziehung des Umlaufes in

$$\bar{u} = \omega u$$

übergeht.

Da die Wiederholung des Umlaufes nur eine endliche Anzahl von Zweigen der Function u hervorrufen kann, so muss ω eine ganzzahlige Wurzel der Einheit sein. Diejenige Gleichung, welche aus der Fundamentalgleichung durch Vertauschung der Coefficienten der verschiedenen Potenzen der Unbekannten mit den conjugirten Werthen hervorgeht, wird demnach durch die reciproken Werthe der Wurzeln der Fundamentalgleichung befriedigt.

Aus dem Satze I'. der No. 3 ergiebt sich also das folgende Theorem:

I. *Sind die Integrale einer linearen homogenen Differentialgleichung mit eindeutigen Coefficienten sämmtlich endlichwerthige Functionen der unabhängigen Variablen z, und sind überdies wenigstens für einen Umlauf von z die Wurzeln der zugehörigen Fundamentalgleichung verschieden, so giebt es eine aus einem Fundamentalsystem von Integralen $u_1, u_2, \ldots, u_n$ und den conjugirten Werthen $u'_1, u'_2, \ldots, u'_n$ gebildete bilineare Form der Gestalt*

$$\varphi = A_1 u_1 u'_1 + A_2 u_2 u'_2 + \cdots + A_n u_n u'_n$$

mit constanten Coefficienten — deren Werthverhältnisse real —, welche bei allen Umläufen von z ungeändert bleibt.

Als Corollar zu diesem Satze ergiebt sich:

II. *Ist eine lineare homogene Differentialgleichung n^{ter} Ordnung algebraisch integrirbar, und hat wenigstens für einen Umlauf die zugehörige Fundamentalgleichung ungleiche Wurzeln,*

*) CRELLES Journal, Bd. 66, S. 132[1]).

[1]) Abh. VI, S. 171, Band I dieser Ausgabe. R. F.

so giebt es eine aus einem Fundamentalsysteme von Integralen $u_1, u_2, \ldots, u_n$ und den conjugirten Werthen $u'_1, u'_2, \ldots, u'_n$ gebildete bilineare Form

$$\varphi = A_1 u_1 u'_1 + A_2 u_2 u'_2 + \cdots + A_n u_n u'_n$$

mit constanten Coefficienten — deren Werthverhältnisse real —, welche bei allen Umläufen von z ungeändert bleibt.

In einer Notiz*) hat Herr Picard, davon ausgehend, dass für diejenigen algebraisch integrirbaren Differentialgleichungen zweiter Ordnung, welche durch Gausssche Reihen befriedigt werden, eine bilineare Form

$$A u_1 u'_1 + B u_1 u'_2 + B' u'_1 u_2 + C u_2 u'_2$$

— um unsere obigen Bezeichnungen anzuwenden —, in welcher A und [769
C real und B und B' conjugirte complexe Grössen sind, durch die Fundamentalsubstitutionen in sich selbst verwandelt wird, die von Herrn Jordan gegebenen Typen von Fundamentalsubstitutionen der algebraisch integrirbaren Differentialgleichungen dritter Ordnung, von dem ersten Typus abgesehen, in die bilineare Form

$$\varphi = u_1 u'_1 + u_2 u'_2 + u_3 u'_3$$

eingesetzt und gefunden, dass, mit Ausnahme des Falles des vierten Typus, die Form φ durch die Fundamentalsubstitutionen in sich selbst verwandelt wird.

Wir bemerken hierzu das Folgende. Da im vierten Typus eine Fundamentalsubstitution

$$\begin{pmatrix} \tau & 0 & 0 \\ 0 & \tau^{-1} & 0 \\ 0 & 0 & 1 \end{pmatrix}$$

vorhanden ist, wo τ eine primitive Wurzel der Gleichung $\tau^5 = 1$, und die zu dieser Substitution gehörige Fundamentalgleichung also verschiedene Wurzeln hat, so muss nach unserem Satze II. dieser Nummer auch für den vierten Typus eine bilineare Form

$$\psi = A_1 u_1 u'_1 + A_2 u_2 u'_2 + A_3 u_3 u'_3$$

*) Bulletin de la Société Mathématique, t. 15, p. 154, 20 Avril 1887.

existiren, welche durch keine der Fundamentalsubstitutionen des Typus verändert wird.

In der That ergiebt die Rechnung, dass

$$\psi = u_1 u_1' + u_2 u_2' + 2a(1-a)\, u_3 u_3',$$

wo a eine reale Grösse ist, die angegebene Eigenschaft hat.

(Fortsetzung folgt)[1].

---

[1]) Diese Fortsetzung ist nicht erschienen. R. F.

ANMERKUNGEN.

1) Änderungen gegen das Original.

Es wurde gesetzt:

S. 219, Zeile 11 v. u. gehörige statt zugehörige,
„ 222, „ 9 v. u. derselben statt dieselbe,
„ 223 wurde vor Gleichung (17.) »folgt« eingefügt,
„ 224, Gleichung (21.) a_{p1} statt A_{p1},
„ 225, Zeile 10 A'_{k1} statt P'_{k1},
„ 226, „ 1 und 9 v. u. und an anderen Stellen »den« statt »ihren«,
„ 229, „ 12 v. u. eine Permutation von $k, l, m, \ldots$ bedeutet statt Permutationen von $k, l, m, \ldots$ bedeuten,
„ 230 und 233 im Wortlaut der Sätze II. und II'. denjenigen Indices, die in der ersteren Hauptunterdeterminante auftreten, ausschliesst statt denselben Indices wie die der ersteren Hauptunterdeterminante ausschliesst,
„ 232, Zeile 6 wurde »es ist« eingefügt,
„ 234, „ 13 Wir setzen statt Setzen wir,
„ 2 v. u. Ersetzen wir in (6.) statt In (6.) ersetzen wir,
„ 236, „ 11 wurde »also« nach dem Worte »Gleichung« gestrichen.

2) In seiner Note »Sur les formes quadratiques définies à indéterminées conjuguées de M. Hermite«, die am 20. Juli 1896 der Académie des Sciences vorgelegt und in den Comptes Rendus, t. 123, S. 168—171 veröffentlicht worden ist[1]), berichtet Herr Alfred Loewy über Untersuchungen, die mit den in den Nummern 2 und 5 der vorstehenden Abhandlung enthaltenen nahe Berührungspunkte haben, jedoch in einigen wesentlichen Punkten über sie hinausgehen. — Wie schon aus der Datirung unzweifelhaft hervorgeht, sind diese Untersuchungen des Herrn Loewy ohne Kenntniss der Fuchsschen Abhandlung LXV, also von dieser völlig unabhängig geführt worden. — In der erwähnten Note stellt Herr Loewy u. A. einen algebraischen Satz auf, der die notwendigen und hinreichenden Bedingungen dafür angiebt, dass eine lineare Substitution mit ihrer conjugirt imaginären eine bilineare Form mit conjugirt imaginären Variabeln und nicht verschwindender Determinante in sich selbst transformirt, und der, wie der Herr Verfasser (Nova Acta, Abhandlgn. der Kaiserl. Leop.-Carol. Deut-

1) Auf diese Note bezieht sich die folgende Abh. LXVI.

schen Akademie der Naturforscher, Bd. LXXI, 1898, S. 384 und Mathemat. Annalen, Bd. 50, 1897, S. 559) bemerkt hat, den FUCHSschen Satz III. der No. 2 (bezw. III'. der No. 3) als speciellen Fall enthält. In der That ist bei dem Beweise, den FUCHS in der No. 2 für seinen Satz giebt, stillschweigend vorausgesetzt, dass die Determinante der Form φ (Gl. (J'.), S. 227) nicht verschwindet. Die Angabe am Schlusse der No. 2, dass der Satz III. dieser Nummer »die Umkehrung des Satzes am Schlusse der No. 1 bildet« trifft also nicht zu, da aus den Bedingungen des letzteren Satzes, wie sich an Beispielen zeigen lässt[2]) keineswegs folgt, dass die Coefficienten $A_0, A_1, \ldots, A_n$ der Form φ sämmtlich von Null verschieden sein müssen. — Diese letztere Bemerkung überträgt sich natürlich auch auf die Schlüsse, die FUCHS in der No. 5 für den Fall der endlichen Gruppen linearer Substitutionen gezogen hat, indem daselbst (Sätze I. und II., S. 236, 237) unter der beschränkenden Voraussetzung, dass die endliche Gruppe mindestens eine Substitution enthält, deren Fundamentalgleichung lauter ungleiche Wurzeln besitzt, nur gezeigt ist, dass eine solche Gruppe eine Form

$$\varphi = A_1 u_1 u_1' + \cdots + A_n u_n u_n'$$

mit realen Coefficientenverhältnissen in sich selbst transformirt, wobei es aber, da φ sogar eine verschwindende Determinante haben kann, nicht ausgeschlossen ist, dass diese Form φ für von Null verschiedene Werthe der $u_1, \ldots, u_n, u_1', \ldots, u_n'$ verschwindet.

Dagegen enthält die Note des Herrn LOEWY den Satz, dass jede endliche Gruppe linearer Substitutionen eine definite HERMITEsche Form in sich selbst transformirt.

Die Aufstellung der invarianten HERMITEschen Form, die zu dem vierten Typus der algebraisch integrirbaren linearen Differentialgleichungen dritter Ordnung gehört, ist den Arbeiten von FUCHS und Herrn A. LOEWY gemeinsam.

SCH.

---

[2]) Herr Loewy war so gütig, mir am 25. Juli 1907 brieflich ein solches Beispiel mitzutheilen.

LXVI.

REMARQUES SUR UNE NOTE DE M. ALFRED LOEWY*) INTITULEE: «SUR LES FORMES QUADRATIQUES DÉFINIES À INDÉTERMINÉES CONJUGUÉES DE M. HERMITE».

(Comptes rendus hebdomadaires des séances de l'Académie des Sciences, t. 123, Paris 1896, p. 289—290; Séance du 3 août 1896.)

Je viens de lire dans les Comptes rendus la Note dont il s'agit. [289
M. Loewy énonce sans démonstration ce théorème, qu'il correspond à tout groupe linéaire d'ordre fini à n variables une forme quadratique définie à indéterminées conjuguées, qui est transformée en elle-même quand on effectue les substitutions du groupe d'ordre fini sur les variables.

Je crois devoir faire remarquer que ce théorème n'est qu'un cas spécial des résultats d'un Mémoire que j'avais publié dans les Sitzungsberichte de l'Académie de Berlin (9 juillet, p. 753—769[1])), intitulé «Sur une classe d'équations différentielles linéaires et homogènes».

Dans mon Mémoire, j'ai démontré les deux théorèmes suivants:

»I. Soit donnée une équation différentielle

$$(\alpha.) \qquad \frac{d^n \omega}{dz^n} + q_1 \frac{d^{n-1} \omega}{dz^{n-1}} + \cdots + q_n \omega = 0$$

dont les coefficients sont des fonctions uniformes de la variable z. Si, [290
pour toute rotation de la variable z autour d'un ou de plusieurs points sin-

---

*) Comptes rendus du 20 juillet 1896, t. CXXIII, p. 168—171.

---

1) Mém. LXV, p. 219 et suiv. du présent volume. R. F.

guliers de l'équation (α.), l'équation fondamentale qui y appartient est satisfaite par les valeurs réciproques des racines de l'équation résultant de l'équation fondamentale par le changement des coefficients des puissances de l'inconnue dans leurs valeurs conjuguées; si, de plus, au moins pour une de ces rotations, les racines de l'équation fondamentale qui y appartient sont différentes entre elles et ont toutes le module un, il existe une forme bilinéaire φ, composée des éléments d'un système fondamental d'intégrales de l'équation (α.) $\omega_1, \omega_2, \ldots, \omega_n$ et de leurs valeurs conjuguées $\omega'_1, \omega'_2, \ldots, \omega'_n$:

$$\varphi = A_1 \omega_1 \omega'_1 + A_2 \omega_2 \omega'_2 + \cdots + A_n \omega_n \omega'_n,$$

à coefficients réels et indépendants de z, forme qui n'est altérée par aucune rotation de la variable z.«

Inversement:

»II. S'il existe une forme bilinéaire composée des éléments d'un système fondamental d'intégrales de l'équation (α.) $\omega_1, \omega_2, \ldots, \omega_n$ et de leurs valeurs conjuguées $\omega'_1, \omega'_2, \ldots, \omega'_n$, à coefficients indépendants de z; si, en outre, pour une, au moins, de ces rotations, les racines de l'équation fondamentale qui y appartient sont différentes entre elles et ont toutes le module un; si, enfin, il n'y a pas une relation linéaire et homogène à coefficients constants entre les quantités $\omega_k \omega'_i$, alors l'équation fondamentale qui appartient à chaque rotation de la variable z est satisfaite par les valeurs réciproques des racines de l'équation résultant de l'équation fondamentale par le changement des coefficients des puissances de l'inconnue dans leurs valeurs conjuguées.«

Dans le no. 5 de mon Mémoire mentionné, je démontre que les équations différentielles linéaires et homogènes dont les intégrales n'ont qu'un nombre fini de déterminations, et spécialement les équations différentielles intégrables algébriquement, rentrent dans la classe des équations (α.) pour lesquelles il existe une forme bilinéaire à indéterminées conjuguées qui n'est altérée par aucune rotation de la variable.

ANMERKUNG.

Zu den Theoremen I., II. vergl. die Anmerkung zur Abhandlung LXV. Mit Rücksicht auf die daselbst in Bezug auf die Sätze I., II. der No. 5 der Abh. LXV gemachten Bemerkungen[1]), kann die Angabe der vorstehenden Note, das Theorem des Herrn Alfred Loewy sei nur ein specieller Fall der Resultate der Abhandlung LXV., nicht aufrecht erhalten werden. Sch.

1) Vergl. auch die Fussnote des Herrn A. Loewy, Mathemat. Annalen, Bd. 50, 1897, S. 561, 562.

LXVII.

BEMERKUNG ZUR VORSTEHENDEN MITTHEILUNG DES HERRN HAMBURGER[1]).

(Journal für die reine und angewandte Mathematik, Bd. 118, 1897, S. 354—355.)

In meiner Arbeit »zur Theorie der linearen Differentialgleichungen [354 mit veränderlichen Coefficienten«, welche ich vor Ablauf des Jahres 1864 vollendete und im Januar 1865 zur Publication im Osterprogramm der städtischen Gewerbeschule zu Berlin desselben Jahres einlieferte[2]), und welche in diesem Journal Bd. 66[3]) wieder abgedruckt worden ist, habe ich in der ersten Nummer den Bereich fixirt, innerhalb dessen die Integrale einer Differentialgleichung

$$\frac{d^m y}{dx^m} = p_1 \frac{d^{m-1} y}{dx^{m-1}} + p_2 \frac{d^{m-2} y}{dx^{m-2}} + \cdots + p_m y,$$

deren Coefficienten innerhalb eines einfach zusammenhangenden Flächentheils T der x-Ebene nur in einer endlichen Anzahl von singulären Punkten unstetig werden, im Übrigen aber innerhalb dieser Fläche eindeutig und continuirlich sind, sich nach ganzen positiven Potenzen entwickeln lassen.

Wenn es sich nur darum handelte zu zeigen, dass für eine hinlänglich kleine Umgebung eines von den singulären Stellen verschiedenen Punktes x_0 der Fläche T eine convergirende, nach positiven ganzen Potenzen von $x-x_0$

---

1) Neuer Beweis der Existenz eines Integrals einer linearen homogenen Differentialgleichung (nach einer Mittheilung von PAUL GÜNTHER), Journal f. d. r. u. a. Math., Bd. 118, S. 351—353. R. F.

2) Abh. V, S. 111, Band I dieser Ausgabe. R. F.

3) Abh. VI, S. 159, Band I dieser Ausgabe. R. F.

fortschreitende Reihe y von der Art existirt, dass $y, \frac{dy}{dx}, \ldots, \frac{d^{m-1}y}{dx^{m-1}}$ für $x = x_0$ beliebig vorgeschriebene Werthe annehmen, und dass sie der Differentialgleichung Genüge leistet, so konnten wir uns auf den für beliebige Differentialgleichungen von CAUCHY gelieferten Existenzbeweis berufen.

Es handelte sich vielmehr darum zu lehren, dass für die linearen Differentialgleichungen die singulären Punkte der Coefficienten die einzigen Stellen sind, wo die Integrale derselben Singularitäten haben können; mit anderen Worten, dass die Reihe y innerhalb eines x_0 als Mittelpunkt umge-
355] benden bis zum nächsten singulären Punkte a heranreichenden Kreises convergirt. Hierzu war erforderlich, in Anlehnung an die CAUCHYsche Methode (méthode des limites) die Hülfsdifferentialgleichung (Gl. (3.) No. 1 der citirten Abhandlung[1])) so zu wählen, dass für diese die Darstellbarkeit des entsprechenden Integrals innerhalb eines x_0 umgebenden bis a heranreichenden Kreises durch eine convergente nach ganzen positiven Potenzen von $x-x_0$ fortschreitende Reihe zur Evidenz gebracht werden kann, woraus alsdann nach der Methode von CAUCHY dasselbe für die vorgelegte Differentialgleichung erschlossen wird.

In jüngster Zeit hat ein amerikanischer Schriftsteller*) bei Gelegenheit der Besprechung des Buches des Herrn HEFFTER über lineare Differentialgleichungen und des Handbuches des Herrn SCHLESINGER die Aufgabe übernommen, das was ich in der Theorie der linearen Differentialgleichungen erstrebt habe, zu verkleinern. Unter anderem will derselbe unter Berufung auf eine Stelle in einer Arbeit des Herrn THOMÉ, Journal für die reine und angewandte Mathematik, Bd. 66, p. 322, in Bezug auf den Existenzbeweis für die Integrale linearer Differentialgleichungen mir die Priorität streitig machen. Die vorstehende Arbeit von GÜNTHER, welche eine Abänderung der von mir angewendeten Hülfsdifferentialgleichung enthält, giebt mir Veranlassung hier ausdrücklich zu constatiren, dass mir vor dem Erscheinen meiner Programmarbeit über das oben erwähnte Merkmal, welches die linearen Differentialgleichungen von den nicht linearen unterscheidet, oder über den Beweis der

*) Bulletin of the American Mathematical Society, November 1896, Ser. II, Vol. III, No. 2 und Januar 1897, Ser. II, Vol. III, No. 4.

1) Abh. VI, S. 161, Band I dieser Ausgabe. R. F.

Convergenz von y innerhalb eines x_0 umgebenden bis zum nächsten singulären Punkte heranreichenden Kreises weder eine Publication, noch auf einem anderen Wege eine Mittheilung von irgend einem anderen Mathematiker bekannt geworden ist.

Es ist übrigens hier nicht der Ort auf die Art näher einzugehen, wie derselbe Verfasser auch nach anderen Seiten hin durch Zusammenstellung von Schriften anderer Autoren, welche später als die meinigen publicirt worden sind, mit den letzteren sich historische Daten nach Belieben construirt.

ANMERKUNG.

Änderung gegen das Original:

S. 246, Zeile 6, 7 wurde statt »die einzigen singulären Stellen der Integrale derselben sind« der genauere Ausdruck »die einzigen Stellen sind, wo die Integrale derselben Singularitäten haben können« gesetzt.

R. F.

LXVIII.

ZUR THEORIE DER ABELSCHEN FUNCTIONEN.

(Sitzungsberichte der Königl. preussischen Akademie der Wissenschaften zu Berlin, 1897, XXVIII, S. 608—621; vorgelegt am 20. Mai; ausgegeben am 27. Mai 1897.)

Die Abhängigkeit der Periodicitätsmoduln des Integrals einer rationalen Function des Ortes in einer RIEMANNschen Fläche sowohl von den im Integranden als auch von den in den Coefficienten der die RIEMANNsche Fläche definirenden algebraischen Grundgleichung auftretenden Parametern kann in durchgreifender Weise nur durch das Studium der Differentialgleichungen erkannt werden, welchen die Periodicitätsmoduln als Functionen dieser Parameter genügen. Ich habe*) nachgewiesen, dass diese Differentialgleichungen linear sind, und dass ihre Coefficienten die veränderlichen Parameter in demselben Rationalitätsbereiche enthalten wie der Integrand und die Coefficienten der Grundgleichung. Für die hyperelliptischen Integrale habe ich bereits**) diese Differentialgleichungen in expliciter Form zur Darstellung gebracht, und für die allgemeinen ABELschen Integrale die Regeln skizzirt***), nach welchen sie herzustellen sind. Es erscheint jedoch nicht überflüssig, für die wirkliche Ausrechnung Methoden zu entwickeln, welche eine tiefere Einsicht in die Beschaffenheit der Coefficienten der Differentialgleichungen gewähren, wodurch zu gleicher Zeit die Discussion der Lösungen derselben erleichtert wird. [608

*) CRELLES Journal, Bd. 73, S. 324 ff. [1]).

**) Ebenda Bd. 71, S. 112 ff. [2]).

***) Ebenda Bd. 73, a. a. O. [1]).

---

1) Abh. XIII, S. 343, Band I dieser Ausgabe. R. F.

2) Abh. VIII, S. 264 ff., Band I dieser Ausgabe. R. F.

Im Folgenden werden drei verschiedene Verfahrungsarten zur Lösung dieser Aufgabe versucht, von welchen die beiden ersteren sich im Wesentlichen an diejenigen anschliessen, welche ich bereits für die hyperelliptischen Integrale*) gegeben habe, während die dritte mit der Frage in Verbindung gebracht wird, unter welchen Umständen das Product einer rationalen Function einer Variablen z und einer algebraischen Function derselben Variablen zum vollständigen Differentialquotienten nach z einer rationalen Function von (z, s) wird.

Einer späteren Mittheilung sollen die aus den gefundenen Resultaten zu ziehenden Schlussfolgerungen vorbehalten bleiben.

609] 1.

Es bedeute s einen Integranden erster Gattung in einer eine algebraische Function der Variablen z repräsentirenden Riemannschen Fläche vom Geschlechte p. Wir wollen voraussetzen, dass nur einfache und zu von einander verschiedenen endlichen Werthen

$$z = k, \quad z = k_1, \quad z = k_2, \quad \ldots, \quad z = k_{w-1}$$

gehörige Verzweigungen auftreten. Überdies seien $k, k_1, \ldots, k_{w-1}$ von einander unabhängige Grössen**). Den Integranden s denken wir uns dadurch bestimmt, dass derselbe für $p-1$ willkürlich vorgeschriebene von den Verzweigungswerthen unabhängige Grössen

$$(a_1, b_1), \ (a_2, b_2), \ \ldots, \ (a_{p-1}, b_{p-1})$$

verschwindet.

Ist

$$J = \int s\,dz, \tag{1.}$$

so ist

$$\frac{\partial^\lambda J}{\partial k^\lambda} = \int \frac{\partial^\lambda s}{\partial k^\lambda}\,dz$$

das Integral einer rationalen Function von z und s. Wir stellen uns zunächst

*) Crelles Journal, Bd. 71, S. 107—108 und S. 112 ff.[1]).

**) Vergl. Crelles Journal, Bd. 73, S. 325—326[2]).

[1]) Abh. VIII, S. 258—260 und S. 264 ff., Band I dieser Ausgabe. R. F.

[2]) Abh. XIII, S. 344—345, Band I dieser Ausgabe. R. F.

die Aufgabe, $\mu+1$ von z unabhängige Grössen $\beta_0, \beta_1, \ldots, \beta_\mu$ derart zu bestimmen, dass

$$\beta_0 J + \beta_1 \frac{\partial J}{\partial k} + \cdots + \beta_\mu \frac{\partial^\mu J}{\partial k^\mu} = \mathfrak{R} \tag{2.}$$

eine algebraische Function von z, also nach einem bekannten Satze von Abel und Liouville eine rationale Function von z und s werde.

Die Function $\mathfrak{R}$ besitzt folgende Eigenschaften:

1) Sie wird unendlich der Ordnung $2\mu-1$ in $z=k$ und bleibt an allen anderen Stellen (z, s) endlich, weil wir $k_1, k_2, \ldots, k_{w-1}$ als von k unabhängig vorausgesetzt haben.

2) Sie darf in der für die Umgebung von $z=k$ gültigen Entwickelung keine ganzzahligen negativen Potenzen von $z-k$ enthalten, da solche Potenzen auch nicht in der Entwickelung von $\frac{\partial^\lambda J}{\partial k^\lambda}$ auftreten können.

3) $\frac{\partial \mathfrak{R}}{\partial z}$ muss für $(a_1, b_1), \ldots, (a_{p-1}, b_{p-1})$ verschwinden.

Die Bedingung 1) bewirkt, dass $\mathfrak{R}$ eine Anzahl $2\mu-p$ willkürlicher Constanten enthält*). Von diesen tritt eine additiv auf. Für die $2\mu-p-1$ übrigen liefert die Bedingung 2) $\mu-1$, die Bedingung 3) $p-1$ lineare [610 homogene Gleichungen.

Es muss also

$$2\mu-p-1 \geqq \mu+p-1,$$

d. h.

$$\mu \geqq 2p \tag{3.}$$

sein, wenn nicht besondere Voraussetzungen über die Natur der Riemannschen Fläche gemacht werden.

Wir gelangen also zu dem Resultat:

I. Im Allgemeinen ist eine Gleichung der Form (2.) für $\mu < 2p$ nicht möglich.

Wenn die sämmtlichen Periodicitätsmoduln P von J einer Gleichung

$$\beta_\mu \frac{\partial^\mu P}{\partial k^\mu} + \beta_{\mu-1} \frac{\partial^{\mu-1} P}{\partial k^{\mu-1}} + \cdots + \beta_0 P = 0 \tag{4.}$$

*) Nach einem allgemeinen Satze von Riemann, Abelsche Functionen § 5, Crelles Journal, Bd. 54. S. 122[1]).

[1]) Riemanns Gesammelte Mathematische Werke, II. Auflage (1892), S. 108. R. F.

genügen, so ist

$$\beta_\mu \frac{\partial^\mu J}{\partial k^\mu} + \beta_{\mu-1} \frac{\partial^{\mu-1} J}{\partial k^{\mu-1}} + \cdots + \beta_0 J$$

eine rationale Function von (z, s).

Es besagt also der Satz I. soviel als

II. Im Allgemeinen ist die Differentialgleichung (4.) der Periodicitätsmoduln eines Integrales erster Gattung nicht niedrigerer als $2p^{\text{ter}}$ Ordnung.

Dass dieselbe in irreductibler Form auch nicht höherer als $2p^{\text{ter}}$ Ordnung ist, ergiebt sich aus meinen Untersuchungen in Crelles Journal, Bd. 73, S. 329[1]).

Wir wollen ein System von $2p$ Integralen rationaler Functionen $\zeta_1, \zeta_2, \ldots, \zeta_{2p}$ ein Fundamentalsystem*) nennen, wenn diese Integrale nirgendwo logarithmisch unendlich werden und eine Gleichung der Form

$$C_1\zeta_1 + C_2\zeta_2 + \cdots + C_{2p}\zeta_{2p} = \Re(z, s), \tag{5.}$$

wo die Grössen C von z unabhängig sind und $\Re(z, s)$ eine rationale Function bedeutet, nicht bestehen kann. Der Satz I. lässt sich also auch dahin aussprechen:

Ia. Die Functionen $J, \frac{\partial J}{\partial k}, \frac{\partial^2 J}{\partial k^2}, \ldots, \frac{\partial^{2p-1} J}{\partial k^{2p-1}}$ bilden ein Fundamentalsystem.

Bilden $\zeta_1, \zeta_2, \ldots, \zeta_{2p}$ ein Fundamentalsystem, und sind

$$P_{\lambda 1}, P_{\lambda 2}, \ldots, P_{\lambda, 2p}$$

611] die Periodicitätsmoduln des Integrales ζ_λ, so ist die Determinante

$$\Delta = |P_{\lambda\mu}| \qquad \begin{pmatrix}\lambda = 1, \ldots, 2p\\ \mu = 1, \ldots, 2p\end{pmatrix} \tag{6.}$$

von Null verschieden, weil sonst $2p$ von z unabhängige Grössen $C_1, C_2, \ldots, C_{2p}$ gefunden werden könnten der Beschaffenheit, dass

$$C_1 P_{1\mu} + C_2 P_{2\mu} + \cdots + C_{2p} P_{2p,\mu} = 0, \qquad (\mu = 1, 2, \ldots, 2p)$$

---

*) Im Anschluss an eine Terminologie der Herren Appell et Goursat, »Théorie des fonctions algébriques etc.«, p. 338.

---

1) Abh. XIII, S. 349, Band I dieser Ausgabe. R. F.

was zur Folge hätte, dass

$$C_1\zeta_1 + C_2\zeta_2 + \cdots + C_{2p}\zeta_{2p}$$

eine rationale Function von (z, s) würde. Da Δ von Null verschieden ist, so ergiebt sich, dass jedes nicht logarithmisch unendlich werdende Integral Ω von (z, s) sich in die Form

$$\Omega = C_1\zeta_1 + \cdots + C_{2p}\zeta_{2p} + \Re(z, s) \tag{7.}$$

bringen lässt, wo die Grössen C von z unabhängig sind und $\Re(z, s)$ eine rationale Function von (z, s) ist. Demnach ist auch im Allgemeinen Ω darstellbar in der Form

$$\Omega = C_0 J + C_1 \frac{\partial J}{\partial k} + C_2 \frac{\partial^2 J}{\partial k^2} + \cdots + C_{2p-1} \frac{\partial^{2p-1} J}{\partial k^{2p-1}} + \Re(z, s), \tag{8.}$$

wo $C_0, C_1, \ldots, C_{2p-1}$ von z unabhängig sind. Die Coefficienten $C_1, C_2, \ldots, C_{2p}$ in Gleichung (7.) oder $C_0, C_1, \ldots, C_{2p-1}$ in (8.) lassen sich algebraisch aus den in $\frac{\partial \Omega}{\partial z}, \frac{\partial \zeta_\lambda}{\partial z}$ auftretenden Constanten bestimmen*).

Für (8.) ergiebt die Multiplication mit $\frac{\partial^\lambda s}{\partial k^\lambda}$ auf beiden Seiten der Gleichung, wenn wir die Summe der Residuen des Productes $\frac{\partial^\lambda s}{\partial k^\lambda}\frac{\partial^\mu J}{\partial k^\mu}$

$$\sum \operatorname{Res} \frac{\partial^\lambda s}{\partial k^\lambda}\frac{\partial^\mu J}{\partial k^\mu} = (\lambda, \mu) \tag{9.}$$

setzen,

$$\sum \operatorname{Res}\left(\frac{\partial^\lambda s}{\partial k^\lambda}\Omega\right) = (\lambda, 0)C_0 + (\lambda, 1)C_1 + \cdots + (\lambda, 2p-1)C_{2p-1}, \tag{10.}$$
$$(\lambda = 0, 1, \ldots, 2p-1)$$

da die Summe der Residuen einer rationalen Function von (z, s) gleich Null ist.

Sind die am Anfange dieser Nummer gemachten Voraussetzungen erfüllt, so wird $\frac{\partial^\mu J}{\partial k^\mu}\frac{\partial^\lambda s}{\partial k^\lambda}$ nur in $z = k$ unendlich. Es ist demnach

$$(\lambda, \mu) = \operatorname{Res}\frac{\partial^\lambda s}{\partial k^\lambda}\frac{\partial^\mu J}{\partial k^\mu} \text{ (für } z = k). \tag{9a.}$$

---

*) Vergl. hierüber CRELLEs Journal, Bd. 73, S. 328–329[1]); HUMBERT, Acta Mathematica, t. 10, p. 281; APPELL et GOURSAT, a. a. O.

---

[1]) Abh. XIII, S. 348–349, Band I dieser Ausgabe. R. F.

612] 2.

Sei

(1.) $$\zeta_\lambda = \int \psi_\lambda \, dz \qquad (\lambda = 1, 2, \ldots, p)$$

ein System linear unabhängiger Integrale erster Gattung,

(1a.) $$\zeta_{p+\lambda} = \int \chi_\lambda \, dz \qquad (\lambda = 1, 2, \ldots, p)$$

ein System von Integralen zweiter Gattung, von der Beschaffenheit, dass $\zeta_{p+\lambda}$ an der Stelle (a_λ, b_λ) unendlich wird wie $\frac{1}{z-a_\lambda}$, an allen übrigen Stellen aber endlich bleibt. Die Werthe (a_λ, b_λ) sind willkürlich und von einander unabhängig gewählt. Die Integrale $\zeta_1, \zeta_2, \ldots, \zeta_{2p}$ bilden alsdann ein Fundamentalsystem*).

Es ist daher

(2.) $$\frac{\partial^\varrho J}{\partial k^\varrho} = D_{\varrho 1}\zeta_1 + D_{\varrho 2}\zeta_2 + \cdots + D_{\varrho, 2p}\zeta_{2p} + \mathfrak{R}_\varrho,$$

wo $D_{\varrho 1}, \ldots, D_{\varrho, 2p}$ von z unabhängig sind und $\mathfrak{R}_\varrho$ eine rationale Function von (z, s) ist.

Aus dieser Gleichung ergiebt sich

(2a.) $$\frac{\partial^\varrho s}{\partial k^\varrho} = D_{\varrho 1}\psi_1 + \cdots + D_{\varrho p}\psi_p + D_{\varrho, p+1}\chi_1 + D_{\varrho, p+2}\chi_2 + \cdots + D_{\varrho, 2p}\chi_p + \frac{\partial \mathfrak{R}_\varrho}{\partial z}.$$

Setzen wir

(3.) $$\sum \operatorname{Res} \frac{\partial^\lambda s}{\partial k^\lambda}\zeta_m = R_{\lambda m},$$

so ergiebt sich aus (2.)

(4.) $$(\lambda, \mu) = D_{\mu 1} R_{\lambda 1} + \cdots + D_{\mu, 2p} R_{\lambda, 2p}.$$

Es gilt daher für die Determinante

(5.) $$E = |(\lambda, \mu)| \qquad \begin{pmatrix} \lambda = 0, 1, \ldots, 2p-1 \\ \mu = 1, 2, \ldots, 2p \end{pmatrix}$$

die Gleichung

(6.) $$E = \delta \, | R_{\lambda m} |, \qquad \begin{pmatrix} \lambda = 0, 1, \ldots, 2p-1 \\ m = 1, 2, \ldots, 2p \end{pmatrix}$$

*) Vergl. die analoge Untersuchung in CRELLES Journal, Bd. 73, S. 327—328[1]); vergl. auch APPELL et GOURSAT, a. a. O.

[1]) S. 347—348, Band I dieser Ausgabe. R. F.

wo $|R_{\lambda m}|$ die aus den Grössen $R_{\lambda m}$ gebildete Determinante und δ die Determinante

(7.) $$\delta = |D_{\alpha\beta}| \qquad \begin{pmatrix}\alpha = 0, 1, \ldots, 2p-1\\ \beta = 1, 2, \ldots, 2p\end{pmatrix}$$

darstellt.

Nach Gleichung (2a.) ist [613

(8.) $$R_{\lambda m} = D_{\lambda 1} S_{m1} + D_{\lambda 2} S_{m2} + \cdots + D_{\lambda p} S_{mp} + D_{\lambda, p+1} T_{m1} + \cdots + D_{\lambda, 2p} T_{mp},$$

wo

(8a.) $$\begin{cases} S_{m\nu} = \sum \operatorname{Res} \zeta_m \psi_\nu, \\ T_{m\nu} = \sum \operatorname{Res} \zeta_m \chi_\nu \end{cases}$$

gesetzt worden ist.

Nun ist für $m \leqq p$

(9.) $$\frac{\partial}{\partial z}(\zeta_m \zeta_{p+\nu}) = \psi_m \zeta_{p+\nu} + \zeta_m \chi_\nu,$$

also

(9a.) $$\sum \operatorname{Res}(\zeta_m \chi_\nu) = -\sum \operatorname{Res}(\psi_m \zeta_{p+\nu}) = -\psi_m(a_\nu, b_\nu).$$

Demnach ist für $m \leqq p$

(10.) $$T_{m\nu} = -\psi_m(a_\nu, b_\nu).$$

Da aber für $m = p + \mu$

(11.) $$S_{m\nu} = \psi_\nu(a_\mu, b_\mu)$$

und für $m \leqq p$

(12.) $$S_{m\nu} = 0,$$

so wird, wenn die Determinante

(13.) $$|\psi_\nu(a_\alpha, b_\alpha)| = \varepsilon \qquad \begin{pmatrix}\nu = 1, \ldots, p\\ \alpha = 1, \ldots, p\end{pmatrix}$$

gesetzt wird,

(14.) $$E = \delta^2 \varepsilon^2.$$

Die Determinante δ muss von Null verschieden sein, weil

$$J, \ \frac{\partial J}{\partial k}, \ \ldots, \ \frac{\partial^{2p-1} J}{\partial k^{2p-1}}$$

ein Fundamentalsystem ist (Satz Ia. voriger Nummer).

Die Determinante ε ist ebenfalls von Null verschieden, weil

$$\psi_1, \psi_2, \ldots, \psi_p$$

linear unabhängige Integranden erster Gattung und

$$(a_1, b_1),\ (a_2, b_2),\ \ldots,\ (a_p, b_p)$$

willkürlich angenommene Stellen der Riemannschen Fläche sind.

Hieraus ergiebt sich

I. Die Determinante E des Gleichungssystemes (10.) No. 1 ist von Null verschieden.

614] Aus der Gleichung

$$(15.)\qquad \frac{\partial}{\partial z}\left[\frac{\partial^\lambda J}{\partial k^\lambda}\,\frac{\partial^\mu J}{\partial k^\mu}\right] = \frac{\partial^\lambda J}{\partial k^\lambda}\,\frac{\partial^\mu s}{\partial k^\mu} + \frac{\partial^\lambda s}{\partial k^\lambda}\,\frac{\partial^\mu J}{\partial k^\mu}$$

folgt

$$\sum \operatorname{Res}\left(\frac{\partial^\lambda J}{\partial k^\lambda}\,\frac{\partial^\mu s}{\partial k^\mu}\right) = -\sum \operatorname{Res}\frac{\partial^\lambda s}{\partial k^\lambda}\,\frac{\partial^\mu J}{\partial k^\mu},$$

d. h.

$$(16.)\qquad (\mu, \lambda) = -(\lambda, \mu),$$

$$(16a.)\qquad (\lambda, \lambda) = 0.$$

Demnach erhalten wir den Satz:

II. Es ist E die Determinante eines alternirenden Systems von gerader Ordnung.

3.

Für die Berechnung der Grössen C aus den Gleichungen (10.) No. 1 sind noch folgende Bemerkungen von Wichtigkeit.

Aus der Gleichung

$$(1.)\qquad \frac{\partial}{\partial k}\operatorname{Res}\left(\frac{\partial^\lambda s}{\partial k^\lambda}\,\frac{\partial^\mu J}{\partial k^\mu}\right) = \operatorname{Res}\left[\frac{\partial^{\lambda+1} s}{\partial k^{\lambda+1}}\,\frac{\partial^\mu J}{\partial k^\mu} + \frac{\partial^\lambda s}{\partial k^\lambda}\,\frac{\partial^{\mu+1} J}{\partial k^{\mu+1}}\right]$$

folgt

$$(2.)\qquad \mathrm{D}_k(\lambda, \mu) = (\lambda+1, \mu) + (\lambda, \mu+1),$$

wo wir mit D_k^α die α^{te} Ableitung nach k bezeichnen.

Aus dieser folgern wir die Gleichung

$$(3.)\qquad (q, \lambda) = \mathrm{D}_k^q(0, \lambda) - q_1\mathrm{D}_k^{q-1}(0, \lambda+1) + q_2\mathrm{D}_k^{q-2}(0, \lambda+2) - \cdots + (-1)^q q_q(0, \lambda+q),$$

wenn wir mit q_α den α^{ten} Binomialcoefficienten von q bezeichnen.

Es sind daher direct nur die Grössen $(0, \lambda)$ zu berechnen, während die Grössen (q, λ) sich vermittelst der Gleichungen (3.) aus denselben ergeben.

Wenn wir in den Gleichungen (8.) No. 1

$$\Omega = \frac{\partial^{2p} J}{\partial k^{2p}} \tag{4.}$$

setzen und die zugehörigen Werthe $C_0, C_1, \ldots, C_{2p-1}$ bezw. mit

$$-\beta_0, -\beta_1, \ldots, -\beta_{2p-1}$$

bezeichnen, so ist

$$\frac{\partial^{2p} J}{\partial k^{2p}} + \beta_{2p-1}\frac{\partial^{2p-1} J}{\partial k^{2p-1}} + \cdots + \beta_0 J = \Re(z, s), \tag{5.}$$ [615

wo $\Re(z, s)$ eine rationale Function von (z, s) bezeichnet.

Die Grössen $\beta_0, \beta_1, \ldots, \beta_{2p-1}$ ergeben sich aus den Gleichungen (10.) No. 1, welche jetzt die Gestalt

$$(\lambda, 2p) + \beta_{2p-1}(\lambda, 2p-1) + \cdots + \beta_0(\lambda, 0) = 0 \qquad (\lambda = 0, 1, \ldots, 2p-1) \tag{6.}$$

annehmen.

Ist Π irgend einer der Periodicitätsmoduln des Integrales J, so folgt aus Gleichung (5.):

$$\frac{\partial^{2p} \Pi}{\partial k^{2p}} + \beta_{2p-1}\frac{\partial^{2p-1} \Pi}{\partial k^{2p-1}} + \cdots + \beta_0 \Pi = 0. \tag{7.}$$

Diese Gleichung stellt also die Differentialgleichung der Periodicitätsmoduln des Integrales erster Gattung J dar, wobei die Coefficienten β_m durch die Gleichung (6.) bestimmt werden. Die hier gegebene Herleitung dieser Differentialgleichung schliesst sich dem Verfahren an, welches ich früher*) für die hyperelliptischen Integrale ausgeführt habe.

4.

Eine zweite Methode zur Bestimmung der Coefficienten der Differentialgleichung (7.) voriger Nummer, welche wir jetzt entwickeln wollen, schliesst sich ebenfalls einem Verfahren an, welches ich früher**) für die Differential-

*) Crelles Journal, Bd. 71, S. 105–112[1]).

**) Ebenda S. 112 ff.[2]).

1) Abh. VIII, S. 258—264, Band I dieser Ausgabe. R. F.

2) Ebenda S. 264 ff. R. F.

gleichungen der Periodicitätsmoduln der hyperelliptischen Integrale benutzt habe.

Wir wollen der Einfachheit wegen die am Anfang der No. 1 gemachten Voraussetzungen festhalten. Alsdann ergiebt sich aus derselben Nummer, dass wir von z unabhängige Grössen

$$\beta_{2p},\ \beta_{2p-1},\ \ldots,\ \beta_0$$

so bestimmen können, dass

$$(1.)\qquad \beta_{2p}\frac{\partial^{2p} J}{\partial k^{2p}} + \beta_{2p-1}\frac{\partial^{2p-1} J}{\partial k^{2p-1}} + \cdots + \beta_0 J = \mathfrak{R}(z, s),$$

wo $\mathfrak{R}(z, s)$ eine rationale Function von (z, s)*).

Die zweite Methode besteht in der directen Bestimmung von $\mathfrak{R}(z, s)$.

616] Diese Function muss nach Gleichung (1.) für die Verzweigungsstelle $z = k$ unendlich der Ordnung $4p-1$ werden, an allen übrigen Stellen der Riemannschen Fläche aber endlich bleiben. Bestimmen wir eine rationale Function $\mathfrak{R}(z, s)$ von dieser Eigenschaft, so enthält dieselbe noch

$$4p-1-p+1 = 3p$$

willkürliche homogen auftretende Constanten.

Aus Gleichung (1.) folgt ferner, dass $\mathfrak{R}(z, s)$ in seiner Entwickelung in der Umgebung von $z = k$ keine ganzzahligen negativen Potenzen enthalten darf, weil $\frac{\partial^\lambda J}{\partial k^\lambda}$ nur in den Verzweigungsstellen unendlich wird und in den in der Umgebung derselben gültigen Entwickelungen keine ganzzahligen negativen Potenzen enthält. Diese Bedingung liefert $2p-1$ lineare homogene Gleichungen zwischen den Constanten. Sei ferner der Integrand s des Integrales erster Gattung dadurch bestimmt, dass derselbe für die willkürlich angenommenen von k unabhängigen Stellen $(a_1, b_1), (a_2, b_2), \ldots, (a_{p-1}, b_{p-1})$ verschwindet, so muss auch $\frac{\partial \mathfrak{R}(z, s)}{\partial z}$ für dieselben Stellen verschwinden. Diese Bedingung ergiebt $p-1$ neue lineare homogene Gleichungen zwischen den Constanten. Die Gesammtzahl der Bedingungsgleichungen ist also $3p-2$.

*) Vergl. auch Crelles Journal, Bd. 73, S. 328—329[1]).

[1]) Abh. XIII, S. 347—349, Band I dieser Ausgabe. R. F.

Es bleiben daher von den $3p$ Constanten noch zwei übrig. Hiervon ist eine additiv.

Daher ist $\frac{\partial \Re(z,s)}{\partial z}$ bis auf eine willkürliche multiplicative Constante bestimmt.

Aus der Gleichung (1.) ergiebt sich

$$\beta_{2p}\frac{\partial^{2p}s}{\partial k^{2p}}+\beta_{2p-1}\frac{\partial^{2p-1}s}{\partial k^{2p-1}}+\cdots+\beta_0 s=\frac{\partial}{\partial z}\Re(z,s). \tag{2.}$$

Durch Vergleichung der Entwickelungscoefficienten in der Umgebung irgend einer Stelle ergeben sich alsdann die Verhältnisse der Grössen $\frac{\beta_m}{\beta_n}$. Am geeignetsten hierzu erscheint die Entwickelung in der Umgebung von $z=k$*).

Wird die Gleichung (2.) längs irgend eines Querschnittes integrirt und der zugehörige Periodicitätsmodul mit Π bezeichnet, so ist wieder

$$\beta_{2p}\frac{\partial^{2p}\Pi}{\partial k^{2p}}+\beta_{2p-1}\frac{\partial^{2p-1}\Pi}{\partial k^{2p-1}}+\cdots+\beta_0\Pi=0. \tag{3.}$$

Diese Gleichung ist also die Differentialgleichung, welcher [617 die Periodicitätsmoduln der ABELschen Integrale erster Gattung genügen.

5.

Eine dritte Methode zur Bestimmung der Differentialgleichungen der Periodicitätsmoduln, welche wir hier noch geben wollen, zeichnet sich vor den beiden Vorhergehenden dadurch aus, dass wir die beschränkenden Voraussetzungen, die wir am Anfange der No. 1 gemacht, fallen lassen können. Ferner können wir als unabhängige Variable, von der wir die Periodicitätsmoduln abhängen lassen, nicht bloss einen Verzweigungspunkt der RIEMANNschen Fläche, sondern einen beliebigen Parameter wählen, welcher in den Coefficienten der zwischen z und s bestehenden Gleichung auftritt und von welchem die hierzu gehörige Klasse algebraischer Functionen wesentlich abhängt.

Sei wiederum s ein Integrand erster Gattung und die Gleichung zwischen z und s

*) Vergl. CRELLES Journal, Bd. 71, S. 112 ff.[1]).

1) Abh. VIII, S. 264 ff., Band I dieser Ausgabe. R. F.

$$(1.) \qquad F(z, \overset{\mu}{s}) = 0$$

vom Grade μ in s.

Sei ξ ein wesentlich in den Coefficienten dieser Gleichung enthaltener Parameter, so ist

$$(2.) \qquad \frac{\partial s}{\partial z} = \alpha_0 + \alpha_1 s + \cdots + \alpha_{\mu-1} s^{\mu-1},$$

$$(3.) \qquad \frac{\partial s}{\partial \xi} = \beta_0 + \beta_1 s + \cdots + \beta_{\mu-1} s^{\mu-1},$$

wo $\alpha_0, \alpha_1, \ldots, \alpha_{\mu-1}, \beta_0, \beta_1, \ldots, \beta_{\mu-1}$ rationale Functionen von z bedeuten, welche auf bekannte Weise hergestellt werden können.

Durch wiederholte Differentiation der Gleichung (2.) nach z und Anwendung derselben Gleichung, sowie durch Reduction der höheren Potenzen vermittelst der Gleichung (1.) ergiebt sich

$$(4.) \qquad \frac{\partial^\lambda s}{\partial z^\lambda} = \alpha_{\lambda 0} + \alpha_{\lambda 1} s + \cdots + \alpha_{\lambda, \mu-1} s^{\mu-1},$$

wo $\alpha_{\lambda 0}, \alpha_{\lambda 1}, \ldots, \alpha_{\lambda, \mu-1}$ rationale Functionen von z sind.

Ebenso ergiebt sich durch Differentiation der Gleichung (3.) nach ξ

$$(5.) \qquad \frac{\partial^l s}{\partial \xi^l} = \beta_{l0} + \beta_{l1} s + \cdots + \beta_{l, \mu-1} s^{\mu-1},$$

wo $\beta_{l0}, \beta_{l1}, \ldots, \beta_{l, \mu-1}$ rationale Functionen von z sind.

618] Wählen wir in (4.) $\lambda = 1, 2, \ldots, \mu-1$, so können wir aus diesem System von $\mu-1$ Gleichungen und aus Gleichung (5.) die Grössen $s^0, s^2, s^3, \ldots, s^{\mu-1}$ eliminiren und erhalten demgemäss

$$(6.) \qquad \frac{\partial^l s}{\partial \xi^l} = M_{l0} s + M_{l1} \frac{\partial s}{\partial z} + \cdots + M_{l, \mu-1} \frac{\partial^{\mu-1} s}{\partial z^{\mu-1}},$$

wo $M_{l0}, M_{l1}, \ldots, M_{l, \mu-1}$ rationale Functionen von z sind.

Es ist wohl zu beachten, dass es nicht nöthig ist, dass in Gleichung (6.) die Ableitungen nach z auch wirklich bis zur $(\mu-1)^{\text{ten}}$ ansteigen.

Nun ist

$$M_{l\alpha} \frac{\partial^\alpha s}{\partial z^\alpha} = \frac{\partial}{\partial z}\left[M_{l\alpha} \frac{\partial^{\alpha-1} s}{\partial z^{\alpha-1}}\right] - \frac{\partial}{\partial z}\left[M'_{l\alpha} \frac{\partial^{\alpha-2} s}{\partial z^{\alpha-2}}\right] + \frac{\partial}{\partial z}\left[M^{(2)}_{l\alpha} \frac{\partial^{\alpha-3} s}{\partial z^{\alpha-3}}\right] - \cdots \mp \frac{\partial}{\partial z}\left[M^{(\alpha-1)}_{l\alpha} \frac{\partial s}{\partial z}\right] \pm M^{(\alpha)}_{l\alpha} s$$

oder

$$(7.) \qquad M_{l\alpha} \frac{\partial^\alpha s}{\partial z^\alpha} = \frac{\partial}{\partial z}\left[M_{l\alpha} \frac{\partial^{\alpha-1} s}{\partial z^{\alpha-1}} - M'_{l\alpha} \frac{\partial^{\alpha-2} s}{\partial z^{\alpha-2}} + M^{(2)}_{l\alpha} \frac{\partial^{\alpha-3} s}{\partial z^{\alpha-3}} - \cdots \mp M^{(\alpha-1)}_{l\alpha} \frac{\partial s}{\partial z}\right] \pm M^{(\alpha)}_{l\alpha} s,$$

wo das obere oder untere Zeichen gilt, je nachdem α eine gerade oder ungerade Zahl ist, und wo durch die oberen Accente Ableitungen nach z angedeutet werden.

Wir erhalten also aus Gleichung (6.)

$$(8.)\qquad \frac{\partial^l s}{\partial \xi^l} \equiv [M_{l0} - M'_{l1} + M^{(2)}_{l2} - \cdots \pm M^{(\mu-1)}_{l,\mu-1}]\, s,$$

wenn wir mit dem Zeichen $\equiv$ die Gleichheit bis auf die Ableitungen rationaler Functionen von (z, s) nach der Variablen z bezeichnen.

Es giebt aber ausnahmslos von z unabhängige Grössen

$$\beta_0,\ \beta_1,\ \ldots,\ \beta_{2p}$$

von der Beschaffenheit, dass

$$(9.)\qquad \beta_0 s + \beta_1 \frac{\partial s}{\partial \xi} + \cdots + \beta_{2p} \frac{\partial^{2p} s}{\partial \xi^{2p}} = \frac{\partial}{\partial z} \mathfrak{R}(z, s),$$

wo $\mathfrak{R}(z, s)$ eine rationale Function von (z, s).

Wenn wir also

$$(10.)\qquad P_l = M_{l0} - M'_{l1} + M^{(2)}_{l2} - \cdots \pm M^{(\mu-1)}_{l,\mu-1}$$

setzen, so muss

$$(11.)\qquad S = [\beta_0 P_0 + \beta_1 P_1 + \cdots + \beta_{2p} P_{2p}]\, s$$

der Differentialquotient einer rationalen Function von (z, s) [619 sein.

Die nothwendigen und hinreichenden Bedingungen dafür, dass eine rationale Function $G(z, s)$ von (z, s) der Differentialquotient einer rationalen Function von (z, s) ist, sind die folgenden*):

1. Die Residuen von $G(z, s)$ sind sämmtlich Null.

2. Ist $\zeta_1, \zeta_2, \ldots, \zeta_{2p}$ irgend ein Fundamentalsystem von Abelschen Integralen, so besteht die Gleichung

$$\sum \text{Res}\, \zeta_m G(z, s) = 0. \qquad (m = 1, 2, \ldots, 2p)$$

Die Bedingungen unter 1. sind für $G(z, s) = S$ von selbst erfüllt. Denn da $\frac{\partial^l s}{\partial \xi^l}$ nur da unendlich ist, wo s unendlich wird, also nur in den Ver-

*) Vergl. Humbert, a. a. O.

zweigungsstellen, und in den für die Umgebung derselben gültigen Entwickelungen negative Potenzen nur mit gebrochenen Exponenten enthält, und weil die Residuen der Ableitungen rationaler Functionen von (z, s) verschwinden müssen, so ergiebt die Congruenz

$$\frac{\partial^l s}{\partial \xi^l} \equiv P_l s, \qquad [\text{Gl. } (8.)]$$

dass auch die Residuen von $P_l s$, folglich auch die von S verschwinden.

Es verbleiben also nur die Bedingungsgleichungen

$$(12.) \qquad \sum \text{Res}\, S\zeta_m = \sum \text{Res}\, [\beta_0 P_0 + \cdots + \beta_{2p} P_{2p}]\, s\zeta_m = 0, \quad (m = 1, 2, \ldots, 2p)$$

welche $2p$ lineare homogene Gleichungen für die $2p+1$ Unbekannten $\beta_0, \ldots, \beta_{2p}$ liefern.

Nachdem wir die Verhältnisse der Grössen β aus diesen Gleichungen bestimmt haben, ergiebt die Integration der Gleichung (9.) über einen beliebigen Querschnitt die Differentialgleichung

$$(\text{II.}) \qquad \beta_0 \Pi + \beta_0 \frac{\partial \Pi}{\partial \xi} + \cdots + \beta_{2p-1} \frac{\partial^{2p} \Pi}{\partial \xi^{2p}} = 0$$

der Periodicitätsmoduln der Abelschen Integrale erster Gattung als Functionen von ξ.

6.

Die Ordnung der Differentialgleichung (II.) der Periodicitätsmoduln von J kann niedriger als $2p$ sein. Wenn nämlich schon $\mu+1\,(\mu < 2p)$ von z unabhängige Grössen $\beta_0, \beta_1, \ldots, \beta_\mu$ sich so bestimmen lassen, dass

620] $$(1.) \qquad S_\mu = (\beta_0 P_0 + \beta_1 P_1 + \cdots + \beta_\mu P_\mu)\, s = \frac{\partial}{\partial z} \mathfrak{R}(z, s),$$

wo $\mathfrak{R}(z, s)$ eine rationale Function von (z, s) ist, alsdann ist auch

$$(2.) \qquad \beta_0 s + \beta_1 \frac{\partial s}{\partial \xi} + \cdots + \beta_\mu \frac{\partial^\mu s}{\partial \xi^\mu} = \frac{\partial}{\partial z} \mathfrak{R}(z, s),$$

wo $\mathfrak{R}(z, s)$ eine rationale Function von (z, s). Die Integration der Gleichung (2.) über einen beliebigen Querschnitt ergiebt also die Differentialgleichung

$$(3.) \qquad \beta_0 \Pi + \beta_1 \frac{\partial \Pi}{\partial \xi} + \cdots + \beta_\mu \frac{\partial^\mu \Pi}{\partial \xi^\mu} = 0$$

von der μ^{ten} Ordnung für die Periodicitätsmoduln der Integrale J als Functionen von ξ.

Da aus der Gleichung (3.) sich ergiebt, dass die Periodicitätsmoduln von

$$\beta_0 J + \beta_1 \frac{\partial J}{\partial \xi} + \cdots + \beta_\mu \frac{\partial^\mu J}{\partial \xi^\mu}$$

sämmtlich verschwinden, so ist

$$(4.)\qquad \beta_0 J + \beta_1 \frac{\partial J}{\partial \xi} + \cdots + \beta_\mu \frac{\partial^\mu J}{\partial \xi^\mu} = \mathfrak{R}_1(z, s),$$

wo $\mathfrak{R}_1(z, s)$ eine rationale Function von (z, s).

I. Es ist also das System der Functionen $J, \frac{\partial J}{\partial \xi}, \ldots, \frac{\partial^{2p-1} J}{\partial \xi^{2p-1}}$ dann und nur dann ein Fundamentalsystem, wenn die niedrigste Ordnung der Differentialgleichung (3.) $\mu = 2p$, d. h. wenn die Gleichung (1.) für nicht weniger als $\mu+1 = 2p+1$ von z unabhängige Grössen $\beta_0, \ldots, \beta_{2p}$ erfüllbar ist.

In dem Falle, dass $J, \frac{\partial J}{\partial \xi}, \ldots, \frac{\partial^{2p-1} J}{\partial \xi^{2p-1}}$ ein Fundamentalsystem darstellt, folgt wie in No. 1 Gleichung (8.) für die unabhängige Variable k, dass für ein beliebiges Integral Ω, welches nicht logarithmisch unendlich wird,

$$(5.)\qquad \Omega = C_0 J + C_1 \frac{\partial J}{\partial \xi} + \cdots + C_{2p-1} \frac{\partial^{2p-1} J}{\partial \xi^{2p-1}} + \mathfrak{R}(z, s),$$

wo die Coefficienten C ähnlich wie dort durch die Gleichungen

$$(6.)\qquad \sum \operatorname{Res}\left(\frac{\partial^\lambda s}{\partial \xi^\lambda}\,\Omega\right) = (\lambda, 0)\, C_0 + (\lambda, 1)\, C_1 + \cdots + (\lambda, 2p-1)\, C_{2p-1}$$
$$(\lambda = 0, 1, \ldots, 2p-1)$$

bestimmt werden, worin

$$(7.)\qquad (\lambda, \mu) = \sum \operatorname{Res} \frac{\partial^\mu J}{\partial \xi^\mu} \frac{\partial^\lambda s}{\partial \xi^\lambda}$$

gesetzt ist.

Wenn die Integration in (5.) über einen beliebigen Querschnitt erfolgt, so ergiebt sich: [621

$$(8.)\qquad T = C_0 \Pi + C_1 \frac{\partial \Pi}{\partial \xi} + \cdots + C_{2p-1} \frac{\partial^{2p-1} \Pi}{\partial \xi^{2p-1}},$$

wo T jedesmal den mit Π correspondirenden Periodicitätsmodul des Integrales Ω bezeichnet.

Hieraus folgt in Übereinstimmung mit früheren Resultaten*):

II. Enthält $\frac{\partial\Omega}{\partial z}$ die Grösse ξ in demselben Rationalitätsbereich wie $\frac{\partial J}{\partial z}$, so drückt die Gleichung (8.) aus, dass T mit Π zu derselben Klasse der in Bezug auf die Variable ξ gebildeten linearen homogenen Differentialgleichungen gehört.

Ist z. B. η ein von ξ unabhängiger wesentlicher Parameter in den Coefficienten der die algebraische Function s von z bestimmenden Gleichung

$$F(z, s) = 0, \tag{9.}$$

und ist

$$\Omega = \int \frac{ds}{d\eta} dz = \frac{\partial J}{\partial \eta}, \tag{10.}$$

alsdann ist

$$T = \frac{\partial \Pi}{\partial \eta}. \tag{11.}$$

Demnach folgt aus Gleichung (8.)**):

III. Die zur Differentialgleichung der Periodicitätsmoduln der Integrale J gehörige Substitutionsgruppe ändert sich nicht stetig mit η.

---

*) Crelles Journal, Bd. 71, S. 91; Bd. 73, S. 330. Diese Berichte 1888, S. 1275 [1]).

**) Diese Berichte 1888, S. 1278 [2]).

---

[1]) Abh. VIII, S. 241, Abh. XIII, S. 349, Band I dieser Ausgabe und Abh. LIV, S. 17 dieses Bandes. R. F.

[2]) S. 21 dieses Bandes. R. F.

ANMERKUNG.

Änderungen gegen das Original.

S. 249, Zeile 4 des Textes wurde »auftretenden Parametern« hinzugefügt,
„ 254, Gleichung (5.) $\mu = 1, 2, \ldots, 2p$ statt $\mu = 0, 1, \ldots, 2p$,
„ 256 wurde in den Gleichungen (2.) und (3.) statt des Derivationszeichens D bezw. D^q das Zeichen D bezw. D_k^q gesetzt,
„ 257, Zeile 11, Gleichungen (10.) No. 1 statt Gleichungen (11.) No. 1,
„ „ 8 v. u. wobei die statt deren,
„ „ 7 v. u. dieser Differentialgleichung statt derselben,
„ 258, „ 1 benutzt statt eingeschlagen,
„ 259, „ 8 v. u. von der statt wovon,
„ 262, „ 1 wurde »in der« vor »Umgebung« gestrichen,
„ „ 3 v. u. wurde »eine« eingefügt und »der Gleichung (2.)« statt derselben gesetzt,
„ 263, Gleichung (5.) C_{2p-1} statt C_{2p}.

R. F.

LXIX.

ZUR THEORIE DER SIMULTANEN LINEAREN PARTIELLEN DIFFERENTIALGLEICHUNGEN.

(Sitzungsberichte der Königl. preussischen Akademie der Wissenschaften zu Berlin, 1898, XVI, S. 222—233; vorgelegt am 17. März; ausgegeben am 24. März 1898.)

Die gegenwärtige Notiz knüpft an die Untersuchungen an, welche [222 ich seit dem Jahre 1888 in verschiedenen Mittheilungen der Sitzungsberichte*) veröffentlicht habe. Der Ausgangspunkt unserer Untersuchung ist hier von dem früher eingenommenen dadurch verschieden, dass ich weder über die Natur der Coefficienten der vorgelegten Differentialgleichung, noch über die analytische Bedeutung der Coefficienten in dem Ausdrucke der Ableitung der Integralfunction nach einem Parameter etwas voraussetze. Hiernach beschäftigen wir uns mit einer Klasse von zwei simultanen linearen partiellen Differentialgleichungen mit zwei unabhängigen Variablen. An die Stelle der associirten Differentialgleichung (H.)**) tritt eine allgemeinere Klasse von Differentialgleichungen, von welchen die erstere ein besonderer Fall ist. Die im Folgenden ausgeführten Entwickelungen bilden die Grundlage für die analytische Untersuchung der Integrale einer linearen Differentialgleichung, deren Coefficienten von einem Parameter abhängen in allen Fällen, sobald besondere Voraussetzungen über die Coefficienten gemacht sind. Sie gestatten

*) 1888, S. 1115, 1273; 1889, S. 713; 1890, S. 21; 1892, S. 157; 1893, S. 975; 1894, S. 1117[1]).

**) Sitzungsberichte 1888, S. 1118[2]).

---

1) Abh. LIV S. 1, LIX S. 117, LXII S. 169 dieses Bandes. R. F.

2) S. 5 dieses Bandes. R. F.

nicht nur, früher gewonnene Resultate von einem neuen Gesichtspunkte aus herzuleiten, sondern sie geben auch Gelegenheit zu weiteren Resultaten, wie ich in einer späteren Mittheilung zeigen zu können hoffe.

Es möge bei dieser Gelegenheit bemerkt werden, dass sich in der Mittheilung in den Sitzungsberichten 1888, S. 1284, Gleichung (15.) bis (21.)[1]) ein Rechenfehler eingeschlichen hat, welcher den dort gegebenen Beweis beeinträchtigt.

1.

Es seien $P(y)$, $M(y)$ zwei lineare homogene Differentialausdrücke, deren
223] Coefficienten Functionen von x, von der Beschaffenheit sind, dass $M(y)P(y)$ für eine willkürliche Function y von x ein vollständiger Differentialquotient werde. Seien $P'(y)$, $M'(y)$ die zu $P(y)$, $M(y)$ bezüglich adjungirten Differentialausdrücke, so ergiebt sich aus den Entwickelungen (Sitzungsberichte 1888, S. 1273—74[2])), dass auch

$$yP'(M(y))$$

ein vollständiger Differentialquotient werden muss, wofür die Identität

$$P'(M(y))+M'(P(y)) = 0 \tag{1.}$$

die nothwendige und hinreichende Bedingung ist.

Aus derselben folgt, dass für eine Lösung y der Gleichung

$$P(y) = 0 \tag{2.}$$

der Ausdruck $M(y)$ der adjungirten Differentialgleichung genügt.

Die Gleichung (1.) ist nur erfüllbar, wenn die Summe der Ordnungszahlen von $P(y)$ und $M(y)$ eine ungerade Zahl ist.

Setzen wir

$$P(y) = y^{(n)}+p_1 y^{(n-1)}+\cdots+p_n y, \tag{A.}$$

wo $y^{(\lambda)}$ die λ^{te} Ableitung nach x bedeuten soll, und

$$M(y) = 2[R_{n-1,n-1}y^{(n-1)}+\cdots+R_{n-1,0}\,y], \tag{B.}$$

so muss demnach die Ordnungszahl der höchsten nicht ver-

1) Abh. LIV, S. 27—28 dieses Bandes; vgl. die Anmerkung 4) S. 71 dieses Bandes. R. F.

2) Abh. LIV, S. 15—16 dieses Bandes. R. F.

schwindenden Ableitung in $M(y)$ die Form haben $n-1-2\varkappa$, wo $\varkappa$ Null oder eine ganze positive Zahl bedeutet.

Sei

$$\text{(C.)} \quad Z = \int M(y)\,P(y)\,dx = \int y\,P'(M(y))\,dx + B(y, M(y)) = \sum_0^{n-1}{}_{\alpha\beta} R_{\alpha\beta}\, y^{(\alpha)} y^{(\beta)}, \qquad R_{\alpha\beta} = R_{\beta\alpha},$$

wo $B(u, v)$ einen bilinearen Ausdruck von u, v bedeutet, dessen Coefficienten sich rational aus den Coefficienten von $P(y)$ und ihren Ableitungen zusammensetzen (vergl. Sitzungsberichte 1888, S. 1273[1])), und wo $R_{\alpha\beta}$ solche Functionen von x sind, dass die Gleichung

$$\text{(D.)} \quad \frac{\partial Z}{\partial x} = M(y)\,P(y)$$

für jede Function y von x befriedigt wird. Aus (D.) ergiebt sich zur Bestimmung der $R_{\alpha\beta}$ das System von Differentialgleichungen

$$\text{(E.)} \quad \frac{\partial R_{\alpha\beta}}{\partial x} = -R_{\alpha,\beta-1} - R_{\alpha-1,\beta} + R_{n-1,\alpha}\,p_{n-\beta} + R_{n-1,\beta}\,p_{n-\alpha}, \quad \begin{pmatrix}\alpha = 0, 1, \ldots, n-1\\ \beta = 0, 1, \ldots, n-1\end{pmatrix}$$

wo die R mit einem negativen Index durch Null zu ersetzen sind.

Aus Gleichung (C.) ergiebt sich der folgende Satz: [224

Sind die Coefficienten von $P(y)$ algebraische (rationale) Functionen von x und sind von einem Lösungssysteme $R_{\alpha\beta}$ der Gleichungen (E.) die Elemente $R_{n-1,\beta}$ ebenfalls algebraische (rationale) Functionen von x, so sind auch die übrigen Elemente algebraische (rationale) Functionen von x.

2.

Wir wollen nunmehr voraussetzen, dass die Coefficienten p_α in $P(y)$ ausser von x noch von einer anderen Variablen t abhängen.

Wir differentiiren die Gleichung

$$\text{(1.)} \quad P(y) = 0$$

nach t und erhalten, wie in den Sitzungsberichten 1888, S. 1281[2])

$$\text{(2.)} \quad P\left(\frac{\partial y}{\partial t}\right) + \frac{\partial p_1}{\partial t}\,y^{(n-1)} + \cdots + \frac{\partial p_n}{\partial t}\,y = 0.$$

---

1) Ebenda S. 15 dieses Bandes. R. F.

2) Ebenda S. 24 dieses Bandes. R. F.

Wir setzen jetzt

(3.) $$\frac{\partial y}{\partial t} = D_{00}y + D_{01}y' + \cdots + D_{0,n-1}y^{(n-1)}.$$

Die Differentiation dieser Gleichung nach x ergebe nach Reduction der Ableitungen von y höherer Ordnung als $n-1$ durch die niedrigerer Ordnung vermittelst der Gleichung (1.)

(4.) $$\frac{\partial y^{(\alpha)}}{\partial t} = D_{\alpha 0}y + \cdots + D_{\alpha,n-1}y^{(n-1)}.$$

Substituiren wir die Ausdrücke (3.), (4.) in Gleichung (2.) und fordern, dass das Resultat in Bezug auf $y, y', \ldots, y^{(n-1)}$ eine Identität werde, so ergiebt sich das folgende System von Differentialgleichungen für die Functionen $D_{\alpha\beta}$

(F.) $$\frac{\partial D_{\alpha\beta}}{\partial x} = D_{\alpha+1,\beta} - D_{\alpha,\beta-1} + p_{n-\beta}D_{\alpha,n-1}, \qquad (\text{für } \alpha \leqq n-2)$$

(F'.) $$\frac{\partial D_{n-1,\beta}}{\partial x} = -D_{n-1,\beta-1} + p_{n-\beta}D_{n-1,n-1} - \sum_1^n{}_l\, p_l D_{n-l,\beta} - \frac{\partial p_{n-\beta}}{\partial t},$$

wo die Grössen $D_{\alpha\beta}$ mit einem negativen Index durch Null zu ersetzen sind.

3.

Setzen wir

(G.) $$W_{\alpha\beta} = \frac{\partial R_{\alpha\beta}}{\partial t} + \sum_0^{n-1}{}_\varkappa [R_{\varkappa\beta}D_{\varkappa\alpha} + R_{\varkappa\alpha}D_{\varkappa\beta}],$$

225] so folgt zunächst aus $R_{\alpha\beta} = R_{\beta\alpha}$

(1.) $$W_{\alpha\beta} = W_{\beta\alpha}.$$

Aus den Gleichungen (E.) ergiebt sich:

(2.) $$\frac{\partial^2 R_{\alpha\beta}}{\partial x\,\partial t} = -\frac{\partial R_{\alpha,\beta-1}}{\partial t} - \frac{\partial R_{\alpha-1,\beta}}{\partial t} + p_{n-\beta}\frac{\partial R_{n-1,\alpha}}{\partial t} + p_{n-\alpha}\frac{\partial R_{n-1,\beta}}{\partial t} + R_{n-1,\alpha}\frac{\partial p_{n-\beta}}{\partial t} + R_{n-1,\beta}\frac{\partial p_{n-\alpha}}{\partial t}.$$

Ferner folgt aus (E.), (F.), (F'.)

(3.) $$\frac{\partial}{\partial t}\sum_0^{n-1}{}_\varkappa [R_{\varkappa\beta}D_{\varkappa\alpha} + R_{\varkappa\alpha}D_{\varkappa\beta}] = -\left(W_{\alpha,\beta-1} - \frac{\partial R_{\alpha,\beta-1}}{\partial t}\right) - \left(W_{\alpha-1,\beta} - \frac{\partial R_{\alpha-1,\beta}}{\partial t}\right) + p_{n-\alpha}\left(W_{n-1,\beta} - \frac{\partial R_{n-1,\beta}}{\partial t}\right) + p_{n-\beta}\left(W_{\alpha,n-1} - \frac{\partial R_{\alpha,n-1}}{\partial t}\right) - R_{n-1,\alpha}\frac{\partial p_{n-\beta}}{\partial t} - R_{n-1,\beta}\frac{\partial p_{n-\alpha}}{\partial t}.$$

Aus (1.) und (2.) folgt demnach

$$\text{(H.)}\quad \frac{\partial W_{\alpha\beta}}{\partial x} = -W_{\alpha,\beta-1} - W_{\alpha-1,\beta} + p_{n-\alpha} W_{n-1,\beta} + p_{n-\beta} W_{\alpha,n-1}, \quad \begin{pmatrix} \alpha = 0, 1, \ldots, n-1 \\ \beta = 0, 1, \ldots, n-1 \end{pmatrix}$$

welches System mit (E.) übereinstimmt.

I. Es genügen also die Functionen $W_{\alpha\beta}$ demjenigen Systeme von Differentialgleichungen in Bezug auf die Variable x, welches von den Functionen $R_{\alpha\beta}$ befriedigt wird.

Bezeichnen wir daher ein Fundamentalsystem von Lösungen der Gleichungen (E.) mit $R_{\alpha\beta}^{(1)}, R_{\alpha\beta}^{(2)}, \ldots, R_{\alpha\beta}^{(\nu)}$, wo

$$\text{(4.)}\quad \nu = \frac{n(n+1)}{2},$$

und

$$R_{\alpha\beta}^{(i)} = R_{\beta\alpha}^{(i)}, \quad \begin{pmatrix} \alpha = 0, 1, \ldots, n-1 \\ \beta = 0, 1, \ldots, n-1 \\ i = 1, 2, \ldots, \nu \end{pmatrix}$$

so ist

$$\text{(J.)}\quad W_{\alpha\beta} = c_1 R_{\alpha\beta}^{(1)} + \cdots + c_\nu R_{\alpha\beta}^{(\nu)}, \quad \begin{pmatrix} \alpha = 0, 1, \ldots, n-1 \\ \beta = 0, 1, \ldots, n-1 \end{pmatrix}$$

worin die Grössen $c_\varkappa$ von x unabhängig sind. Diese Grössen behalten für alle Combinationen von α, β denselben Werth, haben aber im Allgemeinen verschiedene Werthe für die verschiedenen Lösungen $D_{\alpha\beta}$ des Gleichungssystems (F.), (F'.) und für die verschiedenen Lösungen $R_{\alpha\beta}$ des Gleichungssystems (E.) im Ausdrucke von $W_{\alpha\beta}$ in Gleichung (G.).

4. [226

Ehe wir unseren Gegenstand weiter verfolgen, schalten wir folgende Digression über Systeme von linearen Differentialgleichungen mit zwei unabhängigen Veränderlichen ein.

Sei

$$\text{(1.)}\quad \frac{\partial z_i}{\partial x} = a_{i1} z_1 + a_{i2} z_2 + \cdots + a_{in} z_n. \quad (i = 1, 2, \ldots, n)$$

Es soll festgestellt werden, wann ein Fundamentalsystem von Integralen dieses Systems gleichzeitig das System

$$\text{(2.)}\quad \frac{\partial z_i}{\partial t} = b_{i1} z_1 + b_{i1} z_2 + \cdots + b_{in} z_n \quad (i = 1, 2, \ldots, n)$$

befriedigt.

Hierzu ist zunächst die nothwendige Bedingung, dass die Gleichungen

$$(3.)\qquad \frac{\partial a_{\varkappa\lambda}}{\partial t} + \sum_1^n{}_i\, a_{\varkappa i} b_{i\lambda} = \frac{\partial b_{\varkappa\lambda}}{\partial x} + \sum_1^n{}_i\, b_{\varkappa i} a_{i\lambda} \qquad \begin{pmatrix}\varkappa = 1, \ldots, n\\ \lambda = 1, \ldots, n\end{pmatrix}$$

identisch erfüllt sind.

Ist

$$z_{1i},\ z_{2i},\ \ldots,\ z_{ni} \qquad (i = 1, 2, \ldots, n)$$

ein Fundamentalsystem von (1.), so soll (2.) befriedigt werden durch

$$(4.)\qquad z_i = c_1 z_{1i} + c_2 z_{2i} + \cdots + c_n z_{ni}, \qquad (i = 1, 2, \ldots, n)$$

wo die $c_1, c_2, \ldots, c_n$ Functionen bloss von t sind. Substituiren wir die Ausdrücke (4.) in (2.), so erhalten wir

$$(5.)\qquad \frac{\partial c_1}{\partial t} z_{1\lambda} + \cdots + \frac{\partial c_n}{\partial t} z_{n\lambda} = c_1 P_{1\lambda} + \cdots + c_n P_{n\lambda},$$

wo

$$(6.)\qquad P_{\mu\lambda} = b_{\lambda 1} z_{\mu 1} + \cdots + b_{\lambda n} z_{\mu n} - \frac{\partial z_{\mu\lambda}}{\partial t}. \qquad (\lambda, \mu = 1, 2, \ldots, n)$$

Es ist

$$(7.)\qquad \frac{\partial P_{\mu\lambda}}{\partial x} = \sum_1^n{}_i \left[\frac{\partial b_{\lambda i}}{\partial x} + b_{\lambda 1} a_{1i} + \cdots + b_{\lambda n} a_{ni}\right] z_{\mu i} - \frac{\partial^2 z_{\mu\lambda}}{\partial x\, \partial t},$$

oder nach (3.)

$$(8.)\qquad \frac{\partial P_{\mu\lambda}}{\partial x} = \sum_1^n{}_i \left[\frac{\partial a_{\lambda i}}{\partial t} + a_{\lambda 1} b_{1i} + \cdots + a_{\lambda n} b_{ni}\right] z_{\mu i} - \frac{\partial^2 z_{\mu\lambda}}{\partial x\, \partial t}.$$

Hieraus folgt

$$(9.)\qquad \frac{\partial P_{\mu\lambda}}{\partial x} = a_{\lambda 1} P_{\mu 1} + a_{\lambda 2} P_{\mu 2} + \cdots + a_{\lambda n} P_{\mu n}.$$

Aus (9.) folgt

$$(10.)\qquad P_{\mu\lambda} = \gamma_{1\mu} z_{1\lambda} + \cdots + \gamma_{n\mu} z_{n\lambda},$$

227] wo $\gamma_{\varkappa\mu}$ von x unabhängig. Substituiren wir die Ausdrücke (10.) in (5.), so kommt

$$(11.)\qquad \frac{\partial c_1}{\partial t} z_{1\lambda} + \cdots + \frac{\partial c_n}{\partial t} z_{n\lambda} = \sum_1^n{}_\varkappa\, c_\varkappa [\gamma_{1\varkappa} z_{1\lambda} + \cdots + \gamma_{n\varkappa} z_{n\lambda}].$$

Hieraus folgt

$$(12.)\qquad \frac{\partial c_\mu}{\partial t} = c_1 \gamma_{\mu 1} + c_2 \gamma_{\mu 2} + \cdots + c_n \gamma_{\mu n}.$$

Aus diesen Gleichungen bestimmen sich $c_1, c_2, \ldots, c_n$ als Functionen von t. Ist

$$\varepsilon_{1i}, \varepsilon_{2i}, \ldots, \varepsilon_{ni} \qquad (i = 1, 2, \ldots, n)$$

ein Fundamentalsystem von Lösungen von (12.), so ist

$$(13.) \qquad c_i = \delta_1 \varepsilon_{1i} + \cdots + \delta_n \varepsilon_{ni}, \qquad (i = 1, 2, \ldots, n)$$

wo $\delta_1, \delta_2, \ldots, \delta_n$ willkürliche von x und t unabhängige Grössen bedeuten.

Es genügen demnach

$$(14.) \qquad z_i = \delta_1 w_{1i} + \cdots + \delta_n w_{ni}, \qquad (i = 1, 2, \ldots, n)$$

wo

$$(15.) \qquad w_{\alpha\beta} = \varepsilon_{\alpha 1} z_{1\beta} + \cdots + \varepsilon_{\alpha n} z_{n\beta},$$

den beiden Systemen (1.) und (2.) für beliebige von x und t unabhängige Werthe von $\delta_1, \delta_2, \ldots, \delta_n$.

5.

Sei eine bestimmte Particularlösung $D^{(0)}_{\alpha\beta}$ von (F.), (F'.) gegeben, so ist jede Lösung des Systems (F.), (F'.) in der Form

$$(1.) \qquad D_{\alpha\beta} = D^{(0)}_{\alpha\beta} + E_{\alpha\beta}$$

enthalten, wo die Grössen $E_{\alpha\beta}$ durch das Gleichungssystem

$$(\text{K.}) \qquad \frac{\partial E_{\alpha\beta}}{\partial x} = E_{\alpha+1,\beta} - E_{\alpha,\beta-1} + p_{n-\beta} E_{\alpha,n-1}, \qquad (\alpha = 0, 1, \ldots, n-2)$$

$$(\text{K}'.) \qquad \frac{\partial E_{n-1,\beta}}{\partial x} = -E_{n-1,\beta-1} + E_{n-1,n-1} p_{n-\beta} - \sum_1^n {}_l\, p_l E_{n-l,\beta}$$

bestimmt werden.

Sei nunmehr vorausgesetzt, dass eine Lösung $R_{\alpha\beta}$ des Systems (E.) der Gleichung

$$(\text{L.}) \qquad W^{(0)}_{\alpha\beta} = \frac{\partial R_{\alpha\beta}}{\partial t} + \sum_0^{n-1} {}_\varkappa [R_{\varkappa\beta} D^{(0)}_{\varkappa\alpha} + R_{\varkappa\alpha} D^{(0)}_{\varkappa\beta}] = 0$$

Genüge leistet. Dass solche Lösungen $R_{\alpha\beta}$ vorhanden sind, ergiebt sich [228 daraus, dass für die Systeme (E.) und (L.) die Bedingungen der Integrabilität, Gleichungen (3.) voriger Nummer, erfüllt sind.

Sei $E^{(1)}_{\alpha\beta}, E^{(2)}_{\alpha\beta}, \ldots, E^{(n^2)}_{\alpha\beta}$ ein Fundamentalsystem von Lösungen des Systems (K.), (K'.), so ist nach No. 3 Gleichung (J.)

$$(2.)\qquad \frac{\partial R_{\alpha\beta}}{\partial t}+\sum_0^{n-1}{}_{\varkappa}[R_{\varkappa\beta}(E^{(\lambda)}_{\varkappa\alpha}+D^{(0)}_{\varkappa\alpha})+R_{\varkappa\alpha}(E^{(\lambda)}_{\varkappa\beta}+D^{(0)}_{\varkappa\beta})] = c_{\lambda 1}R^{(1)}_{\alpha\beta}+\cdots+c_{\lambda\nu}R^{(\nu)}_{\alpha\beta},$$

wo $c_{\lambda\varkappa}$ von x unabhängige Grössen bedeuten. Aus dieser Gleichung folgt wegen (L.)

$$(\mathrm{M.})\qquad \sum_0^{n-1}{}_{\varkappa}[R_{\varkappa\beta}E^{(\lambda)}_{\varkappa\alpha}+R_{\varkappa\alpha}E^{(\lambda)}_{\varkappa\beta}] = c_{\lambda 1}R^{(1)}_{\alpha\beta}+\cdots+c_{\lambda\nu}R^{(\nu)}_{\alpha\beta}.$$

Wir bilden diese Gleichungen successive für $\lambda = 1, 2, \dots, n^2$ und multipliciren die zum Index λ gehörige mit einer von x unabhängigen Grösse γ_λ, addiren sämmtliche Gleichungen, setzen

$$(3.)\qquad E'_{\alpha\beta} = \gamma_1 E^{(1)}_{\alpha\beta}+\gamma_2 E^{(2)}_{\alpha\beta}+\cdots+\gamma_{n^2}E^{(n^2)}_{\alpha\beta}$$

und bestimmen $\gamma_1, \gamma_2, \dots, \gamma_{n^2}$ den Gleichungen

$$(4.)\qquad \gamma_1 c_{1\varkappa}+\gamma_2 c_{2\varkappa}+\cdots+\gamma_{n^2}c_{n^2,\varkappa} = 0 \qquad (\varkappa = 1, 2, \dots, \nu)$$

gemäss, so ergiebt sich

$$(\mathrm{M'.})\qquad \sum_0^{n-1}{}_{\varkappa}(R_{\varkappa\beta}E'_{\varkappa\alpha}+R_{\varkappa\alpha}E'_{\varkappa\beta}) = 0. \qquad \begin{pmatrix}\alpha = 0, 1, \dots, n-1\\ \beta = 0, 1, \dots, n-1\end{pmatrix}$$

Die Functionen $E'_{\alpha\beta}$ enthalten

$$n^2-\nu = n^2-\frac{n(n+1)}{2} = \frac{n(n-1)}{2}$$

von x unabhängige willkürliche Grössen linear und homogen.

6.

Um die Abhängigkeit der Functionen $E'_{\alpha\beta}$ von den willkürlichen Grössen besser hervortreten zu lassen, setzen wir

$$(\mathrm{N.})\qquad \sum_0^{n-1}R_{\varkappa\beta}E'_{\varkappa\alpha} = a_{\alpha\beta}. \qquad \begin{pmatrix}\alpha = 0, 1, \dots, n-1\\ \beta = 0, 1, \dots, n-1\end{pmatrix}$$

Hierdurch gehen die Gleichungen (M'.) über in

$$(\mathrm{M}^{(2)}.)\qquad \left\{\begin{aligned} &\left.\begin{aligned}\sum_0^{n-1}{}_{\varkappa}R_{\varkappa\beta}E'_{\varkappa\alpha} &= a_{\alpha\beta},\\ \sum_0^{n-1}{}_{\varkappa}R_{\varkappa\alpha}E'_{\varkappa\beta} &= -a_{\alpha\beta},\end{aligned}\right\} \qquad \begin{pmatrix}\alpha \neq \beta,\\ \alpha = 0, 1, \dots, n-1\\ \beta = 0, 1, \dots, n-1\end{pmatrix}\\ &\sum_0^{n-1}{}_{\varkappa}R_{\varkappa\alpha}E'_{\varkappa\alpha} = 0. \qquad (\alpha = 0, 1, \dots, n-1)\end{aligned}\right.$$

229] Durch Differentiation der Gleichungen (N.) nach x ergiebt sich mit Hülfe der Gleichungen (E.), (K.), (K'.)

$$\text{(O.)}\qquad \left\{\begin{aligned} \frac{\partial a_{\alpha\beta}}{\partial x} &= -a_{\alpha,\beta-1} - a_{\alpha-1,\beta} + p_{n-\beta}\, a_{\alpha,n-1} + p_{n-\alpha}\, a_{n-1,\beta}, \\ a_{\alpha\alpha} &= 0. \end{aligned}\right\} \quad \begin{pmatrix} \alpha \neq \beta, \\ \alpha = 0,\dots,n-1 \\ \beta = 0,\dots,n-1 \end{pmatrix}$$

Sei

$$\text{(1.)}\qquad \Delta = \begin{vmatrix} R_{00} & R_{10} & \dots & R_{n-1,0} \\ R_{01} & R_{11} & \dots & R_{n-1,1} \\ . & . & \dots & . \\ R_{0,n-1} & R_{1,n-1} & \dots & R_{n-1,n-1} \end{vmatrix}$$

und $\varrho_{\varkappa l}$ die zu $R_{\varkappa l}$ gehörige Unterdeterminante der Determinante Δ.

Die Gleichungen ($M^{(2)}$.) ergeben alsdann

$$\text{(P.)}\qquad \Delta E'_{\varkappa\alpha} = \sum_{0}^{n-1}{}_{\beta}\, \varrho_{\varkappa\beta}\, a_{\alpha\beta}. \qquad \begin{pmatrix} \varkappa = 0, 1, \dots, n-1 \\ \alpha = 0, 1, \dots, n-1 \end{pmatrix}$$

Die allgemeine Lösung des Gleichungssystems (O.) enthält $\frac{n(n-1)}{2}$ willkürliche Constanten. Daher ergiebt sich das folgende Resultat:

Ist Δ von Null verschieden, so liefern die Gleichungen (P.) die Werthe der Functionen $E'_{\alpha\beta}$, wenn in denselben für $a_{\alpha\beta}$ die allgemeine Lösung der Gleichung (O.) gesetzt wird.

Aus den Gleichungen (E.) folgt

$$\frac{\partial \Delta}{\partial x} = \sum_{0}^{n-1}{}_{\lambda} \sum_{0}^{n-1}{}_{\varkappa}\, \varrho_{\lambda\varkappa} \frac{\partial R_{\lambda\varkappa}}{\partial x} = \sum_{0}^{n-1}{}_{\lambda} \sum_{0}^{n-1}{}_{\varkappa}\, \varrho_{\lambda\varkappa} [-R_{\lambda,\varkappa-1} - R_{\lambda-1,\varkappa} + R_{n-1,\lambda}\, p_{n-\varkappa} + R_{n-1,\varkappa}\, p_{n-\lambda}].$$

Da $R_{\alpha\beta} = R_{\beta\alpha}$ und folglich auch $\varrho_{\alpha\beta} = \varrho_{\beta\alpha}$, so folgt

$$\begin{gathered} \textstyle\sum_{\varkappa} \varrho_{\lambda\varkappa} R_{\lambda-1,\varkappa} = 0, \quad \sum_{\lambda} \varrho_{\varkappa\lambda} R_{\varkappa-1,\lambda} = 0, \\ \textstyle\sum_{\varkappa} p_{n-\varkappa} \sum_{\lambda} \varrho_{\varkappa\lambda} R_{n-1,\lambda} = p_1 \Delta, \\ \textstyle\sum_{\lambda} p_{n-\lambda} \sum_{\varkappa} \varrho_{\lambda\varkappa} R_{n-1,\varkappa} = p_1 \Delta; \end{gathered}$$

folglich

$$\text{(Q.)}\qquad \frac{\partial \Delta}{\partial x} = 2 p_1 \Delta.$$

Sei

$$\text{(2.)}\qquad \mathrm{E} = \begin{vmatrix} E_{00} & E_{01} & \dots & E_{0,n-1} \\ E_{10} & E_{11} & \dots & E_{1,n-1} \\ . & . & \dots & . \\ E_{n-1,0} & E_{n-1,1} & \dots & E_{n-1,n-1} \end{vmatrix}$$

230] Bezeichnen wir mit $e_{\lambda\mu}$ die zum Elemente $E_{\lambda\mu}$ gehörige Unterdeterminante von E, so folgern wir aus den Gleichungen (K.), (K′.)

$$\frac{\partial \mathrm{E}}{\partial x} = \sum_{\lambda=0}^{n-1} \sum_{\varkappa=0}^{n-1} e_{\lambda\varkappa} \frac{\partial E_{\lambda\varkappa}}{\partial x} = \sum_{\lambda=0}^{n-2} \sum_{\varkappa=0}^{n-1} e_{\lambda\varkappa} [E_{\lambda+1,\varkappa} - E_{\lambda,\varkappa-1} + p_{n-\varkappa} E_{\lambda,n-1}]$$
$$+ \sum_{\varkappa=0}^{n-1} e_{n-1,\varkappa} \Big[- E_{n-1,\varkappa-1} + E_{n-1,n-1} p_{n-\varkappa} - \sum_{l=1}^{n} p_l E_{n-l,\varkappa} \Big].$$

Nun ist

$$\sum_{\lambda=0}^{n-2} \sum_{\varkappa=0}^{n-1} e_{\lambda\varkappa} E_{\lambda,\varkappa-1} + \sum_{\varkappa=0}^{n-1} e_{n-1,\varkappa} E_{n-1,\varkappa-1} = \sum_{\lambda=0}^{n-1} \sum_{\varkappa=0}^{n-1} e_{\lambda\varkappa} E_{\lambda,\varkappa-1} = \sum_{\varkappa=0}^{n-1} \sum_{\lambda=0}^{n-1} e_{\lambda\varkappa} E_{\lambda,\varkappa-1} = 0,$$

$$\sum_{\lambda=0}^{n-2} \sum_{\varkappa=0}^{n-1} e_{\lambda\varkappa} E_{\lambda+1,\varkappa} = 0,$$

$$\sum_{\lambda=0}^{n-2} \sum_{\varkappa=0}^{n-1} p_{n-\varkappa} e_{\lambda\varkappa} E_{\lambda,n-1} + E_{n-1,n-1} \sum_{\varkappa=0}^{n-1} p_{n-\varkappa} e_{n-1,\varkappa} = \sum_{\lambda=0}^{n-1} \sum_{\varkappa=0}^{n-1} p_{n-\varkappa} e_{\lambda\varkappa} E_{\lambda,n-1}$$
$$= \sum_{\varkappa=0}^{n-1} p_{n-\varkappa} \sum_{\lambda=0}^{n-1} e_{\lambda\varkappa} E_{\lambda,n-1} = p_1 \mathrm{E}.$$

Endlich ist

$$\sum_{l=1}^{n} p_l \sum_{\varkappa=0}^{n-1} e_{n-1,\varkappa} E_{n-l,\varkappa} = p_1 \mathrm{E},$$

folglich

(R.) $$\frac{\partial \mathrm{E}}{\partial x} = 0.$$

Bezeichnen wir mit E′ die Determinante, welche entsteht, wenn wir in E an Stelle von $E_{\alpha\beta}$ die speciellen Functionen $E'_{\alpha\beta}$ treten lassen, so ergeben die Gleichungen (P.) mit Rücksicht darauf, dass $R_{\alpha\beta} = R_{\beta\alpha}$ und folglich auch $\varrho_{\alpha\beta} = \varrho_{\beta\alpha}$,

(S.) $$\Delta^n \mathrm{E}' = \Delta^{n-1} A,$$

wo

(4.) $$A = \begin{vmatrix} a_{00} & a_{01} & \dots & a_{0,n-1} \\ a_{10} & a_{11} & \dots & a_{1,n-1} \\ \cdot & \cdot & \dots & \cdot \\ a_{n-1,0} & a_{n-1,1} & \dots & a_{n-1,n-1} \end{vmatrix}$$

Aus den Gleichungen ($M^{(2)}$.) folgt

(5.) $$a_{\alpha\beta} = - a_{\beta\alpha}, \quad a_{\alpha\alpha} = 0.$$

Es folgt also aus Gleichung (S.):

Für eine ungerade Ordnungszahl n der Differentialgleichung

231] (6.) $$P(y) = 0$$

ist identisch entweder

(7.) $$\Delta = 0,$$

oder

(7a.) $$E' = 0.$$

Da sich aus den Gleichungen (Q.), (R.) ergiebt

(8.) $$\begin{cases} \Delta = \gamma e^{\int 2p_1 dx}, \\ E' = \delta, \end{cases}$$

wo γ, δ von x unabhängige Grössen bedeuten, so muss nach Gleichung (S.)

(9.) $$A = \gamma\delta e^{\int 2p_1 dx}$$

sein. In der That folgt auch mit Hülfe der Gleichungen (O.) direct, dass

(10.) $$A = Ce^{\int 2p_1 dx},$$

wo C von x unabhängig.

Aus den Gleichungen $M^{(2)}$ ergiebt sich auch

(P'.) $$E' R_{\varkappa\beta} = \sum_0^{n-1}{}_\alpha e_{\varkappa\alpha} a_{\alpha\beta}.$$

Da $R_{\varkappa\beta} = R_{\beta\varkappa}$, so folgt aus (P'.)

(11.) $$\sum_0^{n-1}{}_\alpha (e_{\varkappa\alpha} a_{\alpha\beta} - e_{\beta\alpha} a_{\alpha\varkappa}) = 0. \qquad \begin{pmatrix} \varkappa = 0, 1, \dots, n-1 \\ \beta = 0, 1, \dots, n-1 \end{pmatrix}$$

7.

Wir setzen

(1.) $$R_{m,n-1} y^{(n-1)} + R_{m,n-2} y^{(n-2)} + \dots + R_{m0} y = w_m, \qquad (m = 0, 1, \dots, n-1)$$

wo $R_{\alpha\beta}$ Lösungen der Gleichungen (E.) und y irgend eine Lösung der Gleichung

(2.) $$P(y) = 0$$

bedeutet.

Nach No. 1 ist w_{n-1} ein Integral der zu (2.) adjungirten Differentialgleichung.

Wir erhalten unter Benutzung der Gleichungen (E.)

(T.) $$\frac{\partial w_m}{\partial x} = -w_{m-1} + p_{n-m} w_{n-1}, \qquad (m = 0, 1, \dots, n-1)$$

wenn wir $w_{-1} = 0$ setzen.

232] Ist

$$\Delta = 0, \tag{3.}$$

so ergeben sich aus (1.) zwischen $w_0, w_1, \ldots, w_{n-1}$ die Relationen

$$\varrho_{0\varkappa} w_0 + \varrho_{1\varkappa} w_1 + \cdots + \varrho_{n-1,\varkappa} w_{n-1} = 0. \qquad (\varkappa = 0, 1, \ldots, n-1) \tag{4.}$$

Sind insbesondere die Coefficienten $p_\varkappa$ rationale Functionen und die Functionen $R_{\alpha\beta}$ in Gleichung (1.) rationale Lösungen von (E.), so folgt aus dem Umstande, dass jede Ableitung von w nach x eine lineare homogene Function von $w_0, \ldots, w_{n-1}$ mit rationalen Coefficienten ist, aus Gleichung (3.), dass schon zwischen

$$w_m, \frac{\partial w_m}{\partial x}, \ldots, \frac{\partial^{n-1} w_m}{\partial x^{n-1}}$$

eine lineare homogene Relation mit rationalen Coefficienten stattfindet. Insbesondere ergiebt sich dann, dass die zu (2.) adjungirte Differentialgleichung und folglich auch die Differentialgleichung (2.) reductibel ist.

Wenn wiederum die Grössen $R_{\alpha\beta}$ den Gleichungen (L.) genügen, so ergiebt sich nach Gleichung (4.) No. 2

$$\frac{\partial w_m}{\partial t} = \sum_0^{n-1}{}_\lambda \left[R_{m\lambda} \frac{\partial y^{(\lambda)}}{\partial t} + y^{(\lambda)} \frac{\partial R_{m\lambda}}{\partial t} \right] = \sum_0^{n-1}{}_\lambda \left[R_{m\lambda} \sum_0^{n-1}{}_\varkappa D^{(0)}_{\lambda\varkappa} y^{(\varkappa)} - y^{(\lambda)} \sum_0^{n-1}{}_\varkappa (R_{\varkappa\lambda} D^{(0)}_{\varkappa m} + R_{\varkappa m} D^{(0)}_{\varkappa\lambda}) \right].$$

Der Coefficient von $y^{(\varrho)}$ in dieser Summe ist:

$$\sum{}_\lambda R_{m\lambda} D^{(0)}_{\lambda\varrho} - \sum{}_\varkappa (R_{\varkappa\varrho} D^{(0)}_{\varkappa m} + R_{\varkappa m} D^{(0)}_{\varkappa\varrho}) = -\sum{}_\varkappa R_{\varkappa\varrho} D^{(0)}_{\varkappa m},$$

also

$$\frac{\partial w_m}{\partial t} = -\sum_0^{n-1}{}_\varrho \sum_0^{n-1}{}_\varkappa R_{\varkappa\varrho} D^{(0)}_{\varkappa m} y^{(\varrho)},$$

woraus sich ergiebt

$$\frac{\partial w_m}{\partial t} = -\sum_0^{n-1}{}_\varkappa D^{(0)}_{\varkappa m} w_\varkappa. \tag{T'.}$$

Durch Vergleichung der beiden Werthe von $\frac{\partial^2 w_m}{\partial x \partial t}$, welche aus den Gleichungen (T.) und (T'.) unter Zuhülfenahme der Gleichungen (E.), (F.), (F'.) erhalten werden, ergiebt sich die Relation:

$$\sum_0^{n-1}{}_\alpha (e_{\varkappa\alpha} a_{\alpha\beta} - e_{\beta\alpha} a_{\alpha\varkappa}) = 0, \qquad (\varkappa = 0, 1, \ldots, n-1) \tag{U.}$$

welche wir bereits in voriger Nummer Gleichung (11.) unmittelbar aus den Gleichungen (P.), (P'.) hergeleitet haben.

Nach Gleichung (C.) ist [233

(5.) $$Z = w_{n-1}y^{(n-1)} + w_{n-2}y^{(n-2)} + \cdots + w_0 y.$$

Die Differentiation nach x unter Benutzung der Gleichungen (T.) und der Gleichung

(6.) $$P(y) = 0$$

ergiebt, wie es sein muss,

(7.) $$\frac{\partial Z}{\partial x} = 0.$$

Differentiiren wir die Gleichung (5.) nach t, und wenden hierbei die Gleichung (4.) No. 2, ferner die Gleichungen (T′.) und (6.) an, so ergiebt sich auch

(7a.) $$\frac{\partial Z}{\partial t} = 0.$$

ANMERKUNGEN.

1) Änderungen gegen das Original.

S. 269, Zeile 5 v. u. noch von statt von noch,

„ 271 zwischen (4.) und (J.) $R_{\alpha\beta}^{(i)} = R_{\beta\alpha}^{(i)}$ statt $R_{\alpha\beta} = R_{\beta\alpha}$,

Zeile 14 unabhängig sind statt unabhängige Grössen bedeuten,

„ 273 vor bezw. nach den Gleichungen (K.), (K'.) Zeile 12 bezw. 9 v. u. wo die Grössen $E_{\alpha\beta}$ bestimmt werden statt wo $E_{\alpha\beta}$ bestimmt wird,

Zeile 3 u. 4 v. u. die Bedingungen erfüllt sind statt die Bedingung erfüllt ist,

„ 276, „ 1 Elemente statt Gliede.

2) Zur vorstehenden Arbeit erlaube ich mir einige Bemerkungen zu machen, die mir geeignet erscheinen, zur Klärung des hier gegebenen Formelsystems beizutragen.

Setzt man

$$(\alpha.)\qquad u_{\beta\mu} = \frac{(-1)^{\beta+\mu+1}}{D}\begin{vmatrix} y_1 & \cdots & y_{\mu-1} & y_{\mu+1} & \cdots & y_n \\ \cdot & \cdots & \cdot & \cdot & \cdots & \cdot \\ y_1^{(\beta-1)} & \cdots & y_{\mu-1}^{(\beta-1)} & y_{\mu+1}^{(\beta-1)} & \cdots & y_n^{(\beta-1)} \\ y_1^{(\beta+1)} & \cdots & y_{\mu-1}^{(\beta+1)} & y_{\mu+1}^{(\beta+1)} & \cdots & y_n^{(\beta+1)} \\ \cdot & \cdots & \cdot & \cdot & \cdots & \cdot \\ y_1^{(n-1)} & \cdots & y_{\mu-1}^{(n-1)} & y_{\mu+1}^{(n-1)} & \cdots & y_n^{(n-1)} \end{vmatrix}, \qquad \begin{pmatrix} \beta = 0, \ldots, n-1 \\ \mu = 1, \ldots, n \end{pmatrix}$$

wo $D = D(y_1, y_2, \ldots, y_n)$ die Determinante von $y_1, y_2, \ldots, y_n$ ist, so ist

$$(\beta.)\qquad \frac{\partial u_{\beta\mu}}{\partial x} = -u_{\beta+1,\mu} + p_{n-\beta}\, u_{n-1,\mu}, \qquad \begin{pmatrix} \beta = 0, \ldots, n-1 \\ \mu = 1, \ldots, n \end{pmatrix}$$

wo $p_\varkappa$ die Coefficienten von (A.) der No. 1 sind, und $y_1, y_2, \ldots, y_n$ ein Fundamentalsystem von Integralen dieser Gleichung darstellen.

Bildet man nun die Ausdrücke

$$(\gamma.)\qquad R_{\alpha\beta} = \sum_1^n{}_\lambda \sum_1^n{}_\mu\, c_{\lambda\mu}\, u_{\alpha\lambda}\, u_{\beta\mu}, \qquad \begin{pmatrix} \alpha = 0, 1, \ldots, n-1 \\ \beta = 0, 1, \ldots, n-1 \end{pmatrix}$$

so genügen die Grössen $R_{\alpha\beta}$ den Gleichungen (E.) der No. 1, wenn die Grössen $c_{\lambda\varkappa}$ von x unabhängig gewählt werden.

Soll, wie in No. 1, $R_{\alpha\beta} = R_{\beta\alpha}$ sein, so muss $c_{i\varkappa} = c_{\varkappa i}$ genommen werden.

Genügen $y_1, y_2, \ldots, y_n$ den Gleichungen (4.) der No. 2, so ist

$$\frac{\partial u_{\beta\mu}}{\partial t} = (D_{00} + D_{11} + \cdots + D_{n-1,n-1})\, u_{\beta\mu} - \sum_0^{n-1}{}_\varkappa\, D_{\varkappa\beta}\, u_{\varkappa\mu} - u_{\beta\mu} \frac{1}{D} \frac{\partial D}{\partial t};$$

weil aber

$$(\delta.)\qquad \frac{1}{D}\frac{\partial D}{\partial t} = D_{00}+D_{11}+\cdots+D_{n-1,n-1},$$

so folgt

$$(\varepsilon.)\qquad \frac{\partial u_{\beta\mu}}{\partial t} = -\sum_0^{n-1}{}_\varkappa D_{\varkappa\beta}\,u_{\varkappa\mu}. \qquad \begin{pmatrix}\beta = 0,1,\ldots,n-1\\ \mu = 1,2,\ldots,n\end{pmatrix}$$

Die Grössen $W_{\alpha\beta}$ der Gleichungen (G.) No. 3 werden also zu Folge (γ.) und (ε.)

$$W_{\alpha\beta} = \sum_1^n{}_i\sum_1^n{}_\varkappa \frac{\partial c_{i\varkappa}}{\partial t}u_{\alpha i}u_{\beta\varkappa} - \sum_0^{n-1}{}_\varkappa[R_{\varkappa\beta}D_{\varkappa\alpha}+R_{\varkappa\alpha}D_{\varkappa\beta}] + \sum_0^{n-1}{}_\varkappa[R_{\varkappa\beta}D_{\varkappa\alpha}+R_{\varkappa\alpha}D_{\varkappa\beta}],$$

d. h.

$$(\zeta.)\qquad W_{\alpha\beta} = \sum_1^n{}_i\sum_1^n{}_\varkappa \frac{\partial c_{i\varkappa}}{\partial t}u_{\alpha i}u_{\beta\varkappa}.$$

Aus (ζ.) ergeben sich aber sofort die Gleichungen (H.) und der Satz I der No. 3.

Die Gleichungen (ζ.) lehren weiter, dass die Gleichungen (L.) der No. 5 dann und nur dann bestehen, wenn die Grössen $c_{i\varkappa}$ in (γ.) von t unabhängig gewählt werden.

Die Gleichungen (K.) und (K'.) der No. 5 werden, wie die Differentiation nach x mit Benutzung von (β.) zeigt, befriedigt durch die Ausdrücke

$$(\eta.)\qquad E_{\alpha\beta} = \sum_1^n{}_\lambda\sum_1^n{}_\mu d_{\lambda\mu}\,y_\lambda^{(\alpha)}u_{\beta\mu}, \qquad \begin{pmatrix}\alpha = 0,1,\ldots,n-1\\ \beta = 0,1,\ldots,n-1\end{pmatrix}$$

wo wiederum $d_{i\varkappa}$ beliebige von x unabhängige Grössen sind.

Nun ist

$$\sum_1^n{}_i\, y_{\beta i}^{(\alpha)}u_{\beta i} = 0, \quad \text{wenn } \alpha \lessgtr \beta,$$

$$\sum_1^n{}_i\, y_i^{(\alpha)}u_{\alpha i} = 1,$$

also folgt

$$(\vartheta.)\qquad a_{\alpha\beta} = \sum_0^{n-1}{}_\varkappa R_{\varkappa\beta}E_{\varkappa\alpha} = \sum_1^n{}_\lambda\sum_1^n{}_\mu \delta_{\lambda\mu}u_{\alpha\lambda}u_{\beta\mu},$$

wenn

$$\delta_{\lambda\mu} = \sum_1^n{}_i c_{\lambda i}d_{i\mu}$$

gesetzt wird.

Die Grössen $a_{\alpha\beta}$ genügen also den Gleichungen (E.) der No. 1, woraus die Gleichungen (O.) der No. 6 ihre Erklärung finden.

Damit $a_{\alpha\beta} = -a_{\beta\alpha}$ und $a_{\alpha\alpha} = 0$ werde, muss

$$(\iota.)\qquad \delta_{\lambda\mu} = -\delta_{\mu\lambda}, \quad \delta_{\lambda\lambda} = 0$$

genommen werden.

Für die zu den Grössen $E'_{\alpha\beta}$ (Gleichungen (3.) der No. 6) gehörige Substitution $(d_{i\varkappa})$ folgt also

$$(\delta_{i\varkappa}) = (c_{i\varkappa})(d_{i\varkappa})$$

oder

$$(d_{i\varkappa}) = (c_{i\varkappa})^{-1}(\delta_{i\varkappa}).$$

Da, wegen (ι.), die Zahl der Grössen $\delta_{i\varkappa}$ $\frac{n(n-1)}{2}$ ist, so enthalten die Grössen $E'_{\alpha\beta}$, wenn die Gleichungen (M'.) der No. 5 bestehen sollen, in der That $\frac{n(n-1)}{2}$ willkürliche Constanten.

Aus (α.) folgt

$$\begin{vmatrix} u_{01} & u_{02} & \dots & u_{0n} \\ u_{11} & u_{12} & \dots & u_{1n} \\ \cdot & \cdot & \dots & \cdot \\ u_{n-1,1} & u_{n-1,2} & \dots & u_{n-1,n} \end{vmatrix} = \frac{1}{D}.$$

Also ergeben die Gleichungen (γ.)

$$(\varkappa.)\qquad \Delta = \begin{vmatrix} R_{00} & R_{10} & \dots & R_{n-1,0} \\ R_{01} & R_{11} & \dots & R_{n-1,1} \\ \cdot & \cdot & \dots & \cdot \\ R_{0,n-1} & R_{1,n-1} & \dots & R_{n-1,n-1} \end{vmatrix} = \frac{1}{D^2} \begin{vmatrix} c_{11} & c_{22} & \dots & c_{1n} \\ c_{21} & c_{22} & \dots & c_{2n} \\ \cdot & \cdot & \dots & \cdot \\ c_{n1} & c_{n2} & \dots & c_{nn} \end{vmatrix} = \frac{|c_{i\varkappa}|}{D^2},$$

d. h. also sofort die Gleichungen (Q.) und (8.) der No. 6.

Weiter ergiebt die Gleichung (ϑ.)

$$(\lambda.)\qquad A = \begin{vmatrix} a_{00} & a_{01} & \dots & a_{0,n-1} \\ a_{10} & a_{11} & \dots & a_{1,n-1} \\ \cdot & \cdot & \dots & \cdot \\ a_{n-1,0} & a_{n-1,1} & \dots & a_{n-1,n-1} \end{vmatrix} = \frac{|\delta_{i\varkappa}|}{D^2}$$

und

$$(\mu.)\qquad E = \begin{vmatrix} E_{00} & E_{01} & \dots & E_{0,n-1} \\ E_{10} & E_{11} & \dots & E_{1,n-1} \\ \cdot & \cdot & \dots & \cdot \\ E_{n-1,0} & E_{n-1,1} & \dots & E_{n-1,n-1} \end{vmatrix} = \frac{|\delta_{i\varkappa}|}{|c_{i\varkappa}|},$$

also die Gleichung (R.) der No. 6.

Zum besseren Verständniss der No. 7 ist zu beachten, dass

$$\sum_0^{n-1}{}_\beta R_{\alpha\beta}\, y_i^{(\beta)} = \sum_0^{n-1}{}_\beta \sum_1^n{}_\lambda \sum_1^n{}_\mu c_{\lambda\mu}\, u_{\alpha\lambda}\, u_{\beta\mu}\, y_i^{(\beta)} = \sum_1^n{}_\lambda c_{\lambda i}\, u_{\alpha\lambda} = \sum_1^n{}_\lambda c_{i\lambda}\, u_{\alpha\lambda}.$$

Setzt man also in den Gleichungen (1.) der No. 7

$$(\nu.)\qquad y = c_1 y_1 + c_2 y_2 + \dots + c_n y_n,$$

so wird

$$(\varrho.)\qquad w_m = d_1 u_{m1} + d_2 u_{m2} + \dots + d_m u_{mn}, \qquad (m = 0, 1, \dots, n-1)$$

wenn

$$d_\lambda = \sum_1^n{}_i c_i c_{i\lambda}$$

gesetzt wird.

Da die Grössen $c_{i\varkappa}$ wegen des Bestehens der Gleichungen (L.) der No. 5 (Vgl. (ζ.)) von t unabhängig sind, so lehren die Gleichungen (ε.) in Verbindung mit (ν.) und (ϱ.), dass die Gleichungen (T'.) der No. 7 nur dann richtig sind, wenn die Grössen c_i in (ν.) von t unabhängig gewählt werden.

Dann aber ergiebt sich für Z (Gleichung (5.) der No. 7)

$$(\sigma.)\qquad Z = \sum_0^{n-1}{}_\alpha \sum_1^n{}_i \sum_1^n{}_\varkappa d_i\, c_\varkappa\, y_\varkappa^{(\alpha)}\, u_{\alpha i} = \sum_1^n{}_i c_i\, d_i,$$

was unmittelbar $\frac{\partial Z}{\partial x} = 0$ und $\frac{\partial Z}{\partial t} = 0$ zur Folge hat. R. F.

LXX.

ZUR THEORIE DER ABELSCHEN FUNCTIONEN.

(Sitzungsberichte der Königl. preussischen Akademie der Wissenschaften zu Berlin, 1898, XXXIV, S. 477—486; vorgelegt am 7. Juli; ausgegeben am 14. Juli 1898.)

Die gegenwärtige Notiz knüpft an eine Untersuchung an, welche ich [477 in den Sitzungsberichten der Akademie vom Jahre 1888 an[1]) über die Periodicitätsmoduln der hyperelliptischen Integrale angestellt habe. Bilden $y_1, y_2, \ldots, y_{2p}$ ein Fundamentalsystem von Lösungen der Differentialgleichung (G.), welcher die Periodicitätsmoduln eines Integrals erster Gattung als Functionen eines Verzweigungswerthes x genügen, und sind $y'_1, y'_2, \ldots, y'_{2p}$ die Ableitungen derselben nach x, alsdann sind die Functionen $y_k y'_l - y_l y'_k$ Lösungen einer Differentialgleichung $p(2p-1)^{\text{ter}}$ Ordnung (H.), welche wir nach einer später eingeführten Bezeichnungsweise*) die $2p-2^{\text{te}}$ Associirte der Gleichung (G.) nennen wollen.

In der oben bezeichneten Untersuchung führte ich für den Fall der ultraelliptischen Integrale ($p = 2$) aus, dass die Gleichung (H.), welche in diesem Falle sechster Ordnung wird, r e d u c t i b e l sein muss, indem ich unter Zuhülfenahme der Sustitutionsgruppe der Gleichung (G.) nachwies, dass die Gleichung (H.) eine rationale Lösung besitzt**).

---

*) L. Schlesinger, Handbuch der Theorie der linearen Differentialgleichungen. 2. Theil, S. 127, Leipzig 1897.

**) Vergl. Sitzungsberichte 1889, S. 713 ff.[2]).

---

1) Abh. LIV, S. 1 ff. dieses Bandes. R. F.

2) Ebenda S. 34 ff. R. F.

Später ist für die allgemeinen hyperelliptischen Integrale erster Gattung derselbe Satz bewiesen worden*), indem ebenfalls durch Anwendung der von mir**) aufgestellten Substitutionsgruppe der Gleichung (G.) die Existenz einer rationalen Lösung der $2p-2^{\text{ten}}$ Associirten der Gleichung (G.) erhärtet wird***). Daselbst†) wird überdies der explicite Ausdruck dieser rationalen Function entwickelt.

In meiner oben erwähnten Untersuchung habe ich weiter für $p = 2$ aus-
478] geführt, dass die Reductibilität der genannten Associirten die WEIERSTRASSschen Relationen zwischen den Periodicitätsmoduln der hyperelliptischen Integrale erster und zweiter Gattung liefert††). Das Gleiche findet für einen beliebigen Werth von p statt†††).

Bedeutet aber (G.) die Differentialgleichung $2p^{\text{ter}}$ Ordnung, welcher die Periodicitätsmoduln eines allgemeinen ABELschen Integrals erster Gattung genügen§), und (H.) die $2p-2^{\text{te}}$ Associirte von (G.), so ist die Untersuchung der letzteren nicht auf demselben Wege ausführbar, so lange nicht auch für den allgemeinen Fall der Periodicitätsmoduln der ABELschen Integrale die Substitutionsgruppe der Gleichung (G.) aufgestellt ist.

Ich will nun in der folgenden Note zeigen, wie man jetzt ohne Kenntniss dieser Substitutionsgruppe aus der Bestimmungsweise, welche ich für die Coefficienten der Differentialgleichung der Periodicitätsmoduln der ABELschen Integrale entwickelt habe§§), unmittelbar und auf viel einfachere Weise für den allgemeinen Fall der ABELschen Integrale nachweisen kann, dass die $2p-2^{\text{te}}$ Associirte von (G.) eine Lösung besitzt, welche mit

*) Von meinem Sohne RICHARD, in seiner im CRELLEschen Journal, Bd. 119, abgedruckten Inauguraldissertation, welche ich im Folgenden mit R. F. bezeichnen werde.

**) CRELLES Journal, Bd. 71, S. 100 ff. [1]).

***) R. F. S. 4–7.

†) R. F. S. 7–12.

††) Vergl. a. a. O. S. 717 [2]).

†††) Vergl. R. F. S. 12–17.

§) Vergl. CRELLES Journal, Bd. 73, S. 329 ff. [3]).

§§) Sitzungsberichte 1897, S. 608 ff. [4]).

[1]) Abh. VIII, S. 251–252, Band I dieser Ausgabe. R. F.

[2]) Abh. LIV, S. 39 dieses Bandes. R. F.

[3]) Abh. XIII, S. 349 ff., Band I dieser Ausgabe. R. F.

[4]) Abh. LXVIII, S. 249 ff. dieses Bandes. R. F.

den Coefficienten von (G.) zu demselben Rationalitätsbereiche gehört (also auch reductibel ist). Der Nachweis wird eben dadurch geführt, dass eine solche Lösung unmittelbar aus den für die Coefficienten von (G.)*) aufgestellten Gleichungen zu entnehmen ist.

Wir zeigen alsdann, dass die Relationen, welche die Reductibilität ausdrücken, zu den RIEMANNschen Relationen zwischen den Periodicitätsmoduln der ABELschen Integrale erster und zweiter Gattung führen.

1.

Wir betrachten ein System von Differentialgleichungen:

$$\text{(A.)} \qquad \frac{dy_i}{dx} = a_{i1}y_1 + a_{i2}y_2 + \cdots + a_{in}y_n, \qquad (i = 1, 2, \ldots, n)$$

wo mit a_{ik} gegebene Functionen von x bezeichnet werden.

Wir bezeichnen mit $y_{\lambda 1}, y_{\lambda 2}, \ldots, y_{\lambda n}$ $(\lambda = 1, 2, \ldots, n)$ ein Fundamentalsystem von Lösungen desselben und setzen

$$\text{(B.)} \qquad y_{\lambda k}y_{\mu l} - y_{\lambda l}y_{\mu k} = \overset{(\lambda\mu)}{u}_{kl},$$

so dass [479

$$\text{(1.)} \qquad \begin{cases} \overset{(\lambda\mu)}{u}_{lk} = -\overset{(\lambda\mu)}{u}_{kl}, & \overset{(\lambda\mu)}{u}_{kk} = 0, \\ \overset{(\mu\lambda)}{u}_{kl} = -\overset{(\lambda\mu)}{u}_{kl}, & \overset{(\lambda\lambda)}{u}_{kl} = 0. \end{cases}$$

Aus (A.) ergiebt sich dann:

$$\text{(2.)} \qquad \frac{d\overset{(\lambda\mu)}{u}_{kl}}{dx} = \sum_{1}^{n}{}_{\alpha}\, a_{k\alpha}\overset{(\lambda\mu)}{u}_{\alpha l} + \sum_{1}^{n}{}_{\alpha}\, a_{l\alpha}\overset{(\lambda\mu)}{u}_{k\alpha}.$$

Es genügen daher die Grössen $\overset{(\lambda\mu)}{u}_{kl}$ für

$$\lambda = 1, 2, \ldots, n; \quad \mu = 1, 2, \ldots, n$$

dem Systeme von Differentialgleichungen:

$$\text{(C.)} \qquad \frac{dv_{kl}}{dx} = \sum_{1}^{n}{}_{\alpha}\, a_{k\alpha}v_{\alpha l} + \sum_{1}^{n}{}_{\alpha}\, a_{l\alpha}v_{k\alpha},$$

worin $k = 1, 2, \ldots, n$; $l = 1, 2, \ldots, n$

$$v_{lk} = -v_{kl}, \quad v_{kk} = 0.$$

*) In den Sitzungsberichten 1897, S. 615[1]).

[1]) Abh. LXVIII, S. 257 dieses Bandes. R. F.

Hat insbesondere das System (A.) die Form

$$(\mathrm{A}_1.)\qquad \begin{cases} \dfrac{dy_1}{dx} = y_2, \\ \dfrac{dy_2}{dx} = y_3, \\ \vdots \\ \dfrac{dy_{n-1}}{dx} = y_n, \\ \dfrac{dy_n}{dx} = \gamma_0 y_1 + \gamma_1 y_2 + \cdots + \gamma_{n-1} y_n, \end{cases}$$

d. h. in dem Falle, wo $y_{11}, y_{21}, \ldots, y_{n1}$ ein Fundamentalsystem von Lösungen der Differentialgleichung n^{ter} Ordnung

$$(\mathrm{D}.)\qquad \frac{d^n y}{dx^n} - \gamma_{n-1}\frac{d^{n-1}y}{dx^{n-1}} - \cdots - \gamma_1 \frac{dy}{dx} - \gamma_0 y = 0$$

ist, so nimmt das System (C.) die Gestalt an:

$$(\mathrm{C}_1.)\qquad \begin{cases} \dfrac{dv_{kl}}{dx} = v_{k+1,l} + v_{k,l+1}, & \begin{pmatrix} k = 1, 2, \ldots, n-1 \\ l = 1, 2, \ldots, n-1 \end{pmatrix} \\ \dfrac{dv_{kn}}{dx} = v_{k+1,n} + \sum\limits_0^{n-1}{}_m \gamma_m v_{k,m+1}, & (k = 1, 2, \ldots, n-1) \\ \dfrac{dv_{nl}}{dx} = v_{n,l+1} + \sum\limits_0^{n-1}{}_m \gamma_m v_{m+1,l}, & (l = 1, 2, \ldots, n-1) \end{cases}$$

worin wieder $v_{lk} = -v_{kl}$; $v_{kk} = 0$ zu setzen ist.

480] 2.

Sei

$$(1.)\qquad J = \int s\,dz$$

ein Abelsches Integral erster Gattung*), so genügen die Periodicitätsmoduln desselben der linearen Differentialgleichung:

$$(\mathrm{D}_1.)\qquad \frac{\partial^n y}{\partial x^n} + \beta_{n-1}\frac{\partial^{n-1} y}{\partial x^{n-1}} + \cdots + \beta_1\frac{\partial y}{\partial x} + \beta_0 y = 0,$$

wo x einen Verzweigungswerth der Riemannschen Fläche bedeutet, und wo

*) Vergl. Sitzungsberichte 1897, S. 609 [1]).

[1]) Abh. LXVIII, S. 250 dieses Bandes. R. F.

die Grössen β_k durch das System von Gleichungen

$$(\text{E.})\qquad (\lambda, n) + \beta_{n-1}(\lambda, n-1) + \cdots + \beta_1(\lambda, 1) + \beta_0(\lambda, 0) = 0 \qquad (\lambda = 0, 1, \ldots, n-1)$$

bestimmt sind*), wenn wir

$$(\text{F.})\qquad (\lambda, \mu) = \sum \operatorname{Res} \frac{\partial^\lambda s}{\partial x^\lambda} \frac{\partial^\mu J}{\partial x^\mu}$$

setzen**).

Das System (A_1.) wird in unserem Falle

$$(\text{A}_1.)\qquad \begin{cases} \dfrac{dy_1}{dx} = y_2, \\ \dfrac{dy_2}{dx} = y_3, \\ \quad\vdots \\ \dfrac{dy_{n-1}}{dx} = y_n, \\ \dfrac{dy_n}{dx} = -\beta_0 y_1 - \beta_1 y_2 - \cdots - \beta_{n-1} y_n. \end{cases}$$

Es genügen also für diesen Fall die Grössen $\overset{(\lambda\mu)}{u_{kl}}$, welche in voriger Nummer definirt worden sind, dem Systeme von Differentialgleichungen:

$$(\text{C}_1.)\qquad \begin{cases} \dfrac{\partial v_{kl}}{\partial x} = v_{k+1,l} + v_{k,l+1}, & \begin{pmatrix} k = 1, 2, \ldots, n-1 \\ l = 1, 2, \ldots, n-1 \end{pmatrix} \\ \dfrac{\partial v_{kn}}{\partial x} = v_{k+1,n} - \sum_0^{n-1}{}_m\, \beta_m v_{k,m+1}, & (k = 1, 2, \ldots, n-1) \\ \dfrac{\partial v_{nl}}{\partial x} = v_{n,l+1} - \sum_0^{n-1}{}_m\, \beta_m v_{m+1,l}, & (l = 1, 2, \ldots, n-1) \end{cases}$$

worin wiederum $v_{lk} = -v_{kl}$, $v_{kk} = 0$ zu setzen ist.

Nun ist***) [481

$$(\text{G.})\qquad \begin{cases} \dfrac{\partial(\lambda, \mu)}{\partial x} = (\lambda + 1, \mu) + (\lambda, \mu + 1), \\ \dfrac{\partial(\lambda, n-1)}{\partial x} = (\lambda + 1, n) - \sum_0^{n-1}{}_m\, \beta_m(\lambda, m), \\ (\mu, \lambda) = -(\lambda, \mu); \quad (\lambda, \lambda) = 0. \end{cases}$$

*) Sitzungsberichte 1897, S. 615, Gleichungen (6.)[1].

**) A. a. O. S. 611, Gleichung (9.)[2].

***) A. a. O. S. 614, Gleichung (2.); S. 615, Gleichung (6.); S. 614, Gleichung (16.) und Gleichung (16a.)[3].

1) Abh. LXVIII, S. 257 dieses Bandes. R. F.

2) Ebenda S. 253. R. F.

3) Ebenda S. 256, 257. R. F.

Durch Vergleichung der Systeme (C_2.) und (G.) ergiebt sich also:

I. Die Gleichungen (C_2.) besitzen die Particularlösung

$$\text{(H.)} \qquad v_{kl} = (k-1, l-1),$$

welche von der Wahl des Fundamentalsystems von Lösungen $y_{11}, y_{21}, \dots, y_{n1}$ der Gleichung (D_1.) unabhängig ist.

Die Grössen (λ, μ) sind nach den Gleichungen (F.) algebraische Functionen von x, während die Grössen β_k nach den Gleichungen (E.) zu demselben Rationalitätsbereiche wie (λ, μ) gehören.

Die Anzahl der in den Gleichungen (C_2.) auftretenden verschiedenen Grössen v_{kl} ist

$$\text{(2.)} \qquad \sigma = \frac{n(n-1)}{2} = p(2p-1).$$

Aus denselben Gleichungen folgt durch Differentiation nach x

$$\text{(3.)} \qquad \frac{\partial^m v_{\alpha\beta}}{\partial x^m} = \sum_{kl} \overset{(m)}{A}_{kl} v_{kl},$$

wo $\overset{(m)}{A}_{kl}$ mit β_k zu demselben Rationalitätsbereich gehörige algebraische Functionen von x sind. Wird successive $m = 1, 2, \dots, \sigma$ gesetzt, und werden aus den entstehenden Gleichungen alle v_{kl} mit Ausnahme von $v_{\alpha\beta}$ eliminirt, so ergiebt sich für $v_{\alpha\beta}$ eine Differentialgleichung

$$\text{(J.)} \qquad \frac{\partial^\sigma v}{\partial x^\sigma} + \overset{(\alpha\beta)}{P}_1 \frac{\partial^{\sigma-1} v}{\partial x^{\sigma-1}} + \cdots + \overset{(\alpha\beta)}{P}_\sigma v = 0,$$

deren Coefficienten $\overset{(\alpha\beta)}{P}_k$ mit β_k zu demselben Rationalitätsbereich gehören.

Aus I. folgt nunmehr:

II. Jede der Differentialgleichungen (J.) besitzt je ein algebraisches Integral $v_{\alpha\beta} = (\alpha-1, \beta-1)$, welches mit β_k, also mit $\overset{(\alpha\beta)}{P}_k$ zu demselben Rationalitätsbereich gehört; jede dieser Differentialgleichungen ist also reductibel.

Die in der Einleitung definirte Associirte $(n-2)^{\text{ter}}$ Ordnung unserer Differentialgleichung (D_1.) wird aus (J.) für $\alpha = 1$, $\beta = 2$ erhalten:

482] $$\text{(J}_1\text{.)} \qquad \frac{\partial^\sigma v}{\partial x^\sigma} + \overset{(12)}{P}_1 \frac{\partial^{\sigma-1} v}{\partial x^{\sigma-1}} + \cdots + \overset{(12)}{P}_\sigma v = 0.$$

Derselben genügt nach dem Satze II.

$$(4.)\qquad v_{12} = (0,1) = -(1,0) = -\sum \operatorname{Res} \frac{\partial s}{\partial x} J.$$

Nach den*) gemachten Voraussetzungen ist in der Umgebung von $z = x$

$$(5.)\qquad \begin{cases} s = (z-x)^{-\frac{1}{2}} \varphi_0(x) + \cdots, \\ \dfrac{\partial s}{\partial x} = \dfrac{1}{2}(z-x)^{-\frac{3}{2}} \varphi_0(x) + \cdots, \\ \int s dz = 2\,(z-x)^{\frac{1}{2}}\, \varphi_0(x) + \cdots \end{cases}$$

Da für (λ, μ) die einzige Residuenstelle die Verzweigungsstelle $z = x$ ist, so folgt

$$(6.)\qquad (0,1) = -\varphi_0(x).$$

Für die hyperelliptischen Integrale ist beispielsweise

$$(7.)\qquad s = (z-x)^{-\frac{1}{2}} \psi(z)^{-\frac{1}{2}},$$

wo

$$\psi(z) = (z-k_1)(z-k_2)\ldots(z-k_{2p}),$$

also

$$(8.)\qquad (0,1) = -\frac{1}{\psi(x)}.$$

Die $2p-2^{\text{te}}$ Associirte der Differentialgleichung der Periodicitätsmoduln der hyperelliptischen Integrale besitzt also das rationale Integral $\frac{1}{\psi(x)}$, ein Resultat, welches bereits in der Einleitung erwähnt worden ist**).

Da aus den Gleichungen $(C_2.)$ gefolgert wird

$$(K.)\qquad v_{kl} = \overset{(kl)}{B}_0 v_{\alpha\beta} + \overset{(kl)}{B}_1 \frac{\partial v_{\alpha\beta}}{\partial x} + \cdots + \overset{(kl)}{B}_{\sigma-1} \frac{\partial^{\sigma-1} v_{\alpha\beta}}{\partial x^{\sigma-1}},$$

wo $\overset{(kl)}{B}_\lambda$ mit den $\overset{(\alpha\beta)}{P}_\lambda$ zu demselben Rationalitätsbereiche gehörige algebraische Functionen von x sind, so ergiebt sich:

III. Die Differentialgleichungen (J.) gehören sämmtlich zu derselben Klasse, in dem Sinne, welcher dieser Bezeichnung in meinen früheren Untersuchungen***) beigelegt worden ist.

---

*) In den Sitzungsberichten a. a. O. S. 609 [1]).

**) Vergl. R. F. S. 12, Gleichung (18.).

***) Vergl. Sitzungsberichte 1888, S. 1275 [2]).

---

1) Abh. LXVIII, S. 250 dieses Bandes. R. F.

2) Abh. LIV, S. 17 dieses Bandes. R. F.

Die Sätze II. und III. bilden also die Verallgemeinerung der in der Ein-
483] leitung erwähnten Sätze über die zu den Differentialgleichungen der Periodicitätsmoduln der hyperelliptischen Integrale gehörigen Associirten auf die Associirten derjenigen Differentialgleichungen, welchen die Periodicitätsmoduln der allgemeinen ABELschen Integrale genügen. Der Beweis dieser Sätze ist ohne Zuhülfenahme der Gruppe der Differentialgleichung der Periodicitätsmoduln erbracht, indem direct aus der Gestalt der Associirten die rationalen Lösungen, welche denselben genügen, hergestellt wurden.

3.

In meiner erwähnten Notiz*) habe ich bereits darauf hingewiesen, dass die von WEIERSTRASS zuerst hergeleiteten Relationen zwischen den Periodicitätsmoduln der hyperelliptischen Integrale unmittelbare Folgerungen sind aus der Reductibilität der Associirten $(2p-2)^{\text{ter}}$ Ordnung der Differentialgleichung, welcher die Periodicitätsmoduln genügen. Die Rechnung findet sich daselbst**) für die ultraelliptischen Integrale ausgeführt. Später ist dieselbe für die hyperelliptischen Integrale überhaupt ausgeführt worden***).

Wir wollen nunmehr zeigen, dass *die in der Theorie der allgemeinen ABELschen Integrale von RIEMANN hergeleiteten Relationen zwischen den Periodicitätsmoduln der Integrale erster und zweiter Gattung ebenso unmittelbare Folgerungen der in der vorigen Nummer gegebenen Reductibilitätssätze I. und II. darstellen.*

Die RIEMANNschen Relationen lassen sich nämlich in die folgende Form bringen:

Ist $\zeta_1, \zeta_2, \ldots, \zeta_{2p}$ ein Fundamentalsystem von ABELschen Integralen, welche nirgendwo in der RIEMANNschen Fläche logarithmisch unendlich werden†), so kann man ein Periodensystem $A_{k\lambda}$, $B_{k\lambda}$ $(\lambda = 1, 2, \ldots, p)$ von ζ_k so wählen, dass

*) Sitzungsberichte 1889, S. 714—717[1]).

**) A. a. O. S. 717[2]).

***) Vergl. R. F. S. 12—17.

†) Vergl. Sitzungsberichte 1897, S. 612[3]).

1) Abh. LIV, S. 36—39 dieses Bandes. R. F.

2) Ebenda S. 39. R. F.

3) Abh. LXVIII, S. 254 dieses Bandes. R. F.

$$(\text{L.})\qquad \sum_{\lambda=1}^{p}(A_{k\lambda}B_{l\lambda}-A_{l\lambda}B_{k\lambda}) = \sum \operatorname{Res} \zeta_k \frac{d\zeta_l}{dz}. \quad \begin{pmatrix} k=1,2,\dots,2p \\ l=1,2,\dots,2p \end{pmatrix}^{*)}$$

Wir wollen nun zunächst zeigen:

(S.) Wenn die Gleichung (L.) für ein beliebig gewähltes Fundamentalsystem $\zeta_1^{(0)}, \zeta_2^{(0)}, \dots, \zeta_{2p}^{(0)}$ erfüllt ist, so besteht dieselbe Gleichung für jedes andere Fundamentalsystem $\zeta_1, \zeta_2, \dots, \zeta_{2p}$. [484

Es ist nämlich zunächst

$$(1.)\qquad \zeta_m = C_{m1}\zeta_1^{(0)} + C_{m2}\zeta_2^{(0)} + \dots + C_{m,2p}\zeta_{2p}^{(0)} + \mathfrak{R}_m(z,s), \quad (m=1,2,\dots,2p)$$

wo die Grössen $C_{m\lambda}$ von z unabhängig sind und $\mathfrak{R}_m(z,s)$ eine rationale Function von (z,s) bedeutet**).

Sei nun $A_{kl}^{(0)}, B_{kl}^{(0)}$ dasjenige Periodensystem, für welches nach unserer Voraussetzung die Relation

$$(2.)\qquad \sum_{\lambda=1}^{p}[A_{k\lambda}^{(0)}B_{l\lambda}^{(0)} - A_{l\lambda}^{(0)}B_{k\lambda}^{(0)}] = \sum \operatorname{Res} \zeta_k^{(0)}\frac{d\zeta_l^{(0)}}{dz}$$

besteht.

Ist $A_{k\lambda}, B_{k\lambda}$ das entsprechende Periodensystem für ζ_k, so folgt aus (1.)

$$A_{k\lambda}B_{l\lambda} - A_{l\lambda}B_{k\lambda} = \sum_{\mu\nu}(C_{k\mu}C_{l\nu} - C_{k\nu}C_{l\mu})(A_{\mu\lambda}^{(0)}B_{\nu\lambda}^{(0)} - A_{\nu\lambda}^{(0)}B_{\mu\lambda}^{(0)}),$$

also

$$(3.)\qquad \sum_{\lambda=1}^{p}[A_{k\lambda}B_{l\lambda} - A_{l\lambda}B_{k\lambda}] = \sum_{\mu\nu}(C_{k\mu}C_{l\nu} - C_{k\nu}C_{l\mu})\sum \operatorname{Res}\zeta_\mu^{(0)}\frac{d\zeta_\nu^{(0)}}{dz}.$$

Andererseits ist

$$(4.)\qquad \sum \operatorname{Res}\zeta_k\frac{\partial\zeta_l}{dz} = \frac{1}{2}\sum \operatorname{Res}\left[\zeta_k\frac{d\zeta_l}{dz} - \zeta_l\frac{d\zeta_k}{dz}\right] = \sum_{\mu\nu}(C_{k\mu}C_{l\nu} - C_{k\nu}C_{l\mu})\sum \operatorname{Res}\zeta_\mu^{(0)}\frac{d\zeta_\nu^{(0)}}{dz}.$$

Aus (3.) und (4.) ergiebt sich aber unsere Behauptung.

Nun folgt aber aus dem Satze I. voriger Nummer, dass von x unabhängige Grössen $\delta, \delta_1, \delta_2, \dots, \delta_\sigma$ derart bestimmt werden können, dass

$$(5.)\qquad \delta_1\overset{(12)}{u}_{kl} + \delta_2\overset{(13)}{u}_{kl} + \dots + \delta_\sigma\overset{(n-1,n)}{u}_{kl} = -(k-1, l-1)\delta,$$

*) Vergl. Appell et Goursat, Fonctions algébriques etc., p. 142, 143.

**) Vergl. Sitzungsberichte 1897, S. 611[1]).

[1]) Abh. LXVIII, S. 253 dieses Bandes. R. F.

wo die $\overset{(\lambda\mu)}{u}_{kl}$ die ihnen in No. 1 beigelegte Bedeutung haben, während die Grössen (λ, μ) durch die Gleichung (F.) No. 2 definirt sind.

Wir wählen jetzt für $y_{11}, y_{21}, \ldots, y_{n1}$ insbesondere ein Periodensystem des Integrals J, und für $y_{1l}, y_{2l}, \ldots, y_{nl}$ das entsprechende Periodensystem von $\frac{\partial^{l-1} J}{\partial x^{l-1}}$. Für diese speciellen Functionen y_k ergiebt sich aus der Definition der Perioden eines Abelschen Integrals, dass, wenn x einen Umlauf vollzieht, welcher s in sich selbst zurückführt, y_{kl} in eine lineare homogene Function von $y_{1l}, y_{2l}, \ldots, y_{nl}$ mit ganzzahligen Coefficienten übergeht. Durch denselben Umlauf geht daher $\overset{(\alpha\beta)}{u}_{kl}$ in eine lineare homogene Function von

$$\overset{(12)}{u}_{kl}, \overset{(13)}{u}_{kl}, \ldots, \overset{(n-1,n)}{u}_{kl}$$

485] mit ebenfalls ganzzahligen Coefficienten über. Andererseits bleibt der Ausdruck (λ, μ) seiner Bedeutung nach bei demselben Umlaufe von x ungeändert. Da aber $\overset{(\alpha\beta)}{u}_{kl}$ ein Fundamentalsystem der Gleichungen (C_2.) darstellt, so ergiebt die Gleichsetzung des Ausdruckes der linken Seite der Gleichung (5.) vor und nach dem Umlaufe von x für die Grössen $\delta_1, \delta_2, \ldots, \delta_\sigma$ ein System linearer Gleichungen mit ganzzahligen Coefficienten. Es sind daher $\frac{\delta_2}{\delta_1}, \frac{\delta_3}{\delta_1}, \ldots, \frac{\delta_\sigma}{\delta_1}$ rationale Zahlen.

Sei

$$\text{(6.)} \qquad \frac{\delta_2}{\delta_1} = \frac{\varepsilon_2}{\varepsilon_1}, \quad \frac{\delta_3}{\delta_1} = \frac{\varepsilon_3}{\varepsilon_1}, \quad \ldots, \quad \frac{\delta_\sigma}{\delta_1} = \frac{\varepsilon_\sigma}{\varepsilon_1},$$

wo $\varepsilon_1, \varepsilon_2, \ldots, \varepsilon_\sigma$ ganze Zahlen sind, von der Beschaffenheit, dass sie nicht sämmtlich denselben Theiler haben. Es ist also

$$\delta_1 = r\varepsilon_1, \quad \delta_2 = r\varepsilon_2, \quad \ldots, \quad \delta_\sigma = r\varepsilon_\sigma.$$

Nehmen wir $\delta = r$, so erhält die Gleichung (5.) die Form

$$\text{(7.)} \qquad \varepsilon_1 \overset{(12)}{u}_{kl} + \varepsilon_2 \overset{(13)}{u}_{kl} + \cdots + \varepsilon_\sigma \overset{(n-1,n)}{u}_{kl} = -(k-1, l-1).$$

Auf bekannte Weise*) lässt sich nun zeigen, dass das Periodensystem y_{kl} so gewählt werden kann, dass die Gleichung (7.) wird

$$\text{(8.)} \qquad \overset{(12)}{u}_{kl} + \overset{(13)}{u}_{kl} + \cdots + \overset{(n-1,n)}{u}_{kl} = -(k-1, l-1).$$

*) Vergl. die auf die Periodicitätsmoduln der Integrale erster Gattung bezüglichen Sätze von Clebsch und Gordan (Abelsche Functionen, § 29), Sätze, welche ihre Gültigkeit behalten für nicht logarithmisch unendlich werdende Integrale überhaupt.

Setzen wir

$$\zeta_1^{(0)} = J,\quad \zeta_2^{(0)} = \frac{\partial J}{\partial x},\quad \ldots,\quad \zeta_n^{(0)} = \frac{\partial^{n-1} J}{\partial x^{n-1}} \tag{9.}$$

und bezeichnen mit $A_{k\lambda}$, $B_{k\lambda}$ $(\lambda = 1, 2, \ldots, p)$ dasjenige Periodensystem von $\zeta_k^{(0)}$, für welches die Gleichung (8.) statt hat, so erhält $\overset{(\alpha\beta)}{u}_{kl}$ die Form:

$$\overset{(\alpha\beta)}{u}_{kl} = A_{k\lambda} B_{l\lambda} - A_{l\lambda} B_{k\lambda}. \qquad (\lambda = 1, 2, \ldots, p)$$

Ferner ist

$$(k-1, l-1) = \sum \operatorname{Res} \frac{\partial^{k-1} s}{\partial x^{k-1}} \frac{\partial^{l-1} J}{\partial x^{l-1}} = \sum \operatorname{Res} \frac{\partial}{\partial z}\left(\frac{\partial^{k-1} J}{\partial x^{k-1}}\right) \frac{\partial^{l-1} J}{\partial x^{l-1}} = \sum \operatorname{Res} \zeta_l^{(0)} \frac{\partial \zeta_k^{(0)}}{\partial z}.$$

Die Gleichung (8.) wird daher

$$\sum_{1}^{p}{}_{\lambda} (A_{k\lambda} B_{l\lambda} - A_{l\lambda} B_{k\lambda}) = \sum \operatorname{Res} \zeta_k^{(0)} \frac{\partial \zeta_l^{(0)}}{\partial z}. \tag{10.}$$

Dieselbe findet für $\zeta_1^{(0)}, \zeta_2^{(0)}, \ldots, \zeta_n^{(0)}$, welche ein Fundamentalsystem bilden*), [486 statt, folglich nach dem Satze (S.) für jedes Fundamentalsystem von Integralen $\zeta_1, \zeta_2, \ldots, \zeta_n$.

Es sei schliesslich noch bemerkt, dass die Sätze in No. 2 zusammen mit der Gleichung (7.) noch anderweitige Consequenzen ergeben, auf welche ich bei anderer Gelegenheit einzugehen mir vorbehalte.

---

*) Vergl. Sitzungsberichte a. a. O., S. 610, Satz Ia [1]).

---

1) Abh. LXVIII, S. 252 dieses Bandes. R. F.

ANMERKUNG.

Änderungen gegen das Original.

S. 283, Zeile 2 wurde hinter 1888 »an« eingefügt,
Fussnote **) 1889 statt 1888,
„ 290 „ *) 1889 statt 1888,
„ 291, Zeile 4 wurde »so besteht« eingefügt,
„ 5 wurde »besteht« unterdrückt,
„ 13 wurde hinter Gleichung (2.) »besteht« hinzugefügt,
„ 292, „ 1 wurde »die« hinter wo eingefügt,
„ 293, Gleichung (10.) $\sum_1^p \lambda$ statt $\sum_1^\beta \lambda$.

R. F.

LXXI.

BEMERKUNGEN ZUR THEORIE DER ASSOCIIRTEN DIFFERENTIAL-GLEICHUNGEN.

(Sitzungsberichte der Königl. preussischen Akademie der Wissenschaften zu Berlin, 1899, XIII, S. 182—195; vorgelegt am 9. März; ausgegeben am 16. März 1899.)

Das Folgende enthält einen Auszug aus weiteren Untersuchungen [182 über die mit einer linearen, homogenen Differentialgleichung $2n^{\text{ter}}$ Ordnung (A.) verbundenen Associirten n^{ter} Ordnung (H.), deren Theorie ich in den Sitzungsberichten 1888, S. 1115 ff.[1]) eingeleitet und in späteren Mittheilungen daselbst fortgesetzt habe. Es wird die Frage, wann die associirte Differentialgleichung n^{ter} Ordnung reductibel sei, welche wir bereits für den Fall erledigt hatten, wo es sich um die Differentialgleichungen der Periodicitätsmoduln der Abelschen Integrale handelt*), für den allgemeinen Fall wieder aufgenommen, indem wir die nothwendigen und hinreichenden Bedingungen für die Reductibilität zur Darstellung bringen. Das hier eingeschlagene Verfahren giebt zugleich über die Art, wie die Reductibilität sich bewerkstelligt, Aufschluss. Hieran schliesst sich der Nachweis, dass die Bedingungen der Reductibilität für den Fall erfüllt sind, dass die Adjungirte der Differentialgleichung $2n^{\text{ter}}$ Ordnung mit dieser zu ein und derselben Klasse gehört.

Endlich wird der Satz, welchen ich an der bereits erwähnten Stelle**) aufgestellt und mit Hülfe einer gewissen quadratischen Form Z bewiesen

---

*) Vergl. Sitzungsberichte 1889, S. 713 ff., und 1898, S. 477 ff.[2]).

**) Sitzungsberichte 1888, S. 1115 ff.[3]).

---

1) Abh. LIV, S. 1 ff. dieses Bandes. R. F.

2) Abh. LIV, S. 34 ff. und Abh. XLXX, S. 283 ff. dieses Bandes. R. F.

3) Abh. LIV, S. 1 ff. dieses Bandes. R. F.

hatte, dass die Lösungen der Associirten (H.), durch die Quadratwurzel der Hauptdeterminante der Differentialgleichung (A.) dividirt, einer Differentialgleichung (H'.) genügen, die mit ihrer Adjungirten zu derselben Klasse gehört, durch ein neues Verfahren begründet, welches den Vorzug hat, in die Natur der Coefficienten des Differentialausdruckes, durch welchen die Lösungen von (H'.) mit denen ihrer Adjungirten zusammenhängen, einen tieferen Einblick zu gewähren. Wir haben zwar im Folgenden in den Entwickelungen uns auf die Betrachtung des Falles, wo $n = 2$ ist, beschränkt. Es ist jedoch sichtbar, dass der allgemeine Fall keine Modification der Methode erfordert.

183] 1.

Sei

(A.) $$y^{(4)} + p_1 y^{(3)} + p_2 y^{(2)} + p_3 y' + p_4 y = 0$$

eine Differentialgleichung mit rationalen Coefficienten der unabhängigen Variablen x, deren Lösungen sich überall bestimmt verhalten.

Sei y_1, y_2, y_3, y_4 ein Fundamentalsystem von Lösungen der Gleichung (A.) und werde gesetzt

(1.) $$\begin{cases} y_1 y_2' - y_2 y_1' = u_1, & y_2 y_3' - y_3 y_2' = u_4, \\ y_1 y_3' - y_3 y_1' = u_2, & y_2 y_4' - y_4 y_2' = u_5, \\ y_1 y_4' - y_4 y_1' = u_3, & y_3 y_4' - y_4 y_3' = u_6, \end{cases}$$

so genügen diese sechs Functionen einer linearen, homogenen Differentialgleichung sechster Ordnung*):

(B.) $$u^{(6)} + P_1 u^{(5)} + P_2 u^{(4)} + P_3 u^{(3)} + P_4 u^{(2)} + P_5 u' + P_6 u = 0.$$

Die Lösungen derselben verzweigen sich in denselben singulären Punkten wie die Lösungen von (A.) und verhalten sich ebenfalls überall bestimmt.

Es soll festgestellt werden, unter welchen Umständen die Differentialgleichung (B.) reductibel wird.

Hierzu mache ich von einem Satze Gebrauch, welchen ich in den Sitzungsberichten**) gegeben habe, dass eine Klasse von linearen, homogenen

*) Vergl. Sitzungsberichte 1888, S. 1118[1]).

**) Vergl. Sitzungsberichte 1888, S. 1276[2]).

1) Abh. LIV, S. 5 dieses Bandes. R. F.

2) Ebenda S. 18. R. F.

Differentialgleichungen im Allgemeinen m^{ter} Ordnung, in welcher sich eine reductible befindet, auch solche enthält, deren Ordnung kleiner ist als m.

Soll also die Gleichung (B.) reductibel sein, so giebt es rationale Functionen $B_0, B_1, \ldots, B_5$ von der Art, dass die Functionen

$$(2.) \qquad U_k = B_0 u_k + B_1 u_k' + B_2 u_k^{(2)} + B_3 u_k^{(3)} + B_4 u_k^{(4)} + B_5 u_k^{(5)}, \qquad (k = 1, 2, \ldots, 6)$$

einer linearen, homogenen Gleichung genügen:

$$(\mathrm{C.}) \qquad K_1 U_1 + K_2 U_2 + \cdots + K_6 U_6 = 0,$$

wo $K_1, K_2, \ldots, K_6$ constante Grössen bedeuten.

Sei a ein bestimmter der singulären Punkte, in welchem sich die Lösungen von (A.) und (B.) verzweigen, und seien r_1, r_2, r_3, r_4 die Wurzeln der zu a gehörenden determinirenden Fundamentalgleichung von (A.).

Wir wollen der Einfachheit der Darstellung wegen voraussetzen (die Resultate werden von dieser Voraussetzung nicht berührt), dass nicht das [184
Doppelte der Differenz zweier der Grössen r_k eine ganze Zahl wird. Bedeuten alsdann y_1, y_2, y_3, y_4 die bezüglich zu r_1, r_2, r_3, r_4 als Exponenten gehörigen Lösungen von (A.), und setzen wir:

$$(3.) \qquad \begin{array}{lll} \varrho_1 = r_1 + r_2 - 1, & \varrho_2 = r_1 + r_3 - 1, & \varrho_3 = r_1 + r_4 - 1, \\ \varrho_4 = r_2 + r_3 - 1, & \varrho_5 = r_2 + r_4 - 1, & \varrho_6 = r_3 + r_4 - 1, \end{array}$$

so gehören die Functionen u_k bezüglich zu den Exponenten ϱ_k und die Functionen U_k bezüglich zu den Exponenten $\sigma_k = \varrho_k + g_k$, wo g_k eine ganze Zahl bedeutet.

Das Bestehen der Gleichung (C.) erfordert, dass wenigstens zwei der Grössen ϱ_k sich nur um eine ganze Zahl unterscheiden. Der über die Grössen r_k gemachten Voraussetzung zufolge kann es aber unter den Grössen ϱ_k nicht mehr als zwei geben, die sich um eine ganze Zahl unterscheiden. Wir können die Bezeichnungsweise der Grössen r_1, r_2, r_3, r_4 so wählen, dass ϱ_1 und ϱ_6 diejenigen beiden der Grössen ϱ_k bedeuten, deren Differenz eine ganze Zahl ist; alsdann muss die Gleichung (C.) die Gestalt annehmen:

$$(\mathrm{C'.}) \qquad K_1 U_1 + K_6 U_6 = 0.$$

2.

Mögen die Lösungen y_k nach irgend einem Umlaufe W übergehen in:

(D.) $$(y_k) = \alpha_{k1} y_1 + \alpha_{k2} y_2 + \alpha_{k3} y_3 + \alpha_{k4} y_4; \qquad (k = 1, 2, 3, 4)$$

alsdann erleiden die Functionen u_k durch denselben Umlauf die Substitution:

(D′.) $$\begin{cases} (u_1) = \sum_k (12)_k u_k, & (u_2) = \sum_k (13)_k u_k, \\ (u_3) = \sum_k (14)_k u_k, & (u_4) = \sum_k (23)_k u_k, \\ (u_5) = \sum_k (24)_k u_k, & (u_6) = \sum_k (34)_k u_k, \end{cases}$$

wo die Summation in Bezug auf k von 1 bis 6 zu nehmen ist, und wo

(E.) $$\begin{cases} (k, l)_1 = \alpha_{k1}\alpha_{l2} - \alpha_{k2}\alpha_{l1}, \\ (k, l)_2 = \alpha_{k1}\alpha_{l3} - \alpha_{k3}\alpha_{l1}, \\ (k, l)_3 = \alpha_{k1}\alpha_{l4} - \alpha_{k4}\alpha_{l1}, \\ (k, l)_4 = \alpha_{k2}\alpha_{l3} - \alpha_{k3}\alpha_{l2}, \\ (k, l)_5 = \alpha_{k2}\alpha_{l4} - \alpha_{k4}\alpha_{l2}, \\ (k, l)_6 = \alpha_{k3}\alpha_{l4} - \alpha_{k4}\alpha_{l3} \end{cases}$$

gesetzt worden ist.

Aus den Gleichungen (2.) voriger Nummer und aus (D′.) ergiebt sich, dass durch den Umlauf W die Functionen U_k die Substitution

185] (D⁽²⁾.) $$\begin{cases} (U_1) = \sum_k (12)_k U_k, & (U_2) = \sum_k (13)_k U_k, \\ (U_3) = \sum_k (14)_k U_k, & (U_4) = \sum_k (23)_k U_k, \\ (U_5) = \sum_k (24)_k U_k, & (U_6) = \sum_k (34)_k U_k, \end{cases}$$

erfahren.

Soll aber die Gleichung (B.) reductibel werden, so muss nach voriger Nummer [(C′.)], und den über die Grössen r_k gemachten Voraussetzungen zufolge:

(F.) $$K_1(U_1) + K_6(U_6) = \lambda[K_1 U_1 + K_6 U_6]$$

sein, wo λ eine Constante bedeutet; d. h.

(F′.) $$\begin{cases} K_1(12)_2 + K_6(34)_2 = 0, & K_1(12)_4 + K_6(34)_4 = 0, \\ K_1(12)_3 + K_6(34)_3 = 0, & K_1(12)_5 + K_6(34)_5 = 0, \\ K_1(12)_1 + K_6(34)_1 = \lambda K_1, & K_1(12)_6 + K_6(34)_6 = \lambda K_6. \end{cases}$$

Die beiden letzten Gleichungen liefern zusammen die Bedingungsgleichung:

$$(\alpha.)\qquad K_1 K_6 [(12)_1 - (34)_6] + K_6^2 (34)_1 - K_1^2 (12)_6 = 0.$$

Sind umgekehrt die Bedingungsgleichungen (F'.) erfüllt, so folgt, dass die Function:

$$(\mathrm{G.})\qquad \varphi = K_1 u_1 + K_6 u_6$$

nach dem Umlauf W übergeht in

$$(\mathrm{G'.})\qquad (\varphi) = \lambda' \varphi,$$

wo λ' ebenfalls einen constanten Factor bedeutet.

Sind die Bedingungsgleichungen (F.) oder (F'.) für alle Umläufe W der unabhängigen Variablen erfüllt, so wird demnach die logarithmische Ableitung der Function φ eine rationale Function sein. Damit die Gleichung (F.) für alle Umläufe erfüllt werde, ist aber nothwendig und hinreichend, dass dieses für die um die einzelnen singulären Punkte der Gleichung (A.) vollzogenen Umläufe (die Fundamentalumläufe) geschieht.

Wir erhalten also die folgenden Sätze:

I. Die nothwendige und hinreichende Bedingung dafür, dass die Gleichung (B.) reductibel werde, ist die, dass die Beziehungen (F.) oder (F'.) für alle Fundamentalumläufe der unabhängigen Variablen bestehen.

II. Im Allgemeinen wird die Gleichung (B.) in dem Sinne reductibel, dass sie mit einer linearen, homogenen Differentialgleichung erster Ordnung mit rationalen Coefficienten ein Integral gemeinsam hat.

Der zweite Satz bestätigt sich in der That an den Differential- [186 gleichungen, welchen die Periodicitätsmoduln der Abelschen Integrale Genüge leisten*).

Hieran möge noch eine Bemerkung angeschlossen werden.

---

*) Vergl. Sitzungsberichte 1889, S. 715, 1898, S. 481 [1]).

---

1) Abh. LIV, S. 36 und Abh. LXX, S. 288 dieses Bandes. R. F.

Die Anzahl der in einer beliebigen Differentialgleichung vierter Ordnung, deren Lösungen überall bestimmt sind, ausser den singulären Punkten auftretenden Parameter ist grösser als die Anzahl der durch die Gleichungen (F'.) für die einzelnen Fundamentalumläufe denselben aufzuerlegenden Bedingungen. Hieraus kann a priori geschlossen werden, dass, wenn die singulären Punkte von vorn herein festgelegt werden, man diese Parameter stets so bestimmen kann, dass die zweite Associirte der Differentialgleichung vierter Ordnung reductibel wird.

3.

Wir wollen nunmehr eine specielle Art von Differentialgleichungen vierter Ordnung behandeln, für welche die Bedingungen für die Reductibilität der zweiten Associirten, welche wir in den vorhergehenden Nummern gegeben haben, erfüllt sind.

Es werde vorausgesetzt, dass die Adjungirte der Differentialgleichung (A.):

$$\text{(A'.)} \qquad z^{(4)} + q_1 z^{(3)} + q_2 z^{(2)} + q_3 z' + q_4 z = 0$$

mit (A.) zu derselben Klasse gehört.

Seien wieder r_1, r_2, r_3, r_4 die Wurzeln der zu einem singulären Punkte a gehörenden determinirenden Fundamentalgleichung und y_1, y_2, y_3, y_4 Lösungen von (A.), welche bezüglich zu den Exponenten r_1, r_2, r_3, r_4 gehören. Bedeuten z_1, z_2, z_3, z_4 die bezüglich zu y_1, y_2, y_3, y_4 adjungirten Lösungen von (A'.), so gehören dieselben bekanntlich bezüglich zu den Exponenten:

$$-r_1 + 3, \; -r_2 + 3, \; -r_3 + 3, \; -r_4 + 3.$$

Unserer Voraussetzung gemäss giebt es rationale Functionen

$$A_0, A_1, A_2, A_3$$

von der Beschaffenheit, dass:

$$\text{(1.)} \qquad A(y) = A_0 y + A_1 y' + A_2 y^{(2)} + A_3 y^{(3)}$$

für jede Lösung y der Gleichung (A.) der Gleichung (A'.) Genüge leistet. Da die Exponenten, zu welchen die Functionen $A(y_k)$ gehören, sich bezüglich
187] von r_k um ganze Zahlen unterscheiden, so müssen, von additiven ganzen

Zahlen abgesehen, $-r_1+3, \ldots, -r_4+3$ bis auf die Reihenfolge mit $r_1, \ldots, r_4$ übereinstimmen.

Wir machen der Einfachheit wegen die Voraussetzung, dass für keinen der singulären Punkte zwei der Grössen r_k um ganze Zahlen von einander verschieden sind oder $2r_k$ eine ganze Zahl wird. Dann zerfallen die Wurzeln in zwei Gruppen zu je zweien, und in jeder dieser Gruppen ist die Summe der Elemente eine ganze Zahl, und diese Gruppirung ist nur auf eine Weise möglich. Wir wählen die Bezeichnung so, dass r_1+r_2, r_3+r_4 ganze Zahlen sind. Alsdann ergiebt sich:

I. Die Determinante Δ der Substitution (D.) ist der positiven Einheit gleich.

Ist nämlich

$$p_1 = \frac{\alpha}{x-a} + \mathfrak{P}(x-a), \tag{2.}$$

so ist:

$$r_1+r_2+r_3+r_4 = 6-\alpha. \tag{3.}$$

Es ist also α eine ganze Zahl, und daher die Hauptdeterminante des Fundamentalsystems $y_1, \ldots, y_4$ eine rationale Function, woraus sich unmittelbar ergiebt: $\Delta = 1$.

Wir haben nunmehr

$$z_1 = \mu_1 A(y_2), \quad z_2 = \mu_2 A(y_1), \quad z_3 = \mu_3 A(y_4), \quad z_4 = \mu_4 A(y_3), \tag{4.}$$

wo $\mu_1, \mu_2, \mu_3, \mu_4$ constante Factoren bedeuten. Wenn dem Umlaufe W die Substitution (D.) der y_k entspricht, so ist die Substitution, welche z_1, z_2, z_3, z_4 durch denselben Umlauf erfahren, nach Gleichung (1.):

$$\sigma = \begin{pmatrix} \alpha_{22}, & \alpha_{21}\frac{\mu_1}{\mu_2}, & \alpha_{24}\frac{\mu_1}{\mu_3}, & \alpha_{23}\frac{\mu_1}{\mu_4} \\ \alpha_{12}\frac{\mu_2}{\mu_1}, & \alpha_{11}, & \alpha_{14}\frac{\mu_2}{\mu_3}, & \alpha_{13}\frac{\mu_2}{\mu_4} \\ \alpha_{42}\frac{\mu_3}{\mu_1}, & \alpha_{41}\frac{\mu_3}{\mu_2}, & \alpha_{44}, & \alpha_{43}\frac{\mu_3}{\mu_4} \\ \alpha_{32}\frac{\mu_4}{\mu_1}, & \alpha_{31}\frac{\mu_4}{\mu_2}, & \alpha_{34}\frac{\mu_4}{\mu_3}, & \alpha_{33} \end{pmatrix}. \tag{5.}$$

Bekanntlich erfahren die Elemente $z_1, \dots, z_4$ durch den Umlauf W die zur Substitution (D.) reciproke Substitution.

Bezeichnen wir daher die zum Elemente α_{kl} adjungirte Unterdeterminante mit A_{kl}, so erfährt nach dem Umlaufe W das System $z_1, \dots, z_4$ die Substitution

$$\tau = (A_{kl}). \tag{6.}$$

Durch Vergleichung mit (5.) folgt demnach:

188]

$$\left\{\begin{array}{llll} A_{11} = \alpha_{22}, & A_{12} = \alpha_{21}\frac{\mu_1}{\mu_2}, & A_{13} = \alpha_{24}\frac{\mu_1}{\mu_3}, & A_{14} = \alpha_{23}\frac{\mu_1}{\mu_4}, \\ A_{21} = \alpha_{12}\frac{\mu_2}{\mu_1}, & A_{22} = \alpha_{11}, & A_{23} = \alpha_{14}\frac{\mu_2}{\mu_3}, & A_{24} = \alpha_{13}\frac{\mu_2}{\mu_4}, \\ A_{31} = \alpha_{42}\frac{\mu_3}{\mu_1}, & A_{32} = \alpha_{41}\frac{\mu_3}{\mu_2}, & A_{33} = \alpha_{44}, & A_{34} = \alpha_{43}\frac{\mu_3}{\mu_4}, \\ A_{41} = \alpha_{32}\frac{\mu_4}{\mu_1}, & A_{42} = \alpha_{31}\frac{\mu_4}{\mu_2}, & A_{43} = \alpha_{34}\frac{\mu_4}{\mu_3}, & A_{44} = \alpha_{33}. \end{array}\right. \tag{7.}$$

Setzen wir:

$$\left\{\begin{array}{ll} A_{k1}A_{l2} - A_{k2}A_{l1} = \gamma_{kl}^{(1)}, & A_{k1}A_{l3} - A_{k3}A_{l1} = \gamma_{kl}^{(2)}, \\ A_{k1}A_{l4} - A_{k4}A_{l1} = \gamma_{kl}^{(3)}, & A_{k2}A_{l3} - A_{k3}A_{l2} = \gamma_{kl}^{(4)}, \\ A_{k2}A_{l4} - A_{k4}A_{l2} = \gamma_{kl}^{(5)}, & A_{k3}A_{l4} - A_{k4}A_{l3} = \gamma_{kl}^{(6)}, \end{array}\right. \tag{8.}$$

so ist nach bekannten Determinantensätzen:

$$\left\{\begin{array}{lll} \gamma_{13}^{(3)} = -(24)_4, & \gamma_{13}^{(4)} = -(24)_3, & \gamma_{13}^{(5)} = (24)_2, \\ \gamma_{14}^{(2)} = -(23)_5, & \gamma_{14}^{(4)} = (23)_3, & \gamma_{14}^{(5)} = -(23)_2, \\ \gamma_{24}^{(2)} = (13)_5, & \gamma_{24}^{(3)} = -(13)_4, & \gamma_{24}^{(4)} = -(13)_3, \\ \gamma_{23}^{(2)} = -(14)_5, & \gamma_{23}^{(3)} = (14)_4, & \gamma_{23}^{(5)} = -(14)_2. \end{array}\right. \tag{9.}$$

Andererseits folgt vermittelst der Gleichungen (7.):

$$\left\{\begin{array}{lll} \gamma_{13}^{(3)} = \frac{\mu_3}{\mu_4}(24)_4, & \gamma_{13}^{(4)} = \frac{\mu_1}{\mu_2}(24)_3, & \gamma_{13}^{(5)} = \frac{\mu_1}{\mu_2}\frac{\mu_3}{\mu_4}(24)_2, \\ \gamma_{14}^{(2)} = \frac{\mu_4}{\mu_3}(23)_5, & \gamma_{14}^{(4)} = \frac{\mu_1}{\mu_2}\frac{\mu_4}{\mu_3}(23)_3, & \gamma_{14}^{(5)} = \frac{\mu_1}{\mu_2}(23)_2, \\ \gamma_{24}^{(2)} = \frac{\mu_2}{\mu_1}\frac{\mu_4}{\mu_3}(13)_5, & \gamma_{24}^{(3)} = \frac{\mu_2}{\mu_1}(13)_4, & \gamma_{24}^{(4)} = \frac{\mu_4}{\mu_3}(13)_3, \\ \gamma_{23}^{(2)} = \frac{\mu_2}{\mu_1}(14)_5, & \gamma_{23}^{(3)} = \frac{\mu_2}{\mu_1}\frac{\mu_3}{\mu_4}(14)_4, & \gamma_{23}^{(5)} = \frac{\mu_3}{\mu_4}(14)_2. \end{array}\right. \tag{10.}$$

Aus (9.) und (10.) ergiebt sich:

$$(11.)\quad \begin{cases} \left(\frac{\mu_3}{\mu_4}+1\right)(24)_4 = 0, & \left(\frac{\mu_1}{\mu_2}+1\right)(24)_3 = 0, \\ \left(\frac{\mu_1}{\mu_2}\frac{\mu_3}{\mu_4}-1\right)(24)_2 = 0, & \left(\frac{\mu_4}{\mu_3}+1\right)(23)_5 = 0, \\ \left(\frac{\mu_1}{\mu_2}+1\right)(23)_2 = 0, & \left(\frac{\mu_1}{\mu_2}\frac{\mu_4}{\mu_3}-1\right)(23)_3 = 0, \\ \left(\frac{\mu_3}{\mu_4}+1\right)(14)_2 = 0, & \left(\frac{\mu_2}{\mu_1}+1\right)(14)_5 = 0, \\ \left(\frac{\mu_2}{\mu_1}\frac{\mu_3}{\mu_4}-1\right)(14)_4 = 0, & \left(\frac{\mu_4}{\mu_3}+1\right)(13)_3 = 0, \\ \left(\frac{\mu_2}{\mu_1}+1\right)(13)_4 = 0, & \left(\frac{\mu_2}{\mu_1}\frac{\mu_4}{\mu_3}-1\right)(13)_5 = 0. \end{cases}$$

Aus diesen Gleichungen folgt, dass im Allgemeinen: [189

$$(12.)\quad \begin{cases} \mu_4 = -\mu_3, \\ \mu_2 = -\mu_1 \end{cases}$$

sein muss. Analog, wie die Gleichungen (9.) und (10.), ergeben sich die folgenden Gleichungen:

$$(13.)\quad \begin{cases} \gamma_{12}^{(1)} = (34)_6 = (12)_1, & \gamma_{12}^{(2)} = -(34)_5 = -\frac{\mu_2}{\mu_3}(12)_5, \\ \gamma_{12}^{(3)} = (34)_4 = -\frac{\mu_2}{\mu_4}(12)_4, & \gamma_{12}^{(4)} = (34)_3 = -\frac{\mu_1}{\mu_3}(12)_3, \\ \gamma_{12}^{(5)} = -(34)_2 = -\frac{\mu_1}{\mu_4}(12)_2, & \gamma_{12}^{(6)} = (34)_1 = \frac{\mu_1}{\mu_3}\frac{\mu_2}{\mu_4}(12)_6; \end{cases}$$

$$(14.)\quad \begin{cases} \gamma_{34}^{(5)} = -(12)_2 = -\frac{\mu_3}{\mu_2}(34)_2, & \gamma_{34}^{(4)} = (12)_3 = -\frac{\mu_4}{\mu_2}(34)_3, \\ \gamma_{34}^{(3)} = (12)_4 = -\frac{\mu_3}{\mu_1}(34)_4, & \gamma_{34}^{(2)} = -(12)_5 = -\frac{\mu_4}{\mu_1}(34)_5, \\ \gamma_{34}^{(1)} = (12)_6 = \frac{\mu_3}{\mu_1}\frac{\mu_4}{\mu_2}(34)_1, & \gamma_{34}^{(6)} = (12)_1 = (34)_6. \end{cases}$$

Die Form

$$(15.)\quad \varphi = K_1 u_1 + K_6 u_6$$

verwandelt sich durch den Umlauf W in

$$(16.)\quad (\varphi) = [K_1(12)_1 + K_6(34)_1]\,u_1 + [K_1(12)_6 + K_6(34)_6]\,u_6,$$

wenn das Verhältniss $\frac{K_1}{K_6}$ den Gleichungen:

$$\text{(17.)} \qquad \begin{cases} K_1(12)_2 + K_6(34)_2 = 0, \\ K_1(12)_5 + K_6(34)_5 = 0, \end{cases}$$

$$\text{(17a.)} \qquad \begin{cases} K_1(12)_3 + K_6(34)_3 = 0, \\ K_1(12)_4 + K_6(34)_4 = 0, \end{cases}$$

genügt. Aus den Gleichungen (17.) und (17a.) folgt vermittelst der Gleichungen (13.), (14.) der gemeinsame Werth:

$$\text{(18.)} \qquad K_6 = -K_1 \frac{\mu_3}{\mu_1}.$$

Nach den Gleichungen (13.), (14.) ist ferner

$$\text{(19.)} \qquad \begin{cases} K_1(12)_1 + K_6(34)_1 = K_1 \left\{(12)_1 + \frac{\mu_1}{\mu_3}(12)_6\right\}, \\ K_1(12)_6 + K_6(34)_6 = K_1 \frac{\mu_3}{\mu_1} \left\{(12)_1 + \frac{\mu_1}{\mu_3}(12)_6\right\}. \end{cases}$$

190] Es hat demnach die Form

$$\text{(15a.)} \qquad \varphi = u_1 + \frac{\mu_3}{\mu_1} u_6$$

die Eigenschaft, nach dem Umlaufe W in

$$\text{(20.)} \qquad (\varphi) = \varphi\left[(12)_6 \frac{\mu_1}{\mu_3} + (12)_1\right]$$

überzugehen.

Aus diesen Gleichungen ergiebt sich:

II. Die zweite Associirte einer mit ihrer Adjungirten zu derselben Klasse gehörigen Differentialgleichung vierter Ordnung ist reductibel*).

In Übereinstimmung mit II. voriger Nummer folgt aber ferner aus Gleichung (20.) die Art, wie die Reductibilität sich herstellt, nämlich:

III. Die zweite Associirte wird durch eine Function befriedigt, deren logarithmische Ableitung rational ist.

---

*) Diesen Satz hat mein Sohn Richard in einer demnächst zu veröffentlichenden Arbeit auf einem anderen Wege bewiesen[1]).

---

[1]) Vgl. Journal f. d. r. u. a. Mathematik, Bd. 121, S. 205—209 „Über lineare Differentialgleichungen, welche mit ihrer Adjungirten zu derselben Art gehören". R. F.

4.

Ich habe früher*) für die n^{te} Associirte einer Differentialgleichung $2n^{ter}$ Ordnung

$$y^{(2n)} + p_1 y^{(2n-1)} + \cdots + p_{2n} y = 0, \tag{1.}$$

nämlich

$$u^{(\nu)} + P_1 u^{(\nu-1)} + \cdots + P_\nu u = 0 \text{**)} \tag{2.}$$

nachgewiesen, dass dieselbe zu ihrer Adjungirten:

$$v^{(\nu)} + Q_1 v^{(\nu-1)} + \cdots + Q_\nu v = 0 \tag{3.}$$

in der Beziehung steht, dass

$$u = H[A_0 v + A_1 v' + \cdots + A_{\nu-1} v^{(\nu-1)}] \tag{4.}$$

ist, wo H die Hauptdeterminante von (1.) und $A_0, A_1, \ldots, A_{\nu-1}$ rationale Functionen von x bedeuten, oder, was dasselbe besagt, dass die Differentialgleichung für $\frac{u}{\sqrt{H}}$ mit ihrer Adjungirten zu derselben Klasse gehört. Ich habe daselbst***) diesen Satz mit Hülfe einer aus der Function u und ihren Ableitungen gebildeten quadratischen Form bewiesen. Ich will hier den- [191 selben Satz durch eine andere Methode herleiten, welche den Vorzug hat, in die Beschaffenheit der Coefficienten A_k eine tiefere Einsicht zu gewähren. Ich beschränke mich dabei, ohne der Allgemeinheit Abbruch zu thun, auf den Fall, dass die Differentialgleichung (1.) von der vierten Ordnung ist.

Es sei also y_1, y_2, y_3, y_4 ein Fundamentalsystem von Lösungen der Gleichung:

$$y^{(4)} + p_1 y^{(3)} + \cdots + p_4 y = 0, \tag{1a.}$$

deren Integrale überall bestimmt sind. Es mögen dann $u_1, u_2, u_3, \ldots, u_6$ dieselbe Bedeutung haben, wie in Gleichung (1.) No. 1.

*) Vergl. Sitzungsberichte 1888, S. 1116 ff. [1]).

**) Vergl. a. a. O. S. 1118, Gleichung (H.) [2]).

***) Vergl. a. a. O. S. 1120 [3]).

[1]) Abh. LIV, S. 2 ff. dieses Bandes. R. F.

[2]) Ebenda S. 5. R. F.

[3]) Ebenda S. 7—8. R. F.

Wir wollen

$$u_1^{(k)} u_6^{(l)} + u_1^{(l)} u_6^{(k)} - (u_2^{(k)} u_5^{(l)} + u_2^{(l)} u_5^{(k)}) + u_3^{(k)} u_4^{(l)} + u_3^{(l)} u_4^{(k)} = P(k, l) \tag{H.}$$

setzen.

Für ein anderes Fundamentalsystem der Gleichung (1a.) $\eta_1, \eta_2, \eta_3, \eta_4$ seien $w_1, w_2, \ldots, w_6$ ebenso aus $\eta_1, \ldots, \eta_4$ gebildet, wie $u_1, \ldots, u_6$ aus $y_1, \ldots, y_4$, also

$$w_1 = \eta_1 \eta_2' - \eta_2 \eta_1', \quad \ldots, \quad w_6 = \eta_3 \eta_4' - \eta_4 \eta_3'. \tag{5.}$$

Sei

$$\eta_k = c_{k1} y_1 + c_{k2} y_2 + c_{k3} y_3 + c_{k4} y_4, \qquad (k = 1, 2, 3, 4) \tag{6.}$$

so ergiebt sich aus bekannten Determinantensätzen:

$$P(k, l) = \Delta Q(k, l), \tag{J.}$$

wo

$$Q(k, l) = w_1^{(k)} w_6^{(l)} + w_1^{(l)} w_6^{(k)} - (w_2^{(k)} w_5^{(l)} + w_2^{(l)} w_5^{(k)}) + w_3^{(k)} w_4^{(l)} + w_3^{(l)} w_4^{(k)} \tag{H'.}$$

und Δ die Determinante der Grössen c_{kl}, also

$$\Delta = |c_{kl}| \tag{7.}$$

ist.

Aus (J.) ergiebt sich zunächst:

I. Es ist $P(k, l)$ eine Invariante in Bezug auf die verschiedenen Fundamentalsysteme y_1, y_2, y_3, y_4 der Gleichung (1a.). Aus derselben Gleichung (J.) schliessen wir ferner, dass $\frac{1}{H} P(k, l)$ durch keinen Umlauf der unabhängigen Variablen geändert wird, wenn H die Hauptdeterminante der Gleichung (1a.) ist. Da die Lösungen von (1a.) überdies überall bestimmt sind, so erhalten wir den Satz:

II.
$$\varphi_{kl}(x) = \frac{1}{H} P(k, l)$$

ist eine rationale Function von x.

192] Zur Bestimmung dieser rationalen Function können wir nach Satz I. für $y_1, \ldots, y_4$ ein zu einem singulären Punkte a der Gleichung (1a.) zugehöriges kanonisches Fundamentalsystem wählen. Sind r_1, r_2, r_3, r_4 die Wurzeln der zugehörigen determinirenden Fundamentalgleichung, welche bezüglich den Elementen $y_1, \ldots, y_4$ entsprechen, so werden im Allgemeinen $u_1, u_2, \ldots, u_6$ zu den Exponenten

$$r_1+r_2-1,\ r_1+r_3-1,\ \ldots,\ r_3+r_4-1$$

gehören und demzufolge in der Umgebung von $x=a$:

$$P(k,l) = (x-a)^{\sum r-k-l-2}\,\mathfrak{P}_{kl}(x-a) \tag{8.}$$

sein, wo

$$\sum r = r_1+r_2+r_3+r_4,$$

$\mathfrak{P}_{kl}(x-a)$ eine nach ganzen, positiven Potenzen von $x-a$ fortschreitende Reihe bedeutet. In der Umgebung von a ist aber:

$$H = (x-a)^{\sum r-6}\,\mathfrak{P}'_{kl}(x-a), \tag{9.}$$

wo $\mathfrak{P}'_{kl}(x-a)$ eine nach ganzen, positiven Potenzen von $x-a$ fortschreitende Reihe bedeutet, die für $x=a$ nicht verschwindet*).

Folglich ist

$$\frac{P(k,l)}{H} = (x-a)^{-k-l+4}\,\mathfrak{P}^{(2)}_{kl}(x-a). \tag{10.}$$

Seien s_1, s_2, s_3, s_4 die Wurzeln der zu $x=\infty$ gehörenden determinirenden Fundamentalgleichung, und wählen wir für $y_1, \ldots, y_4$ das zu $x=\infty$ gehörende kanonische Fundamentalsystem, dessen Elemente bezüglich zu $s_1, \ldots, s_4$ gehören, so ergiebt sich ebenso:

$$P(k,l) = x^{-\sum s-2-k-l}\,Q_{kl}\left(\frac{1}{x}\right), \tag{8a.}$$

wo $Q_{kl}\left(\frac{1}{x}\right)$ eine nach ganzen, positiven Potenzen von $\frac{1}{x}$ fortschreitende Reihe bedeutet. Nun ist aber in der Umgebung von $x=\infty$

$$H = x^{-\sum s-6}\,Q'_{kl}\left(\frac{1}{x}\right), \tag{9a.}$$

wo $Q'_{kl}\left(\frac{1}{x}\right)$ eine nach ganzen, positiven Potenzen von $\left(\frac{1}{x}\right)$ fortschreitende Reihe bedeutet, die für $x=\infty$ nicht verschwindet.

Es ist also in der Umgebung von $x=\infty$

$$\frac{P(k,l)}{H} = x^{4-k-l}\,Q^{(2)}_{kl}\left(\frac{1}{x}\right). \tag{10a.}$$

*) Crelles Journal, Bd. 66, S. 144 [1]).

[1]) Abh. VI, S. 184, Band I dieser Ausgabe. R. F.

193] Für $k+l<4$ muss also zufolge der Gleichung (10.) $\varphi_{kl}(x)$ für $x=a$ mindestens von der $(4-k-l)^{\text{ten}}$ Ordnung verschwinden.

Ist also σ die Anzahl der im Endlichen gelegenen singulären Punkte der Gleichung (1a.), so würde $\varphi_{kl}(x)$ eine ganze, rationale Function mindestens $\sigma(4-k-l)^{\text{ten}}$ Grades sein. Nach Gleichung (10a.) aber ist dieser Grad nicht höher als $4-k-l$.

III. Ist also die Anzahl σ der im Endlichen gelegenen singulären Punkte der Gleichung (1a.) grösser als 1, so ist $\varphi_{kl}(x)$, für $k+l<4$, identisch Null.

Für $k+l=4$ ist nach Gleichung (10.) $\varphi_{kl}(x)$ in keinem der im Endlichen gelegenen Punkte unendlich, aber nach (10a.) auch im Unendlichen nicht; es folgt also:

IV. Für $k+l=4$ ist $\varphi_{kl}(x)$ eine Constante γ_{kl}.

Aus der Definitionsgleichung (H.) für $P(k,l)$ ergiebt sich

$$\text{(K.)}\qquad \mathrm{D}P(k,l) = P(k+1,l)+P(k,l+1),$$

wo D den Differentialquotienten nach x bedeutet, und

$$\text{(L.)}\qquad P(l,k) = P(k,l).$$

Nach Satz III. ist nun

$$\text{(11.)}\qquad \begin{cases} P(0,0)=0,\quad P(0,1)=0,\quad P(0,2)=0,\quad P(0,3)=0,\\ P(1,1)=0,\quad P(1,2)=0,\quad P(0,4)=\gamma_{04}H,\\ P(1,3)=\gamma_{13}H,\quad P(2,2)=\gamma_{22}H. \end{cases}$$

Nach (K.) ist

$$0 = \mathrm{D}P(0,3) = P(1,3)+P(0,4),$$

also

$$(\alpha.)\qquad P(1,3) = -P(0,4).$$

Aus

$$0 = \mathrm{D}P(1,2) = P(2,2)+P(1,3)$$

ergiebt sich

$$(\beta.)\qquad P(2,2) = P(0,4).$$

Ferner ist

$$(\gamma.)\qquad 0 = \mathrm{D}^2P(0,3) = P(2,3)+2P(1,4)+P(0,5).$$

Durch Differenzirung von (β.) erhalten wir

$$(\delta.)\qquad 2P(2,3) = P(1,4) + P(0,5).$$

Aus (γ.) und (δ.) folgt

$$(\varepsilon.)\qquad P(1,4) = -\frac{3}{5}P(0,5);\quad P(2,3) = \frac{1}{5}P(0,5).$$

Setzen wir diese Werthe in [194

$$\mathrm{D}P(0,4) = P(1,4) + P(0,5)$$

ein, so ergiebt sich

$$P(0,5) = \frac{5}{2}\mathrm{D}P(0,4),$$

also nach (ε.)

$$(\mathrm{M.})\qquad P(1,4) = -\frac{3}{2}\mathrm{D}P(0,4) = \frac{3}{2}\mathrm{D}P(1,3).$$

5.

Um nun den oben bezeichneten Satz zu beweisen, bedienen wir uns eines Verfahrens, welches wir bereits bei früherer Gelegenheit*) angewendet haben. Aus der Gleichung

$$P(0,0) = F(u_1, u_2, \ldots, u_6) = 2(u_1 u_6 - u_2 u + u_3 u_4) = 0$$

folgt nämlich das System:

$$(\mathrm{N.})\qquad \begin{cases} \dfrac{\partial F}{\partial u_1}u_1 + \dfrac{\partial F}{\partial u_2}u_2 + \cdots + \dfrac{\partial F}{\partial u_6}u_6 = 0, \\[2mm] \dfrac{\partial F}{\partial u_1}u_1' + \dfrac{\partial F}{\partial u_2}u_2' + \cdots + \dfrac{\partial F}{\partial u_6}u_6' = 0, \\[2mm] \dfrac{\partial F}{\partial u_1}u_1^{(2)} + \dfrac{\partial F}{\partial u_2}u_2^{(2)} + \cdots + \dfrac{\partial F}{\partial u_6}u_6^{(2)} = -2P(1,1) = 0, \\[2mm] \dfrac{\partial F}{\partial u_1}u_1^{(3)} + \dfrac{\partial F}{\partial u_2}u_2^{(3)} + \cdots + \dfrac{\partial F}{\partial u_6}u_6^{(3)} = -2P(1,2) = 0, \\[2mm] \dfrac{\partial F}{\partial u_1}u_1^{(4)} + \dfrac{\partial F}{\partial u_2}u_2^{(4)} + \cdots + \dfrac{\partial F}{\partial u_6}u_6^{(4)} = -2P(1,3), \\[2mm] \dfrac{\partial F}{\partial u_1}u_1^{(5)} + \dfrac{\partial F}{\partial u_2}u_2^{(5)} + \cdots + \dfrac{\partial F}{\partial u_6}u_6^{(5)} = -2P(1,4) - 2\mathrm{D}P(1,3). \end{cases}$$

*) Vergl. Acta mathematica, Bd. 1, p. 330 ff. [1]).

1) Abh. XL, S. 308 ff., Band II dieser Ausgabe. R. F.

Bezeichnen wir mit $v_1, v_2, \ldots, v_6$ die zu $u_1, u_2, \ldots, u_6$ bezüglichen adjungirten Lösungen der Gleichung (3.) (für $n = 2$, $\nu = 6$), mit δ die Hauptdeterminante der $u_1, u_2, \ldots, u_6$, und setzen

$$(1.)\quad \begin{cases} \lambda = 2\left[-P(1,4) - \mathrm{D}P(1,3) + \dfrac{d\log\delta}{dx}P(1,3)\right], \\ \mu = 2P(1,3), \end{cases}$$

so ergiebt die Auflösung der Gleichungen (N.)

$$(2.)\quad \frac{\partial F}{\partial u_k} = \lambda v_k + \mu v_k'. \qquad (k = 1, \ldots, 6)$$

195] Da nach den Gleichungen (11.) und (M.) voriger Nummer

$$P(1,3) = \gamma H \ (\gamma \text{ constant}),$$
$$P(1,4) = \frac{3}{2}\mathrm{D}P(1,3) = \frac{3}{2}\gamma\frac{dH}{dx},$$

und da

$$\frac{d\log\delta}{dx} = -P_1, \quad \frac{d\log H}{dx} = -p_1,$$

so ist

$$(\mathrm{O.})\quad \lambda = \gamma H(5p_1 - 2P_1), \quad \mu = 2\gamma H.$$

Die Gleichungen (2.) sind gleichbedeutend mit

$$(\mathrm{P.})\quad \begin{cases} 2u_6 = \lambda v_1 + \mu v_1', & 2u_3 = \lambda v_4 + \mu v_4', \\ -2u_5 = \lambda v_2 + \mu v_2', & -2u_2 = \lambda v_5 + \mu v_5', \\ 2u_4 = \lambda v_3 + \mu v_3', & 2u_1 = \lambda v_6 + \mu v_6', \end{cases}$$

und diese Gleichungen beweisen nicht nur den am Anfange der Nummer 4 erwähnten Satz, sondern sie *bestimmen auch die Beziehung der Lösungen* $u_1, \ldots, u_6$ *zu ihren adjungirten vollständig.*

ANMERKUNGEN.

1) Änderungen gegen das Original.

S. 295, Zeile 6 des Textes wurde hinter Differentialgleichung »n^{ter} Ordnung« eingefügt,
„ 297, „ 2 enthält statt vorhanden sind,
„ 10 »und seien« vor r_1, r_2, r_3, r_4 eingefügt,
„ 299, „ 9 v. u. bestehen statt besteht,
Fussnote 715 statt 57,
„ 302, Zeile 5 v. u. Gleichungen statt Gleichung,
„ 304, „ 1 »von« vor $\frac{K_1}{K_6}$ gestrichen,
„ 7 v. u. Die zweite Associirte statt die Differentialgleichung der zweiten Associirten,
„ 6 v. u. Differentialgleichung statt Gleichung,
„ 306, „ 9 v. u. der statt zur,
„ 308, „ 14 Definitionsgleichung (H.) statt Differentialgleichung (H.),
„ 16 »und« am Ende hinzugefügt,
„ 310, „ 2 »und« vor mit δ unterdrückt.

2) Die in der No. 3, Gleichung (12.) aufgestellte Behauptung: Aus den Gleichungen (11.) folgt, dass im Allgemeinen $\mu_4 = -\mu_3$, $\mu_2 = -\mu_1$ sein muss, kann nicht aufrecht erhalten werden. Vielmehr muss zwischen den beiden wesentlich verschiedenen Fällen: 1) $\mu_4 = \mu_3$, $\mu_2 = \mu_1$ und 2) $\mu_4 = -\mu_3$, $\mu_2 = -\mu_1$ unterschieden werden. Auf den vorliegenden Gegenstand bezieht sich meine Arbeit (Journal f. d. r. u. a. Mathematik, Bd. 123, S. 54–65, Über lineare homogene Differentialgleichungen, welche mit ihrer Adjungirten zu derselben Art gehören). Ich habe daselbst (No. V) gezeigt, dass im Falle 2) die Grösse A_3 (No. 3, Gleichung (1.) der vorstehenden Arbeit meines Vaters) verschwindet, und dass A_2 ein Integral der zweiten Associirten wird, was mit dem Satze III. der No. 3 übereinstimmt. Im Falle 1) dagegen, der mit den Gleichungen (11.), (13.) und (14.) der No. 3 gleichfalls verträglich ist, wird die zweite Associirte in anderer Weise reductibel.

Eine ähnliche Bemerkung gilt auch von dem Satze II. der No. 2. Wenn die Reductibilität der zweiten Associirten so erfolgt, wie in diesem Satze angegeben, so besteht zwischen einem Integral y der Gleichung (A.) und einem Integral z ihrer Adjungirten eine Bezeichnung

$$z = A_0 y + A_1 y' + A_2 y'',$$

wo die logarithmischen Ableitungen von A_0, A_1, A_2 rationale Functionen von x sind. Die Reductibilität der zweiten Associirten kann aber auch in ganz anderer Weise erfolgen. Mein Vater ist, wie es scheint, zu der speciellen Art von Reductibilität zufolge der von ihm in der No. 1 gemachten Annahme über die Natur der Wurzeln der determinirenden Fundamentalgleichungen und der Annahme (C.) bezw. (C'.) derselben Nummer gelangt.

R. F.

LXXII.

ÜBER EINE BESONDERE GATTUNG VON RATIONALEN CURVEN MIT IMAGINÄREN DOPPELPUNKTEN.

(Sitzungsberichte der Königl. preussischen Akademie der Wissenschaften zu Berlin, 1900, VI, S. 74—78; vorgelegt am 1. Februar; ausgegeben am 8. Februar 1900.)

In einer analytischen Untersuchung bin ich zu folgendem Problem [74 geführt worden:

Es soll eine rationale Function z der unabhängigen Variablen t, $z = F(t)$, von folgender Beschaffenheit gebildet werden.

I. Die Function $F(t)$ soll nur für endliche nicht reale Werthe unendlich werden, welche sämmtlich in einer und derselben durch die reale Axe in der t-Ebene ausgeschnittenen Halbebene sich befinden.

II. Die der realen t-Axe in der z-Ebene entsprechende Curve C soll durch eine endliche Anzahl vorgeschriebener Punkte hindurchgehen. Endlich sollen

III. keinem Punkte der Curve C zwei verschiedene oder zusammenfallende reale Lösungen t der Gleichung $z = F(t)$ entsprechen.

Diese Aufgabe kann natürlicherweise verschiedenartige Lösungen zulassen. Sind $z_1, z_2, \ldots, z_n$ die vorgeschriebenen Punkte in der z-Ebene, so könnte man beispielsweise n endliche nicht reale und von einander verschiedene Werthe $\varrho_1, \varrho_2, \ldots, \varrho_n$ in einer und derselben Halbebene t willkürlich als Unendlichkeitsstellen der Function wählen und ebenso n willkürliche reale und von einander verschiedene Werthe $\beta_1, \beta_2, \ldots, \beta_n$ auf der realen t-Axe den Punkten

$z_1, z_2, \ldots, z_n$ zuordnen. Dann wird die Function

$$(1.)\qquad {}^{(n)}F(t) = \frac{c_1}{t-\varrho_1} + \frac{c_2}{t-\varrho_2} + \cdots + \frac{c_n}{t-\varrho_n},$$

wo

$$(2.)\qquad c_\varkappa = -\frac{{}^{(n)}g(\varrho_\varkappa)}{{}^{(n)}f'(\varrho_\varkappa)}\left\{\frac{{}^{(n)}f(\beta_1)}{{}^{(n)}g'(\beta_1)}\,\frac{z_1}{\beta_1-\varrho_\varkappa} + \frac{{}^{(n)}f(\beta_2)}{{}^{(n)}g'(\beta_2)}\,\frac{z_2}{\beta_2-\varrho_\varkappa} + \cdots + \frac{{}^{(n)}f(\beta_n)}{{}^{(n)}g'(\beta_n)}\,\frac{z_n}{\beta_n-\varrho_\varkappa}\right\},$$

wenn

$$(3.)\qquad \begin{aligned} {}^{(n)}f(x) &= (x-\varrho_1)(x-\varrho_2)\ldots(x-\varrho_n),\\ {}^{(n)}g(x) &= (x-\beta_1)(x-\beta_2)\ldots(x-\beta_n) \end{aligned}$$

gesetzt und mit dem rechts oben stehenden Accent die Ableitung nach t be-
75] zeichnet wird, den Bedingungen I und II Genüge leisten. Es würde sich nun darum handeln, nachzuweisen, dass $\varrho_1, \varrho_2, \ldots, \varrho_n, \beta_1, \beta_2, \ldots, \beta_n$ so gewählt werden können, dass auch die Bedingung III erfüllt wird.

Diese Aufgabe kann u. A. durch eine Methode gelöst werden, welche wir im Folgenden nur andeuten wollen, indem wir uns die nähere Begründung für eine andere Gelegenheit vorbehalten.

Es sei vorausgesetzt, dass die Existenz einer den Bedingungen I, II, III genügenden Function

$$z = {}^{(m)}F(t) = \frac{c_1}{t-\varrho_1} + \frac{c_2}{t-\varrho_2} + \cdots + \frac{c_m}{t-\varrho_m},$$

wo die $c_\varkappa$ durch die Gleichungen (2.) und (3.) für $n = m$ definirt sind, erwiesen sei.

Ist alsdann ζ ein von $z_1, z_2, \ldots, z_m$ verschiedener Punkt in der z-Ebene, ϱ ein von $\varrho_1, \varrho_2, \ldots, \varrho_m$ verschiedener in derselben Halbebene t gelegener nicht realer Werth und β ein von $\beta_1, \beta_2, \ldots, \beta_m$ verschiedener Punkt der realen t-Axe, so geht die der realen t-Axe der Gleichung

$$(4.)\qquad z = {}^{(m+1)}F(t) = {}^{(m)}F(t) + \delta\,\frac{{}^{(m)}g(t)}{h(t)}$$

gemäss in der z-Ebene entsprechende Curve C' durch die Punkte $z_1, z_2, \ldots, z_m, \zeta$, und es entsprechen denselben bez. die realen Werthe $\beta_1, \beta_2, \ldots, \beta_m, \beta$ auf der realen t-Axe, wenn

$$(5.)\qquad h(t) = {}^{(m)}f(t)(t-\varrho),$$

$$(6.)\qquad \delta = \frac{h(\beta)}{{}^{(m)}g(\beta)}(\zeta - {}^{(m)}F(\beta))$$

gesetzt wird.

Es lässt sich nun beweisen, dass in Folge der über ${}^{(m)}F(t)$ gemachten Voraussetzung die Function

$$H(t, t_1) = \frac{{}^{(m)}F(t) - {}^{(m)}F(t_1)}{\frac{{}^{(m)}g(t)}{h(t)} - \frac{{}^{(m)}g(t_1)}{h(t_1)}}$$

nicht für reale Werthe von t und t_1, mögen diese von einander verschieden oder einander gleich sein, verschwinden kann.

Der Modul dieser Function besitzt daher für reale Werthe von t und t_1 eine von Null verschiedene untere Grenze, welche wir mit M bezeichnen wollen. Hieraus folgt, dass die Gleichung (4.) ebenfalls der Bedingung III Genüge leistet, solange $\mathrm{mod}\,\delta < M$, d. h. solange der Abstand des Punktes ζ vom Punkte ${}^{(m)}F(\beta)$ eine gewisse angebbare Grenze nicht überschreitet.

Die Gleichung (4.) behält dieselbe Eigenschaft, wenn ζ aus einer [76
Anfangslage $\zeta^{(0)}$ fortschreitet und zugleich β, ϱ von den Anfangslagen $\beta = \beta^{(0)}$, $\varrho = \varrho^{(0)}$ ausgehend Lagenänderungen erfahren so lange, bis entweder neben den Gleichungen

$$(7.) \qquad \delta = -H(t, t_1),$$

$$(8.) \qquad \delta_0 = -H_0(t, t_1),$$

wo δ_0 der conjugirte Werth von δ ist und $H_0(t, t_1)$ aus $H(t, t_1)$ hervorgeht, wenn die Coefficienten von H durch ihre conjugirten Werthe ersetzt werden, noch die Gleichung

$$(9.) \qquad K(t, t_1) = \frac{\partial H}{\partial t}\frac{\partial H_0}{\partial t_1} - \frac{\partial H}{\partial t_1}\frac{\partial H_0}{\partial t} = 0$$

durch endliche Werthe von t und t_1 befriedigt wird; oder so lange bis den Gleichungen

$$(10.) \qquad {}^{(m)}F(t) + \delta\frac{{}^{(m)}g(t)}{h(t)} = 0,$$

$$(11.) \qquad {}^{(m)}F_0(t) + \delta_0\frac{{}^{(m)}g(t)}{h_0(t)} = 0,$$

wo ${}^{(m)}F_0(t)$, $h_0(t)$ bez. aus ${}^{(m)}F(t)$ und $h(t)$ hervorgehen, wenn die Coefficienten derselben durch ihre conjugirten Werthe ersetzt werden, endliche Werthe Genüge leisten; oder bis den beiden Gleichungen

$$(12.)\qquad \delta = -\frac{{}^{(m)}F'(t)\,h(t)^2}{{}^{(m)}g'(t)\,h(t) - {}^{(m)}g(t)\,h'(t)},$$

$$(13.)\qquad \delta_0 = -\frac{{}^{(m)}F_0'(t)\,h_0(t)^2}{{}^{(m)}g'(t)\,h_0(t) - {}^{(m)}g(t)\,h_0'(t)},$$

endliche Werthe von t genügen; oder endlich, bis

$$(14.)\qquad \delta + \lim_{t=\infty}\left({}^{(m)}F(t)\,t\right) = 0.$$

Die Elimination von t und t_1 aus den Gleichungen (7.), (8.), (9.) möge nun ergeben

$$S(\delta, \delta_0, \varrho, \varrho_0) = 0$$

oder

$$(15.)\qquad R(\zeta, \zeta_0, \beta, \varrho, \varrho_0) = 0,$$

wo ζ_0 den conjugirten Werth von ζ darstellt. In gleicher Weise folge durch Elimination von t aus den Gleichungen (10.), (11.)

$$S_1(\delta, \delta_0, \varrho, \varrho_0) = 0$$

oder

$$(16.)\qquad R_1(\zeta, \zeta_0, \beta, \varrho, \varrho_0) = 0,$$

77] endlich durch Elimination von t aus den Gleichungen (12.) und (13.) das Resultat

$$S_2(\delta, \delta_0, \varrho, \varrho_0) = 0$$

oder

$$(17.)\qquad R_2(\zeta, \zeta_0, \beta, \varrho, \varrho_0) = 0.$$

Keine der drei Functionen R, R_1, R_2 besitzt einen Factor $\omega(\zeta, \zeta_0)$, dessen sämmtliche Coefficienten gleichzeitig von β, ϱ, ϱ_0 unabhängig sind, und es können die Gleichungen (14.) bis (17.) nicht für $\delta = 0$, $\delta_0 = 0$ identisch in Bezug auf ϱ, ϱ_0 erfüllt werden. Ist nun z_{m+1} ein in der z-Ebene vorgeschriebener Punkt, so werden im Allgemeinen die Ausgangswerthe $\zeta^{(0)}$, $\beta^{(0)}$, $\varrho^{(0)}$ so gewählt werden können, dass, wenn ζ eine von $\zeta^{(0)}$ nach z_{m+1} hinführende Curve Γ in der z-Ebene beschreibt, β und ϱ sich so ändern können, dass die durch die Gleichungen (14.) bis (17.) gebundene Mannigfaltigkeit ζ, ζ_0, β, ϱ, ϱ_0 entweder gar nicht oder nur eine gerade Anzahl Mal durchschnitten wird.

Ist alsdann für $\zeta = z_{m+1}$

$$\beta = \beta_{m+1}, \quad \varrho = \varrho_{m+1},$$

so wird die Function

$$(18.)\qquad z = {}^{(m)}F(t) + \delta_{m+1}\frac{{}^{(m)}g(t)}{h(t)},$$

wo

$$(19.)\qquad \delta_{m+1} = \frac{h(\beta_{m+1})}{{}^{(m)}g(\beta_{m+1})}(z_{m+1} - {}^{(m)}F(\beta_{m+1})),$$

die Eigenschaft haben, dass für $t = \beta_1, \beta_2, \ldots, \beta_m, \beta_{m+1}$ z bez. die Werthe $z_1, z_2, \ldots, z_m, z_{m+1}$ annimmt und dass die Bedingung III für dieselbe noch erfüllt ist.

Da nun für $m = 1$ in der Gleichung

$$(20.)\qquad z = \frac{c_1}{t - \varrho_1}$$

jedem Werthe von z nur ein Werth von t zugehört, so wird also durch successive Anwendung des angegebenen Verfahrens für eine beliebige Zahl n die Herstellung einer rationalen Function $F(t)$ ermöglicht sein, welche den im Eingange angegebenen Bedingungen I, II, III Genüge leistet.

Für etwa mögliche Ausnahmefälle kann auch das folgende Verfahren eingeschlagen werden.

Wir schalten zwischen der Punktreihe $z_1, z_2, \ldots, z_m$ einerseits und z_{m+1} andererseits eine endliche Anzahl von Punkten $\zeta_1, \zeta_2, \ldots, \zeta_p$ ein, indem wir denselben entsprechend p willkürlich gewählte nicht reale mit $\varrho_1, \varrho_2, \ldots, \varrho_m$ in derselben Halbebene t gelegene Grössen $\sigma_1, \sigma_2, \ldots, \sigma_p$ und ebenso dem [78
z_{m+1} entsprechend ϱ_{m+1} als Unendlichkeitsstellen zuordnen. Wir gehen nunmehr mit Hülfe von den Gleichungen (4.) und (5.) analogen Gleichungen von der Curve C successive zu den Curven $C_1, C_2, \ldots, C_p$ über, derart, dass die Curve $C_\varkappa$ die Punkte $z_1, z_2, \ldots, z_m, \zeta_1, \zeta_2, \ldots, \zeta_\varkappa$ in sich aufgenommen hat, und bezeichnen zuletzt die Curve, welche bei dem Übergange von ζ_p nach z_{m+1} entstanden ist, mit C_{m+1}.

In die Gleichung

$$(21.)\qquad z = F_\varkappa(t),$$

welche eine Curve $C_\varkappa$ darstellt, sind ausser den Unendlichkeitsstellen $\varrho_1, \varrho_2, \ldots, \varrho_m$ noch die Unendlichkeitsstellen $\sigma_1, \sigma_2, \ldots, \sigma_\varkappa$ eingetreten. Zuletzt erhalten wir bei dem Übergange von ζ_p nach z_{m+1} eine Gleichung der Form

$$(22.)\quad z = F(t) = \frac{c_1}{t-\varrho_1} + \frac{c_2}{t-\varrho_2} + \cdots + \frac{c_m}{t-\varrho_m} + \frac{e_1}{t-\sigma_1} + \frac{e_2}{t-\sigma_2} + \cdots + \frac{e_p}{t-\sigma_p} + \frac{c_{m+1}}{t-\varrho_{m+1}},$$

welche zunächst den Bedingungen $z_\varkappa = F(\beta_\varkappa)$, für $\varkappa = 1, 2, 3, \ldots, m, m+1$, Genüge leistet. Es lässt sich nunmehr beweisen, dass $\zeta_1, \zeta_2, \ldots, \zeta_p$ so nahe an einander und an z_m einerseits und z_{m+1} andererseits jedoch in endlicher Anzahl so gewählt werden können, dass für jede der Gleichungen (21.), (22.) die Bedingung III erfüllt wird.

ANMERKUNG.

Die nähere Begründung der in der vorliegenden Notiz skizzirten Methoden hat mein Vater nicht mehr gegeben. Im handschriftlichen Nachlass habe ich nicht genügendes Material zu einer Construction der Beweisführung gefunden.

Vgl. übrigens die Anmerkung 1) zur Abh. LVIII, S. 116 dieses Bandes. R. F.

LXXIII.

ZUR THEORIE DER LINEAREN DIFFERENTIALGLEICHUNGEN.

(Sitzungsberichte der Königl. preussischen Akademie der Wissenschaften zu Berlin, 1901, II, S. 34—48; vorgelegt am 10. Januar; ausgegeben am 17. Januar 1901.)

Die folgende Notiz enthält einen Auszug aus einer demnächst zu ver- [34
öffentlichenden Arbeit. Man hatte in den bisherigen auf die linearen Differentialgleichungen bezüglichen Untersuchungen sich darauf beschränkt, die analytische Form der Lösungen derselben in der Umgebung je einer singulären Stelle der Differentialgleichung festzustellen. Für viele tiefergehende Probleme, welche auf die Natur der der Differentialgleichung zugehörigen Substitutionsgruppe Bezug haben, ist es von Wichtigkeit, auch eine analytische Form für ein Fundamentalsystem von Lösungen aufzustellen, welches aus der Fundamentalgleichung für einen *beliebigen* Umlauf entspringt. Mit dieser Aufstellung beschäftigt sich der erste Theil dieser Notiz.

Mit Hülfe der erhaltenen Resultate wird alsdann ein auf die Beschaffenheit der Gruppe von Substitutionen bezüglicher Satz hergeleitet für den Fall, dass ein Fundamentalsystem von Lösungen der Differentialgleichung einem Systeme von homogenen Relationen mit constanten Coefficienten Genüge leistet.

Um aus diesem Satze weitere Folgerungen zu ziehen, wird vorläufig der Fall in's Auge gefasst, dass eine solche Relation mit der besonderen Eigenschaft stattfindet, dass dieselbe durch die Substitutionen der Gruppe ungeändert bleibt. In einer späteren Mittheilung sollen diese Folgerungen einer näheren Erörterung unterworfen werden.

1.

In den Grundlagen der Theorie der linearen Differentialgleichungen wird Folgendes*) bewiesen:

Es sei

$$\text{(A.)}\qquad \frac{d^n y}{dz^n} + p_1 \frac{d^{n-1} y}{dz^{n-1}} + \cdots + p_n y = 0,$$

35] wo $p_1, p_2, \ldots, p_n$ innerhalb eines Gebietes T der complexen Variablen z eindeutige und überall bestimmte Functionen von z sind. Ist U ein Umlauf von z innerhalb T und

$$\text{(B.)}\qquad \begin{vmatrix} \alpha_{11} - \omega & \alpha_{21} & \ldots & \alpha_{n1} \\ \alpha_{12} & \alpha_{22} - \omega & \ldots & \alpha_{n2} \\ \cdot & \cdot & \ldots & \cdot \\ \alpha_{1n} & \alpha_{2n} & \ldots & \alpha_{nn} - \omega \end{vmatrix} = 0$$

die zu diesem Umlaufe gehörige Fundamentalgleichung, so giebt es ein Fundamentalsystem von Lösungen von folgender Beschaffenheit: Sind $\omega_1, \omega_2, \ldots, \omega_\nu$ bez. $\lambda_1, \lambda_2, \ldots, \lambda_\nu$-fache Wurzeln der Gleichung (B.), derart also, dass:

$$\lambda_1 + \lambda_2 + \cdots + \lambda_\nu = n,$$

so zerfallen die zu ω_k gehörigen λ_k Elemente des Fundamentalsystems derart in Gruppen von bez. $\mu_{k_1}, \mu_{k_2}, \ldots, \mu_{k_\varrho}$ Elementen, wo also:

$$\mu_{k_1} + \mu_{k_2} + \cdots + \mu_{k_\varrho} = \lambda_k,$$

dass die einer solchen Gruppe zugehörigen Elemente Umlaufsrelationen der Gestalt

$$\text{(C.)}\qquad \begin{cases} \bar{y}_1 = \omega y_1, \\ \bar{y}_2 = \omega y_2 + y_1, \\ \cdot\quad\cdot\quad\cdot\quad\cdot\quad\cdot\quad\cdot \\ \bar{y}_\mu = \omega y_\mu + y_{\mu-1} \text{**)} \end{cases}$$

genügen.

Diese Resultate sind selbstverständlich nicht bloss für einen Umlauf um eine der Unendlichkeitsstellen der Coefficienten $p_1, p_2, \ldots, p_n$ — für welche

*) Crelles Journal, Bd. 66, S. 131 ff.; Bd. 68, S. 361 ff. [1]).

**) Vergl. Hamburger, Crelles Journal, Bd. 76, S. 121.

[1]) Abh. VI, S. 170 ff. und Abh. VII, S. 213 ff., Band I dieser Ausgabe. R. F.

sie in der Theorie zunächst Anwendung gefunden haben — sondern für jeden beliebigen Umlauf U gültig.

In dem Falle, dass der Umlauf U um eine der Unstetigkeitsstellen $z = a$ der Coefficienten $p_1, p_2, \ldots, p_n$ vollzogen wird, ist nachgewiesen worden, dass die analytische Form der zu einer Gruppe (C.) zugehörigen Integralelemente die folgende ist:

Sei

$$r = \frac{1}{2\pi i} \log \omega$$

und setzen wir

$$(1.) \qquad f(t) = \left[\psi_{\mu-1} + \binom{\mu-1}{1}\psi_{\mu-2}\,t + \binom{\mu-1}{2}\psi_{\mu-3}\,t^2 + \cdots + \psi_0\,t^{\mu-1}\right](z-a)^r,$$

wo $\psi_{\mu-1}, \psi_{\mu-2}, \ldots, \psi_0$ in der Umgebung von a eindeutige Functionen von z sind, und wo

$$(2.) \qquad t = \frac{1}{2\pi i} \log(z-a).$$ [36

Alsdann ist

$$(\mathrm{D.}) \qquad \left\{\begin{aligned} y_\mu &= f(t), \\ y_{\mu-1} &= \frac{1}{\mu-1}\,\frac{\partial f(t)}{\partial t}, \\ y_{\mu-2} &= \frac{1}{(\mu-1)(\mu-2)}\,\frac{\partial^2 f(t)}{\partial t^2}, \\ &\ldots\ldots\ldots\ldots \\ y_1 &= \frac{1}{(\mu-1)!}\,\frac{\partial^{\mu-1} f(t)}{\partial t^{\mu-1}}\ ^{*)}. \end{aligned}\right.$$

2.

Wir gehen nach diesen Vorbereitungen dazu über, eine analytische Form der zu einer Gruppe (C.) gehörigen Lösungen der Gleichung (A.) auch in dem Falle aufzustellen, dass U nicht mehr einen Umlauf um einen einzigen singulären Punkt a, sondern vielmehr einen beliebigen Umlauf bedeute.

---

*) Vergl. Crelles Journal, Bd. 66, S. 136 ff., Bd. 68, S. 355 ff.[1]) und Jürgens, Crelles Journal, Bd. 80, S. 151 ff.; vergl. auch Heffter, lineare Differentialgleichungen, S. 107.

---

1) Abh. VI, S. 175 ff. und Abh. VII, S. 206, Band I dieser Ausgabe. R. F.

Sind die sämmtlichen Gruppen (C.) eingliedrig, so ist entweder

$$\omega_1 = \omega_2 = \cdots = \omega_n = 1,$$

alsdann bleiben

$$y_1 = \varphi_1, \quad y_2 = \varphi_2, \quad \ldots, \quad y_n = \varphi_n$$

beim Umlauf U ungeändert, oder wenn z. B.

$$\omega_1 = e^{2\pi i r_1}$$

von Eins verschieden, so setzen wir

$$y_1^{\frac{1}{r_1}} = \zeta;$$

alsdann ist

$$(1a.) \qquad y_1 = \zeta^{r_1}\varphi_1, \quad y_2 = \zeta^{r_2}\varphi_2, \quad \ldots, \quad y_n = \zeta^{r_n}\varphi_n,$$

wo $\varphi_1, \varphi_2, \ldots, \varphi_n$ beim Umlaufe U ungeändert bleiben.

Wenn nicht sämmtliche zu einem beliebigen Umlauf U gehörigen Gruppen (C.) eingliedrig sind, so sei η der Repräsentant einer mehrgliedrigen Gruppe, d. h. dasjenige Element derselben, welches sich bei dem Umlaufe U mit der Wurzel ω der Fundamentalgleichung multiplicirt; ferner sei η_2 das zweite Element derselben Gruppe, so dass

$$(2.) \qquad \bar{\eta}_2 = \omega\eta_2 + \eta_1.$$

37] Wir setzen nunmehr

$$\xi = e^{2\pi i \omega \frac{\eta_2}{\eta_1}},$$

$$t = \frac{1}{2\pi i}\log \xi,$$

dann wird ξ bei dem Umlaufe U ungeändert bleiben, während t sich um Eins vermehrt.

Sind nunmehr $y_1, y_2, \ldots, y_\mu$ die zu einer der Gruppen (C.) gehörigen Elemente des Fundamentalsystems und ω_1 die zugehörige Wurzel der Fundamentalgleichung und werde wieder

$$(2.) \qquad \omega_1 = e^{2\pi i r_1},$$

gesetzt, alsdann ist in Folge der ersten Gleichung der bezüglichen Gruppe (C.)

$$(3.) \qquad y_1 = \xi^{r_1}\varphi_1,$$

wo φ_1 beim Umlaufe U ungeändert bleibt. Aus der zweiten Gleichung (C.)

$$\bar{y}_2 = \omega_1 y_2 + y_1$$

folgt, dass $\frac{y_2}{y_1}$ nach dem Umlauf sich um $\frac{1}{\omega_1}$ vermehrt. Die gleiche Eigenschaft kommt auch $\frac{t}{\omega_1}$ zu; es ist also $\frac{y_2}{y_1} - \frac{t}{\omega_1}$ gegen den Umlauf U unempfindlich. Hieraus folgern wir analog wie bei dem entsprechenden besonderen Fall für den Umlauf um einen einzigen singulären Punkt*):

$$(4.) \qquad y_2 = \xi^{r_1}\{\varphi_{20} + \varphi_{21} t\},$$

wo $\varphi_{20}, \varphi_{21}$ bei dem Umlauf U ungeändert bleiben. Und so fortfahrend erhält man

$$(5.) \qquad y_\mu = \xi^{r_1}\{\varphi_{\mu 0} + \varphi_{\mu 1} t + \cdots + \varphi_{\mu,\mu-1} t^{\mu-1}\},$$

wo $\varphi_{\mu 0}, \varphi_{\mu 1}, \ldots, \varphi_{\mu,\mu-1}$ bei dem Umlauf U ungeändert bleiben.

Man kann alsdann analog wie für den Umlauf um einen einzigen singulären Punkt folgern, dass die Functionen φ_k sich als lineare homogene Functionen von μ linear unabhängigen unter ihnen mit constanten Coefficienten darstellen lassen, und dass namentlich die Coefficienten der höchsten Potenzen von t sich von φ_1 nur um einen constanten Factor unterscheiden.

3. [38

Wir machen jetzt Gebrauch von folgendem Satze:

Ist

$$(1.) \qquad y = f(z, u)$$

eine Lösung der Gleichung (A.), wo u eine willkürliche Grösse bedeutet, von welcher die Coefficienten dieser Gleichung unabhängig sind, so sind auch die sämmtlichen partiellen Ableitungen von y nach der Grösse u Lösungen derselben Differentialgleichung**).

Wir haben***) nachgewiesen, dass eine ganze rationale Function von $\log(z-a)$, deren Coefficienten abgesehen von einem allen gemeinsamen Factor

*) Crelles Journal, Bd. 66, S. 135[1]).

**) Vergl. Koehler, Inauguraldissertation, Heidelberg 1879.

***) Crelles Journal, Bd. 68, S. 356[2]).

1) Abh. VI, S. 174, Band I dieser Ausgabe. R. F.

2) Abh. VII, S. 208, Band I dieser Ausgabe. R. F.

$(z-a)^r$ in der Umgebung von $z = a$ eindeutige Functionen sind, nur dann identisch verschwindet, wenn die einzelnen Coefficienten verschwinden.

I. Ein analoger Satz gilt auch für einen Ausdruck

$$F = \mathfrak{k}^r\{A_0 + A_1 t + \cdots + A_m t^m\}, \tag{2.}$$

worin $\mathfrak{k}, t$ dieselbe Bedeutung wie in voriger Nummer haben und $A_0, A_1, \ldots, A_m$ Functionen von z sind, welche bei dem Umlaufe U ungeändert bleiben. Das identische Verschwinden von F erfordert, dass $A_0, A_1, \ldots, A_m$ identsch Null sind. Der Beweis ist ganz so wie bei dem Specialumlauf um $z = a$ zu führen. Dieser Satz gestattet auch eine Erweiterung*), welche der für einen speciellen Umlauf um eine einzige singuläre Stelle gemachten analog ist, dass das Verschwinden einer Summe von Ausdrücken der Form (2.), worin die Exponenten r sich nicht um ganze Zahlen unterscheiden, das Verschwinden aller einzelnen Summanden zur Folge hat.

II. Ist daher

$$y = F(z, t) \tag{3.}$$

eine ganze rationale Function von z und t, deren Coefficienten bis auf einen allen gemeinsamen Factor $\mathfrak{k}^r$ bei dem Umlauf U ungeändert bleiben, eine Lösung der Gleichung (A.), so ist auch

$$y = F(z, t+\lambda) \tag{4.}$$

für einen willkürlichen Werth von λ eine Lösung der Gleichung (A.).

Der Beweis ist wieder analog wie für den Specialumlauf um $z = a$ zu führen**).

39] Hieraus ergiebt sich aber analog wie für den Specialumlauf um $z = a$:

III. Ist

$$y = F(z, t) \tag{5.}$$

---

*) Vergl. Thomé, Crelles Journal, Bd. 74, S. 194 und Heffter, a. a. O., S. 238.

**) Vergl. Heffter, a. a. O., S. 107.

eine Lösung der Gleichung (A.) so ist auch $\frac{\partial^k y}{\partial t^k}$ eine Lösung derselben Gleichung.

Wir können daher wie für den Specialumlauf um $z = a$ in No. 1 die in den Gleichungen (3.) bis (5.) No. 2 enthaltene Integralgruppe durch das System

$$(\text{E.})\qquad \begin{cases} y_\mu = f(t), \\ y_{\mu-1} = \dfrac{1}{\mu-1}\dfrac{\partial f(t)}{\partial t}, \\ y_{\mu-2} = \dfrac{1}{(\mu-1)(\mu-2)}\dfrac{\partial^2 f(t)}{\partial t^2}, \\ \dots\dots\dots\dots \\ y_1 = \dfrac{1}{(\mu-1)!}\dfrac{\partial^{\mu-1} f(t)}{\partial t^{\mu-1}} \end{cases}$$

ersetzen, wo

$$(5.)\qquad f(t) = \xi^r \left\{ \psi_{\mu-1} + \binom{\mu-1}{1}\psi_{\mu-2}\, t + \binom{\mu-1}{2}\psi_{\mu-3}\, t^2 + \dots + \psi_0\, t^{\mu-1} \right\},$$

und $\psi_{\mu-1}, \psi_{\mu-2}, \dots, \psi_0$ bei dem Umlaufe U ungeändert bleiben.

Die Functionen $y_1, y_2, \dots, y_\mu$ genügen daher den Gleichungen:

$$(\text{F.})\qquad y_{\mu-\varkappa} = \frac{1}{\mu-\varkappa}\frac{\partial y_{\mu-\varkappa+1}}{\partial t}.$$

Wir wollen im Folgenden diese Gestalt der Lösungen als die kanonische bezeichnen.

4.

Wir setzen jetzt voraus, dass ein Fundamentalsystem $w_1, w_2, \dots, w_n$ von Lösungen der Gleichung (A.) einer gewissen Anzahl homogener Relationen des Grades ν und mit constanten Coefficienten Genüge leiste. Die Anzahl der linear unabhängigen derartigen Relationen ist eine endliche; wir bezeichnen dieselbe mit ϱ. Die Relationen seien

$$(\text{G.})\qquad \begin{cases} \varphi_1(w_1, w_2, \dots, w_n) = 0, \\ \varphi_2(w_1, w_2, \dots, w_n) = 0, \\ \dots\dots\dots \\ \varphi_\varrho(w_1, w_2, \dots, w_n) = 0. \end{cases}$$

40] Es möge $w_1, w_2, \dots, w_n$ das kanonische Fundamentalsystem sein, welches zu einem willkürlichen Umlaufe U gehört und welches gruppenweise in voriger Nummer durch die Gleichungen (E.) definirt worden ist. Wir lassen eine Abänderung in der Reihenfolge der in einer Gruppe enthaltenen Integralelemente in (E.) derart eintreten, dass wir

$$(1.)\qquad \begin{cases} y_\mu \;\; = w_1, \\ y_{\mu-1} = w_2, \\ \dots\dots\dots \\ y_1 \;\; = w_\mu \end{cases}$$

setzen. Die Gleichung (F.) nimmt daher die Gestalt an:

$$(\mathrm{F}_1.)\qquad w_{\varkappa+1} = \frac{1}{\mu-\varkappa}\,\frac{\partial w_\varkappa}{\partial t}.$$

Wir wollen die Elemente $w_1, w_2, \dots, w_n$ in folgender Reihenfolge schreiben:

$$(2.)\qquad w_1,\, w_2,\, \dots,\, w_{\mu_1};\;\; w_{\mu_1+1},\, w_{\mu_1+2},\, \dots,\, w_{\mu_1+\mu_2};\;\; \dots;$$
$$w_{\mu_1+\mu_2+\dots+\mu_{\lambda-1}+1},\, w_{\mu_1+\mu_2+\dots+\mu_{\lambda-1}+2},\, \dots,\, w_{\mu_1+\mu_2+\dots+\mu_{\lambda-1}+\mu_\lambda},$$

derart, dass wir die zu der $\mu_1, \mu_2, \dots, \mu_\lambda$-gliedrigen Gruppe bez. gehörigen Elemente zusammenstellen.

Substituiren wir in (G.) für $w_1, w_2, \dots, w_n$ ihre analytischen Ausdrücke aus (E.), so müssen nach Satz I., No. 3 (Verallgemeinerung) in den Resultaten die Coefficienten der einzelnen Potenzen von t verschwinden.

Hieraus folgt

$$(3.)\qquad \frac{\partial \varphi_\varkappa}{\partial t} = 0, \qquad (\varkappa = 1, 2, 3, \dots, \varrho)$$

d. h. nach Gleichung (F.)

$$(4.)\qquad \begin{cases} \dfrac{\partial\varphi_\varkappa}{\partial w_1}(\mu_1-1)\,w_2 + \dfrac{\partial\varphi_\varkappa}{\partial w_2}(\mu_1-2)\,w_3 + \dots + \dfrac{\partial\varphi_\varkappa}{\partial w_{\mu_1-1}}\,1\,w_{\mu_1} \\ + \dfrac{\partial\varphi_\varkappa}{\partial w_{\mu_1+1}}(\mu_2-1)\,w_{\mu_1+2} + \dfrac{\partial\varphi_\varkappa}{\partial w_{\mu_1+2}}(\mu_2-2)\,w_{\mu_1+3} + \dots + \dfrac{\partial\varphi_\varkappa}{\partial w_{\mu_1+\mu_2-1}}\,1\,w_{\mu_1+\mu_2} \\ + \text{u. s. w.} = 0. \qquad (\varkappa = 1, 2, \dots, \varrho) \end{cases}$$

Nach der über $\varphi_1, \varphi_2, \dots, \varphi_\varrho$ oben gemachten Voraussetzung muss demnach identisch für beliebige $w_1, w_2, \dots, w_n$

$$
(\mathrm{H.})\quad \left\{\begin{array}{l}
\frac{\partial \varphi_\varkappa}{\partial w_1}(\mu_1-1)\,w_2 + \frac{\partial \varphi_\varkappa}{\partial w_2}(\mu_1-2)\,w_3 + \cdots + \frac{\partial \varphi_\varkappa}{\partial w_{\mu_1-1}}\,1\,w_{\mu_1} \\
+ \frac{\partial \varphi_\varkappa}{\partial w_{\mu_1+1}}(\mu_2-1)\,w_{\mu_1+2} + \frac{\partial \varphi_\varkappa}{\partial w_{\mu_1+2}}(\mu_2-2)\,w_{\mu_1+3} + \cdots + \frac{\partial \varphi_\varkappa}{\partial w_{\mu_1+\mu_2-1}}\,1\,w_{\mu_1+\mu_2} \\
+ \text{u. s. w.} \\
\qquad = M_{\varkappa 1}\varphi_1 + M_{\varkappa 2}\varphi_2 + \cdots + M_{\varkappa\varrho}\varphi_\varrho \qquad (\varkappa = 1, 2, \ldots, \varrho)
\end{array}\right.
$$

sein, wo die Grössen $M_{\varkappa l}$ von $w_1, w_2, \ldots, w_n$ unabhängig sind.

Um die allgemeine Lösung dieses Systems partieller Differential- [41
gleichungen zu finden, haben wir nach JACOBI*) zunächst das System der gewöhnlichen Differentialgleichungen

$$
(\mathrm{H'.})\quad \left\{\begin{array}{l}
\frac{dw_1}{(\mu_1-1)\,w_2} = \frac{dw_2}{(\mu_1-2)\,w_3} = \cdots = \frac{dw_{\mu_1-1}}{1\,w_{\mu_1}} \\
= \frac{dw_{\mu_1+1}}{(\mu_2-1)\,w_{\mu_1+2}} = \frac{dw_{\mu_1+2}}{(\mu_2-2)\,w_{\mu_1+3}} = \cdots = \frac{dw_{\mu_1+\mu_2-1}}{1\,w_{\mu_1+\mu_2}} \\
= \cdots\cdots\cdots\cdots\cdots\cdots\cdots \\
= \frac{d\varphi_1}{N_1} = \frac{d\varphi_2}{N_2} = \cdots = \frac{d\varphi_\varrho}{N_3}
\end{array}\right.
$$

zu integriren, wo

$$N_\varkappa = M_{\varkappa 1}\varphi_1 + M_{\varkappa 2}\varphi_2 + \cdots + M_{\varkappa\varrho}\varphi_\varrho$$

gesetzt ist.

Ein System von Gleichungen der Form

$$
(5.)\qquad \frac{dw_1}{(\mu-1)\,w_2} = \frac{dw_2}{(\mu-2)\,w_3} = \cdots = \frac{dw_{\mu-1}}{1\,w_\mu}
$$

oder das identische System

$$
(6.)\qquad \left\{\begin{array}{l}
\frac{dw_1}{d\vartheta} = (\mu-1)\,w_2, \\
\frac{dw_2}{d\vartheta} = (\mu-2)\,w_3, \\
\cdots\cdots\cdots \\
\frac{dw_{\mu-1}}{d\vartheta} = w_\mu, \\
\frac{dw_\mu}{d\vartheta} = 0
\end{array}\right.
$$

*) CRELLES Journal, Bd. 2, S. 322; Gesammelte Werke, Bd. 4, S. 8.

besitzt die allgemeine Lösung

$$(7.)\quad \begin{cases} w_1 = w_\mu \vartheta^{\mu-1} + \binom{\mu-1}{1} A_{\mu-2} \vartheta^{\mu-2} + \binom{\mu-1}{2} A_{\mu-3} \vartheta^{\mu-3} + \cdots + \binom{\mu-1}{\mu-1} A_0, \\ w_2 = \frac{1}{\mu-1} \frac{dw_1}{d\vartheta}, \\ w_3 = \frac{1}{(\mu-1)(\mu-2)} \frac{d^2 w_1}{d\vartheta^2}, \\ \cdots\cdots\cdots \\ w_{\mu-1} = \frac{1}{(\mu-1)!} \frac{d^{\mu-1} w_1}{d\vartheta^{\mu-1}}, \end{cases}$$

wo $A_{\mu-2}, A_{\mu-3}, \ldots, A_0$ willkürliche Constanten bedeuten.

42] Aus diesen Gleichungen folgt

$$(8.)\quad \vartheta^{\mu-k} = B_{k0} + B_{k1} w_1 + B_{k2} w_2 + \cdots + B_{k\mu} w_\mu,$$

wo die B_{kl} sich rational aus den Coefficienten A_l zusammensetzen. Demnach ist

$$(J_1.)\quad B_{k0} + B_{k1} w_1 + \cdots + B_{k\mu} w_\mu = (B_{\mu-1,0} + B_{\mu-1,1} w_1 + \cdots + B_{\mu-1,\mu} w_\mu)^{\mu-k}.$$
$$(k = 1, 2, \ldots, \mu-2)$$

Diese Gleichungen stellen die $\mu-2$ Integralgleichungen des Systems (5.) oder (6.) dar.

Von den Constanten $A_0, \ldots, A_{\mu-2}$ lässt sich eine willkürlich und so wählen, dass die Gleichungen $(J_1.)$ die Form annehmen:

$$(J_1.)\quad \begin{cases} \psi_1 = \gamma_1, \\ \psi_2 = \gamma_2, \\ \cdots\cdots \\ \psi_{\mu-2} = \gamma_{\mu-2}, \end{cases}$$

wo ψ_k eine ganze rationale homogene Function der Grössen

$$w_1, w_2, \ldots, w_\mu$$

mit numerischen Coefficienten, $\gamma_1, \gamma_2, \ldots, \gamma_{\mu-2}$ willkürliche Constanten bedeuten.

So ergiebt sich z. B. für $\mu = 4$:

$$(8.)\quad \begin{aligned} \psi_1 &= w_2 w_4 - w_3^2, \\ \psi_2 &= w_1 w_4^2 - 3 w_2 w_3 w_4 + 2 w_3^3. \end{aligned}$$

Die Functionen $\psi_1, \psi_2, \ldots, \psi_{\mu-2}$ lassen sich in Determinantenform umgestalten*).

$$(\mathrm{J}_2.)\quad\left\{\begin{aligned}
&\psi_1 = \begin{vmatrix} w_{\mu-1} & w_\mu \\ w_{\mu-2} & w_{\mu-1}\end{vmatrix}; \qquad \psi_2 = \begin{vmatrix} 2w_{\mu-1} & w_\mu & 0 \\ w_{\mu-2} & w_{\mu-1} & w_\mu \\ w_{\mu-3} & w_{\mu-2} & w_{\mu-1}\end{vmatrix};\\
&\psi_3 = \begin{vmatrix} w_{\mu-2} & w_{\mu-1} & w_\mu \\ w_{\mu-3} & w_{\mu-2} & w_{\mu-1} \\ w_{\mu-4} & w_{\mu-3} & w_{\mu-2}\end{vmatrix}; \qquad \psi_4 = \begin{vmatrix} 3w_{\mu-2} & 2w_{\mu-1} & w_\mu & 0 \\ w_{\mu-3} & w_{\mu-2} & w_{\mu-1} & w_\mu \\ w_{\mu-4} & w_{\mu-3} & w_{\mu-2} & w_{\mu-1} \\ w_{\mu-5} & w_{\mu-4} & w_{\mu-3} & w_{\mu-2}\end{vmatrix};\\
&\text{u. s. w.}\\
&\psi_{2\lambda} = \begin{vmatrix} (\lambda+1)w_{\mu-\lambda} & \lambda w_{\mu-\lambda+1} & \cdots & w_\mu & 0 \\ w_{\mu-\lambda-1} & w_{\mu-\lambda} & \cdots & w_{\mu-1} & w_\mu \\ \cdot & \cdot & \cdots & \cdot & \cdot \\ \cdot & \cdot & \cdots & \cdot & \cdot \\ w_{\mu-2\lambda-1} & w_{\mu-2\lambda} & \cdots & w_{\mu-\lambda-1} & w_{\mu-\lambda}\end{vmatrix};\\
&\psi_{2\lambda+1} = \begin{vmatrix} w_{\mu-\lambda-1} & w_{\mu-\lambda} & \cdots & w_\mu \\ w_{\mu-\lambda-2} & w_{\mu-\lambda-1} & \cdots & w_{\mu-1} \\ \cdot & \cdot & \cdots & \cdot \\ \cdot & \cdot & \cdots & \cdot \\ w_{\mu-2\lambda-2} & w_{\mu-2\lambda-1} & \cdots & w_{\mu-\lambda-1}\end{vmatrix}.
\end{aligned}\right.$$

Ferner ergiebt sich aus den Gleichungen (H'.) [43

$$(9.)\qquad \frac{d\varphi_k}{dw_{\mu_1-1}} = \frac{1}{w_{\mu_1}}(M_{\varkappa 1}\varphi_1 + M_{\varkappa 2}\varphi_2 + \cdots + M_{\varkappa\varrho}\varphi_\varrho). \qquad (k = 1, 2, \ldots, \varrho)$$

Sind $\sigma_1, \sigma_2, \ldots, \sigma_\varrho$ die Wurzeln der Gleichung

$$(10.)\qquad \begin{vmatrix} M_{11}-\sigma & M_{12} & \ldots & M_{1\varrho} \\ M_{21} & M_{22}-\sigma & \ldots & M_{2\varrho} \\ \cdot & \cdot & \cdot & \cdot \\ M_{\varrho 1} & M_{\varrho 2} & \ldots & M_{\varrho\varrho}-\sigma \end{vmatrix} = 0,$$

so werden, wenn diese Gleichung nur ungleiche Wurzeln besitzt, die hieraus sich ergebenden Integralgleichungen:

*) Diese Umformung hat mein Sohn Richard ausgeführt.

$$(\mathrm{J}'.)\quad \begin{cases} \varphi_1 e^{-\frac{w_{\mu_1-1}}{w_{\mu_1}}\sigma_1} = \delta_1, \\ \varphi_2 e^{-\frac{w_{\mu_1-1}}{w_{\mu_1}}\sigma_2} = \delta_2, \\ \cdot\;\cdot\;\cdot\;\cdot\;\cdot\;\cdot\;\cdot\;\cdot\;\cdot \\ \varphi_\varrho e^{-\frac{w_{\mu_1-1}}{w_{\mu_1}}\sigma_\varrho} = \delta_\varrho, \end{cases}$$

wo $\delta_1, \delta_2, \ldots, \delta_\varrho$ willkürliche Constanten bedeuten.

Bezeichnen wir die den verschiedenen Werthen $\mu_1, \mu_2, \ldots$ aus den Gleichungen (H′.) entsprechenden Integralgleichungen (J.) mit oberen Indices, so ist die Gesammtheit der Integralgleichungen von (H′.)

$$(\mathrm{J}_2.)\quad \begin{cases} \psi_1^{(\mu_1)} = \gamma_1^{(\mu_1)}, \quad \psi_2^{(\mu_1)} = \gamma_2^{(\mu_1)}, \quad \ldots, \quad \psi_{\mu_1-2}^{(\mu_1)} = \gamma_{\mu_1-2}^{(\mu_1)}, \\ \psi_1^{(\mu_2)} = \gamma_1^{(\mu_2)}, \quad \psi_2^{(\mu_2)} = \gamma_2^{(\mu_2)}, \quad \ldots, \quad \psi_{\mu_2-2}^{(\mu_2)} = \gamma_{\mu_2-2}^{(\mu_2)}, \\ \cdot\;\cdot\;\cdot\;\cdot\;\cdot\;\cdot\;\cdot\;\cdot\;\cdot\;\cdot\;\cdot\;\cdot\;\cdot\;\cdot\;\cdot\;\cdot\;\cdot\;\cdot\;\cdot\;\cdot \\ \varphi_1 e^{-\sigma_1\frac{w_{\mu_1-1}}{w_{\mu_1}}} = \delta_1, \quad \varphi_2 e^{-\sigma_2\frac{w_{\mu_1-1}}{w_{\mu_1}}} = \delta_2, \quad \ldots, \quad \varphi_\varrho e^{-\sigma_\varrho\frac{w_{\mu_1-1}}{w_{\mu_1}}} = \delta_\varrho. \end{cases}$$

I. Die allgemeine Lösung des Systems der partiellen Differentialgleichungen (H.) ist demnach:

$$(\mathrm{K}.)\quad \varphi_k = e^{\sigma_k\frac{w_{\mu_1-1}}{w_{\mu_1}}} f_k\big(\psi_1^{(\mu_1)}, \psi_2^{(\mu_1)}, \ldots, \psi_{\mu_1-2}^{(\mu_1)};\ \psi_1^{(\mu_2)}, \psi_2^{(\mu_2)}, \ldots, \psi_{\mu_2-2}^{(\mu_2)};\ \ldots\big), \quad (k = 1, 2, \ldots, \varrho)$$

wo f_k willkürliche Functionen der Argumente bezeichnen.

Diese Argumente sind algebraische Functionen der in das Differentialgleichungssystem (H.) eintretenden Grössen $w_1, w_2, \ldots$.

Sollen demnach die φ algebraische Functionen von $w_1, w_2, \ldots$ sein, so müssen die f_k selber algebraische Functionen ihrer Argumente und die $e^{\sigma_k\frac{w_{\mu_1-1}}{w_{\mu_1}}}$ von $\frac{w_{\mu_1-1}}{w_{\mu_1}}$ unabhängig werden. Es muss demnach

$$\sigma_1 = \sigma_2 = \cdots = \sigma_\varrho = 0$$

44] sein. Daher muss

$$(\mathrm{K}_1.)\quad \varphi_k = f_k\big(\psi_1^{(\mu_1)}, \psi_2^{(\mu_1)}, \ldots, \psi_{\mu_1-2}^{(\mu_1)};\ \psi_1^{(\mu_2)}, \psi_2^{(\mu_2)}, \ldots, \psi_{\mu_2-2}^{(\mu_2)};\ \ldots\big) \quad (k = 1, 2, \ldots, \varrho)$$

sein, wo f_k die allgemeinste derartige algebraische Zusammensetzung seiner Argumente bedeutet, für welche φ_k eine ganze homogene Function von $w_1, w_2, \ldots$ wird.

Ein ähnlicher Schluss ergiebt sich für den Fall, dass die Gleichung (10.) gleiche Wurzeln hat.

Hieraus ziehen wir den Schluss:

Wenn die φ_k nicht durch die Gleichungen (K_1.) bedingte Gestalten haben, so kann in keiner der zu den Gruppen (C.) gehörigen Integrale eine Potenz von t auftreten. Dieses Resultat besagt:

II. Wenn zwischen den Elementen eines Fundamentalsystems $w_1, w_2, \ldots, w_n$ von Lösungen der Gleichung (A.) ein System (G.) homogener Relationen mit constanten Coefficienten stattfindet, und es haben die Functionen φ_k **nicht** eine der durch die Gleichungen (K_1.) dargestellten Formen, so werden die Elemente des jedem beliebigen Umlaufe U zugehörigen canonischen Fundamentalsystems in sich selbst multiplicirt mit je einer Constanten (einer Wurzel der Fundamentalgleichung) übergehen.

5.

Wir setzen jetzt voraus, dass ein Fundamentalsystem von Lösungen der Gleichung (A.) einer homogenen Relation

$$\text{(L.)} \qquad \varphi(y_1, y_2, \ldots, y_n) = 0$$

mit constanten Coefficienten von der Beschaffenheit genügt, dass

$$\varphi(\vartheta_1, \vartheta_2, \ldots, \vartheta_n)$$

für willkürliche Werthe dieser Argumente durch die Substitutionen der Gruppe der Differentialgleichung in sich selbst multiplicirt mit einer Constanten übergeht.

In meiner Arbeit (Acta Math., Bd. 1, S. 323—326[1]) habe ich für den Fall $n = 3$ gezeigt, dass die Anzahl der Werthe von z, für welche $\frac{y_2}{y_1}, \frac{y_3}{y_1}$ gleichzeitig denselben Werth annehmen können, eine endliche ist, wenn nicht die sämmtlichen Invarianten der Differentialgleichung verschwinden (was darauf hinauskommt, dass der Grad von φ der zweite ist).

1) Abh. XL, S. 301—304, Band II dieser Ausgabe. R. F.

45] Nach denselben Principien lässt sich allgemein*) für eine Differentialgleichung n^{ten} Ordnung der Satz beweisen, dass die Anzahl der Werthe der unabhängigen Variablen z, für welche sämmtliche Quotienten $\frac{y_2}{y_1}, \frac{y_3}{y_1}, \dots, \frac{y_n}{y_1}$ denselben Werth annehmen können, eine endliche ist, wenn nicht die sämmtlichen Invarianten der Differentialgleichung verschwinden oder die Covarianten der Form φ gewisse Besonderheiten darbieten.

Sei

$$(\text{M.}) \qquad u = A_0 y + A_1 y' + \cdots + A_{n-1} y^{(n-1)},$$

wo $A_0, A_1, \dots, A_{n-1}$ willkürlich angenommene rationale Functionen von z sind, und es werde

$$(1.) \qquad u_k = A_0 y_k + A_1 y_k' + \cdots + A_{n-1} y_k^{(n-1)}$$

gesetzt, so wird $\varphi(u_1, u_2, \dots, u_n)$ die Eigenschaft haben, nach jedem Umlaufe der Variablen z in sich selbst mit einer Constanten multiplicirt überzugehen, da $u_1, u_2, \dots, u_n$ dieselbe Substitutionsgruppe wie $y_1, y_2, \dots, y_n$ besitzen. Für willkürliche Functionen A_λ kann aber $\varphi(u_1, u_2, \dots, u_n)$ nicht identisch verschwinden, da für einen willkürlichen Werth von z die Werthe $u_1, u_2, \dots, u_n$ willkürlich bestimmt werden können, $\varphi(\vartheta_1, \vartheta_2, \dots \vartheta_n)$ aber nicht für beliebige Werthe der Argumente verschwindet.

Sei daher

$$(\text{N.}) \qquad \varphi(u_1, u_2, \dots, u_n) = \chi(z),$$

so ist $\chi(z)$ eine nicht identisch verschwindende Function von z, deren logarithmische Ableitung rational ist, wenn wir voraussetzen, dass die Differentialgleichung (A.) zu der Klasse gehört, deren Lösungen überall bestimmt sind.

Setzen wir

$$(2.) \qquad \frac{u_2}{u_1} = \eta_1, \quad \frac{u_3}{u_1} = \eta_2, \quad \dots, \quad \frac{u_n}{u_1} = \eta_{n-1},$$

so folgt aus (N.)

$$(3.) \qquad u_1^n \psi(\eta_1, \eta_2, \dots, \eta_{n-1}) = \chi(z).$$

Für zwei Werthe z und z_1, für welche $\eta_1, \eta_2, \dots, \eta_{n-1}$ dieselben Werthe erhalten, folgt dann

$$(4.) \qquad \frac{u_1(z)^n}{\chi(z)} = \frac{u_1(z_1)^n}{\chi(z_1)}.$$

*) Vergl. LUDWIG SCHLESINGER, Inauguraldissertation, S. 23 ff., Handbuch, II., 1, S. 232.

Hieraus folgt nach den oben angeführten Schlüssen:

Die Anzahl der Werthe von z, für welche $\eta_1, \eta_2, \ldots, \eta_{n-1}$ dieselben Werthe annehmen können, ist eine endliche, wenn nicht für jede Wahl der rationalen Functionen $A_0, A_1, \ldots, A_{n-1}$ die sämmtlichen Invarianten der Differentialgleichung [46

$$\frac{d^n u}{dz^n} + q_1 \frac{d^{n-1} u}{dz^{n-1}} + \cdots + q_n u = 0, \tag{A.}$$

welcher die u Genüge leisten, verschwinden.

Da von den Covarianten der Form $\varphi(u_1, u_2, \ldots, u_n)$ hier nicht Gebrauch gemacht worden ist, so kommen die durch das besondere Verhalten der Covarianten entstehenden Ausnahmen in Wegfall.

6.

Sind $z, z_1, z_2, \ldots, z_{\nu-1}$ diejenigen Werthe von z, für welche jeder der Quotienten $\eta_1, \eta_2, \ldots, \eta_{n-1}$ denselben Werth annimmt, so ist*)

$$t = (\alpha - z)(\alpha - z_1)(\alpha - z_2)\ldots(\alpha - z_{\nu-1}) = \varphi(z, \alpha) \tag{1.}$$

eine rationale Function von z, und es entsprechen einem bestimmten willkürlichen Werthe von t genau die Werthe $z, z_1, \ldots, z_{\nu-1}$, für welche jeder der Quotienten $\eta_1, \eta_2, \ldots, \eta_{n-1}$ denselben Werth annimmt.

Substituiren wir in Gleichung (A.)

$$u = \lambda v, \quad t = \varphi(z, \alpha), \tag{2.}$$

wo

$$\lambda = e^{-\frac{1}{n}\int q_1 dz} \left(\frac{dt}{dz}\right)^{-\frac{1}{2}(n-1)},$$

so geht die Differentialgleichung (A.) über in

$$\frac{d^n v}{dt^n} + r_2(t) \frac{d^{n-2} v}{dt^{n-2}} + \cdots + r_n(t) v = 0, \tag{B.}$$

deren Coefficienten rationale Functionen von t sind.

I. Diese Differentialgleichung hat die Eigenschaft, dass ihre Integralquotienten mit den Functionen $\eta_1, \eta_2, \ldots, \eta_{n-1}$ überein-

*) Acta Math., Bd. 1, S. 335 ff.[1]) Ludwig Schlesinger, Handbuch, II, 1, S. 244 ff.

1) Abh. XL, S. 312 ff., Band II dieser Ausgabe. R. F.

stimmen, und dass, wenn t einen willkürlichen Werth der unabhängigen Variablen bedeutet, es nicht noch einen davon verschiedenen Werth t_1 giebt, für welchen jeder der Quotienten $\eta_1, \eta_2, \ldots, \eta_{n-1}$ denselben Werth annehmen kann.

Nach einem von Herrn Ludwig Schlesinger bewiesenen Satze*) ist für
47] eine solche Differentialgleichung die Substitutionsgruppe der Quotienten $\eta_1, \eta_2, \ldots, \eta_{n-1}$, welche der Gesammtheit der Umläufe der unabhängigen Variablen t entspricht, eine discontinuirliche.

Da einem willkürlichen Umlauf der unabhängigen Variablen z ein bestimmter Umlauf der Variablen t entspricht, so lässt sich hiernach diese Eigenschaft auf die Gleichung (A.) übertragen.

Wir erhalten also das Resultat:

II. Die Differentialgleichung (A.), für welche eine Form $\varphi(u_1, u_2, \ldots, u_n)$ mit der durch die Gleichung (N.) bestimmten Beschaffenheit existirt, hat die Eigenschaft, dass die den sämmtlichen Umläufen der unabhängigen Variablen z entsprechende Substitutionsgruppe der Quotienten $\eta_1, \eta_2, \ldots, \eta_{n-1}$ eine discontinuirliche ist, wenn nicht für jede Wahl $A_0, A_1, \ldots, A_{n-1}$ die sämmtlichen Invarianten der Gleichung (A.) verschwinden.

7.

Sei jetzt $y_1, y_2, \ldots, y_n$ ein einem gewissen Umlaufe U_0 der unabhängigen Variablen z zugehöriges Fundamentalsystem der Gleichung (A.) in der kanonischen Form und so beschaffen, dass

$$(1.)\qquad \begin{cases} \bar{y}_1 = \omega_1 y_1, \\ \bar{y}_2 = \omega_2 y_2, \\ \cdot\;\cdot\;\cdot\;\cdot\;\cdot\;\cdot\;\cdot \\ \bar{y}_n = \omega_n y_n, \end{cases}$$

wo $\omega_1, \omega_2, \ldots, \omega_n$ die Wurzeln der dem Umlaufe U_0 zugehörigen Fundamentalgleichung bedeuten.

Sei wieder, wie in Gleichung (M.)

$$(2.)\qquad u = A_0 y + A_1 y' + \cdots + A_{n-1} y^{(n-1)},$$

*) Handbuch, II, 1, S. 291.

wo die rationalen Functionen $A_0, A_1, \ldots, A_{n-1}$ so gewählt seien, dass für einen willkürlich angenommenen Werth $z = z_0$

$$u_1 = A_0 y_1 + A_1 y_1' + \cdots + A_{n-1} y_1^{(n-1)} \tag{3.}$$

verschwindet, wobei wir voraussetzen, dass der Modul von ω_1 von keinem der Moduln der übrigen Grössen $\omega_2, \ldots, \omega_n$ übertroffen wird.

Durch eine k-malige Wiederholung des Umlaufes U_0 gehen

$$\eta_1 = \frac{u_2}{u_1}, \quad \eta_2 = \frac{u_3}{u_1}, \quad \ldots, \quad \eta_{n-1} = \frac{u_n}{u_1} \tag{4.}$$

über in

$$(\eta_1)_k = \left(\frac{\omega_2}{\omega_1}\right)^k \eta_1, \quad (\eta_2)_k = \left(\frac{\omega_3}{\omega_1}\right)^k \eta_2, \quad \ldots, \quad (\eta_{n-1})_k = \left(\frac{\omega_n}{\omega_1}\right)^k \eta_{n-1}. \tag{5.}$$

Wenn die Moduln von $\omega_1, \omega_2, \ldots, \omega_n$ nicht sämmtlich gleich sind, so würde [48
die k-malige Wiederholung des zu U_0 inversen Umlaufes U_0^{-1} mit wachsenden Werthen von k unzählig viele dem Unendlichen zustrebende Werthe ergeben; da aber $\eta_1 = \infty, \eta_2 = \infty, \ldots, \eta_{n-1} = \infty$ für $z = z_0$ dem Werthbereiche $(\eta_1, \eta_2, \ldots, \eta_{n-1})$ angehören, so würde hiernach die Gruppe der Substitutionen der $\eta_1, \eta_2, \ldots, \eta_{n-1}$ nicht discontinuirlich sein.

Dasselbe würde sich auch ergeben, wenn zwar

$$\operatorname{mod}\left(\frac{\omega_2}{\omega_1}\right) = 1, \quad \operatorname{mod}\left(\frac{\omega_3}{\omega_1}\right) = 1, \quad \ldots, \quad \operatorname{mod}\left(\frac{\omega_n}{\omega_1}\right) = 1$$

wäre, aber die Argumente der Quotienten $\frac{\omega_\varkappa}{\omega_1}$ nicht rationale Zahlen wären.

Wenn aber eine Gleichung der Form (N.) existirt, so ist nach Satz II. voriger Nummer eine solche Annahme nicht zulässig. Wir erhalten also das Resultat:

Ist $y_1, y_2, \ldots, y_n$ ein einem gewissen Umlaufe U_0 der unabhängigen Variablen z zugehöriges Fundamentalsystem von Lösungen der Gleichung (A.) in der kanonischen Form und so beschaffen, dass die Gleichungen (1.) stattfinden, und sind die Voraussetzungen des Satzes II. voriger Nummer erfüllt, so sind die Quotienten $\frac{\omega_2}{\omega_1}, \frac{\omega_3}{\omega_1}, \ldots, \frac{\omega_n}{\omega_1}$ Einheitswurzeln.

Wenn wir voraussetzen, dass in Gleichung (A.)

$$p_1 = 0, \tag{6.}$$

so genügen die Grössen $\omega_1, \omega_2, \ldots, \omega_n$ überdies der Gleichung

$$\omega_1 \omega_2 \ldots \omega_n = 1.$$

Alsdann sind die sämmtlichen Grössen

$$\omega_1, \omega_2, \ldots, \omega_n$$

selber Einheitswurzeln.

(Fortsetzung folgt)[1]).

1) Diese Fortsetzung ist nicht erschienen. R. F.

ANMERKUNGEN.

1) Änderungen gegen das Original.

Es wurde gesetzt:

S. 322, Zeile 8 y_1 statt y,

„ 10 v. u. $\xi = e^{2\pi i \omega \frac{\eta_2}{\eta_1}}$ statt $\xi = e^{2\pi i \omega} \frac{\eta_2}{\eta_1}$,

„ 323, „ 8 bleiben statt bleibt,

„ 14 wurde »unter ihnen« eingefügt,

„ 325, in der letzten der Gleichungen (E.) $\frac{1}{(\mu-1)!}$ statt $\frac{1}{\mu!}$.

„ 329, Zeile 1 Determinantenform statt Determinantenformen,

„ 332, „ 3 v. u. dieselben Werthe statt denselben Werth,

„ 333, „ 2 und 3 dieselben Werthe statt denselben Werth,

„ 10 v. u. wurde $\eta_1, \eta_2, \ldots, \eta_{n-1}$ hinzugefügt,

„ 334, „ 10 v. u. der statt die,

„ 335, Gleichungen (4.) und (5.) η_{n-1} statt η_n. R. F.

2) Der in der No. 7, S. 335 gezogene Schluss, dass die Moduln der Quotienten $\frac{\omega_2}{\omega_1}, \ldots, \frac{\omega_n}{\omega_1}$ und für den Fall, wo in der Gleichung (A.) der Coefficient p_1 verschwindet, auch die Moduln der $\omega_1, \ldots, \omega_n$ gleich Eins sein müssen, wenn die zu den Integralquotienten $\eta_1, \ldots, \eta_{n-1}$ gehörige Monodromiegruppe eine discontinuirliche ist, wird durch den Umstand widerlegt, dass schon für $n = 2$, also für den Fall projectiver Substitutionen einer Variabeln, eine discontinuirliche Gruppe solcher Substitutionen, z. B. hyperbolische Substitutionen enthalten kann, d. h. Substitutionen der Form

$$\frac{\bar{\eta} - \alpha}{\bar{\eta} - \beta} = K \frac{\eta - \alpha}{\eta - \beta},$$

wo die $\left(\text{dem Quotienten } \frac{\omega_2}{\omega_1} \text{ entsprechende}\right)$ Grösse K einen realen von ± 1 verschiedenen Werth besitzt.

SCH.

LXXIV.

ÜBER GRENZEN, INNERHALB DEREN GEWISSE BESTIMMTE INTEGRALE VORGESCHRIEBENE VORZEICHEN BEHALTEN.

(Sitzungsberichte der Königl. preussischen Akademie der Wissenschaften zu Berlin, 1902, II, S. 4—10; vorgetragen am 9. Januar; ausgegeben am 16. Januar 1902.)

1. [4

Die folgende Notiz ist ein Auszug aus einem ausführlicheren Aufsatze, welcher demnächst erscheinen wird[1]) und sich mit der folgenden Aufgabe beschäftigt.

Ist $F(u, u', \ldots, u^{(n)})$ eine quadratische Form der unbestimmten Function u und ihrer n ersten Ableitungen $u', \ldots, u^{(n)}$, deren Coefficienten gegebene reale Functionen der realen Variablen x sind; wird ferner vorausgesetzt, dass die Function u ebenfalls real ist und nebst ihren Ableitungen in der Nähe eines Werthes $x = a$ sich regulär verhält, so soll ein Intervall a bis b angegeben werden, von der Beschaffenheit, dass das Vorzeichen des Integrals

$$\int_a^x F(u, u', \ldots, u^{(n)})\, dx$$

für jede beliebige der bezeichneten Functionen u beständig dasselbe bleibt, solange x dem Intervalle a bis b angehört. Wir bedienen uns hierzu des Hülfsmittels, welches dem in der Variationsrechnung bei der Umformung der zweiten Variation angewendeten analog ist.

Wir suchen nämlich einen linearen Differentialausdruck

$$(1.) \qquad Q(u) = u^{(n)} + q_1 u^{(n-1)} + \cdots + q_n u,$$

[1]) Siehe die nachfolgende Arbeit LXXV, S. 345 dieses Bandes. R. F.

dessen Coefficienten reale Functionen von x, so zu bestimmen, dass

$$F(u, u', \ldots, u^{(n)}) - p_{nn} Q(u)^2 = \frac{d}{dx}(\varphi(u, u', \ldots, u^{(n-1)})) \tag{2.}$$

wird, wo p_{nn} den Coefficienten von $u^{(n)^2}$ in $F(u, u', \ldots, u^{(n)})$ bezeichnet, und wo φ ebenfalls eine quadratische Form ist, deren Coefficienten wohlbestimmte reale Functionen von x bedeuten.

5] Während jedoch in der Gleichung

$$\int_a^x F(u, u', \ldots, u^{(n)})\, dx = \varphi(u, u', \ldots, u^{(n-1)})_{x=x} - \varphi(u, u', \ldots, u^{(n-1)})_{x=a} + p_{nn}\int_a^x Q(u)^2\, dx \tag{3.}$$

das Vorzeichen des Ausdruckes

$$\varphi(u, u', \ldots, u^{(n-1)})_{x=x} - \varphi(u, u', \ldots, u^{(n-1)})_{x=a}$$

in der Variationsrechnung, der Natur der in dieser Disciplin behandelten Probleme entsprechend, ausser Betracht kommt, ist es für unsere Aufgabe unumgänglich nöthig, das Vorzeichen dieses Ausdruckes zu kennen.

In der oben bezeichneten Arbeit führen wir die Untersuchung zunächst für den Fall aus, wo die Coefficienten der Form $F(u, u', \ldots, u^{(n)})$ von x unabhängige reale Grössen sind, also für

$$F(u, u', \ldots, u^{(n)}) = \sum_{k,l} c_{kl}\, u^{(k)} u^{(l)}, \qquad \begin{pmatrix} k = 0, 1, \ldots, n \\ l = 0, 1, \ldots, n \end{pmatrix} \tag{4.}$$

wo c_{kl} reale Constanten bedeuten und $c_{kl} = c_{lk}$ ist.

Ohne der Allgemeinheit Eintrag zu thun, können wir $a = 0$ wählen.

2.

Für $n = 1$ sei

$$Q(u) = u' + q_1 u \tag{1.}$$

und

$$F(u, u') - c_{11} Q(u)^2 = 2(c_{01} - c_{11} q_1) u u' + (c_{00} - c_{11} q_1^2) u^2. \tag{2.}$$

Wenn dann

$$c_{00} - c_{11} q_1^2 = -c_{11} q_1', \tag{3.}$$

so ist*) also

$$F(u, u') - c_{11} Q(u)^2 = \frac{d}{dx}((c_{01} - c_{11} q_1) u^2). \tag{4.}$$

Wir wählen die Lösung q_1 der Gleichung (3.) so, dass q_1 für $x = 0$ unendlich wird. Dieselbe ist

$$q_1 = -r \frac{e^{rx} + e^{-rx}}{e^{rx} - e^{-rx}}, \tag{5.}$$

wo

$$r = \sqrt{\frac{c_{00}}{c_{11}}}.$$

Der Ausdruck q_1 ist immer eine reale Function von x. Haben näm- [6
lich c_{00}, c_{11} gleiche Vorzeichen, so ist r real, sind die Vorzeichen von c_{00}, c_{11} entgegengesetzt, so ist r rein imaginär $r = \varrho i$ und es ist $q_1 = -\varrho \operatorname{cotg} \varrho x$.

Für Functionen u, welche sich in der Nähe von $x = 0$ regulär verhalten und für $x = 0$ verschwinden, ist $Q(u)$ ebenfalls in der Nähe von $x = 0$ regulär. Dasselbe gilt von dem Ausdrucke $(c_{01} - c_{11} q_1) u^2$, welcher für $x = 0$ den Werth Null annimmt.

Aus (4.) ergiebt sich

$$\int_0^x F(u, u')\, dx = (c_{01} - c_{11} q_1) u^2 + c_{11} \int_0^x Q(u)^2 dx. \tag{6.}$$

Wir nehmen jetzt an, dass c_{11} positiv sei. Da q_1 nach Gleichung (5.) für hinlänglich kleine positive Werthe von x einen negativen Werth erhält, so ist für dieselben Werthe von x $c_{01} - c_{11} q_1$ positiv, und dieser Ausdruck behält das positive Vorzeichen bis

$$c_{01} - c_{11} q_1 = 0 \tag{7.}$$

wird.

Ist $x = \alpha$ der kleinste positive Werth, für welchen q_1 unendlich wird, β die kleinste positive Wurzel der Gleichung (7.), und bezeichnen wir mit b die kleinere der beiden Grössen α und β, so ergiebt sich demnach, dass für eine beliebige Function u, welche für $x = 0$ verschwindet und in der Nähe von $x = 0$ sich regulär verhält, die linke Seite der Gleichung (6.) positiv bleibt, solange x dem Intervalle 0 bis b angehört.

*) Vergl. Legendre, Mémoires de l'Académie des sciences de Paris 1786.

3.

Für $n > 1$ würde das Legendresche Verfahren die Integration eines complicirten Systems von Differentialgleichungen erfordern, dessen Discussion in Bezug auf Realität und Stetigkeit der Lösungen sehr mühsam wäre. Es ist daher die Bestimmung von $Q(u)$ nach einem Verfahren vorzuziehen, welches dem von Jacobi*) für die Discussion der zweiten Variation gelehrten analog ist. Wir gehen zu diesem Zwecke von der Differentialgleichung

$$(1.) \qquad P(y) = \sum_{k,l} (-1)^l c_{kl}\, y^{(k+l)} = 0 \qquad \begin{pmatrix} k = 0, \ldots, n \\ l = 0, \ldots, n \end{pmatrix}$$

aus.

Da

$$(2.) \qquad c_{kl} = c_{lk},$$

7] so erhält die Gleichung (1.) die Form

$$(3.) \qquad P(y) = \sum_{m=0}^{n} C_m y^{(2m)} = 0,$$

wo

$$(4.) \qquad C_m = 2\sum_{k=0}^{m-1} (-1)^k c_{2m-k,k} + (-1)^m c_{mm}.$$

Wir bilden nunmehr den linearen Differentialausdruck $Q(u)$ derart, dass $Q(u)$ verschwindet, wenn für u ein System linear unabhängiger Lösungen $y_1, y_2, \ldots, y_n$ der Gleichung (3.) gesetzt wird.

Diese Lösungen haben gewisse von Hesse**) und Clebsch***) aufgestellte Bedingungen zu befriedigen. Dieselben sind erfüllt, wenn wir die Anfangswerthe von $y_1, y_2, \ldots, y_n$ so wählen, dass für $x = 0$ $y_1, y_2, \ldots, y_n$ bez. der Ordnung $2n-1, 2n-2, \ldots, n$ verschwinden†).

Wir wollen der Einfachheit wegen, ohne der Allgemeinheit Abbruch zu thun, voraussetzen, dass die Wurzeln $\pm r_1, \pm r_2, \ldots, \pm r_n$ der Gleichung

$$(5.) \qquad \sum_{m=0}^{n} C_m r^{2m} = 0$$

---

*) Crelles Journal, Bd. 17[1]).

**) Ebenda Bd. 54[2]).

***) Ebenda Bd. 55.

†) Vergl. Frobenius, Crelles Journal, Bd. 85, S. 198.

---

[1]) C. G. J. Jacobis Gesammelte Werke, Bd. IV, S. 39 ff. R. F.

[2]) Hesse's Gesammelte Werke, Abh. 27, S. 442—444. R. F.

von einander verschieden sind. Ist y eine Lösung der Gleichung (3.), so ist auch jede Ableitung von y eine Lösung derselben Gleichung. Wir wählen daher y_1 so, dass diese Lösung für $x = 0$ der Ordnung $2n-1$ verschwindet, und dann

$$(6.)\qquad y_2 = \frac{dy_1}{dx},\quad y_3 = \frac{d^2 y_1}{dx^2},\quad \dots,\quad y_n = \frac{d^{n-1} y_1}{dx^{n-1}}.$$

Es ergiebt sich

$$(7.)\qquad y_1 = \frac{1}{2}\sum_{k=1}^{n} \frac{1}{r_k f_k(r_k)} \left\{e^{r_k x} - e^{-r_k x}\right\},$$

wo

$$(8.)\qquad \begin{cases} f(z) = \sum\limits_{m=0}^{n} C_m z^{2m}, \\ f_k(z) = \dfrac{f(z)}{z^2 - r_k^2}. \end{cases}$$

Es ist y_1 eine reale Function von x, folglich auch $y_2, y_3, \dots, y_n$.

In der Gleichung

$$(9.)\qquad Q(u) = 0,$$

welche durch $y_1, y_2, \dots, y_n$ befriedigt wird, sind $q_1, q_2, \dots, q_n$ demnach reale [8
Functionen von x, welche bekanntlich in der Umgebung von $x = 0$ eindeutig werden und welche bez. mit $x, x^2, \dots, x^n$ multiplicirt für $x = 0$ die Werthe $\alpha_1, \alpha_2, \dots, \alpha_n$ annehmen, wo

$$(10.)\qquad \alpha_k = (-1)^k \frac{n^2(n^2-1^2)\dots(n^2-(k-1)^2)}{k!}.$$

Um in der Gleichung

$$(11.)\qquad F(u, u', \dots, u^{(n)}) - c_{nn} Q(u)^2 = \frac{d\varphi}{dx}$$

φ zu bestimmen, sei

$$(12.)\qquad \varphi = \sum_{k,l} A_{kl} u^{(k)} u^{(l)}. \qquad \begin{pmatrix} k = 0, \dots, n-1 \\ l = 0, \dots, n-1 \end{pmatrix}$$

Bezeichnen wir wie bisher mit oberen Accenten die Ableitungen nach x, so ist

$$(13.)\qquad \frac{d\varphi}{dx} = \sum_{k,l} A'_{kl} u^{(k)} u^{(l)} + 2u' \sum_{l=0}^{n-1} A_{0l} u^{(l)} + 2u'' \sum_{l=0}^{n-1} A_{1l} u^{(l)} + \dots + 2u^{(n)} \sum_{l=0}^{n-1} A_{n-1,l} u^{(l)}.$$

Es hat daher (11.) die Gestalt

$$(14.)\quad F(u, u', \ldots, u^{(n)}) - c_{nn}\,Q(u)^2$$
$$= \sum_{k,l} A'_{kl}\,u^{(k)}\,u^{(l)} + 2u'\sum_{l=0}^{n-1} A_{0l}\,u^{(l)} + 2u''\sum_{l=0}^{n-1} A_{1l}\,u^{(l)} + \cdots + 2u^{(n)}\sum_{l=0}^{n-1} A_{n-1,l}\,u^{(l)}.$$

Daraus, dass diese Gleichung in Bezug auf $u, u', \ldots$ identisch erfüllt ist, ergiebt sich

$$(15.)\qquad \frac{dA_{kl}}{dx} + A_{k-1,l} + A_{k,l-1} = c_{kl} - c_{nn}\,q_{n-k}\,q_{n-l} \qquad \begin{pmatrix} k = 0, 1, \ldots, n-1 \\ l = 0, 1, \ldots, n-1 \end{pmatrix}$$

$$(15a.)\qquad A_{n-1,l} = c_{n-1,l} - c_{nn}\,q_{n-l}.$$

Die Gleichung (15.) bleibt bestehen für $k = 0$ oder $l = 0$ oder $k = 0$ und $l = 0$, wenn die Grössen mit negativem Index gleich Null gesetzt werden.

Die Gleichungen (15.) und (15a.) liefern auch leicht die expliciten Ausdrücke für $A_{n-\lambda,\mu}$. Setzen wir nämlich

$$(16.)\qquad a_{kl} = c_{kl} - c_{nn}\,q_{n-k}\,q_{n-l},$$

so ergiebt sich

$$\begin{aligned} A_{n-\lambda-1,\mu} = {} & a_{n-\lambda,\mu} - a_{n-\lambda+1,\mu-1} + \cdots \pm a_{n,\mu-\lambda} \\ & - \mathrm{D}_x(1_1\,a_{n-\lambda+1,\mu} - 2_1\,a_{n-\lambda+2,\mu-1} + 3_1\,a_{n-\lambda+3,\mu-2} - \cdots \pm \lambda_1\,a_{n,\mu-\lambda+1}) \\ & + \mathrm{D}_x^2(2_2\,a_{n-\lambda+2,\mu} - 3_2\,a_{n-\lambda+3,\mu-1} + 4_2\,a_{n-\lambda+4,\mu-2} - \cdots \pm \lambda_2\,a_{n,\mu-\lambda+2}) + \cdots \\ & \cdots\cdots\cdots\cdots\cdots\cdots\cdots\cdots\cdots\cdots \\ & \pm \mathrm{D}_x^\lambda(\lambda_\lambda\,a_{n,\mu}), \end{aligned}$$

wo λ_k Binomialcoefficient ist.

9] 4.

Für beliebige reale Functionen u, welche nebst ihren $n-1$ ersten Ableitungen für $x = 0$ verschwinden und in der Nähe von $x = 0$ sich regulär verhalten, ist $Q(u)$ für positive von der Null hinlänglich wenig verschiedene Werthe von x ebenfalls regulär.

Wir beweisen in der oben bezeichneten Arbeit den Satz:

I. Die quadratische Form

$$(1.)\qquad \varphi = \sum_{k,l} A_{kl}\,u^{(k)}\,u^{(l)} \qquad \begin{pmatrix} k = 0, \ldots, n-1 \\ l = 0, \ldots, n-1 \end{pmatrix}$$

ist für positive in der Nähe von $x = 0$ gelegene Werthe von x definit und positiv.

Die Form φ behält also diese Eigenschaft, bis x zum ersten Male die Gleichung

$$(2.) \qquad |A_{kl}| = 0$$

erfüllt.

Die Function $Q(u)$, welche bei den gemachten Annahmen in der Nähe des singulären Punktes $x = 0$ der Differentialgleichung

$$(3.) \qquad Q(y) = 0$$

endlich und stetig ist, verliert diese Eigenschaft, wenn x sich dem nächsten singulären Punkte der Gleichung (3.) annähert.

Bezeichnen wir den nächsten positiven singulären Punkt mit α, während β die kleinste positive Wurzel der Gleichung (2.) darstellt, so ergiebt sich, wenn wir c_{nn} als positiv voraussetzen und die über die Functionen u getroffene Vereinbarung festhalten, nach der aus der Gleichung (11.) No. 3 fliessenden Gleichung

$$(4.) \qquad \int_0^x F(u, u', \ldots, u^{(n)})\, dx = \varphi(u, u', \ldots, u^{(n-1)}) + c_{nn} \int_0^x Q(u)^2\, dx$$

der Satz:

II. Bedeutet u eine beliebige Function, welche nebst ihren $n-1$ ersten Ableitungen für $x = 0$ verschwindet und in der Nähe von $x = 0$ sich regulär verhält, so ist das Integral

$$\int_0^x F(u, u', \ldots, u^{(n)})\, dx$$

für positive zwischen 0 und b gelegene Werthe von x positiv, wenn b die kleinere der beiden Grössen α und β darstellt, und wenn c_{nn} positiv vorausgesetzt wird.

5. [10

Die im vorhergehenden skizzirte Untersuchung hat nicht nur für die Anwendungen ein praktisches Interesse; sie kann vielmehr auch in rein analytischen Fragen verwerthet werden.

Es möge genügen, dieses an dem folgenden Beispiele zu erläutern.

Betrachten wir die Differentialgleichung

$$(\alpha.) \qquad F(u, u', \ldots, u^{(n)}) = f(x), \qquad (f(0) \lesseqgtr 0)$$

wo $F(u, u', \ldots, u^{(m)})$ dieselbe Beschaffenheit wie im vorhergehenden hat, während $f(x)$ eine innerhalb des Intervalls von $x = 0$ bis $x = b$ reguläre reale Function der realen Variablen x ist (b ist die in voriger Nummer charakterisirte Grösse).

Wird eine Lösung der Gleichung (α.) durch die Anfangswerthe

$$u = 0, \quad u' = 0, \quad \ldots, \quad u^{(n-1)} = 0$$

für $x = 0$ bestimmt und diese Lösung für reale positive Werthe von x verfolgt, so unterliegt die Frage, ob man in einem gewissen Intervall einer Singularität von u begegne, bekanntlich grossen Schwierigkeiten. Aus den Resultaten der vorigen Nummer kann man nun beispielsweise folgenden Schluss ziehen:

Ist $\int_x^x f(x)\,dx$ nicht für alle Werthe von x des Intervalles 0 bis b positiv, so kann u nicht in dem ganzen Intervalle eine reale sich regulär verhaltende Function bleiben.

ANMERKUNGEN.

1) Änderungen gegen das Original.

S. 338, Zeile 9 v. u. wurde »und $c_{kl} = c_{lk}$ ist« hinzugefügt,

„ 340, „ 16 linear statt linearer,

„ 341 lautet Zeile 11 im Original: Es ist y_1, folglich auch $y_1, y_2, \ldots, y_n$ reale Functionen von x.

2) Wie ich aus Gesprächen mit meinem Vater über den Gegenstand der vorstehenden Arbeit weiss, sind die hier skizzirten Untersuchungen durch eine Frage veranlasst worden, die Herr PLANCK seiner Zeit an meinen Vater gerichtet hat und die gewisse in der Mechanik auftretende bestimmte Integrale betraf. Auf eine hierauf bezügliche Anfrage hatte Herr PLANCK die Güte mir folgendes zu schreiben: „Ich hatte in meinen mathematisch-physikalischen Übungen in der Universität einige Beispiele für das mechanische Princip der kleinsten Wirkung behandelt, indem ich in einem, bestimmten Kräften unterworfenen, Punktsystem ganz willkürlich virtuelle Bewegungen voraussetzte und darauf den Satz anwandte, dass unter allen virtuellen Bewegungen die wirkliche dadurch ausgezeichnet ist, dass sie das Integral $\int(L-U)\,dt$ zu einem Minimum macht. Auf diese Weise kommt man natürlich zu Sätzen über die Grösse, die dieses Integral mindestens haben muss, wenn man eine ganz beliebige virtuelle Bewegung, die also beliebige Functionen enthält, einsetzt. Es schien mir nun interessant, zu prüfen, ob man derartige Sätze auch auf rein mathematischem Wege, ohne den Umweg über die Mechanik, ableiten kann, und deshalb richtete ich an Ihren Herrn Vater eine derartige Frage“. R. F.

LXXV.

ÜBER GRENZEN, INNERHALB DEREN GEWISSE BESTIMMTE INTEGRALE VORGESCHRIEBENE VORZEICHEN BEHALTEN*).

(Journal für die reine und angewandte Mathematik, Bd. 124, 1902, S. 278—291.)

I. [278

Es sei $F(u, u', \ldots, u^{(n)})$ eine quadratische Form der unbestimmten Function u und ihrer n ersten Ableitungen $u', \ldots, u^{(n)}$ nach einer unabhängigen Variablen x, deren Coefficienten gegebene reale und eindeutige Functionen der realen Variablen x sind. Wir setzen ferner voraus, dass die Function u ebenfalls real ist und nebst ihren Ableitungen in der Nähe eines Werthes $x = a$ sich regulär verhält, und stellen uns die Aufgabe, ein Intervall von a bis b anzugeben von der Beschaffenheit, dass das Vorzeichen des Integrals

$$\int_a^x F(u, u', \ldots, u^{(n)})\, dx$$

für jede beliebige der bezeichneten Functionen u beständig dasselbe [279
bleibt, so lange x dem Intervalle a bis b angehört.

---

*) Ein Auszug der vorliegenden Arbeit ist in den Sitzungsberichten der Berliner Akademie vom 9. Januar 1902, S. 4 ff. erschienen [1]).

Während der Drucklegung der vorliegenden Arbeit wurde der Verfasser L. Fuchs am Nachmittag des 26. April d. J. aus voller Schaffenskraft der Wissenschaft und diesem Journal — dessen Bände einen grossen Theil seines Lebenswerkes enthalten, und dem er seit dem Jahre 1882 als Herausgeber vorgestanden hat — jählings entrissen. Am Vormittag seines Todestages hatte er noch die erste Correctur des ersten Bogens dieser Arbeit erledigt. Die Besorgung der weiteren Correcturen und diese vorläufige Anzeige haben, Namens der verwaisten Journal-Redaction, die Unterzeichneten schmerzerfüllt übernommen.

R. Fuchs, L. Schlesinger.

---

1) Vgl. die vorhergehende Abhandlung LXXIV. R. F.

Wir bedienen uns hierzu eines Hülfsmittels, welches dem in der Variationsrechnung bei der Umformung der zweiten Variation angewendeten analog ist.

Wir suchen nämlich einen linearen Differentialausdruck

$$(1.)\qquad Q(u) = u^{(n)} + q_1 u^{(n-1)} + \cdots + q_n u,$$

dessen Coefficienten reale Functionen von x, so zu bestimmen, dass

$$(2.)\qquad F(u, u', \ldots, u^{(n)}) - p_{nn} Q(u)^2 = \frac{d}{dx}(\varphi(u, u', \ldots, u^{(n-1)}))$$

wird, wo p_{nn} den Coefficienten von $u^{(n)2}$ in $F(u, u', \ldots, u^{(n)})$ bezeichnet, und wo φ ebenfalls eine quadratische Form ist, deren Coefficienten wohlbestimmte reale Functionen von x bedeuten.

Während jedoch in der Gleichung

$$(3.)\qquad \int_a^x F(u, u', \ldots, u^{(n)})\,dx = \varphi(u, u', \ldots, u^{(n-1)})_{x=x} - \varphi(u, u', \ldots, u^{(n-1)})_{x=a} + \int_a^x p_{nn} Q(u)^2\,dx$$

das Vorzeichen des Ausdruckes

$$\varphi(u, u', \ldots, u^{(n-1)})_{x=x} - \varphi(u, u', \ldots, u^{(n-1)})_{x=a}$$

in der Variationsrechnung, der Natur der in dieser Disciplin behandelten Probleme entsprechend, ausser Betracht kommt, ist es für unsere Aufgabe unumgänglich nöthig, das Vorzeichen dieses Ausdruckes zu kennen.

Wir führen in dieser Arbeit die Untersuchung zunächst für den Fall aus, wo die Coefficienten der Form $F(u, u', \ldots, u^{(n)})$ von x unabhängige reale Grössen sind, also für

$$(4.)\qquad F(u, u', \ldots, u^{(n)}) = \sum_{k,l} c_{kl} u^{(k)} u^{(l)}, \qquad \begin{pmatrix} k = 0, 1, \ldots, n \\ l = 0, 1, \ldots, n \end{pmatrix}$$

wo c_{kl} reale Constanten bedeuten und $c_{kl} = c_{lk}$ ist.

Ohne der Allgemeinheit Eintrag zu thun, können wir $a = 0$ wählen.

II.

Für $n = 1$ sei

$$(1.)\qquad Q(u) = u' + q_1 u$$

und

$$(2.)\qquad F(u,u')-c_{11}Q(u)^2 = 2(c_{01}-c_{11}q_1)uu'+(c_{00}-c_{11}q_1^2)u^2.$$

Soll die rechte Seite dieser Gleichung für eine unbestimmte Function [280
u ein vollständiger Differentialquotient sein, so ist die Bedingung zu erfüllen

$$(3.)\qquad c_{00}-c_{11}q_1^2 = -c_{11}q_1'.$$

Alsdann ist*)

$$(4.)\qquad F(u,u')-c_{11}Q(u)^2 = \frac{d}{dx}(c_{01}-c_{11}q_1)u^2.$$

Die allgemeine Lösung der Gleichung (3.) ist bekanntlich

$$(5.)\qquad q_1 = r\frac{Ae^{rx}-Be^{-rx}}{Ae^{rx}+Be^{-rx}},$$

wo

$$r = \sqrt{\frac{c_{00}}{c_{11}}},$$

und A und B willkürliche Constanten bedeuten.

Wir wählen uns dasjenige particuläre Integral, welches für $x=0$ unendlich wird; dasselbe lautet

$$(6.)\qquad q_1 = -r\frac{e^{rx}+e^{-rx}}{e^{rx}-e^{-rx}}.$$

Der Ausdruck q_1 ist immer eine reale Function von x. Haben nämlich c_{00}, c_{11} gleiche Vorzeichen, so ist r real, sind die Vorzeichen von c_{00}, c_{11} entgegengesetzt, so ist r rein imaginär $r=\varrho i$ und es ist $q_1 = -\varrho\operatorname{cotg}\varrho x$.

Für Functionen u, welche sich in der Nähe von $x=0$ regulär verhalten und für $x=0$ verschwinden, ist $q_1 u$, folglich $Q(u)$ ebenfalls in der Nähe von $x=0$ regulär. Dasselbe gilt von dem Ausdrucke $(c_{00}-c_{11}q_1)u^2$, welcher für $x=0$ den Werth Null annimmt.

Aus (4.) ergiebt sich also

$$(7.)\qquad \int_0^x F(u,u')\,dx = (c_{01}-c_{11}q_1)u^2+c_{11}\int_0^x Q(u)^2\,dx.$$

Wir nehmen jetzt an, dass c_{11} positiv sei. Nach Gleichung (6.) hat q_1 für hinlänglich kleine positive Werthe von x einen beliebig grossen negativen

*) Vergl. LEGENDRE, Mémoires de l'Académie des sciences de Paris 1786.

Werth; demnach ist für dieselben Werthe von x der Ausdruck $c_{01} - c_{11} q_1$ positiv. Dieser Ausdruck behält das positive Vorzeichen bis

$$c_{01} - c_{11} q_1 = 0 \tag{8.}$$

wird.

281] Ist $x = \alpha$ der kleinste positive Werth, für welchen q_1 unendlich wird, β die kleinste positive Wurzel der Gleichung (8.) und bezeichnen wir mit b die kleinere der beiden Grössen α und β, so ergiebt sich demnach, dass für eine beliebige Function u, welche für $x = 0$ verschwindet und in der Nähe von $x = 0$ sich regulär verhält, die linke Seite der Gleichung (7.) positiv bleibt, solange x dem Intervalle 0 bis b angehört.

III.

Für $n > 1$ würde das LEGENDREsche Verfahren die Integration eines complicirten Systems von Differentialgleichungen erfordern, dessen Discussion in Bezug auf Realität und Stetigkeit der Lösungen sehr mühsam wäre. Es ist daher die Bestimmung von $Q(u)$ nach einem Verfahren vorzuziehen, welches dem von JACOBI für die Discussion der zweiten Variation gelehrten analog ist. Wir gehen zu diesem Zwecke von der Differentialgleichung

$$P(y) = \sum_{k,l} (-1)^l c_{kl} y^{(k+l)} = 0 \qquad \begin{pmatrix} k = 0, \ldots, n \\ l = 0, \ldots, n \end{pmatrix} \tag{1.}$$

aus.

Da

$$c_{kl} = c_{lk}, \tag{2.}$$

so erhält die Gleichung (1.) die Form

$$P(y) = \sum_{m=0}^{n} C_m y^{(2m)} = 0, \tag{3.}$$

wo

$$C_m = 2 \sum_{k=0}^{m-1} (-1)^k c_{2m-k,k} + (-1)^m c_{mm}. \tag{4.}$$

Wir bilden nunmehr den linearen Differentialausdruck n^{ter} Ordnung $Q(u)$ derart, dass $Q(u)$ verschwindet, wenn für u ein System linear unabhängiger Lösungen $y_1, y_2, \ldots, y_n$ der Gleichung (3.) gesetzt wird.

Diese Lösungen haben gewisse von HESSE*) und CLEBSCH**) aufgestellte Bedingungen zu befriedigen. Dieselben sind erfüllt, wenn wir die Anfangswerthe von $y_1, y_2, \ldots, y_n$ so wählen, dass, für $x = 0$, $y_1, y_2, \ldots, y_n$ bezw. der Ordnung $2n-1, 2n-2, \ldots, n$ verschwinden***).

Wir wollen der Einfachheit wegen, ohne der Allgemeinheit Abbruch [282 zu thun, voraussetzen, dass die Wurzeln $\pm r_1, \pm r_2, \ldots, \pm r_n$ der Gleichung

$$(5.)\qquad \sum_{m=0}^{n} C_m r^{2m} = 0$$

von einander verschieden sind.

Eine lineare homogene Differentialgleichung mit constanten Coefficienten hat die Eigenschaft, durch eine beliebige Ableitung einer ihrer Lösungen befriedigt zu werden. Ist daher y eine Lösung der Gleichung (3.), so ist auch jede Ableitung von y eine Lösung derselben Gleichung. Wir können daher die Lösung y_1 so wählen, dass dieselbe für $x = 0$ der Ordnung $2n-1$ verschwindet, und dann

$$y_2 = \frac{dy_1}{dx}, \quad y_3 = \frac{d^2y_1}{dx^2}, \quad \ldots, \quad y_n = \frac{d^{n-1}y_1}{dx^{n-1}}.$$

Da eine Gleichung der Form

$$\gamma_1 y_1 + \gamma_2 y_2 + \cdots + \gamma_n y_n = 0$$

mit constanten Coefficienten der Voraussetzung nach nur bestehen könnte, wenn die sämmtlichen Coefficienten verschwinden, so sind hiernach $y_1, y_2, \ldots, y_n$ linear unabhängig.

Um für eine lineare homogene Differentialgleichung m^{ter} Ordnung mit constanten Coefficienten, für welche die characteristische Gleichung lauter verschiedene Wurzeln $r_1, r_2, \ldots, r_m$ besitzt, eine Lösung anzugeben, welche nebst ihren $m-2$ ersten Ableitungen für $x = 0$ verschwindet, während die $(m-1)^{\text{te}}$ Ableitung den Werth Eins erhält, hat man m Constanten $\gamma_1, \gamma_2, \ldots, \gamma_m$ derart zu bestimmen, dass

$$r_1^{\varkappa}\gamma_1 + r_2^{\varkappa}\gamma_2 + \cdots + r_m^{\varkappa}\gamma_m = 0,$$

*) Dieses Journal Bd. 54 [1]).

**) Dieses Journal Bd. 55.

***) Vergl. FROBENIUS, dieses Journal Bd. 85, S. 198.

1) Hesse's Gesammelte Werke, Abh. 27, S. 442—444. R. F.

für $\varkappa = 0, 1, \ldots, m-2$, und

$$r_1^{m-1}\gamma_1 + r_2^{m-1}\gamma_2 + \cdots + r_m^{m-1}\gamma_m = 1.$$

Diese Gleichungen ergeben

$$(6.)\qquad \gamma_\varkappa = \frac{1}{2r_\varkappa\varphi'(r_\varkappa)},$$

wo $\varphi(r)$ die linke Seite der characteristischen Gleichung der vorgelegten Differentialgleichung, $\varphi'(r)$ ihre Ableitung nach r bedeutet.

Auf unsere Gleichung (3.) angewendet ergiebt sich demnach:

$$(7.)\qquad y_1 = \frac{1}{2}\sum_{\varkappa=1}^{n}\frac{1}{r_\varkappa f_\varkappa(r_\varkappa)}\left\{e^{r_\varkappa x} - e^{-r_\varkappa x}\right\},$$

wo

283] (8.)
$$\begin{cases} f(z) = \sum\limits_{m=0}^{n} C_m z^{2m}, \\ f_\varkappa(z) = \dfrac{f(z)}{z^2 - r_\varkappa^2}. \end{cases}$$

Nach unseren Voraussetzungen in No. I sind die Coefficienten C_m reale Grössen. Ist daher $r_\varkappa^2$ eine reale Wurzel der Gleichung

$$(5a.)\qquad \sum_{m=0}^{n} C_m s^{2m} = 0,$$

so ist $f_\varkappa(r_\varkappa)$ real; wenn nun auch $r_\varkappa^2$ positiv ist, so ist unmittelbar zu sehen, dass

$$\frac{1}{r_\varkappa f_\varkappa(r_\varkappa)}\left\{e^{r_\varkappa x} - e^{-r_\varkappa x}\right\}$$

eine reale Function von x ist. Aber wenn $r_\varkappa^2$ negativ ist, also $r_\varkappa = \varrho_\varkappa i$, so ist

$$\frac{e^{r_\varkappa x} - e^{-r_\varkappa x}}{2r_\varkappa} = \frac{\sin \varrho_\varkappa x}{\varrho_\varkappa}$$

wiederum real.

Ist dagegen $r_\varkappa^2$ eine complexe Grösse gleich $\alpha + \beta i$, so ist die Summe

$$\sigma = \frac{1}{f_\varkappa(r_\varkappa)}\left\{\frac{e^{r_\varkappa x} - e^{-r_\varkappa x}}{r_\varkappa}\right\} + \frac{1}{f_\iota(r_\iota)}\left\{\frac{e^{r_\iota x} - e^{-r_\iota x}}{r_\iota}\right\},$$

wo $r_\iota^2 = \alpha - \beta i$, ins Auge zu fassen. Es sind aber sowohl $f_\varkappa(r_\varkappa)$ und $f_\iota(r_\iota)$ als auch

$$\frac{e^{r_\varkappa x} - e^{-r_\varkappa x}}{r_\varkappa} \quad\text{und}\quad \frac{e^{r_\iota x} - e^{-r_\iota x}}{r_\iota}$$

conjugirte complexe Grössen. Es ist demnach σ eine reale Function von x. Aus diesen Erwägungen ergiebt sich demnach, dass y_1 eine reale Function von x ist, folglich auch $y_2, \ldots, y_n$.

In der Gleichung

$$Q(u) = 0, \tag{9.}$$

welche durch $y_1, y_2, \ldots, y_n$ befriedigt wird, sind $q_1, \ldots, q_n$ demnach reale Functionen von x. Da die Lösungen dieser Gleichung in der Umgebung von $x = 0$ Potenzreihen mit nur positiven ganzen Potenzen sind, so ergiebt sich*), dass $q_1 x, q_2 x^2, \ldots, q_n x^n$ in der Umgebung von $x = 0$ nach positiven ganzen Potenzen von x entwickelbar sind. Die zu $x = 0$ gehörige determinirende Fundamentalgleichung der Gleichung (9.) hat der Voraussetzung gemäss die Wurzeln $n, n+1, \ldots, 2n-1$.

Setzen wir daher [284

$$u = x^n v, \tag{10.}$$

wodurch (9.) in

$$v^{(n)} + s_1 v^{(n-1)} + \cdots + s_n v = 0 \tag{9a.}$$

übergeht, wo

$$x^n s_\lambda = n_\lambda D^\lambda(x^n) + (n-1)_{\lambda-1} q_1 D^{\lambda-1}(x^n) + (n-2)_{\lambda-2} q_2 D^{\lambda-2}(x^n) + \cdots + q_\lambda x^n,$$

so sind die Wurzeln der zu $x = 0$ gehörigen Fundamentalgleichung von (9a.) $0, 1, 2, \ldots, n-1$, es muss daher $(x^\lambda s_\lambda)_{x=0}$ verschwinden für $\lambda = 1, 2, \ldots, n$.

Die Gleichung $(x s_1)_{x=0} = 0$ ist äquivalent $(n^2 + q_1 x)_{x=0} = 0$, also ergiebt sich

$$q_1 = -\frac{n^2}{x} + \mathfrak{P}_1(x),$$

wo $\mathfrak{P}_1(x)$ eine nach positiven ganzen Potenzen von x fortschreitende Reihe bedeutet. Ebenso folgt aus $(x^2 s_2)_{x=0} = 0$

$$\left[\frac{n^2(n-1)^2}{2} + n(n-1) q_1 x + q_2 x^2\right]_{x=0} = 0,$$

also

$$q_2 = \frac{n^2(n^2-1^2)}{2} \frac{1}{x^2} + \mathfrak{P}_2(x),$$

*) Dieses Journal, Bd. 68, S. 360[1]).

1) Abh. VII, S. 213, Band I dieser Ausgabe. R. F.

wo wieder $\mathfrak{P}_2(x)$ eine nach positiven ganzen Potenzen von x fortschreitende Reihe bedeutet.

Allgemein ist

$$q_\varkappa = \frac{\alpha_\varkappa}{x^\varkappa} + \mathfrak{P}_\varkappa(x), \tag{11.}$$

wo

$$\alpha_\varkappa = (-1)^\varkappa \frac{n^2(n^2-1^2)\dots(n^2-(\varkappa-1)^2)}{\varkappa!}, \tag{12.}$$

und $\mathfrak{P}_\varkappa(x)$ eine nach positiven ganzen Potenzen von x fortschreitende Reihe bedeutet.

Um in der Gleichung

$$F(u, u', \dots, u^{(n)}) - c_{nn}Q(u)^2 = \frac{d\varphi}{dx} \tag{13.}$$

φ zu bestimmen, sei

$$\varphi = \sum_{k,l} A_{kl}\, u^{(k)} u^{(l)}. \qquad \begin{pmatrix} k = 0, \dots, n-1 \\ l = 0, \dots, n-1 \end{pmatrix} \tag{14.}$$

285] Bezeichnen wir wie bisher mit oberen Accenten die Ableitungen nach x, so ist

$$\frac{d\varphi}{dx} = \sum_{k,l} A'_{kl}\, u^{(k)} u^{(l)} + 2u' \sum_{l=0}^{n-1} A_{0l}\, u^{(l)} + 2u'' \sum_{l=0}^{n-1} A_{1l}\, u^{(l)} + \dots + 2u^{(n)} \sum_{l=0}^{n-1} A_{n-1,l}\, u^{(l)}. \tag{15.}$$

Es hat daher (13.) die Gestalt

$$\begin{aligned} F(u, u', \dots, u^{(n)}) - c_{nn}Q(u)^2 = \sum_{k,l} A'_{kl}\, u^{(k)} u^{(l)} + 2u' \sum_{l=0}^{n-1} A_{0l}\, u^{(l)} \\ + 2u'' \sum_{l=0}^{n-1} A_{1l}\, u^{(l)} + \dots + 2u^{(n)} \sum_{l=0}^{n-1} A_{n-1,l}\, u^{(l)}. \end{aligned} \tag{16.}$$

Daraus, dass diese Gleichung in Bezug auf $u, u', \dots$ identisch erfüllt ist, ergiebt sich

$$\frac{dA_{kl}}{dx} + A_{k-1,l} + A_{k,l-1} = c_{kl} - c_{nn}\, q_{n-k}\, q_{n-l}, \tag{17.}$$

$$A_{n-1,l} = c_{n-1,l} - c_{nn}\, q_{n-l}. \tag{17a.}$$

Die Gleichungen (17.) und (17a.) liefern auch leicht die expliciten Ausdrücke für $A_{n-\lambda,\mu}$. Setzen wir nämlich

$$a_{kl} = c_{kl} - c_{nn}\, q_{n-k}\, q_{n-l}, \tag{18.}$$

so ergiebt sich

$$(19.)\quad \left\{\begin{aligned} A_{n-\lambda-1,\mu} = {} & a_{n-\lambda,\mu} - a_{n-\lambda+1,\mu-1} + \cdots \pm a_{n,\mu-\lambda} \\ & - \mathrm{D}_x(1_1 a_{n-\lambda+1,\mu} - 2_1 a_{n-\lambda+2,\mu-1} + 3_1 a_{n-\lambda+3,\mu-2} - \cdots \pm \lambda_1 a_{n,\mu-\lambda+1}) \\ & + \mathrm{D}_x^2(2_2 a_{n-\lambda+2,\mu} - 3_2 a_{n-\lambda+3,\mu-1} + 4_2 a_{n-\lambda+4,\mu-2} - \cdots \pm \lambda_2 a_{n,\mu-\lambda+2}) \\ & \cdots\cdots\cdots\cdots\cdots\cdots\cdots\cdots \\ & \pm \mathrm{D}_x^\lambda(\lambda_\lambda a_{n,\mu}), \end{aligned}\right.$$

wo $\lambda_\varkappa$ Binomialcoefficient ist.

Aus den Gleichungen (17.) oder (19.) folgt:

$$(20.)\qquad (A_{n-\lambda-1,\mu}\, x^{n+\lambda-\mu})_{x=0} = \frac{c_{nn}(\lambda+1)(n-\mu)}{n^2(n+\lambda-\mu)}\, \alpha_{\lambda+1}\, \alpha_{n-\mu}.$$

Man bestätigt diese Formel aus den Gleichungen (19.) unmittelbar [286
für $\lambda = 0$, $\lambda = 1$ und beweist alsdann, mit Hülfe der Gleichung (17.), indem man dieselbe für $k = n-\lambda-1$, $l = \mu$ auf die Form bringt

$$(17\text{b.})\qquad A_{n-\lambda-2,\mu} = -\frac{dA_{n-\lambda-1,\mu}}{dx} - A_{n-\lambda-1,\mu-1} + c_{n-\lambda-1,\mu} - c_{nn}\, q_{\lambda+1}\, q_{n-\mu},$$

dass sie gültig ist für $\lambda+1$, wenn sie für $0, 1, \ldots, \lambda$ erwiesen ist.

Setzen wir

$$n-\lambda-1 = k, \quad \mu = l,$$

so nimmt die Gleichung (20.) die Form an

$$(20\text{a.})\qquad (A_{kl}\, x^{2n-k-l-1})_{x=0} = \frac{c_{nn}(n-k)(n-l)}{n^2(2n-k-l-1)}\, \alpha_{n-k}\, \alpha_{n-l}.$$

IV.

Es seien $f_1(x), f_2(x), \ldots, f_{m+1}(x)$ ganze rationale Functionen m^{ten} Grades von x, in welchen der Coefficient von x^m gleich Eins ist. Bilden wir die Determinante

$$(1.)\qquad D = \begin{vmatrix} f_1(x+m) & f_2(x+m) & \ldots & f_{m+1}(x+m) \\ f_1(x+m-1) & f_2(x+m-1) & \ldots & f_{m+1}(x+m-1) \\ \cdot\;\cdot\;\cdot & \cdot\;\cdot\;\cdot & \cdot\;\cdot\;\cdot & \cdot\;\cdot\;\cdot \\ f_1(x) & f_2(x) & \ldots & f_{m+1}(x) \end{vmatrix},$$

so lässt sich dieselbe vermöge der Identität

$$(2.)\qquad m! = f_\lambda(x+m) - m_1 f_\lambda(x+m-1) + m_2 f_\lambda(x+m-2) - \cdots + (-1)^m f_\lambda(x)$$

in

$$(3.)\quad D = m!\begin{vmatrix} 1 & 1 & 1 & \dots 1 \\ f_1(x+m-1) & f_2(x+m-1) & f_3(x+m-1) & \dots f_{m+1}(x+m-1) \\ \cdot & \cdot & \cdot & \cdot \\ f_1(x) & f_2(x) & f_3(x) & \dots f_{m+1}(x) \end{vmatrix}$$

umformen.

Setzen wir

$$(4.)\quad f_\lambda(x)-f_1(x) = \mu_{2\lambda}f_{1\lambda}(x),$$

wo $\mu_{2\lambda}$ den Coefficienten der höchsten Potenz von x bedeutet, welcher in der Differenz $f_\lambda(x)-f_1(x)$ vorkommt, so ergiebt sich

287]

$$(5.)\quad D = m!\,\mu_{22}\mu_{23}\dots\mu_{2,m+1}\begin{vmatrix} f_{12}(x+m-1) & f_{13}(x+m-1) & \dots f_{1,m+1}(x+m-1) \\ f_{12}(x+m-2) & f_{13}(x+m-2) & \dots f_{1,m+1}(x+m-2) \\ \cdot & \cdot & \cdot \\ f_{12}(x) & f_{13}(x) & \dots f_{1,m+1}(x) \end{vmatrix}.$$

$f_{12}, f_{13}, \dots, f_{1,m+1}$ sind ganze rationale Functionen $(m-1)^{\text{ten}}$ Grades, bei denen der Coefficient der $(m-1)^{\text{ten}}$ Potenz gleich Eins ist.

Die Determinante D lässt sich durch Anwendung der Identität

$$(6.)\quad \begin{aligned}(m-1)! = {} & f_{1\lambda}(x+m-1)-(m-1)_1 f_{1\lambda}(x+m-2) \\ & +(m-1)_2 f_{1\lambda}(x+m-3)-\dots+(-1)^{m-1}f_{1\lambda}(x)\end{aligned}$$

umformen in

$$(7.)\quad D = m!\,\mu_{22}\mu_{23}\dots\mu_{2,m+1}\begin{vmatrix} 1 & 1 & \dots 1 \\ f_{12}(x+m-2) & f_{13}(x+m-2) & \dots f_{1,m+1}(x+m-2) \\ \cdot & \cdot & \cdot \\ f_{12}(x) & f_{13}(x) & \dots f_{1,m+1}(x) \end{vmatrix}.$$

Setzen wir

$$(8.)\quad f_{1\lambda}(x)-f_{12}(x) = \mu_{3\lambda}f_{2\lambda}(x),$$

wo $\mu_{3\lambda}$ den Coefficienten der höchsten Potenz von x bedeutet, welcher in der Differenz $f_{1\lambda}(x)-f_{12}(x)$ vorkommt, so ist hiernach

$$(9.)\quad \left\{\begin{aligned} D = {} & m!\,(m-1)!\,\mu_{22}\mu_{23}\dots\mu_{2,m+1}\cdot\mu_{33}\dots\mu_{3,m+1}\times \\ & \begin{vmatrix} f_{23}(x+m-2) & f_{24}(x+m-2) & \dots f_{2,m+1}(x+m-2) \\ f_{23}(x+m-3) & f_{24}(x+m-3) & \dots f_{2,m+1}(x+m-3) \\ \cdot & \cdot & \cdot \\ f_{23}(x) & f_{24}(x) & \dots f_{2,m+1}(x) \end{vmatrix}.\end{aligned}\right.$$

Man sieht, dass durch Fortsetzung dieses Processes schliesslich erhalten wird

$$(10.)\quad \begin{cases} D = m!\,(m-1)!\,(m-2)!\ldots 2!\,1! \\ \quad\cdot \mu_{22}\,\mu_{23}\ldots\mu_{2,m+1} \\ \quad\quad\cdot \mu_{33}\ldots\mu_{3,m+1} \\ \quad\quad\quad \cdot\;\cdot\;\cdot\;\cdot\;\cdot \\ \quad\quad\quad\quad \cdot\mu_{m+1,m+1}, \end{cases}$$

wo die Bedeutung der μ mit doppeltem Index aus dem vorhergehenden [288 ersichtlich ist.

Wir heben hier einen speciellen Fall hervor, von welchem wir später Gebrauch machen wollen. Sei

$$(11.)\qquad F(x) = (x-m)(x-m-1)\ldots(x-2m)$$

und

$$(12.)\qquad f_\lambda(x) = \frac{F(x)}{x-m-\lambda+1}, \qquad (\lambda = 1, 2, \ldots, m+1)$$

so ergiebt sich für diesen Fall aus der Gleichung (10.)

$$(\text{A.})\qquad D = (m!\,(m-1)!\ldots 2!\,1!)^2.$$

V.

Sei

$$(1.)\qquad p_\lambda = \begin{vmatrix} A_{00} & A_{01} & \ldots & A_{0\lambda} \\ A_{10} & A_{11} & \ldots & A_{1\lambda} \\ \cdot & \cdot & \cdot & \cdot \\ A_{\lambda 0} & A_{\lambda 1} & \ldots & A_{\lambda\lambda} \end{vmatrix},$$

wo die $A_{\varkappa\iota}$ dieselbe Bedeutung haben wie in No. III.

Aus der Gleichung (20a.) No. III ergiebt sich

$$(2.)\qquad \left(p_\lambda x^{2(\lambda+1)n-(\lambda+1)^2}\right)_{x=0} = \frac{(n(n-1)\ldots(n-\lambda))^2\,(\alpha_n\,\alpha_{n-1}\ldots\alpha_{n-\lambda})^2\,c_{nn}^{\lambda+1}\,\Delta}{n^{2(\lambda+1)}},$$

wo

$$(3.)\qquad \Delta = \begin{vmatrix} \frac{1}{2n-1} & \frac{1}{2n-2} & \ldots & \frac{1}{2n-1-\lambda} \\ \frac{1}{2n-2} & \frac{1}{2n-3} & \ldots & \frac{1}{2n-1-\lambda-1} \\ \cdot & \cdot & \cdot & \cdot \\ \frac{1}{2n-1-\lambda} & \frac{1}{2n-1-\lambda-1} & \ldots & \frac{1}{2n-1-2\lambda} \end{vmatrix}.$$

Setzen wir

$$
(4.)\quad \begin{cases} 2n-1 = \xi, \\ F(\xi) = (\xi-\lambda)(\xi-\lambda-1)\ldots(\xi-2\lambda), \\ f_k(\xi) = \dfrac{F(\xi)}{(\xi-\lambda-k+1)}, \qquad (k=1,2,\ldots,\lambda+1) \end{cases}
$$

289] so wird

$$
(5.)\quad \Delta = \frac{1}{\xi(\xi-1)^2(\xi-2)^3\ldots(\xi-\lambda)^{\lambda+1}(\xi-\lambda-1)^{\lambda}\ldots(\xi-2\lambda+1)^2(\xi-2\lambda)}\cdot\Delta',
$$

wo

$$
(6.)\qquad \Delta' = \begin{vmatrix} f_1(\xi+\lambda) & f_2(\xi+\lambda) & \ldots & f_{\lambda+1}(\xi+\lambda) \\ f_1(\xi+\lambda-1) & f_2(\xi+\lambda-1) & \ldots & f_{\lambda+1}(\xi+\lambda-1) \\ \cdot & \cdot & \cdot & \cdot \\ f_1(\xi) & f_2(\xi) & \ldots & f_{\lambda+1}(\xi) \end{vmatrix}.
$$

Es ist aber nach (A.) No. IV

$$
(7.)\qquad \Delta' = (\lambda!\,(\lambda-1)!\ldots 2!\,1!)^2.
$$

Wir erhalten daher schliesslich

$$
(B.)\quad \begin{cases} \left(p_\lambda x^{2(\lambda+1)n-(\lambda+1)^2}\right)_{x=0} \\ = \dfrac{[n(n-1)\ldots(n-\lambda)\,\alpha_n\alpha_{n-1}\ldots\alpha_{n-\lambda}\,\lambda!\,(\lambda-1)!\ldots 2!\,1!]^2\,c_{nn}^{\lambda+1}}{n^{2(\lambda+1)}(2n-1)(2n-2)^2\ldots(2n-1-\lambda)^{\lambda+1}(2n-1-\lambda-1)^{\lambda}\ldots(2n-1-2\lambda+1)^2(2n-1-2\lambda)}. \end{cases}
$$

VI.

Nach der vorigen Nummer, Gleichung (B.), ist

$$
P_\lambda = \left(p_\lambda x^{2(\lambda+1)n-(\lambda+1)^2}\right)_{x=0}
$$

eine wesentlich positive Grösse.

Die quadratische Form

$$
(1.)\qquad \varphi = \sum_{k,l} A_{kl}\,u^{(k)}u^{(l)} \qquad \begin{pmatrix} k=0,1,\ldots,n-1 \\ l=0,1,\ldots,n-1 \end{pmatrix}
$$

lässt sich nach einer von Jacobi*) herrührenden Methode auf folgende Weise

*) Dieses Journal, Bd. 53, S. 270[1]).

1) C. G. J. Jacobi's Gesammelte Werke, Bd. III, S. 590. R. F.

durch eine Summe von Quadraten darstellen:

$$(2.)\qquad \varphi = \frac{U^2}{p_0} + \frac{U_1^2}{p_0\,p_1} + \cdots + \frac{U_m^2}{p_{m-1}\,p_m} + \cdots + \frac{U_n^2}{p_{n-1}\,p_n},$$

wo $p_0, p_1, \ldots, p_n$ die in voriger Nummer, Gleichung (1.), angegebene Bedeutung haben und $U, U_1, \ldots, U_n$ lineare homogene Functionen von $u, u', \ldots, u^{(n-1)}$ bedeuten, deren Coefficienten ganze rationale Functionen von $q_1, \ldots, q_n$ und deren Ableitungen sind.

Bezeichnen wir mit α den kleinsten positiven Werth von x, für welchen eine der Grössen $q_1, \ldots, q_n$ unendlich wird, so sind für alle positiven Werthe von x, die kleiner sind als α, die Coefficienten $A_{\varkappa\lambda}$, der Darstellung der- [290 selben durch Gleichung (19.) No. III gemäss, stetige Functionen von x.

Nun ist nach voriger Nummer, Gleichung (B.),

$$(3.)\qquad p_\lambda = \frac{P_\lambda}{x^{2(\lambda+1)n-(\lambda+1)^2}} + \text{Glieder mit steigenden Potenzen von } x.$$

Demnach ist p_λ für $0 < x < \alpha$ stetig und für hinlänglich kleine Werthe von x positiv. Für hinlänglich kleine Werthe innerhalb derselben Grenzen ist daher auch nach Gleichung (2.) φ eine definite positive quadratische Form.

Eine Zeichenänderung von ϱ Coefficienten der Quadrate in Gleichung (2.) würde nach dem Trägheitsgesetz bei jeder anderen Art von Transformation der quadratischen Form in eine Summe von Quadraten ebenfalls eine Zeichenänderung von ϱ Coefficienten hervorrufen. Wählt man hierzu die Transformation durch eine orthogonale Substitution, so ergiebt sich aus der Stetigkeit der Coefficienten $A_{\varkappa\lambda}$, dass solche Zeichenänderungen erst eintreten können, wenn die Determinante

$$(4.)\qquad |A_{\varkappa\lambda}| = 0$$

ist.

Wir wollen die kleinste positive Wurzel dieser Gleichung mit β bezeichnen.

Wenn wir c_{nn} als positiv voraussetzen, so ist für Functionen u, welche nebst ihren $(n-1)$ ersten Ableitungen für $x = 0$ verschwinden und sich überdies nebst ihren n ersten Ableitungen für $x = 0$ regulär verhalten, nach

Gleichung (13.) No. III

$$\int_0^x F(u, u', \ldots, u^{(n)})\,dx = \varphi(u, u', \ldots, u^{(n-1)}) + c_{nn}\int_0^x Q(u)^2\,dx. \tag{5.}$$

Wir gelangen also zu folgendem Resultat:

Bedeutet u eine beliebige Function, welche nebst ihren $n-1$ ersten Ableitungen für $x = 0$ verschwindet und sich überdies nebst ihren n ersten Ableitungen für $x = 0$ regulär verhält, so ist das Integral

$$\int_0^x F(u, u', \ldots, u^{(n)})\,dx$$

für positive zwischen 0 und b gelegene Werthe von x positiv, wenn b die kleinere der beiden Grössen α und β darstellt, und wenn c_{nn} positiv vorausgesetzt wird.

291] VII.

Die im Vorhergehenden skizzirte Untersuchung hat nicht nur für die Anwendungen ein praktisches Interesse; sie kann vielmehr auch in rein analytischen Fragen verwerthet werden.

Es möge genügen, dieses an dem folgenden Beispiele zu erläutern.

Betrachten wir die Differentialgleichung

$$F(u, u', \ldots, u^{(n)}) = f(x), \tag{α.}$$

wo $F(u, u', \ldots, u^{(n)})$ dieselbe Beschaffenheit wie im Vorhergehenden hat, während $f(x)$ eine innerhalb des Intervalles von $x = 0$ bis $x = b$ reguläre reale Function der realen Variablen x ist (b ist die in voriger Nummer charakterisirte Grösse).

Wird eine Lösung der Gleichung (α.) durch die Anfangswerthe

$$u = 0,\quad u' = 0,\quad \ldots,\quad u^{(n-1)} = 0$$

für $x = 0$ bestimmt*) und diese Lösung für reale positive Werthe von x verfolgt, so unterliegt die Frage, ob man in einem gewissen Intervall einer

*) Dass dabei selbstverständlich $f(0)$ von Null verschieden sein muss, hat mir mein Vater bei der Herstellung des Manuscripts mündlich bemerkt. R. Fuchs.

Singularität von u begegne, bekanntlich grossen Schwierigkeiten. Aus den Resultaten der vorigen Nummer kann man nun beispielsweise folgenden Schluss ziehen:

Ist $\int_0^x f(x)\,dx$ nicht für alle Werthe von x des Intervalles 0 bis b positiv, so kann u nicht in dem ganzen Intervalle eine reale sich regulär verhaltende Function bleiben.

ANMERKUNGEN.

1) **Änderungen gegen das Original.**

S. 346, Zeile 5 v. u. wurde »und $c_{kl} = c_{lk}$ ist« hinzugefügt,

„ 351, „ 2 und 3 steht im Original: dass y_1 folglich auch $y_2, \ldots, y_n$ reale Functionen von x sind.

2) Vgl. die Anmerkung zur vorhergehenden Abhandlung LXXIII.

R. F.

LXXVI.

ÜBER ZWEI NACHGELASSENE ARBEITEN ABELS UND DIE SICH DARAN ANSCHLIESSENDEN UNTERSUCHUNGEN IN DER THEORIE DER LINEAREN DIFFERENTIALGLEICHUNGEN*).

(Acta Mathematica, Band 26, 1902, S. 319—332.)

I. [319

In zwei nachgelassenen Abhandlungen (t. II, No. VIII und No. IX der von Sylow und Lie besorgten Ausgabe der Abelschen Werke von 1881) hat Abel die Sätze Legendres über Vertauschung von Parameter und Argument bei den elliptischen Integralen dritter Gattung auf lineare Differentialgleichungen ausgedehnt.

Diese Arbeiten Abels sind alsdann von Jacobi (Crelles Journal, Bd. 32, S. 185[1]) durch eine abweichende Darstellung derselben in ein helles Licht gestellt worden.

*) Die Abhandlung, welche wir hier veröffentlichen, ist die letzte, welche aus der Hand des verewigten Verfassers stammt. Als die Abhandlung schon im Druck war, wurde der Verfasser am 26. April plötzlich auf der Strasse von der Krankheit betroffen, welche nach wenigen Minuten seinem ruhmreichen, der mathematischen Wissenschaft mit so grosser Hingabe und so seltenem Erfolg geweihten Leben ein Ende machte. Die Zeit und der Platz fehlen uns augenblicklich um eine angemessene Schilderung zu geben von der Stellung, welche Fuchs in der mathematischen Wissenschaft einnimmt, sowie von dem gewaltigen Einflusse, welchen er auf die Entwickelung der Mathematik in den letzten 37 Jahren, seit dem Erscheinen seiner berühmten Abhandlung Zur Theorie der linearen Differentialgleichungen ausgeübt hat. Eine solche Schilderung wird jedoch, wie wir erfahren, nicht lange ausbleiben.

Die Redaktion.

1) Jacobi's Gesammelte Werke, Bd. II (1882), S. 121 ff. R. F.

Sind $A_0, A_1, \ldots, A_n$ ganze rationale Functionen von x, so betrachtet JACOBI neben dem Differentialausdrucke

$$[y]_1 = A_0 y + A_1 y' + \cdots + A_n y^{(n)},$$

320] wo die oberen Accente Ableitungen nach x bedeuten, den Differentialausdruck

$$[y]_2 = -A_0 y + D_x(A_1 y) - D_x^{(2)}(A_2 y) + \cdots \pm D_x^{(n)}(A_n y) = B_0 y + B_1 y' + \cdots + B_n y^{(n)},$$

welchen wir jetzt als den zu $[y]_1$ adjungirten*) bezeichnen. Da nach LAGRANGE $z[y]_1 + y[z]_2$ für willkürliche Functionen y, z ein vollständiger Differentialquotient ist, so setzt JACOBI

$$\int \{z[y]_1 + y[z]_2\}\, dx = [y, z].$$

Wenn die unabhängige Variable x in $[y]_1$, $[y]_2$, $[y, z]$ mit einer unabhängigen Variablen α vertauscht wird, so sollen diese Ausdrücke mit $[y]_1^{(\alpha)}$, $[y]_2^{(\alpha)}$, $[y, z]^{(\alpha)}$, und im Gegensatze hierzu die ursprünglichen auf x bezüglichen Ausdrücke mit $[y]_1^{(x)}$, $[y]_2^{(x)}$, $[y, z]^{(x)}$ bezeichnet werden.

Sei $\mathfrak{A}_k$ dieselbe Function von α wie A_k von x und

$$\frac{A_k - \mathfrak{A}_k}{x - \alpha} = P_k,$$

so ist

$$U = -P_0 + \frac{\partial P_1}{\partial x} - \frac{\partial^2 P_2}{\partial x^2} + \cdots \pm \frac{\partial^n P_n}{\partial x^n}$$

eine ganze rationale Function von x und α,

$$\text{(A.)} \qquad U = \sum C_{mp}\, \alpha^m x^p,$$

wo C_{mp} den Coefficienten von x^p in $[x^{-m-1}]_2$ bedeutet. JACOBI findet nun die Beziehung

$$\left[\frac{1}{x-\alpha}\right]_1^{(\alpha)} + \left[\frac{1}{x-\alpha}\right]_2^{(x)} = U,$$

aus welcher er die andere ableitet:

$$\text{(B.)} \qquad \frac{\partial}{\partial x}\left[y, \frac{\mathfrak{z}}{x-\alpha}\right]^{(x)} - \frac{\partial}{\partial \alpha}\left[\frac{y}{\alpha - x}, \mathfrak{z}\right]^{(\alpha)} = U y \mathfrak{z},$$

*) Vergl. CRELLES Journal, Bd. 76, S. 183[1]).

[1]) Abh. XVI, S. 421, Band I dieser Ausgabe. R. F.

wo y eine Lösung der Gleichung $[y]_1^{(x)} = 0$, $\mathfrak{z}$ eine Lösung der Gleichung $[\mathfrak{z}]_2^{(\alpha)} = 0$ bedeutet.

Ist $y_1, y_2, \ldots, y_n$ ein linear unabhängiges System von Lösungen der Gleichung $[y]_1 = 0$, $z_1, z_2, \ldots, z_n$ ebenso ein linear unabhängiges System von [321
Lösungen der adjungirten Gleichung $[z]_2 = 0$, die beiden Systeme so gewählt, dass $[y_i, z_i] = 1$, $[y_i, z_k] = 0$, für $i \neq k$, so folgt aus den Gleichungen

$$[y_k, z] = r_k \qquad (k = 1, 2, \ldots, n)$$

für eine beliebige Function z

$$z^{(\lambda)} = z_1^{(\lambda)} r_1 + z_2^{(\lambda)} r_2 + \cdots + z_n^{(\lambda)} r_n \qquad (\lambda = 0, 1, \ldots, n-1) \tag{1.}$$

und ebenso aus den Gleichungen

$$[y, z_k] = s_k \qquad (k = 1, 2, \ldots, n)$$

für eine beliebige Function y

$$y^{(\lambda)} = y_1^{(\lambda)} s_1 + y_2^{(\lambda)} s_2 + \cdots + y_n^{(\lambda)} s_n. \tag{2.}$$

Setzt man mit Jacobi in r_i für z

$$z = \int \frac{\mathfrak{z}\, d\alpha}{x - \alpha},$$

wo $\mathfrak{z}$ eine Lösung der Gleichung $[\mathfrak{z}]_2^{(\alpha)} = 0$ bedeutet, so folgt unter Anwendung der Gleichungen (B.), (1.), (2.) das Resultat:

$$\begin{aligned} \Pi(k) \sum_1^n{}_\lambda\, z_\lambda^{(i)} \int \frac{y_\lambda\, dx}{(x-\alpha)^{k+1}} - \Pi(i) \sum_1^n{}_\lambda\, \mathfrak{y}_\lambda^{(k)} \int \frac{\mathfrak{z}_\lambda\, d\alpha}{(\alpha - x)^{i+1}} \\ = \sum C_{mp}\, \mathfrak{y}_g^{(k)} z_h^{(i)} \int \alpha^m \mathfrak{z}_g\, d\alpha \int x^p y_h\, dx, \end{aligned} \tag{C.}$$

wo $\mathfrak{y}_\lambda$, $\mathfrak{z}_\lambda$ resp. dieselben Functionen von α sind wie y_λ, z_λ von x, und wo die Summation auf der rechten Seite sich auf $g = 1, 2, \ldots, n$; $h = 1, 2, \ldots, n$ und auf dieselben Combinationen von m, p wie in Gleichung (A.) bezieht.

Für $i = 0, 1, \ldots, n-1$; $k = 0, 1, \ldots, n-1$ stellt (C.) n^2 Gleichungen dar, welche gestatten die n^2 Grössen $\int \frac{y_i\, dx}{(x-\alpha)^{k+1}}$ linear durch die n^2 Grössen $\int \frac{\mathfrak{z}_i\, d\alpha}{(\alpha - x)^{k+1}}$ und umgekehrt auszudrücken.

Sie liefern die vollständige Lösung des Problems, welches sich Abel in der No. IX der bezeichneten Abhandlungen gestellt hatte.

322]

II.

No. 1.

Am Schlusse seiner Abhandlungen (CRELLES Journal, Bd. 32, S. 196[1]) sagt JACOBI: »Um das aufgestellte Theorem in ein vollständiges Licht zu setzen, und insbesondere die Anfangsgrenzen der Integrale zu bestimmen und die nothwendigen Beschränkungen des Theorems anzugeben, ist es nöthig, den Character der Lösungen der linearen Differentialgleichungen, deren Coefficienten ganze rationale Functionen der Variablen sind, näher zu ergründen, wofür, wenn man die zweite Ordnung überschreitet, noch wenig von den Mathematikern geschehen ist«.

Nachdem mir die Resultate meiner Untersuchungen über die Natur dieser Functionen die Mittel hierzu gewährt hatten, unternahm ich es, die ABEL-JACOBIschen Theoreme zu präcisiren. Es gelang mir gleichzeitig, auf diese präcisirte Formulirung mich stützend, Consequenzen dieser Theoreme von, wie es scheint, weittragender Bedeutung zu ziehen. Die Resultate dieser Untersuchung habe ich im CRELLEschen Journal, Bd. 76, S. 177 ff.[2]) unter dem Titel »Über Relationen, welche für die zwischen je zwei singulären Punkten erstreckten Integrale der Lösungen linearer Differentialgleichungen stattfinden« veröffentlicht.

In dieser Arbeit beschränken wir uns auf Differentialgleichungen der Klasse, welche ich in meiner Arbeit (CRELLES Journal, Bd. 66, S. 146, Gl. (12.)[3]) dahin characterisirt hatte, dass in den zur Umgebung jedes der singulären Punkte gehörigen Entwickelungen nicht unendlich viele negative Potenzen auftreten, welche also für jeden singulären Punkt eine determinirende Fundamentalgleichung aufweisen.

Nachdem nachgewiesen ist, dass die adjungirte Differentialgleichung jeder Gleichung dieser Klasse ebenfalls zu derselben Klasse gehört und dieselben singulären Punkte besitzt, werden die Beziehungen erörtert, welche zwischen den zu demselben singulären Punkte gehörigen determinirenden Fundamentalgleichungen der Differentialgleichung und ihrer adjungirten stattfinden.

---

1) C. G. J. Jacobi's Gesammelte Werke, Bd. II (1882), S. 134. R. F.

2) Abh. XVI, S. 415, Band I dieser Ausgabe. R. F.

3) Abh. VI, S. 186, Band I dieser Ausgabe. R. F.

Es wird die Differentialgleichung jener besonderen Klasse in die Form [323
gesetzt:

$$\text{(D.)} \qquad [y]_1^{(x)} = \sum_0^n{}_\alpha F_{(n-\alpha)(\varrho-1)}(x)\, F(x)^\alpha\, y^{(\alpha)} = 0,$$

wo $F_k(x)$ eine ganze rationale Function k^{ten} Grades bedeutet und

$$F(x) = (x-a_1)(x-a_2)\dots(x-a_\varrho)$$

ist.

Nun wird nachgewiesen, dass bei vorgeschriebenen singulären Punkten $a_1, a_2, \dots, a_\varrho$ die Coefficienten der Functionen $F_{(n-\alpha)(\varrho-1)}(x)$ so gewählt werden können, dass die Wurzeln der zu jedem a_k gehörigen determinirenden Fundamentalgleichung der Gleichung (D.) von einander verschieden und ihre realen Theile negativ und absolut kleiner als Eins sind; was zur Folge hat, dass auch für die zu (D.) adjungirte Differentialgleichung

$$\text{(E.)} \qquad [z]_2^{(x)} = \sum_0^n{}_\alpha (-1)^{\alpha-1}\, \mathrm{D}_x^{(\alpha)}[F_{(n-\alpha)(\varrho-1)}(x)\, F(x)^\alpha z] = 0$$

die Wurzeln der zu jedem a_k gehörigen determinirenden Fundamentalgleichung die nämliche Eigenschaft haben. Die Coefficienten können aber so gewählt werden, dass gleichzeitig die Wurzeln der zu $x = \infty$ gehörigen determinirenden Fundamentalgleichung für jede der Gleichungen (D.) und (E.) von einander verschieden und in ihren realen Theilen positiv und grösser als Eins werden.

Von der Differentialgleichung (D.) wird in der Fortsetzung der Arbeit vorausgesetzt, dass die Wurzeln der zu jedem a_k gehörigen determinirenden Fundamentalgleichung von einander verschieden, und in ihren realen Theilen negativ und absolut kleiner als Eins sind, während für $x = \infty$ nur gefordert wird, dass die Wurzeln der determinirenden Fundamentalgleichung von einander verschieden seien. Nach den daselbst angestellten Erörterungen hat alsdann die zu (D.) adjungirte Gleichung (E.) dieselbe Eigenschaft.

No. 2. [324

Wir setzen (S. 178 der Arbeit[1]), um die durch die Integration in $[y, z]$ eingeführte Constante zu fixiren,

$$\text{(1.)} \qquad [y, z] = \sum_0^n{}_\lambda H_\lambda,$$

---

[1]) S. 416, Band I dieser Ausgabe. R. F.

$$(2.)\qquad H_\lambda = \sum_0^{\lambda-1}{}_{\mathfrak{a}}(-1)^{\mathfrak{a}} y^{(\lambda-\mathfrak{a}-1)} \mathrm{D}_x^{(\mathfrak{a})}(A_\lambda z) = \sum_0^{\lambda-1}{}_{\mathfrak{a}}(-1)^{\mathfrak{a}} z^{(\lambda-\mathfrak{a}-1)} \mathrm{D}_x^{(\mathfrak{a})}(B_\lambda y).$$

Wenn nun nach Gleichung (D.)

$$(3.)\qquad A_k = F_{(n-k)(\varrho-1)}(x)\, F(x)^k$$

gewählt wird, so wird unter den am Schlusse der No. 1 erwähnten Voraussetzungen nachgewiesen, dass:

$$(4.)\qquad \left[y, \frac{1}{x-\alpha}\right]_{x=a}^{(x)} = 0,$$

wenn y eine Lösung der Gleichung (D.), a einer der singulären Punkte $a_1, a_2, \ldots, a_\varrho$, und α von a verschieden ist.

Setzt man in Gleichung (E.) α an die Stelle der Variablen x, und bezeichnet dann eine Lösung derselben mit $\mathfrak{z}$, so folgt ebenso

$$(5.)\qquad \left[\frac{1}{x-\alpha}, \mathfrak{z}\right]_{\alpha=a}^{(\alpha)} = 0,$$

wenn x von a verschieden ist.

Es werde nunmehr die x-Ebene durch einen zusammenhangenden sich selbst nirgendwo schneidenden Linienzug $\mathfrak{S}$ zerschnitten, der die Punkte $a_1, a_2, \ldots, a_\varrho$ in sich aufnimmt, der aber auch durch $a_0 = \infty$ hindurchgeht, wenn die realen Theile der Wurzeln der zu $x = \infty$ gehörigen determinirenden Fundamentalgleichung grösser als Eins sind. Es möge l_μ den Theil des Schnittes $\mathfrak{S}$ bezeichnen, welcher in einer ein für allemal festgesetzten Richtung von a_μ nach $a_{\mu+1}$ führte. Wenn α an die Stelle der Variablen x gesetzt wird, so soll die α-Ebene durch einen mit $\mathfrak{S}$ sich deckenden Linienzug zerschnitten werden.

325] (margin marker at the line "tung von a_μ nach $a_{\mu+1}$ führte.")

Es wird jetzt, unter Beibehaltung der in (3.) festgelegten Bedeutung von A_k, von der ABEL-JACOBIschen Gleichung (B.) ausgegangen, in welcher mit y eine Lösung der Gleichung (D.), mit $\mathfrak{z}$ eine Lösung der Gleichung (E.) (nach Vertauschung der Variablen x mit α) bezeichnet wird. Wird diese Gleichung in Bezug auf x längs l_μ von a_μ bis $a_{\mu+1}$, und in Bezug auf α längs l_ν von a_ν bis $a_{\nu+1}$ integrirt, wobei vorausgesetzt wird, dass die Theile l_μ und l_ν nicht zusammenstossen, so erhält die linke Seite nach den Gleichungen (4.) und (5.) den Werth Null, es ist also

$$\text{(F.)} \qquad \int_{a_\mu}^{a_{\mu+1}} dx \int_{a_\nu}^{a_{\nu+1}} d\alpha\, U y_{\mathfrak{z}} = 0$$

(l. c. S. 188, Gl. (4.); S. 206, Gl. (T.)[1]).

Erheblichere Schwierigkeiten stellten sich in den Weg, als wir die Gleichung (B.) in Bezug auf x und in Bezug auf α resp. längs zweier auf einander folgender Theile l_μ, $l_{\mu+1}$ zu integriren unternahmen. Es würde mich zu weit führen, wenn ich die Hülfsmittel, welche wir (l. c. S. 189—206[2]) aus einem tieferen Eindringen in die Natur der Lösungen der linearen Differentialgleichungen schöpfen mussten, hier skizziren wollte. Ich muss mich daher begnügen, das l. c. S. 206[3]) erhaltene Resultat hier nur zu beschreiben:

Wir bezeichnen mit $\eta_1, \eta_2, \ldots, \eta_n$ das zu $x = \infty$ gehörige kanonische Fundamentalsystem von Lösungen der Gleichung (D.), mit $\zeta_1, \zeta_2, \ldots, \zeta_n$ das zu $x = \infty$ gehörige kanonische Fundamentalsystem der adjungirten Gleichung (E.), welche so gewählt sind, dass η_k, ζ_k adjungirte Elemente bedeuten (l. c. p. 183[4])). Ferner bedeuten $\eta_{1\mu}, \eta_{2\mu}, \ldots, \eta_{n\mu}$ das zum singulären Punkte $a_{\mu+1}$ gehörige kanonische Fundamentalsystem der Gleichung (D.), $\zeta_{1\mu}, \zeta_{2\mu}, \ldots, \zeta_{n\mu}$ das zu demselben singulären Punkte gehörige kanonische Fundamentalsystem von Lösungen der adjungirten Gleichung (E.), welche wieder so gewählt sind, dass $\eta_{k\mu}$ und $\zeta_{k\mu}$ adjungirte Elemente bedeuten. (Vergl. die Definition des zu einem singulären Punkte gehörigen Fundamentalsystems in meinen Arbeiten, Crelles Journal, Bd. 66, S. 139 und Bd. 68, S. 364[5]).

Zwischen diesen Systemen finden die Gleichungen [326

$$\text{(6.)} \qquad \begin{cases} \eta_k = \sum_\lambda^{n}{}_{1}\, b_{k\lambda}\, \eta_{\lambda\mu}, \\ \zeta_k = \sum_\lambda^{n}{}_{1}\, c_{k\lambda}\, \zeta_{\lambda\mu} \end{cases}$$

statt, wo $b_{k\lambda}$, $c_{k\lambda}$ Constanten sind, für deren Berechnung in meiner Arbeit (Crelles Journal, Bd. 75, S. 210[6]) ein Weg angegeben worden.

Sind $r_1, r_2, \ldots, r_n$ die Wurzeln der zu $a_{\mu+1}$ gehörigen determinirenden

1) S. 427 und S. 447, Band I dieser Ausgabe. R. F.

2) Ebenda S. 428—447. R. F.

3) Ebenda S. 447. R. F.

4) Ebenda S. 422. R. F.

5) Abh. VI, S. 179 und Abh. VII, S. 216—217, Band I dieser Ausgabe. R. F.

6) Abh. XIV, S. 396, Band I dieser Ausgabe. R. F.

Fundamentalgleichung der Gleichung (D.)

$$D(r) = 0, \tag{7.}$$

so ist

$$\left\{\begin{aligned} \eta_{\lambda\mu} &= (x-a_{\mu+1})^{r_\lambda}\varphi_\lambda(x), \\ \zeta_{\lambda\mu} &= (x-a_{\mu+1})^{-1-r_\lambda}\psi_\lambda(x), \end{aligned}\right. \tag{8.}$$

wo $\varphi_\lambda(x)$, $\psi_\lambda(x)$ in der Umgebung von $x = a_{\mu+1}$ holomorph und für $x = a_{\mu+1}$ von Null verschieden sind.

Es zeigt sich, dass

$$[\eta_{\lambda\mu}, \zeta_{\lambda\mu}] = \varphi_\lambda(a_{\mu+1})\psi_\lambda(a_{\mu+1})D'(r_\lambda), \tag{9.}$$

wo $D'(r)$ die Ableitung von $D(r)$ nach r bedeutet.

Die in $\varphi_\lambda(x)$, $\psi_\lambda(x)$ auftretenden willkürlichen Factoren werden nun so gewählt, dass die rechte Seite der Gleichung (9.) den Werth Eins annimmt, so dass

$$[\eta_{\lambda\mu}, \zeta_{\lambda\mu}] = 1. \tag{10.}$$

In gleicher Weise lassen sich die unbestimmten Factoren von η_k, ζ_k so bestimmen, dass

$$[\eta_k, \zeta_k] = 1. \tag{10a.}$$

Zwischen den Grössen c_{ik} und b_{gk} finden die Gleichungen statt

$$\left\{\begin{aligned} \sum_1^n{}_i\, b_{\lambda i}c_{\mu i} &= 0, \qquad (\lambda, \mu = 1, 2, \ldots, n;\ \lambda \neq \mu) \\ \sum_1^n{}_i\, b_{\lambda i}c_{\lambda i} &= 1. \end{aligned}\right. \tag{11.}$$

327] Nach diesen Erörterungen und Festsetzungen wird das folgende Resultat erschlossen:

$$\int_{a_\mu}^{a_{\mu+1}} dx \int_{a_{\mu+1}}^{a_{\mu+2}} d\alpha\, U\eta_k \mathfrak{z}_l = (-1)^n \pi \sum_1^n{}_\alpha \frac{b_{k\alpha}c_{l\alpha}e^{-\pi i r_\alpha}}{\sin \pi r_\alpha}, \tag{G.}$$

wo $\mathfrak{z}_l$, dieselbe Function von α ist wie z_l von x, l. c. S. 206[1]).

1) Abh. XVI, S. 447, Band I dieser Ausgabe. R. F.

III.

No. 1.

Der wahre Sinn und die Wichtigkeit der in den Gleichungen (F.), (G.) auftretenden Resultate wird in ein helleres Licht gesetzt durch eine Arbeit, welche ich später in den Sitzungsberichten der Berliner Akademie (22. December 1892, S. 1113[1]) veröffentlicht habe.

In dieser Arbeit wird auf die Rolle hingewiesen, welche die Coefficienten der Fundamentalsubstitutionen der Lösungen der Differentialgleichung in jenen Relationen (F.), (G.) spielen. Zu diesem Ende ist nur eine etwas veränderte Schreibweise der rechten Seite der Gleichung (G.) erforderlich. Durch diese Schreibweise tritt der Umstand besonders hervor, dass die rechte Seite lediglich von den Coefficienten der auf $a_{\mu+1}$ bezüglichen Fundamentalsubstitution der Lösungen $\eta_1, \eta_2, \ldots, \eta_n$ abhängt. Dieser Umstand aber bringt es mit sich, dass die Relationen (F.), (G.) einen invarianten Character haben, in dem Sinne, dass sie für die gesammte Klasse von Differentialgleichungen, zu welcher eine vorgelegte Differentialgleichung gehört, die gleiche Form behalten. Diese Invarianz macht es möglich, gewisse beschränkende Voraussetzungen, welche in der Arbeit (CRELLES Journal, Bd. 76, S. 177 ff.[2]) über die Wurzeln der determinirenden Fundamentalgleichungen gemacht worden sind, aufzuheben. Dieses wird in der in Rede stehenden Arbeit nachgewiesen; es wird nur, um Complicationen in der Darstellung zu vermeiden, die Voraussetzung gemacht, dass die Differenzen zweier jener Wurzeln, wenn sie nicht sämmtlich ganzzahlig sind, aber zum Auftreten von Logarithmen keine Veranlassung geben, nicht zum Theil ganzzahlig sein sollen.

Sei [328

$$F(x) = (x-a_1)(x-a_2)\ldots(x-a_\varrho)(x-b_1)(x-b_2)\ldots(x-b_\sigma)$$

und

$$(1.) \qquad (\overline{\mathrm{D}}.) \quad [y]_1^{(x)} = \sum_0^n {}_{\mathfrak{a}} F_{(n-\mathfrak{a})(\tau-1)}(x) F(x)^{\mathfrak{a}} y^{(\mathfrak{a})} = 0,$$

$$(2.) \qquad (\overline{\mathrm{E}}.) \quad [z]_2^{(x)} = \sum_0^n {}_{\mathfrak{a}} (-1)^{\mathfrak{a}-1} \mathrm{D}_x^{\mathfrak{a}} (F_{(n-\mathfrak{a})(\tau-1)}(x) F(x)^{\mathfrak{a}} z) = 0,$$

$$\tau = \varrho + \sigma,$$

1) Abh. LX, S. 141 dieses Bandes. R. F.

2) Abh. XVI, S. 415 ff., Band I dieser Ausgabe. R. F.

wo $b_1, b_2, \ldots, b_\sigma$ diejenigen singulären Punkte bedeuten, bei deren Umkreisung sämmtliche Integralquotienten ungeändert bleiben, während mit $a_1, a_2, \ldots, a_\varrho$ diejenigen singulären Punkte bezeichnet werden, für welche die Differenzen der Wurzeln der determinirenden Fundamentalgleichungen nicht ganze Zahlen sind.

Es werden nun vorläufig noch die Voraussetzungen der Abhandlung (CRELLES Journal, Bd. 76[1]) festgehalten, dass die Wurzeln der zu $a_1, a_2, \ldots, a_\varrho$ gehörigen determinirenden Fundamentalgleichungen in ihren realen Theilen negativ und absolut kleiner als Eins sind, und, um die oben erwähnte veränderte Schreibweise der rechten Seite der Gleichung (G.) zu erzielen, wird die Substitution

$$(b_{ik}) \quad \text{(s. II., No. 2, Gl. (6.))}$$

mit B, die Substitution

$$\begin{pmatrix} \lambda_1, & 0, & \ldots, & 0 \\ 0, & \lambda_2, & \ldots, & 0 \\ \cdot & \cdot & \ldots, & \cdot \\ 0, & 0, & \ldots, & \lambda_n \end{pmatrix}, \quad \lambda_\alpha = e^{2\pi i r_\alpha},$$

($r_1, r_2, \ldots, r_n$ die Wurzeln der zu $a_{\mu+1}$ gehörigen determinirenden Fundamentalgleichung) mit L bezeichnet; dann ist

$$S_\mu = (g_{ik}) = BLB^{-1}$$

die dem Umlaufe um $a_{\mu+1}$ angehörige Fundamentalsubstitution. Setzt man die Determinante

$$|b_{ik}| = \Delta \quad \text{und} \quad B_{kl} = \frac{\partial \Delta}{\partial b_{kl}},$$

so ist nach den Gleichungen (11.) in II., No. 2

$$c_{kl} = \frac{B_{kl}}{\Delta}.$$

329] Alsdann ergiebt sich aus Gleichung (G.)

$$\text{(G}'.\text{)} \qquad \int_{a_\mu}^{a_{\mu+1}} dx \int_{a_{\mu+1}}^{a_{\mu+2}} d\alpha\, U r_{lk} \mathfrak{z}_l = (-1)^n 2\pi i \sum_0^n{}_\alpha \frac{A_\alpha^{(k,l)}}{\lambda_\alpha - 1},$$

---

[1]) Abh. XVI, S. 415 ff., Band I dieser Ausgabe. R. F.

wenn wir

$$A_\alpha^{(k,l)} = \frac{b_{k\alpha} B_{l\alpha}}{\Delta} \qquad \begin{pmatrix} k = 1, 2, \ldots, n \\ l = 1, 2, \ldots, n \end{pmatrix}$$

setzen. (Vergl. Sitzungsberichte, l. c., p. 1117, Gl. (S'.)[1]).

Die rechten Seiten der Gleichungen (G'.) sind lediglich durch die auf $a_{\mu+1}$ bezügliche Fundamentalsubstitution des Fundamentalsystems $\eta_1, \eta_2, \ldots, \eta_n$ bestimmt. Diese Gleichungen repräsentiren n^2 Gleichungen für die n^2 Coefficienten g_{ik} dieser Fundamentalsubstitution.

No. 2.

Wir können zunächst durch eine Substitution

$$(1.) \qquad y = (x-a_1)^{-\alpha_1}(x-a_2)^{-\alpha_2}\ldots(x-a_\varrho)^{-\alpha_\varrho} w,$$

wo die Grössen $\alpha_1, \alpha_2, \ldots, \alpha_\varrho$ Null oder positive ganze Zahlen bedeuten, die Gleichung $(\overline{\text{D}}.)$ in eine Gleichung

$$(2.) \qquad B_0 w + B_1 w' + \cdots + B_n w^{(n)} = 0$$

verwandeln, für welche die Wurzeln der zu $a_1, a_2, \ldots, a_\varrho$ gehörigen determinirenden Fundamentalgleichungen in ihren realen Theilen positiv sind.

Ist $m_\alpha - 1$ die höchste ganze Zahl, welche in den realen Theilen der Wurzeln der zu a_α gehörigen determinirenden Fundamentalgleichung der Gleichung (2.) enthalten ist, so werde

$$(3.) \qquad \begin{cases} \Pi(x) = (x-a_1)^{m_1}(x-a_2)^{m_2}\ldots(x-a_\varrho)^{m_\varrho}, \\ \psi(x) = (x-a_1)\ (x-a_2)\ \ldots(x-a_\varrho) \end{cases}$$

gesetzt. Wir beweisen nun, dass man n ganze rationale Functionen $\varphi_0(x), \varphi_1(x), \ldots, \varphi_{n-1}(x)$ derart bestimmen kann, dass, wenn

$$(4.) \qquad P_k(x) = \frac{\varphi_k(x)\,\psi(x)^k}{\Pi(x)}$$

und [330

$$(5.) \qquad u = P_0(x) w + P_1(x) w' + \cdots + P_{n-1}(x) w^{(n-1)}$$

gesetzt wird, die Differentialgleichung, welcher u genügt,

1) Abh. LX, S. 145 dieses Bandes. R. F.

$$C_0 u + C_1 u' + \cdots + C_n u^{(n)} = 0 \tag{6.}$$

überhaupt dieselben singulären Punkte wie (2.) besitzt, und dass die realen Theile der Wurzeln der auf $a_1, a_2, \ldots, a_\varrho$ bezüglichen determinirenden Fundamentalgleichungen von (6.) zwischen Null und der negativen Einheit sich befinden.

Die Gleichung (6.) gehört zu derselben Klasse mit der Gleichung ($\overline{\mathrm{D}}$.), daher sind die Fundamentalsubstitutionen zu je einem singulären Punkte für beide Gleichungen übereinstimmend.

Hieraus fliesst das folgende Resultat:

Wenn die Gleichung ($\overline{\mathrm{D}}$.) in Bezug auf die Wurzeln der determinirenden Fundamentalgleichungen nicht den Voraussetzungen entspricht, auf Grund deren die Gleichung (G′.) aufgebaut worden ist, so kann durch rationale Rechnungsoperationen eine mit ($\overline{\mathrm{D}}$.) zu derselben Klasse gehörige Differentialgleichung, wie Gleichung (6.), hergeleitet werden, welche den genannten Voraussetzungen Genüge leistet. Man hat alsdann in der linken Seite der Gleichung (G′.) nur für $\eta_k, \mathfrak{z}_k, U$ die auf die Gleichung (6.) bezüglichen entsprechenden Functionen zu substituiren, während die rechten Seiten ungeändert bleiben. Die so erhaltenen n^2 Gleichungen (G′.) liefern alsdann die Coefficienten g_{ik} der zu $a_{\mu+1}$ gehörigen Fundamentalsubstitution der Gleichung ($\overline{\mathrm{D}}$.).

No. 3.

In derselben Arbeit werden alsdann noch die Relationen discutirt, welche durch die Gleichungen (F.) und (G′.) zwischen den bestimmten Integralen

$$J_{kl}^{(\mu)} = \int_{a_\mu}^{a_{\mu+1}} x^l \eta_k \, dx, \qquad H_{kl}^{(\mu)} = \int_{a_\mu}^{a_{\mu+1}} x^l \zeta_k \, dx$$

und den Coefficienten der zu $a_{\mu+1}$ gehörigen Fundamentalsubstitutionen fest-
331] gestellt sind. Wir heben daraus das Ergebniss hervor: Sämmtliche Grössen $J_{kl}^{(\mu)}$ lassen sich durch $J_{k0}^{(\mu)}, J_{k1}^{(\mu)}, \ldots, J_{k,n(\tau-1)-1}^{(\mu)}$ und sämmtliche Grössen $H_{kl}^{(\mu)}$ durch $H_{k0}^{(\mu)}, H_{k1}^{(\mu)}, \ldots, H_{k,n(\tau-1)-1}^{(\mu)}$ linear und homogen darstellen.

Zum Beschluss wird noch die Rechnung für $n = 1$ und $n = 2$ durchgeführt.

IV.

Wir erwähnen hier noch die sich an die vorhergehenden Untersuchungen anschliessenden Arbeiten der Herren SCHLESINGER und HIRSCH.

Auf den Zusammenhang, der zwischen dem Vertauschungssatze und der Integration linearer Differentialgleichungen durch Quadraturen (bestimmte Integrale) besteht, hat Herr SCHLESINGER (CRELLES Journal, Bd. 116, S. 97 ff. und Handbuch, Bd. II^1, 1897, S. 405 ff.) hingewiesen. Bedeutet $D_x(y)$ einen linearen homogenen Differentialausdruck n^{ter} Ordnung mit der unabhängigen Variablen x und Coefficienten, die ganze rationale Functionen m^{ten} Grades sind, so zeigt sich, dass der ABELsche Vertauschungssatz als specieller Fall ($\xi = 0$) in der allgemeinen Identität (Gl. (C.), l. c. p. 102)

$$D_x((z-x)^{\xi-1}) = \mathfrak{D}_z((z-x)^{\xi+m-1})$$

enthalten ist, wo $\mathfrak{D}_z$ einen linearen Differentialausdruck $(m+n)^{\text{ter}}$ Ordnung mit der unabhängigen Variablen z darstellt, dessen Coefficienten sich aus denen von D_x (und umgekehrt) in einfacher Weise zusammensetzen lassen (Gl. (2.), (3.), l. c. p. 102, 103).

Die Lösungen von $D_x(y) = 0$ lassen sich auf Grund der angegebenen Identität, durch die Lösungen v der zu $\mathfrak{D}_z = 0$ adjungirten Differentialgleichung (der EULERschen Transformirten von $D_x = 0$) in der Form

$$y = \int_L v(z-x)^{\xi-1}\,dz,$$

und umgekehrt die Lösungen von $\mathfrak{D}_z(u) = 0$ durch die Lösungen w der zu $D_x = 0$ adjungirten Differentialgleichung, in der Form

$$u = \int_\Lambda w(z-x)^{\xi-1}\,dx$$

darstellen, wo L, Λ geeignet gewählte geschlossene Integrationswege bedeuten.

Herr HIRSCH behandelt (Mathem. Annalen, Bd. 54, S. 202 ff.) die von [332 mir in den oben erwähnten Arbeiten aufgestellten Relationen (Periodenrelationen), nachdem er (Mathem. Annalen, Bd. 52, S. 130 ff.) den Fall $n = 1$ vorweggenommen, indem er 1) mit Benutzung der erwähnten SCHLESINGERschen Arbeit diese Relationen in der von mir gegebenen Form aus dem Vertauschungssatze herleitet (Mathem. Annalen, Bd. 54, II. Abschnitt, S. 249—275), und dann 2) eine andere — der ersten algebraisch äquivalente — Form dieser Relationen angiebt, die, in Nachbildung der von RIEMANN für die analoge Frage der Theorie der ABELschen Integrale angewendeten Methode, durch die Auswerthung eines gewissen Randintegrals erzielt wird (l. c. § 15—17, S. 276—295). Unter der Voraussetzung, dass die Monodromiegruppe der betrachteten Differentialgleichung eine definite HERMITEsche Form in sich selbst transformirt, liefert dieselbe Methode der Randintegration eine Ungleichung für die realen und imaginären Bestandtheile der gedachten Integrale (indem eine aus diesen Integralen gebildete HERMITEsche Form sich als stets positiv definit erweist), die der von RIEMANN für die Periodicitätsmoduln der ABELschen Integrale aufgestellten Ungleichung analog ist (l. c. § 18, S. 295—313; § 20, S. 316—322).

Berlin, 15. März 1902.

ANMERKUNG.

Änderungen gegen das Original.

Es wurde gesetzt:

S. 364, Zeile 1 v. u. Differentialgleichung statt Differentialgleichungen,

„ 370, „ 4 v. u. den Gleichungen statt Gleichung.

„ „ , „ 3 v. u. B_{kl} statt B_k,

„ 371, „ 13 v. u. wurde »Wurzeln der« vor zu $a_1, a_2, \ldots, a_\varrho$ hinzugefügt. R. F.

LXXVII.

Ueber den Zusammenhang zwischen Cometen und Sternschnuppen.

Rede

gehalten

am Königsgeburtstag in der Aula der Universität Greifswald

von

Professor Dr. **L. Fuchs.**

Greifswald.
Druck der Universitäts-Buchdruckerei von F. W. Kunike.
1873.

Hochansehnliche Versammlung!

Wie die Vertreter vieler tausender öffentlicher Anstalten unseres Vater- [3
landes an anderen Orten sind wir heute hier vereint, um den Geburtstag
unseres allgeliebten und allverehrten Kaisers und Königs zu feiern. Es kann
einem Festredner nicht an Stoff fehlen, um seinen Namen in gebührender
Weise zu verherrlichen. Er darf nur in die Fülle der Heldenthaten hinein-
greifen, durch welche im letzten Decennium unser König in drei aufeinander-
folgenden gewaltigen Stufen zum Schöpfer unseres neuen deutschen Vaterlandes geworden, um durch schlichte Darstellung derselben ohne idealisirende
Zuthaten jedes deutsche Gemüth zur innigsten Dankbarkeit gegen unsern
Herrscher zu erwärmen und zu erheben. Er darf nur auf die organisatorische
Kraft hinweisen, mit welcher unser Kaiser der neuen Schöpfung durch weise
Gesetze einen stabilen Zustand zu verschaffen bemüht ist, auf die ethische
Energie, welche von ihm ausgehend die widerstrebendsten Elemente in das
allgemeine Bewusstsein der grossen Aufgaben unseres Vaterlandes zu einigen [4
trachtet, um die ehrerbietigste Bewunderung vor dem Manne hervorzurufen,
der an Weisheit ein Greis, als heldenmüthiger Kämpfer gegen den äusseren
und inneren Feind deutschen Wesens ein Jüngling dasteht.

Allein die grossen Thaten unseres Königs sprechen noch zu laut in unserem Herzen, als dass sie durch Worte ihren adäquaten Ausdruck finden könnten. Gegenüber aber einem solchen Herrscherleben, wie das unseres Königs, gegenüber solch treuer Pflichterfüllung in den ihm von der Vorsehung auferlegten Aufgaben, werden wir an einem solchen Tage mit unwiderstehlicher Gewalt an unsere eigenen Pflichten gemahnt, wir werden aufgefordert, uns unserer Aufgaben bewusst zu werden, dahin zu streben, durch gewissenhafte Erfüllung derselben uns unseres königlichen Vorbildes und unserer Gemeinsamkeit mit dem grossen Vaterlande würdig zu machen. Unsere Aufgabe ist die Pflege der Wissenschaft, und nichts ist geeigneter wissenschaftlichen Männern ihren Beruf zum vollen Bewusstsein zu bringen als die Vorführung dessen, was dem menschlichen Geiste durch beharrliche Ausdauer bereits gelungen.

Es sei mir daher gestattet, einen kleinen Abschnitt aus dem Buche derjenigen Wissenschaft vor Ihnen aufzurollen, welche schon oft eine königliche
genannt worden, und die gewiss vor allen anderen geeignet ist unser Gemüth
zu erheben und die Expansivkraft unseres Geistes anzuregen, ich meine der
5] Astronomie. Der Abschnitt handelt von den neuesten Bestrebungen der
Gelehrten, den renitenten Mitgliedern des Weltgebäudes, welche mit unserem
Sonnensysteme in nähere Berührung kommen, den Cometen und Sternschnuppen,
Gesetze zu geben.

Die Untersuchungen über diese Himmelserscheinungen haben nämlich im letzten Decennium einen erneuten Aufschwung erhalten, welchen man besonders der Entdeckung des italienischen Astronomen Schiaparelli vom Zusammenhange der Sternschnuppen und Cometen und der weitreichenden Entdeckung der Heidelberger Naturforscher Bunsen und Kirchhoff verdankt, durch welche eine neue Wissenschaft, die Physik des Himmels, gegründet worden. In der allerneuesten Zeit hat der als physischer Astronom rühmlichst bekannte Leipziger Professor Zöllner durch sein Aufsehen erregendes Werk: »Über die Natur der Cometen, Beiträge zur Geschichte und Theorie der Erkenntniss« die Frage über den Ursprung und die Natur der erwähnten Himmelserscheinungen so zu sagen zu einer brennenden gemacht.

Man hat es nicht nöthig, um in weiteren gebildeten Kreisen das Interesse
an diesen Untersuchungen wach zu rufen, zu dem problematischen Mittel zu
greifen, welches in dem Hinweise gegeben ist, dass auch in diesen so wie in
den übrigen Untersuchungen der Astronomie eine Befriedigung des geistigen
Bedürfnisses nach dem Erkennen und Begreifen der Natur zu finden ist. Ich
nenne dieses Mittel ein problematisches. Denn wenn allerdings für das
6] wissenschaftliche Bewusstsein das Erkennen stets das allein Begehrens-
werthe war und bleiben wird, so ist dasselbe für die grössere Menge der
Gebildeten nur ein Motiv, in welches sie sich dem wissenschaftlichen Be-

wusstsein zu Gefallen hineinzwängen muss. Die Geschichte der Astronomie zeigt dieses auf jedem ihrer Blätter. Da diese Wissenschaft die Herrschaft des menschlichen Geistes bis in die fernsten Welträume getragen, so hätte man erwarten sollen, dass ihre Resultate, welche den höchsten Triumph der Intelligenz über die Natur darstellen, in das allgemeine Bewusstsein eingedrungen seien. Keinesweges. Es hat auch nicht einmal geholfen, dass das theoretische Interesse durch die materielle Theilnahme unterstützt wurde für die Sonne, die uns Licht und Wärme spendet und unsere Tages- und Jahreszeiten regulirt, für den Sternenhimmel, welcher dem Schiffer als Leitstern auf der Meeresfläche dient. Es hat nichts geholfen, dass die Lehre des Kopernikus zum Dogma der gebildeten Welt geworden, dass die Kepler-schen Gesetze und das Gravitationsgesetz wenigstens zu einer Zeit des Lebens jedem gebildeten Menschen zu Gemüth geführt werden. Als wohnten zwei Seelen im Menschen, deren jede ihrer Wege geht, die eine nimmt diese Lehren auf, die andere aber verharrt in der Vorstellung vergangener Jahrtausende, welche in unserer Erde den Mittelpunkt der Welt und im Menschen das Centrum dieses Centrums erblickt.

Kräftiger, materieller müssen die Einwirkungen sein, welche ein wirk- [7
liches Interesse an der Astronomie in weiteren Kreisen wachrufen sollen. Diese erhabene Wissenschaft muss erst Materie werden, sie muss das Menschengeschlecht aus seiner Gleichgültigkeit dadurch wecken, dass sie eine enge Wechselseitigkeit zwischen den übrigen Himmelskörpern und unserer Erde nachweist, eine Wechselseitigkeit, die bis zur materiellen Berührung reicht. Das hat die Astronomie der letzten Jahrzehnte gethan, und ein bedeutendes Beispiel hierzu bietet uns die neueste Lehre der Cometen und Sternschnuppen. Diese modernen Lehren, an sich der lautersten Theorie angehörig, haben uns die Himmelskörper näher gerückt, nicht wie die Fernröhre nur optisch, sondern in mächtigen materiellen Impulsen. Sie werden, was so viele Jahrhunderte nicht vermochten, erreichen, das Interesse des ganzen Menschengeschlechts an der Astronomie.

Dass aber die Natur keine Sprünge macht, dass dieser Umschwung nur langsam vor sich geht, das haben wir — nicht zu unserem sonderlichen Stolze — häufig Gelegenheit wahrzunehmen. Man sieht heutzutage z. B. die Cometen nicht mehr als unheilverkündigende feurige Ruthen an, aber die

Furcht vor diesen Himmelskörpern ist keine geringere geworden, seitdem man von den Astronomen vernommen, dass Cometen auch zuweilen die Laune
8] hätten, mit der Erde handgreiflich zu werden. Ein Beispiel dieser Cometenfurcht ist uns noch in frischer Erinnerung aus dem Sommer vorigen Jahres, wo für den Monat August ein solches Rencontre angekündigt war.

Der Schrecken eines solchen Zusammentreffens hört sofort auf, wenn man weiss, dass mindestens mehreremale eines jeden Jahres, nicht bloss unseres Lebens, nicht bloss des Lebens unseres Menschengeschlechtes, sondern des Lebens der Erde dieselbe gewissermassen durch solche Cometenungeheuer hindurchgewandert und jetzt noch immer hindurchwandert. Und das geschieht nicht, ohne dass wir es merken. Wir können es vielmehr an dem friedlichen Schauspiele der Sternschnuppen mit unseren Augen sehen. In der That lehrt Schiaparelli — und alle Thatsachen sprechen dafür, alle Gelehrten stimmen ihm bei —, dass wenn es hier auf Erden Sternschnuppen giebt, wir auf der Wanderung durch einen losgetrennten Theil eines Cometen begriffen sind.

Die äussere Erscheinung eines Cometen, wie man ihn mit unbewaffnetem Auge wahrnimmt, ist Jedem von uns erinnerlich. Man erblickt am Himmel in sternartiger Gestalt einen sogenannten Kern, an welchen sich ein fast immer von der Sonne abgewendeter Schweif von ausserordentlich grosser Länge anschliesst. Laplace in seinem berühmten Werke über das Weltgebäude weist nach, dass die Cometen in unserem Sonnensysteme als Fremdlinge angesehen werden müssen. Sie sind gewissermassen Boten, welche von
9] einem Sonnensystem zum anderen wandern. Geräth ein solcher Comet z. B. in das Reich unserer Sonne, so wird es nicht gleichgültig sein, ob er mit grösserer oder geringerer Hast seine Einfahrt gehalten. Es sind bestimmte Gesetze vorhanden, deren System Mechanik genannt wird, und diese schreiben folgendes vor: Fährt der Comet langsam ein, so hat er im Reiche sich als Bürger niederzulassen und wie die Planeten in einer geschlossenen Bahn, nämlich einer Ellipse um die Sonne zu kreisen. Fährt er mit grosser Hast ein, so ist er im Reich nicht zu dulden, es ist ihm vielmehr längs eines parabolischen oder hyperbolischen Zweiges seine Marschrute in die unermessliche Ferne anzuweisen, wenn nicht ein Planetenbürger, in dessen Nähe die Marschrute vorüberläuft, sich seiner annehmen und ihn so zu sich heranziehen sollte, dass er durch seinen Schutz erst das Bürgerrecht im Sonnen-

reiche erwirbt. Es wird ihm dann wiederum eine Ellipse zugewiesen, längs deren er sich nach den Gesetzen des Reiches um die Sonne herumtummeln kann.

Zuweilen aber wird einem Cometen nur vorläufig das Bürgerrecht ertheilt, um ihm alsbald wieder genommen zu werden. So begünstigte im Jahre 1765 der Jupiter einen in das Sonnenreich in seiner nächsten Nähe einpassirenden Cometen derart, dass ihm innerhalb des Reiches eine Ellipse mit $5\frac{1}{2}$jähriger Umlaufszeit verbrieft wurde. Als er aber, wie er musste, im Jahre 1776 nach zweimaligem Umlaufe wieder in dieselbe Nähe des Jupiters gelangte, brachte ihn dieser mächtige Planet auf einen parabolischen Ast, auf welchem er das [10
Sonnensystem verlassen musste, um uns seitdem nicht wieder sichtbar zu werden.

Die Cometen, welche sich eingebürgert, heissen periodische, da sie immer wieder nach Verlauf desselben Zeitraumes, nämlich desjenigen, den sie zum Durchlaufen ihrer elliptischen Bahn nöthig haben, der Sonne nahe genug kommen, um die zu ihrer Sichtbarkeit nöthige Beleuchtung zu erhalten. Die anderen Cometen sind nur einmal sichtbar.

Schon Kepler beschäftigte sich mit der Frage nach der Natur der Cometen. Seine Beantwortung derselben, so wie diejenige Newtons konnten, dem derzeitigen Standpunkte der Physik entsprechend, genügen, alles zu erklären, was man bis dahin an den Cometen wahrgenommen hatte.

Während man sich nun seit den Zeiten Newtons nach dem Vorgange von Halley sorgfältig mit der Bestimmung der Bahn der verschiedenen Cometen befasste, blieb die Frage nach ihrer physischen Beschaffenheit ein ganzes Jahrhundert fast unberührt. Den ersten Anstoss zur Rückkehr zu derselben zu geben war Olbers vorbehalten, dessen genaue Beobachtungen des grossen Cometen von 1811 bis dahin nicht beachtete Erscheinungen an diesen Himmelskörpern kennen lehrten. Er beobachtete nämlich, dass der Schweif nicht von dem hinteren, d. h. dem von der Sonne abgewendeten Theile des Cometen ausging, sondern, dass er von der vorderen, d. h. der Sonne zugewendeten Seite des Kopfes ausgehend sich zu beiden Seiten desselben umbog und nach rückwärts sich in's Unermessliche verlängerte, etwa [11
so wie ein üppiges Haar vom Scheitel nach abwärts fällt. Olbers bemerkt, man könne sich diese Erscheinung nur erklären, wenn man annimmt, dass von

dem Cometen in Folge einer ihm eigenthümlichen Abstossungskraft auf seine eigene Materie die inneren Theile desselben nach der Sonne zu geschleudert werden. Diese würden sich fortbewegen, wenn nicht die Sonne ihrerseits ebenfalls eine Abstossungskraft ausübte, diese aber zwingt sie zur Umkehr. Beide Abstossungen treiben sie nach hinten, wo sie den Schweif bilden.

Ein weiterer Fortschritt wurde angebahnt durch Bessel, welcher die von Olbers gemachten Wahrnehmungen an dem Halleyschen Cometen wiederholte und neue Erscheinungen an demselben enthüllte. Er setzt die Resultate seiner Studien in meisterhafter Weise auseinander in einer berühmten Abhandlung in den *Astronomischen Nachrichten* des Jahres 1836. Er beobachtete nämlich an der vorderen Seite des Halleyschen Cometen wirklich die Ausströmung von Lichtmaterie aus dem Kopf nach der Sonne hin, und die Umkehr dieser Materie von einer gewissen Stelle aus zur Bildung des Schweifes. Die Umkehrstelle musste da stattfinden, wo die Abstossung der Sonne gegen die ausströmende Cometenmaterie die die Materie aus dem Kern heraustreibende Kraft, oder wie man auch sagen konnte, die Abstossungskraft des Cometen überwog.

12] Es war hiermit durch unzweifelhafte Beobachtungen zweierlei constatirt, *erstlich* eine treibende Kraft, die ihren Sitz im Cometen hat, und die Materie nach der Sonne hin schleuderte, *zweitens* eine Repulsivkraft der Sonne, welche diese Materie zurückstiess.

Diese Thatsachen sind nicht wegzuleugnen, und eine Cometentheorie, welche denselben nicht Rechnung trägt, ist als werthlos zu betrachten. In welcher Weise die Annäherung an die Sonne auf die Schweifbildung einwirken kann, zeigt der Comet von 1680, der in seiner grössten Sonnennähe, in zwei Tagen einen Schweif von 12 Millionen geographischen Meilen Länge bildete. Bessel berechnete aus der Grösse der Abstossung die Stärke der constatirten abstossenden Kraft, indem er von der Voraussetzung ausging, dass dieselbe sich im umgekehrten Quadratverhältniss der Entfernung verkleinerte. Pape wiederholte dieselbe Rechnung an dem uns allen bekannten herrlichen Cometen von 1858.

Seit Bessel sind nicht bloss zahlreiche Cometen entdeckt und ihre Bahnen bestimmt worden, sondern viele Beobachter haben die Erscheinungen einzelner Cometen nach dem Vorgange von Olbers und Bessel sorgfältig untersucht, andere haben durch die Spectralanalyse die materielle Beschaffenheit derselben zu ermitteln sich bemüht, und wieder andere haben mehr oder minder glückliche Hypothesen über die Entstehung der Cometen, insbesondere ihrer [13 räthselhaften Schweife aufgestellt.

Es ist ein höchst interessantes Thema, die Geschichte dieser Hypothesen zu verfolgen und sie der Reihe nach zu kritisiren. Allein dasselbe würde mich hier zu weit führen. Eine jedoch kann ich hier nicht unerwähnt lassen, weil dieselbe gewissermassen zu dem oben erwähnten Werke Zöllners Veranlassung gegeben, ich meine die des sonst hochverdienten englischen Naturforschers Tyndall. Er sieht nämlich Kern und Schweif eines Cometen als chemische Niederschläge eines undurchsichtigen Gases längs der Sonnenstrahlen an. Indem Zöllner in scharfsinniger Weise die Gründe Tyndalls analysirt, weist er ihm nach, dass er vier neue Hypothesen machen müsse, um die eine ausgesprochene zu halten. Aber selbst wenn man Tyndall alles zugäbe, so müsste man seine Cometentheorie dennoch verwerfen, da sie insofern einen entschiedenen Rückschritt in die Zeiten vor Olbers thut, als sie die seitdem an den Cometen beobachteten Wahrnehmungen, namentlich die über die Lichtausströmung ganz ignorirt. —

Am meisten Beachtung verdient die Cometen-Theorie von Zöllner. Er knüpft an die beiden von Olbers und Bessel constatirten Thatsachen, dass die Cometenmaterie sowohl vom Cometen als von der Sonne abgestossen wird, und dass hierin die Ursache zur Schweifbildung liege, an und sucht dieselben zu erklären. Schon Olbers sagte, er wisse zwar nicht, woher diese Ab- [14 stossungen kämen, allein er fände nichts Unnatürliches darin, wenn jemand sie für elektrischer Natur hielte, da wir ja die Kraft der Elektricität in unserer feuchten stets leitenden Atmosphäre so grosse Wirkungen ausüben sähen.

Diesen Gedanken führt Zöllner aus. Er stellt sich vor, ein Comet sei eine flüssige Masse. Als solche muss sie sich erhalten, so lange sie im weiten Weltraume fernab von irgend einer der wärmenden Sonnen wandert. Denn so lange hat sie es sehr kalt, nämlich wie Pouillet berechnet hat, 142° unter dem Gefrierpunkte des Wassers. Nähert sie sich auf ihrer Reise einer Sonne, z. B. der unsrigen, so beginnt auf dem vorderen Theile die Verdampfung. Diese wird um so energischer, je näher der Comet der Sonne kommt, am stärksten in der grössten Nähe. Es strömt also Cometenmaterie in Dampf-

form nach der Sonne hin. Das erklärt die erste von Olbers und Bessel constatirte Thatsache der Abstossung des Cometen auf seine eigene Materie in sehr einfacher Weise. Danach hat man zur Erklärung dieser Erscheinung keine neue geheimnissvolle Kraft zu erfinden, man kommt vielmehr mit der banalen Erscheinung der Verdampfung einer Flüssigkeit aus, wie wir sie auch auf Erden wahrnehmen. Wie kommt es aber, dass die Verdampfung in so energischer Weise vor sich geht? Der Umstand allein, dass z. B. der Halley-
15] sche Comet in seiner Sonnennähe von der Sonne nur halb soweit absteht als die Erde vermag dieselbe doch nicht vollständig zu erklären? Doch diese Schwierigkeit lässt sich nach der Zöllnerschen Theorie beseitigen. Es ist nämlich ein Gesetz der Wärmelehre, dass die Verdampfung einer Flüssigkeit bei bestimmter Temperatur so lange fortdauert, bis die Spannkraft der über der Flüssigkeit lagernden Dämpfe eine gewisse festgesetzte Grenze erreicht. Ist die flüssige Masse mächtig, so zieht sie den entwickelten Dampf kräftig an, drückt ihn zusammen, vergrössert seine Spannkraft, die Verdampfung hört bald auf. Ist sie gering, so kann die Verdampfung bis zur vollständigen Umwandlung in Dampfform fortgehen — wie es in der That bei den kleinen Cometen der Fall ist.

Zöllner sagt weiter, bei der kräftigen Dampfentwickelung werde die Flüssigkeit mächtig durcheinander geschüttelt und zerrissen, und dadurch werde der Dampf elektrisch — man hat in der That in der Nähe zerstäubender Wassertheilchen, z. B. in der Nähe von Wasserfällen, Elektricität sich entwickeln gesehen. Andererseits weisen die elektrischen und magnetischen Einflüsse der Sonnenatmosphäre darauf hin, dass die letztere elektrisch sei — ist ja doch auch unsere Atmosphäre elektrisch. Nun darf man nur noch annehmen, dass Sonnenelektricität und Cometenelektricität gleichartig sind, um die zweite von Olbers und Bessel constatirte Thatsache, dass die Cometen-
16] materie von der Sonne abgestossen werde, zu erklären. Es kämpfen hier zwei Kräfte, die Massenanziehung der Sonne und die elektrische Abstossungskraft. Zöllner zeigt durch Rechnung, dass in dem Kampfe dieser Kräfte die letztere die Oberhand behält, wenn deren Spielball ein kleiner Körper ist. In der That hat man es aber mit kleinen Dampfkörperchen zu thun. Daher treibt sie die Abstossungskraft zurück und zwar so kräftig, dass sie — wenn die Elektricität der Sonnenatmosphäre an Stärke nur der unserer Erde gleich

käme — in zwei Tagen schon 70,540,000 geogr. Meilen nach hinten zurücklegen müssten und so den Schweif mit der immensen Geschwindigkeit bilden, wie man es wahrgenommen.

Diess in der Hauptsache die Zöllnersche Theorie. Ich muss es mir versagen, hier die Schwierigkeiten, welche sie, besonders der bald zu besprechenden Schiaparellischen Lehre von den Sternschnuppen gegenüber, noch bestehen lässt, zu berühren, da ich schon zu lange Ihre Geduld durch Hypothesen auf die Probe gestellt. Es ist Zeit, dass wir zu lebendigen Thatsachen übergehen.

Unter den Männern, welche sich mit den Sternschnuppen beschäftigt, haben wohl einige, wie Coulvier-Gravier, Brück, Kesselmeyer und andere, die Ansicht vertheidigt, dass die Sternschnuppen ihren Ursprung in unserer Erde oder in der Atmosphäre derselben hätten. Allein ihre Gründe waren zu leicht zu widerlegen. Es ist vielmehr die Ansicht durch alle Thatsachen erhärtet und zum Gemeingut aller Gelehrten geworden, dass jede Stern- [17
schnuppe ein verhältnissmässig kleiner Körper sei, welcher ebenso wie seine gewaltigen Himmelsgenossen, dem Gravitationsgesetze gehorchend, eine Bahn um die Sonne beschreibt, und auf seiner Wanderung das Unglück hat, der Erde so nahe zu kommen, dass sie ihn mit unwiderstehlicher Gewalt zu sich heranzieht. Hätte die Erde keine Lufthülle, so würde der Körper, wenn seine Bewegung in einer Verticalen erfolgte, mit gewaltiger Geschwindigkeit auf die Erde stürzen. — Er tritt nämlich nach den Beobachtungen schon mit einer Geschwindigkeit in die Atmosphäre der Erde ein, welche im Durchschnitt der anderthalbfachen Geschwindigkeit der Erde bei ihrem Umlaufe um die Sonne gleichkommt. Er würde also an sich schon in jeder Secunde circa 6 oder in jeder Minute 360 geogr. Meilen zurücklegen. Diese Geschwindigkeit wird aber noch vergrössert durch die Anziehungskraft der Erde, welche ja auch die Geschwindigkeit jedes freifallenden Körpers vergrössert. Wie mächtig wäre also der Anprall einer Sternschnuppe, wenn sie auf unsere Erde fiele! Nun hat zwar Alexander Herschel die Sternschnuppenkörperchen gewogen — ich meine nicht mit einer wirklichen Wagschale, denn wie hätte er des zu Wägenden habhaft werden sollen, sondern durch eine Reihe aus der mechanischen Wärmelehre entlehnter Schlüsse — und für die meisten dieser Körperchen das Gewicht von etwa $\frac{1}{3}$ bis 1 Gramm erhalten. Die Stärke
des Anpralls wird jedoch durch die sogenannte lebendige Kraft, d. h. durch [18

das Product aus der Masse und dem Quadrat der Geschwindigkeit gemessen. Es würde deshalb der Anprall doch so mächtig sein, als der einer Kugel von über 3 bis über 9 Pfd. Gewicht, welche mit einer Geschwindigkeit von 2000 Fuss in der Secunde abgeschossen würde. Erwägt man, dass in manchen Nächten die Zahl der Sternschnuppen so gross ist, dass sie wie Schneeflocken herabstürzen, dass z. B. nach einer Schätzung von Arago am 12. November 1833 an seinem Beobachtungsorte wenigstens 240,000 fielen, so könnte uns für alles auf der Erde Lebende bange werden, wenn man nicht durch tausendjährige Erfahrung wüsste, dass die Sternschnuppen stets friedlich verschwunden sind, ohne Schaden angerichtet zu haben. Aber erst die Lehren der Physik neueren Datums geben über die Gründe der Unschädlichkeit der Meteore Aufschluss. Aus denselben folgt, dass wenn ein sich bewegender Körper eine Reibung oder den Widerstand eines Mittels zu erleiden hat, seine lebendige Kraft sich in Wärme umsetzt. Der Sternschnuppenkörper tritt in die Atmosphäre ein. Zwar sind an der Eintrittsstelle die Luftschichten sehr dünn, da aber der Widerstand mit der Geschwindigkeit des anrennenden Körpers in einem beträchtlichen Verhältnisse wächst, so wird in noch bedeutender Höhe von der Erde, im Mittel in einer Höhe von 12 deutschen Meilen, die lebendige
19] Kraft des Meteors ganz in Wärme umgesetzt sein. Diese Wärme reicht hin, so kleine Körper weissglühend zu machen und sie zu verflüchtigen. So dient also die Atmosphäre der Erde als Panzer gegen die himmlischen Geschosse, welche sie verzehrt, ehe sie ihre Reise bis zur Erde vollendet.

Gleichzeitig erkennen wir hieraus noch etwas Anderes. Wir sagten vorhin, die Sternschnuppe beschreibe im Weltraume eine Bahn um die Sonne. Sie wird nun zwar von dieser beschienen, und müsste uns so gut wie die Planeten sichtbar sein auf ihrer Reise im Weltraume. Allein sie ist zu klein, sie erhält also auf ihrer Oberfläche zu wenig Licht, um uns so viel zuzusenden, dass wir sie sehen könnten. Hieraus folgt, dass sie uns unsichtbar bleibt, bis sie in unserer Atmosphäre weissglühend geworden, was etwa im Durchschnitt in einer von Höhe $15\frac{1}{2}$ deutschen Meilen von der Erde geschieht, und uns wieder entschwindet, wenn sie sich entweder aufgezehrt, oder wenn es ihr gelungen, allerdings sehr erhitzt unserer Atmosphäre wieder zu entschlüpfen.

Begreiflicherweise hoffen die Naturforscher, dass diese Erscheinungen nicht wenig zur Aufklärung der schwierigen Frage über die Höhe unserer Atmosphäre beitragen werden.

Ich habe schon angeführt, dass in manchen Nächten des Jahres die Sternschnuppen in ausserordentlich grosser Zahl auftreten. Von diesen sind schon lange am meisten hervorgetreten die Nacht vom 10. August und die Nächte vom 12. und 13. November. Im Jahre 1833 beobachteten einige [20
amerikanische Astronomen, dass die feurigen Linien, welche die einzelnen Sternschnuppen des Novemberschwarmes beschrieben, alle nach ein und demselben Punkte des Himmelsgewölbes, nämlich nach einem genau bestimmbaren Punkte des Sternbildes des Löwen hinwiesen. Sie nannten diesen Punkt den Radiationspunkt. Professor Olmsted erkannte sofort in dieser Erscheinung einen wichtigen Schlüssel zur Lösung des Räthsels der Sternschnuppen.

Weitere Beobachtungen ergaben, dass auch der Augustschwarm einen solchen Radiationspunkt am Himmel habe, und zwar im Sternbilde des Perseus. Von nun ab gab es erst so zu sagen einen Leitstern, die in den verschiedenen Nächten des Jahres sich zeigenden Sternschnuppen zu gruppiren. Jede solche Gruppe hat einen solchen herrschenden Mittelpunkt, einen Radiationspunkt. Durch die Bemühungen fleissiger Beobachter, namentlich des Professors Heis zu Münster, Julius Schmidt in Athen und des englischen Gelehrten Grey hat man jetzt nahezu hundert solcher Gruppen formirt und ihre Radiationspunkte am Himmel bestimmt.

So lange menschliche Augen den Sternenhimmel bewundern, erregten die Sternschnuppen ihre Aufmerksamkeit. Wie konnte es kommen, dass obgleich seit den Zeiten Galileis das bewaffnete Auge selbst nach den entferntesten Nebelflecken ausschaute, eine Thatsache wie die der Radiation der Glieder eines Sternschnuppenschwarms nach einem bestimmten Himmelspunkte bis in die dreissiger Jahre unseres Jahrhunderts dem Scharfblicke der Astronomen [21
entging? Nun die Antwort hierauf ist leider sehr leicht. Es galt noch bis vor gar nicht langer Zeit nicht für guten Ton, nicht eines wissenschaftlichen Mannes würdig, mit solchen Proletariern unter den Himmelserscheinungen, wie die Sternschnuppen es sind, sich zu beschäftigen. In solchen Geständnissen der Geschichte der Wissenschaft liegt wahrlich das heilsamste Gegengift gegen den die Wissenschaft nicht selten gefährdenden Gelehrtendünkel.

Da ich mich hier auf das Nothdürftigste beschränken muss, so wollen

wir bei den beiden wichtigsten Schwärmen, dem Augustschwarm und Novemberschwarm stehen bleiben, wovon der erstere die Perseiden, der letztere die Leoniden genannt wird, nämlich nach ihren Radiationspunkten. Was hat ein Radiationspunkt für eine Bedeutung? Es ist eine bekannte Erfahrung, dass parallele Linien in einiger Entfernung zusammenzulaufen scheinen, wie man es jederzeit in einer längeren Baumallee wahrnehmen kann. Die Wege, welche die einzelnen Sternschnuppen eines Schwarmes beschreiben, sind so weit von uns entfernt, dass sie diesen Schein in hohem Grade hervorrufen müssen. In der That sind in Wirklichkeit die feurigen Linien eines Schwarmes parallel, und nur die perspectivische Täuschung lässt sie nach dem Radiationspunkte
22] convergiren. Jede der feurigen Linien ist ein Theil der Bahn eines Sternschnuppenkörperchens des Schwarmes um die Sonne. Dasselbe geht also seinen Weg im Weltraume nicht vereinzelt, sondern ein mächtiger Schwarm solcher Körperchen fliegt in parallelen Bahnen nebeneinander her.

In eine neue Phase trat die Lehre von den Sternschnuppen durch die berühmte Abhandlung über die Sternschnuppen von Ermann in den Astronomischen Nachrichten des Jahres 1839. Um uns eine deutlichere Vorstellung von dem Wesentlichen derselben zu verschaffen, müssen wir die späteren Bestimmungen der Meteorenbahnen, namentlich die von Schiaparelli mit zu Hülfe nehmen.

Der Augustschwarm fliegt mit grösserer oder geringerer Stärke am 10. August jedes Jahres über unsere Köpfe hinweg. Die Bahnen seiner Mitglieder, oder wie man auch sagen kann, die Bahn des Schwarms ist nun dahin ermittelt worden, dass sie eine Ellipse sei, deren Ebene gegen die Ebene der Erdbahn um einen starken Winkel, nämlich 64° 3′ geneigt ist. Ihr Umfang ist ausserordentlich viel grösser als der der Erdbahn; der Schwarm hat nämlich von der Sonne einen mittleren Abstand 50 mal so gross als der der Erde von der Sonne, und braucht 108 Jahre, um seinen Umlauf zu vollenden.

Wir thun nunmehr gut, wenn wir folgende Fiction anwenden. Ein himmlischer Künstler eile hinter dem Schwarme her — er muss allerdings schon 400 Meilen in der Minute machen — und zeichne für jede einzelne Stern-
23] schnuppe mit mächtiger Farbe die Theile der jedesmal zurückgelegten Bahnstrecken nach, so würden wir, wenn der Maler vor 108 Jahren seine Reise angetreten, jetzt einen gewaltigen elliptischen Ring von mächtiger Breite

am Himmel sehen, und das wäre die Bahn des Augustschwarmes. Jedesmal am 10. August passirt die Erde dieselbe Stelle dieses farbigen Ringes; der Schwarm, den sie in diesem Jahre daselbst getroffen, ist übers Jahr weit im farbigen Ringe fortgeeilt, und doch findet die Erde an derselben Stelle den Raum nicht leer, ein neuer Schwarm, welchem derselbe farbige Ring als Bahn angehört, schiesst auf sie los. Da dieses ein Jahr ums andere so fortgeht, so schliesst man daraus, dass der farbige Ring in seiner ganzen Ausdehnung von eilenden Sternschnuppen erfüllt ist. Der fictive Ring ist ein wirklicher geworden, mit Materie erfüllt. Dieser Ring wäre das ganze Jahr hindurch am Himmel zu sehen, wenn das ihm von der Sonne geliehene Licht nicht zu schwach wäre. Nur in der Nacht des 10. August, wo wir ihn passiren, wird ein Theil desselben in der oben angegebenen Weise durch unsere Atmosphäre in leuchtende Sternschnuppen verwandelt. Von seiner Dicke kann man sich eine Vorstellung daraus machen, dass die Erde, welche in einer Secunde 4 Meilen weit fliegt, volle 6 Stunden braucht, um ihn zu passiren. Es haben danach Ermann und Boguslawski seine Dicke auf 864000 geogr. Meilen berechnet.

Die Bahn der Leoniden, oder des Novemberschwarms, ist ebenfalls [24
bestimmt worden. Dieselbe ist ebenfalls eine Ellipse, noch gewaltig genug an Umfang, aber geringer als der Ring des Augustschwarmes, es ist nämlich nach Schiaparelli der mittlere Abstand des Novemberschwarms von der Sonne das $10\frac{1}{2}$fache des mittleren Abstandes der Erde von der Sonne. Die Ebene seiner Bahn schmiegt sich mehr der Erdbahn an, sie hat gegen dieselbe nur eine Neigung von $17^\circ 44'$. Der Schwarm durchläuft seine Bahn in $33\frac{1}{3}$ Jahren. Machten wir wieder die Fiction, dass diese Bahn mit uns sichtbarer Farbe im Himmelsraume festgebannt wäre, so ist dieselbe zwar in einem grossen Theile mit eilenden Sternschnuppen erfüllt. Denn drei Jahre hintereinander trifft die Erde, wenn sie auf ihrer Sonnenreise an derselben Stelle der Bahn-Ebene des Novemberschwarmes in den Nächten des 12. und 13. November ankommt, mächtige Meteorschwärme an. Bei der Wiederkehr nach 4 Jahren aber ist es bis auf einige Nachzügler leer geworden, und erst nach 33 Jahren, wenn der Schwarm seinen Umlauf vollendet, erneuert sich das Schauspiel. Das letzte Mal ging die Erde durch den Novemberschwarm hindurch in den Jahren 1866—69, und bot besonders im Jahre 1867 in Nordamerika am 12.

und 13. November das Schauspiel eines Sternschnuppenschauers in seiner ganzen Pracht. 33 Jahre vorher, am 12. November 1833, bewunderte und
25] beschrieb Arago das Phänomen und noch 33 Jahre vorher beobachteten Alexander v. Humboldt und Bonpland den Feuerregen des 12. und 13. November.

So wäre denn also die am Himmel festgemachte Bahn der Leoniden nicht überall ausgefüllt, aber wie mächtig lang der Schwarm, der sich auf dieser Bahn fortbewegt, sein müsse, ergiebt sich daraus, dass, obgleich jedes Glied des Schwarmes in jeder Secunde durchschnittlich 6 geogr. Meilen fliegt, die Erde drei Jahre hintereinander an derselben Stelle Sternschnuppen dicht gesäet findet. Hier haben wir also ein Ringstück, welches sich in unserer farbigen Ellipse in $33\frac{1}{3}$ Jahren herumbewegt.

Ähnliche Meteormassen wie die des August und November durchziehen den Himmelsraum in unabsehbarer Zahl. Sie schieben sich ihrer ganzen Länge nach ähnlich wie diese in Bahnen um die Sonne fort, die entweder auch Ellipsen sind und uns ebenfalls periodisch sichtbar werden, oder in Parabeln oder Hyperbeln, in welchem Falle sie sich auf einem der unendlichen Zweige dieser Linien in den Weltraum verlieren. Die Bahnen dieser verschiedenen Meteorschwärme sind unter allen möglichen Winkeln gegen die Ebene der Ekliptik geneigt, so dass man mit Recht sagen kann, das ganze Sonnensystem wird von Meteorkörperchen durchschwärmt. Zieht man hierzu die Thatsachen, dass unser ganzes Sonnensystem sich im Weltraum fortbewegt,
26] so müssen wir schliessen, dass nirgendwo in demselben öde Leere herrscht, vielmehr überall ein lustiges Jagen und Rennen materieller Individuen stattfindet.

So standen die Dinge, als im Jahre 1866 Schiaparelli mit dem kühnen Gedanken auftrat, Cometen und Sternschnuppen seien nicht von einander verschieden, nämlich Sternschnuppenschwärme seien abgetrennte Theile eines Cometen.

Seine Gründe sind sehr einfach. Jedermann ist die Erscheinung von Ebbe und Fluth bekannt. Welcher Ursache verdankt diese die Entstehung? Nun, die verschiedenen Theile der Erde sind vom Monde ungleich weit entfernt, die Stärke der Anziehung des Mondes auf einen Theil der Erde verringert sich aber im umgekehrten Quadratverhältniss der Entfernung, demnach

zieht der Mond die verschiedenen Theile der Erde verschieden stark an. Steht der Mond in unserem Zenith, so hat er das Bestreben uns und unsere Antipoden so weit als möglich auseinanderzutreiben. Dass wir nicht auseinandergehen, verdanken wir der an sich respectabelen Anziehungskraft der gesammten Erdmasse auf ihre einzelnen Theile. Es kämpfen hier zwei Kräfte gegeneinander und nach den unerbittlichen Gesetzen der Mechanik — siegt immer die stärkere. Aber die stärkere büsst dabei so viel an Macht ein, als der unterliegende Theil zur Verfügung hatte, der Sieger gebietet alsdann nur über den Überschuss. Dieser Überschuss ist zu schwach, um die trotzige Masse des Festlandes auseinanderzutreiben, das nachgiebigere Wasser folgt [27
ihr, und dieser Folgsamkeit verdanken wir die Erscheinung der Ebbe und Fluth.

Dieselbe Naturkraft aber, welche uns Ebbe und Fluth verursacht, bringt manchen Cometen ins Verderben, bereitet ihm einen schnelleren oder langsameren Untergang. Wenn wir von den physischen Beschaffenheiten der Cometen auch ganz absehen, so ist doch allbekannt, dass die Dichtigkeit der in ihnen angehäuften Materie sehr gering sei, weil sie das Licht hinter ihnen stehender Sterne nicht bloss nicht abhalten, sondern auch wie aus den sorgfältigen Messungen von Bessel und Struve hervorgeht, nicht einmal — wie es unsere atmosphärische Luft thut — brechen, d. h. von seiner Richtung ablenken. Füllt man daher zwei gleich grosse Würfel mit Luft und Cometenmaterie, so enthält demnach der letztere ausserordentlich viel weniger Massentheilchen als der erstere.

Gelangt also eine so lockere Masse, wie ein Comet es ist, auf seiner Reise im Weltraum in die Anziehungssphäre der Sonne, so wird alsbald durch die Verschiedenheit der Anziehung derselben auf die verschieden entfernten Theile des Cometen eine Kraft hervorgerufen, ähnlich der, welche auf der Erde die Erscheinung der Ebbe und Fluth hervorruft. Aber die Masse des Cometen ist so unvergleichlich viel nachgiebiger als das Wasser, dass sich Theile des Cometen loslösen. Schiaparelli nennt daher diese Kraft die auflösende Kraft [28
der Sonne. Dieselbe wird um so energischer, je mehr der Comet sich in seiner Bahn der Sonne nähert, da die Verschiedenheit der Abstände der einzelnen Theile desselben um so mehr ins Gewicht fallen, je weniger beträchtlich sie sind — ein Umstand, der ja auch zur Folge hat, dass die Mondfluthen die Sonnenfluthen so sehr an Höhe überragen. — Was geschieht nun mit den losgelösten

Cometentheilen? Jeder Körper, und mag er kleiner wie ein Sandkörchen, dünner wie die Luft in den Geisslerschen Röhren sein, muss qua Materie, wenn er ins Reich der Sonne kommt, sich in einer Ellipse oder einer Parabel oder einer Hyperbel um die Sonne bewegen. Der losgelösten Cometenmasse wird die Wahl unter diesen Bahnen nicht schwer werden, sie wird nämlich in demselben Geleise verbleiben, in welchem sich ihre Mutter, der Comet, bewegt. Nun sagt Schiaparelli, diese losgelöste Cometenmaterie sei eben jener Schwarm eilender Körperchen, die uns als Sternschnuppen erscheinen. Wahrlich nichts ist einfacher als diese Theorie. Und doch würden ihr die ungläubigen Naturforscher nur das Lob einer geistreichen Hypothese gespendet haben, wenn sie nicht sichtbarlich durch die Erfahrung sich hätte bestätigen lassen. Das ist aber in reichlichem Masse geschehen. Oppolzer in Wien hatte die Bahn des grossen Cometen des Sommers 1862 in den Astronomischen Nachrichten
29] sorgfältig bestimmt. Eine Vergleichung dieser Bahn mit der schon oben erwähnten des Augustmeteors lieferte Schiaparelli das überraschende Resultat, dass beide Bahnen zusammenfallen, und so sprach Schiaparelli das grosse Wort aus: der grosse Comet des Sommers 1862 ist die Mutter der Perseiden, des Augustschwarms, Mutter und Kind laufen in demselben Geleise um die Sonne. Kurze Zeit darauf (am 28. Januar 1867) erschien wieder von Oppolzer in den Astronomischen Nachrichten die Bahnbestimmung des Cometen 1866 No. I oder des Tempelschen Cometen, und schon am 29. Januar gelangten Peters in Altona, Oppolzer und Schiaparelli, alle drei unabhängig von einander zu dem Resultate, dass der Tempelsche Comet die Mutter der Leoniden, des Novemberschnuppenschwarms sei, dass beide, Comet und der von ihm losgelöste Theil, in ein und demselben Geleise um die Sonne kreisen. Seitdem ist es gelungen, zu noch vielen anderen Sternschnuppenschwärmen die bezüglichen Cometen zu finden, aus denen sie entstanden und mit welchen sie in gemeinsamer Bahn um die Sonne laufen.

Wenn der Comet, von dem durch die auflösende Kraft der Sonne Sternschnuppencomplexe abgetrennt werden, sich wieder in seiner Bahn von der Sonne entfernt, so wird zwar die auflösende Kraft der Sonne fortwirken und immer neue Masse von ihm trennen, aber mit der Entfernung von der Sonne
30] wird diese auflösende Kraft immer geringer und geringer. Immer dünner und dünner wird also der Rückstand, welchen der Comet in seinem Geleise

zurücklässt, und der ihm nacheilt. Aber wenn der Comet sich wieder der Sonne nähert, verstärkt sich wieder seine Auflösung und das geht so fort. Es hat demnach keine Schwierigkeit, zu begreifen, wie sich z. B. nach und nach der Ring des Augustphänomens, welchen wir oben beschrieben, bilden konnte.

Leverrier hat berechnet, dass die kosmische Wolke, welche den Tempelschen Cometen bildet, im Jahre 126 unser Zeitrechnung aus fernen Welträumen in unser Sonnensystem eingedrungen. Die Sonne hat ihm seitdem sehr arg mitgespielt, sie hat von ihm den oben beschriebenen gewaltigen Schwarm der Novembersternschnuppen losgelöst, während der Comet selbst den Beobachtern immer kleiner und kleiner erscheint. Sein wahrscheinliches Loos, so wie das vieler seiner Brüder ist, ganz und gar in einen Sternschnuppenring aufgelöst zu werden. So arg spielt die Sonne in ihrer Fürsorge für die Ordnung ihres Reiches den Eindringlingen in dasselbe mit.

Vor der Schiaparellischen Erklärung der Sternschnuppen waren die Erfahrungen, die man am Bielaschen Comet gemacht, wunderbare Räthsel. Dieser Comet gehörte zu den ordentlichsten Himmelsbürgern. Er legte in je $6\frac{1}{2}$ Jahren seine Bahn um die Sonne zurück und fand sich regelmässig zur bestimmten Zeit an bestimmter Stelle, den Befehlen der Astronomen gehorsam, ein. Da plötzlich theilte er sich im Jahre 1846 vor den Augen der Be- [31
obachter in zwei Theile. Beide Theile liefen nun sich von einander immer mehr entfernend 20 Jahre als getrennte Cometen neben einander her, bis sie im Jahre 1866 ganz und gar verschwanden.

Die Spaltung dieses Cometen hat nach der Schiaparellischen Theorie nichts Befremdliches. Es ist die auflösende Kraft der Sonne, welche dieselbe bewirkte. Nach derselben Theorie musste man auch erwarten, dass die verschwundenen Theile sich in Sternschnuppen aufgelöst haben. Diese Erwartung hat sich erfüllt, und die Schiaparellische Theorie hat einen glänzenden Triumph gefeiert. Wir waren alle Zeugen davon. In diesem Winter am 27. November fand eines der grossartigsten Sternschnuppenphänomene statt. Es war dasselbe nur ein starkes Auftreten eines um diese Jahreszeit in bestimmten Perioden sich wiederholenden Sternschnuppenschauers, welchen man der Auflösung des Bielaschen Cometen zu verdanken glaubte.

In der Richtung der Fortbewegung der Sternschnuppen, d. h. nach dem

Himmelspunkte hin, welcher dem Radiationspunkte gerade gegenüber liegt, hätte man suchen müssen, ob sich nicht in Begleitung der Sternschnuppen Reste des Bielaschen Cometen entdecken liessen. Dieser Himmelspunkt liess sich aber in unseren Gegenden nicht gut beobachten. Da kam der Göttinger
32] Astronom Klinkerfues auf den glücklichen Gedanken, den Astronomen Pogson auf Madras, welcher Ort der Beobachtung der genannten Himmelsstelle günstig war, am 30. November telegraphisch aufzufordern, daselbst nach dem Cometen zu suchen. Am 3. December fand Pogson wirklich an der bezeichneten Stelle einen Cometen. Indessen, um einen Cometen als einen bestimmten, hier also als den Bielaschen zu legitimiren, dazu braucht man eine Anzahl scharf markirter Kennzeichen. Diese konnten so schnell in zureichendem Masse nicht signalisirt werden. Da half wieder Oppolzer, welcher durch seine Beobachtungsenergie schon so viel zur Glorificirung der Schiaparellischen Lehre beigetragen. Durch scharfsinnige Combination des unzureichenden Beobachtungsmaterials hat er es höchst wahrscheinlich gemacht, dass der von Pogson beobachtete Comet der Kopf des Bielaschen Cometen sei. — Sehen wir aber auch ganz von der Frage des Bielaschen Cometen ab, so ist die eine Thatsache unangreifbar feststehend, dass Klinkerfues durch die Sternschnuppenerscheinung im Stande war, einen Cometen — den Urheber der Erscheinung — in der Bahn des Sternschnuppenschwarms zu entdecken.

Glänzender konnte die Schiaparellische Theorie nicht bewährt werden. Ein selten schönes Loos für eine menschliche Entdeckung.

So werden wir durch das Datum der Entdeckung Schiaparellis auf das denkwürdige Jahr 1866 zurückgeführt. Wir sehen in demselben die italienische
33] Nation mit der unsrigen vereint nicht nur auf der Arena des Kampfes für das Vaterland, sondern auch des Kampfes, dessen Ziel die Erweiterung der Grenzen unseres Wissens ist. Wenn wir von der Betrachtung der unermesslichen Welträume zu unserer Erde zurückkehren, so könnte ein enges Gemüth und ein kurzsichtiges Auge leicht verführt werden, diese kleine Erde mit dem Treiben der auf derselben befindlichen Geschöpfe kleinlich zu finden. Der Naturforscher ist vor diesem Irrthum sicher — er weiss es, dass die Welt im Kleinen, die Welt unter dem Mikroscop und noch mehr die Welt der sich unserem Auge ganz entziehenden Atome ebensoviel gilt als die Welt im Grossen, dass das unermesslich Grosse und unermesslich Kleine nur relativ

von einander verschieden sei. Und wer ist es, in dem sich beide Vorstellungen vereinen? Es ist das winzige Geschöpf, der Mensch, dessen Geist, selber unendlich, die beiden Pole der Unendlichkeit erst in die Natur hineinträgt.

Während wir also auf unserer Excursion in das ferne Weltreich die selbstsüchtige Illusion verloren, der Mittelpunkt des Kosmos zu sein, auf welchen überall die Zwecke der Natur hinwiesen, wie die Halbmesser eines Kreises auf dessen Centrum, so haben wir als Ersatz das unvergleichlich erhabenere Bewusstsein mitgebracht, durch die Kraft unseres Geistes das [34
ganze Weltall umfassen, so zu sagen den Kosmos reproduciren zu können.

Muss nicht dieses Bewusstsein auch eine höhere Werthschätzung der übrigen Ideen, deren Träger der menschliche Geist ist, also insbesondere der Ideen der Sittlichkeit hervorrufen? Zwar wird die Vergleichung mit den Ideen, welche der Naturforschung zu Grunde liegen, uns belehren, dass so wie diese auch die Ideen der Sittlichkeit in ihrer Anwendung dem Irrthume unterworfen sind. Allein sie lehrt uns auch, dass die Ideen an sich — von ihren Anwendungen unabhängig — ewig unveränderlich sind, dass sie uns durch ein Labyrinth von Irrthümern, wenn auch nur in asymptotischer Annäherung, zur Wahrheit führen werden.

Wenn wir also von unserer Himmelsreise auf unsere Erde zurückkehren, so werden wir — weit davon entfernt, das, was auf derselben um uns herum durch Menschenhand vollbracht wird, gering zu schätzen — vielmehr ein offenes Herz allem Grossen und Edlen, das sich darin kundgiebt, entgegentragen.

Wenn wir also von unserer Himmelsbetrachtung aus auf das Jahr 1866 hingeführt werden, so wird die Erinnerung an die Thaten dieses Jahres — vollbracht im Namen der erhabenen Idee des Vaterlandes — auf unser Gemüth einen um so gewaltigeren Eindruck machen. Und — es ist das eine [35
herrliche Eigenschaft der menschlichen Natur — von dem Vollbrachten wenden wir uns sofort dem Vollbringer zu in inniger Dankbarkeit. Wir huldigen unserem Kaiser, welcher damals in seltener Seelengrösse die durch die Geschichte unseres Vaterlandes geschaffenen Hemmnisse zu überwinden und den Grundstein zu unserem neuen deutschen Reiche zu legen vermochte. Wir wissen alle, wie mächtig dieser königliche Vorgang engherzig erbaute Schranken erschüttert, und das bis dahin nur als lebendige Kraft latente nationale Be-

wusstsein der Deutschen zur energievollen Thätigkeit befreit hat. Und wir preisen unsern Kaiser und uns glücklich, dass schon nach Verlauf weniger Jahre unter seiner heldenmüthigen Führung der herrliche Bau selber hat vollführt werden können, dass der Traum vieler Jahrhunderte in einer so kurzen Spanne Zeit zur Wirklichkeit geworden. — Doch noch ist das Gebäude nicht nach allen Seiten geschlossen, von allen Seiten stürmen feindliche Elemente heran, in die Lücken einzudringen und die Grundfesten zu untergraben. Aber die starke Hand unseres Kaisers, die starke Hand, welche die Vorsehung zur Vollbringung so grosser Thaten ausersehen, wehrt heldenmüthig alle Angriffe ab und umgiebt das neue Gebäude mit kräftiger Schutzwehr. Möge diese starke Hand noch lange Jahre unser Schirm und Schutz sein. Möge es
36] unserem Kaiser noch vergönnt sein, sein Werk vollendet und unangreifbar zu schauen. Möge er als schönsten Lohn heiliger Pflichterfüllung noch sehen können, was ein grosses deutsches Reich in Frieden an Grossem und Erhabenem zu schaffen vermag.

Gott segne und erhalte unseren Kaiser und König.

LXXVIII.

Über das

Verhältniss der exacten Naturwissenschaft zur Praxis.

Rede

bei Antritt des Rectorates

gehalten in der Aula

der

Königlichen Friedrich-Wilhelms-Universität

am 15. October 1899

von

Immanuel Lazarus Fuchs.

Berlin 1899.

Buchdruckerei von Gustav Schade (Otto Francke) in Berlin N.

Hochansehnliche Versammlung! [3

Geehrte Collegen!

Liebe Commilitionen!

In einer Zeit, in welcher die Anwendungen der Naturwissenschaften auf alle Zweige menschlichen Schaffens einen so gewaltigen Umfang angenommen haben, dass das allgemeine Interesse durch die Errungenschaften auf den Gebieten der Technik vollständig absorbirt wird, und die Schöpferin dieser Erfolge, die theoretische Wissenschaft, ganz in den Hintergrund des öffentlichen Interesses gedrängt erscheint, ist es wohl nicht überflüssig, sich des Verhältnisses bewusst zu werden, in welchem die reine Wissenschaft, die Theorie, zu ihren Anwendungen, der Praxis, steht, sich den Einfluss vor Augen zu führen, welchen Theorie und Praxis gegenseitig auf einander ausgeübt haben.

Es würde selbstverständlich an dieser Stelle unmöglich sein, alle Zweige der Naturwissenschaften in den Kreis unserer Betrachtung zu ziehen. Wenn ich mir aber die Beschränkung auferlege, nur die sogenannten exacten Naturwissenschaften ins Auge zu fassen, so dürfte gewiss der grössere Theil meiner Ausführungen für die übrigen Naturwissenschaften bestehen bleiben. Ich habe mir aber die exacten Naturwissenschaften auserwählt, nicht nur, weil sie meinem speciellen Forschungs- und Lehrgebiet, der Mathematik, am nächsten stehen, sondern vielmehr weil die Mathematik den genannten Zweigen der [4
Naturwissenschaften geradezu zugezählt werden muss.

Um dieses gerechtfertigt zu finden, ist es nicht nöthig, hier in eine tiefere Speculation einzugehen. Es liegt auf der Hand, dass die Objecte der Naturbetrachtung, soweit sie durch Maass und Gewicht in Raum und Zeit erfasst werden können, ihren adäquaten Ausdruck in den geometrischen und analytischen mathematischen Formen finden. Aber auch umgekehrt haben die mathematischen Gebilde ihren entsprechenden Ausdruck in den Naturerscheinungen, wenn auch diese Naturerscheinungen erst später, lange nachdem die mathematischen Gebilde gewissermaassen divinatorisch erzeugt waren, uns bekannt werden. Es mögen zur Erläuterung einige Beispiele genügen.

Der Mathematiker construirt die Fläche, welche unter dem Namen des Ellipsoids bekannt ist, aus rein geometrischen Anschauungen. Eine specielle Form dieses räumlichen Gebildes, das Sphäroid, welches durch Umdrehung einer Ellipse um ihre kleine Axe entsteht, erweist sich in der Natur als die uns alle gar sehr interessirende Form des von uns bewohnten Himmelskörpers.

Viele Jahrhunderte, ehe Keppler gezeigt, dass die Planeten, also auch unsere Erde, sich in einer Ellipse um die Sonne bewegen, waren die Mathematiker von rein theoretischen Gesichtspunkten zur Betrachtung dieser krummen Linie und zur Erforschung ihrer Eigenschaften gelangt.

Die Eigenschaft derselben Linie, dass die von den beiden Brennpunkten nach einem Punkte der Linie gezogenen Strahlen mit der Tangente daselbst gleiche Winkel bilden, findet in der Optik und Akustik ihren Ausdruck darin, dass die von einem der Brennpunkte eines elliptisch gebauten Gewölbes ausgehenden Licht- oder Schallwellen nach ihrem Auftreffen auf die Wand sich in dem anderen Brennpunkte concentriren.

5] Aber auch in der Methode der Forschung sind Mathematik und exacte Naturforschung nicht wesentlich verschieden. Diese Behauptung wird paradox nur denjenigen erscheinen, welchen nur die fertigen Formen und Beweismethoden der Mathematik bekannt sind, nicht aber den Forschern auf diesen Gebieten. Wie der Naturforscher Naturerscheinungen gegenübersteht, welche zuverlässig nach gewissen Gesetzen verlaufen, und bestrebt ist, diese Gesetze durch Beobachtung, Vergleichung mit bekannten Naturerscheinungen und Versuchen mit Hülfe entweder schon vorhandener oder erst zu construirender Werkzeuge zu erforschen, gerade so steht der mathematische Forscher gewissen Gebilden gegenüber, welche ebenso zuverlässig gewissen Gesetzen unterliegen, und ebenso muss derselbe durch Vergleichung mit anderweitig bekannten Thatsachen der Mathematik und durch Anwendung bereits vorhandener oder erst herzustellender Hülfsmittel die Geheimnisse dieser Gebilde zu entschleiern suchen.

Ich wünschte wohl hier zu zeigen, dass diese Übereinstimmung der Forschungsmethoden mehr als eine bloss oberflächliche sei, wenn nicht eine solche Auseinandersetzung den Rahmen dieses Vortrages überschritte.

In unserem Zeitalter, in welchem die Anwendung der Dampfkraft und der Electricität so bewundernswerthe Veränderungen in der Lebensführung des menschlichen Geschlechtes herbeigeführt hat, in welchem durch die Erleichterung des Verkehrs der Menschen unter einander der Austausch nicht nur der materiellen, sondern auch der geistigen Güter in so gewaltiger Weise gefördert, durch die Einführung von Maschinen die Production in allen gewerblichen Unternehmungen so zu sagen ins Unermessliche gesteigert und dafür die Arbeit menschlicher Hand in hohem Maasse bewerthet worden ist, in unserem Zeitalter, sage ich, ist es besonders wichtig, sich gegenwärtig zu halten, dass schon in allen Zeitaltern, von welchen uns die Geschichte be- [6
richtet, Forschritte gemacht worden sind, welche für jede dieser Zeitepochen von mächtigen Einwirkungen auf das menschliche Leben gewesen sind.

Da das Neue sich stets auf Grund des bereits Vorhandenen aufbaut, musste natürlich die Geschwindigkeit des Fortschrittes in dem Maasse sich steigern, wie ein Zins auf Zins angelegtes Capital sich zu einem immer grösseren und grösseren Capital aufspeichert. Fragen wir uns, aus welcher Quelle die immer neuen Machtmittel zur Bekämpfung und Ausnutzung der Naturkräfte dem Menschen zufliessen, so lehrt uns die Geschichte, dass diese Quelle nur selten die auf ein bestimmtes Ziel gerichtete Arbeit des Menschen gewesen ist. Denn der Zusammenhang zwischen den einzelnen Erscheinungen in der Natur ist meistentheils sehr verborgen, und was in der Natur dicht neben einander hergeht, tritt dem Menschen ebenso wie dasjenige, was weit auseinander zu liegen scheint, durch lange Jahrhunderte als indifferent in Bezug auf einander entgegen. Wer hätte z. B. noch im Anfange unseres Jahrhunderts zu sagen vermocht, dass Wärme, Licht und Electricität ein und derselben Quelle entstammen?

Das wahre Bindeglied zwischen den einzelnen Errungenschaften der Menschheit ist die Wissenschaft, diejenige Bethätigung des menschlichen Geistes, welche in das Wesen der Dinge einzudringen bestrebt ist, allein um der Erkenntniss willen, ohne auf den Nutzen oder auf die Lösung eines praktischen Problems zu zielen.

Es zeugt von einer vollständigen Verkennung des Wesens der Wissenschaft, wenn einer meint, dass ein auf Grund von Erfahrungsthatsachen erwachsenes und auf einen bestimmten Zweck gerichtetes Problem gelöst werden könne, wenn ihn nicht das Glück dahin begünstigt, dass er in der Wissenschaft die Hülfsmittel zur Lösung vorbereitet findet. Denn in der Forschung
7] nach wissenschaftlichen Wahrheiten muss der menschliche Geist sich von dem Besonderen loslösen und sich zu freiem Fluge nach allen Richtungen entfalten. Er darf nicht bei einer Vorstellung stehen bleiben, er muss vielmehr die mannigfaltigsten Gebilde durchmustern und in scheinbar indifferenten Dingen das Gemeinsame zu erfassen streben. Was schwer lösbar oder unlösbar in besonderer Sphäre erscheint, wird oft in unerwarteter Weise von einer scheinbar fern von ihr liegenden Sphäre belichtet, und die Gesetze der einen werden durch die der anderen enthüllt. Die Geschichte der Wissenschaft lehrt, dass oft Jahrhunderte andauernde Arbeit des frei thätigen menschlichen Geistes, welche ohne einen anderen Zweck, als den der Aufdeckung wissenschaftlicher Wahrheiten unternommen war, in unerwarteter Weise zur Auffindung weltbewegender Naturgesetze geführt hat.

Es sei mir gestattet, an einem Beispiele die Art, wie die Wissenschaft arbeitet, hervorzuheben.

Die ersten Anfänge der Geometrie sowie alle Anfänge naturwissenschaftlicher Bethätigung haben ihren Ursprung in den Anforderungen des täglichen Lebens. Allmählich löste sich aber die Geometrie von dem beschränkten Standpunkte des Suchens nach dem unmittelbar Nützlichen los, es entstand die eigentlich wissenschaftliche Geometrie. Die vollendetste Ausbildung fand dieselbe in den alten Zeiten bei den Griechen, demjenigen Volke, bei welchem die Keime fast aller unserer Wissenschaften zu suchen sind. Man braucht, was die Grundlagen der Geometrie anbetrifft, nur den Namen EUKLID zu nennen, dessen Werk noch heutzutage ein mustergiltiges Lehrbuch dieser Wissenschaft bildet. Zu den schönsten Errungenschaften der griechischen Mathematiker auf dem Gebiete der Geometrie gehört die Theorie der drei krummen Linien Ellipse, Hyperbel, Parabel, welche unter dem Namen Kegel-
8] schnitte bekannt sind. In späteren Jahrhunderten haben andere Nationen dieselbe Theorie vertieft und sie auf andere Gebilde ausgedehnt.

Wenden wir für einen Augenblick unser Augenmerk von diesem scheinbar so begrenzten Gebiete menschlichen Forschens weg und auf nichts Geringeres als auf das Weltall hin. Jedem Gebildeten ist es bekannt, welche Anstrengungen die hervorragendsten Philosophen und Naturforscher durch Jahrhunderte hindurch gemacht, um das Gesetz der Bewegung unseres Planetensystems zu erforschen, wie viele Theorieen aufeinander gehäuft worden waren, welche schon durch ihre Complication den Stempel des Unnatürlichen an sich trugen, und in der That auch von den Erscheinungen der Natur nicht vollkommen Rechenschaft gaben; bis es Keppler nach einer durch zwanzig Jahre fortgesetzten Bearbeitung des Tycho de Brahe'schen Beobachtungsmaterials gelang, die Bewegung der Planeten durch die drei Gesetze, welche wir mit dem Namen der Keppler'schen bezeichnen, in der natürlichsten und in vollkommen erschöpfender Weise zu erklären. Ich muss diese Gesetze hier wiederholen, um den Zusammenhang mit dem Vorhergehenden hervortreten zu lassen:

I. Die Planeten bewegen sich in Ellipsen, in deren einem Brennpunkte die Sonne sich befindet.

II. Die von diesem Brennpunkte nach dem Planeten führenden Strahlen beschreiben in gleichen Zeiten gleiche Flächenräume.

III. Die Quadrate der Umlaufszeiten verhalten sich wie die Cuben der grossen Axen ihrer Bahnen.

Treten wir jetzt in eine dritte Sphäre der Naturforschung ein, welche wieder scheinbar von den beiden vorhergehenden abseits liegt. Newton war, wie man erzählt, durch das Fallen eines Apfels von einem Baume zum Nachdenken über die Ursache des Falles angeregt worden, und wurde zu dem Resultate geführt, dass eine Einwirkung der Erdmasse auf die Masse des [9 fallenden Körpers die wahre Ursache sei, ein Resultat, aus welchem sich die Fallgesetze in ungezwungener Weise ergeben.

Man stand also zu dieser Zeit drei Thatsachen gegenüber, wovon jede einer besonderen wissenschaftlichen Sphäre angehörte: die Natur und die Eigenschaften der Kegelschnitte, die Keppler'schen Gesetze und die Massenanziehung, welche der Erdkörper auf die Körper an seiner Oberfläche ausübt. Aus diesen Thatsachen folgerte Newton auf analytischem Wege, dass die Planeten von der Sonne mit einer Kraft angezogen werden, welche direct proportional ihren Massen und umgekehrt proportional dem Quadrate ihrer

Entfernungen ist; sowie, dass für alle Planeten das Grundmaass der Anziehung dasselbe ist.

Dieses Gesetz, welches sich dahin zusammenfassen lässt, dass die Kraft, mit welcher zwei wägbare Massen auf einander wirken, für alle wägbaren Massen von derselben Natur ist und dem Producte der Massen direct, dem Quadrate ihrer Entfernung umgekehrt proportional wirkt, beherrscht also die Bewegungen der Himmelskörper, soweit sie den Raum erfüllen, ebenso wie die Bewegung eines an der Erdoberfläche fallenden Steines.

Diesem Gesetze hatte länger als ein Jahrhundert nach seiner Entdeckung die Beschränkung auf die wägbaren Massen angehaftet, als es Coulomb mit Hülfe der Torsionswage gelang, die Kraftwirkung elektrischer und magnetischer Massen einer Messung zu unterwerfen und festzustellen, dass zwei elektrische oder zwei magnetische Massen sich mit einer Kraft anziehen oder abstossen, welche dem Producte der Massen direct, dem Quadrate ihrer Entfernung umgekehrt proportional ist. Jetzt gelangte die Wissenschaft durch Induction zu dem Schlusse: Das Newtonsche Gesetz gilt nicht nur für die wägbare Materie,
10] es ist vielmehr ein allgemeines Naturgesetz für alle Wirkungen von Massen auf einander, welcher Natur diese Massen auch sein mögen.

Diesem Bilde von der Arbeit der Wissenschaft liessen sich, wenn die Zeit es gestattete, zahlreiche andere anreihen. Welche schöne Aufgabe wäre es beispielsweise, die Entwickelung der Lehre der galvanischen Ströme zu verfolgen, von den ersten Versuchen Galvanis an einem bei der Berührung mit verschiedenen Metallen zuckenden Froschschenkel bis auf unsere Zeit, wo die electrischen Drähte sich fast über die ganze Erde hinziehen! Wir würden auch hier sehen, wie Männer der Wissenschaft, allein von dem Streben nach der Erforschung der Naturgesetze getrieben, Versuche mit unablässigem Eifer verfolgen, welche weit von einer unmittelbaren praktischen Anwendbarkeit entfernt sind (wie es ja auch die Versuche von Galvani und Volta waren), oder wo sie, wie Gauss und Weber bei der Verwendung der Entdeckung von Oersted auf die Anlage eines Telegraphen auf, praktisch verwerthbare Resultate stiessen, welche ihnen reichen materiellen Gewinn und Popularität versprachen, solche Verwerthung anderen überlassen, um unbehindert ihre Forschungen — in welchen sie nicht von anderen vertreten werden zu können hoffen durften — zum Segen der Menschheit fortzusetzen.

Die Anfänge der exacten Naturwissenschaften, sagten wir vorhin, haben ihren Ursprung in den Anforderungen, welche das praktische Leben an den Menschen stellte. So berichtet uns beispielsweise Herodot, dass die Aegypter zur Erfindung der Geometrie durch die Nothwendigkeit geführt wurden, die in Folge der Nilüberschwemmungen verloren gegangenen Landesbegrenzungen wieder herzustellen.

Da Messen und Zählen untrennbar mit einander verbunden sind, so haben wir mit Wahrscheinlichkeit auch die Wiege der Arithmetik in Aegypten aufzusuchen.

Um eine Eintheilung der periodisch wiederkehrenden Jahres- und [11
Tageszeiten zu finden, und insbesondere auch um sich bei ihren Fahrten auf dem Meere orientiren zu können, wurden schon in uralter Zeit die Menschen zur Beobachtung des Himmels hingeleitet. Wenigstens entstanden aus solchen praktischen Bedürfnissen die ersten Anfänge der wissenschaftlichen Astronomie bei den Chaldäern.

Bekannt ist, dass Archimedes durch den Auftrag des Königs Hiero von Syrakus, den etwaigen Silbergehalt seiner Krone festzustellen, zur Auffindung eines Grundgesetzes der Hydrostatik geführt wurde, welches seinen Namen trägt.

Aber auch, nachdem die einzelnen Disciplinen der Naturwissenschaften ausgebildet waren, hat das praktische Leben zu allen Zeiten einen Impuls zu wissenschaftlicher Forschung gegeben. Dieses geschah nach zwei Richtungen hin. Einerseits wurden Praktiker, welche die ihnen durch die Wissenschaft überlieferten Kenntnisse als Mittel benutzten, um die Naturkräfte für die Zwecke des Menschengeschlechts zu unterjochen, oder Einrichtungen zu schaffen, welche das Wohlbefinden desselben zu erhöhen geeignet sind, zu Einzelproblemen geführt, welche die Wissenschaft aufnahm, um ihre Macht an der Lösung dieser Probleme zu prüfen, oder — wenn die Errungenschaften der Wissenschaft hierzu nicht ausreichten — in diesen Problemen einen Anstoss zu weiterem Forschen zu finden. Andererseits hat es geniale Männer gegeben, welche bei Gelegenheit ihrer praktischen Aufgaben intuitiv Gesetze erschauten, deren Prüfung alsdann zur weiteren Ausdehnung der Wissenschaft geführt.

Es haben sich daher jederzeit die Praxis und die Wissenschaft gegenseitig in die Hände gearbeitet, und wenn die Wissenschaft aus dem reichen Schatz ihrer Errungenschaften der Praxis die Mittel zur Bewältigung der von
12] der Natur ihr entgegengesetzten Schwierigkeiten bieten muss, so verdankt andererseits die Wissenschaft der Praxis so viele segensreiche Impulse.

Es kann daher nur zum Schaden des Forschrittes der Menschheit gereichen, wenn künstlich ein feindlicher Gegensatz zwischen der reinen Wissenschaft und der Technik construirt wird.

Wohl haben beide verschiedene Aufgaben. Die Aufgaben des Technikers sind stets auf bestimmte praktische Zwecke gerichtet. Zu ihrer Lösung ist unstreitig häufig eine grosse geistige Anstrengung und hohe geistige Begabung erforderlich; aber der Techniker muss diese Aufgaben mit den Hülfsmitteln der Wissenschaft in kurzer Zeit lösen können oder auf ihre Lösung verzichten; es sei denn, dass er das Ziel, welches ihm die Praxis gesteckt, bei Seite lassend zum wissenschaftlichen Forscher wird. Denn die Geschichte der Wissenschaft lehrt — und wir haben diess bereits hervorgehoben — dass concrete Aufgaben häufig erst in weit auseinander liegenden Zeiträumen, nachdem dem äusseren Anscheine nach weit ab von diesen Aufgaben liegende Gebiete cultivirt worden sind, ihre Lösung gefunden haben.

Sollte es also dahin kommen, dass wir, hingerissen von der gerechtfertigten Bewunderung der Erfolge der Technik, uneingedenk des Antheils der reinen Wissenschaft an diesen Erfolgen, die letztere auf Kosten des praktisch Nützlichen vernachlässigten, so würden wir nicht nur des schönsten unserer Güter, des Verständnisses des Waltens der Natur- und Geisteskräfte, für welches kein noch so hoher Grad leiblichen Behagens uns zu entschädigen vermag, verlustig gehen, sondern auch gerade der Technik die Wurzel weiteren Fortschrittes in kommenden Zeiten unterbinden. Denn wer vermag es zu sagen, ob nicht in kommenden Zeiten neue Fortschritte der Wissenschaft der Technik Mittel zuführen werden zu Errungenschaften, welche diejenigen, auf welche wir so stolz sind, weit in den Schatten stellen werden?

13] Ich kann es mir nicht versagen, hier die schönen Worte wörtlich wiederzugeben, welche HELMHOLTZ im Jahre 1862 in einer akademischen Rede, betitelt: »Über das Verhältniss der Naturwissenschaften zur Gesammtheit der Wissenschaft«, über die Aufgabe wissenschaftlicher Forschung gesprochen:

> »Wer bei der Verfolgung der Wissenschaften nach unmittelbarem
> »praktischen Nutzen jagt, kann ziemlich sicher sein, dass er vergebens
> »jagen wird. Vollständige Kenntniss und vollständiges Verständniss des
> »Waltens der Natur- und Geisteskräfte ist es allein, was die Wissen-
> »schaft erstreben kann. Der einzelne Forscher muss sich belohnt
> »sehen durch die Freude an neuen Entdeckungen, als neuen Siegen
> »des Gedankens über den widerstrebenden Stoff, durch die ästhetische
> »Schönheit, welche ein wohlgeordnetes Gebiet von Kenntnissen ge-
> »währt, in welchem geistiger Zusammenhang zwischen allen einzelnen
> »Theilen stattfindet, eines aus dem anderen sich entwickelt und alles
> »die Spuren der Herrschaft des Geistes zeigt; er muss sich belohnt
> »sehen durch das Bewusstsein, auch seinerseits zu dem wachsenden
> »Capital des Wissens beigetragen zu haben, auf welchem die Herr-
> »schaft der Menschheit über die dem Geiste feindlichen Kräfte be-
> »ruht«.

Soweit Helmholtz.

Aber glücklicher Weise ist jede Befürchtung vor der Niederdrückung der Wissenschaft durch eine noch so grosse Macht der Verhältnisse grundlos. Der Antrieb unseres Geistes zur Erforschung der Wahrheit ist eine ewige unvergängliche Macht, welche von keiner anderen Macht überwunden werden kann.

Diese Macht ist es auch, welche die treueste Stütze unserer Universitäten stets gewesen ist und für immer bleiben wird. Es ist stets das stolze Be- [14
streben unserer Universitäten gewesen, die Wissenschaft an sich und nur um ihretwillen zu lehren. Mit Recht fordern wohl der Staat und die Gesellschaft, dass die Universität ihre Beamten und Ärzte ausbilde. Wir lösen jedoch auch diese Aufgabe am besten dadurch, dass wir als höchstes Ziel unserer akademischen Erziehung die Pflege der Wissenschaft als solcher, die Erweckung der Liebe zu derselben, die Heranziehung und Anspornung der Jugend zur Mitarbeit an den idealen Aufgaben der Menschheit ansehen. Wir meinen, dass in diese Bahnen geleitete junge Männer auch die besten in ihrem Berufe werden müssen. Systematische Abrichtung zu einem bestimmten

Berufe wird nur handwerksmässig arbeitende Kräfte erzielen, welchen bei den Aufgaben des wirklichen Lebens diejenige geistige Elasticität abgeht, die allgemein wissenschaftlich geschulten Männern eigen ist. Diese Erziehungsmethode unserer Universitäten hat allezeit nicht nur reiche Früchte der wissenschaftlichen Forschung eingetragen, sondern auch dem deutschen Vaterlande ein von hohen Idealen getragenes und in seinem Berufe tüchtiges Beamtenthum gegeben, um welches uns andere Nationen beneideten.

LXXIX.

Über einige Thatsachen
in der
mathematischen Forschung des neunzehnten Jahrhunderts.

Rede
zur
Gedächtnissfeier des Stifters der Berliner Universität
König Friedrich Wilhelm III
in der Aula derselben
am 3. August 1900
gehalten von dem zeitigen Rector
Immanuel Lazarus Fuchs.

Berlin 1900.
Buchdruckerei von Gustav Schade (Otto Francke) in Berlin N.

Hochansehnliche Versammlung! [3

Werthe Commilitonen!

Unsere Universität feiert an dem heutigen Tage das Gedächtniss ihres erhabenen Stifters, des Königs Friedrich Wilhelms des Dritten von Preussen. Diese alljährlich wiederkehrende Feier gewährt uns, deren Aufgabe es ist die Wissenschaft an dieser Universität zu pflegen, in erster Linie die hochwillkommene Gelegenheit immer von Neuem den Manen des Stifters unsere Huldigung und den Ausdruck pietätvoller Dankbarkeit darzubringen für die Schaffung wissenschaftlicher Pflanzstätten, deren Antheil an der Wiedererhebung des preussischen Staates und an der Entwickelung zu seiner jetzigen Grösse, sowie mittelbar zur Erfüllung seiner Mission für das gesammte Deutschland allseitig anerkannt wird.

Aber diese Feier wird auch stets eine segensreiche Rückwirkung auf unser geistiges Leben ausüben. Wenn wir unseren Blick in die Geschichte der Zeit versenken, in welcher die Gründung unserer Universität sich vollzog, so werden wir nicht nur von Bewunderung erfüllt werden für die Männer, an deren Spitze der König Friedrich Wilhelm III., welche den Muth hatten, in bedrängter Zeit, die Wiederbelebung des Staates in der Pflege des idealen Sinnes seiner Bürger, in der Förderung der Wissenschaft, zu suchen; sondern wir werden auch durch die Folgen dieses idealen Strebens für die Gesammt- [4
heit darüber belehrt, dass die Ideale die wahren Träger des Wohles der Menschheit sind; wir werden befestigt in unserem unentwegten Streben für die Wissenschaft und in dem Kampfe gegen jedwedes Hemmniss dieses Strebens. Es wird dieser Tag auch stets für einen jeden von uns ein solcher sein, an welchem wir, jeder in dem Gebiete, welches ihm zugänglich ist,

einen Rückblick auf den Fortschritt der Wissenschaft zu thun veranlasst sind und uns so der Aufgaben bewusst werden, welche uns die Arbeiten unserer Vorgänger vorbereitet haben.

Wenn ich in der Wissenschaft, welcher ich mein Streben gewidmet habe, heute einen solchen Rückblick unternehme, wobei ich mich auf das neunzehnte Jahrhundert beschränke, so wäre es — auch wenn es hier ausführbar wäre — eine Vermessenheit, wollte ich das gesammte Gebiet der mathematischen Wissenschaft umfassen. Diese Wissenschaft hat im Laufe des XIX. Jahrhunderts eine so gewaltige Ausdehnung angenommen, hat sich in so verschiedenartige Disciplinen verzweigt, dass es dem Einzelnen nicht mehr möglich ist, die verschiedenen Theile unserer Wissenschaft mit gleichmässig tief eingehendem Verständnisse zu durchforschen.

Aber auch, wenn ich nur einzelne Zweige zum Gegenstande einer erschöpfenden Erörterung machen wollte, so würde sich eine solche Erörterung in den Rahmen meines heutigen Vortrages nicht einfügen lassen.

Es sei mir daher gestattet nur zweier, in erkenntnisstheoretischer Hinsicht wichtiger Thatsachen hier zu gedenken, welche den Arbeiten der Mathematiker des XIX. Jahrhunderts ihr besonderes Gepräge aufgedrückt haben.

Die erste Thatsache besteht in der Realisirung und unbedingten Ver-
5] wendung der bis dahin als imaginär bezeichneten Grössen. Diesen Grössen waren die Mathematiker schon seit langer Zeit begegnet, wenn es sich darum handelte, gewisse Gleichungen aufzulösen. Ihr Auftreten wurde jedoch nur dahin gedeutet, dass die in diesen Gleichungen gestellten Forderungen nicht erfüllbar seien. Dass aber die Bezeichnung »imaginäre Grössen« eine unzutreffende ist, ergiebt beispielsweise schon der Umstand, dass zu einer Zeit, wo die Brüche noch nicht in den Kreis der Zahlen Aufnahme gefunden hatten, die als Brüche auftretenden Lösungen gewisser Gleichungen ebensogut imaginär hätten genannt werden müssen. Deshalb hatte es auch schon im XVIII. Jahrhundert nicht an Versuchen gefehlt, den sogenannten imaginären Grössen eine reale Bedeutung zuzueignen. Aber erst Gauss gelang es, diesen Grössen das gleiche Bürgerrecht in der Mathematik zu verschaffen, welches bis dahin nur den sogenannten realen Grössen zuerkannt worden war. Der Unterschied zwischen beiden Grössenarten besteht, wie Gauss hervorhebt, nur darin, dass die realen Grössen nur die Lage der Punkte einer geraden Zählaxe

repräsentiren, während die sogenannten imaginären Grössen im Stande sind, die Lage der Punkte der ganzen Ebene zu bestimmen. Der Schritt von den realen Grössen zu den sogenannten imaginären erschien nicht gewagter als der von den ganzen Zahlen zu den Brüchen, von den rationalen Zahlen zu den irrationalen u. s. w. Da der Name imaginäre Grössen viel zur Verwirrung der Begriffe beiträgt, so ist für diese Grössen allgemein die Bezeichnung *complexe* Grössen angenommen worden.

Wenngleich Gauss in seinen Schriften zahlreiche Belege dafür hinterlassen hat, dass er über die Principien der Mathematik tiefe philosophische Speculationen angestellt hat — so hat er sich beispielsweise bei Gelegenheit der Rechtfertigung der complexen Grössen nicht enthalten können, in einer Fussnote gegen einen von Kant herrührenden Beweis der Vorstellung, dass [6
der Raum nur eine Form unserer äusseren Anschauung sei, Stellung zu nehmen — so ist er dennoch als ächter Mathematiker und Naturforscher für das Recht der complexen Grössen erst auf Grund der thatsächlichen Wahrnehmung eingetreten, dass diese Grössen ebenso unentbehrlich seien, wie die sogenannten realen, dass erst durch die Anwendung der ersteren gewisse Gesetze der Arithmetik einen allgemeinen Charakter gewinnen können. Es ist charakteristisch, dass Gauss gerade auf einem Gebiete die complexen Grössen zum Siege führen konnte, welches, wenn der Ausdruck erlaubt ist, das allerrealste in der Mathematik ist, nämlich auf dem Gebiete der Zahlentheorie. Die schönen Reciprocitätsgesetze für die quadratischen Reste finden sich schon bei den biquadratischen Resten nicht mehr vor, solange man einseitig nur reale Zahlen zulässt; sie erstehen aber, wie Gauss entdeckt hat, in ihrem ganzen Umfange, sobald man complexe ganze Zahlen in den Zahlenkreis aufnimmt.

Es ist hier am Platze eines Fortschrittes Erwähnung zu thun, welcher im XIX. Jahrhundert, nach dem Vorbilde des Vorgehens von Gauss auf dem Gebiete der biquadratischen Reste, zunächst in der Zahlentheorie gemacht worden ist. Die complexen ganzen Zahlen sind ganze ganzzahlige Functionen der vierten Wurzel der Einheit. Während das Gebiet dieser Zahlen insofern dem Gebiete der realen ganzen Zahlen gleichstand, dass dort wie hier die Primfactoren der Zahlen demselben Gebiete angehören wie diese, so zeigten die nach der Analogie gebildeten ganzen ganzzahligen Functionen einer be-

liebigen Einheitswurzel schon die Abweichung, dass die Primfactoren der Elemente dieses allgemeinen Zahlengebietes nicht immer in demselben Zahlengebiete gefunden werden können. Dieser Übelstand führte Kummer, welcher
7] durch lange Jahre eine Zierde unserer Universität gewesen ist, zu dem genialen Gedanken, dem bezeichneten Zahlenkreise die von ihm sogenannten idealen Zahlen zu adjungiren; das so erweiterte Zahlengebiet gewinnt alsdann wieder die Eigenschaft, dass die Primfactoren der Zahlen mit diesen zu demselben Gebiete gehören. Dieser Schritt von den complexen Zahlen zu den idealen ist nun zwar in seinem inneren Wesen vollständig von dem Übergange von den realen Zahlen zu den complexen verschieden. Denn nicht nur, dass die complexen Zahlen dieselben Rechnungsoperationen gestatten, wie die realen Zahlen, sondern — wie Gauss schon hervorgehoben hat — es ist mit den complexen Zahlen das Grössengebiet überhaupt abgeschlossen, welches sich dieser Eigenschaft erfreut. Wenn ich dennoch den Ausdruck brauche, dass die idealen Zahlen nach dem Vorgange von Gauss gebildet worden sind, so rechtfertigt sich derselbe durch den Hinweis auf die Aufgaben, welche sich der Schöpfer der idealen Zahlen neben dem Beweise der Unmöglichkeit der Auflösung der berühmten Fermatschen Gleichung gestellt hat, nämlich für die Potenzreste der aus den Einheitswurzeln gebildeten ganzen Zahlen die den quadratischen und biquadratischen Reciprocitätsgesetzen entsprechenden Gesetze für die höheren Potenzreste zu finden. Es war mir auch eine willkommene Gelegenheit diese Entdeckung Kummers zu erwähnen, da sie von den ausgedehntesten Folgen für die Zahlentheorie und die Algebra des XIX. Jahrhunderts gewesen ist.

Als Gauss im Jahre 1831 in den Göttingischen gelehrten Anzeigen für das Bürgerrecht der sogenannten imaginären Grössen mit Entschiedenheit öffentlich das Wort ergriff, hatte er schon seit langen Jahren zu beobachten Gelegenheit gehabt, dass die Rechnung mit den sogenannten imaginären Grössen, mehr als ein blosses Spiel mit Zeichen bedeutete. Es genüge hier zweier solcher Erscheinungen Erwähnung zu thun.

8] In einem »Disquisitiones arithmeticae« betitelten Werke, welches im Jahre 1801 der damals vierundzwanzigjährige Gauss herausgab, einem Werke, welches der Zahlentheorie und der Algebra neue Bahnen erschloss, befindet sich als letzter Abschnitt eine Untersuchung über die Kreistheilung. Schon zu Euklids

Zeiten verstand man es, durch Anwendung von Cirkel und Lineal die Kreisperipherie in drei, vier, fünf, fünfzehn gleiche Theile zu theilen und ebenso in eine Anzahl, welche durch wiederholte Verdoppelung dieser Zahlen entsteht. Es hat dann während zweitausend Jahren kein Fortschritt in der Frage der Kreistheilung stattgefunden, bis Gauss an der genannten Stelle das Problem zur Entscheidung brachte, durch welche Zahlen die Anzahl der Theilpunkte bestimmt sein müsse, damit die Theilung mit Cirkel und Lineal ausführbar sei. Und welches war der Weg, der ihn zu dieser Entdeckung führte? Es war das Studium der *imaginären Wurzeln der Einheit*, eine Untersuchung, welche für die Algebra und die Zahlentheorie des XIX. Jahrhunderts von mächtigem Einflusse geworden ist, und welche als eine ihrer unmittelbaren Früchte die Lösung des bezeichneten Problems der Kreistheilung lieferte. Gab da der Gewinn, welchen die Anwendung der sogenannten imaginären Grössen für das reale Gebiet der Geometrie abgeworfen hatte, nicht Anlass genug, den Schleier, welcher jene Grössen umgab, zu zerreissen?

Nicht weniger aber gab eine andere Gelegenheit einen Anstoss zum Nachdenken über das Wesen der imaginären Grössen. Die Königl. Societät der Wissenschaften zu Kopenhagen hatte in den zwanziger Jahren des XIX. Jahrhunderts die für die Kartenprojectionen und die höhere Geodäsie fundamentale Preisaufgabe gestellt: »die Theile einer gegebenen Fläche auf einer anderen gegebenen Fläche so abzubilden, dass die Abbildung dem Abgebildeten in den kleinsten Theilen ähnlich sei«.

In einer Abhandlung, welche der Lösung dieser Aufgabe gewidmet [9
ist, zeigte Gauss, dass dieselbe mit Notwendigkeit zur Anwendung von Functionen einer complexen Variabeln führt, welche wir heutzutage als monogene oder analytische Functionen zu bezeichnen pflegen. Hier zeigte sich von Neuem die Wirkung der sogenannten imaginären Grössen auf die Welt des Realen, und somit die Ungebühr, die Realität jener Grössen in Abrede zu stellen. In der That führt Gauss in der genannten Schrift vom Jahre 1831 die eben bezeichnete Abbildungsaufgabe als einen der Impulse zu der von ihm unternommenen Rechtfertigung der complexen Grössen an.

Man darf es wohl sagen, dass die gewaltigen Fortschritte, welche die Analysis im XIX. Jahrhundert gemacht hat, wesentlich dem Umstande zu verdanken sind, dass man abweichend von den Speculationen früherer Zeiten bei der Betrachtung der Abhängigkeit veränderlicher Grössen, dieselben nicht auf sogenannte reale Werthe beschränkte, sondern vielmehr die allgemeinen complexen Werthe in Betracht zog. Auf Schritt und Tritt kann man diese Behauptung in der Analysis dieser Zeit nachweisen. Ich muss mich jedoch hier damit begnügen, dieses an einigen den Elementen der Analysis entnommenen Beispielen zu erläutern.

Sind zwei veränderliche Grössen in algebraischer Abhängigkeit von einander, und verlangt man, dass die eine der Veränderlichen durch den Zusammenhang mit der anderen jeden beliebigen realen Werth erziele, so ist dieses im allgemeinen nicht möglich, so lange der Werthbereich dieser anderen Veränderlichen dem realen Gebiete angehört; dieses wird vielmehr erst dadurch möglich, dass man dieser Veränderlichen gestattet, die reale Axe zu verlassen und sich frei in der ganzen Ebene zu ergehen. Das Gleiche nehmen
10] wir, um bei den elementaren Functionen zu verbleiben, bei den trigonometrischen Functionen Sinus und Cosinus wahr. Man erzielt für dieselben nur einen realen Werthbereich, der, vom Zeichen abgesehen, nicht grösser ist als Eins, so lange die unabhängige Variable nur reale Werthe durchläuft, während die Gesammtheit aller übrigen realen Werthe für jene Functionen erst hervorgerufen wird, wenn man für die unabhängige Veränderliche complexe Werthe zulässt.

Es ist hier jedoch am Platze hervorzuheben, dass eine ähnliche Erscheinung zu Tage tritt, auch wenn man für die functionalen Beziehungen zwischen zwei Veränderlichen durchweg das Gesammtgebiet der complexen Grössen zulässt. Die Entwickelung der Analysis des XIX. Jahrhunderts hat zu Functionen einer complexen Variabeln geführt, bei welchen die Gesammtheit aller complexen Werthe der unabhängigen Veränderlichen nur zu einem beschränkten complexen Werthbereich der abhängigen Veränderlichen führt. Es darf sogar wohl behauptet werden, dass diese Eigenschaft der Mehrzahl derjenigen Functionen zukommt, welche durch Differentialgleichungen definirt werden. Man könnte nun auf den Gedanken kommen, diesem Mangel durch Einführung neuer Grössen, denen die complexen Grössen untergeordnet sind, abzuhelfen, in der Hoffnung, für die Functionswerthe dadurch die ganze Ebene frei zu machen, dass die unabhängige Veränderliche auf das Gebiet jener neuen Grössen ausgedehnt wird. Allein da, wie schon erwähnt, allgemeinere Grössen als wie die complexen nicht den sämmtlichen Rechnungsoperationen wie die letzteren unterworfen werden können, so muss man auf diesen Versuch verzichten. Man muss vielmehr die Thatsache des beschränkten Werthbereiches der Function als einen natürlichen Ausfluss des Grössenbegriffs hinnehmen.

In die Epoche, in welcher Gauss das Resultat seiner Reflexionen über die complexen Grössen substantiirte, fällt die Entdeckung der Theorie der [11
elliptischen Functionen durch Abel und Jacobi. Diese Functionen, welche der Analysis des XIX. Jahrhunderts neue Perspectiven eröffneten, und seitdem der Geometrie und Mechanik durch zahlreiche Anwendungen dienstbar geworden sind, wären ohne Herbeiziehung der complexen Grössen in ihrem innersten Kern unverständlich und einer Weiterentwickelung unfähig geblieben. Während nämlich die trigonometrischen Functionen sich einer realen Periode erfreuen — eine Eigenschaft, auf welcher die schönsten Anwendungen jener Functionen beruhen —, wurde in den elliptischen Functionen ein Functionsgebiet erschlossen und zugleich zum Abschluss gebracht, welches mit zwei Perioden begabt ist. Aber diese beiden Perioden sind so beschaffen, dass ihr Verhältniss durch eine sogenannte imaginäre Grösse dargestellt wird. Die letztere Eigenschaft aber ist gerade das Fundament für die analytische Darstellung der elliptischen Functionen geworden, eine Darstellung, welche auch die Anwendbarkeit dieser Functionen für das reale Sein bedingte.

Während Gauss das Verdienst zugesprochen werden muss, den complexen Grössen ihr Bürgerrecht in dem Reiche der Grössen gesichert zu haben, ist es dem grossen französischen Mathematiker Cauchy vorbehalten geblieben, die bis dahin nur geduldete complexe Grösse zur Herrscherin in der Analysis zu erheben. Cauchy, unser Aller Lehrmeister in der Analysis, auf dessen Schultern alle, welche bis jetzt nach ihm diesem Gebiete ihre Kräfte zugewendet, gestanden haben, begann in den zwanziger Jahren des XIX. Jahrhunderts eine lange Reihe von Arbeiten, in welchen er zuerst die elementaren Theile der Analysis, die bis dahin sich nur auf reale Werthe bezogen hatten, auf der Basis der complexen Grössen neu begründete, um alsdann zur Ausdehnung der in der Differential- und Integralrechnung verwendeten Vor- [12
stellungen auf die complexen Veränderlichen fortzuschreiten. Auf diesem Wege gelang es ihm, überall unverrückbare Fundamente für die ganze Analysis festzulegen. Indem er so die ganze Machtfülle der complexen Grössen

entfaltete, schuf er die Grundlagen für die Functionentheorie unserer Zeit. Es ist mir nicht möglich, an dieser Stelle die wunderbaren Erfolge dieses Meisters und die schöne Architektonik, welche durch ihn und seine Schüler im Gebäude der Functionentheorie ausgestaltet worden ist, auch nur zu skizziren. Man gewinnt einigermassen eine Vorstellung hiervon, wenn man das Lehrgebäude der elliptischen Functionen, wie es sich nach der Mitte des Jahrhunderts — nachdem die Lehren Cauchys von seinen Schülern Briot und Bouquet für die Theorie dieser Functionen flüssig gemacht worden waren — mit der Gestalt vergleicht, welche dieses Lehrgebäude in früherer Zeit darbot; wenn man die Grundlagen der Theorie der Abelschen Functionen, welche von Weierstrass und Riemann geschaffen worden sind, ins Auge fasst; wenn man die Basis kennen lernt, auf welcher sich eine rationelle Theorie der Differentialgleichungen aufbauen liess, eine Theorie, welche gleichwie die eben genannten Disciplinen für die Anwendungen auf die Probleme der Mechanik und Physik so wichtige Folgen aufzuweisen hat.

Je weiter die neue Theorie der Functionen fortschritt, desto mehr Licht verbreitete dieselbe über das Verhältniss der sogenannten imaginären Grössen zu den realen. Ich will hier nur beispielsweise auf die von Cauchy ausgebildete Integration einer Function einer complexen Veränderlichen längs willkürlicher Bahnen in der Ebene hinweisen. Diese eröffnete nicht nur eine neue Quelle für die Werthbestimmung von bestimmten Integralen mit realen Veränderlichen, sie erwies sich vielmehr als das einzige Hilfsmittel, um bis
13] dahin dunkel gebliebene Erscheinungen in der realen mathematischen Welt zu erhellen. Es sei mir gestattet, dieses an einem einfachen Falle zu erläutern. In den Elementen der Integralrechnung stellen sich die trigonometrischen Functionen der realen Veränderlichen als die Umkehrungsfunctionen gewisser bestimmter Integrale dar. Wollte man aus dieser Definition die periodische Natur dieser Functionen erschliessen, so würde dieses Unternehmen schlechterdings erfolglos bleiben, solange man das bestimmte Integral an die reale Bahn fesselt. Erst wenn man die complexe Integration längs beliebiger Bahnen zulässt, kommt die reale Periode unserer Functionen zum Vorschein. Wieder einer der zahlreichen Fälle, in welchen sich die Vorausschau von Gauss bestätigt, dass die complexen Grössen nicht nur für den logischen Aufbau der meisten Disciplinen der Mathematik unentbehrlich seien, dass ihnen

vielmehr eine reale Wesenheit im Reiche der Grössen zugeschrieben werden müsse.

Die zweite Thatsache, von welcher wir oben gesagt, dass sie den Arbeiten des XIX. Jahrhunderts ihr characteristisches Gepräge aufgedrückt habe, lässt sich als die Methode kennzeichnen, die functionalen Beziehungen zwischen veränderlichen Grössen begrifflich so zu fixiren, dass die Abhängigkeit derselben für ihren ganzen Verlauf vollkommen und unzweideutig bestimmt wird, unabhängig davon, ob für die functionalen Beziehungen geeignete Darstellungen durch analytische Formen herstellbar sind.

In gewissen Fällen gelangt man zu einer solchen begrifflichen Feststellung, indem solche Fundamentaleigenschaften einer Functionsklasse eruirt werden, aus welchen alle anderen Eigenschaften derselben als logische Folgerungen fliessen. Solcher Fundamentaleigenschaften kann es mehrere geben. Da sie sich gegenseitig begrifflich bedingen, so wird unter denselben eine solche ausgewählt werden können, welche entweder begrifflich die ein- [14
fachste ist, oder welche den Zwecken der besonderen Untersuchung entspricht. So ist beispielsweise für die trigonometrischen Functionen eine solche Fundamentaleigenschaft das für dieselben aus den Elementen der Mathematik bekannte Additionstheorem. In der That, wenn Functionen gefordert werden, welche sich eines solchen Additionstheorems wie die trigonometrischen Functionen erfreuen sollen, so ergiebt sich*), dass diese Functionen dem Gebiete der trigonometrischen Functionen angehören. Eine andere solche Fundamentaleigenschaft der trigonometrischen Functionen ist ihre Periodicität, da alle mit dieser Eigenschaft begabten Functionen ebenfalls dem Reiche der trigonometrischen zu eigen sind. Für die trigonometrischen Functionen besitzen wir zwar einfache analytische Darstellungsformeln in unendlichen Reihen oder Producten. Aber dort, wo aus einer Schlussreihe gefolgert wird, dass eine Function sich der einen oder der anderen der bezeichneten Fundamentaleigenschaften erfreut, wird ihre Zugehörigkeit zum Kreise der trigonometrischen Functionen hieraus unmittelbar erkannt werden können, während diese Erkenntniss vermittelst der analytischen Darstellung nur mühsam und oft erst durch langwierige Rechnungen zu erzielen ist.

---

*) CAUCHY, Analyse algébrique, Chap. V.

Ähnlich ist es mit den doppeltperiodischen (elliptischen) Functionen bestellt. Diese besitzen ebenfalls ein Additionstheorem, welches eine Fundamentaleigenschaft dieser Functionen in dem Sinne darstellt, dass aus derselben alle anderen Eigenschaften dieser Functionen hergeleitet werden können. Dieser Umstand hat es Weierstrass, dem unvergesslichen Meister der Analysis, möglich gemacht, in einer späteren Epoche seiner Vorlesungen an hiesiger
15] Universität, vom Additionstheorem ausgehend, die ganze Theorie der elliptischen Functionen aufzubauen.

Eines der lehr- und folgenreichsten Beispiele für die Bestimmung einer Function durch besondere Merkmale vollzog sich an der Theorie des Potentials, jener Function, welche in der Physik überall, wo das Newtonsche Gesetz gilt, insbesondere in der Lehre vom Magnetismus und von der Electricität, von so grosser Bedeutung geworden ist. Der Werth des Potentials ist von der geometrischen Gestalt der Massen, auf welche dasselbe Bezug nimmt, und von der Dichtigkeit derselben abhängig, und ist durch ein einfaches oder mehrfaches bestimmtes Integral dargestellt. Die wirkliche exacte Berechnung jedoch ist nur in den seltensten Fällen durchführbar, unter einer solchen Berechnung die Darstellung durch bekannte Functionen verstanden. Es ist einer der schönsten Gedanken des grossen mathematischen Denkers G. Lejeune-Dirichlet gewesen, dem Ausdrucke des Potentials diejenigen functionalen Eigenschaften abzulauschen, durch welche die Abhängigkeit seines Werthes von der Lage der durch die Newtonschen Kräfte afficirten Massen vollkommen und unzweideutig bestimmt wird. Hierdurch ist die Frage der Ausrechnung in den Hintergrund gedrängt und für die wichtigsten Schlüsse sogar entbehrlich gemacht.

Der von Dirichlet am Potential entwickelte Gedanke ist seitdem zu einem fundamentalen Princip für alle Gebiete der mathematischen Physik, namentlich für die Lehre der Electricität und des Magnetismus, sowie für die Lehren der Wärme und der durch die Elasticität hervorgerufenen Bewegungen ausgewachsen; und es war noch Dirichlet selbst vergönnt, die leitenden Gedanken an grossen Beispielen zu verwirklichen. Überall begegnen wir hier gewissen Differentialgleichungen, welche die physikalischen Vorgänge
16] definiren. Es liegt jedoch in der Natur solcher Differentialgleichungen, dass sie eine unendliche Mannigfaltigkeit von Lösungen darbieten. Aus dieser

unendlichen Mannigfaltigkeit hat man nun diejenigen Lösungen herauszuschälen, welche die in einem bestimmten physikalischen Problem durch die Natur gegebenen Nebenbedingungen, wie Anfangszustände, Grenzbedingungen, Unstetigkeitsbedingungen, erfüllen. Um jedoch zu erkennen, ob die diesen Bedingungen angepassten Lösungen der Differentialgleichung das wahre Naturgesetz darstellen, ist es erforderlich nachzuweisen, dass diese Lösungen auch die einzigen sind, welche den Nebenbedingungen genügen. Hier greifen nun die von Dirichlet am Potential entwickelten Principien ein und haben in vielen wichtigen Fällen auch schon zum Ziele geführt.

In der Geschichte der Mathematik begegnen wir häufig der Thatsache, dass Gedanken, welche Probleme auf dem Gebiete der exacten Naturwissenschaften hervorgerufen, reiche Früchte für die mathematische Speculation getragen haben. Nirgendwo aber ist in einer kurzen Spanne Zeit die Ernte für die Mathematik reicher gewesen, als in dem Falle dieser Dirichletschen Principien. Diese Ernte so schnell zur Reife zu bringen, ist dem Genius von Riemann gelungen, Riemann, welcher zum Schmerze der mathematischen Welt der Wissenschaft in so frühem Alter entrissen worden, und welcher dennoch während seines kurzen Lebens durch Erweiterung der mathematischen Erkenntniss sich einen Platz in der Reihe der grössten Mathematiker des Jahrhunderts gesichert hat. Auf der bekannten Thatsache fussend, dass die Bestandtheile jeder Function einer complexen Variabeln einer und derselben partiellen Differentialgleichung genügen, legte er, sich an die Dirichletschen Methoden anschliessend, den Grund zu einer neuen Auffassungsweise der Theorie der Functionen einer complexen Variabeln. In dieser Auffassungsweise scheiden sich die Functionen von einander nach den Grenz- und [17
Unstetigkeitsbedingungen, welchen sie einzeln unterliegen. Das Bemerkenswertheste an dieser Characteristik der Functionen ist die begriffliche Bestimmung derselben, losgelöst von ihrer Darstellbarkeit vermittelst analytischer Formeln. Von den Resultaten, welche Riemann auf diesem Wege gefunden, will ich hier nur seiner bewundernswerthen Theorie der allgemeinen Abelschen Functionen Erwähnung thun. Seine Methode machte es ihm möglich, diese Theorie auf wenigen Druckbogen zu entwickeln, während deren Aufbau auf dem Grunde der analytischen Form der algebraischen Functionen zu so grossen Weitläufigkeiten Anlass giebt. Es schmälert auch den Ruhm Rie-

MANNS nicht, dass in der Begründung der von ihm hierbei verwendeten Principien Lücken vorhanden waren, welche erst später von anderen Mathematikern ausgefüllt worden sind.

Wenn veränderliche Grössen in functionalen Beziehungen stehen, so verlangen wir von einer Darstellung dieser Beziehungen durch analytische Ausdrücke zunächst, dass sie für den ganzen durch die Natur der Beziehungen begrenzten Bereich der Veränderlichen gültig sei.

In analytischer Hinsicht ist an eine solche Darstellung die weitere Forderung zu stellen, dass aus derselben das Gesetz der Abhängigkeit der Veränderlichen, d. h. die fundamentalen Eigenschaften dieser Abhängigkeit unmittelbar abgelesen werden können.

Ich lasse die grossen Schwierigkeiten ausser Acht, welche zur Gewinnung einer solchen Darstellung zu überwinden sind. Es muss jedoch hervorgehoben werden, dass die Darstellung erst möglich wird, wenn der functionale Zusammenhang bereits begrifflich in seinem ganzen Umfange erfasst ist, sodass die Darstellung für die Erkenntniss der dargestellten Functionen wesentlich neues nicht liefert.

18] Grösser ist der Werth der analytischen Formeln, welche functionale Beziehungen darstellen, in der Anwendung auf practische Probleme, nämlich da, wo es sich um die numerische Berechnung von Grössen handelt, welche bei Versuchen oder Beobachtungen zu ermitteln sind; wie beispielsweise in der Astronomie bei der Bestimmung der Elemente der Bahn eines Himmelskörpers aus gewissen Beobachtungsdaten. Aber in den Anwendungen wird an eine analytische Darstellung noch die dritte Forderung gestellt, dass sie sich einer raschen Convergenz erfreue.

Wird die Abhängigkeit von Grössen, welche sich in der Natur gegenseitig bedingen, durch mathematische Hülfsmittel, wie durch Differentialgleichungen gebunden, so spiegelt sich das Gesetz dieser Abhängigkeit schon in dem begrifflich fixirten Zusammenhange der den Differentialgleichungen genügenden Quantitäten ab, wie zahlreiche Probleme der mathematischen Physik, insbesondere in den Anwendungen der Potentialtheorie beweisen. Es sei mir gestattet, an einem einfachen Beispiele den ausgesprochenen Gedanken zu erläutern. Die Lage und die Geschwindigkeit eines schweren Punktes, der sich auf einem verticalen Kreise bewegt, (die sogenannte Pendelbewegung) in

ihrer Abhängigkeit von der Zeit wird durch eine Differentialgleichung bestimmt. Die begriffliche Discussion der Functionen, welche dieser Differentialgleichung Genüge leisten, giebt schon darüber Aufschluss, dass je nach der Grösse der Anfangsgeschwindigkeit drei Bewegungsweisen möglich sind, wovon die eine die hin- und hergehende Bewegung (die eigentliche Pendelbewegung) darstellt. Diese Bewegung entspricht dem Falle, dass die Lösung der Differentialgleichung periodisch wird. Wir lernen die Periode und damit die Schwingungsdauer, sowie die Grösse der Elevation bestimmen, und erhalten hiermit vermittelst der begrifflichen Discussion ein klares Bild von den wichtigsten Momenten der Bewegung. Andererseits sind die Functionen, welche [19
diese Bewegung in ihrer Abhängigkeit von der Zeit bestimmen, die sogenannten elliptischen Functionen. Für diese hat die Theorie Darstellungen durch Quotienten zweier sehr rasch convergirender Reihen geliefert. Über die Art der Bewegung liefern diese Darstellungen keine neuen Aufschlüsse, wohl aber sind sie bei dem durch Beobachtung herzustellenden Zusammenhang zwischen der Pendellänge, der Erdschwere und der Anfangsgeschwindigkeit mit Vortheil numerisch zu verwerthen.

Von besonders hervorragender Bedeutung ist im XIX. Jahrhundert die begriffliche Bestimmung der Functionen für die Integration der Differentialgleichungen geworden. Wenn eine Differentialgleichung vorgegeben war, so hatte man früher planlose Versuche gemacht sie so zu transformiren, dass sie auf gewisse Typen zurückgeführt würde, welche man im Laufe der Zeit zu integriren gelernt hatte. Oder man suchte, wo dieses nicht gelang, die Differentialgleichung auf sogenannte Quadraturen zurückzuführen; und wo auch dieser Versuch misslang, stellte man Reihen her, welche die Differentialgleichung befriedigten. Diese planlosen Versuche konnten jedoch, wie wir heutzutage einzusehen in der Lage sind, in nur seltenen Fällen zum Ziele führen. Die Fälle, wo eine vorgelegte Differentialgleichung auf jene kleine Anzahl von Typen oder auf Quadraturen zurückführbar ist, sind nur als Ausnahmsfälle zu bezeichnen — abgesehen davon, dass in der Regel die Hülfsmittel fehlen, um jedesmal die Möglichkeit oder Unmöglichkeit der Zurückführung zu erkennen. Aber wenn auch die Zurückführung auf Quadraturen gelingt, so ist damit für die Erkenntniss der Natur der Lösungen einer Differentialgleichung nur selten etwas gewonnen, wie das Beispiel der einfachsten

Differentialgleichungen zeigt, wo von vornherein die Form der Quadratur ge-
20] geben ist. Eine solche auf eine Quadratur zurückführbare Differentialgleichung ist z. B. diejenige, welche durch elliptische Functionen gelöst wird, und es war nichts weniger als die Theorie dieser Functionen erforderlich, um eine Einsicht in die Natur der Lösungen der Differentialgleichung zu gewinnen.

Und was die letzte Zuflucht anbetrifft, die Lösungen der Differentialgleichungen durch Reihen darzustellen, so musste dieser Versuch an dem Umstande scheitern, dass solche Reihen in der Regel die Function nicht für den ganzen zulässigen Bereich der unabhängigen Veränderlichen liefern.

Auch auf diesem Gebiete haben die Arbeiten von Cauchy und die seiner Schüler den Weg geebnet, auf welchem sich im XIX. Jahrhundert ein vollständiger Umschwung in der wissenschaftlichen Behandlung der Differentialgleichungen vollzog. Wie Gauss zum ersten Male eine strenge Begründung des Satzes gegeben hat, dass jede algebraische Gleichung eine Wurzel besitze, so hat Cauchy für die Differentialgleichungen eine sichere Grundlage durch den Nachweis geschaffen, dass es immer Lösungen der Differentialgleichungen gebe, welche gewissen vorgeschriebenen Bedingungen genügen. Die Existenz solcher Lösungen stellt Cauchy zuerst für beschränkte Gebiete der Veränderlichen, dann aber durch sein Fortsetzungsprincip für den ganzen Geltungsbereich der Functionen fest. — Briot und Bouquet, Schüler von Cauchy, haben seine Principien an der Theorie der Differentialgleichungen erster Ordnung in einer im Jahre 1856 erschienenen Arbeit erprobt, welche als ein Markstein auf dem Wege bezeichnet werden muss, den seitdem die Lehre von den Differentialgleichungen eingeschlagen hat.

Es ist hier natürlich nicht am Platze, eine Geschichte der Entwickelung dieser Disciplin bis auf die jetzige Zeit zu geben. Jedoch sei mir gestattet,
21] auf die Gedanken hinzuweisen, welche bei der begrifflichen Bestimmung der durch Differentialgleichungen definirten Functionen durchgängig die leitenden sind. Wenn der Geograph die Configuration eines Landes beschreiben will, so werden ihm alle die Theile, welche eine gleichmässige und zusammenhängende Beschaffenheit haben, keine Anhaltspunkte zur Characteristik des Landes geben können. Er muss die Unterbrechung des Planums durch Flüsse und Seen, die Erhebungen des Bodens, wie sie das Gebirge darbietet, um es

zusammenzufassen, die Unregelmässigkeiten, die Unstetigkeiten im Planum heranziehen, um ein vollständiges Bild der Landschaft entwerfen zu können. Ähnlich ergeht es dem Analytiker, welcher die Lösungen von Differentialgleichungen characterisiren will.

In einem Gebiete veränderlicher Grössen geben diejenigen Stellen, wo die Lösungen der Differentialgleichungen ein gleichmässiges, einförmiges Verhalten zeigen, keine directen Anhaltspunkte zur Beurtheilung der Natur der Lösungen. Erst die Stellen, wo die Lösungen ihre Einförmigkeit verlieren, seien es Punkte, Linien oder Flächen, sind die Elemente, aus welchen sich die Individualität der Lösungen entwickelt. Diese Unregelmässigkeiten nennen wir singuläre Stellen. Ihre Auffindung ist das erste, freilich oft mühsame Geschäft des Analytikers. Das Studium des Verhaltens der Lösungen in der Umgebung der singulären Stellen ist der nächste Schritt. Die dritte entscheidende Aufgabe ist die, die Einwirkung des Verhaltens der Lösungen in der Umgebung der singulären Stellen auf den Werthvorrath jener für jede beliebige Stelle des Gebietes der unabhängigen Veränderlichen zu erkennen. Zur Herstellung dieser Erkenntniss muss man sich nicht scheuen, alle Theile der Mathematik, wie fern sie auch zu liegen scheinen, in Contribution zu ziehen.

Die Integration der Differentialgleichungen in dem bezeichneten Sinne hat dem in älterer Zeit geübten planlosen Transformiren derselben gegen- [22
über den Vorzug, dass auf rationellem Wege die Natur der Lösungen aus dem, was die Differentialgleichungen selber über sie aussagen, erforscht wird. Aber man wird die Schwierigkeit der Aufgabe schon daraus ermessen, dass jede auf's Gerathewohl herausgegriffene Differentialgleichung immer eine neue Functionenklasse characterisirt, deren erschöpfende Erforschung oft eine ganz neue Disciplin erschaffen müsste. Es kann hiernach ebensowenig eine allgemeine Regel für die Integration der Differentialgleichungen angestrebt werden als es in der Medicin angezeigt wäre, nach einem Universalmittel zur Heilung aller Krankheiten zu trachten. Aber es ist in erkenntnisstheoretischer Hinsicht schon als ein hoher Gewinn zu bezeichnen, dass der Weg, welchen man zu gehen hat, gewiesen ist, mag man in seiner Verfolgung bei der einzelnen Aufgabe auch auf zeitweise unüberwindliche Schwierigkeiten stossen.

Die Bemühungen auf diesem Gebiete sind aber des Schweisses der Edlen werth. Man erwäge nur, dass der grösste Theil der Aufgaben der Analysis selbst, sowie die Aufgaben der Mechanik und Physik auf Differentialgleichungen führen, dass also das Schicksal dieser Aufgaben von der rationellen Entwickelung der Theorie der Differentialgleichungen abhängt.

Wohl können wir, mit Rücksicht auf die Schwäche und die Unzulänglichkeit unserer menschlichen Kraft, mit einer gewissen Genugthuung auf das zurückblicken, was auf dem Gebiete der Theorie der Differentialgleichungen im XIX. Jahrhundert geleistet worden ist. Wir dürfen jedoch unser Auge nicht vor der Erkenntniss verschliessen, dass wir erst den Eingang in ein grosses Reich der Wissenschaft erzwungen haben, dass die gethane Arbeit verschwindend klein ist gegenüber der Arbeit, welche uns und zukünftigen Geschlechtern zu thun noch übrig bleibt.

23] Dieses Endergebniss eines Rückblickes auf einen besonderen Theil der mathematischen Wissenschaft wird sich als das Resultat eines Rückblickes auf jede wissenschaftliche Disciplin wiederholen, die Erkenntniss nämlich von der Unendlichkeit der Wissenschaft und das sich Bewusstwerden des bescheidenen Maasses des bereits Errungenen im Verhältniss zur Unendlichkeit der noch zu lösenden Aufgaben. Dieses Bewusstsein, meine werthe Commilitonen, die Sie dazu berufen sind, in einer kommenden Generation die Führung in der wissenschaftlichen Arbeit zu übernehmen, ist weit davon entfernt, Sie zu entmuthigen. Wenn dieses Bewusstsein dazu angethan ist, in Ihnen die Bescheidenheit wach zu erhalten, so wird dasselbe auch stets die Pietät gegen die Männer wach erhalten, welche vor Ihnen nach ihren Kräften der Wissenschaft gedient haben. Diese Pietät aber wird Ihnen stets ein Sporn sein, gleich jenen nicht in dem Streben zu ermüden, mit allen Ihren Kräften die menschliche Erkenntniss schrittweise zu fördern.

ANMERKUNG.

Änderung gegen das Original.

S. 422, Zeile 1 und 2 v. u. heisst der Text im Original:

Die Lage und die Geschwindigkeit der Bewegung eines schweren Punktes auf einem vertikalen Kreise (der sogenannten Pendelbewegung). R. F.

LXXX.

ANZEIGE BETREFFEND DIE ÜBERNAHME DER REDACTION DES JOURNALS FÜR DIE REINE UND ANGEWANDTE MATHEMATIK.

(Journal für die reine und angewandte Mathematik, Bd. 109, 1892, zwischen S. 88 und 89.)

Am 29. December 1891 wurde die mathematische Welt durch die Nachricht von dem Hinscheiden des Herrn LEOPOLD KRONECKER schmerzlich überrascht. Schwer getroffen sehen sich durch diesen Verlust alle, welche an dem Fortschritte der mathematischen Wissenschaften Antheil nehmen, schwer getroffen alle die Körperschaften, welche das Glück gehabt, sich seiner unermüdlichen und segensreichen Mitarbeiterschaft zu erfreuen.

Die mathematischen Arbeiten KRONECKERS haben auf die Entwicklung der Mathematik unserer Zeit einen so tief eingreifenden Einfluss ausgeübt, und sie umfassen so ausserordentlich viele Gebiete, dass eine angemessene Würdigung derselben an einem geeigneteren Orte Platz finden muss. Wir haben nur noch die Aufgabe, dem Danke der mathematischen Welt für die hohen Verdienste des Dahingeschiedenen um unser Journal hier Ausdruck zu geben.

Der unterzeichnete gegenwärtige Redacteur wird sich bemühen, der bisherigen Tradition des Journals treu zu bleiben, und bittet die Mathematiker, auch fernerhin durch wissenschaftliche Beiträge dem Journal ihr Wohlwollen zu bekunden.

Berlin, im Januar 1892. FUCHS.

LXXXI.

† HERMANN VON HELMHOLTZ.

(Journal für die reine und angewandte Mathematik, Bd. 114, 1895, S. 353.)

Die Redaction erfüllt die schmerzliche Pflicht, an dieser Stelle des schweren Verlustes zu gedenken, welchen die wissenschaftliche Welt durch das am 8. September v. J. erfolgte Dahinscheiden von HERMANN v. HELMHOLTZ erlitten hat. Es kann nicht unsere Aufgabe sein, die Verdienste des grossen Forschers an dieser Stelle zu würdigen. An diesen Verdiensten sind so zahlreiche und verschiedenartige Gebiete menschlichen Wissens betheiligt, dass nur das Zusammenwirken der verschiedenen Vertreter dieser Gebiete ein getreues Bild der wissenschaftlichen Thätigkeit des Dahingeschiedenen wird schaffen können. Unserem Journal wird alsdann die Ehre zufallen, für die Würdigung seiner ausgezeichneten mathematischen Leistungen die wesentliche Quelle darzubieten. Seit dem Jahre 1858, wo H. v. HELMHOLTZ im 55. Bande seine berühmte Arbeit über die Integrale der hydrodynamischen Differentialgleichungen veröffentlichte, hat derselbe das Journal durch eine lange Reihe von mathematisch-physikalischen Arbeiten geziert, von welchen jede einzelne als Fundament einer Disciplin betrachtet werden muss.

H. v. HELMHOLTZ hat aber unserem Journal auch noch in weiterem Sinne sein Interesse erwiesen. Er hat es nicht nur gestattet, dass vom 104. Bande an auf dem Titelblatte unter die Namen der Mitwirkenden auch der seinige aufgenommen werde, sondern er hat auch seine Mitwirkung durch wirkliche Antheilnahme gern bethätigt, wenn dieselbe in Anspruch genommen wurde. Die Redaction darf daher die Ehre in Anspruch nehmen, unter denjenigen, welche die wissenschaftliche Thätigkeit des grossen Mannes zu besonderem Danke verpflichtet hat, in vorderster Reihe zu stehen.

LXXXII.

NACHRUF.

(Journal für die reine und angewandte Mathematik, Bd. 115, 1895, S. 349—350.)

Die Redaction hat die schmerzliche Pflicht zu erfüllen, des Verlustes [349 dreier Mitarbeiter des Journals zu gedenken, welche seit kaum einem Jahre der wissenschaftlichen Welt durch den Tod entrissen worden sind.

Arthur Cayley, geboren 16. August 1821 in Richmond Surrey, war bis zum Jahre 1863 als Barrister at law thätig, in welchem Jahre er zum Sadlerian Professor für die reine Mathematik in Cambridge gewählt wurde. Diese Stellung bekleidete er bis an sein Lebensende. Er starb am 26. Januar 1895.

Es ist uns versagt, hier den Lebenslauf sowie die reiche wissenschaftliche Thätigkeit des berühmten Gelehrten zu schildern, wie es ihm vergönnt war, in die in diesem Jahrhundert für die mathematischen Wissenschaften neu errungenen Disciplinen schöpferisch und fördernd einzugreifen. In vorzüglicher Weise hat bereits Professor A. R. Forsyth in den Obituary Notices of the Proceedings of the Royal Society Vol. 58 das Leben und Wirken Cayleys geschildert (vgl. auch t. VIII of the Collected Mathematical Papers, herausgegeben von Forsyth, woselbst sich auch ein Verzeichniss der Vorlesungen befindet, welche Cayley in dem Zeitraum von 1863 bis 1895 in Cambridge gehalten hat).

Die mathematischen Schriften Cayleys sind sehr zahlreich, ein grosser Theil derselben stammt schon aus der Periode vor 1863, indem während der Thätigkeit am Bar die Zeit zwischen der Jurisprudenz und der Mathematik getheilt war.

Cayley hat noch bei Lebzeiten eine vollständige Sammlung seiner Schriften unternommen, von welcher es ihm vergönnt war, die sieben ersten Bände zu vollenden. Der weiteren Ausführung dieser Aufgabe hat sich in dankenswerther Weise Herr Forsyth unterzogen, aus dessen Händen wir jüngst den achten Band empfangen haben.

350] Unser Journal hat ganz besonderen Anlass, das Andenken Cayleys in hohen Ehren zu halten. Vom 29. Bande des Journals an hat er dasselbe bis in sein letztes Lebensjahr durch seine unschätzbaren Beiträge ausgezeichnet.

Ludwig Schläfli, geboren am 15. Januar 1814 zu Burgdorf, Canton Bern, gestorben am 20. März 1895 als Professor der Mathematik an der Universität Bern, bildete ebenfalls eine lange Reihe von Jahren hindurch — vom 43. Bande bis zum 78. — eine Zierde unseres Journals. Nachdem er eine Anzahl vorzüglicher Arbeiten aus den Gebieten der Geometrie, der Optik, der Astronomie in den Mittheilungen der naturforschenden Gesellschaft zu Bern, und besonders auf die Theorie der elliptischen Functionen bezügliche analytische Untersuchungen in Grunerts Archiv veröffentlicht hatte, war das Crellesche Journal die Stätte, an welcher er sich durch seine Leistungen in der Algebra, in der Geometrie, in der Theorie der partiellen Differentialgleichungen, der Kugelfunctionen und der Modulargleichungen sowie in dem Problem der conformen Abbildung ein unvergängliches Denkmal gesetzt hat.

Josef Dienger, geboren am 5. November 1818, von 1859 bis 1868 Professor der Mathematik und Vorstand der mathematischen Schule am Polytechnicum in Karlsruhe, von 1868 bis 1888 Director in der allgemeinen Versorgungsanstalt im Grossherzogthum Baden, starb am 27. November 1894. Ausser zahlreichen Schriften in Grunerts Archiv, in den Nouvelles Annales, im Journal von Tortolini, in den Denkschriften der Königl. Ges. d. Wissensch. zu Prag und der Kaiserl. Akademie in Wien, sowie einer Reihe von Büchern zur Einführung in das Studium der Geometrie, der Analysis, der Geodäsie, der Mechanik, der elliptischen Functionen, der höheren Gleichungen und der Variationsrechnung sind von dem in seinem Streben zur Förderung der mathematischen Wissenschaften unermüdlichen Gelehrten 14 Abhandlungen in unserem Journal (von Band 34 bis 46) erschienen.

LXXXIII.

† KARL WEIERSTRASS.

(Geb. 31. October 1815, gest. 19. Februar 1897.)

(Journal für die reine und angewandte Mathematik, Bd. 117, 1897, S. 357.)

Am 19. Februar dieses Jahres ist die mathematische Welt durch das Hinscheiden von Karl Weierstrass in tiefe Trauer versetzt worden.

Von seinem ersten Auftreten in der mathematischen Litteratur an bis in ein hohes Alter hinein hat Weierstrass die Wissenschaft nicht nur durch seine Entdeckungen bereichert, sondern auch durch sein Eingreifen in die Arbeiten der Zeitgenossen und durch seine Lehrthätigkeit an der hiesigen Universität, deren Zierde er über 40 Jahre gewesen, in einem solchen Maasse gefördert, dass eine Würdigung dieser reichen Wirksamkeit eine zu umfangreiche Aufgabe ist, um an dieser Stelle Platz zu finden.

Aber die Redaction dieses Journals hat die besondere Pflicht, hier das Andenken des grossen Mathematikers zu ehren. Unser Journal hatte das Glück, seine berühmtesten Arbeiten in seine Spalten aufnehmen zu können; und unter den Mitwirkenden ziert der Name Weierstrass unser Journal vom 53. bis zum 117. Bande, während die Bände 91 bis 103 ihn im Verein mit Kronecker als Redacteur bezeichnen durften.

Berlin, im März 1897.

LXXXIV.

ERNST CHRISTIAN JULIUS SCHERING †.

(Journal für die reine und angewandte Mathematik, Bd. 119, 1898, S. 86.)

Am 2. November dieses Jahres verschied nach langem Leiden der ordentliche Professor der Mathematik an der Universität Göttingen Ernst Schering, geb. am 13. Juli 1833 im Forsthause Sandbergen bei Bleckede an der Elbe (in der Provinz Hannover). Ausser durch seine zahlreichen auf die reine Mathematik und auf die mathematische Physik bezüglichen Arbeiten hat er die mathematische Welt ganz besonders durch die im Auftrage der Königlichen Gesellschaft der Wissenschaften zu Göttingen von ihm besorgte Herausgabe der gesammelten Werke unseres grossen Lehrmeisters Karl Friedrich Gauss zu bleibendem Danke verpflichtet. Seine eigenen Schriften befinden sich grösstentheils in den Nachrichten und Abhandlungen der Göttinger Gesellschaft der Wissenschaften, eine derselben, zahlentheoretischen Inhalts, hat der Verfasser dem 100. Bande unseres Journals einverleiben lassen.

December 1897.

LXXXV.

FRANCESCO BRIOSCHI †.

(Journal für die reine und angewandte Mathematik, Bd. 119, 1898, S. 259.)

Am 13. December 1897 verschied in Mailand der Präsident der R. Accademia dei Lincei, Director des R. Istituto tecnico Superiore in Mailand, Herausgeber der Annali di Matematica pura ed applicata, Francesco Brioschi. Die mathematische Welt vereint sich mit dem Vaterlande des Dahingeschiedenen in der tiefen Trauer um den schweren Verlust, welcher die Wissenschaft betroffen. An anderen Orten haben hervorragende Gelehrte die grossen Verdienste, welche Brioschi durch seine eigenen ausgezeichneten Arbeiten und durch die Förderung der mathematischen Studien in Italien sich erworben hat, in gebührender Weise gewürdigt. Wir haben aber die Pflicht, an dieser Stelle des langjährigen Mitarbeiters an unserem Journale (seine Aufsätze beginnen im 50. Bande desselben) in dankbarer Pietät zu gedenken.

LXXXVI.

CHARLES HERMITE †.

(Geb. 24. December 1822 in Dieuze (Lorraine), gest. 14. Januar 1901 in Paris.)

(Journal für die reine und angewandte Mathematik, Bd. 123, 1901, S. 174.)

Der Anfang des Jahres 1901 brachte der mathematischen Welt die schmerzliche Trauerkunde, dass ihr Altmeister Charles Hermite am 14. Januar aus diesem Leben geschieden ist. Wenn diese Kunde überall auf dem ganzen Erdball die Herzen derer, welche die mathematischen Wissenschaften pflegen, tief erschüttern musste, so sind es die deutschen Mathematiker, welche durch die ganze Schwere dieses traurigen Ereignisses nicht weniger betroffen worden sind als die Verehrer des grossen Mannes in seinem Vaterlande. Der Verewigte hat nicht nur mit den mathematischen Forschern Deutschlands während seiner ganzen Lebenszeit in engster Verbindung gestanden, sondern auch an ihren wissenschaftlichen Arbeiten in hervorragender Weise sich betheiligt und für die Verbreitung der Resultate dieser Arbeiten in die weitesten Kreise Sorge getragen.

Die Redaction dieses Journals hat einen Mitarbeiter verloren, welcher ein halbes Jahrhundert lang eine der höchsten Zierden des Journals gewesen ist. Seine ruhmreiche Mitwirkung am Journal beginnt 1846 im 32. Bande desselben mit der Arbeit »Extrait de deux lettres de M. Charles Hermite à M. C. G. J. Jacobi« und schliesst im Jahre 1896 im 116. Bande ab. Es gestattet uns nicht der Raum, an dieser Stelle in eine angemessene Würdigung der hohen Bedeutung der zahlreichen Arbeiten des Meisters auf den Gebieten der Zahlentheorie, der Algebra, der Theorie der Formen und der Analysis, und des mächtigen Einflusses einzutreten, welchen sie auf die Ausbildung der genannten mathematischen Disciplinen durch seine Schüler ausgeübt haben. Ein solches Unternehmen erheischte eine geschichtliche Darlegung der mathematischen Bestrebungen seiner Zeit. Auch sind unsere Herzen über den Verlust des Mannes noch zu tief bewegt, um einer so schwierigen Aufgabe nahezutreten. Selten mag es in der Geschichte der Mathematik vorgekommen sein, dass ein Gelehrter seinen Zeitgenossen auch als Mensch so nahe getreten ist und mit der Verehrung auch die Liebe derselben gewonnen hat. Jedes aufrichtige wissenschaftliche Streben erregte sein Interesse, gleichgültig ob der Strebende seinem Vaterlande angehörte oder dem Auslande; und es war ein Ausfluss seiner unbegrenzten und unparteiischen Liebe zur Wissenschaft, dass ihn mit der lebhaftesten Theilnahme für das wissenschaftliche Streben auch die herzliche Theilnahme für die Person des Strebenden erfüllte.

Wir werden seiner stets in Verehrung und Liebe gedenken.

Göttingen, Druck der Dieterich'schen Univ.-Buchdruckerei (W. Fr. Kaestner).

REGISTER

BEARBEITET

VON

L. SCHLESINGER.

SACHREGISTER

zur Theorie der Differentialgleichungen und zur Functionentheorie [1]).

Abbildung
durch eine rationale Function:
Abh. XIV, Bd. I, 361,
„ XV, „ I, 413,
„ LV, „ III, 75,
„ LVIII, „ III, 103,
„ LXXII, „ III, 313;
durch eine algebraische Function:
Abh. XVII, Bd. I, 457,
„ XVIII, „ I, 473.
Grenzkreis, Bd. I, 363, 379; Bd. III, 75, 103.
Regel für den Radius des Grenzkreises, Bd. I, 369, [411]; Bd. III, 78, 110, [116].
— von $m+1$ beliebigen Punkten auf die $(m+1)^{\text{ten}}$ Einheitswurzeln, Bd. I, 370 ff.
Beispiele, $m+1=4$, Bd. I, 380 ff.
Anwendung zum Studium einer Function mit einer endlichen Anzahl von Verzweigungspunkten, Bd. I, 389 ff.; Bd. III, 112.
Insbesondere der Lösungen linearer homogener Differentialgleichungen mit rationalen Coefficienten, Bd. I, 391 ff.
Vergl. Übergangssubstitutionen, Fundamentalsystem.

Adjungirte lineare Differentialgleichung, Bd. I, 416 ff.
Definition, Bd. I, 421.
Adjungirte Fundamentalsysteme, Elemente, Bd. I, 422.
Für den Fuchsschen Typus; Beziehung zwischen den determinirenden Fundamentalgleichungen adjungirter Differentialgleichungen, Bd. I, 419 ff.
Beziehung zwischen den Substitutionen, die adjungirte Fundamentalsysteme erleiden, Bd. I, 434 ff.
Differentialgleichungen, die mit ihrer Adjungirten zu derselben Klasse gehören, Bd. III, 300.
Vergl. Associirte Differentialgleichungen.

Algebraische Gebilde, die eine Involution zulassen,
Abh. XLVIII, Bd. II, 417,
„ LI, „ II, 453.

Algebraisch integrirbare lineare Differentialgleichungen
gehören zum Fuchsschen Typus, Bd. I, 199.

1) Die Abhandlungen I—IV des ersten Bandes, LXXIV, LXXV, LXXVII—LXXXVI des dritten Bandes sind in diesem Sachregister nicht berücksichtigt. Bei den einzelnen Stichworten ist in der Regel nur diejenige Stelle angegeben, wo der betreffende Gegenstand am vollständigsten erörtert ist.

a) Zweiter Ordnung:
Abh. XIX, Bd. II, 1,
„ XX, „ II, 11,
„ XXI, „ II, 63,
„ XXII, „ II, 67,
„ XXIII, „ II, 73,
„ XV, „ II, 115.
Eigenschaften irreductibler algebraischer Gleichungen mit rationalen Coefficienten, insbesondere solcher, deren Lösungen homogenen linearen Differentialgleichungen zweiter Ordnung genügen, Bd. II, 13, 22, 116 ff.
Kriterien dafür, dass eine lineare Differentialgleichung zweiter Ordnung durch die Wurzel aus einer rationalen Function befriedigt wird, Bd. II, 15 ff.
Eigenschaften linearer Differentialgleichungen zweiter Ordnung, die nur algebraische Integrale haben, Bd. II, 17 ff.
Der zu der Differentialgleichung gehörige Grad, Bd. II, 27, 117.
Kriterien für algebraisch integrirbare lineare Differentialgleichungen zweiter Ordnung, Bd. II, 44 ff., 49 ff., 52 ff., 56 ff., 59 ff.
Die Nenner der Wurzeln der determinirenden Fundamentalgleichungen sind nicht grösser als 10, Bd. II, 53, 134, 138, 140, 142.
Vergl. Primformen, Reducirtes Wurzelsystem, Gausssche Differentialgleichung.
b) Dritter und höherer Ordnung:
Abh. XXXIX, Bd. II, 289,
„ XL, „ II, 299,
„ LVI, „ III, 81.
Zwischen den Integralen bestehen homogene Relationen höheren als ersten Grades, Bd. II, 299.
Durch eine Transformation wird erreicht, dass die Integralquotienten die gleichen Werthe nicht in zwei verschiedenen Punkten der unabhängigen Variabeln annehmen, Bd. II, 314.
Anwendung der Abelschen Integrale für $n=3$, Bd. II, 324 ff.; Bd. III, 91 ff.
Sätze für $p>1$, Bd. II, 331,
„ „ $p=1$, „ II, 332 ff.,
„ „ $p=0$, „ II, 335 ff.
Vergl. Homogene Relation, Invarianten, Reducirte Wurzelsysteme, Hermitesche Formen.
c) Heffters Bedingung für das Vorhandensein eines ganzen rationalen Integrales, Abh. LVII, Bd. III, 99.
Algebraisch integrirbare nicht lineare Differentialgleichungen erster Ordnung.
Form ihres Integrals, Abh. XLV, Bd. II, 373.
Analytische Form eines Fundamentalsystems, siehe unter Fundamentalsystem.
Analytische Functionen, Bd. II, 191, [212], 381 ff., [390].
Anfangswerthe eines particulären Integrals einer linearen homogenen Differentialgleichung, Bd. I, 161.
— eines Integrals einer Differentialgleichung, Bd. II, 355; neue Definition derselben, Bd. II, 467.
—, inwiefern dieselben ein Integral einer Differentialgleichung erster Ordnung bestimmen, Bd. II, 410 ff., [416].
Associirte Differentialgleichungen, Bd. III, 1 ff., 267, 283.
—, n^{te} (mittlere) für Differentialgleichungen der Ordnung $2n$, Bd. III, 2 ff.
Quadratische Form aus den Ableitungen ihrer Lösungen, Bd. III, 7, 14; ihre adjungirte Differentialgleichung, Bd. III, 9 ff., 15 ff.
Klassenbeziehung zwischen der geeignet transformirten mittleren Associirten und ihrer adjungirten Differentialgleichung, Bd. III, 9 ff., 305 ff.
Reductibilität der mittleren Associirten, Bd. III, 19 ff., [71], 299, [311]; für die Diffe-

rentialgleichungen der Periodicitätsmoduln, siehe Periodicitätsmoduln.

Ausserwesentlich singulärer Punkt einer linearen homogenen Differentialgleichung, Bd. I, 232.
Bedingungen für das Auftreten eines solchen, Bd. I, 235 ff.
In einem solchen Punkte verschwindet die Determinante des Fundamentalsystems, Bd. I, 233.

Beziehungen zwischen festen Integralen von Differentialgleichungen erster Ordnung und solchen mit willkürlichen Anfangswerthen, Abh. LIII, Bd. II, 467;
für die Integrale einer speciellen Gleichung erster Ordnung, Bd. II, 475 ff.;
für die Integrale eines speciellen Systems von zwei Differentialgleichungen erster Ordnung, Bd. II, 483 ff.
Vergl. Eulerscher Satz.

Briot und Bouquetsche Differentialgleichungen,
Binomische, die durch eindeutige doppeltperiodische Functionen integrirt werden, Abh. XXXVII, Bd. II, 283.
Allgemeine, Bd. II, 367.
—, Kritik der Arbeit von B. und B., Bd. II, 392 ff., 396, 411.

Cauchysche Differentialgleichung, lineare homogene Differentialgleichung des Fuchsschen Typus mit einem singulären Punkte im Endlichen, Bd. I, 199.

Constantenzählung für die lineare homogene Differentialgleichung des Fuchsschen Typus, Bd. I, 201 ff., [157]; Bd. III, 183 ff., [196].

Convergenzbeweis für die nach positiven ganzen Potenzen von $x-a$ fortschreitenden Reihen, die einer linearen homogenen Differentialgleichung genügen, wenn a eine reguläre (nicht singuläre) Stelle ist, Bd. I, 160 ff.
— für die nach Potenzen von $x-a_i$ fortschreitenden Reihen, wenn a_i ein singulärer Punkt einer linearen homogenen Differentialgleichung n^{ter} Ordnung ist, in dem die Coefficienten bezw. von der ersten, zweiten, ..., n^{ten} Ordnung unendlich werden, Bd. I, 190 ff.
Vergl. Reihenentwickelung.

Determinante eines Fundamentalsystems, Bd. I, 166, 169.

Determinirende Fundamentalgleichung, Bd. I, 188, 213.
Definition, Bd. I, 220.
Beziehung zwischen ihren Wurzeln und den Wurzeln der Fundamentalgleichung, Wurzelgruppen beider Gleichungen, Bd. I, 213 ff.

Differentialgleichungen erster Ordnung
mit festen Verzweigungspunkten, Abh. XLIII, Bd. II, 355.
Bedingungen, damit nicht ein willkürlicher Punkt Verzweigungspunkt eines Integrals sein kann, Bd. II, 359 ff.
Theorem, Bd. II, 364.
Der Fall $p=0$, Bd. II, 365,
Der Fall $p=1$, Bd. II, 365 ff.
—, Character ihrer Integrale, Abh. XLVI, Bd. II, 381.
Beispiel, Riccatische Differentialgleichung, Bd. II, 384 ff.
Theoreme, Bd. II, 386 ff.
—, Werthe ihrer Integrale in singulären Punkten, Abh. XLVII, Bd. II, 391.
Vergl. algebraisch integrirbare, Verzweigungspunkte, Integrale, analytische Function, Briot- und Bouquetsche Differentialgleichung, Riccatische Differentialgleichung, singuläre Punkte, Beziehungen zwischen Integralen.

Elemente eines Fundamentalsystems, siehe Fundamentalsystem.

Eulerscher Satz, seine Verallgemeinerung für Differentialgleichungen in separirter Form, Bd. II, 472;

für allgemeine Differentialgleichungen der vierfach periodischen Functionen von zwei Variabeln, Bd. II, 474, 475.

Existenzbeweis für die Integrale linearer homogener Differentialgleichungen, Bd. I, 160 ff.; Bd. III, 245 ff.

Exponent, zu dem ein Integral einer linearen homogenen Differentialgleichung gehört, Bd. I, 181.

—, zu dem eine Function F gehört, Bd. I, 196.

Fläche, innerhalb deren die Integrale einer linearen homogenen Differentialgleichung eindeutig continuirlich und endlich sind, Bd. I, 163.

Formen, gebildet aus den Elementen eines Fundamentalsystems einer linearen homogenen Differentialgleichung,

a) binäre, für lineare Differentialgleichungen zweiter Ordnung, Bd. II, 19 ff.; sie genügen linearen Differentialgleichungen, Bd. II, 46 ff., vergl. 335 ff.; insbesondere quadratische, Bd. II, 309 ff., 337 ff., Bd. III, 331 ff.

Ihre Covarianten, Bd. II, 19 ff.

Formen, die gleich Wurzeln aus rationalen Functionen sind, ihre Covarianten, Bd. II, 21.

b) ternäre, für lineare Differentialgleichungen dritter Ordnung, Bd. II, 299 ff.

Vergl. Homogene Relation, Hermitesche Formen, Primformen, Hessesche Covariante.

Fuchsscher Typus linearer homogener Differentialgleichungen, Bd. I, 178 ff.

Die Integrale werden mit einer endlichen Potenz von $x-a$ bezw. $\frac{1}{x}$ multiplicirt nicht mehr unendlich, wenn a ein im Endlichen gelegener singulärer Punkt bezw. $x=\infty$ ist, Bd. I, 179.

Die Integrale haben keinen Punkt der Unbestimmtheit, Bd. III, 22.

Die Integrale sind überall bestimmt, Bd. III, 83.

Die Integrale sind regulär, Bd. III, 99.

Form der Coefficienten für eine Differentialgleichung des Fuchsschen Typus, Bd. I, 186.

Beweis, dass die Form hinreichend ist, Bd. I, 188 ff.

Vergl. Cauchysche Differentialgleichung, Gausssche Differentialgleichung.

Fundamentalgleichung, die zu einem singulären Punkte einer linearen homogenen Differentialgleichung gehört, Bd. I, 172.

Vergl. determinirende Fundamentalgleichung.

Fundamentalsubstitutionen, aufgestellt für die lineare Differentialgleichung der elliptischen Periodicitätsmoduln erster und zweiter Gattung, Bd. I, 274 ff.; Bd. II, 88 ff.; der ultraelliptischen Periodicitätsmoduln, Bd. III, 35;

desgl. für ihre mittlere Associirte, Bd. III, 36.

Fundamentalsystem von Integralen einer linearen homogenen Differentialgleichung, Elemente eines solchen;

1. Definition, Bd. I, 165; 2. Definition, Bd. I, 167.

Methode zur Herstellung eines Fundamentalsystems, Bd. I, 168.

—, das zu einem singulären Punkte gehört, seine analytische Form

a) im Falle einfacher Wurzeln der Fundamentalgleichung, Bd. I, 173;

b) im Falle mehrfacher Wurzeln der Fundamentalgleichung, Bd. I, 174 ff.

Vergl. Logarithmen.

—, das aus der Fundamentalgleichung für einen beliebigen Umlauf entspringt, seine analytische Form, Bd. III, 320 ff.

Transformation eines Fundamentalsystems, Bd. I, 208 ff.

—, das zu den singulären Punkten gehört aufgestellt für die Legendresche Differentialgleichung der elliptischen Periodicitätsmoduln erster Gattung, Bd. I, 274 ff.; Bd. II, 88 ff.

Desgleichen zweiter Gattung, Bd. II, 107.

Desgleichen für die ultraelliptischen Periodicitätsmoduln, Bd. III, 50 ff.

Fundamentalsystem von Integralen einer linearen homogenen Differentialgleichung, Darstellung in zwei Gebieten G_1, G_2, Bd. I, 392, 401.
Beispiel der linearen Differentialgleichung zweiter Ordnung des FUCHSschen Typus mit 4 singulären Punkten, Bd. I, 403 ff.
Funktionen F, Bd. I, 196.

GAUSSsche Differentialgleichung, Bd. I, 200 ff.
—, algebraisch integrirbare, Bd. II, 54.
—, als Beispiel, Bd. II, 68 ff.
—, mit einem ganzen rationalen Integral, Bd. III, 100 ff.
Vergl. Relationen.

Hauptintegral, zu einem Punkte gehöriges einer nicht homogenen linearen Differentialgleichung (intégral principale), Bd. I, 298.
Hauptschnitt der zu einem hyperelliptischen Gebilde gehörigen zweiblättrigen Fläche, seine Änderungen bei Änderungen eines Parameters, Bd. I, 242 ff.
HERMITEsche Formen, gebildet aus den Elementen eines Fundamentalsystems, Abh. LXV, LXVI, Bd. III, 219, 241.
—, invariante für die Substitutionen der Gruppe einer linearen Differentialgleichung, Bedingungen damit eine solche existirt, Bd. III, 226, 233.
Eigenschaften der Substitutionen in diesem Falle, Bd. III, 231, 234, [240].
Sätze über lineare Differentialgleichungen, deren Lösungen von endlicher Vieldeutigkeit sind, insbesondere algebraisch integrirbare, Bd. III, 236 ff., [240].
Homogene Relation zwischen den Elementen eines Fundamentalsystems
a) für Differentialgleichungen dritter Ordnung des FUCHSschen Typus, mit rationalen Wurzeln der determinirenden Fundamentalgleichung, Bd. II, 300 ff.
Ihre HESSEsche Covariante, Bd. II, 300.
Ist die Relation von höherem als dem zweiten Grade, so ist die Differentialgleichung algebraisch integrirbar, Bd. II, 307, [339]; Bd. III, 83 ff., 92 ff., 331 ff.
Quadratische Relation, Bd. II, 309 ff., 337 ff.; Bd. III, 331 ff.
b) für Differentialgleichungen n^{ter} Ordnung, Bd. III, 325 ff.
Eine Relation, die sich bei jedem Umlauf mit einer Constanten multiplizirt, Bd. III, 331 ff.
Vergl. algebraisch integrirbare lineare Differentialgleichungen, Invarianten.
Hyperelliptische Integrale, ihre Reduction, Bd. I, 254 ff.
Vergl. Periodicitätsmoduln, partielle Differentialgleichungen.
Hypergeometrische Function n^{ter} Ordnung, Abh. XI, Bd. I, 311.

Integral einer Differentialgleichung erster Ordnung und eines Systems, neue Definition, Bd. II, 467 ff.
Integrale linearer Differentialgleichungen in der Form von bestimmten Integralen, Bd. I, 315, 318; Bd. III, 373.
Integration einer Differentialgleichung nach dem gegenwärtigen Stande der Wissenschaft, Bd. I, 159; Bd. II, 370.
Invarianten für lineare Differentialgleichungen dritter Ordnung bei Transformation der unabhängigen Variabeln und Multiplication der abhängigen Variabeln mit einer Function, Bd. II, 303 ff.
Sie verschwinden, wenn die Integrale eine homogene quadratische Relation befriedigen, Bd. II, 310 ff.

Klasse linearer Differentialgleichungen (im Anschluss an RIEMANN), Bd. III, 17, [70], 119.
Sätze über Reductibilität, Bd. III, 18, 19.
Es giebt stets eine Differentialgleichung der Klasse, für die die Wurzeln der determi-

nirenden Fundamentalgleichungen absolut genommen kleiner sind als Eins;
wenn keine ganzzahligen Wurzeldifferenzen vorhanden, Bd. III, 146 ff.
wenn solche vorhanden, Bd. III, 170 ff.

Klassenbeziehung
zwischen den Periodicitätsmoduln der elliptischen Integrale erster und zweiter Gattung, Bd. II, 105,
zwischen denen der hyperelliptischen Integrale, Bd. III, 30, 38.

Laméscher Differentialgleichungen,
Abh. XXVI, Bd. II, 145,
„ XXVII, „ II, 151,
„ XXVIII, „ II, 161.
Herleitung eines zweiten Integrals aus dem ersten für einen speciellen Fall der Laméschen Differentialgleichung, Bd. II, 146, 167.
Ausführung der Integration und Bestimmung der Parameterwerthe für die das zweite Integral einen anderen Character hat, Bd. II, 147, 167 ff.
Lineare Differentialgleichungen zweiter Ordnung mit rationalen Coefficienten, die ein Integral besitzen, dass sich bei jedem Umlaufe mit einer Constanten multiplicirt, Bd. II, 152 (vergl. algebraisch integrirbare Differentialgleichungen).
Besondere Fälle, die sich durch Abelsche Functionen integriren lassen, Bd. II, 155 ff.
Lamésche Differentialgleichung, ihre Integration, Bd. II, 155 ff., 166 ff.
Lineare Differentialgleichungen n^{ter} Ordnung, deren Integrale doppeltperiodische Functionen zweiter Art sind, Bd. II, 161.
Besonders $n = 2$, Form des Coefficienten, Bd. II, 162 ff.

Legendresche Differentialgleichung
für die Periodicitätsmoduln des elliptischen Integrals erster Gattung, Bd. I, 271; Bd. II, 87.
Desgleichen zweiter Gattung, Bd. II, 106.
Vergl. Fundamentalsystem, Fundamentalsubstitutionen, lineare Substitution, Quotient H, Z.

Legendresche Relation, Bd. I, 292; Bd. II, 106.

Lineare Differentialgleichungen,
zur allgemeinen Theorie derselben,
Abh. V, Bd. I, 111,
„ VI, „ I, 159,
„ VII, „ I, 205.

Lineare Differentialgleichung, deren Integrale keinen Punkt der Unbestimmtheit haben, siehe Fuchsscher Typus.
—, deren Integrale algebraische Functionen sind, siehe algebraisch integrirbare lineare Differentialgleichungen.
—, deren Coefficienten in der Umgebung eines Punktes eindeutig sind, und deren Integrale daselbst nicht unbestimmt sind, Bd. I, 211 ff.
Form der Coefficienten, Bd. I, 212.
— für die λ^{ten} Ableitungen der Lösungen einer gegebenen, Bd. I, 238.
—, deren Integrale doppeltperiodische Functionen zweiter Art sind, siehe Lamésche Differentialgleichung.
—, deren Gruppe von einem Parameter unabhängig ist,
Abh. LIV, Bd. III, 1,
„ LIX, „ III, 117,
„ LXII, „ III, 169,
„ LXIV, „ III, 201,
„ LXIX, „ III, 267,
„ LXXI, „ III, 295.
Bedingungen dafür, Bd. III, 20 ff., 22 ff., [70, 71], 120 ff., 125 ff., 305 ff.
Eigenschaften des Coefficienten der höchsten Ableitung in dem Ausdrucke der Derivierten des Integrals nach dem Parameter Bd. III, 179, 180 ff.
Die Coefficienten der Ableitungen in diesem Ausdrucke genügen einem System linearer Differentialgleichungen, Bd. III, 123, 189 ff., 270 ff.

Discussion für $n = 2$, Beispiel, Bd. III, 191 ff., [197]. Vergl. partielle Differentialgleichungen.
Vergl. Periodicitätsmoduln, Reihenentwickelung, algebraisch integrirbare lineare Differentialgleichungen, associirte Differentialgleichungen, LAMÉsche Differentialgleichungen, adjungirte Differentialgleichungen, HERMITEsche Formen.

Lineare Substitution, die ein Fundamentalsystem einer linearen homogenen Differentialgleichung erleidet, wenn die unabhängige Variable einen Umlauf um einen singulären Punkt vollzieht, Bd. I, 170 ff.
— mit ganzzahligen Coefficienten, entsprechend den Änderungen der Periodicitätsmoduln hyperelliptischer Integrale bei Umläufen eines Verzweigungspunktes, Bd. I, 251 ff.
—, allgemeine Form der zu einem beliebigen Umlaufe gehörigen, für die LEGENDREsche Differentialgleichung, Bd. II, 96.

Logarithmen in der analytischen Form des zu einem singulären Punkte einer linearen homogenen Differentialgleichung gehörigen Fundamentalsystems,
treten nicht auf, wenn die Wurzeln der determinirenden Fundamentalgleichung sich nicht um ganze Zahlen unterscheiden, Bd. I, 198;
Eigenschaften der Coefficienten der Logarithmen, Bd. I, 206 ff.;
treten notwendig auf, wenn die determinirende Fundamentalgleichung gleiche Wurzeln hat, Bd. I, 219.
Allgemeine Bedingungen für das Auftreten bezw. Nichtauftreten von Logarithmen, Bd. I, 227, 228 ff.
Andere Form dieser Bedingungen, Bd. I, 236 ff.

Modulfunction,
Abh. XXIV, Bd. II, 85,
„ XXIX, „ II, 177,
„ LXI, „ III, 159.
Vergl. LEGENDREsche Differentialgleichung, Quotient H;

Modulfunction, ihre Verallgemeinerung für $p = 2$.
Formulirung eines Umkehrproblems für drei Functionen von drei Variabeln, die aus zwei zu derselben Klasse gehörigen linearen Differentialgleichungen vierter Ordnung entstehen. Bd. III, 41.
Für die Periodicitätsmoduln der beiden ultraelliptischen Integrale erster Gattung sind diese Umkehrungsfunctionen eindeutig, Bd. III, 43 ff.
Die realen Theile und Coefficienten von i für gewisse auftretende Grössen, Bd. III, 60 ff.
Herleitung der RIEMANNschen Ungleichung für die Periodicitätsmoduln der ultraelliptischen Integrale, Bd. III, 66.
Verallgemeinerung der Methoden von Abh. XXIV, Bd. III, 67 ff., [72].
Vergl. Umkehrprobleme, partielle Differentialgleichungen.

Nichthomogene lineare Differentialgleichungen.
—, ihre Untersuchung zurückgeführt auf die von zwei homogenen Gleichungen, Bd. I, 221.
Bedingungen für die Coefficienten, damit die Integrale nicht unbestimmt werden:
in einem Punkte, Bd. I, 222,
in der ganzen Ebene, Bd. I, 223.
—, ihre Integration, Bd. I, 296 ff.
Vergl. Hauptintegral, Reihenentwickelung.

Partielle Differentialgleichungen, Systeme simultaner, ihr Auftreten bei linearen Differentialgleichungen, deren Gruppe von in den Coefficienten auftretenden Parametern unabhängig ist, Bd. III, 125 ff.
Die Differentialgleichung der Periodicitätsmoduln ABELscher Integrale als Beispiel, Bd. III, 127.
Die Untersuchungen von PICARD, APPELL

und Horn in ihren Beziehungen zu gewöhnlichen linearen Differentialgleichungen, deren Gruppe von einem Parameter unabhängig ist, Bd. III, 130 ff.

Die Sätze von Horn über den Fall, wo sich die Integrale regulär verhalten, Bd. III, 133.

Gewöhnliche lineare Differentialgleichung n^{ter} Ordnung, deren Integrale als Functionen eines Parameters einer linearen Differentialgleichung m^{ter} Ordnung genügen, Abh. LXIV, Bd. III, 201.

Die hyperelliptischen Integrale als Beispiel, Bd. III, 202.

Behandlung von $n = 2$, $m = 3$, Bd. III, 202 ff.

Die Differentialgleichung zweiter Ordnung hat entweder

a) ein Integral dessen logarithmische Ableitung rational ist, Bd. III, 211 ff., oder

b) ihre Gruppe ist von dem Parameter unabhängig, Bd. III, 211.

Partielle Differentialgleichungen, erster Ordnung, Bd. III, 271 ff.

— für die realen Theile und Coefficienten von i der Lösungen linearer Differentialgleichungen, Bd. III, 234 ff.

Periodicitätsmoduln.

— der hyperelliptischen Integrale als Functionen eines Parameters, Abh. VIII, Bd. I, 241.

Ihre Änderungen bei Umläufen des Parameters, Bd. I, 248.

Die diesen Änderungen entsprechenden ganzzahligen linearen Substitutionen, wenn der Parameter ein Verzweigungspunkt ist, Bd. I, 250 ff.

Lineare homogene Differentialgleichungen für die hyperelliptischen Periodicitätsmoduln, Bd. I, 253.

Ihre Gruppe ist von den in den Coefficienten auftretenden Parametern unabhängig, Bd. III, 32.

Bestimmung der Coefficienten dieser Differentialgleichungen, Bd. I, 259, 264.

Die Wurzeln ihrer determinirenden Fundamentalgleichungen sind rationale Zahlen, Bd. I, 262.

Explicite Aufstellung der Differentialgleichungen für den Fall hyperelliptischer Integrale I. und II. Gattung, Bd. I, 265 ff.; Bd. III, 29.

Desgleichen für das elliptische Integral erster Gattung, Bd. I, 271; Bd. II, 87.

Desgleichen für das elliptische Integral zweiter Gattung, Bd. II, 106.

Desgleichen für die ultraelliptischen Integrale, Bd. I, 271; Bd. III, 35.

Aufstellung der mittleren Associirten und der zugehörigen Fundamentalsubstitutionen, Bd. III, 35, 36.

Die mittlere Associirte ist reductibel, Bd. III, 36.

Periodicitätsmoduln der Abelschen Integrale, lineare Differentialgleichungen für dieselben,

Abh. XIII, Bd. I, 343,
„ LXVIII, „ III, 249,
„ LXX, „ III, 283.

Die sich nicht aufhebenden Verzweigungspunkte einer algebraischen Function können als von einander unabhängig betrachtet werden, Bd. I, 345.

Lineare Differentialgleichung für die Periodicitätsmoduln als Functionen eines sich nicht aufhebenden Verzweigungspunktes, Bd. I, 349; Bd. III, 250 ff.

Methode zu ihrer Herstellung für Integrale erster Gattung bei einfachen Verzweigungspunkten, Bd. III, 250 ff., 257 ff.;

bei beliebigen Verzweigungspunkten und für einen beliebigen Parameter ξ als unabhängige Variable, Bd. III, 259 ff.

Ist η ein von ξ unabhängiger Parameter, so ändert sich die Gruppe der Differentialgleichung nicht stetig mit η, Bd. III, 264.

Die $(2p-2)^{\text{te}}$ Associirte ist reductibel, Bd. III, 285 ff.

Vergl. Legendresche Differentialgleichung, ultraelliptische Integrale, Fundamentalsysteme, Fundamentalsubstitutionen, Gruppe, Relationen, Klassenbeziehung, WEIERSTRASS-RIEMANNsche Relationen.

Primformen für lineare Differentialgleichungen zweiter Ordnung:

Begriff und Eigenschaften, ihre HESSEschen Covarianten, Bd. II, 30 ff.

Primformen niedrigsten N^{ten} Grades, ihre Covarianten verschwinden identisch, Bd. II, 12, 32; $N \leqq 12$, Bd. II, 39, 120.

Tabelle derselben, Bd. II, 42, 43, 123, 124.

Untersuchung des Falles $N = 2$, Bd. II, 32 ff., 152.

Höchster Grad einer Primform, Bd. II, 118.

Sätze über Primformen, Bd. II, 126 ff.

Gestalt in der Umgebung eines singulären Punktes, Bd. II, 133.

Quotient H der Perioden des elliptischen Integrals erster Gattung, seine Werthe in den singulären Punkten und in ihrer Umgebung, Bd. II, 96 ff.

Die Differentialgleichung, der H genügt, wird untersucht, Bd. II, 98 ff.

$q = e^{-\pi H}$ existirt nur innerhalb des Einheitskreises von $u = \frac{1}{\varkappa^2}$; u als Function von q ist daselbst holomorph, Bd. II, 100 ff., [113]; Bd. III, 67; Bd. III, 166 ff.

Die durch H vermittelte Abbildung, Bd. III, 160 ff.

— Z der Perioden des elliptischen Integrals zweiter Gattung, Bd. II, 108.

$s = e^{-\pi Z}$ existirt in der ganzen Ebene von u; u als Function von s ist unendlich vieldeutig, Bd. II, 110.

Recursionsformel für die Reihen, die nach Potenzen von $x - a_i$ fortschreiten, wenn a_i ein singulärer Punkt ist, in dem die Integrale einer linearen homogenen Differentialgleichung nicht unbestimmt werden, Bd. I, 190.

Reducirtes Wurzel(Werth-)system einer Gleichung, Bd. II, 27, 120, 331.

Sein Index, Bd. II, 28, 117.

— eines Integrals, Bd. II, 315.

Sätze über solche, Bd. II, 323.

Vergl. algebraisch integrirbare lineare Differentialgleichungen.

Relation, die zwischen den Wurzeln der sämmtlichen determinirenden Fundamentalgleichungen einer linearen homogenen Differentialgleichung des FUCHSschen Typus besteht, Bd. I, 182.

—, HAEDENKAMPsche, zwischen den Periodicitätsmoduln der hyperelliptischen Integrale, Abh. IX, Bd. I, 283.

Relationen zwischen den Integralen von Lösungen linearer homogener Differentialgleichungen, erstreckt zwischen je zwei singulären Punkten,

Abh. XVI, Bd. I, 415,
„ LX, „ III, 141,
„ LXVI, „ III, 361.

Herleitung dieser Relationen unter gewissen Beschränkungen für die Wurzeln der determinirenden Fundamentalgleichungen, Bd. I, 427 ff., 447 ff.; Bd. III, 145.

Aufhebung jener Beschränkungen, Bd. III, 146 ff.

Invarianz der Relationen für die ganze Klasse, Bd. III, 141.

Ihre rechten Seiten hängen nur von den Fundamentalsubstitutionen ab, Bd. III, 145.

Sie stellen Beziehungen dar zwischen den Coeffizienten der Fundamentalsubstitutionen und zwischen bestimmten Integralen, Bd. III, 150 ff.

Beispiele: Verallgemeinerte LAMÉsche Differentialgleichung, Bd. I, 450, [456]; Bd. III, 155;

Differentialgleichung erster Ordnung, die mit ihrer adjungirten identisch ist (WEIERSTRASSsche Relationen zwischen

den Periodicitätsmoduln hyperelliptischer Integrale), Bd. III, 152 ff.
Differentialgleichung zweiter Ordnung insbesondere GAUSSsche, Bd. III, 154 ff.

Reihenentwickelung, in der ganzen Ebene gültige, für die Integrale linearer Differentialgleichungen, Abh. X, Bd. I, 295.
Aufstellungen der Reihen durch successive Approximation, Bd. I, 299 ff.
Convergenzbeweis, Bd. I, 303 ff.
Die specielle Reihe von CAQUÉ, Bd. I, 305 ff.

RICCATIsche Differentialgleichung, Bd. II, 384 ff., 401 ff.
Entwickelung eines Integrals nach Potenzen von z und z^γ, bezw. von z und $\log z$, Bd. II, 407, 409.

Singuläre Punkte einer homogenen linearen Differentialgleichung, Bd. I, 161.
Wesentlich und ausserwesentlich singuläre Punkte, Bd. I, 232.
—, verschiebbare für Differentialgleichungen erster und höherer Ordnung, Bd. II, 469 ff.
— einer mehrdeutigen Function, ihre Klassification, Punkt der Unbestimmtheit, bestimmte und unbestimmte Verzweigung, Bd. II, 394, [416].
— der Integrale von Differentialgleichungen erster Ordnung, Hülfsmittel für die Untersuchung, Bd. II, 396, 399.

Substitution, siehe lineare Substitution.

Systeme linearer Differentialgleichungen und ihre associirten, Bd. III, 285 ff.

Thetafunctionen, Form ihrer Argumente, Abh. XII, Bd. I, 321.
Ableitung der CLEBSCH- und GORDANschen Form der Argumente aus dem Satze RIEMANNS, ABELsche Functionen, § 23, Bd. I, 322 ff.
Bestimmung von $\vartheta(0, \ldots, 0)$ als Function der Klassenmoduln, Abh. XII, XIII, Bd. I, 343.
Ableitung der THOMAEschen Darstellung von $\vartheta(0, \ldots, 0)$ unter Zugrundelegung der CLEBSCH- u. GORDANschen Form der Argumente der Thetafunction, Bd. I, 333 ff.
Die JACOBIsche Differentialgleichung für $\vartheta(0)$, Bd. I, 350 ff.
Differentialgleichung für $\vartheta(0, \ldots, 0)$ als Function der Klassenmoduln bezw. eines Verzweigungspunktes, Bd. I, 357 ff.
Vergl. Periodicitätsmoduln.

TISSOTsche Differentialgleichung, Bd. I, 318.

Übergangsubstitutionen, die die zu zwei singulären Punkten einer linearen homogenen Differentialgleichung gehörigen Fundamentalsysteme mit einander verknüpfen;
Methode für ihre Berechnung, Bd. I, 394 ff.
Für den FUCHSschen Typus, Bd. I, 396 ff., [412]. Vergl. Abbildung.

Ultraelliptische Integrale.
Differentialgleichung für die Periodicitätsmoduln, Bd. I, 271; Bd. III, 35.

Umkehrproblem, Verallgemeinerung des JACOBIschen,
Abh. XXX—XXXVI, Bd. II, 185, 191, 213, 219, 225, 229, 239, 275,
„ XLI, Bd. II, 341,
„ XLIX, „ II, 427,
„ L, „ II, 441.
a) Lösungen linearer Differentialgleichung zweiter Ordnung des FUCHSschen Typus, eingesetzt in das JACOBIsche Umkehrproblem für $n = 2$ sollen „analytische Functionen“ definiren, Bd. II, 192.
Bedingungen für die Wurzeln der determinirenden Fundamentalgleichungen, Bd. II, 198, 199.
Bedingungen, damit die Umkehrungsfunction der Integralquotienten in gewissen Gebieten eindeutig ist, Bd. II, 187, 202, 221, 226 ff., [228].
Bedingungen, damit die symmetrischen Functionen der aus dem verallgemei-

nerten Umkehrproblem entspringenden Functionen eindeutig sind, Bd. II, 207, 208.

Tabelle der Differentialgleichungen, die diesen Bedingungen genügen, Bd. II, 220 ff.

Die Anzahl der singulären Punkte ist nicht grösser als 6, Bd. II, 209.

Durch eine Transformation wird bewirkt, dass unter den Integralzeichen des Umkehrproblems zweiwerthige Functionen stehen, Bd. II, 211.

Analogon des ABELschen Theorems, Bd. II, 217, 218.

b) Die unter den Integralzeichen stehenden Functionen haben den Character von Lösungen linearer Differentialgleichungen des FUCHSschen Typus und erfüllen überdies noch gewisse Bedingungen; für $n = 2$ Abh. XXXV, L, für ein beliebiges n Abh. XLI.

Bedingungen für die Eindeutigkeit:

Für $n = 2$, Bd. II, 244, 247, 250, 251, 257.

Anderer Beweis für die Bedingungen von 250, 251; Bd. II, 446 ff.

Andere Auffassung der Gleichungen des Umkehrproblems, Bd. II, 442 ff.

Durch Einführung des Quotienten als unabhängiger Variabeln kommen zweiwerthige Functionen unter die Integralzeichen, Bd. II, 260 ff., 452.

Nothwendige und hinreichende Bedingungen für die Eindeutigkeit, Bd. II, 272.

Für ein beliebiges n, Bd. II, 345, 346, 348, 349.

c) Lösungen einer linearen Differentialgleichung zweiter Ordnung mit algebraischen Coefficienten sollen die Bd. II, 250, 251 formulirten Bedingungen erfüllen, Abh. XLIX, ferner Bd. II, 458 ff.

Für $p > 0$, Bd. II, 439, 459 ff.

„ $p = 0$, „ II, 439.

Hülfssatz aus der Theorie der algebraischen Functionen;

Abh. XLVIII, Bd. II, 417,

„ LI, „ II, 453.

Vergl. Modulfunction, partielle Differentialgleichungen.

Vertauschung von Parameter und Argument für lineare Differentialgleichungen, Bd. I, 416 ff.; Bd. III, 361 ff.

Verzweigungspunkte der Integrale von Differentialgleichungen, feste und verschiebbare, Bd. II, 355 ff.

WEIERSTRASS-RIEMANNsche Relationen zwischen den Periodicitätsmoduln hyperelliptischer und ABELscher Integrale

für $p = 2$ abgeleitet aus der Reductibilität der mittleren Associirten, Bd. III, 38 ff.;

für beliebige ABELsche Integrale aus der Reductibilität der $(2p-2)^{\text{ten}}$ Associirten, Bd. III, 290. Vergl. Relationen.

NAMENREGISTER

zu Text und Anmerkungen.

Abel, N. H., Bd. I, 112, 160, 241, [282], 284, 321—331, 333—336, 343, 344, 347, 348, 351, 352, 356, [360], 415, 416, [456]; Bd. II, 22, 34, 74, 151, 155, 172, 188, 191, 195, 209, 213, 284, 293, 294, 299, 324, 328, 348, 367, 370—372, 389, 453, 455, 464, 465, 471, 472, 479, 484; Bd. III, 39, 66, 127, 249, 251, 259, 262, 283—286, 290, 292, 295, 299, 361, 366, 373, 374, 417.

Alembert, J. le Rond d', Bd. II, [150].

Anissimoff, W. A., Bd. I, [411]; Bd. III, 75.

Arago, D. F., Bd. III, 386, 390.

Archimedes, Bd. III, 405.

Arndt, P. F., Bd. I, 38.

Aronhold, S., Bd. II, 293, 324.

Appell, P., Bd. III, 131.

Appell et Goursat, Bd. III, 252—254, 291.

Bessel, F. W., Bd. III, 382—384, 391.

Bézout, É., Bd. I, 466.

Biela, W. v., Bd. III, 393, 394.

Böckh, Ph. A., Bd. I, 38.

Boguslawski, G. v., Bd. III, 389.

Bonpland, A., Bd. III, 390.

Borchardt, C. W., Bd. I, 38, 296, 297, 373, 470; Bd. II, 1, 2, 9, 65, 67—69, 73, 78, 85, 88, 90, [112], 145, 151, 152, 157, 159, 162, 171, 172, 177, 178, 218, 219, 225, 229, 235, 239, 241, 284—286, 290, 291, 295, 296, 300, 306, 308, 314—317, 319, 328, 331, 337, 348, 351, 352, 365, 367, 383, 387, 402, 403, 406—408, 413, 414, 420, 453, 455, 465, 473; Bd. III, 3, 6, 8, 10, 11, 16, 18, 20, 22, 29, 32, 57, 63, 67, [69], 81, 83, 85, 94.

Bouquet, J. C., siehe Briot et Bouquet.

Brahe, Tycho, Bd. III, 403.

Brioschi, Fr., Bd. I, 173, 361; Bd. II, 311; Bd. III, 437.

Briot, Ch., Bd. II, 195.

Briot et Bouquet, Bd. I, 111, 113, 159, 161; Bd. II, 68, 99, 100, 195, 224, 234, 283, 284, 295, 333, 358, 367, 391—393, 411, [416]; Bd. III, 91, 418, 424.

Broecker, H., Bd. I, [282].

Brück, Bd. III, 385.

Bunsen, R. W. v., Bd. III, 378.

Cantor, G., Bd. II, [113], [212].

Caqué, J., Bd. I, 296, 303, 305—307.

Casorati, F., Bd. II, [390].

Cauchy, A. L., Bd. I, 147, [158], 200, 391, 445, [456]; Bd. II, 355, 391; Bd. III, 24, 246, 417—419, 424.

Cayley, A., Bd. III, 431, 432.

Chasles, M., Bd. I, 44.
Clausius, R., Bd. I, 38.
Clebsch, A., Bd. I, 271; Bd. II, 365; Bd. III, 340, 349.
Clebsch und Gordan, Bd. I, 322, 324, 326—331; Bd. II, 293, 324; Bd. III, 292.
Coulomb, Ch. A. de, Bd. III, 404.
Coulvier-Gravier, Bd. III, 385.
Crelle, A. L., Bd. I, 296, 297; Bd. II, 69, 71, 242, 343, 381, 384, 470; Bd. III, 15, 34—36, 43—45, 49, 120, 123, 124, 127, 134, 135, 141, 142, 145, 154, 170, 172, 175, 177—179, 181, 186—188, 190, [196], 202, 212, 213, 232, 236, 249—254, 257—259, 264, 284, 307, 320—324, 327, 340, 361, 362, 364, 367, 369, 372, 373, 432.
Cremona, L., Bd. I, 361.

Darboux, G., Bd. II, 341; Bd. III, 16.
Dedekind, R., Bd. I, [476]; Bd. II, [112], [113].
Dienger, J., Bd. III, 432.
Dirichlet, P. G. Lejeune, Bd. I, 38, 86, 93, 94; Bd. III, 420, 421.
Dove, H. W., Bd. I, 38.

Encke, J. F., Bd. I, 38.
Erman, G. A., Bd. III, 388, 389.
Euclides, Bd. III, 414.
Euler, L., Bd. I, 47, 466; Bd. II, 471, 472; Bd. III, 158, 373.

Fermat, P., Bd. III, 414.
Fischer, E., Bd. I, 1.
Friedrich Wilhelm III., König, Bd. III, 409, 411.
Forsyth, A. R., Bd. III, 431, 432.
Fourier, J., Bd. I, 295, [412].
Frobenius, G., Bd. II, 291, 308, Bd. III, 11, 16, 18, 20, 186, 187, 190, 340, 349.
Fuchs, Cäcilie, Bd. I, 3, 38.
Fuchs, Raphael, Bd. I, 3, 38.
Fuchs, Richard, Bd. III, [140], 284, 289, 290, 304, [311], 329, 345, 358.

Galilei, G., Bd. III, 387.
Galvani, L., Bd. III, 404.
Gauss, C. F., Bd. I, 58, 111, 112, 145—147, 159, 160, 200, 202, 311; Bd. II, 54, 58, 59, 69, 78, [83]; Bd. III, 100, 131, 237, 404, 412—415, 417, 418, 424, 435.
Geissler, H., Bd. III, 392.
Gordan, P., Bd. II, 116, 300; Bd. III, 292 (vergl. Clebsch und Gordan).
Goursat, E., siehe Appell et Goursat.
Grey, Bd. III, 387.
Grunert, J. A., Bd. III, 432.
Günther, P., Bd. III, 245, 246.

Haedenkamp, H., Bd. I, 283, 284, 289, 291, [293].
Halley, E., Bd. III, 381, 382, 384.
Hamburger, M., Bd. II, 420, 465; Bd. III, 245, 320.
Heffter, L., Bd. I [240]; Bd. III, 99—101, [102], 246, 321, 324.
Heine, E., Bd. I, 450, 454; Bd. II, [150], 151, 152, 155, 157, 158, 171, 352.
Heis, E., Bd. III, 387.
Helmholtz, H. v., Bd. III, 406, 407, 429.
Hermite, Ch., Bd. I, 373, 374, 470, 471; Bd. II, 63, 85, 103, [113], [114], 145, [149], [150], 151, 158, 159, 161, 177, 180, 213, 275, 283, 285, 351, 352, 465; Bd. III, 44, 159, 203, [239], [240], 241, 374, 439.
Herodotos, Bd. III, 405.
Herschel, A., Bd. III, 385.
Hesse, O., Bd. II, 7, 8, 12, 32, 34—39, 42, [66], 70, [72], 80, 81, 117, 118, 135, 290, 300, 324; Bd. III, 82, 340, 349.
Heydemann, , Bd. I, 38.
Hiero, König, Bd. III, 405.
Hirsch, A., Bd. III, 373.
Hoppe, R., Bd. I, [52].
Horn, J., Bd. III, 118, 133, 135, 136.
Humbert, G., Bd. III, 253, 261.

HUMBOLDT, A. v., Bd. III, 390.
HURWITZ, A., Bd. II, 457, 463—465.

JACOBI, C. G. J., Bd. I, 8, 45, 254, 283, 343, 350, 351, 357, 415—417; Bd. II, 103, 104, 180, 181, 185, [190], 191, [212], 213, 242, 269, 271, 343, 351, 370, 371, 381, 384, [390], 470; Bd. III, 15, 45, 327, 340, 348, 356, 361—364, 366, 417, 439.
JOACHIMSTHAL, F., Bd. I, 297.
JORDAN, C., Bd. II, 115, 298; Bd. III, 237.
JÜRGENS, E., Bd. III, 321.

KANT, I., Bd. III, 413.
KEPPLER, J., Bd. III, 379, 381, 400, 403.
KESSELMEYER, Bd. III, 385.
KIESSLING, Bd. I, 38.
KIRCHHOFF, G., Bd. III, 378.
KLEIN, F., Bd. II, [62], 115, 124, 285—287, 463.
KLINKERFUES, E. F. W., Bd. III, 394.
KOEHLER, C.. Bd. III, 323.
KOENIGSBERGER, L., Bd. I, 1, 271.
KOPPERNIKUS, N., Bd. III, 379.
KRONECKER, L., Bd. I, 55, 63, 92, 105, 108; Bd. II, 103, 181, 384, 454; Bd. III, 427, 433.
KUMMER, E. E., Bd. I, 3, 38, 53—55, 57, 63, 69, 70, 94, 96; Bd. II, 58, 69; Bd. III, 414.

LACROIX, S. F., Bd. II, 162.
LAGRANGE, J. L., Bd. I, 8, [40], 296, 390, 391; Bd. III, 362.
LAMÉ, G., Bd. I, 450, 454, 455; Bd. II, [150], 151, 152, 155, 157, 166, 171—173.
LAPLACE, P. S. de, Bd. III, 380.
LAURENT, P. A., Bd. I, [158]; Bd. II, 395.
LEGENDRE, A. M., Bd. I, 43, 44, 271, 283, 284, 290, 292, 415, 416; Bd. II, 105, 106, 181; Bd. III, 32, 339, 340, 347, 348, 361.
LEVERRIER, U. J. J., Bd. III, 393.
LICHTENSTEIN, Bd. I, 38.
LIE, S., Bd. III, 361.
LIOUVILLE, J., Bd. I, 55, 105, 148, 199, 260, 296, 318; Bd. II, 13, 14, 16, 19, 22, 30, 47, 71, 74; Bd. III, 118, 131, 138, 251.
LOEWY, A., Bd. III, [239], [240], 241, [243].

MACLAURIN, C., Bd. II, 103.
MAGNUS, H. G., Bd. I, 38.
MALMSTÉN, C. J., Bd. I, 297.
MITSCHERLICH, E., Bd. I, 38.
MONGE, G., Bd. I, 5, 25, 32, 33, 41, 42, 44.

NEKRASSOFF, P. A., Bd. I, [411], [412]; Bd. III, 104, 112.
NEUMANN, C., Bd. I, 271, 321.
NEWTON, I., Bd. III, 381, 403, 404, 420.
NOETHER, M., Bd. II, 300, 457, 458.

OERSTED, H. Chr., Bd. III, 404.
OHM, M., Bd. I, 38.
OLBERS, H. W., Bd. III, 381—384.
OLMSTED, D., Bd. III, 387.
OPPOLZER, Th. v., Bd. III, 392, 394.

PAINLEVÉ, P., Bd. II, [486].
PAPE, Bd. III, 382.
PÉPIN, T. le P., Bd. II, 67, 68, 71, 116.
PETERS, C. G. F., Bd. III, 392.
PICARD, E., Bd. II, 409, [416], 470, [486]; Bd. III, 118, 131, 138, 237.
PLANCK, M., Bd. III, [344].
POCHHAMMER, L., Bd. I, 312, 313, 315 – 318, [320].
POGGENDORFF, J. Chr., Bd. I, 38.
POGSON, N. R., Bd. III, 394.
POINCARÉ, H., Bd. II, [212], 226, 235, 285, 286, [339], 372, 409, 468, 469; Bd. III, [70], [71], [196].
POISSON, S. D., Bd. I, 47, [52].
POUILLET, C. S. M., Bd. III, 383.
PRYM, F., Bd. I, 322.

PUISEUX, V., Bd. I, 148, 199, 260; Bd. II, 30; Bd. III, 203.

RAUMER, F. L. G. v., Bd. I, 38.
RIEMANN, B., Bd. I, 111, 112, 145—147, 159, 160, 201, 202, 242, [282], 321—326, 328, 330, 333—336, 344, 347, 348, 352, 471; Bd. II, [112], [114], 179, 284, 293, 294, 321, 324, 328, 329, 333, 334, 348, 364, 365, 367, 371, 387, 417—419, 423—425, 428, 429, 433—435, 437, 439, 453—459, 461, 471, 472, 484; Bd. III, 17, 39, 66, [70], 90, 91, 119—121, 135, [196], 249—251, 256, 258, 259, 285, 286, 290, 374, 418, 421, 422.
ROUCHÉ, E., Bd. I, 391.
RUDORFF, A. A. F., Bd. I, 38.

SCHERING, E. Chr. J., Bd. III, 435.
SCHIAPARELLI, G. V., Bd. III, 378, 380, 385, 388—394.
SCHLÄFLI, L., Bd. III, 432.
SCHLESINGER, L., Bd. I, [412]; Bd. II, [212], [416]; Bd. III, [70], [71], [140], [196], 246, 283, 332—334, 345, 373.
SCHMIDT, Julius, Bd. III, 387.
SCHWARZ, H. A., Bd. II, 54, 68; Bd. III, [197].
SERRET, J. A., Bd. I, 374, 391.
SONNENSCHEIN, Bd. I, 38.
STÉPHANOS, K., Bd. II, [212], [274].
STICKELBERGER, L., Bd. I, [203].
STRUVE, F. W., Bd. III, 391.
SYLOW, L., Bd. III, 361.
TANNERY, J., Bd. I, [203].
TAYLOR, B., Bd. I, 388; Bd. II, 342.
TEMPEL, E. W. L., Bd. III, 392.
THOMAE, J., Bd. I, 322, 333, 334, 340.
THOMÉ, L. W., Bd. I, [412]; Bd. III, 246, 324.
TISSOT, A., Bd. I, 318, 319.
TORTOLINI, B., Bd. II, 67; Bd. III, 432.
TRENDELENBURG, F. A., Bd. I, 38.
TYNDALL, J., Bd. III, 383.

VERNIER, P., Bd. III, 199, 200.
VOLTA, A., Bd. III, 404.

WEBER, H., Bd. I, 322, 324, 326, 328, 329, 331.
WEBER, W., Bd. III, 404.
WEIERSTRASS, K., Bd. I, 38, 112, 113, 160, 161, 232, 254, 283, 415, 416; Bd. II, 157, 260, 344, 371, 393, 418, 473, 474; Bd. III, 29, 34, 153, 290, 418, 420, 433.
WEINGARTEN, J., Bd. I, 1.
WEISS, Chr. S., Bd. I, 38.

ZÖLLNER, F., Bd. III, 378, 383—385.

REGISTER DER ANMERKUNGEN NACH DEN NAMEN IHRER VERFASSER GEORDNET.

Fuchs, R. Zu LIV, 1)—6), Bd. III, 69—73, mit nachgelassenen Notizen von L. Fuchs.
„ LV, Bd. III, 80.
„ LVI, Bd. III, 97.
„ LVII, Bd. III, 102.
„ LVIII, 1), 2), Bd. III, 116, mit einer nachgelassenen Notiz von L. Fuchs.
„ LIX, 1), 2), Bd. III, 140.
„ LX, 1), 2), Bd. III, 158.
„ LXI, Bd. III, 168.
„ LXII, 1), 2), Bd. III, 196—197.
„ LXIV, 1), 2), Bd. III, 218.
„ LXVII, Bd. III, 248.
„ LXVIII, Bd. III, 265.
„ LIX, 1), 2), Bd. III, 280—282.
„ LXX, Bd. III, 294.
„ LXXI, 1), 2), Bd. III, 311.
„ LXXII, Bd. III, 318.
„ LXXIII, 1), Bd. III, 336.
„ LXXIV, 1), 2), Bd. III, 344.
„ LXXV, 1), 2), Bd. III, 360.
„ LXXVI, Bd. III, 374.
„ LXXIX, Bd. III, 426.

Heffter, L. und Schlesinger, L. Zu VIII, 2), Bd. I, 282.

Hirsch, A. und Schlesinger, L. Zu XVI, 1), 2) Bd. I, 455—456.

Schlesinger, L. Zu I, 1), Bd. I, 40.
„ II, Bd. I, 52.
„ III, 1), 2), Bd. I, 67, nach Angaben von R. Dedekind.
„ IV, Bd. I, 110, 476, nach Angaben von R. Dedekind.
„ V, 1), 2), Bd. I, 158.
„ VI, 1), 2), Bd. I, 203.
„ VII, 1), 2), Bd. I, 240.
„ VIII, 1), Bd. I, 282.
„ IX, 1), 2), Bd. I, 293.
„ X, 1), 2), Bd. I, 309—310.
„ XI, 1), 2), Bd. I, 320.
„ XII, Bd. I, 341.
„ XIII, 1), 2), Bd. I, 360.
„ XIV, 1), 2), Bd. I, 411—412.
„ XVII, Bd. I, 472.
„ XIX, 1), 2), Bd. II, 10,
„ XX, 1), 2), Bd. II, 62.

SCHLESINGER, L. Zu XXI, Bd. II, 66.
„ XXII, Bd. II, 72.
„ XXIII, Bd. II, 83.
„ XXIV, 1), 2), Bd. II, 112—114, mit Auszügen aus zwei Briefen von Ch. HERMITE.
„ XXV, Bd. II, 143.
„ XXVI, 1), 2), Bd. II, 149—150, mit einem Briefe von Ch. HERMITE.
„ XXVII, Bd. II, 160.
„ XXVIII, Bd. II, 175—176.
„ XXIX, Bd. II, 184.
„ XXX, Bd. II, 190.
„ XXXI, 1), 2), Bd. II, 212.
„ XXXIV, 1), 2), Bd. II, 228.
„ XXXV, 1), 2), Bd. II, 284.

SCHLESINGER, L. Zu XXXVI, Bd. II, 281.
„ XXXIX, 1), 2), Bd. II, 298.
„ XL, 1), 2), Bd. II, 339.
„ XLI, Bd. II, 350.
„ XLIII, 1), 2), Bd. II, 368.
„ XLVI, 1), 2), Bd. II, 390.
„ XLVII, 1), 2), Bd. II, 415—416.
„ XLVIII, 1), 2), Bd. II, 426.
„ XLIX, 1), 2), Bd. II, 440.
„ L, Bd. II, 452.
„ LI, Bd. II, 462.
„ LIII, Bd. II, 486.
„ LXV, 1), 2), Bd. III, 239—240.
„ LXVI, Bd. III, 243.
„ LXXIII, 2), Bd. III, 336.

STÄCKEL, P. Zu I, 2), Bd. I, 40.

www.ingramcontent.com/pod-product-compliance
Lightning Source LLC
LaVergne TN
LVHW091637100826
845152LV00005B/72

* 9 7 8 1 4 1 8 1 6 8 7 2 8 *